▸ 国家卫生和计划生育委员会“十二五”规划教材
▸ 全国高等医药教材建设研究会规划教材
▸ 全国高等学校医药学成人学历教育（专科）规划教材
▸ 供药学专业用

U0276302

药用植物学与生药学

第2版

主　　编　周　晔　李玉山

副 主 编　晁　志　陈立娜

编　　者（以姓氏笔画为序）
白云娥（山西医科大学药学院）
李玉山（沈阳药科大学中药学院）
陈立娜（南京医科大学药学院）
陈沪宁（山东大学药学院）
周　晔（天津医科大学药学院）
贾　英（沈阳药科大学中药学院）
晁　志（南方医科大学中医药学院）
黄　芸（河北医科大学药学院）
舒晓宏（大连医科大学药学院）

人民卫生出版社

图书在版编目(CIP)数据

药用植物学与生药学/周晔等主编. —2 版. —北京：人民卫生出版社,2013.10

ISBN 978-7-117-17374-2

Ⅰ.①药… Ⅱ.①周… Ⅲ.①药用植物学-成人高等教育-教材②生药学-成人高等教育-教材 Ⅳ.①Q949.95 ②R93

中国版本图书馆 CIP 数据核字(2013)第 123063 号

人卫智网	**www.ipmph.com**	**医学教育、学术、考试、健康，购书智慧智能综合服务平台**
人卫官网	**www.pmph.com**	**人卫官方资讯发布平台**

药用植物学与生药学
第 2 版

主　　编: 周　晔　李玉山
出版发行: 人民卫生出版社(中继线 010-59780011)
地　　址: 北京市朝阳区潘家园南里 19 号
邮　　编: 100021
E - mail: pmph @ pmph.com
购书热线: 010-59787592　010-59787584　010-65264830
印　　刷: 北京盛通数码印刷有限公司
经　　销: 新华书店
开　　本: 787×1092　1/16　　**印张**: 26
字　　数: 649 千字
版　　次: 2007 年 8 月第 1 版　　2013 年 10 月第 2 版
2024 年 2 月第 2 版第 13 次印刷(总第 15 次印刷)
标准书号: ISBN 978-7-117-17374-2
定　　价: 40.00 元
打击盗版举报电话: **010-59787491　E-mail: WQ @ pmph.com**
质量问题联系电话: **010-59787234　E-mail: zhiliang @ pmph.com**

全国高等学校医药学成人学历教育规划教材第三轮

修订说明

随着我国医疗卫生体制改革和医学教育改革的深入推进，我国高等学校医药学成人学历教育迎来了前所未有的发展和机遇，为了顺应新形势、应对新挑战和满足人才培养新要求，医药学成人学历教育的教学管理、教学内容、教学方法和考核方式等方面都展开了全方位的改革，形成了具有中国特色的教学模式。为了适应高等学校医药学成人学历教育的发展，推进高等学校医药学成人学历教育的专业课程体系及教材体系的改革和创新，探索医药学成人学历教育教材建设新模式，全国高等医药教材建设研究会、人民卫生出版社决定启动全国高等学校医药学成人学历教育规划教材第三轮的修订工作，在长达2年多的全国调研、全面总结前两轮教材建设的经验和不足的基础上，于2012年5月25～26日在北京召开了全国高等学校医药学成人学历教育教学研讨会暨第三届全国高等学校医药学成人学历教育规划教材评审委员会成立大会，就我国医药学成人学历教育的现状、特点、发展趋势以及教材修订的原则要求等重要问题进行了探讨并达成共识。2012年8月22～23日全国高等医药教材建设研究会在北京召开了第三轮全国高等学校医药学成人学历教育规划教材主编人会议，正式启动教材的修订工作。

本次修订和编写的特点如下：

1. 坚持国家级规划教材顶层设计、全程规划、全程质控和“三基、五性、三特定”的编写原则。

2. 教材体现了成人学历教育的专业培养目标和专业特点。坚持了医药学成人学历教育的非零起点性、学历需求性、职业需求性、模式多样性的特点，教材的编写贴近了成人学历教育的教学实际，适应了成人学历教育的社会需要，满足了成人学历教育的岗位胜任力需求，达到了教师好教、学生好学、实践好用的“三好”教材目标。

3. 本轮教材的修订从内容和形式上创新了教材的编写，加入“学习目标”、“学习小结”、“复习题”三个模块，提倡各教材根据其内容特点加入“问题与思考”、“理论与实践”、“相关链接”三类文本框，精心编排，突出基础知识、新知识、实用性知识的有效组合，加入案例突出临床技能的培养等。

本次修订医药学成人学历教育规划教材药学专业专科教材14种，将于2013年9月陆续出版。

全国高等学校医药学成人学历教育规划教材药学专业（专科）教材目录

教材名称	主编	教材名称	主编
1. 无机化学	刘　君	8. 人体解剖生理学	李富德
2. 有机化学	李柱来	9. 微生物学与免疫学	李朝品
3. 生物化学	张景海	10. 药物分析	于治国
4. 物理化学	邵　伟	11. 药理学	乔国芬
5. 分析化学	赵怀清	12. 药剂学	曹德英
6. 药物化学	方　浩	13. 药事管理学	刘兰茹
7. 天然药物化学	宋少江	14. 药用植物学与生药学	周　晔　李玉山

第三届全国高等学校医药学成人学历教育规划教材

评审委员会名单

前 言

为满足我国成人学历教育迅猛发展的需要，全国高等医药教材建设研究会规划并组织编写了全国高等学校医药学成人学历教育药学专业规划教材，这既为数以万计的成人学历受教育者提供了丰富的知识载体，也逐渐形成了我国特有的成人教育教材体系。针对全国高等学校药学专业成人学历教育的培养目标及特点，《药用植物学与生药学》教材力求做到加强针对性，突出实用性，实现特色化，保证和提高成人学历教育的质量。本教材是国家卫生和计划生育委员会“十二五”规划教材，可供成人学历教育药学及相关专业专科师生及广大自学者使用。

本教材由全国择优遴选的来自8所高等院校的专家联合编写。编写过程中注重与天然药物化学等相关学科的衔接与统一。为适应时代发展要求，增加了生药的质量控制和生药鉴定技术的最新进展等内容。为便于教学，在全书各章均设有学习目标和复习题；对重点药材灵活穿插了“理论与实践”、“问题与思考”、“相关链接”等模块，能够起到反馈学习效果，强化学习内容，培养学生联系实际、综合分析、灵活应用的能力。通过对本教材的学习，学生可初步掌握药用植物学和生药学的基本理论知识和实验技能，将来在从事与药用植物学和生药学知识相关的工作岗位上，既能解决面临的实际问题，又能为进一步深造奠定基础。

本教材以药用植物学知识为基础，生药学内容为重点，分为四篇十四章，共收载植物类、动物类、矿物类生药167种。第一篇、第二篇分别叙述药用植物学和生药学的基本理论、基本概念和研究方法等基础知识。第三篇为植物类生药的各论内容，其中被子植物门共收载45个科，包括重点科（*）15个，一般介绍的科30个。第四篇记述动物类生药和矿物类生药。各论生药包括重点生药（*）40种、熟悉生药（#）19种、了解生药76种，另有32种列在有关生药的附项下。本教材附图近300幅。重点生药包括基源、采收加工、原植（动）物特征、性状特征、显微特征、主要化学成分、定性定量分析方法、药理作用和功效等内容。熟悉生药包括基源、显微特征、主要药理作用和功效等内容。了解生药部分只做概述。充分体现教科书重点突出、层次分明、便于教学和学生自学的特点。本教材生药的来源、药用部位、鉴别、含量测定等内容与《中国药典》（2010年版）相统一，从而提高了本教材的科学性、实用性和准确性。

本教材编写具体分工是：周晔教授编写绪论、第四章、第六章一至五节、第七章、第八章和第十四章；李玉山教授编写第五章、第六章六至七节、第九章和第十章；晁志教授编写第一章和第三章；陈沪宁副教授编写第二章；贾英副教授编写第十二章被子植物门的桑科至木兰科、五加科生药；白云娥副教授编写第十二章的樟科至桃金娘科生药；舒晓宏教授编写第十一章、第十二章一至三节和第十三章；陈立娜副教授编写第十二章的伞形科至茜草科生药；黄芸教授编写第十二章的忍冬科至兰科生药。全书由周晔和李玉山主编负责统稿和定稿，并负责通篇总校工作。

本教材在编写过程中，得到了各编写院校和人民卫生出版社的大力支持，在此一并深表谢意。尽管我们为了保证本教材的质量竭尽全力，但由于水平所限，教材中难免存在疏漏和不妥，敬请业界师长、同仁、读者提出宝贵意见，以便使之不断更新和完善。

编者

2013年3月

目　录

第二篇 生药学基础

第三篇 药用植物类群和重要生药

第四篇　动物类和矿物类生药

绪 论

学习目标

掌握:生药、药用植物学、生药学的概念,以及我国古代重要的本草著作。
熟悉:药用植物学与生药学研究的主要内容和任务。
了解:药用植物学与生药学的发展,以及学习药用植物学与生药学的主要方法。

"生药"(crude drug)是指来源于天然的、未经加工或只经简单加工的植物、动物和矿物类药材,也称为"天然药物"(natural medicines)。植物类生药可采用药用植物的全体入药如薄荷、蒲公英,部分入药如甘草、黄连,植物分泌物或渗出物入药如乳香、血竭;动物类生药可采用药用动物的全体入药如金钱白花蛇、海马,部分入药如鳖甲、鹿茸,分泌物入药如蟾酥、麝香;矿物类生药可采用矿物的矿石入药如朱砂、芒硝,或经过一定方式的简单加工而得。广义上讲,生药包括一切来源于天然的中药材、草药、民族药材,以及提制化学药物的原料药材,兼有生货原药之意。

生药就是药材,大多数生药都是我国历代本草收载的药物,但生药还包括本草未记载、中医不常应用而为西医所用的天然药物如洋地黄叶等。在国外,生药一般不包括矿物药。

"中药"(traditional Chinese medicines)指收载于我国历代诸家本草和中医典籍中,依据中医药理论和临床经验用于防治疾病和医疗保健的天然药物,包括中药材(Chinese medicinal materials)、饮片(decoction pieces)和成方制剂中成药(Chinese patent medicines)。中药材指供切制成饮片,用于调配中医处方使用,或磨细粉直接服用或调敷外用,也可供药厂生产中成药或提取有效成分的原料药,简称为"药材"。迄今为止,中药材的总数量已近13 000种。

"草药"(medicinal herb)一般是指局部地区草医用以治病或地区性口碑相传的民间药(folk medicines),绝大多数是历代本草无记载的药物。随着研究的不断深入,一些疗效较好的草药逐渐被中医所应用,或作药材收购,如穿心莲等。中药和草药统称为"中草药"(Chinese traditional and herbal drugs)。在我国少数民族的民族医药理论指导下使用的药物称为"民族药"(ethnic drug),如藏药、蒙药、维药等。

第一节 药用植物学与生药学的研究内容与任务

药用植物学(Pharmaceutical Botany)是一门以具有防治疾病和保健作用的植物为对象,用植物学的知识和方法来研究它们的形态、组织、生理功能、化学成分、分类鉴定、资源开发和合理利用的学科。我国是世界上药用植物种类最多、应用历史最久的国家,现有药用植物383科11 020种(含种以下等级1208个),约占中药资源(包括动、植、矿物)总数的87%。中药及天然药物的绝大部分来源于植物。

“生药学”(Pharmacognosy)是一门应用本草学、植物学、动物学、化学、药理学、中医学、临床医学和分子生物学等学科理论和现代科学技术来研究生药的名称、来源、生产、采制、鉴定、活性成分、品质评价、开发利用等方面的学科。

我国中药材资源丰富、种类繁多。学好药用植物学与生药学,才能够为生药的品种鉴定与整理,建立生药及其制剂的质量标准与品质评价,生产科学化、现代化、符合国际规范的生药及其制剂,打入国际市场,促进中医药的现代化奠定基础。药用植物学与生药学具体研究任务如下。

一、准确识别、鉴定生药及其基源的种类,确保生药质量

生药(中药材)应用历史悠久,产区广泛,种类繁多,来源复杂,品种易混淆,存在问题颇多,如一药多种来源,本末难分;形态相似的生药,可能造成误收、误用;由于地区用语(俗名)、使用习惯的不同造成“同名异物”“同物异名”现象普遍存在。如《中国药典》(2010年版)规定中药材黄精为百合科植物黄精 *Polygonam sibiricum*、多花黄精 *P. cyrtonema* 或滇黄精 *P. kingianum* 的干燥根茎。有些地区将黄精、玉竹药材混用,有些地区将长梗黄精 *P. filipes*、卷叶黄精 *P. cirrhifolium* 代替黄精使用。如贯众为较常用的中药,全国曾作贯众用的原植物有11科,18属,58种(含2变种及1个变型),均属蕨类植物,其中各地习用的商品和混用的药材达26种,另32种均为民间草医用药。同名为“金银花”的有20种,“石斛”有48种植物来源等。名贵中药材如冬虫夏草,在市场上,有亚香棒虫草、香棒虫草、地蚕、人工伪制虫草、白僵蚕冒充冬虫夏草等多种伪品。曾发现有用商陆伪充人参,如若误服,会造成危害。《中国药典》(2010年版)收载的生药中亦存在不少生药为多来源的情况,如大黄、麻黄等,对它们进行鉴定需要有丰富的药用植物学与生药学知识。如果不能正确鉴定生药及其基源的种类,将直接影响到临床用药的准确性,轻则造成资源浪费,重则产生毒副作用,甚至威胁病人的生命。

二、继承和弘扬祖国药学的宝贵遗产

运用现代科学知识对生药进行本草学考证、分析,取其精华,去其糟粕,澄清复杂品种,整理和发掘优势品种。正本清源,解决生药名称混乱问题,使所有古代本草记载的药物都有正确的科学名称,如植(动)物药的基源植(动)物有正确的拉丁学名,矿物药有正确的原矿物名。运用现代药用植物学和生药学的知识和技术,有助于发掘有用的药学史料和品种,促进中药现

代化的发展进程。

三、促进生药及其制剂的标准化研究

利用药用植物学、天然药物化学、药物分析学、药理学等相关学科的研究方法，对生药进行来源、性状、显微、理化鉴别，确定生药的品质优良度。对杂质、重金属、农药残留量、黄曲霉素等有害物质进行限量或定量检查，为完善国家药典、卫生部部颁标准，或申报新药的研究资料等提供生药或其制剂的质量依据。目前我们仍采用测定主要有效成分的含量来评价生药品质的优劣。事实上生药含有的化学物质极其复杂，一种生药少则有数十种、多则有上百种化学成分。一些过去认为没有生物活性的成分如多糖、蛋白质，现已证实是有效成分，如猪苓中的多糖有抗肿瘤作用等。目前，对生药研究更多的是一些生理活性成分，如经过不同程度的药效试验或生物活性试验，包括体外和体内试验，证明对机体有一定生理活性的成分，但这些成分并不一定是真正代表天然药物临床疗效的有效成分，还要继续从分子水平阐明生药的生物活性、药理作用及防病治病的机制。只有寻找科学而实用的品质评价方法，实现生药及其制剂品质评价的科学化和标准化，才能使现代生药产品更多地进入国际市场，为中药现代化(traditional Chinese medicines modernization)、国际化发展奠定基础。

四、合理利用药用植物资源，积极寻找药材的新资源

现代科学技术的发展使人类开发利用药用植物资源的能力越来越强，世界各国都在利用各地的植物资源，应用现代高新技术，开发研制新药、保健品和食品。例如从本草记载治疗疟疾的青蒿 *Artemisia annua* 中分离得到的高效抗疟成分青蒿素；从印度民间草药长春花中筛选出高效抗白血病的成分长春新碱；红豆杉树皮中发现的紫杉醇，对乳腺癌及其他癌症都有较好的治疗作用。目前，已开发大量既有营养又能提高机体抵抗力的保健食品，如沙棘 *Hippophae rhamnoides*、刺梨 *Rose roxburgii* f. *normalis*、山楂 *Crataegus pinnatifida*、野生的食用菌、魔芋、蕨类，等等。

植物系统进化关系和植物化学分类学揭示亲缘关系越近的物种，其所含的化学成分越相似，甚至有相同的活性成分，利用该原理可寻找紧缺药材的代用品。如药用植物马钱 *Strychnos nux-vomica* 的干燥成熟种子作为药材马钱子是传统进口药材，在云南发现的云南马钱 *S. pierriana*的种子其有效成分与进口马钱子相似，且质量更优。这些新药或进口药的代用品，既填补了国内生产的空白，又创造了较大的经济效益。从植物中寻找新药的潜力很大，我们要充分利用现代科学技术及手段去研究和发掘各种植物资源的新用途和新的活性成分。

五、利用生物技术，扩大繁殖濒危物种，培养活性成分含量高的物种和转基因新物种

生物技术在21世纪对生命科学的各个领域都产生了十分深远的影响。利用植物细胞、组织培养技术将植物的分生组织进行离体培养，建立无性繁殖并诱导分化植株，此方法尤其对一些珍稀濒危植物的保存、繁殖和纯化是一条有效途径。近年经离体培养获得试管植株的药用植物已有金线莲 *Anoectochlus formosanus*、白及 *Bletilla striata*、铁皮石斛 *Dendrobium candidum*、绞

股蓝 *Gynostemma pentaphyllum* 等100余种,其中大多数为珍贵的药用植物。

生物技术已成为国家重点发展的技术领域,我国药用植物资源丰富,是发展药用植物生物技术的有利条件。应用细胞工程和基因工程知识研究药用植物,深化对药用植物的形态及代谢产物的内在认识,可将药用植物及其活性成分的研究从宏观水平推向细胞及分子水平。

六、药用植物和生药资源的保护与开发

我国地域辽阔,地形复杂,地跨寒、温、热三带,气候条件多样,蕴藏着丰富的天然资源。随着人类生产活动范围的不断扩大和医药需求量的逐年增加,野生的药用植物和生药资源正逐年减少,有些濒临灭绝。为了解决药用植物的供需矛盾,人们采用多种方法进行扩大药源。积极开展野生药材的栽培和养殖产业,变野生品种为家种、家养,为生药产业化发展提供技术支撑。利用分子生物学技术,可使植物体培养物产生高含量的次生代谢产物,如利用长春花 *Catharanthus roseus* 培养细胞生产蛇根碱,利用毛花洋地黄 *Digitalis lanata* 培养细胞生产地高辛等。根据植物的化学成分,从生药的近缘植(动)物中寻找具有与正品相似化学成分和药效的新品种。另外,还建立了一些植物资源合理利用与保护的战略基地——植物园、自然保护区、植物种植基因库等。这些举措在某种程度上解决了野生资源不足的问题。

第二节 我国古代重要本草著作简介

药物知识的来源,是人类在长期与疾病作斗争的医疗实践中不断积累和发展起来的,可以追溯到远古时代。古书记载:“神农氏(约公元前2700年)尝百草之滋味……一日而遇七十毒。”这足以说明我们的祖先在寻找食物的同时,通过长期而广泛的医疗实践,积累了医药知识和经验。学会了运用眼、耳、鼻、舌等器官识别自然界的植物、动物和矿物,哪些可作为食物,哪些可用于治疗疾病,逐渐形成了对“药”的感性认识,因此有“药食同源”之说。但太古时期文字未兴,这些知识只能依靠师承口授,这是本草学的萌芽。有了文字以后,随着药物知识的逐渐积累和发展,出现了医药书籍。由于药物中草类占大多数,所以记载药物的书籍便称为“本草”(ancient herbals)。从秦、汉到清代,本草著作约有400种之多。这些著作是祖国医药学的宝贵财富,并在国际上产生了重大影响。现将我国历代主要本草著作列表1简介如下。

表1 我国历代主要本草简介

书名	作者	年代	说明
神农本草经	不详	东汉末年(25—220年)	全书3卷,载药365种,其中植物药252种、动物药67种、矿物药46种。按医疗作用分上、中、下三品:上品120种为君,主养命以应天,无毒,多服、久服不伤人;中品120种为臣,主养性以应人,无毒、有毒均有;下品125种为佐使,主治病以应地,多毒,不可久服。该书总结了汉代以前我国的药物知识,是现知我国最早的药物著作

续表

书 名	作 者	年 代	说 明
本草经集注	陶弘景	南北朝(502—549)	以《神农本草经》和《名医别录》为基础,著成《本草经集注》(7卷),增加了汉魏以来名医所用药物365种,共载药730种。按药物的自然属性分类,分为玉石、草木、虫兽、果、菜、米食、有名未用七类。对原有的性味、功能和主治有所补充,并增加了产地、采集时间、加工方法、鉴别等,有的还记载了火烧试验、对光照视的鉴别方法。此书是《神农本草经》以后有确切著作年代和作者的重要本草文献
唐本草(新修本草)	苏敬(苏恭)等23人	唐显庆四年(659)	该书有本草20卷、附有图经7卷、药图25卷,载药844种,增加山楂等新药114种。其中也有一些来自印度、波斯、南洋的外来药物,如印度传入的豆蔻、丁香等。此书可称为是我国也是世界上最早的一部药典,比欧美各国认为最早的《纽伦堡(Nurnberg)药典》(1542年)要早883年。该书开创了我国本草著作图文对照的先例,对我国药物学的发展影响长达300年之久,并且流传国外,为我国乃至世界医药的发展作出了贡献
本草拾遗	陈藏器	唐开元27年(739)	新增药物有海马、石松等692种,包括序列1卷,拾遗6卷,解纷3卷。按药效宣、通、补、泄、轻、重、燥、湿、滑、涩的分类方法,重视性味功能、生长环境、产地、形态描述、混淆品种考证等
开宝本草	刘翰、马志等9人	宋开宝六—七年(973—974)	增药133种,新旧药合983种,并目录共21卷,开宝7年重加详定,称《开宝重定本草》
嘉祐本草	掌禹锡、林亿等	宋嘉祐二—六年(1057—1061)	以《开宝本草》为基础,新补82种,新定17种。共21卷,通计1083条(原书记载为1082种)
图经本草	苏颂等	宋嘉祐七年(1062)	全书20卷,目录1卷,载药780条,附图933幅。对药物的产地、形态、用途等均有说明
证类本草(经史证类备急本草)	唐慎微	宋徽宗大观二年前(1108前)	将《嘉祐本草》和《图经本草》合并,编成本草、图经合一的《经史证类备急本草》(简称《证类本草》)。载药1746种,新增药物500余种,收集了医家和民间的许多单方验方,补充了大量药物资料,内容丰富,图文并茂。曾由政府派人修订三次,加上了"大观"、"政和"、"绍兴"的年号,为一本集历代本草学大成之作

续表

书名	作者	年代	说明
本草纲目	李时珍(1518—1593)	明万历二十四年(1596)	分52卷,列为十六部,约200万字,增药374种,共载药物1892种,方11 096条。本书按药物自然属性作为分类基础,每药之下,分释名、集解、修治、主治、发明、附方及有关药物等项,体例详明,用字严谨。该书17世纪初传到国外,被译成多种文字,成为具有世界影响力的重要药学著作之一
本草纲目拾遗	赵学敏	清(1765)	对《本草纲目》做了一些正误和补充,共716种,附205种。凡本草纲目未载之重要药物如冬虫夏草、西洋参、胖大海、西红花等皆收录之,是清代新增中药材品种最多的一部本草著作
植物名实图考、植物名实图考长编	吴其濬	清道光28年(1848)	《图考》记载植物1714种,38卷;《图考长编》描述了植物838种,22卷。对植物的形色、性味、用途和产地叙述颇详,并附有精确插图,尤其着重介绍植物的药用价值与同名异物的考证,是植物学方面科学价值较高的名著,也是考证药用植物的重要典籍

第三节 近代药用植物学与生药学的发展

药用植物学与生药学是在现代植物学与化学等学科的基础上发展起来的。我国介绍西方近代植物科学的第一部书籍,是1857年李善兰先生和英国人 A. Williamson 合作编译的《植物学》,全书共八卷,插图200余幅。此书的出版,是我国近代植物学的萌芽。1934年,《中国植物学杂志》创刊。1949年,李承佑教授编著了《药用植物学》。

"生药学"由希腊字"Pharmakon"(药物)和"gnosis"(知识)连合而成,意为"药物的知识"。其拉丁文为 Pharmacognosia,英文为 Pharmacognosy,德文为 Pharmakognosie。汉文"生药学"一词,初见于1880年日本学者大井玄洞译著《生薬学》。1934年我国学者赵燏黄与徐伯鋆合编了《现代本草学—生药学》上卷,谓:"利用自然界生产物,截取其生产物之有效部分,备用于治疗方面者曰药材。研究药材上各方面应用之学理,实验而成一种之独立科学,曰生药学";1937年叶三多编写了《生药学》下册,这两本书的出版标志着我国现代生药学教学和研究的开始。

新中国成立后,在各医(药)科大学药学专业普遍开设了《生药学》课程。我国药用植物学与生药学工作者为我国的中药及天然药物的基础研究作出了重要的贡献。主要体现在:开展了三次(1959～1962年、1970～1972年、1983～1987年)全国中药资源调查及品种整理工作。在调查研究工作中,各地相继发现了许多资源丰富的新药源,如新疆的紫草、贝母,青海的枸杞、党参,西藏的大黄,云南的马钱子,广西的安息香等,而这些药材中不少品种在过去是依靠进口的。至今已对至少250余种中草药进行了较详细的化学与药理学方面的研究,发现了600

余种药理活性成分,分别具有抗肿瘤、治疗老年性痴呆、防治心血管疾病、抗肝炎、抗艾滋病毒(HIV)、降血糖、免疫调节等作用。对500余种中药的传统炮制方法进行了整理和总结,在中医理论指导下,采用化学、药理学等方法,研究中药炮制的原理,改革炮制工艺、制定中药炮制品的质量标准,促进中药炮制学的现代化。半个世纪以来,先后出版了一大批药用植物学、生药学方面的重要专著,编写了《中药志》《中华人民共和国药典》(1953、1965、1977、1985、1990、1995、2000、2005、2010年版)、《中华人民共和国药典中药彩色图集》《中华人民共和国药典中药薄层色谱彩色图集》《中华人民共和国药典中药粉末显微鉴别彩色图集》《中国药用植物图鉴》《中药大辞典》《全国中草药汇编》《中国药用植物志》《中华本草》《中草药学》《中药鉴别手册》《中国植物志》《新华本草纲要》《中国本草图录》《原色中国本草图鉴》《中国中药资源》《中国中药资源志要》《常用中药材品种整理和质量研究》《中国民族药志》等重要专著。利用计算机建立中医药文献数据库,从信息的掌握和利用上大大加快了研究的步伐。

2002年国家食品药品监督管理局颁布了《中药材生产质量管理规范(试行)》(GAP),使中药的种植与加工更加规范;研究中药材无公害栽培技术,生产"绿色中药材",并已在金银花、山楂等栽培中取得了成功的经验。采用化学指纹图谱等先进技术对药材和中药制剂进行质量控制,上述工作必将加速中药品种鉴定与质量评价的现代化、标准化和国际化的进程。

第四节 学习药用植物学与生药学的方法

药用植物学是药学和中药学专业的专业基础课,凡涉及中药(生药)植物品种来源及品质的学科都与药用植物学有关。药用植物学是一门实践性很强的应用学科,在学习时必须紧密联系实际,多到大自然和实验室进行观察和比较,用理论指导实践,通过实践再巩固理论知识,全面认真细致地观察植物的形态结构和生活习性,对相似的植物类群、器官形态、组织构造及化学成分多进行比较和分析,找出相似点和相异点。实践是获得真知、增长才干的重要途径。学习药用植物学的实践途径是室内实验和野外实习。室内实验,要熟悉掌握药用植物形态结构,徒手切片的制作,显微特征的观察描述,以及基本实验操作技能和常用仪器、设备的使用及保养等。野外实习,主要在于掌握分类学的标本采集、制作、保存技术,检索表的查阅及科、属、种定名知识,并识别一定数量的药用植物。

生药学是一门理论性、实践性、直观性较强的课程。要注意基本理论知识的学习和实验动手能力的培养,认真练习操作技能,通过多观察宏观和微观特征,多比较、多实践、多分析、归纳共性、区别个性,才能比较好地掌握各项鉴定技术。随着科学的发展,分子生物学技术、仪器分析、种植学、环境保护学、药理学等学科的新技术和交叉学科的互相渗透与应用,已在生药学科的研究中起到越来越重要的作用。在学习中,既要重视现代生药学的基础理论和技术,又要掌握相关学科的知识,为实现中药现代化,将来从事与生药有关的生产、新药开发和应用工作奠定坚实的基础。

总之,要严格要求自己,做好课前预习,课堂注意听讲,课后及时小结,认真运用所学知识,紧密联系实际,训练和不断提高解决实际问题的能力,多观察、多比较、多实践,才能有效地掌握基本知识、基本理论和基本操作技能,才能将本课程学得活、记得牢、利用得好。

本章小结

本章介绍了生药、药用植物学、生药学的概念。介绍了《神农本草经》《本草经集注》《唐本草》《本草纲目》等我国古代重要的本草著作。从继承和弘扬中药学的宝贵遗产、促进生药及其制剂的标准化研究等六个方面阐述了药用植物学与生药学研究的主要内容和任务。简要介绍了药用植物学与生药学的发展历史及学习药用植物学与生药学的主要学习方法。

复习题

1. 什么是药用植物学？什么是生药学？
2. 药用植物学与生药学的主要研究内容和任务是什么？
3. 我国历代主要本草著作有哪些？

第一篇　药用植物学基础

第一章

植物的细胞和组织

学习目标

掌握：植物细胞的形态、基本结构和功能；植物细胞的后含物；植物组织的概念和种类；保护组织、机械组织、分泌组织、输导组织的类型、细胞形态特征和在植物中存在的部位；维管束的概念及其类型。

熟悉：植物细胞壁的结构；质体的类型；分生组织、薄壁组织的类型、细胞形态特征和在植物中存在的部位。

了解：植物细胞的分裂；各种组织的生理功能；皮孔、侵填体、胼胝体。

第一节　植物细胞的基本构造

植物细胞(cell)是植物体结构和生命活动的基本单位，也是植物个体发育和系统发育的基础。单细胞植物体只由一个细胞构成；其一切生命活动，包括新陈代谢、生长、发育和繁殖等，都由一个细胞完成。多细胞植物体由许多形态和功能不同的细胞构成；这些细胞互相依存，彼此协作，共同维持和保证复杂生命活动的正常进行。

植物细胞的形状随植物的种类及其在植物体内存在的部位与执行功能的不同而各有差异，常见的有球状体、多面体、纺锤体和柱状体等。处于游离状态的单个细胞近似球形。在种子植物等多细胞植物体中，由于所执行的生理功能的不同和细胞间的相互挤压，细胞的形状变化多样。例如，输送水分和养料的导管和筛管呈长管状或长柱形，连接成相通的管道；起支持作用的细胞为长梭形、圆柱状或纺锤形，如聚集成束的纤维。

各种植物细胞的大小有较大的差异，大多数植物细胞的直径在10～100μm。多数植物细胞很小，必须借助显微镜才能分辨，如细菌的细胞直径小于0.2μm。有的植物细胞相当大，如西瓜瓤贮藏组织的细胞直径可达1mm，用肉眼即可分辨；有的细胞极长，如长达55cm的苎麻纤维。

植物细胞的构造需要借助显微镜才能观察清楚。光学显微镜下观察到的细胞结构称为显微结构(microscopic structure);电子显微镜下观察到的更细微的结构称为亚显微结构(submicroscopic structure)或超微结构(ultramicroscopic structure)。

各种植物细胞的形状和结构是不同的,同一个细胞在不同的发育阶段结构也有变化;通常不可能在一个细胞中看到细胞的全部结构。为了便于学习,一般将各种细胞的主要结构集中在一个细胞里加以说明;这个细胞称为典型的植物细胞或模式植物细胞(图 1-1)。

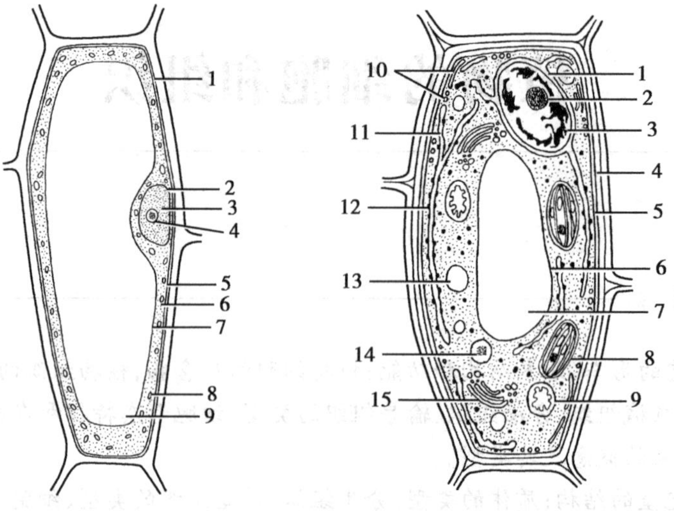

图 1-1　植物细胞的构造

A. 植物细胞的显微构造：1. 细胞壁，2. 核膜，3. 核液，4. 核仁，5. 质膜，6. 细胞质，7. 液泡膜，8. 叶绿体，9. 液泡；B. 植物细胞的超微构造：1. 核膜，2. 核仁，3. 染色质，4. 细胞壁，5. 质膜，6. 液泡膜，7. 液泡，8. 叶绿体，9. 线粒体，10. 微管，11. 内质网，12. 核糖核蛋白体，13. 圆球体，14. 微球体，15. 高尔基复合体

一个典型的植物细胞,外围包围着一层比较坚韧的细胞壁(cell wall),壁内为原生质体(protoplast)。原生质体是细胞内细胞质、细胞器等有生命的物质的总称。此外,细胞中还含有原生质体在新陈代谢过程中产生的多种非生命物质,统称为细胞后含物(ergastic substance)。

一、原生质体

原生质体由细胞质(cytoplasm)及悬浮其中的细胞核(cell nucleus)和细胞器(organelle)等组成。构成原生质体的物质基础是原生质(protoplasm)。原生质主要的化学成分有水、无机盐、生物大分子(蛋白质、糖类、脂类和核酸)、有机小分子(氨基酸、单糖、脂肪酸和核苷酸)和各种微量的有机化合物。

(一)细胞质

细胞质为半透明、半流动的基质,是原生质体的基本组成部分。细胞质处于不断的运动状态,带动细胞器围绕中央液泡做有规律的持续环形流动。这种自主流动的生命现象称为胞质环流(cytoplasmic streaming,cyclosis)。胞质环流能促进细胞内营养物质的流动,有利于新陈代谢的进行,对于细胞的生长发育、通气和创伤的恢复都有一定的促进作用。

在细胞质的表面有一层紧贴细胞壁的薄膜,称为细胞膜(cell membrane),又称质膜(cytoplasmic membrane)。质膜是由磷脂双分子层和镶嵌蛋白组成的单位膜,对于物质的通过具有半透性,表现为渗透现象和选择透性。细胞膜的存在,既保持了细胞的完整性,又稳定了细胞的内环境。用高渗溶液处理细胞,使原生质体失水收缩,与细胞壁发生质壁分离时,可在光学显微镜下清晰地观察到细胞膜。

除细胞膜以外,细胞内还存在着其他类似的生物膜结构。例如液泡膜、叶绿体膜、线粒体膜、内质网膜与核膜等。

(二)细胞核

通常高等植物的每个细胞只有一个细胞核,但一些低等植物如藻类、菌类植物的细胞,以及种子植物的乳汁管细胞,有双核或多核的现象。细胞核呈圆球形,在细胞中所占的大小、比例、形状和它的位置会随着细胞的生长而变化。幼年期细胞的细胞核,在细胞质中占的体积比较大,位于细胞质的中央,呈球形;随着细胞的长大,细胞核的体积比例渐次变小;当细胞质被增大了的液泡挤压到细胞的周边时,细胞核也随之被挤压到细胞的一侧。

细胞核由核膜(nuclear membrane)、核液(nuclear sap)、核仁(nucleolus)和染色质(chromatin)四部分组成。染色质由去氧核糖核酸(DNA)和蛋白质组成。当细胞核进入分裂期,染色质集聚为一些螺旋状的染色质丝,进而形成棒状的染色体(chromosome)。不同物种的染色体的数目、形状和大小是不同的。但是,对于同一物种来说,则是相对稳定的。所以,染色体的数目、形状和大小(染色体的核型)是植物分类鉴定的重要依据之一。

(三)细胞器

细胞器是细胞质中具有一定形态结构和特定功能的微器官。细胞器主要有质体、线粒体、液泡、内质网、高尔基体、核糖体、溶酶体、圆球体和微管与微丝组成的细胞骨架。其中,质体和液泡是植物细胞所特有的,且在光学显微镜下即可分辨。

1. 质体(plastid)　质体与营养物质的合成与储藏有密切关系,由蛋白质、类脂等成分组成。质体分为叶绿体(chloroplast)、有色体(chromoplast)和白色体(leucoplast)三种类型。不同类型的质体含有的色素不同,执行的生理功能也不同(图1-2)。

(1) 叶绿体:是植物进行光合作用和合成淀粉的场所。高等植物的叶绿体呈球形或扁圆形。叶绿体分布在植物体见光的部位,如绿色植物的叶和暴露的幼茎、幼果的基本组织中。叶绿体含有叶绿素a、叶绿素b、叶黄素和胡萝卜素等色素。叶绿素占优势时,叶片呈绿色。植物的生活条件改变或进入衰老阶段,叶绿素含量降低,叶片的绿色会随之改变。叶绿素是主要的光合色素,能吸收光能,直接参与光合作用。

(2) 有色体:呈杆状、圆形或不规则形状,主要分布在花、果或植物体的有色部位。含有的色素主要是胡萝卜素及叶黄素。由于这两种色素的比例不同,可使植物体分别呈现黄色、橙色或橙红色等不同的颜色。

(3) 白色体:不含色素,呈微小的球形或颗粒状。主要分布在种子的胚及植物体无色器官的贮藏细胞中。常聚集在细胞核附近。白色体的功能与物质在植物体内的积累和贮藏有关,它包括合成贮藏淀粉的造粉体、合成蛋白质的蛋白质体和合成脂肪、脂肪油的造油体。

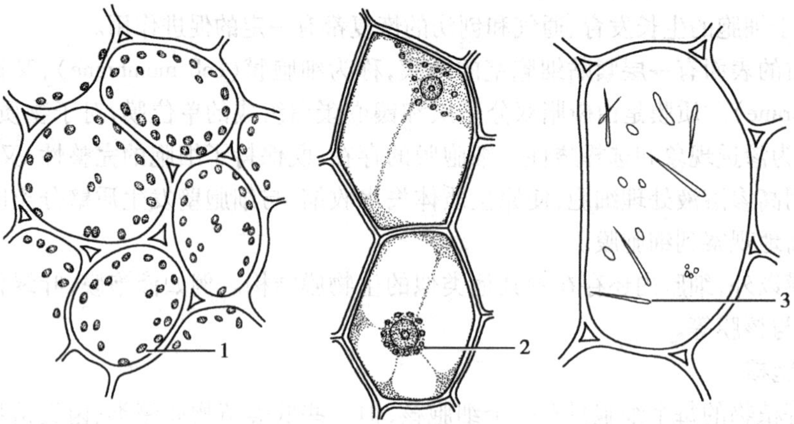

图 1-2　质体的种类

1. 叶绿体，2. 白色体，3. 有色体

三种质体在起源上都是由前质体(proplastid)发育而来；在一定的条件下，质体之间可以互相转化。例如，发育中的番茄幼果，最初含有白色体，以后转化成叶绿体，最后叶绿体再转化为有色体。番茄果实的颜色也随之变化，从开始时的白色变成后来的绿色，最后成为红色。另外，有色体也可转化成其他的质体。例如，胡萝卜根暴露在日光下的部分变成绿色，这是有色体转化为叶绿体的缘故(图 1-3)。

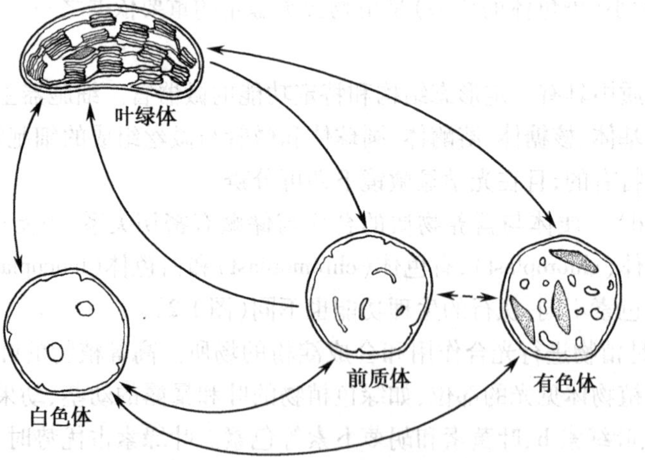

图 1-3　三种质体的相互转变

2. 液泡(vacuole)　成熟高等植物的细胞具有一个中央大液泡，幼小的细胞中无液泡或液泡不明显。随着细胞不断地分化成熟，液泡逐渐增大，彼此合并成几个大液泡或一个中央大液泡，并将细胞质、细胞核和质体等挤向细胞的周缘部位(图 1-4)。

液泡外有液泡膜把液泡内的细胞液与细胞质隔开。液泡膜是有生命的，属于原生质体的一个组成部分；液泡内的液体称为细胞液，是细胞新陈代谢过程中产生的多种物质的混合液，是无生命的。

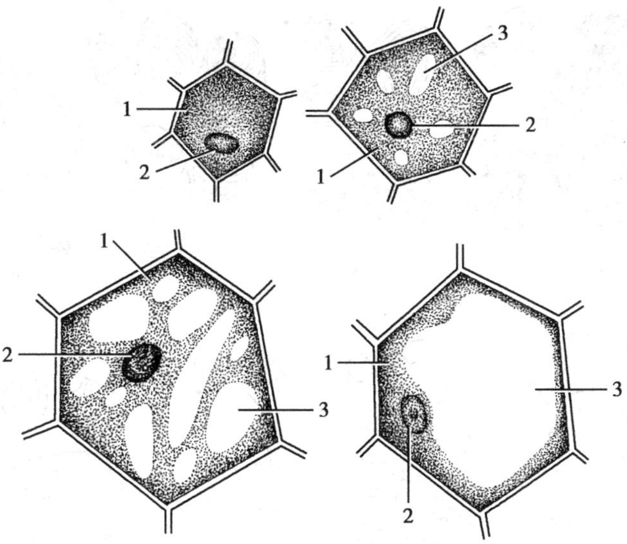

图 1-4 液泡的形成

1. 细胞质，2. 细胞核，3. 液泡

二、植物细胞的后含物

植物细胞在新陈代谢的活动中产生的各种非生命物质，统称为后含物。细胞后含物的种类很多，有的是对人体具有生理作用的活性成分，具有重要的药用功效；有的是具有营养价值的贮藏物，是人类食物的主要来源；有的是细胞代谢过程中形成的废物。细胞后含物的形态和性质是中药材显微鉴定的主要依据之一。

（一）淀粉（starch）

由多分子的葡萄糖脱水缩合而成。绿色植物经过光合作用所产生的葡萄糖在叶绿体内转变成的淀粉称为同化淀粉。同化淀粉可再度分解为葡萄糖，转运到贮藏器官中。贮藏淀粉以淀粉粒（starch grain）的形式贮存在植物根、块茎和种子的薄壁细胞中。淀粉积累时，先形成淀粉的核心叫脐点（hilum），然后环绕脐点继续由内向外沉积。在显微镜下可看到围绕脐点有许多明暗相间的轮纹即淀粉粒的层纹（annular striation），这是直链淀粉和支链淀粉相互交替地分层沉积的结果。与支链淀粉相比较，直链淀粉对水的亲和性更强。二者遇水膨胀不一，出现了折光上的差异。如果用酒精处理，使淀粉脱水，这种轮纹也就随之消失。

淀粉粒有三种类型：一个淀粉粒只有一个脐点的称为单粒淀粉粒（simple starch grain）；有两个或两个以上脐点，每个脐点只有自己的层纹的称为复粒淀粉粒（compound starch grain）；具有两个或两个以上脐点，每个脐点除了有各自的层纹外，还有共同的层纹的称为半复粒淀粉粒（half-compound starch grain）。

淀粉粒的形状有圆球形、卵圆球形、长圆球形或多面体等。脐点在淀粉粒中的位置有的在中心，有的偏于一端；其形状有颗粒状、裂隙状、分叉状、星状等。淀粉粒的形状、大小、层纹和脐点的形状、位置随植物种类的不同而有差异，因此，可作为药材鉴定的一种依据（图 1-5）。

淀粉粒不溶于水，在热水中膨胀而糊化，与酸或碱共煮则变为葡萄糖。遇稀碘液可使含直链淀粉的淀粉粒变成蓝紫色，含支链淀粉的淀粉粒显紫红色。

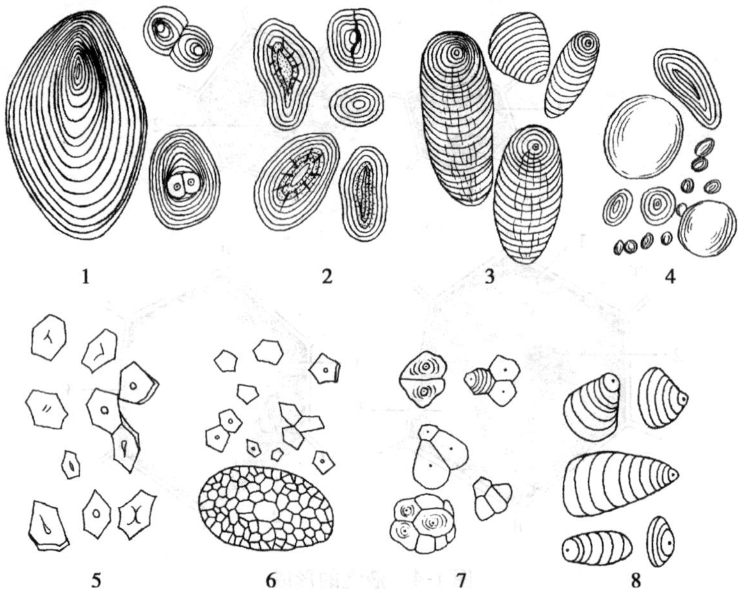

图 1-5　几种不同植物的淀粉粒

1. 马铃薯(左为单粒淀粉粒，右上为半复粒淀粉粒，右下为复粒淀粉粒)，
2. 豌豆，3. 藕，4. 小麦，5. 玉米，6. 大米，7. 半夏，8. 姜

（二）菊糖（inulin）

由果糖分子聚合而成，能溶于水，不溶于乙醇。通常分布在菊科、桔梗科植物根的细胞中。含有菊糖的材料（如桔梗根）在70%乙醇中浸1周，再制作成切片，在显微镜下可观察到细胞内呈球状或半球状结晶的菊糖。菊糖遇25% α-萘酚溶液及浓硫酸溶解而显紫堇色（图1-6）。

（三）蛋白质（protein）

贮藏的蛋白质是化学性质十分稳定的无生命物质，与构成原生质体的活性蛋白质完全不同。蛋白质常呈无定形的小颗粒或结晶体。在种子的胚乳和子叶细胞中多含有丰富的、以糊

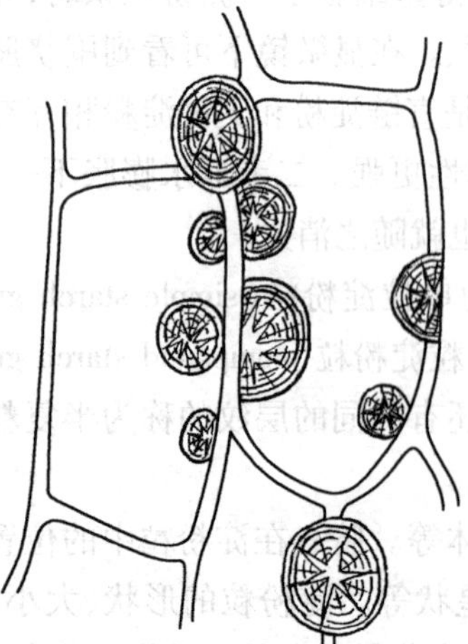

图 1-6　桔梗根中的菊糖

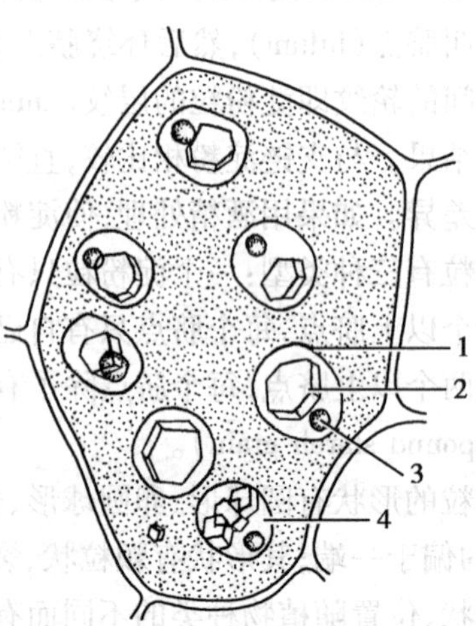

图 1-7　糊粉粒（蓖麻胚乳细胞）

1. 糊粉粒，2. 蛋白质晶体，3. 球晶体，4. 基质

粉粒的状态存在的蛋白质。蓖麻种子的糊粉粒有一定的结构，外面是一层蛋白质膜，里面为无定形的蛋白质基质，其中分布有蛋白质拟晶体和肌醇磷脂的钙盐或镁盐的球形体。在小茴香胚乳的糊粉粒中还含有细小的草酸钙簇晶。蛋白质加碘变成黯黄色；遇硫酸铜加强碱溶液显紫红色（图1-7）。

（四）脂肪（fat）和脂肪油（fatty oil）

脂肪是由脂肪酸和甘油结合而成的，大多存在于植物的种子中。常温下呈固态或半固态的为脂肪，如可可豆脂；在常温下呈液态的是脂肪油，以小油滴的状态分布在细胞质里，如蓖麻子、芝麻等富含脂肪油。脂肪和脂肪油遇苏丹Ⅲ溶液显橙红色，加锇酸变成黑色（图1-8）。

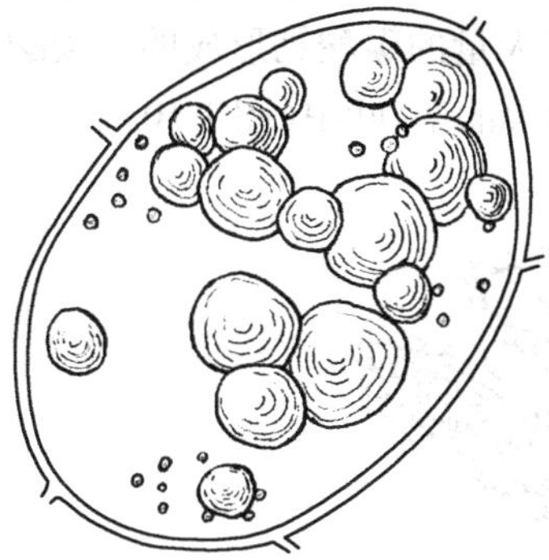

图1-8　脂肪油（椰子胚乳细胞）

（五）晶体（crystal）

植物代谢过程中常产生具有一定形态的结晶。常见的为草酸钙结晶和碳酸钙结晶。

1. 草酸钙结晶（calcium oxalate crystal）　是植物体内多量草酸被钙中和的结果。在植物衰老的过程中，细胞内的草酸钙结晶也逐渐增多。草酸钙结晶无色透明，形状不一，分布在细胞液中。根据其形状的不同可分为以下几种类型（图1-9）。

（1）方晶（solitary crystal）：通常呈斜方形、菱形、长方形等，如甘草、黄柏中的晶体。

（2）针晶（acicular crystal）：为两端尖锐的针状，在细胞中大多成束存在，称为针晶束，常存在半夏、黄精等植物的黏液细胞中。有的针晶不规则地散布在薄壁细胞中，如苍术、山药中的针晶。

（3）簇晶（cluster crystal，rosette aggregate）：由许多菱状晶体集合而成，呈多角星形，如大黄、人参中，存在较多簇晶。

（4）砂晶（crystal sand）：为细小的三角形、箭头状或不规则形。在颠茄、牛膝等植物中，常

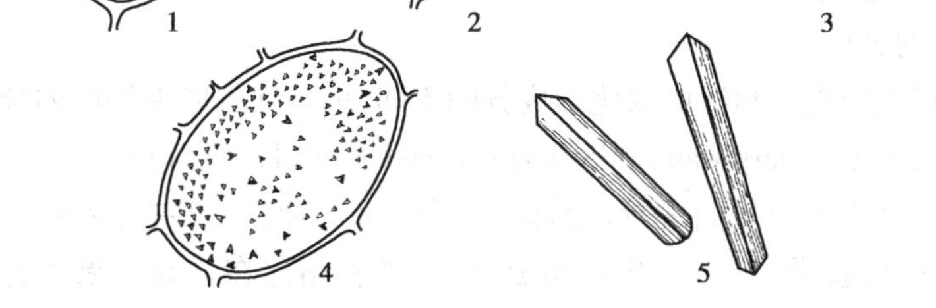

图1-9　各种草酸钙结晶

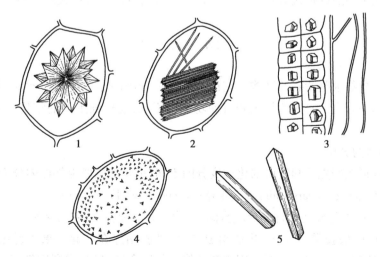

1. 簇晶（大黄根茎），2. 针晶束（半夏块茎），3. 方晶（甘草根），4. 砂晶（牛膝根），5. 柱晶（射干根茎）

有充满砂晶的细胞；这些细胞常较周围细胞为暗，容易辨认。

（5）柱晶（columnar crystal，styloid）：为长柱形，长度为直径的四倍以上。在淫羊藿、射干等植物中可见。

一般一种植物中只能见到一种形状的晶体，但少数植物中也有两种或多种形状的晶体，如曼陀罗叶中含有簇晶、方晶和砂晶；也有植物不含草酸钙结晶。植物种类不同，其所含的草酸钙结晶的形状和大小也不同，可作为鉴别药材的依据。

草酸钙结晶不溶于醋酸，加稀盐酸溶解而无气泡产生；遇 20% 硫酸溶解，而后析出针状的硫酸钙结晶。

2. 碳酸钙结晶（calcium carbonate crystal）　通常呈钟乳体的形态存在，一端与细胞壁连接，状如一串悬垂的葡萄，是由细胞壁的特殊瘤状突起上积聚了大量的碳酸钙形成的。碳酸钙结晶存在于爵床科、桑科、荨麻科等类群的植物，如穿心莲、大麻等的茎、叶中（图 1-10）。

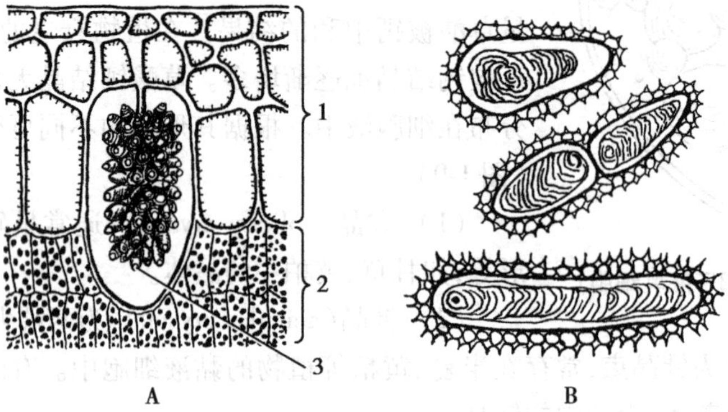

图 1-10　碳酸钙结晶

A. 无花果叶的钟乳体（切面观）：1. 表皮，2. 栅栏组织，3. 钟乳体；
B. 穿心莲叶的螺状钟乳体（表面观）

碳酸钙结晶加醋酸或稀盐酸溶解，并放出 CO_2 气泡，可以此与草酸钙结晶区别。

三、细　胞　壁

细胞壁也是植物细胞特有的结构。它由原生质体分泌的非生命物质构成，具有一定的坚韧性。由于植物细胞生活时间的长短和行使功能的不同，使得细胞壁的结构及其组成成分也不一致。

（一）细胞壁的分层

根据细胞壁形成的先后和组成的化学成分的不同，可将细胞壁由外而内分为胞间层（intercellular layer）、初生壁（primary wall）和次生壁（secondary wall）三层（图 1-11）。

1. 胞间层　在细胞分裂时首先形成胞间层，为相邻两细胞所共有，又称中层（middle lamella）。它由亲水性的果胶类（pectin）物质组成，能使细胞粘连在一起。果胶易被酸、碱或酶溶解，从而导致细胞的相互分离。例如，用硝酸和铬酸的混合液浸泡，或利用细菌产生果胶酶，可分解苘麻纤维细胞的胞间层。

2. 初生壁　在细胞生长的过程中，由原生质体分泌的纤维素（cellulose）、半纤维素（hemi-

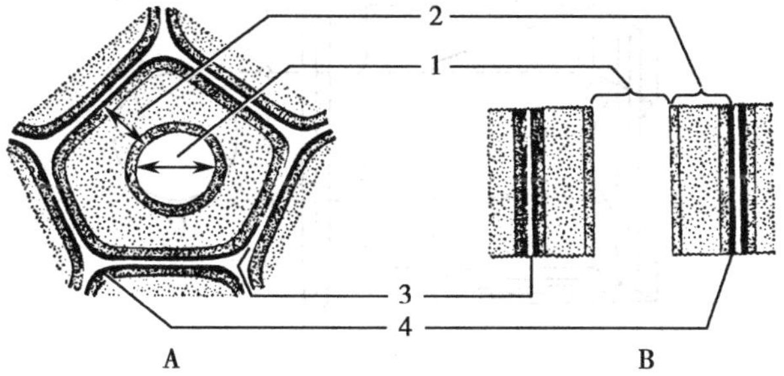

图 1-11　细胞壁的结构

A. 横切面；B. 纵切面

1. 细胞腔，2. 次生壁，3. 胞间层，4. 初生壁

cellulose）和果胶类物质等，增加在胞间层的内侧，形成初生壁。初生壁薄而有弹性，能随细胞的生长而延伸；在此过程中，原生质体分泌物不断地填充其中，进行填充生长。许多植物细胞终生只有初生壁。

3. 次生壁　当细胞停止生长以后，在初生壁的内侧附加了一些纤维素、半纤维素及少量的木质素（lignin）等物质，形成了次生壁。次生壁质地较坚硬，有增强细胞壁机械强度的作用。

（二）纹孔（pit）和胞间连丝（plasmodesmata）

1. 纹孔　次生壁的增厚是不均匀的，留下一些没有增厚的空隙，称为纹孔。纹孔由纹孔腔（pit cavity）和纹孔膜（pit membrane）组成；纹孔腔是由次生壁围成的腔，它的开口即纹孔口（pit aperture），朝向细胞腔；腔底的初生壁和胞间层部分为纹孔膜。纹孔有单纹孔（simple pit）和具缘纹孔（bordered pit）两种。具缘纹孔的次生壁向细胞内呈架拱状隆起，形成一个扁圆的纹孔腔，有一明显变小的圆形或扁圆形的纹孔口，正面观为两个同心圆。单纹孔则没有这样的隆起边缘，正面观呈圆孔形或扁圆形；单纹孔多存在于薄壁组织、韧皮纤维和石细胞中。

松柏类植物管胞上的具缘纹孔，纹孔膜中央加厚形成纹孔塞（torus）。这种情况在显微镜下正面观为三个同心圆，外圈是纹孔腔的边缘，第二圈是纹孔塞的边缘，内圈是纹孔口的边缘（图 1-12）。纹孔塞具有活塞的作用，当水流速度快时，水流压力可以迫使纹孔塞把纹孔口堵起来，使水流上升的速度减缓。

相邻两细胞的细胞壁上的纹孔常成对地存在，称为纹孔对（pit pair）。纹孔对有三种类型，即单纹孔对（simple pit pair）、具缘纹孔对（bordered pit pair）、半缘纹孔对（half-bordered pit pair）（图 1-12）。在管胞或导管与薄壁细胞之间形成的纹孔对，常为半缘纹孔对，即一边为具缘纹孔，而另一边为单纹孔；其正面观也为两个同心圆。

2. 胞间连丝　细胞间有许多纤细的原生质丝穿过初生壁上微细的孔眼彼此联系着，这种原生质丝称为胞间连丝。如柿、马钱的胚乳细胞，初生壁甚厚，可见明显的胞间连丝（图 1-13）。

（三）细胞壁的特化

细胞壁主要的成分是纤维素。由于环境的影响和生理功能的不同，某些细胞在生长分化过程中，原生质体合成的一些其他物质渗入到纤维素质的细胞壁内，改变了细胞壁的理化性质，这种现象称为细胞壁的特化。细胞壁结构的特化表现为其厚度和化学组成上的变化，常见的有：

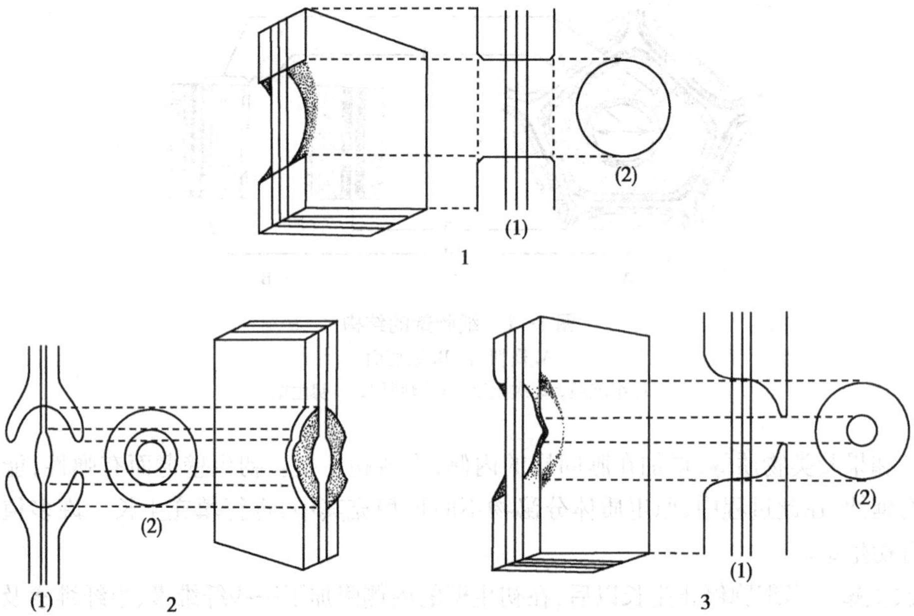

图 1-12　纹孔对的图解

1. 单纹孔对；2. 具缘纹孔对（松柏类植物）；3. 半缘纹孔对

（1）切面观，（2）表面观

图 1-13　胞间连丝（柿胚乳细胞）

1. 木质化（lignification）　木质素沉积在细胞壁上，使得细胞壁坚硬牢固，增强了植物细胞群和植物组织间支撑的能力。当木质化的细胞壁变得很厚时，细胞趋于衰老或死亡。如导管、木纤维、石细胞等。木质化的细胞壁加间苯三酚溶液，片刻后，再加浓盐酸，即显红色。

2. 木栓化（suberization）　是细胞壁内渗入了脂肪性的木栓质的结果。木栓化细胞壁不透水、不透气，使细胞内原生质体与周围环境隔绝而死亡，对植物体有保护作用。木栓化细胞壁遇苏丹Ⅲ试液显红色。

3. 角质化（cutinization）　原生质体产生的脂肪性角质填充到细胞壁内，使得细胞壁角质化。有的在茎、叶或果实的表皮细胞的外侧面形成薄薄的一层角质层。角质层遇苏丹Ⅲ试液显橘红色。

4. 黏液质化（mucilagization）　细胞壁中的果胶质、纤维素等变成为黏液。黏液质化所形成的黏液在细胞的表面常呈固体状态，吸水膨胀后成黏滞状态。如车前子、亚麻子的表皮中具有黏液化细胞。黏液质化的细胞壁遇玫红酸钠醇溶液染成玫瑰红色；遇钌红试剂染成红色。

5. 矿质化（mineralization）　细胞壁中含有硅质或钙质，增加了细胞壁的硬度，增强其机械支持作用。如木贼茎和硅藻的细胞壁内均含大量的硅质（二氧化硅或硅酸盐）。硅质能溶于氟化氢,但不溶于醋酸或浓硫酸。

四、植物细胞的分裂及方向

植物生长是通过增加细胞的数量和增大细胞的体积来实现的。细胞分裂和增殖是植物体生长、发育和繁殖的基础,也是生命得以延续的前提。植物细胞的分裂方式有三种,即无丝分裂(amitosis)、有丝分裂(mitosis)和减数分裂(meiosis)。对于高等植物来说,通过有丝分裂增加植物体的细胞数目,减数分裂产生性细胞。在有些植物的细胞中还出现无丝分裂的现象。细胞的分裂在中学生物学中有比较详细的叙述,在此不再赘述。

细胞在植物体内的分裂方向,是以植物体的纵轴作为参照物来定义的,通常有三种。

(一)切向分裂(tangential division)

细胞分裂后形成的新壁与植物体的纵轴的圆周切线平行或与半径垂直。分裂结果是增加植物体或器官径向的细胞层次,使植物体增粗。又称平周分裂(periclinal division)。

(二)径向分裂(radial division)

细胞分裂后形成的新壁与植物体的纵轴的圆周切线垂直或与半径平行。分裂结果是不增加植物体或器官径向的细胞层次,而增加切向细胞的数量扩大圆周的长度,以适应植物体的增粗生长。又称垂周分裂(anticlinal division)。

(三)横向分裂(transverse division)

细胞分裂后形成的新壁与植物体的纵轴相垂直。分裂结果是增加植物体或器官的长度,促进植物体的纵向生长。

第二节　植物的组织

在植物个体发育中,具有相同来源(即由同一个或同一群具分生能力的细胞生长、分化而来)的同一类型或不同类型的细胞群组成的结构和功能单位,称为组织(tissue)。植物体内存在着多种行使着不同生理功能的组织。各种组织既有其独立性,同时又相互协同,共同完成器官的生理功能。

一、植物组织的类型

植物组织分为分生组织(meristem)、薄壁组织(parenchyma)、保护组织(protective tissue)、分泌组织(secretory tissue)、机械组织(mechanical tissue)和输导组织(conducting tissue)六种类型。后五者均源于分生组织的分生分化,称为成熟组织(mature tissue)或永久组织(permanent tissue),一般不再发生分化。

(一)分生组织

分生组织是一群具有分生能力的细胞,通过细胞分裂,增加细胞的数量,使植物体不断生长。分生组织位于植物体生长的部位,其主要特征是细胞体积小,常为等径多面体,排列紧密,无细胞间隙,细胞壁薄,细胞核大,细胞质浓,无明显的液泡等(图1-14)。

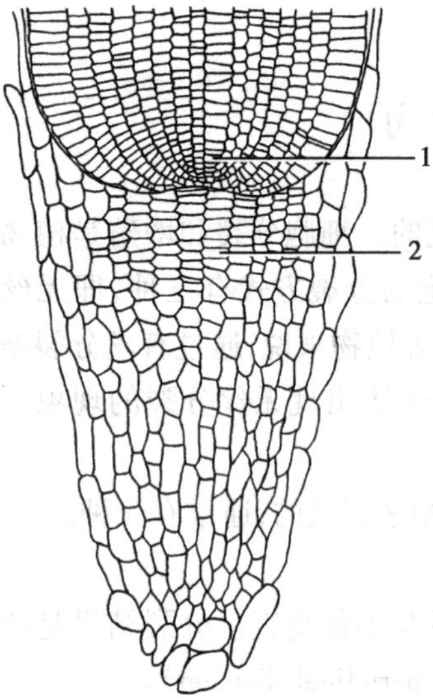

图 1-14 根尖顶端的分生组织

1. 生长点，2. 根冠分生组织

分生组织按其来源和功能的不同，可分为：

1. 原生分生组织（promeristem） 原生分生组织是由胚中遗留下来的一群细胞，终生保持强烈的分裂能力，位于植物根、茎和枝的先端，属于顶端分生组织（apical meristem）。原生分生组织分生活动的结果，可以使植物的根、茎和枝条不断地伸长和长高。

2. 初生分生组织（primary meristem） 初生分生组织由原生分生组织刚衍生的细胞组成。这些细胞在形态上出现了最初的分化，但仍然保持着较强的分裂能力。它是一种边分裂、边分化的组织，也可看作是由分生组织向成熟组织过渡的组织。一般位于植物根、茎和枝的先端、原生分生组织的后方，也属于顶端分生组织。通过初生分生组织细胞的分裂分化，形成根、茎等器官的初生构造，并使之快速伸长或长高。

禾本科、百合科一些植物茎的节间、叶的基部存在着少许分生组织，称为居间分生组织（intercalary meristem），其活动可使茎、叶在短时间内迅速生长。居间分生组织是从顶端分生组织中保留下来的一部分分生组织，细胞持续活动时间较短，一般分裂一段时间后完全转变为成熟组织。从来源上看，它仍然属于初生分生组织，所以由它产生的组织还属于初生构造的一部分。

3. 次生分生组织（secondary meristem） 次生分生组织是由成熟组织的细胞重新恢复分生能力而形成的分生组织。这类分生组织主要存在于裸子植物及双子叶植物的根和茎内，位于其侧方的周围部分，靠近器官的边缘，呈环状，因而又称侧生分生组织（lateral meristem），包括木栓形成层、形成层等。次生分生组织分生活动的结果，产生次生构造，使根、茎不断地加粗。

（二）薄壁组织

薄壁组织以细胞具有薄的初生壁而得名，在植物体内占很大的体积，是构成植物体的基础。基本薄壁组织的细胞呈圆球形、圆柱形、多面体形等，排列疏松，有细胞间隙；主要起填充和联系的作用，具有潜在的分生能力，可转化为次生分生组织；通常存在于根、茎的皮层和髓部。

薄壁组织适应不同的生理功能，而特化为多种类型。

1. 通气组织（aerenchyma） 存在于水生和沼泽植物体内。这类组织的细胞间隙特别发达，可形成较大的空隙或通道，具有贮存空气的功能，例如莲的叶柄、灯心草的髓部等部位的组织。

2. 同化组织（assimilating tissue） 细胞内有许多叶绿体，进行光合作用，制造营养物质。分布于植物体的绿色部分，如叶肉及幼嫩茎的皮层部分。

3. 吸收组织（absorptive tissue） 根尖的根毛区细胞，具有从土壤中吸收水分和矿物质的功能。

4. 储藏组织（storage tissue） 细胞内贮藏大量的如淀粉、蛋白质、脂肪油或糖类等营养物质。主要存在于植物的根、茎、果实和种子中。

5. 储水组织(aqueous tissue)　细胞较大,液泡中含有大量的黏性汁液,贮藏有丰富水分。一般存在于旱生的肉质植物中,如景天、芦荟等的光合器官中都能见到。

(三)保护组织

保护组织覆盖在植物体的表面,对植物体起保护作用。它可使植物体免受病虫侵害和机械损伤,进行气体交换,防止水分过度散失。分为初生保护组织(表皮)和次生保护组织(周皮)两种类型。

1. 表皮(epiderm)　分布于幼嫩的根、茎、叶、花、果实和种子的表面。常由一层生活细胞组成。表皮细胞的形状多为扁平的长方形、多边形或波状不规则形,彼此嵌合,排列紧密,无细胞间隙。表皮细胞通常不含叶绿体,外壁常角质化。有的在表面形成连续的角质层,有的形成蜡被,这些结构可防止水分的散失。茎、叶部位的表皮细胞常分化形成气孔或向外突起形成毛茸。

(1) 气孔(stoma):气孔是植物进行气体交换和调节水分蒸腾的通道。双子叶植物的气孔由两个半月形的保卫细胞(guard cell)对合而成。保卫细胞由表皮细胞特化而来,细胞质比较丰富,细胞核明显,含有叶绿体。保卫细胞的细胞壁厚薄不均,近气孔一侧的细胞壁较厚,而邻近表皮细胞的细胞壁较薄。因此,当保卫细胞充水膨胀时,气孔隙缝张开;当保卫细胞失水萎缩时,气孔隙缝闭合。气孔的张开和关闭可起到控制气体交换和调节水分蒸发的作用。通常,气孔主要分布在叶片和幼嫩茎枝的表面,其数量和大小随器官类型和所处环境条件的不同而有差异。例如,叶片下表皮分布的气孔比较多。

与保卫细胞相邻的表皮细胞称副卫细胞(subsidiary cell)。保卫细胞和副卫细胞排列的方式称为气孔的轴式。双子叶植物气孔轴式有五种类型(图1-15)。

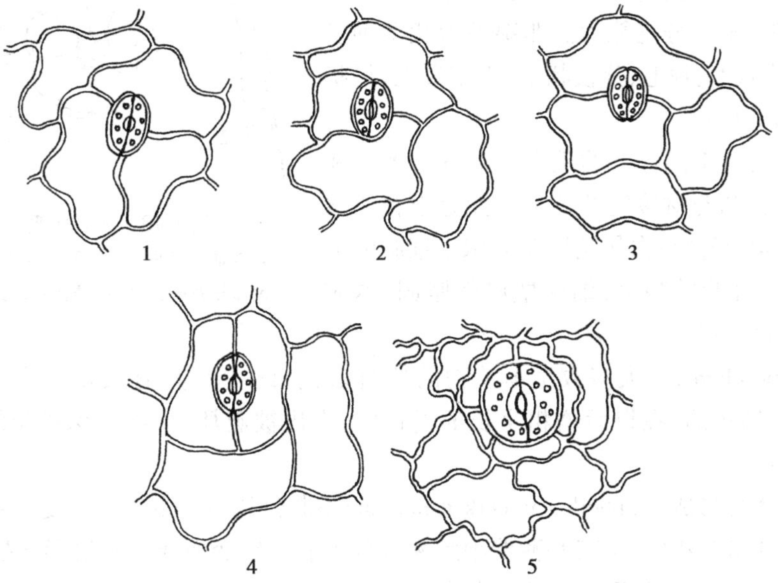

图1-15　双子叶植物气孔轴式的类型

1. 不定式, 2. 不等式, 3. 直轴式, 4. 平轴式, 5. 环式

直轴式(diacytic type, cross-celled type):气孔周围有两个副卫细胞,其长轴与保卫细胞的长轴,亦即气孔的长轴垂直,如薄荷、石竹、穿心莲等的气孔。

平轴式(paracytic type,parallel-celled type):气孔周围有两个副卫细胞,其长轴与保卫细胞的长轴平行,如茜草、补骨脂、常山等的气孔。

不等式(anisocytic type,unequal-celled type):气孔周围的副卫细胞为3~4个,但每个副卫细胞的大小不等,其中一个特别小,如菘蓝、曼陀罗等的气孔。

不定式(anomocytic type,irregular-celled type):气孔周围的副卫细胞数目不定,其大小基本相同,而形状与表皮细胞相似,如艾、桑、洋地黄、毛茛等的气孔。

环式(actinocytic type,radiate-celled type):气孔周围的副卫细胞数目不定,通常较多,其形状比其他表皮细胞窄小,围绕气孔周围排列成环状,如茶、桉树等的气孔。

禾本科植物气孔的保卫细胞呈哑铃形,如淡竹叶的气孔。

(2) 毛茸(hair,trichome):毛茸是由表皮细胞特化而成的突起物,具有保护、分泌物质和减少水分蒸发的功能。具有分泌功能的称腺毛(glandular hair,glandular trichome);没有分泌功能,仅具机械保护作用的称非腺毛(non-glandular hair, non-glandular trichome)。

腺毛:由腺头和腺柄两部分组成;头部膨大,位于顶端,能分泌挥发油、黏液、树脂等物质。在唇形科植物如薄荷等的叶片上有一种无柄或柄很短的腺毛,腺头由8个细胞组成,呈扁球形,排列在一个平面上,称为腺鳞(glandular scale)(图1-16)。

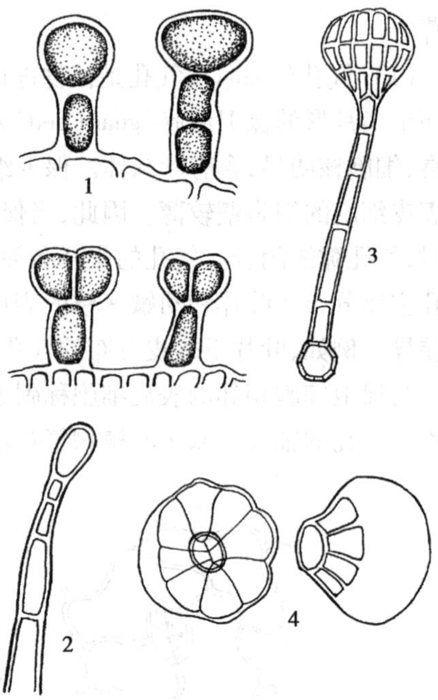

图1-16　各种类型的腺毛

1.洋地黄叶的腺毛, 2.曼陀罗叶的腺毛, 3.金银花的腺毛, 4.薄荷叶的腺毛(腺鳞)

非腺毛:由单细胞或多细胞组成,无腺头和腺柄之分,顶端窄尖,不具分泌能力。非腺毛形状多种多样,常见的有线状毛、棘毛、分枝状毛、丁字形毛、星状毛、鳞毛等(图1-17)。

不同植物具有不同形态的毛茸。毛茸的类型和特点可作为植物和药材鉴定的依据。如金银花非腺毛表面可见到角质螺纹;白曼陀罗花非腺毛细胞壁上有疣状突起;大麻叶的棘毛,细胞壁厚而坚固,木质化,基部有钟乳体沉积。

2. 周皮(periderm)　大多数草本植物的器官表面,终生只具有表皮。木本植物根、茎的表皮仅见于幼年期,在以后增粗生长的过程中,表皮被破坏,由次生保护组织周皮取代,行使保护功能。

周皮是由木栓形成层(phellogen,cork cambium)不断分裂而产生的一种复合组织。木栓形成层是一种侧生分生组织,由某些薄壁细胞恢复分生能力转变而成。木栓形成层进行平周分裂,向外分化成木栓层(phellem,cork),向内产生少量栓内层(phelloderm)。木栓层具多层扁平细胞,排列成整齐而紧密的径向行列,细胞壁较厚且强烈木栓化,原生质体消失,细胞腔充满空气。栓内层细胞通常为一层薄壁的生活细胞;细嫩茎的栓内层细胞中常含有叶绿体,称为绿皮层。木栓层、木栓形成层、栓内层三者合称为周皮(图1-18)。

周皮形成时,原来位于气孔下方的木栓形成层向外分生许多排列疏松的椭圆形的薄壁细

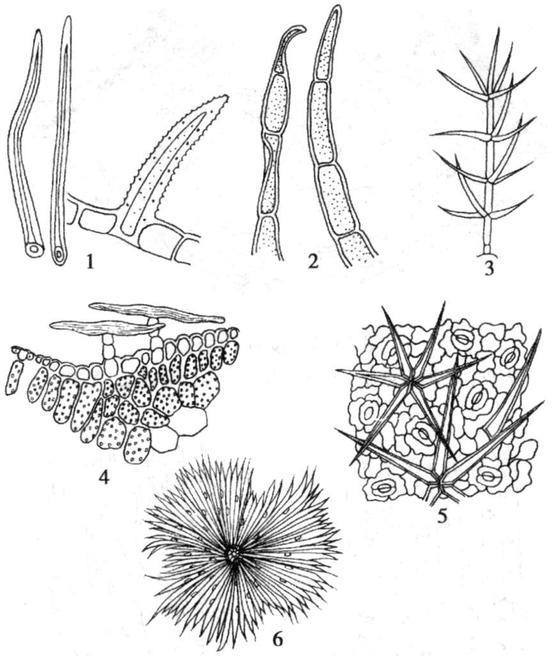

图 1-17　各种类型的非腺毛

1. 单细胞非腺毛，2. 多细胞非腺毛（洋地黄叶），3. 分枝状毛（毛蕊花叶），4. 丁字形毛（艾叶），5. 星状毛（蜀葵叶），6. 鳞毛（胡颓子叶）

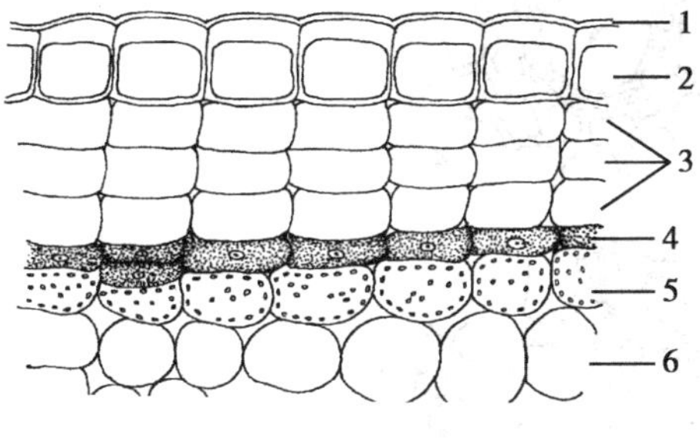

图 1-18　周皮

1. 角质层，2. 表皮，3. 木栓层，4. 木栓形成层，5. 栓内层，6. 皮层

胞，称为填充细胞（complementary cell）。由于填充细胞的增多和长大，将表皮突破，形成椭圆形或圆形的裂口，这种裂口称为皮孔（lenticel，图 1-19）。皮孔是植物体在周皮形成以后进行气体交换的通道。在木本植物的茎枝上常可见到直的、横的或点状的突起物就是皮孔。皮孔的形状、颜色和分布的密度是茎木类和皮类药材鉴别的依据之一。

（四）分泌组织

组成分泌组织的细胞具有分泌挥发油、树脂、蜜汁、乳汁等的作用。

根据分泌组织分布在植物体表或体内，分为外部分泌组织和内部分泌组织。

1. 外部分泌组织（external secretory tissue）　外部分泌组织分布在植物体的体表，其分泌物排出植物体外，如腺毛、腺鳞、蜜腺（nectary）等。

蜜腺是能分泌蜜汁的腺体，常存在于虫媒花植物的花瓣基部或花托上，有的还存在于叶、托叶、花柄等处，如蚕豆托叶上的紫黑色腺点。

2. 内部分泌组织（internal secretory tissue）　内部分泌组织分布于植物体内，其分泌物积累、贮存在细胞内或细胞间隙中。按其组成、形状和分泌物的不同，可分为分泌细胞（secretory cell）、分泌腔（secretory cavity）、分泌道（secretory canal）和乳汁管（laticifer）四种类型（图 1-20）。

（1）分泌细胞：是单个或多个具有分泌能力的细胞，分泌物储存在细胞内。姜、菖蒲里的

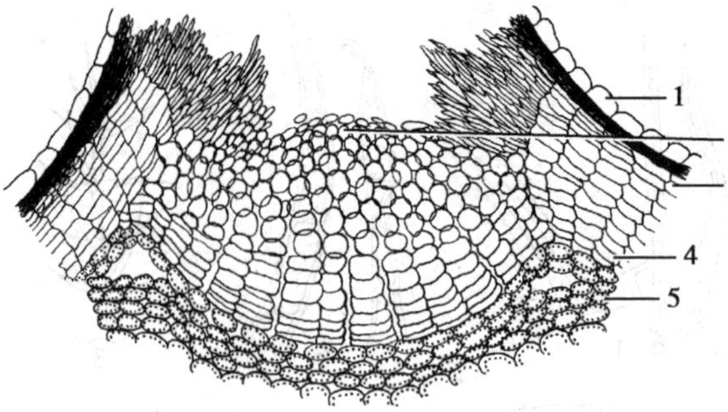

图 1-19　皮孔横切面

1. 表皮，2. 填充细胞，3. 木栓层，4. 木栓形成层，5. 栓内层

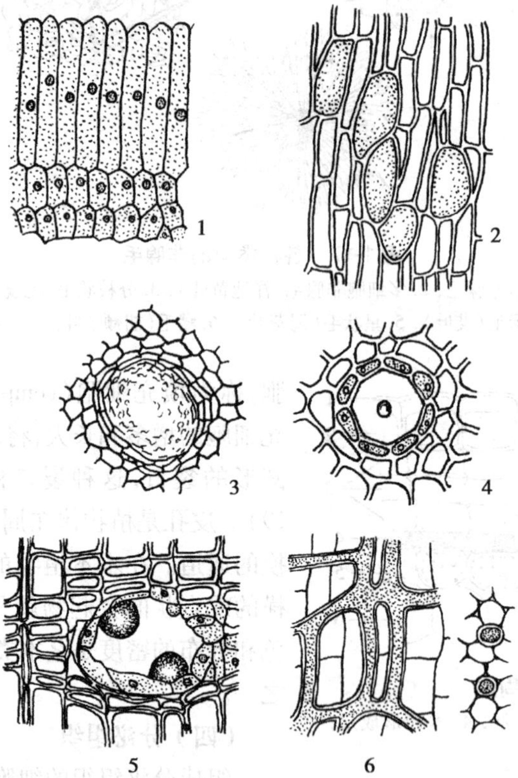

图 1-20　分泌组织

1. 蜜腺（大戟属），2. 分泌细胞（姜根茎中的油细胞），3. 溶生型分泌腔（橘果皮中的油室），4. 离生型分泌腔（当归根中的油管），5. 松属木材横切面中的树脂道，6. 蒲公英根中的乳汁管

分泌细胞含有挥发油，称为油细胞（oil cell）；白及、知母里的分泌细胞含有黏液质，称为黏液细胞（mucilage cell）。还有的含树脂，或芥子酶，或鞣质等。

（2）分泌腔：是由多数分泌细胞所形成的腔室，分泌物储存在腔室内。又称为分泌囊，或因分泌物多为挥发油而称油室（oil cavity）。分泌腔有两种类型。一种是溶生式（lysigenous）分泌腔，是由分泌细胞破裂溶解形成的，腔室周围的细胞破碎不完整，如陈皮、橘叶中的油室。另一种是离生（裂生）式（schizogenous）分泌腔，是由于分泌细胞中层裂开形成，分泌细胞完整地围绕着腔室，分泌物充满于腔隙中，如当归根、金丝桃叶片中的分泌腔。

（3）分泌道：是由分泌细胞彼此分离形成的一个长管状胞间隙腔道，分泌物储存在腔道中；这些分泌细胞称为上皮细胞。根据储存的分泌物的不同分为：树脂道（resin duct），如松茎中贮藏树脂的分泌道；油管（oil duct），如小茴香果实中贮藏挥发油的分泌道，黏液道（mucilage canal），如美人蕉中贮藏黏液的分泌道。

（4）乳汁管：由单个或多个管状细胞组成，能分泌乳汁。构成乳汁管的细胞是生活细胞，分泌的乳汁储存在细胞中。乳汁多呈白色，也有黄色或橙色，成分较复杂，有的含药用成分，如罂粟的乳汁中含有多种具镇痛作用的生物碱。

乳汁管一般有两种类型。一种称为无节乳汁管（nonarticulate laticifer），由一个细胞随着植物体的生长不断伸长和分枝形成，长度可达几米以上；如夹竹桃科、萝藦科、桑科等植物的乳汁管。另一种称为有节乳汁管（articulate laticifer），是由多数细胞彼此相连，连接处细胞壁溶化贯通而成；如菊科、桔梗科、旋花科、罂粟科等植物的乳汁管。

（五）机械组织

机械组织是细胞壁明显增厚的一群细胞，在植物体内起着支持作用。根据细胞的形态、细胞壁增厚的性质和程度及分布部位的不同，分为厚角组织（collenchyma）和厚壁组织（sclerenchyma）两大类。

1. 厚角组织　厚角组织细胞是生活细胞，常含有叶绿体，其最明显的特征是细胞壁不均匀地增厚，通常在几个细胞邻接处的角隅上特别明显。这种增厚是初生壁性质的，成分主要是纤维素、果胶质和半纤维素，不含木质素，有一定的坚韧性和延展性。因此，它除了支持器官直立以外，还可适应器官的迅速生长。厚角组织细胞还具有分裂潜能。

厚角组织多存在于植物的茎、叶柄、叶的主脉、花柄的外侧部分，在表皮下呈束状或环状分布。例如，在薄荷、芹菜等植物茎的棱角处常分布有许多厚角组织的细胞（图1-21）。

2. 厚壁组织　厚壁组织细胞具均匀增厚的次生壁，并且大多木质化，壁上常具层纹和纹孔。成熟时原生质体消失，成为只留有细胞壁的死细胞。根据细胞形态的不同，厚壁组织可分

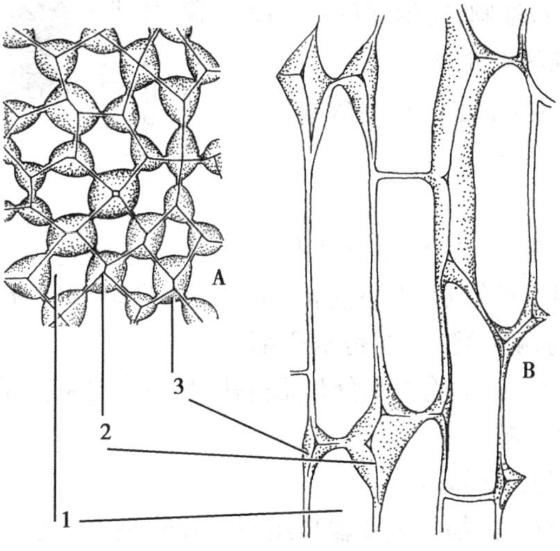

图1-21　厚角组织

A. 横切面；B. 纵切面

1. 细胞腔，2. 胞间层，3. 增厚的壁

为纤维(fiber)和石细胞(sclereid,stone cell)。

(1) 纤维:为两端尖锐的细长形细胞,长度一般比直径大许多倍。细胞壁明显地次生增厚,木质化程度不一,从不木质化到强烈木质化的都有;壁上有少量的常呈缝隙状的纹孔;成熟后原生质体一般都消失,细胞腔小甚至没有,也有少数可保留原生质体。纤维常成束存在,末端相互紧密嵌插,具有良好的支持和巩固作用,成为器官的坚强支柱。

根据纤维在植物体内分布的位置、性质和细胞壁组成成分的不同,可分为不同类型。分布于皮层的称皮层纤维(cortical fiber),分布于韧皮部的纤维称韧皮纤维(phloem fiber)。这两种类型的纤维,细胞壁增厚的物质主要是纤维素,常聚合成束,因此韧性较大,拉力较强。分布在木质部中的称木纤维(xylem fiber),长度常比韧皮纤维短,细胞壁常木质化,增厚的程度因植物种类、植物的生长时期和生长部位而有一定的差异。木纤维细胞壁厚而坚硬,增加了植物体的支持和巩固作用,但其韧性、弹性较差,易折断。

在植物体内还有一些特殊类型的纤维,常作为药材鉴定的依据。例如,甘草、黄柏中的晶鞘纤维(crystal fiber),纤维束周围的薄壁细胞中含有方晶;南五味子根中的嵌晶纤维(intercalary crystal fiber),细胞壁外层密嵌细小的方晶;姜和葡萄中的分隔纤维(septate fiber),细胞腔中存在菲薄的横隔膜,长期保留有原生质体(图1-22)。

(2) 石细胞:多为等径或略为伸长的细胞,有些具不规则的分枝,也有的较细长;通常具有很厚的、强烈木质化的次生壁,壁上有很多圆形的单纹孔,纹孔道管状;有时还可见细胞壁渐次增厚所形成的纹理,称为层纹。成熟后原生质体通常消失,留下空而小的细胞腔,成为具坚硬细胞壁的死细胞,具有较强的支持作用。

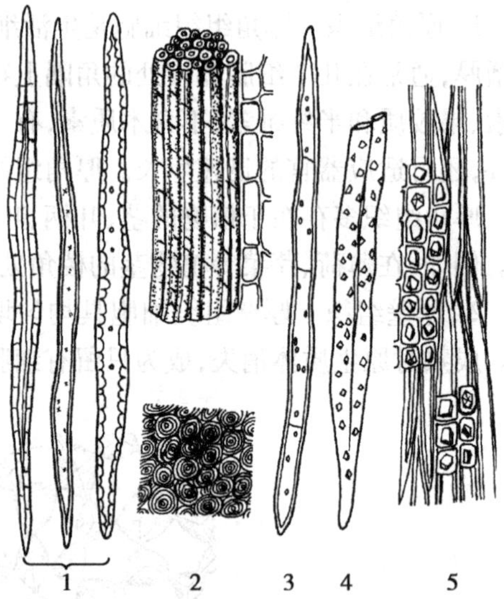

图1-22　纤维

1. 单纤维, 2. 纤维束, 3. 分隔纤维(姜), 4. 嵌晶纤维(草麻黄), 5. 晶鞘纤维(甘草)

石细胞广泛存在于茎、叶、果实和种子中,单个或成群地分布在薄壁组织中,有时也可连续成片分布。梨的果肉中普遍存在石细胞,黄柏、厚朴、肉桂中的石细胞分布在皮层、髓部或维管束中。

石细胞形状多样,是药材鉴定的重要依据(图1-23)。

(六) 输导组织

输导组织在植物体内输送水分、无机盐和营养物质。这些组织的细胞呈长管状,上下连接,贯穿于整个植物体。可分为两大类,一类是木质部中的导管和管胞,主要是由下往上输送水分和无机盐;另一类是韧皮部中的筛管、伴胞和筛胞,主要是由上往下输送有机养料。

1. 导管(vessel)和管胞(tracheid)

(1) 导管:是大多数被子植物的主要输导组织。导管是由一系列长管状或筒状的死细胞连接而成,每个管状细胞称为导管分子(vessel element,vessel member)。在导管形成的过程中,每个导管分子间的横壁溶解消失,成为上下贯通的管道,具有较强的输导能力。导管分子次生壁常有不均匀的木质化增厚,形成不同的纹理。根据导管发育的顺序和次生壁增厚纹理的不

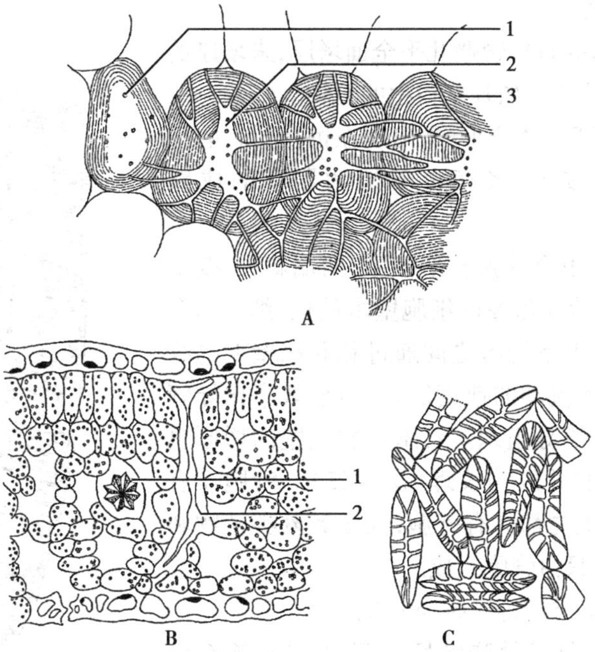

图 1-23　几种不同形状的石细胞

A. 梨果肉中的石细胞：1. 纹孔，2. 细胞腔，3. 层纹；B. 茶叶横切面：1. 草酸钙结晶，2. 石细胞；C. 椰子果皮内的石细胞

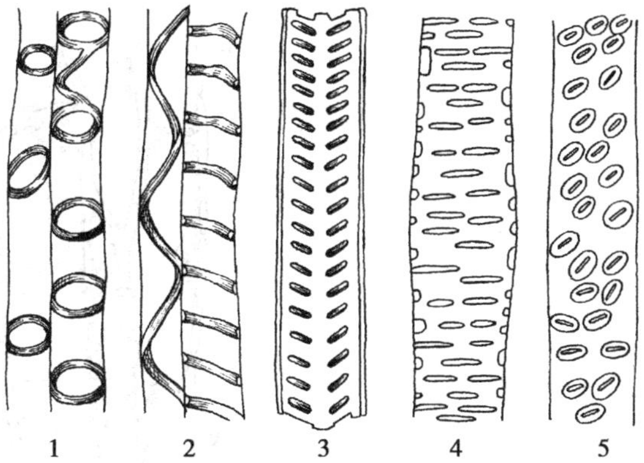

图 1-24　导管的类型

1. 环纹导管，2. 螺纹导管，3. 梯纹导管，4. 网纹导管，5. 具缘纹孔导管

同，分为五种类型（图 1-24）。

环纹导管（annular vessel）：管壁上增厚纹理呈环状，之间仍为薄的初生壁，这样的结构有利于导管继续生长、伸长。如玉米幼茎中的导管。

螺纹导管（spiral vessel）：管壁上增厚的纹理呈一条或数条螺旋带状。如冬青茎中的导管。

梯纹导管（scalariform vessel）：管壁上呈横条状增厚，与未增厚的部分相间排成梯状。这种导管分化程度较深，不易再生长、伸长，如葡萄茎中的导管。

网纹导管（reticulate vessel）：管壁增厚的纹理交织成网状，网孔为未增厚的部分。如大黄的根及根状茎中的导管。

孔纹导管(pitted vessel):管壁几乎全面增厚,未增厚的部分为具缘纹孔或单纹孔。如甘草根中的导管。

前两种类型的导管直径较小,常出现在植物器官的幼嫩部位;后三种管径较大,多存在于植物器官的成熟部位。

(2) 管胞:管胞是单个的狭长形细胞,两端斜尖,壁上不穿孔,细胞口径小。次生增厚的细胞壁木质化,细胞内含物消失,成为死细胞。上下管胞之间通过相邻端壁上的纹孔运输水分,所以,液体流动的速度缓慢,运输效率比导管低,是一类比较原始的输导组织。管胞上次生壁的增厚也出现环纹、螺纹、梯纹和孔纹等纹理(图 1-25)。管胞兼有支持作用。所有维管植物都具有管胞;大多数蕨类植物和裸子植物的输水分子,只由管胞组成。

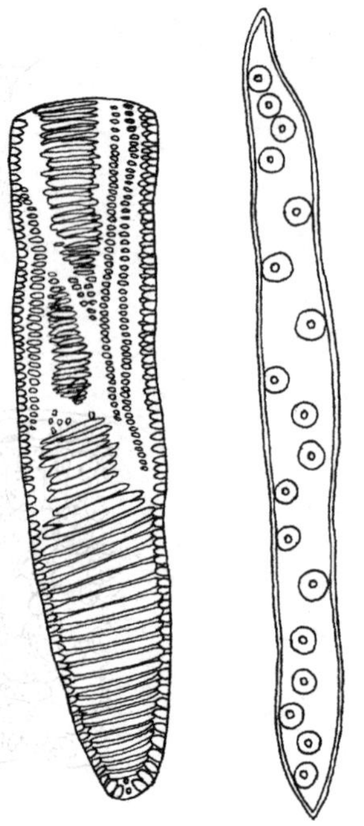

图 1-25　管胞

1. 梯纹管胞,2. 具缘纹孔管胞

2. 筛管(sieve tube)与筛胞(sieve cell)

(1) 筛管:存在于被子植物的韧皮部中,是运输有机养料和其他可溶性有机物的管状构造。筛管的每一个管状细胞称为筛管分子(sieve-tube element,sieve-tube member)。成熟的筛管分子是生活细胞,细胞核消失,细胞壁由纤维素

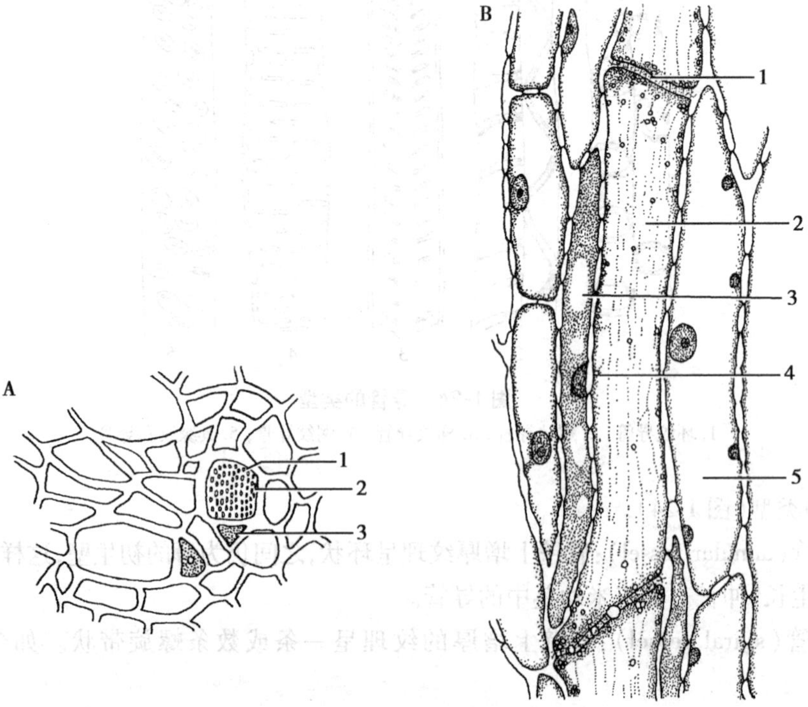

图 1-26　筛管与伴胞

A. 横切面:1. 筛板,2. 筛孔,3. 伴胞;B. 纵切面:1. 筛管,2. 筛板,3. 伴胞,4. 白色体,5. 韧皮薄壁细胞

和果胶质组成；筛管分子间的横壁上有许多小孔称筛孔（sieve pore），具筛孔的横壁称筛板（sieve plate），上下相邻的筛管分子中的原生质通过筛孔互相连接（称联络索，connecting strand），形成有机养料的输送通道。

寒冷的冬天，在温带树木中，筛管的筛板上常形成一种黏稠的碳水化合物。这种碳水化合物称为胼胝质（callose）。胼胝质将筛孔堵塞形成的垫状物称为胼胝体（callosum）。这样，筛管分子便失去了输导的功能。但是，胼胝体在第二年春天会被酶溶解，筛管又恢复其运输的功能。

筛管分子的旁边，常存在一个或多个细长的薄壁细胞，称为伴胞（companion cell）。伴胞细胞质浓、细胞核大，代谢活跃。筛管的运输功能与伴胞密切相关。当筛管死亡后，伴胞也随着失去生理功能而死亡（图 1-26）。

（2）筛胞：在蕨类植物和裸子植物中运输有机养料。筛胞单个存在，呈狭长形，直径较小，两端壁倾斜，没有特化成筛板，筛胞旁无伴胞相伴。筛胞侧壁上或端壁上有凹入的小孔，称筛域。筛胞运输物质的能力比筛管弱，是较原始的输导组织。

二、维管束及其类型

维管束（vascular bundle）是由韧皮部（phloem）和木质部（xylem）构成的束状结构，是贯穿于植物体各种器官中的一个输导系统，还起着支持的作用。在被子植物中，韧皮部由筛管、伴胞、韧皮薄壁细胞和韧皮纤维组成，木质部主要由导管（管胞）、木薄壁细胞和木纤维组成。

裸子植物和双子叶植物的维管束，在韧皮部与木质部之间有形成层（cambium）存在，可不断增粗，这种维管束称为无限维管束（开放性维管束，open vascular bundle）。蕨类植物和单子叶植物的维管束，在韧皮部与木质部之间无形成层，不能增生长大，所以，这种维管束称为有限维管束（闭锁性维管束，closed vascular bundle）。

根据维管束中韧皮部和木质部排列方式的不同，以及形成层的有无，可分为下列几种类型（图 1-27，图 1-28）。

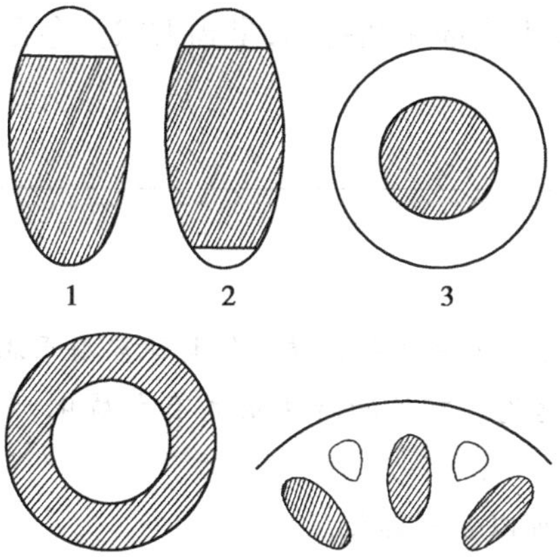

图 1-27　维管束类型图解

1. 外韧维管束，2. 双韧维管束，3. 周韧维管束，4. 周木维管束，5. 辐射维管束

1. 有限外韧型维管束（closed collateral vascular bundle）　韧皮部位于维管束外侧，木质部位于维管束内侧，两者并行排列，中间无形成层。如单子叶植物茎的维管束。

2. 无限外韧型维管束（open collateral vascular bundle）　维管束的韧皮部与木质部之间有形成层。如裸子植物和双子叶植物茎中的维管束。

3. 双韧型维管束（bicollateral vascular bundle）　木质部的内外侧都有韧皮部。外侧的韧皮部称外韧部，内侧的韧皮部称内韧部，在外韧皮部与木质部之间有形成层，在内韧皮部与木质部之间无形成层。如茄科、葫芦科等植物茎中的维管束。

4. 周韧型维管束（amphiphloic vascular bundle）　木

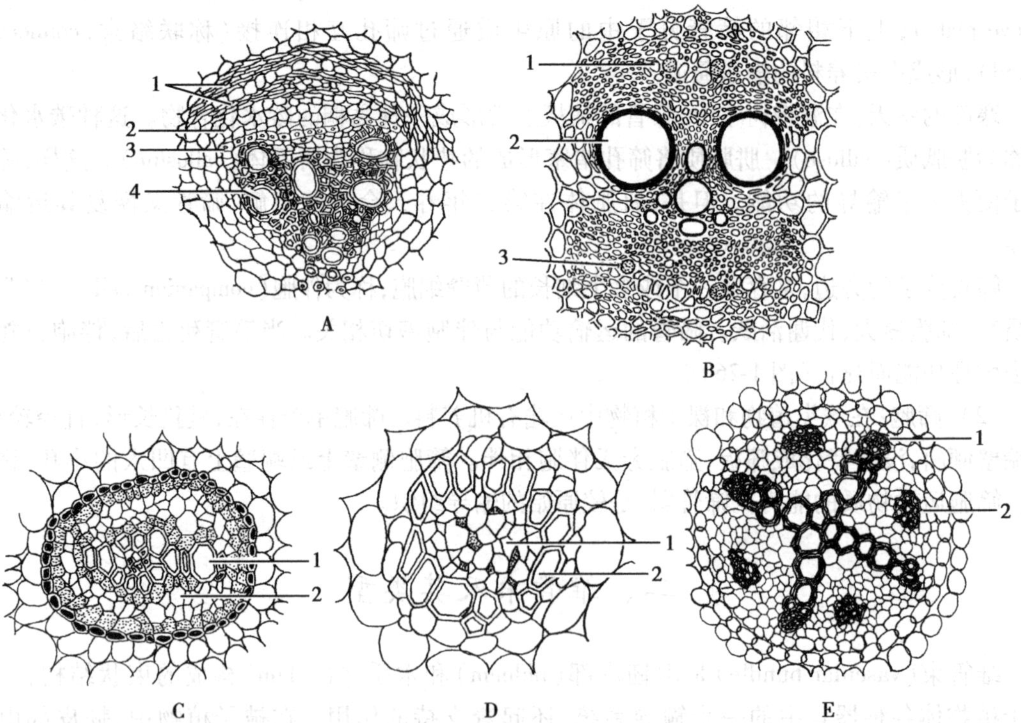

图 1-28 维管束类型详图

A. 外韧维管束：1. 压扁的韧皮部，2. 韧皮部，3. 形成层，4. 木质部；B. 双韧维管束：1. 韧皮部，2. 木质部；C. 周韧维管束：1. 木质部，2. 韧皮部；D. 周木维管束：1. 木质部，2. 韧皮部；E. 辐射维管束：1. 木质部，2. 韧皮部

质部居中，韧皮部围绕在木质部的四周，韧皮部与木质部之间无形成层。如某些百合科、禾本科、蓼科和蕨类植物的维管束。

5. 周木型维管束(amphixylic vascular bundle) 韧皮部居中，木质部围绕在韧皮部的四周，韧皮部与木质部之间无形成层。常见于百合科、鸢尾科、天南星科植物的茎中。

6. 辐射型维管束(radial vascular bundle) 韧皮部和木质部相间排列，呈辐射状。存在于双子叶植物根的初生构造及单子叶植物根的构造中。

本章小结

1. 细胞壁、质体、液泡是植物细胞特有的结构。

2. 细胞壁分为胞间层、初生壁、次生壁三个层次，主要成分为纤维素；次生壁常由于添加木质素而具有较好的支撑强度。细胞壁上有纹孔等结构。常见的特化形式有木质化、木栓化、角质化、黏液质化等。

3. 质体包括叶绿体、有色体和白色体等类型，三者可以互相转化。

4. 后含物是中药鉴定的重要依据之一，特别是淀粉粒和草酸钙晶体。

5. 植物的组织有分生组织、薄壁组织、保护组织、分泌组织、机械组织和输导组织等类型。

分生组织按来源分为原生分生组织、初生分生组织和次生分生组织，按分布部位分为顶端分生组织、侧生分生组织和居间分生组织。

薄壁组织在植物体中所占比例最大；特化的薄壁组织具有同化、储藏、吸收、通气等功能。

植物体的初生保护组织为表皮；地上部分的表皮常具气孔和毛茸；气孔器的保卫细胞和副卫细胞的排列方式称为气孔轴式；毛茸有腺毛和非腺毛之分。次生保护组织为周皮，包括木栓层、木栓形成层及栓内层。

分泌组织有外部分泌组织和内部分泌组织。外部分泌组织有腺毛、蜜腺等；内部分泌组织有分泌细胞、分泌腔、分泌道、乳汁管等，分泌腔（道）的起源类型为裂生式或溶生式。

机械组织包括厚角组织和厚壁组织。厚角组织的细胞具有不均匀增厚的初生壁。厚壁组织的细胞常具全面增厚的次生壁，有纤维和石细胞两种类型，也是药材显微鉴定的重要依据。

输导组织包括输导水分、无机盐的导管和管胞，以及输导有机养分的筛管、筛胞等。导管两端穿孔，管胞先端封闭，两者均为死细胞，外壁均具多种类型的增厚。筛管为原生质浓厚的无核薄壁细胞，顶端为筛板，旁边具伴胞。大多数蕨类和裸子植物仅具管胞和筛胞。

6. 导管、管胞及其他一些组织组成木质部，筛管、伴胞及其他一些组织组成韧皮部。木质部和韧皮部组成维管束。根据木质部和韧皮部的排列位置，以及两者之间有无形成层，可将维管束分为不同类型。

复习题

1. 淀粉粒是怎样形成的？说出各种淀粉粒的主要特点。
2. 植物细胞壁有哪些主要特化形式？如何鉴别？
3. 纹孔是怎样形成的？它有哪些类型？
4. 常用于药材鉴定的细胞后含物有哪些？各有何特点？
5. 植物组织有哪几类？各类植物组织的结构、功能、分布有何特点？
6. 导管有哪些类型？它们的起源、分布、输导能力各有何特点？
7. 试比较厚角组织与厚壁组织、管胞和导管、纤维和石细胞、腺毛和非腺毛的异同点。

第二章

植物的器官

学习目标

掌握：变态根的类型、根的次生构造；茎的基本形态和类型、双子叶植物木质茎和草质茎的次生构造；叶的组成、叶形与叶脉、单叶与复叶、叶片的构造；花的组成与形态、花的类型、花程式；果实和种子的组成、形态特征和类型。

熟悉：根的初生构造；地上茎的变态、双子叶植物茎的初生构造、双子叶植物根茎的构造；叶片的质地、单子叶植物叶片的构造；花序的类型；常见的药用果实和种子。

了解：根的三生构造及根瘤和菌根；双子叶植物茎和根茎的三生构造、裸子植物茎的构造特点；叶端、叶基、叶缘的形状，裸子植物叶的构造；花、果实、种子的内部结构；植物各器官的生理功能。

植物在从低等向高等的长期进化过程中，为了适应环境和完成其生理功能，在结构上就分化出了器官。植物的器官是具有一定的外部形态和内部构造，并执行一定生理功能的植物体组成部分。在高等植物中，被子植物的器官一般可分为根、茎、叶、花、果实和种子六个部分。其中根、茎和叶担负着吸收、制造和供给植物体所需营养物质的作用，使植物得以生长、发育，称为营养器官。而花、果实和种子主要起着繁衍后代、延续种族的作用，称为繁殖器官。植物的各种器官在植物的生命活动中是相互依存的统一整体，它们在生理功能和形态结构上都有着密切联系。

第一节　根

根（root）是植物体生长在地下的营养器官，是在长期进化过程中适应陆地生活的产物。具有向地性、向湿性和背光的特性。根吸收土壤中的水分和无机盐并输送到植株的各个部分，是植物生长的基础。

一、根的形态与类型

（一）根的形态

根通常呈圆柱形，其顶端为具有分生能力的根尖，在土壤中不断向下生长，并向四周分枝，形成复杂的根系。一般不生芽、叶和花，也无节和节间之分，细胞中不含叶绿体。

（二）根的类型

1. 主根和侧根　植物的根起源于胚根。种子萌发时，胚根突破种皮向下生长形成的根称主根。主根生长到一定长度，从其侧面生出许多分枝，称为侧根。侧根不断进行分枝，最后形成细小分枝，称纤维根。如此多次反复分枝，形成整株植物的根系。

2. 定根和不定根　由胚根发育而成的主根及其各级分枝称为定根，在植株上有固定的生长部位，如人参、当归的根。不是直接或间接来源于胚根，而是从茎、叶或其他部位生长出来的根，在植株上没有固定的生长部位，这样的根称不定根。农业上常用的扦插、压条等营养繁殖法，就是利用植物在茎、叶等部位长出不定根这一特性。

（三）根系的类型

一株植物地下所有根的总体称为根系。根系分为直根系和须根系两类。

1. 直根系　由明显而发达的主根及各级侧根组成的根系称为直根系。直根系一般垂直向下，是多数双子叶植物和裸子植物根系的特征，如人参、甘草、桔梗、棉花等的根系（图 2-1）。

2. 须根系　如果主根不发达或早期死亡，而由茎的基部节上生出许多粗细相仿的不定根，这种根系称为须根系，如水稻、小麦、百合和大蒜等多数单子叶植物的根系（图 2-1）。

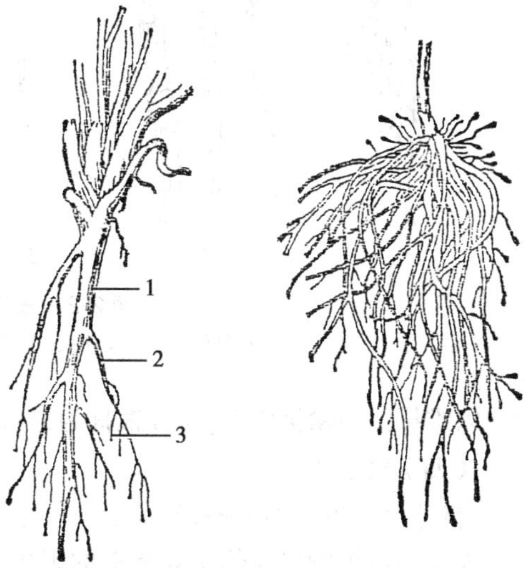

图 2-1　直根系和须根系

1. 主根，2. 侧根，3. 纤维根

二、根的变态类型

根在植物长期演化过程中，为了适应生活环境的变化，完成其生理功能，在形态结构上产生了特化，并具有遗传性，这些特化称为根的变态。常见的变态根主要有以下几种。

（一）贮藏根

根的一部分或全部因贮藏营养物质而使根肉质肥大，这样的根称贮藏根。依据其来源及形态的不同又可分为：

1. 肉质直根　主要由主根发育而成。一株植物仅有一个肉质直根。形状多种；有圆锥状的，如人参、白芷、桔梗等；有圆柱状的，如黄芪、菘蓝、丹参等；有圆球状的，如芜菁的根（图 2-2）。

2. 块根　由不定根或侧根肥大而成，一株植物可形成多个。如天冬、何首乌、麦冬等（图 2-2）。

（二）支持根

有些植物在茎节上产生一些不定根深入土中，以增强茎干的支持作用，这样的根称支持根，如玉米、榕树、薏苡等植物。

（三）攀援根

常春藤、薜荔、络石等攀援植物，茎上生不定根，使植物固着在石壁、墙垣、树干或其他物体

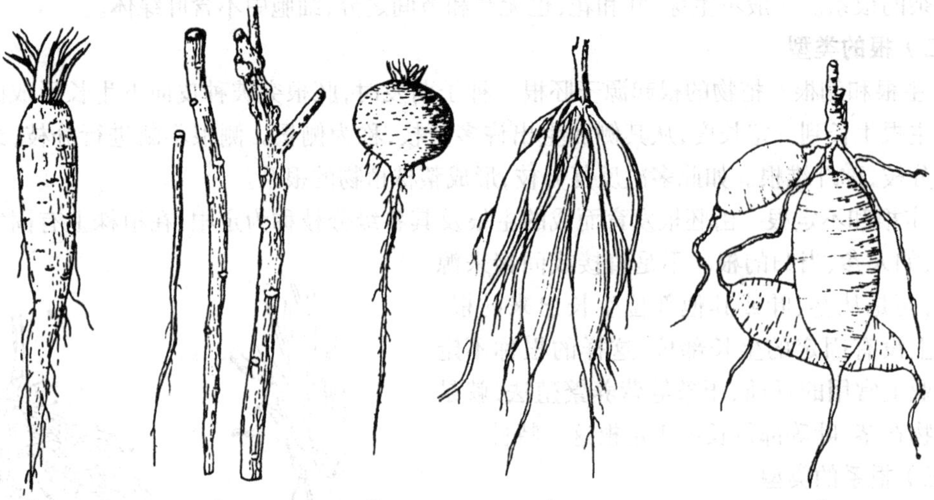

图2-2 根的变态(一)贮藏根的类型

1.圆锥根,2.圆柱根,3.圆球根,4.块根(纺锤状),5.块根(块状)

上,以维持植物攀援向上,这种根称为攀援根。

(四)气生根

自茎上产生的不定根,悬垂于空气中吸收和贮藏水分的根称气生根。多见于热带兰科植物、天南星科植物以及热带森林中的附生植物,如石斛、吊兰等。当气生根扎入土中就变成支持根。

(五)呼吸根

有些生长在湖沼或热带海滩地带的植物,如水松、红树等,由于植株的一部分被淤泥淹没,呼吸十分困难,因而有部分根垂直向上生长,暴露于空气中进行呼吸,称呼吸根。

(六)水生根

水生植物的根呈须状垂生于水中,称水生根,如浮萍、菱、睡莲等的根。

(七)寄生根

一些寄生植物产生的不定根伸入寄主植物体内吸收水分和营养物质,以维持自身的生活,这种根称为寄生根。如菟丝子、列当等植物体内不含叶绿体,不能自制养料而完全依靠吸收寄主体内的养分维持生活的植物称为全寄生植物。桑寄生、槲寄生等植物因含叶绿体,既能自制部分养料又依靠寄生根吸收寄主体内养分的植物称为半寄生植物(图2-3)。

三、根的显微构造

(一)根尖的构造

从根的最先端到生有根毛的部分称根尖。不论哪种类型的根,都有根尖,它是根中生命活动最旺盛、最重要的部分。根的伸长、对水分和养料的吸收、成熟组织的分化,以及对重力与光线的反应都发生于这一区域。因此,根尖的损伤会直接影响根的生长和发育。根尖可分为四个部分,最下端为根冠,向上依次为分生区、伸长区、成熟区。

1. 根冠 是根所特有的结构,位于根尖的最先端,像帽子一样包被在分生区顶端分生组织

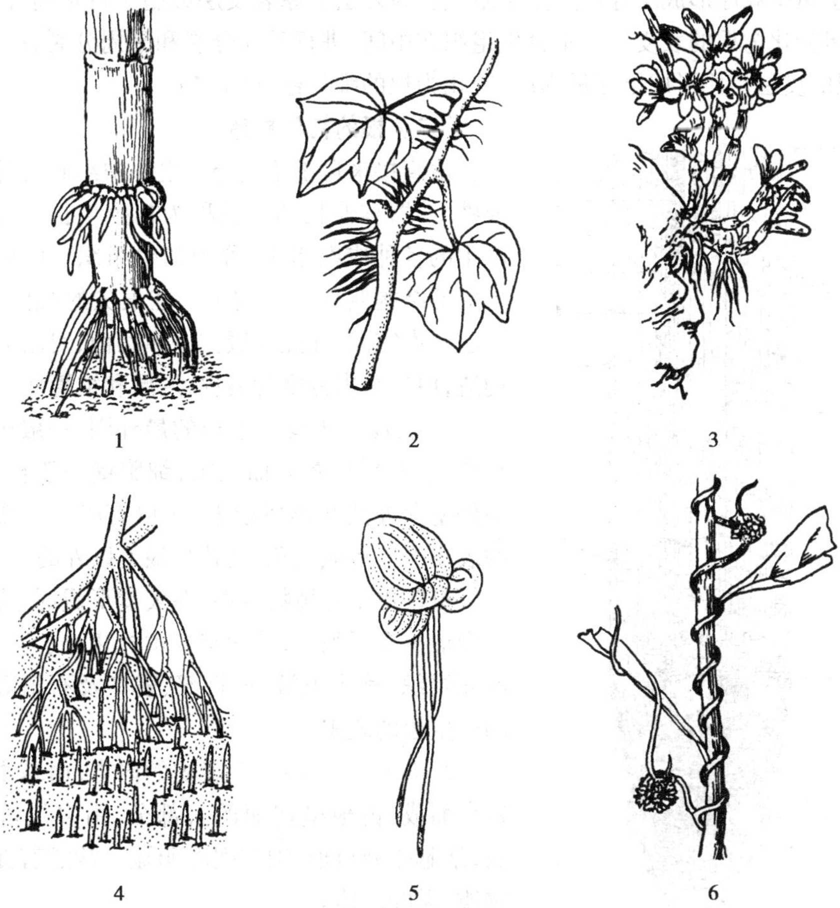

图 2-3　根的变态类型(二)

1. 支持根(玉米),2. 攀援根(常春藤),3. 气生根(石斛),4. 呼吸根(红树),
5. 水生根(青萍),6. 寄生根(菟丝子)

的外围,略呈圆锥状,由多层排列不规则的薄壁细胞组成,起到保护根尖的作用。绝大多数植物的根尖部分都有根冠,寄生植物和有菌根的植物通常无根冠。

2. 分生区　位于根冠的内方,是根的顶端分生组织所在的部位,呈圆锥状,故又称为生长锥,是细胞分裂最旺盛的部分。由一些近乎等径的多面体形细胞组成,这些细胞体积小,具有浓厚的细胞质和大的细胞核,能持续不断地进行分裂,增加细胞数目,将来进一步分化而形成根的表皮、皮层和中柱。

3. 伸长区　是位于分生区上方到出现根毛的部分,是细胞进行伸长生长的主要区域。多数细胞已逐渐停止分裂,细胞液泡化明显,体积扩大,显著地沿根的长轴方向延伸。伸长区细胞的延伸,使根尖不断伸入土壤中。同时,细胞开始分化,细胞的形状和结构逐渐出现明显的区别。

4. 成熟区　位于伸长区的上方。细胞停止伸长,且多已分化成熟,故称为成熟区。成熟区细胞已分化形成各种初生组织。部分表皮细胞外壁向外突出形成根毛,所以又称根毛区。根毛可大大增加根的吸收面积。水生植物常无根毛。

根的发育是起源于根尖的顶端分生组织,通过细胞的分裂、生长、分化,逐渐形成原表皮层、基本分生组织和原形成层等初生分生组织。最外层的原表皮层细胞进行垂周分裂，增加表面积，进一步分化为根的表皮。基本分生组织在中间，进行垂周分裂和平周分裂，增大体积，进而分化为根的皮层。原形成层在最内层，分化为根的维管柱（图2-4）。

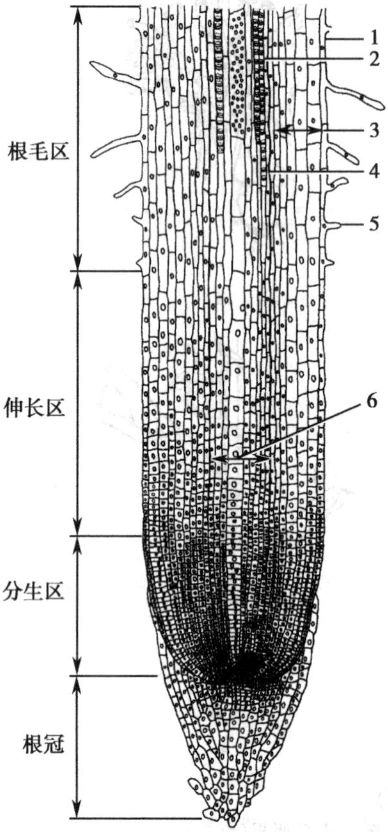

图2-4　大麦根尖纵切面（示各区的细胞结构）

1. 表皮，2. 导管，3. 皮层，4. 维管束，5. 根毛，6. 原形成层

（二）根的初生构造

由直接来自于顶端分生组织中细胞的分裂和分化成熟，使器官伸长的生长称为初生生长。在此过程中产生的各种成熟组织，称为初生组织。由初生组织所形成的结构叫作初生构造。在根尖的成熟区，细胞分化已基本完成，在此区域作一横切面，可看到根的初生构造，由外至内分别为表皮、皮层和维管柱三个部分。

1. 表皮　表皮位于根的最外围，一般由单层细胞组成，细胞排列整齐而紧密，细胞壁一般较薄，表皮细胞外壁向外凸起形成根毛，所以有吸收表皮之称。根的表皮上不形成气孔，也缺少根毛以外的毛状附属物。

有些单子叶植物的根，在表皮形成时，常进行切向分裂形成多层细胞，其细胞壁木栓化，成为一种无生命的死组织，称为根被，如百部、麦冬及石斛等兰科植物的气生根的表皮。

2. 皮层　皮层位于表皮的内方，由基本分生组织发育而成，占根横切面的大部分，由多层薄壁细胞组成，细胞排列疏松，细胞间隙明显。常贮有淀粉等营养物质，无叶绿体。

皮层最外方紧邻表皮的一层细胞，排列整齐紧密，无胞间隙，称为外皮层。当表皮被破坏脱落后，外皮层细胞的细胞壁常增厚并木栓化，代替表皮行使保护作用。

皮层最内方的一层细胞，排列紧密整齐，无细胞间隙，称为内皮层。双子叶植物根中的内皮层细胞，径向壁和横向壁上有一条木质化或木栓化的带状加厚，围绕细胞成一整圈，这种带状结构称为凯氏带。凯氏带的宽度不一，但常远比其所在的细胞壁狭窄，故从横切面观察，径向壁上增厚的部分呈点状，称凯氏点。多数单子叶植物根中，大部分内皮层细胞的径向壁、横向壁以及内切向壁五面全部增厚，只有外切向壁不增厚，在横切面上，增厚的内皮层细胞壁呈马蹄形或“U”形；只有少数正对初生木质部束顶端的内皮层细胞，仅具正常的凯氏带增厚，其他位置保持薄壁，称通道细胞，是水分和养料的内外通道。

3. 维管柱　又称中柱，是皮层以内的束状结构，包括中柱鞘和初生维管组织，有些植物的根还具有由薄壁组织或厚壁组织组成的髓。

（1）中柱鞘：也称维管柱鞘，紧贴着内皮层，为维管柱最外方的组织。由原形成层的细胞分化发育而成，保持着潜在的分生能力，通常由一层薄壁细胞构成。在一定时期可以产生侧根、不定根、不定芽及一部分形成层和木栓形成层等。

（2）初生维管组织：包括初生木质部和初生韧皮部，两者相间排列，各自成束，组成辐射维管束。

初生木质部在横切面上的轮廓呈星角状，每个棱角称为一个木质部脊。初生木质部结构比较简单，主要是导管、管胞，也具有木纤维和木薄壁组织。初生木质部在分化过程中，由外方开始向内逐渐发育成熟；位于棱脊外方，即近中柱鞘处的木质部是最初成熟的部分，称原生木质部，一般由管腔较小而次生加厚较少的环纹或螺纹导管组成；渐近中部的木质部部分成熟较迟，称后生木质部，由管腔较大且次生加厚较多的梯纹、网纹或孔纹导管组成。这种分化成熟的方式称外始式。

木质部脊的数目随植物种类而异，每种植物的根中其初生木质部脊的数目是相对稳定的。如油菜、萝卜、甜菜等植物和多数裸子植物的根中，只有两个初生木质部脊，叫二原型；紫云英、豌豆有三个，叫三原型；如果有多个，则称为多原型。一般双子叶植物为二至六原型，单子叶植物为多原型。

初生韧皮部束位于初生木质部脊之间，其数目和木质部脊的数目相同。主要由筛管和伴胞组成，也含有韧皮薄壁细胞，偶有韧皮纤维；发育成熟方式也是外始式。

（3）髓：初生木质部和初生韧皮部之间有薄壁组织。一般双子叶植物的根中，初生木质部一直分化到中央，因此不具有髓部。而单子叶植物与某些双子叶植物则在根中央保留由薄壁组织或厚壁组织组成的髓，如麦冬、百部、乌头、龙胆等植物的根（图 2-5）。

（三）根的次生构造

单子叶植物和蕨类植物的根一般只保持初生构造，而裸子植物和双子叶植物的根均会有

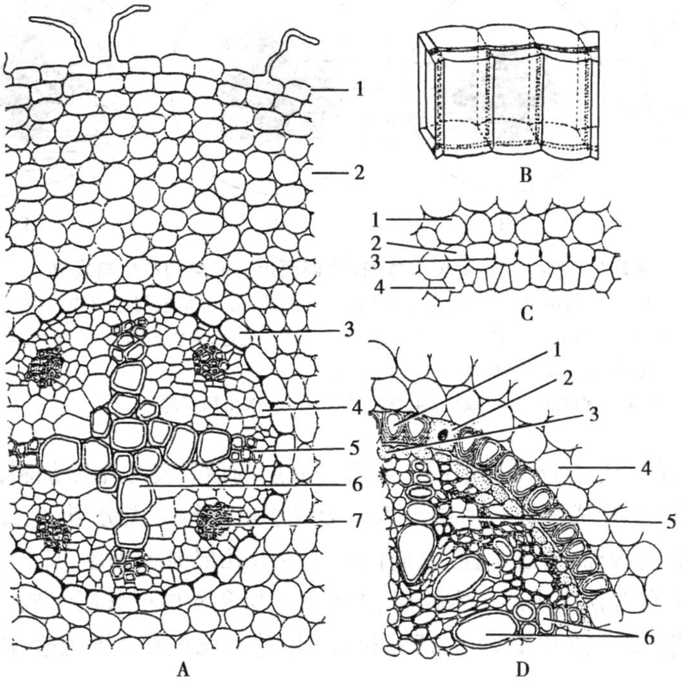

图 2-5　根的初生构造

A. 双子叶植物根的初生构造：1. 表皮，2. 皮层，3. 内皮层，4. 中柱鞘，5. 原生木质部，6. 后生木质部，7. 韧皮部；B. 双子叶植物根的内皮层细胞示凯氏带；C. 双子叶植物根的内皮层细胞横切示凯氏点：1. 皮层细胞，2. 内皮层细胞，3. 凯氏点，4. 中柱鞘；D. 单子叶植物根的内部构造：1. 内皮层，2. 通道细胞，3. 中柱鞘，4. 皮层薄壁组织，5. 韧皮部，6. 木质部

不同程度的次生生长，即主要通过形成层和木栓形成层等次生分生组织细胞的平周分裂，不断产生新的细胞、组织，使得根逐渐增粗。次生生长形成的组织叫作次生组织，由这些组织形成的结构叫次生构造。

1. 形成层的产生及其活动　当根进行次生生长时，在初生木质部与初生韧皮部之间的一些薄壁细胞首先恢复分裂能力，转变成条状形成层，向两侧扩展至与中柱鞘相连。相连部位的中柱鞘细胞也恢复分生能力，与条状形成层带彼此连接成为完整连续的形成层环，最初呈凹凸不齐的波状，而后逐渐成为近圆形。形成层向内产生木质部细胞，增加在初生木质部的外侧，称为次生木质部，包括导管、管胞、木薄壁细胞和木纤维等；向外产生次生韧皮部细胞，增加在初生韧皮部的内侧，称为次生韧皮部，包括筛管、筛胞、韧皮薄壁细胞和韧皮纤维等；二者合称为次生维管组织，是次生构造的主要部分。

在次生构造中，由于形成层向内分裂快，向外分裂慢，因此次生木质部所占比例大，初生木质部则仍然保留在根的中央。初生韧皮部在外方常被挤压而破坏，称为颓废组织。木质部与韧皮部由初生构造中相间排列转变为木质部在内方、韧皮部在外方的相对排列，即维管束由辐射型转变为无限外韧型维管束。

形成层还在次生木质部和次生韧皮部中产生一些径向排列的薄壁细胞群，宽一至数列，呈放射状分布，分别称为木射线和韧皮射线。两者合称维管射线，行使物质的径向运输功能（图2-6）。

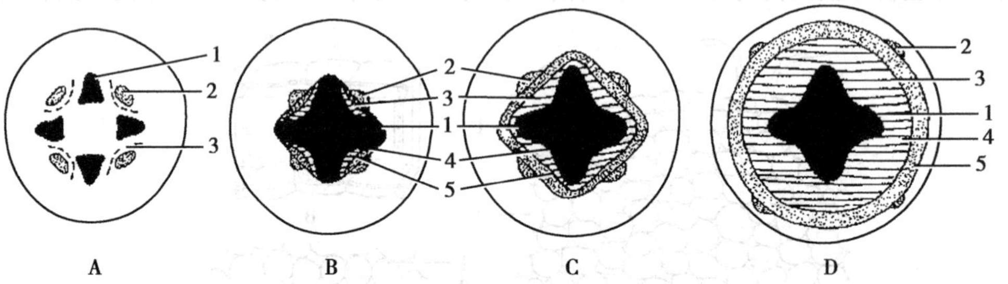

图2-6　根的次生生长示意图（横剖面示形成层的产生与发展）

A. 幼根的情况，初生木质部在成熟中，点线示形成层起始的地方；B. 形成层已成连续组织，初生部分已产生次生结构，初生韧皮部已受挤压；C. 形成层全部产生次生构造，但仍为凹凸不平的形象，初生韧皮部挤压更甚；D. 形成层已成完整的圆环

1. 初生木质部，2. 初生韧皮部，3. 形成层，4. 次生木质部，5. 次生韧皮部

2. 木栓形成层的产生与周皮的形成　维管形成层的活动使根不断加粗的过程中，部分中柱鞘细胞恢复分裂功能形成木栓形成层。木栓形成层也进行平周分裂，向外产生较多层次的木栓细胞，覆盖在根的表面，构成木栓层；向内产生少数几层薄壁细胞，即栓内层；有些植物根的栓内层较发达，常称为次生皮层。木栓层、木栓形成层和栓内层共同组成周皮。木栓层的出现，使外方的各种组织（表皮和皮层）因营养和水分断绝而死亡并逐渐脱落，周皮成为植物根的次生保护组织。

需要特别强调的是，植物学上的根皮是指周皮这一部分，而药材中的根皮类药材，如地骨皮、牡丹皮、香加皮等，却是指形成层以外的部分，包括韧皮部和周皮。

蕨类植物和单子叶植物的根没有形成层和木栓形成层，不产生次生构造，不能无限加粗，始终由表皮或外皮层行使保护功能，或形成根被起保护作用（图2-7）。

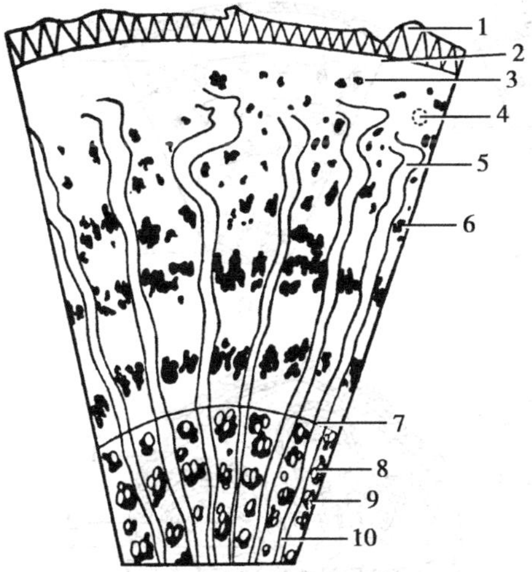

图 2-7　双子叶植物根的次生构造（黄芪根横切面简图）

1. 木栓层，2. 栓内层，3. 石细胞，4. 管状木栓组织，5. 韧皮射线，6. 韧皮纤维束，7. 形成层，8. 导管，9. 木纤维束，10. 木射线

（四）根的三生构造

有些双子叶植物的根，除了正常的次生构造，还产生一些额外的维管束或附加维管柱，以及木间木栓等结构，形成异常构造，又称三生构造。常见的有以下几种类型。

1. 同心环状排列的异常维管束　某些植物的根中，正常次生维管组织形成不久，形成层往往失去分生能力，而在次生韧皮部外缘的一些薄壁细胞转化成额外形成层，向内产生木质部，向外产生韧皮部，形成一圈异型的无限外韧维管束。如此反复多次，形成多轮异型维管束，呈同心环状排列，由薄壁细胞相间隔。

商陆、牛膝、川牛膝的根中，均可见同心环状排列的异常维管束。在商陆的根中，不断产生的额外形成层环始终保持分生能力，并使每一层同心性排列的异型维管束不断增大，呈年轮状。而在牛膝、川牛膝的根中，仅最外一层额外形成层保持有分生能力，而内方各同心性额外形成层环在异型维管束形成后即停止活动。

2. 附加维管柱　根的正常维管束形成后，皮层中部分薄壁细胞转化为多个各自闭合的额外形成层环，对于原有的形成层环而言是异心的，而由此分生出一些大小不等的异型维管束，形成了另一种类型的异常构造。如何首乌的块根横切面上，可见一些大小不等的云彩样花纹（习称“云锦花纹”）。

3. 木间木栓　有些植物的根，在次生木质部中形成木栓带，称为木间木栓。例如在黄芩老根中靠近中央的木质部中可见到木栓环；甘松的根中形成多个单独的木间木栓环，而把次生的维管组织分隔成 2～5 束；在新疆紫草的根中，分布于次生木质部和次生韧皮部的多轮木栓层排列成同心环状（图 2-8）。

四、根的生理功能及药用

根是植物的重要营养器官，主要具有吸收、固着、输导、合成、贮藏和繁殖等生理功能。

（一）生理功能

1. 吸收作用　根最主要的功能是从土壤中吸收水分和溶解在水中的无机盐等。水是植物制造碳水化合物等营养物质的主要原料，也是植物所需无机盐的溶剂，植物所需的无机盐及一些微量元素等都能通过溶液的形式为根毛吸收。

2. 输导作用　根一方面可将根毛所吸收的溶液通过其内的输导组织运输至茎叶制造养料，同时又能将光合作用的产物传递至根部，以保证根的生命活动的需要。

3. 固着作用　植物体的地上部分之所以能够稳固地直立在地面上，主要有赖于根系在土壤中的固定作用，故植物的根有强大的支持固着作用。

4. 合成、分泌作用　根有合成、分泌的功能，是合成、贮藏次生代谢产物的重要器官。根能

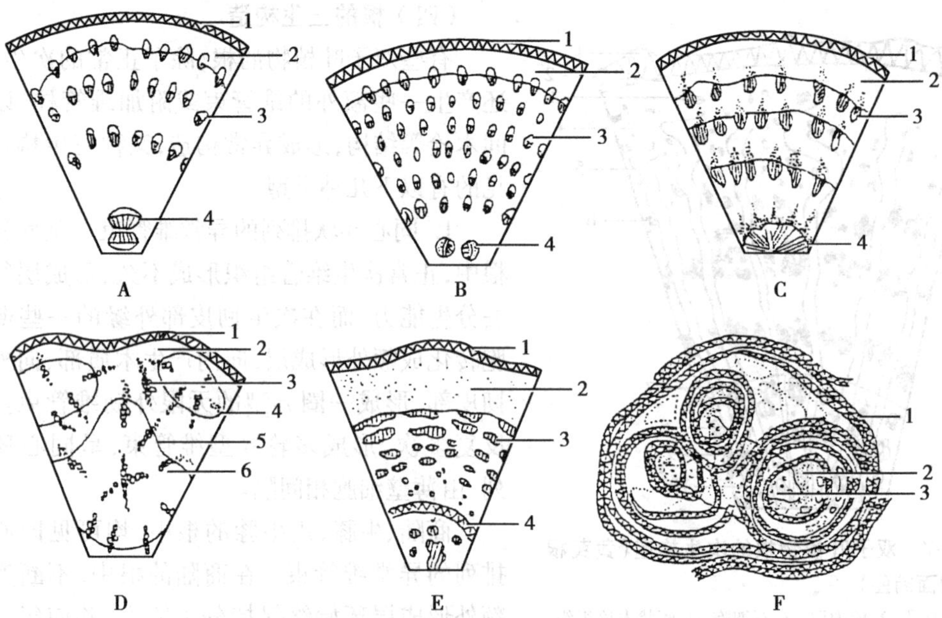

图 2-8　根的三生构造

A. 牛膝；B. 川牛膝；C. 商陆：1. 木栓层，2. 皮层，3. 异型维管束，4. 正常维管束；D. 何首乌：1. 木栓层，2. 皮层，3. 单独维管束，4. 复合维管束，5. 形成层，6. 木质部；E. 黄芩：1. 木栓层，2. 皮层，3. 木质部，4. 木栓细胞环；F. 甘松：1. 木栓层，2. 韧皮部，3. 木质部

合成氨基酸、生物碱、植物激素等有机物质，并以一定的形式积累于细胞内或排出体外，对植物地上部分及周围其他植物的生长发育产生影响，是植物他感作用及连作障碍产生的主要原因。例如，烟草的根能合成烟碱；南瓜和玉米中很多重要的氨基酸是在根部合成的；黄山松根分泌有机酸、生长素、酶等到土壤中，使难溶的盐类转化成可溶的物质，能被植物吸收利用。

5. 贮藏作用　多数植物的根，尤其是贮藏根，其内的薄壁组织比较发达，细胞内贮有大量的淀粉等营养物质。如甘薯、甜菜、萝卜和胡萝卜的根肉质肥大，贮藏有丰富的有机养料，为来年生长发育提供足够的能量。

6. 繁殖作用　不少植物的根可以从中柱鞘外生出不定芽，长成地上茎，尤其是有些植物的地上茎被切去或受伤后，其根在伤口处更易形成不定芽，在植物的营养繁殖中常加以利用，如蔷薇、小檗属等灌木类植物。丹参、甘薯的繁殖就是利用根出茎条来作插条繁殖的。

（二）根的药用

根类药材多为贮藏根，占中药的大部分。许多植物的根可供药用，如人参、党参、桔梗、当归、黄芪、甘草等都是著名的肉质直根类；何首乌、麦冬等是块根类药材；有的是以根皮入药，如地骨皮、香加皮等。

第二节　茎

茎（stem）由种子中胚芽发展而来，通常为生于地上的轴状结构，是植物体主要营养器官，联系根和叶，输送水分、无机盐和有机养料。少数生于地下，如半夏、贝母的地下茎等。自然界中，无茎的植物极为罕见，如无茎草属中的无茎草。

一、茎的外形

（一）茎的外部形态

茎在外形上多呈圆柱形，也有些植物的茎呈方柱形、三棱柱形、扁平柱状。多数植物的茎为实心，但也有些植物的茎是空心的，如南瓜、川芎等，禾本科植物如小麦、水稻、竹等的茎中空且有明显膨大的节，特称秆。

茎上着生叶的部位称节，相邻两个节之间的部分称节间。在茎的顶端和节处叶腋内常生有芽。一般植物的节仅在叶着生部位稍膨大，而有些植物的节明显膨大成环，如牛膝、川芎等，有些植物的节反而缩小，如藕。各种植物的节间长短差别很大，如竹的节间长达数十厘米，而蒲公英的节间还不足1毫米。

叶柄脱落后留下的痕迹称叶痕，其中常能观察到散点状的叶柄维管束痕迹，称为叶迹；芽鳞脱落留下的痕迹称芽鳞痕，据此可以判断枝条的年龄及每年的生长状况。托叶脱落后留下的痕迹称托叶痕；皮孔是木本植物茎枝表面隆起呈裂隙状的小孔，是茎与外界气体交换的通道。因植物不同而异，可作为鉴别植物种类、植物生长年龄的依据（图2-9）。

（二）芽及其类型

芽是未伸展的枝、花或花序，其实质是分生组织及其衍生器官的幼嫩结构。根据芽的生长位置、发育性质、有无芽鳞包被及活动能力等可分为以下几种类型。

依芽的生长位置分为：

1. 定芽　茎枝上有固定着生位置的芽。分为腋芽和顶芽。着生于茎枝顶端的芽称顶芽；着生于叶腋的芽称腋芽，又称侧芽。

2. 不定芽　生长位置常不固定，如甘薯、蒲公英、刺槐等根上的不定芽，落地生根、秋海棠叶上的不定芽，桑、柳等老枝或创伤切口上产生的不定芽等。不定芽具有营养繁殖的作用。

依芽的发展性质分为：

1. 枝芽　发育成枝和叶的芽称枝芽。

2. 花芽　发育成花或花序的芽称花芽，同一株植物上，花芽一般较叶芽大。

3. 混合芽　能同时发育成枝叶和花或花序的芽，如苹果、荞麦等。

依芽鳞的有无分为：

1. 鳞芽　多数木本植物的越冬芽无论枝芽或花芽，外面都有鳞片包被称鳞芽。鳞片是变态的叶，有较厚的角质层，有时还被覆毛茸或分泌树脂黏液，借以保护幼芽。

2. 裸芽　芽的外面无鳞片包被，所有一年生植

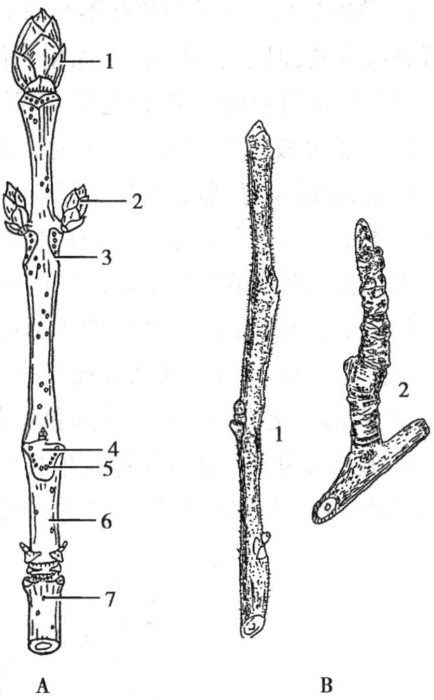

图2-9　茎的外部形态

A. 正常茎的外部形态：1. 顶芽，2. 腋芽，3. 节，4. 叶痕，5. 维管束痕，6. 节间，7. 皮孔；B. 长枝和短枝：1. 长枝，2. 短枝

物、多数两年生植物和少数多年生木本植物的芽，如黄瓜、薄荷、枫杨等。

依芽的活动状态分为：

1. 活动芽　正常发育且在生长季节活动的芽，即能在当年萌发或第二年春天萌发的芽。如一年生草本植物和一般木本植物的顶芽及距顶芽较近的芽。

2. 休眠芽　又称潜伏芽，即长期保持休眠状态而不萌发的芽。但休眠是相对的，在一定条件下，休眠芽和活动芽是可转变的。此外，一般植物的顶芽有优先发育并抑制腋芽的作用（顶端优势），如果摘掉顶芽，可以促进下部休眠腋芽的活动（图 2-10）。

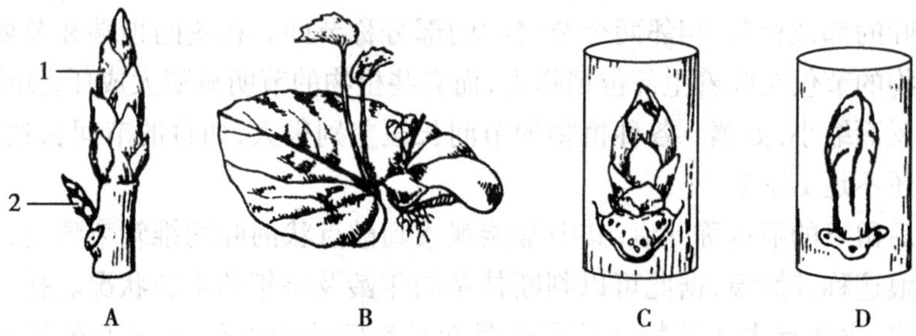

图 2-10　芽的类型

A. 定芽：1. 顶芽，2 腋芽；B. 不定芽；C. 鳞芽；D. 裸芽

（三）茎的分枝

由于芽的性质和活动情况不同，产生不同的分枝方式。常见的分枝方式有以下四种。

1. 单轴分枝　主轴的顶芽不断向上生长形成直立而粗壮的主干，同时侧芽亦以同样方式形成各级分枝，但主干的伸长和加粗比侧枝强得多，因而主干极明显。多数裸子植物如松、柏及一部分被子植物如杨树、山毛榉等都属于单轴分枝。

2. 合轴分枝　主干的顶芽在生长季节生长迟缓或死亡，或顶芽为花芽，由顶芽下面的侧芽取而代之，继续发育，形成粗壮的侧枝，如此交替产生新的分枝，从而形成之字形弯曲的主轴。植株的主干是由许多腋芽发育成的侧枝联合组成，故称合轴。合轴分枝是进化的分枝方式。是顶端优势减弱或消失的结果，大多数被子植物是这种分枝方式。

3. 二叉分枝　顶端分生组织平分成两半，各形成一个分枝，在一定的时候，又以同样的方式重复进行分枝，形成二叉状分枝系统。这是一种比较原始的分枝方式，多见于低等植物，如节松萝，在高等植物中则见于苔藓和蕨类植物，如地钱、石松等。

4. 假二叉分枝　在顶芽停止生长后，或顶芽是花芽，由近顶芽下面两侧腋芽同时发育成两个相同的分枝，从外表看似二叉分枝，因此称假二叉分枝，如曼陀罗、丁香、石竹等（图 2-11）。

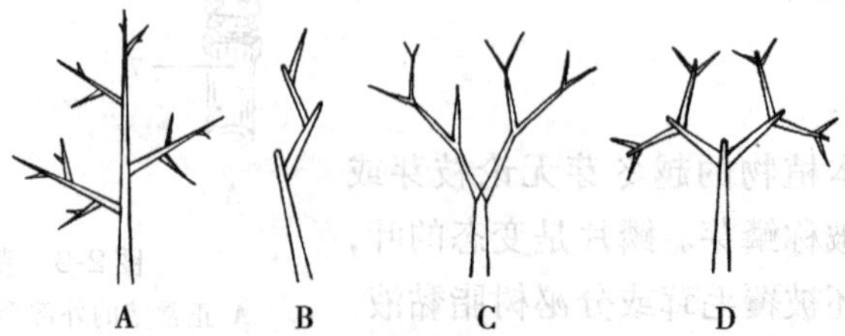

图 2-11　茎的分枝方式

A. 单轴分枝；B. 合轴分枝；C. 二叉分枝；D. 假二叉分枝

二、茎 的 类 型

在长期的进化过程中,为了适应不同的环境,植物形成了各自的生长习性,产生多样的类型。根据茎的质地、生长习性与生长方式进行分类。

(一)依茎的质地分为

1. 木质茎　茎显著木质化而质地坚硬即木质部发达的茎称木质茎。具有木质茎的植物称木本植物。又可分为:

(1) 乔木:植株高大、主干明显、基部少分枝或不分枝的称乔木,多高达5m以上,如杨树、杜仲、厚朴等。

(2) 灌木:无明显主干,常在近基部分枝成数个丛生枝干,这种类型称灌木,一般高在5m以下,如夹竹桃、连翘等。

(3) 小灌木:外形似灌木,但较矮小,一般高在1m左右,称小灌木,如六月雪等。

(4) 亚灌木:又叫半灌木。茎基部木质化多年生,茎上部则是草质一年生,这种介于木本和草本之间的植物,称亚灌木或半灌木,如麻黄、牡丹等。

(5) 木质藤本:茎长而柔韧,缠绕或攀援它物向上生长,如葡萄、木通等。

2. 草质茎　质地较柔软,木质化程度较低的茎称草质茎。具有草质茎的植物称草本植物。按生长年限和性状的不同又可分为:

(1) 一年生草本:植株在一年内完成整个生命周期,开花结果后枯死的称一年生草本,如水稻、红花、马齿苋等。

(2) 两年生草本:植物整个生命周期需要两年完成,这种草本称两年生草本或越年生草本,如萝卜、荠菜等。

(3) 多年生草本:生命周期在二年以上的草本植物称多年生草本。根据地上和地下两部分生长情况的不同又分为两种。

多年生宿根草本:地下部分多年生,地上部分当年枯死,下一年又会长出新的地上部分,这种草本称多年生宿根草本,如防风、人参等。

常绿草本:地上和地下两部分均保持两年以上生活力的草本称常绿草本,如麦冬、万年青、石菖蒲等。

(4) 草质藤本:茎为缠绕或攀援性的草本植物称草质藤本,如牵牛、山药。

3. 肉质茎　质地柔软多汁,肉质肥厚的茎称肉质茎,如芦荟、景天、仙人掌。

(二)依茎的生长习性分为

1. 直立茎　指垂直地面直立生长的茎,为常见茎的类型,如紫苏等。

2. 缠绕茎　茎柔软不能直立,呈螺旋状缠绕它物向上生长。如五味子、忍冬、牵牛、马兜铃、何首乌、猕猴桃等植物的茎。

3. 攀援茎　茎柔软不能直立,而是靠卷须、不定根、吸盘或其他结构攀附它物向上生长的茎。如瓜蒌、络石、铁线连分别靠茎卷须、不定根、叶柄攀附生长。

4. 匍匐茎　茎细长柔弱,沿着地面通过节上生的不定根以匍匐状态生长,如甘薯、草莓、连钱草等的茎。

5. 平卧茎　植物平卧于地,节上无不定根,只是蔓地生长的茎称为平卧茎,如蒺藜、地锦草

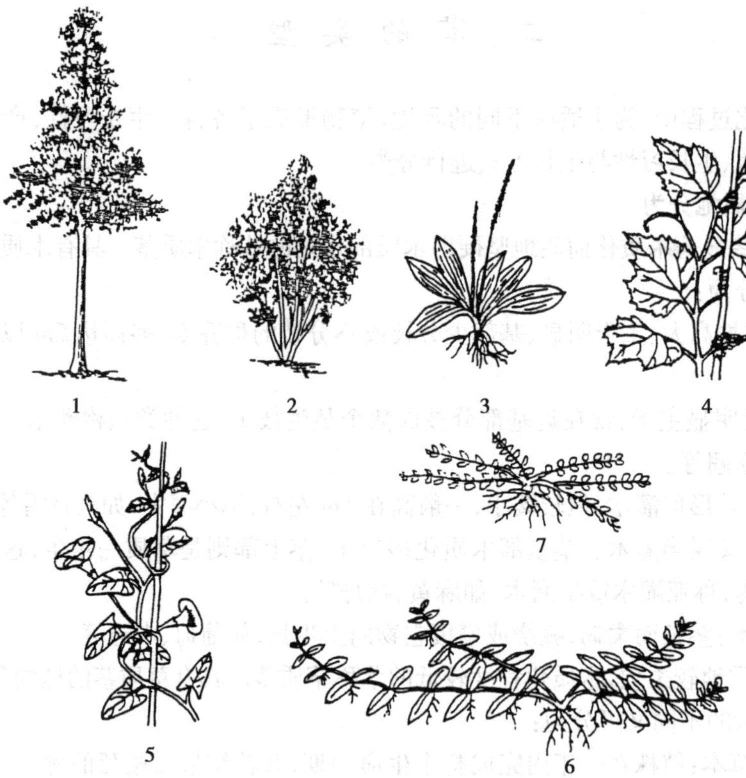

图 2-12 茎的类型

1. 乔木，2. 灌木，3. 草本，4. 攀援灌木，5. 缠绕草本，6. 匍匐茎，7. 平卧茎

等的茎(图 2-12)。

三、茎的变态

植物的茎和根一样，为适应不同的生活环境和执行不同的功能，也会发生形态和结构上的变异，产生变态现象。

(一)地下茎的变态

地下茎生长于地下，主要起着贮藏养料和繁殖的作用，与根的区别在于有节和节间，节上生芽。常见的有：

1. 根茎　又称根状茎，为横生的肉质茎，具有明显的节和节间。节上通常有退化的膜质鳞叶，先端有顶芽，节上有腋芽，并常生有不定根。根茎的形态及节间长短因植物种类而异，有的细长，如白茅、芦苇；有的粗肥，如姜、玉竹；有的短而直立，如人参、三七的“芦头”；有的呈团块状，如苍术、川芎；有的还具有明显的茎痕(地上茎枯萎脱落后留下的痕迹)，如黄精的圆盘状茎痕、人参的凹窝状茎痕、桔梗的半月形茎痕等。

2. 块茎　由地下茎末端膨大而成，短而肥厚，呈不规则的块状，有较短的节间，节上生有退化的鳞叶或早期枯萎脱落，如半夏、延胡索、天麻、马铃薯等，其中马铃薯是节间极度缩短的块茎，表面凹陷处称芽眼，内生芽，整个块茎的芽眼作螺旋状排列。

3. 球茎　短而肥厚呈球状或扁球状的地下茎，由地下茎的先端膨大而成，节和节间明显，节上生有膜质鳞叶，顶芽粗壮发达，腋芽常生于上半部的节上，下部生有多数须根，如慈菇、荸荠等。

4. 鳞茎　由许多肥厚的肉质鳞叶包围的生于扁平或圆盘状的地下茎，呈球形或扁球形。茎极度缩短呈盘状，称鳞茎盘；顶端（鳞茎盘中央）有顶芽，鳞片叶内生有腋芽，基部具有不定根。根据其外侧的鳞叶是否呈干膜质又可分为无被鳞茎和有被鳞茎，前者鳞叶外面无覆盖层，不呈干膜质，如百合、贝母等；后者鳞叶内层被外层完全覆盖，且外层鳞叶呈干膜质，如洋葱、大蒜等（图 2-13）。

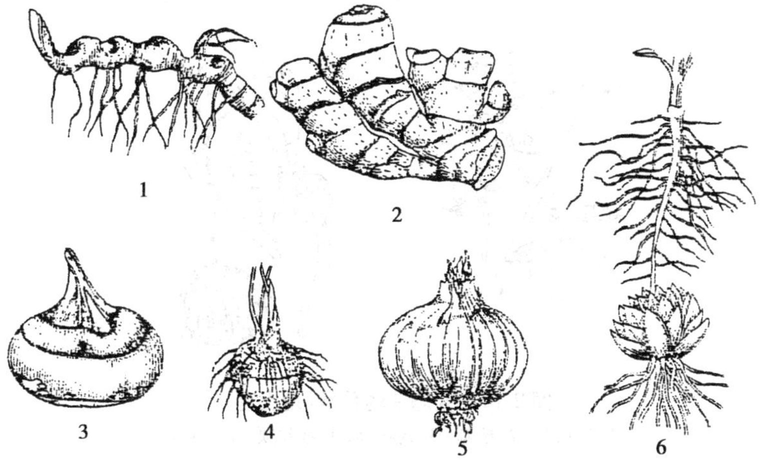

图 2-13　变态茎的种类（地下茎）

1. 根状茎（玉竹），2. 根状茎（姜），3. 球茎（荸荠），4. 块茎（半夏），5. 鳞茎（洋葱），6. 鳞茎（百合）

（二）地上茎的变态

地上茎的变态主要与同化、保护、攀援等功能相关，常见的有：

1. 叶状茎　又称叶状枝。有些植物的一部分茎或枝变成绿色，呈扁平叶状，行使叶的功能，而真正的叶则退化为膜质鳞片状、线状或刺状，如竹节蓼、天冬、仙人掌等植物的茎。

2. 枝刺　又叫棘刺。有些植物的部分侧枝特化为刺状结构，坚硬而锐利，具有保护作用。枝刺有不分枝的，如山楂、酸橙、木瓜的枝刺；也有分枝的，如皂荚、枸橘的枝刺。枝刺常呈针状，生于叶腋，可与叶刺相区别。

3. 钩状茎　由茎的侧枝变态而来，通常弯曲呈钩状，粗短坚硬不分枝，位于叶腋，如钩藤茎上的钩状物。

4. 茎卷须　部分茎枝特化而成的卷须状攀援结构，柔软卷曲而常有分枝，如葡萄、瓜蒌、丝瓜等的卷须。

5. 小块茎和小鳞茎　地上较小的块茎或鳞茎，通常由腋芽或不定芽发育而成，具有营养繁殖的作用。小鳞茎又称为珠芽，如卷丹的叶腋、薤白（小根蒜）的花序中常形成珠芽；山药、秋海棠的叶腋以及半夏的叶柄上常产生小块茎（图 2-14）。

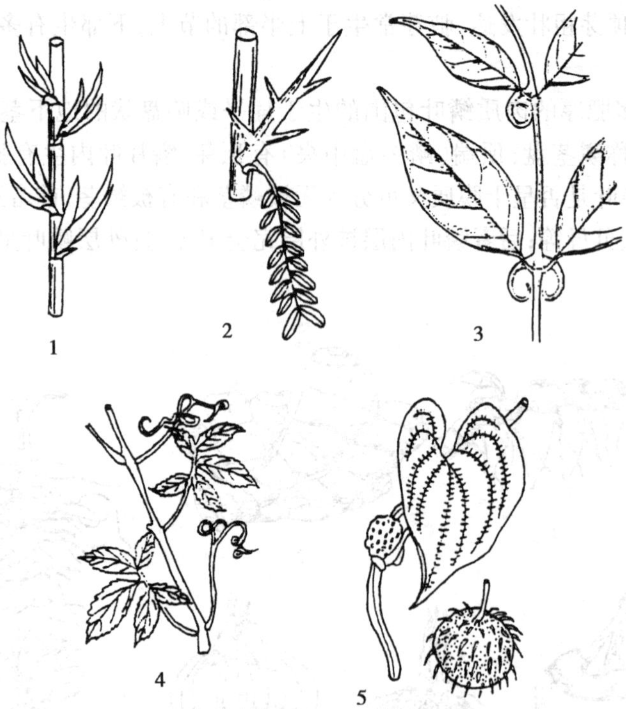

图2-14 变态茎的种类(地上茎)

1.叶状茎,2.枝刺,3.钩状茎,4.茎卷须,5.小块茎

四、茎的显微构造

种子植物的主茎起源于种子中的胚芽,其侧枝由主茎上的侧芽(腋芽)发育而来,不论是主茎还是侧枝,其顶端都具顶芽,保持顶端优势,使植物体不断长高。

(一)茎尖的构造

茎或枝的顶端可分为三个部分,即分生区、伸长区和成熟区。

1. 分生区 为顶端分生组织所在的部位,在茎尖的前端,呈圆锥状,细胞具有强烈的分生能力,所以又叫生长锥。生长锥表面能向外形成小突起,成为叶原基。叶原基继续分生出腋芽原基,发育成叶和腋芽。

2. 伸长区 从生长区分裂出的细胞迅速伸长,细胞开始分化形成不同的组织。

3. 成熟区 位于伸长区后方,细胞分化明显,表皮不形成根毛,而分化成气孔和毛茸。

(二)双子叶植物茎的初生构造

通过茎尖成熟区作横切面,可观察到茎的初生构造。茎的初生构造也包括表皮、皮层和维管柱三部分。

1. 表皮 为一层扁平、长方形、排列整齐而紧密的生活细胞。一般不具有叶绿体,少数植物茎的表皮细胞含有花青素,使茎呈紫红色,如甘蔗、蓖麻。部分表皮细胞特化成气孔、毛茸或其他附属物。细胞外壁较厚,通常角质化并形成角质层,某些植物还有蜡被。

2. 皮层 位于表皮内方,由多层生活细胞构成,一般不如根的皮层发达,仅占茎中较小的部分。皮层细胞壁薄而大，排列疏松，具细胞间隙。靠近表皮部分的细胞中常含有叶绿体，所以嫩茎呈绿色，能进行光合作用，有绿皮层之称。

茎的皮层（除水生植物和一些地下茎外）最内一层细胞仍为一般的薄壁细胞，不像根具有可辨的内皮层，因而与维管柱之间无明显界限。有的植物在皮层最内层细胞中含有丰富的淀粉粒，这层细胞称淀粉鞘，如马兜铃、蓖麻等。

3. 维管柱　位于皮层以内，占有茎的较大部分，包括呈环状排列的初生维管束、髓射线和髓三部分。

（1）初生维管束：双子叶植物茎的初生维管束包括初生韧皮部、初生木质部和束中形成层。

1）初生韧皮部：位于维管束的外侧，其分化成熟方式为外始式。在韧皮部外侧，常分布有半月形的纤维带，称为初生韧皮纤维。

2）初生木质部：位于维管束的内侧，其分化成熟的顺序与根相反，是由内向外，称为内始式。原生木质部在内方，多为直径较小的环纹、螺纹导管；后生木质部在外方，多为直径较大的梯纹、网纹或孔纹导管。

3）束中形成层：位于初生韧皮部与初生木质部之间，为原形成层所遗留下来，由1～2层具有分生能力的细胞组成。

多数植物茎的维管束是外韧型维管束，但也有少数植物为双韧型维管束，如茄科的曼陀罗、颠茄、莨菪，葫芦科的南瓜，桃金娘科的桉树，旋花科的甘薯等植物茎中都是双韧维管束。

（2）髓射线（束间区）：髓射线又称初生射线，为初生维管束之间的薄壁组织，外连皮层，内接髓部，在横切面上呈放射状，具横向运输和贮藏作用。

（3）髓：茎的中央部分为髓部，主要由薄壁细胞组成，常含淀粉粒等贮藏物质。有的植物髓中具有石细胞，如樟树。有些木本植物，髓的周围部分常为一些紧密排列的小型壁厚细胞，围绕着内方大型的薄壁细胞；这层细胞常含丰富的储存物，能生存较久，称环髓带，如椴树；有些植物的髓局部被破坏，形成一系列片状的横隔，如胡桃、猕猴桃；也有些植物茎的髓部在发育过程中往往消失，形成中空的茎，如连翘、芹菜、南瓜等（图2-15）。

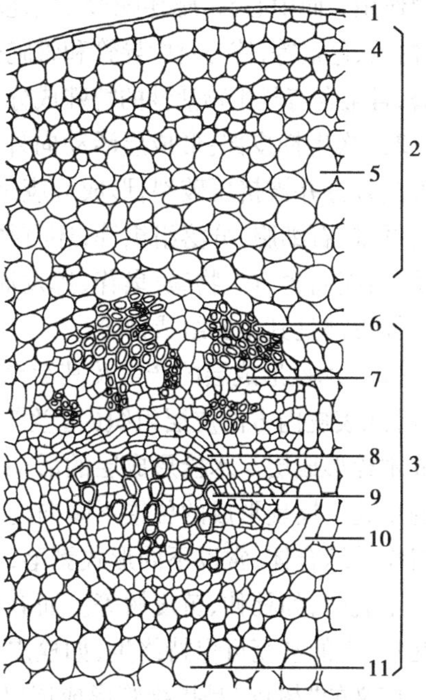

图2-15　双子叶植物茎的初生构造（横切面）

1. 表皮，2. 皮层，3. 维管柱，4. 厚角组织，5. 薄壁组织，6. 韧皮纤维，7. 初生韧皮部，8. 束中形成层，9. 初生木质部，10. 髓射线，11. 髓

（三）双子叶植物茎的次生构造和三生构造

裸子植物和多数双子叶植物由于形成层和木栓形成层的分裂活动，产生次生构造。木本植物的次生生长可持续多年，因此次生构造很发达，使茎逐渐加粗。

1. 双子叶植物木质茎的次生构造

（1）形成层的产生及其活动：当茎进行次生生长时，与束中形成层两侧相邻的髓射线细胞恢复分生能力，转变为束间形成层，与束中形成层连接成环，构成完整的圆环状形成层。

形成层细胞具有强烈的分生分化能力，向内产生次生木质部，加于初生木质部的外方；向外产生次生韧皮部，加于初生韧皮部内方，并将初生韧皮部逐渐推向外方。同时，形成层的一部分细胞也不断分裂形成一些径向排列的薄壁细胞，形成次生射线，贯穿于次生木质部与次生韧皮部，构成横向运输组织，称维管射线。

1）次生木质部：形成层在切向分裂中是不等速的，即向内分裂快，向外分裂慢，故向内形成次生木质部的量，远比向外形成次生韧皮部的量多。因而，木本植物茎的绝大部分是次生木质部，由纵向排列的导管、管胞、木薄壁细胞和木纤维等以及径向放射状排列的木射线细胞组成。多年生木本植物的次生木质部又称木材。

茎中形成层的活动受季节影响很大，特别是在温带和亚热带，或有干、湿季节的热带。温带和亚热带的春季或热带的湿季，由于气候温和，雨量充足，形成层活动旺盛，所形成的次生木质部细胞直径大，壁薄，排列疏松，色泽较浅，称早材或春材。温带的夏末秋初或热带的旱季，形成层活动逐渐减弱，所形成的细胞直径小，壁厚，质地紧密、色泽较深，称晚材或秋材。在一年中早材和晚材是逐渐转变的，没有明显的界限，但当年的秋材与第二年春材界限分明，形成同心环层称为年轮。年轮通常一年一轮，因此，年轮的多少可以判断树木的年龄。但有的植物一年可以形成几个环层，如柑橘一年形成三个，这些轮层称为假年轮，它的形成是由于形成层有节奏的活动，每年有几个循环的结果。年轮的产生与环境条件有关，在终年气候变化不大的热带，树木就不形成年轮。

在木材横切面上，靠近形成层的部分颜色较浅，质地较松软，称边材。边材是生活细胞，具有输导作用。而中心部分颜色较深，质地较坚硬，称心材。心材中常积累一些代谢产物，如鞣质、树脂、树胶、色素等，使心材中导管和管胞被堵塞，失去输导能力。心材由于侵填体的形成，木材坚硬耐磨，且常含有具生物活性的特殊成分。茎木类药材沉香、降香、檀香等，都是以心材入药。

2）次生韧皮部：形成层活动向外分裂形成次生韧皮部。次生韧皮部形成时，初生韧皮部被推向外方并被挤压破裂，形成颓废组织。次生韧皮部中除筛管、伴胞、韧皮薄壁细胞外，常有韧皮纤维、石细胞、分泌组织等，还有径向的韧皮射线细胞。韧皮薄壁细胞中含有糖类、油脂等物质，可能尚含有生物碱、皂苷、挥发油等具药用价值的物质。黄柏、杜仲、肉桂等皮类药材中，次生韧皮部是其主要组成部分。

（2）木栓形成层的产生及其活动：随着形成层活动使茎不断加粗，茎的表皮（如夹竹桃、杜仲等）或表皮内方的皮层组织（玉兰等），或韧皮部薄壁细胞（如茶树、杜鹃等）恢复分生能力，形成木栓形成层。木栓形成层的活动，向外产生木栓层，向内产生栓内层，构成周皮及其表面上的皮孔。周皮形成的位置不断向内，新周皮形成后，老的周皮的木栓层与外方被隔离而死亡的组织的综合体，常以不同形式剥落，合称落皮层，如白桦树、悬铃木等植物。但不少植物的周皮并不脱落，如杜仲、黄皮树等。而有些植物如梨、苹果的第一个木栓形成层的活动期可能长达几年，有的甚至可保持终生，如栓皮栎。

广义的“树皮”是指维管形成层以外的所有组织。如杜仲、厚朴、秦皮、黄柏、合欢皮、肉桂等茎皮类药材就是指广义的树皮（图2-16）。

2. 双子叶植物草质茎的构造　双子叶植物草质茎生长期短，次生生长有限。其主要构造特点如下（图2-17）：

（1）最外层为表皮：表皮多长期存在，常有毛茸、气孔、角质层、蜡被等附属物。皮层组织中有叶绿体，因此草质茎大多呈绿色，有光合作用能力。

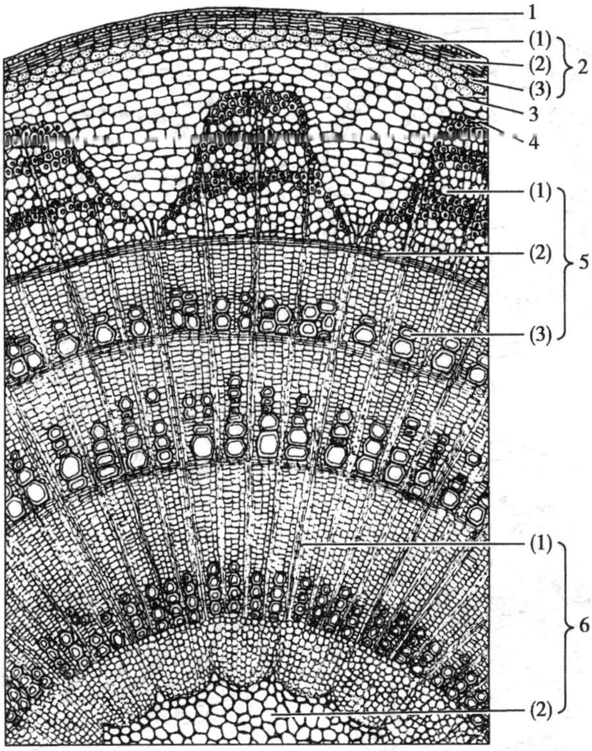

图 2-16　双子叶植物木质茎的次生构造(横切面)

1. 表皮层；2. 周皮：(1). 木栓层，(2). 木栓形成层，(3). 栓内层；3. 皮层；4. 韧皮纤维；5. 维管束：(1). 韧皮部，(2). 形成层，(3). 木质部；6. 髓部：(1). 射髓，(2). 中髓

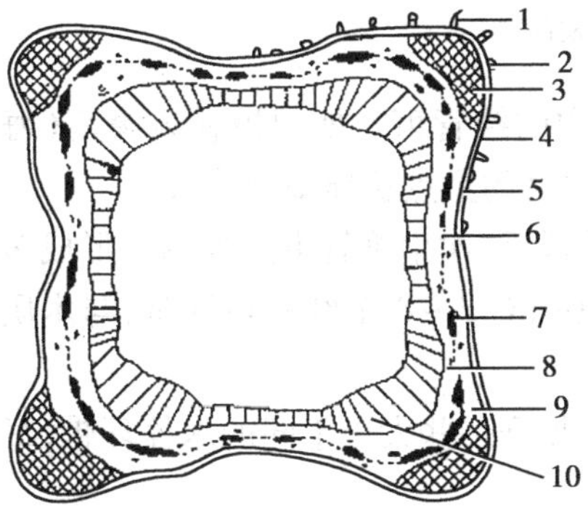

图 2-17　双子叶植物草质茎薄荷横切面简图

1. 非腺毛，2. 腺鳞，3. 厚角组织，4. 表皮，5. 腺毛，6. 内皮层，7. 纤维，8. 韧皮部，9. 石细胞，10. 木质部

(2) 次生构造不发达：由于草质茎生长时间较短，形成层活动较弱，只产生少量次生组织，木质部不发达；通常不产生木栓形成层，无周皮。

(3) 髓部发达：髓射线一般较宽，有的髓部中央破裂呈空洞状，如薄荷。

3. 双子叶植物根状茎的构造　双子叶草本植物根状茎的构造与地上茎类似，其特点为：

(1) 根茎的表面通常具木栓组织，少数为表皮和鳞叶。

(2) 皮层常有根迹维管束和叶迹维管束，内皮层不明显；有的皮层内侧有厚壁组织。

(3) 维管束排列成环状，中央髓部明显。

(4) 机械组织一般不发达，薄壁细胞中常有较多的淀粉粒等后含物，如黄连的根状茎。

4. 双子叶植物茎和根状茎的异常构造　有些双子叶植物的茎和根茎形成次生构造以后，常有部分薄壁细胞能恢复分生能力，转化成新的形成层，进而产生异型维管束，形成三生构造。常见有下列几种情况(图 2-18)：

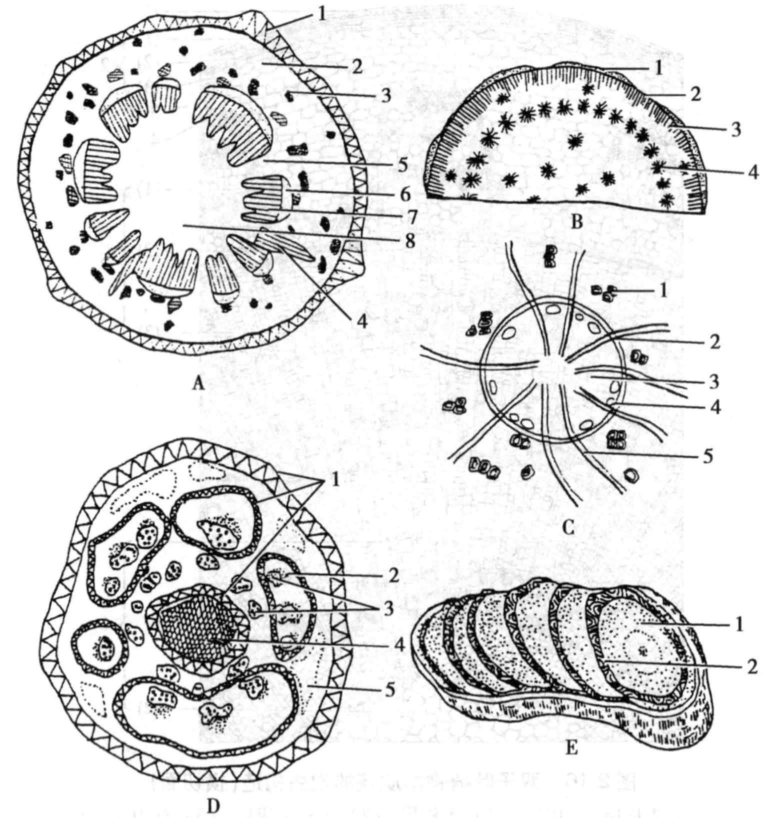

图 2-18　双子叶植物根状茎的正常和异常构造横切面简图

A. 黄连根状茎：1. 木栓层，2. 皮层，3. 石细胞，4. 根迹，5. 射线，6. 韧皮部，7. 木质部，8. 髓；B. 大黄根状茎：1. 韧皮部，2. 形成层，3. 木质部，4. 星点；C. 大黄星点放大：1. 导管，2. 形成层，3. 韧皮部，4. 黏液腔，5. 射线；D. 甘松根状茎：1. 木栓层，2. 韧皮部，3. 木质部，4. 髓，5. 裂隙；E. 密花豆茎：1. 木质部，2. 韧皮部

（1）髓部异型维管束：位于双子叶植物茎或根茎髓中的维管束。如胡椒科风藤茎（海风藤）的髓部有异型维管束 6～13 个；大黄根茎的髓部有周木型的星点状异型维管束。

（2）同心环状异型维管束：在次生生长发育至一定阶段后，次生维管束的外围又形成多层呈环状排列的异型维管束，如密花豆的老茎（鸡血藤）横切面有 2～8 个红棕色环带，与木质部相间排列，最内一环为圆形，其余为同心半圆环。

（3）木间木栓：甘松的根状茎中，如同在其根中，也可见到一些大小不同的木栓环带，每个环带包围一部分韧皮部和木质部，把维管束分隔成数束。

（四）单子叶植物茎和根状茎的构造

单子叶植物茎和根状茎通常只有初生构造而没有次生构造（图 2-19），与双子叶植物茎和根状茎在组织构造上最大的不同点是：

（1）除少数热带植物（如龙血树、芦荟等）外，单子叶植物茎一般没有形成层和木栓形成层，只具初生构造。

（2）表皮以内为基本组织，无皮层与髓的区分。

（3）单子叶植物茎维管束主要是有限外韧维管束（如玉米、石斛）或周木维管束（如香附、重楼），散生于基本组织内。

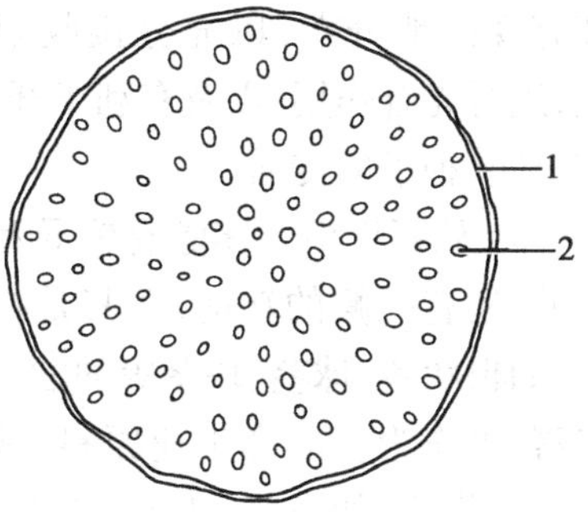

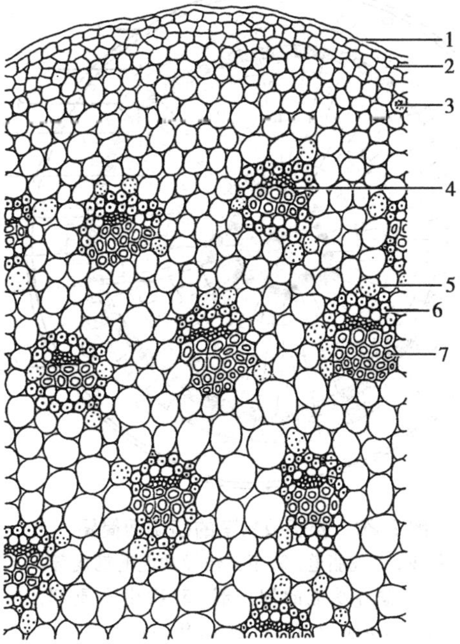

图 2-19 单子叶植物石斛茎的构造

A. 石斛茎的横切面简图：1. 表皮，2. 维管束；B. 石斛茎的横切面详图：1. 角质层，2. 表皮，3. 皮层，4. 韧皮部，5. 薄壁细胞，6. 纤维束，7. 木质部

有的单子叶植物茎中维管束排列成两轮，中央部分萎缩破裂，形成中空的茎杆（如小麦、水稻、竹类等）。

单子叶植物根状茎的内皮层大多明显，因而皮层和维管柱有明显分界，皮层常占较大部分，其中往往有叶迹或根迹维管束散在，如石菖蒲等的根状茎。

（五）裸子植物茎的构造特点

裸子植物茎都是木质的，因此它的构造基本上与双子叶植物木质茎相类似，区别点在于木质部和韧皮部的组成（图 2-20）。

（1）多数裸子植物茎的次生木质部一般无导管（少数如麻黄属、买麻藤属的裸子植物，木质部具有导管），主要由管胞和射线所组成。

（2）裸子植物茎的次生韧皮部是由筛胞、韧皮薄壁组织和射线所组成，没有筛管和伴胞的分化，筛胞是比筛管原始的输导组织。韧皮部中一般无韧皮纤维。

（3）有些裸子植物茎的皮层、维管柱中，常分布树脂道，如松柏类植物。

五、茎的生理功能及药用

茎的主要功能是输导和支持作用，此外，尚有贮藏和繁殖的功能。

（一）生理功能

1. 输导作用　植物的茎联系着根和叶，是进行物质运输的通道。根从土壤中吸收的水分和

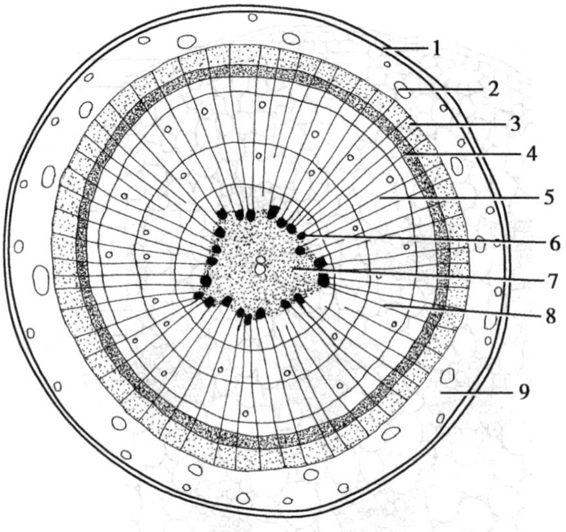

图2-20 裸子植物茎的横切面简图

1. 周皮，2. 树脂道，3. 不具输导功能的韧皮部，4. 具有输导功能的韧皮部，5. 次生木质部，6. 初生木质部，7. 髓，8. 射线，9. 皮层

无机盐以及在根中合成或贮藏其他部位的营养物质，通过茎木质部向上运输到叶中去，供给叶部行光合作用。叶进行光合作用所制造的有机养料，也要通过茎和枝的韧皮部输送到体内各部被利用或贮藏。

2. 支持作用 大多数植物的主茎直立于地面生长，其和根系一道共同承受枝叶及花、果的重量，并支持它们合理伸展和有规律地分布，以充分接收阳光和空气，进行光合作用，以及有利于开花、传粉和果实、种子的传播。

3. 贮藏作用 茎除有输导和支持作用外，还有贮藏的功能，尤其是在变态茎中，如根状茎、球茎、块茎等的贮藏物更为丰富，可作为食品和工业原料，其中很多有药用价值，如黄精、天麻、半夏、百合等的地下茎均含有丰富的贮藏物质。

4. 繁殖作用 块茎、球茎、鳞茎、根茎和匍匐茎均具有繁殖作用，可用于营养繁殖。不少植物的茎有形成不定根和不定芽的习性，也可作营养繁殖材料。

（二）茎的药用

关木通、天仙藤、麻黄、桂枝等是常用的地上茎类药材；杜仲、黄柏、厚朴、桂皮、金鸡纳皮、秦皮、合欢皮等是常用的茎皮类药材；沉香、苏木、檀香等是常用的茎木类药材；黄连、半夏、黄精、玉竹、贯众、贝母等是常用的地下茎类药材；也有仅用茎的髓部的，如通草、小通草、灯心草等。

第三节 叶

叶(leaf)是维管植物重要的营养器官，着生在茎节上，一般为绿色扁平体，含有大量叶绿体，具有向光性，主要行使光合作用、蒸腾作用和气体交换等生理功能。少数植物的叶具有繁殖作用。

一、叶的组成与形态

叶由叶片、叶柄和托叶三部分组成。三部分俱全的叶称完全叶，如桃、柳、月季等植物的叶。有些植物的叶只具有其中的一或两个部分，称不完全叶，其中不具托叶的叶最为常见，如丁香、茶、油菜的叶；有的同时缺少托叶和叶柄，如石竹、龙胆的叶；缺少叶柄的，如荠菜、烟草的叶(图2-21)。

（一）叶片

叶片是叶的主要成分，一般为薄的绿色扁平体，有上表面(腹面或近轴面)和下表面(背面或远轴面)之分。叶片的顶端称叶尖或叶端，基部称叶基，周边为叶缘，叶片内维管束的分布称叶脉。

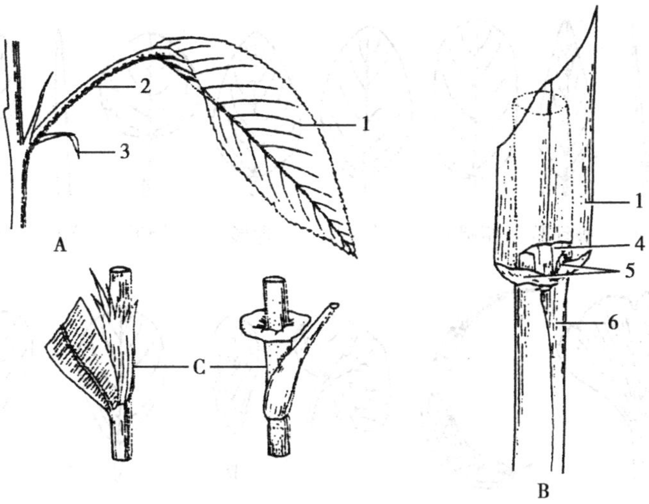

图 2-21　叶的组成部分

A. 完全叶；B. 禾本科植物的叶；C. 托叶鞘

1. 叶片，2. 叶柄，3. 托叶，4. 叶舌，5. 叶耳，6. 叶鞘

1. 叶形　叶片的全形称叶形。叶片的形状和大小随植物种类而异。叶形的划分是根据叶片的长、宽比例以及最宽处的位置来确定。常见的叶片形状有针形、条形、线形、披针形、椭圆形、卵形、心形、肾形、圆形、剑形、盾形、带形、箭形、戟形等(图 2-22)。

以上是叶片的基本形状。不同的植物叶形变化很大，其他形状还很多，如松树为针形，银杏为扇形，细辛为心形，连钱草为肾形，蝙蝠葛、莲为盾形，慈菇为箭形，菠菜为戟形等(图 2-23)。

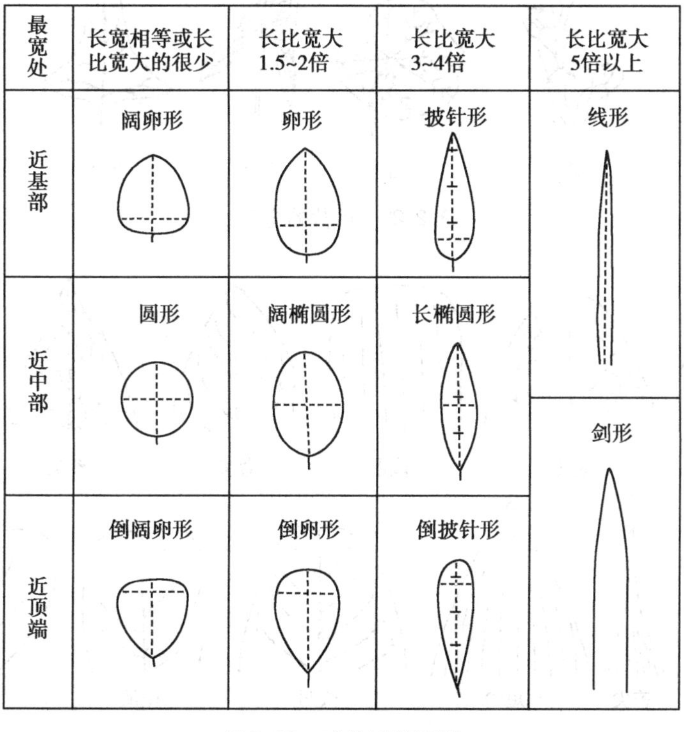
最宽处
长宽相等或长比宽大的很少
长比宽大1.5~2倍
长比宽大3~4倍
长比宽大5倍以上
近基部
阔卵形
卵形
披针形
线形
近中部
圆形
阔椭圆形
长椭圆形
剑形
近顶端
倒阔卵形
倒卵形
倒披针形

图 2-22　叶片形状图解

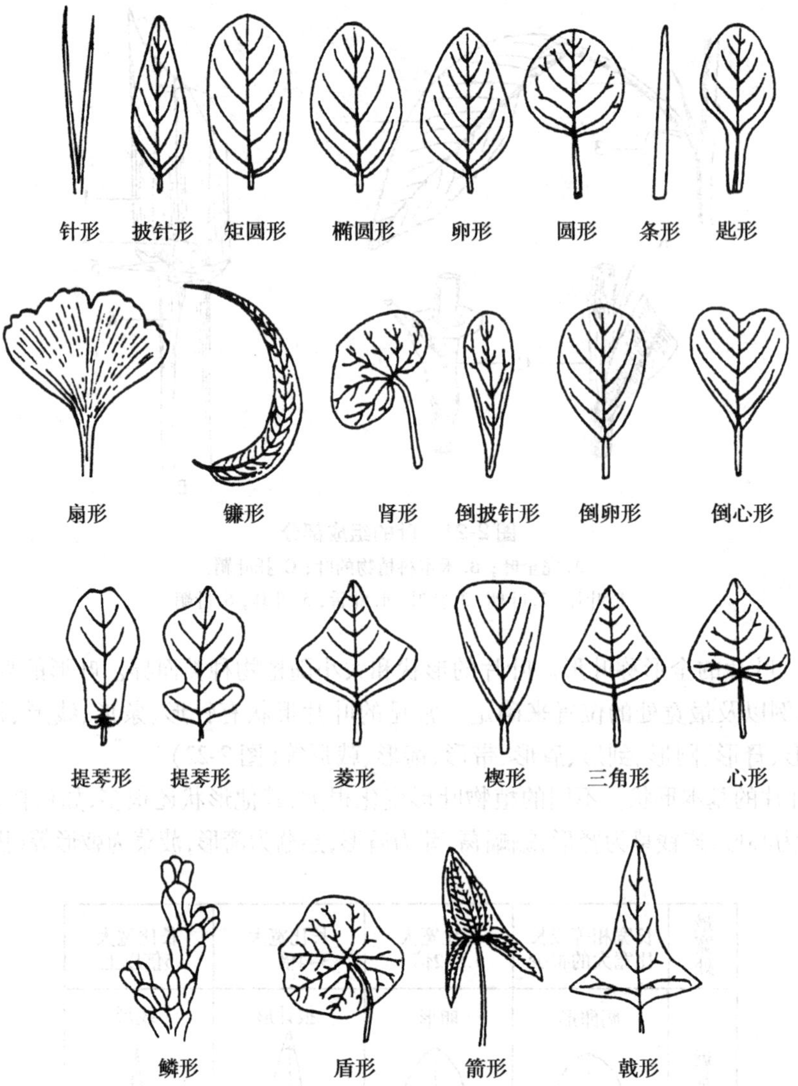

图 2-23 叶片的全形

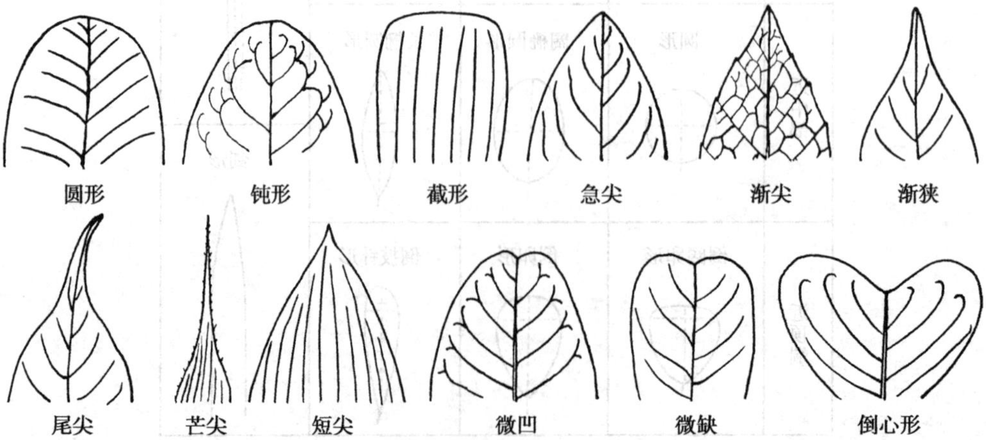

图 2-24 叶端的各种形状

2. 叶端　叶片的尖端简称叶端或叶尖。常见的有：圆形、钝形、截形、急尖、渐尖、渐狭、卷须状、尾状、芒尖等（图 2-24）。

3. 叶基　叶片的基部简称叶基。常见的形状有：楔形、钝形、圆形、心形、耳形、箭形、戟形、截形、渐狭、偏斜、盾形、穿茎、抱茎等（图 2-25）。

4. 叶缘　叶片的周边称叶缘。常见的形状有：全缘、波状、锯齿状、重锯齿、牙齿状、圆齿状等（图 2-26）。

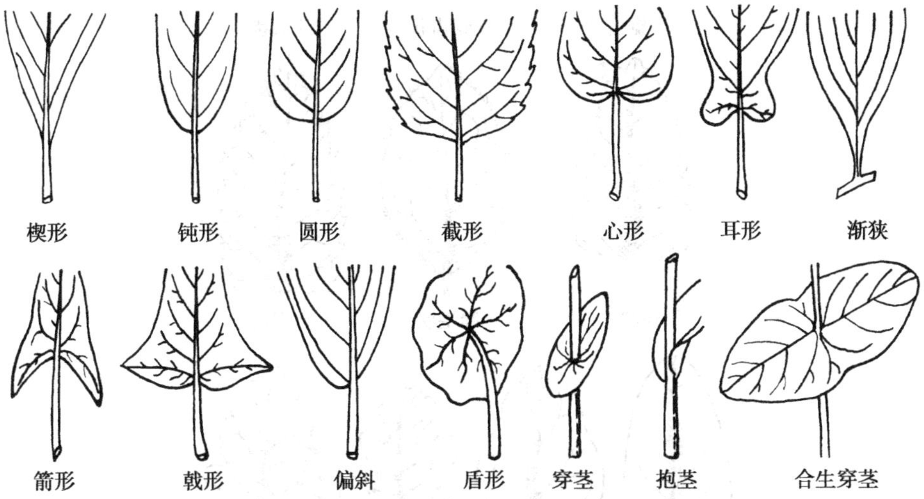

图 2-25　叶基的各种形状

5. 叶片的分裂　有些植物的叶缘缺刻深而大，形成叶片的分裂。常分为羽状分裂、掌状分裂和三出分裂三种。依据叶片裂隙的深浅不同，又可分为浅裂、深裂和全裂。浅裂的叶片缺刻最深不超过叶片的 1/2，如药用大黄、南瓜等；深裂的叶片缺刻深度超过叶片的 1/2 但未达中脉或叶的基部，如唐古特大黄、荆芥等；全裂叶片的缺刻则深达中脉或叶的基部，如大麻、白头翁。一般对叶裂的描述是综合上述两种分类方法，如羽状浅裂、羽状深裂、掌状全裂等（图 2-27，图 2-28）。

6. 叶脉及脉序　叶脉主要是叶片中的维管束，起输导和支持作用。其中最粗大的叶脉称主脉，只有一条主脉的称中脉。主脉的分枝称侧脉，其余较小的称细脉。叶脉在叶片中的分布及排列形式称脉序。脉序主要有以下三类。

（1）网状脉：主脉明显粗大，由主脉分出许多侧脉，侧脉再分细脉，彼此连接成网状，是双子叶植物的主要脉序类型。网状脉又因主脉分出侧脉的不同而有两种形式。

1）羽状网脉：具有一条明显的主脉，两侧分出许多大小几乎相等并作羽状排列的侧脉且几达叶缘，侧脉再分出细脉交织成网状，如桂花、垂柳、女贞、茶、枇杷等。

2）掌状网脉：主脉数条，由叶基辐射状发出伸向叶缘，由侧脉及细脉交织成网状，如南瓜、蓖麻等。有的从主脉基部两侧只产生一对侧脉，这对侧脉明显发达于其他的侧脉，这种脉序称三出脉，如山麻杆、朴树等；若三出脉中，这一对侧脉是离开主脉基部一段距离才生出的称离基三出脉，如樟。

少数单子叶植物如天南星、薯蓣等也具有网状脉，但是叶脉脉梢多是相互连接在一起的，

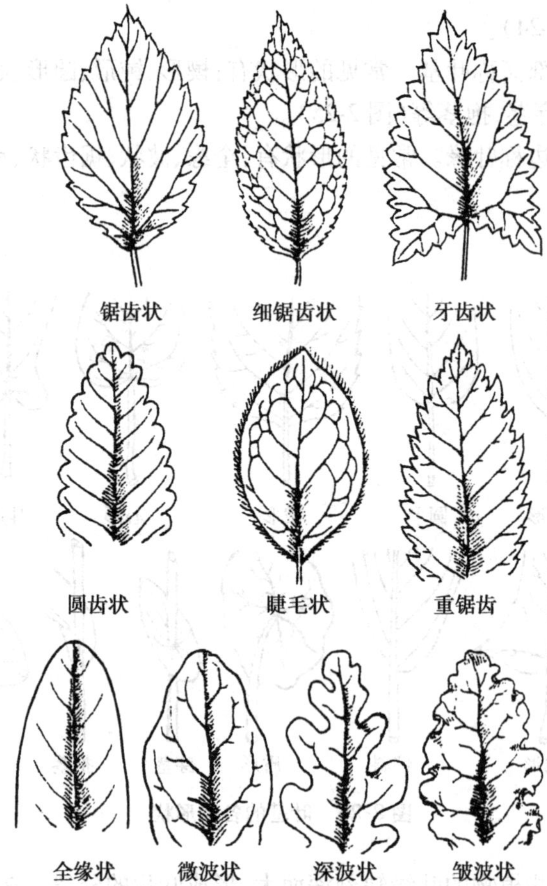

图 2-26 叶缘的各种形状

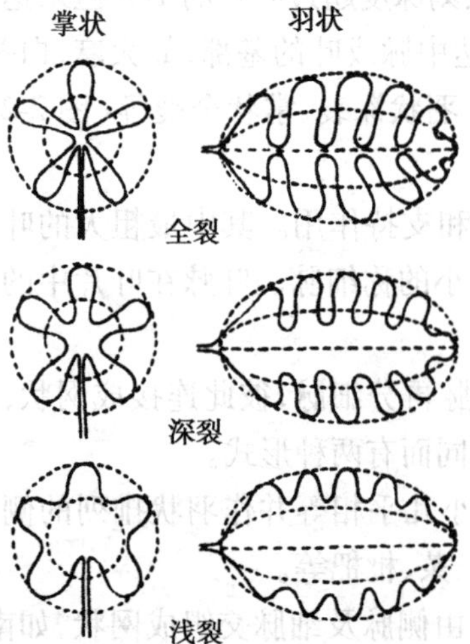

图 2-27 叶片的分裂图解

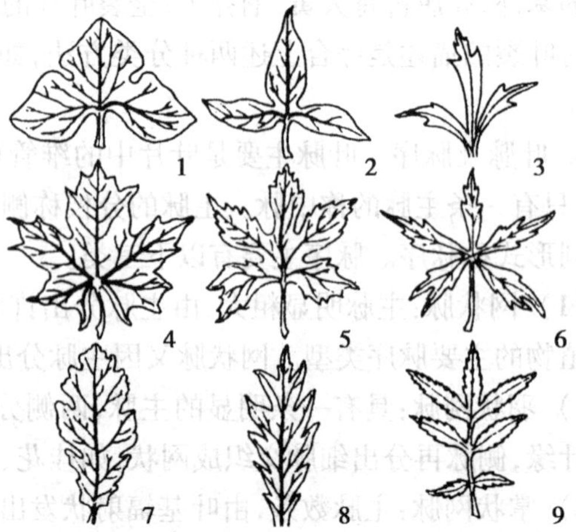

图 2-28 叶片的分裂类型

1. 三出浅裂，2. 三出深裂，3. 三出全裂，4. 掌状浅裂，5. 掌状深裂，6. 掌状全裂，7. 羽状浅裂，8. 羽状深裂，9. 羽状全裂

缺乏游离的脉梢，可与双子叶植物的网状脉相区别。

（2）平行脉序：叶脉平行或近于平行排列，是多数单子叶植物的脉序类型。常见的平行脉可分为四种形式。

1）直出平行脉：所有叶脉从叶基互相平行发出，直达叶端，细脉也平行或近于平行生长，如淡竹叶、麦冬等。

2）横出平行脉：中央主脉明显，侧脉均垂直于主脉，彼此平行，直达叶缘，如芭蕉、美人蕉等。

3）辐射脉：也称射出平行脉。各叶脉均从基部以辐射状态向四面伸展，称为射出平行脉，如棕榈、蒲葵等。

4）弧形脉：叶脉从叶基发出，在叶的中部弧曲，距离加大，在叶尖汇合，称弧形脉，如玉簪、铃兰等。

（3）二叉分枝脉：叶脉从叶基发出，作数次二歧分枝，直达叶端，是比较原始的脉序，如银杏。这种脉序在种子植物中极少见，常见于蕨类植物（图2-29）。

7. 叶片的质地和表面性状

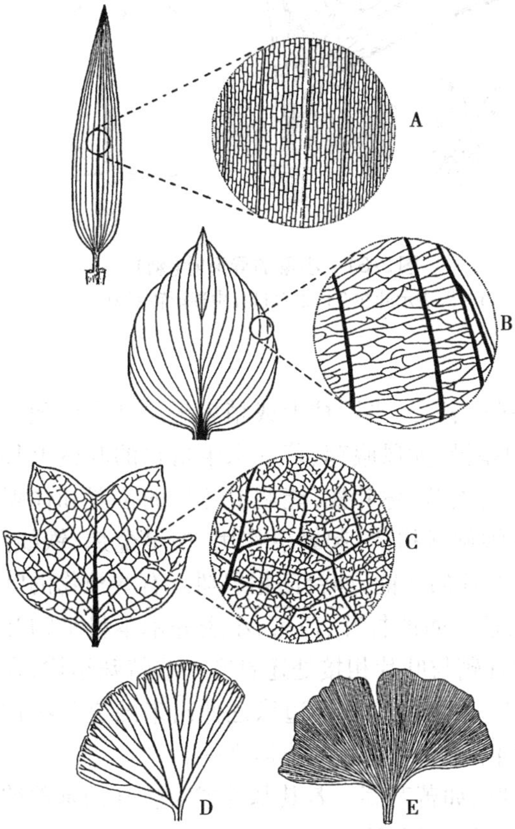

图2-29　脉序的类型

A. 淡竹叶：示平行脉序；B. 玉簪属一种：示弧形脉序；C. 北美鹅掌楸：示网状脉序；D. 铁线莲属一种：示叉状脉序；E. 银杏的叉状脉序；A～C的放大部分：示细脉的分布（注意脉序的区别）

（1）叶片的质地：常见以下四种类型。

1）膜质：叶片质地极薄而半透明，如麻黄。

2）草质：叶片的大部分薄而柔软，如薄荷、藿香。

3）革质：叶片质地坚韧而较厚，略似皮革，如枇杷、枸骨。

4）肉质：叶片肥厚多汁，如芦荟、垂盆草、马齿苋。

（2）叶片表面性状：不同的植物有不同的特点，常见的有以下几种。

1）光滑：叶表面光滑无毛茸或凸起，常有较厚的角质层，如冬青、枸骨等。

2）被粉：叶表面有一层白粉状蜡质霜，如芸香。

3）粗糙：叶表面具极小突起，手触摸有粗糙感，如紫草、葎草等。

4）被毛：叶表面具各种毛茸，如薄荷、洋地黄等。

8. 异形叶性　通常每一种植物的叶具有一定叶形。但有的植物，在同一植株上或不同生长期具有不同形状的叶，这种现象称为异形叶性。

异形叶性的发生有两种情况，一种是由于植株发育年龄的不同，所形成的叶形各异，如人参，一年生的为三出掌状复叶，两年以上的为五出掌状复叶；小檗幼苗期的叶子为正常叶形，但在以后的生长过程中再长出的叶逐渐转变为刺状；蓝桉幼枝上的叶是对生无柄的椭圆形，而老枝上的则是互生有柄的镰形；益母草的基生叶和茎生叶差别也很大。另一种是由于外界环境的影响，引起叶形变化，如慈菇在水中的叶是线形，浮在水面的是肾形，露出水面的则呈箭形（图2-30，图2-31）。

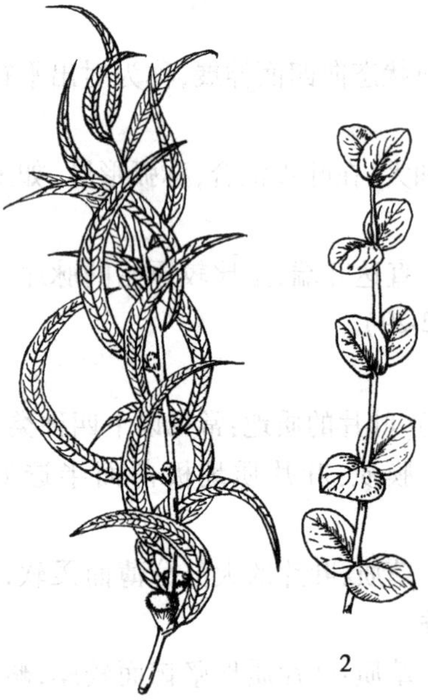

图2-30 蓝桉异形叶

1. 老枝，2. 幼枝

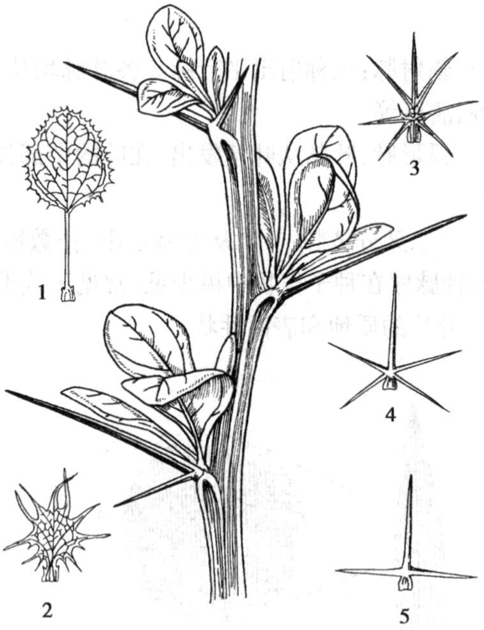

图2-31 小檗的异形叶（刺）

1～5. 表示叶在个体发育过程中逐渐转变为刺状

（二）叶柄

连接叶片和茎枝的部分，称为叶柄，一般呈类圆柱形、半圆柱形或稍扁平。其形状随植物种类的不同和适应生活环境的需要，产生很大的差异，如凤眼莲、菱等水生植物的叶柄上具膨胀的气囊，以利浮水。有的植物叶柄基部有膨大的关节，称叶枕，能调节叶片的位置和休眠运动，如含羞草、合欢。有的叶柄能围绕各种物体螺旋状扭曲，起攀援作用，如旱金莲、铁线莲。有的植物叶片退化，而叶柄变态成叶片状以代替叶片的功能，如台湾相思树。有些植物的叶柄基部或叶柄全部扩大成鞘状，称叶鞘，如当归、白芷。而淡竹叶、芦苇、小麦等禾本科植物叶的叶鞘是由相当于叶柄的部位扩大形成的，并且在叶鞘与叶片相接处还具有一些特殊结构，在其相接处腹面的膜状突起物称叶舌，在叶舌两旁有一对从叶片基部边缘延伸出来的突起物称叶耳。叶耳、叶舌的有无、大小及形状常可作为鉴别禾本科植物种的依据之一。

有些无柄叶的叶片基部包围在茎上，称抱茎叶，如苦荬菜。若其基部或对生叶的基部彼此愈合，被茎所贯穿，称贯穿叶或穿茎叶，如元宝草、贯叶忍冬等。

（三）托叶

托叶是叶柄基部的附属物，常成对着生于叶柄基部的两侧，具有保护幼叶的作用。有的托叶很大，呈叶片状，如豌豆、贴梗海棠等；有的托叶与叶柄愈合成翅状，如金樱子、月季；有的托叶细小线状，如桑、梨；有的变成卷须，如牛尾菜；有的呈刺状，如刺槐；有的联合成鞘状，包围茎节的基部,称托叶鞘,如何首乌、虎杖等蓼科植物。

二、单叶及复叶

(一)单叶

一个叶柄上只着生一片叶片称单叶,如厚朴、杨树、樟树、枇杷等。

(二)复叶

一个叶柄上生有两片以上的叶片称复叶。复叶的叶柄称总叶柄,总叶柄上着生叶片的轴状部分称叶轴,每片叶子称小叶,小叶的叶柄称小叶柄。根据小叶的数目和在叶轴上排列的方式不同,复叶又分为以下几种。

1. 三出复叶　叶轴上着生三片小叶的复叶。若两侧小叶柄和顶生小叶柄不等长,称羽状三出复叶,如大豆、胡枝子等。若两侧小叶柄和顶生小叶柄等长或均无小叶柄,称掌状三出复叶,如半夏。

2. 掌状复叶　叶轴短缩,在总叶柄顶端着生三片以上呈掌状展开的小叶,如五加、人参、五叶木通等。

3. 羽状复叶　叶轴长,小叶片在叶轴两侧呈羽状排列。

按羽状复叶顶端小叶的数目划分有两种类型。

(1) 奇数羽状复叶:羽状复叶的叶轴顶端只具一片小叶,如苦参、槐树等。

(2) 偶数羽状复叶:羽状复叶的叶轴顶端具有两片小叶,如决明、蚕豆等。

若按叶轴是否分枝一般可分为三种类型。

(1) 一回羽状复叶:叶轴不分枝,直接着生小叶,如槐树。

(2) 二回羽状复叶:羽状复叶的叶轴作一次羽状分枝,在每一分枝上又形成羽状复叶,如合欢、云实等。

(3) 三回羽状复叶:羽状复叶的叶轴作二次羽状分枝,最后一次分枝上又形成羽状复叶,如南天竹、苦楝等。

4. 单身复叶　叶轴的顶端具有一片发达的小叶,两侧的小叶退化成翼状,顶叶与叶轴连接处有一明显的关节,如柑橘、柚。(图 2-32,图 2-33)

全裂叶和复叶在外形上比较相似,区别在于全裂叶的叶裂片往往大小不一,通常顶部裂片较大,向下逐渐变小,且裂片的边缘不甚整齐,常出现锯齿间距不等、大小不一或有不同程度的缺刻等现象,尤其是全裂叶的裂片基部常下延至中肋,不形成小叶柄,外形扁平并明显可见裂片的主脉与叶的中脉相连,如败酱、紫堇等;而复叶的小叶大小较一致,边缘整齐,基部具有明显的小叶柄。

具单叶的小枝和羽状复叶有时也易混淆,识别时首先要弄清叶轴和小枝的区别:第一复叶叶轴的先端无顶芽,而小枝的先端有顶芽;第二,复叶的小叶叶腋无腋芽,仅在总叶柄腋内有腋芽,而小枝上单叶的叶腋均具腋芽;第三复叶的小叶和叶轴常成一个平面,而单叶和小枝常成一定角度;第四,落叶时,复叶整个脱落或小叶先落,然后叶轴连同叶柄一起脱落,而小枝不脱落,仅小叶脱落。

叶片的分裂和复叶的发生有利于增大光合面积,减小对风雨的阻力,是植物适应自然环境的结果。

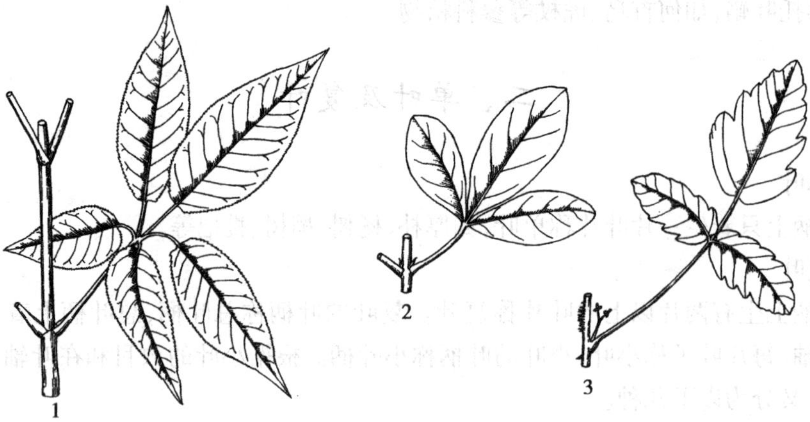

图2-32 复叶的主要类型

1. 掌状复叶，2. 掌状三出复叶，3. 羽状三出复叶

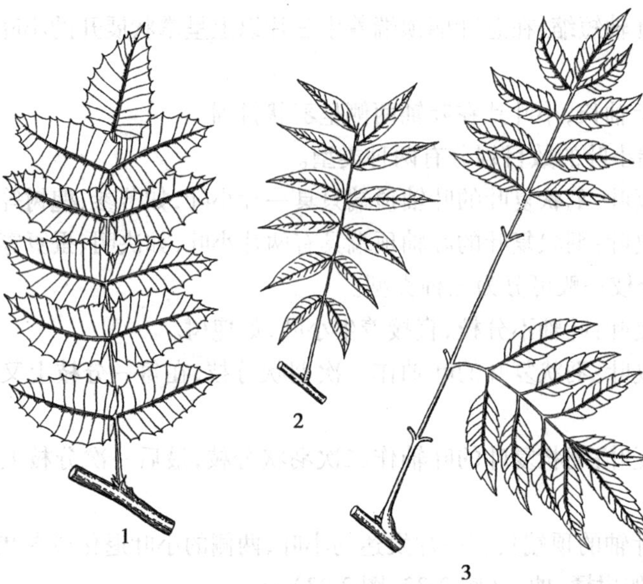

图2-33 羽状复叶的主要类型

1. 奇数羽状复叶，2. 偶数羽状复叶，3. 二回奇数羽状复叶：示羽片

三、叶 序

叶在茎枝上的排列着生方式，称叶序。有互生、对生、轮生、簇生等。

1. 互生 在茎枝的每个节上交互着生一片叶。叶通常在茎上呈螺旋状分布，如桃、柳、桑。

2. 对生 在茎枝的每个节上相对着生两片叶。如女贞、地锦等；有的对生叶还与相邻两叶呈十字形排列，称交互对生，如薄荷、龙胆等。

3. 轮生 在茎枝每个茎节上着生三片或三片以上的叶，并排列成轮状。如夹竹桃为三叶轮生，百部为四叶轮生，七叶一枝花为5～11叶轮生。

4. 簇生 两片或两片以上的叶着生在节间极度缩短的短枝上，密集成簇。如马尾松、银

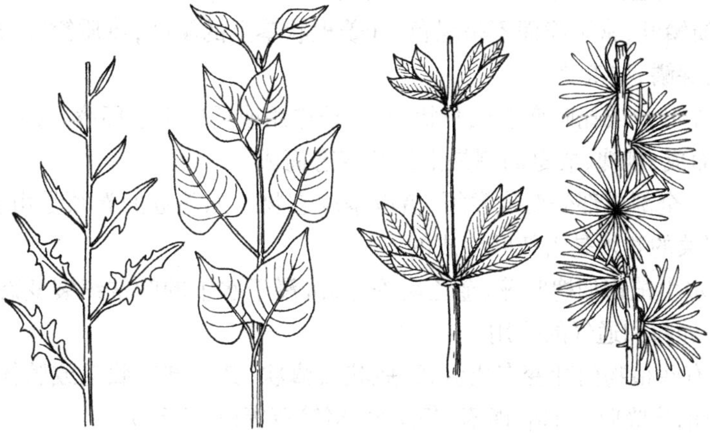

图 2-34　叶序

1. 互生，2. 对生，3. 轮生叶序，4. 簇生叶序

杏、金钱松、枸杞、落叶松等(图 2-34)。

此外,有些植物的茎极为短缩,节间不明显,其叶如从根上生出,称基生叶,如麦冬、款冬等,若基生叶呈莲座状,则称莲座状叶丛,如车前、蒲公英等。

叶在茎枝上的排列无论是哪一种方式,相邻两节的叶子都不重叠,彼此成相当的角度镶嵌着生,称叶镶嵌。叶镶嵌使叶片不致相互遮盖,有利于充分接受阳光进行光合作用(图 2-35)。

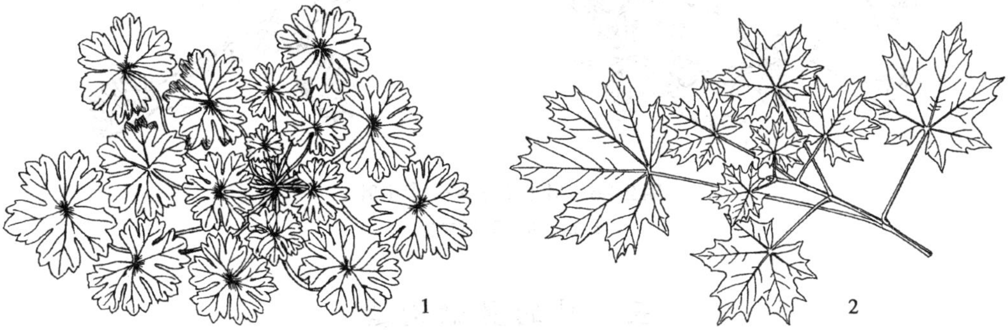

图 2-35　叶镶嵌

1. 莲座状叶丛(植株的叶镶嵌)，2. 枝条的叶镶嵌

四、叶 的 变 态

为适应不同环境条件,叶的形态发生很多变化,出现多种变态类型。常见的变态叶有以下几种。

1. 苞片　生于花或花序基部的变态叶,生于花序外围或基部的苞片称总苞片;花序中每朵小花的花柄上或花萼下的苞片称小苞片。苞片常较小,绿色,亦有大形而呈各种颜色的,如一品红、马蹄莲。

2. 鳞叶 特化或退化成鳞片状的叶。鳞叶有三种类型:肉质鳞叶,肥厚,能贮藏营养物质,如百合、贝母;膜质鳞叶,常干脆而不呈绿色,如姜根状茎上的鳞叶;革质鳞叶,通常覆盖于越冬芽的外侧,又称为芽鳞,如玉兰。

3. 叶刺 整个叶片或托叶变态成刺状,起保护作用或适应干旱环境。如小檗、仙人掌类植物的刺是叶退化而成;刺槐、酸枣的刺是由托叶变态而成。

4. 叶卷须 叶全部或部分变成卷须,借以攀绕它物。如豌豆的卷须是由复叶顶端的数片小叶变成的,牛尾菜的卷须是由托叶变成的。

5. 根状叶 水生植物如槐叶萍、金鱼藻等,其沉浸于水中的叶常细裂变态为丝状细胞,呈细须根状,有吸收养料和通气的作用。

6. 食虫叶 有些植物的叶变态成盘状、瓶状或囊状,其内部有腺毛或腺体,能够分泌消化液,将进入的昆虫消化吸收。如捕蝇草、茅膏菜、猪笼草等(图 2-36)。

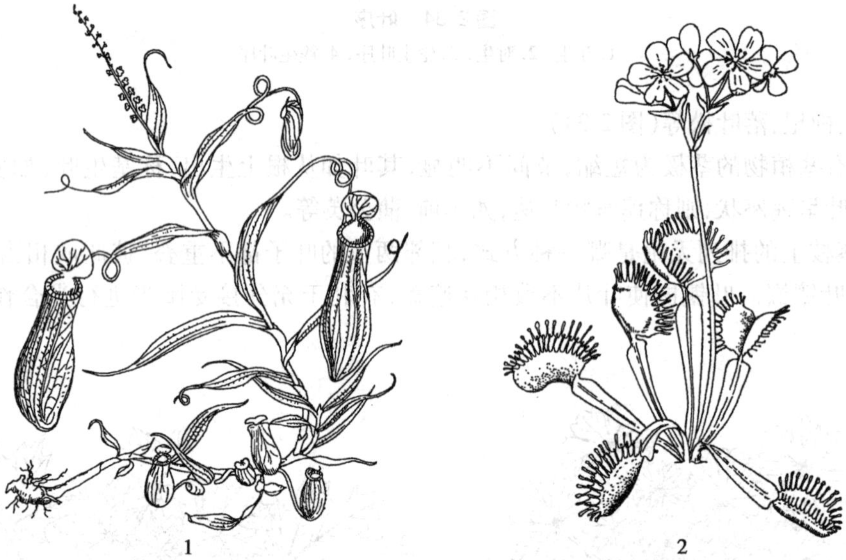

图 2-36 叶的变态——食虫叶

1. 猪笼草, 2. 捕蝇草

五、叶的显微构造

叶是由茎尖生长锥后方的叶原基发育而来。叶通过叶柄与茎相连,叶柄的构造和茎很相似,但叶片的构造却显著不同。

(一) 双子叶植物叶的构造

1. 叶柄的构造 叶柄与茎相似,最外面为表皮。表皮内方为皮层,皮层中具有厚角组织,有时也具厚壁组织,皮层内为基本组织,在基本组织中有若干个大小不同的维管束呈弧形、环形、平列形排列。

2. 叶片的构造 被子植物叶片的基本构造包括表皮、叶肉组织和维管束三部分。

(1) 表皮:为叶片表面的初生保护组织,通常有上、下表皮之分,上表皮位于腹面,下表皮位于背面。通常是一层生活细胞,但也有少数植物的表皮是由多层细胞组成,称为复表皮;如夹竹桃叶的表皮是2~3层细胞。表皮细胞中一般不具有叶绿体。

双子叶植物叶的表皮细胞顶面观，一般呈不规则形，侧壁（径向壁）常波状弯曲，细胞间彼此紧密嵌合，除气孔外没有间隙。横切面观，表皮细胞呈方形或长方形，外壁较厚，常角质化并具角质层。有些植物叶角质层外，还有一层不同厚度的蜡质层称蜡被，可以起到更好的保护作用。

多数种类植物的叶表皮上有气孔和毛茸，一般气孔多集中分布于下表皮。气孔和毛茸的有无、类型是叶类药材鉴别的重要依据。

（2）叶肉：位于叶上下表皮之间，由含有叶绿体的薄壁细胞组成，是绿色植物进行光合作用的主要场所。叶肉通常分为以下两部分。

1）栅栏组织：一般紧靠上表皮下方，细胞呈圆柱形，排列整齐紧密，其细胞长轴与表皮垂直，形如栅栏。细胞内含有大量叶绿体，光合作用效能较强，所以叶片通常上面的颜色较深，栅栏组织通常一至数层。不同植物叶肉的栅栏组织层数不一样，可作为叶类药材鉴别的特征之一。

2）海绵组织：常位于栅栏组织下方，与下表皮相接，其细胞形状多不规则，排列疏松、开放，有较多的胞间隙，状如海绵。细胞中所含的叶绿体一般较栅栏组织为少、小，所以叶下面的颜色常较浅。

叶片的内部构造中，栅栏组织紧接上表皮下方，而海绵组织位于栅栏组织与下表皮之间，这种叶称两面叶。有些植物的叶在上下表皮内侧均有栅栏组织，称等面叶，如桉叶、番泻叶；有的植物没有栅栏组织和海绵组织的分化，亦为等面叶，如禾本科植物的叶。

叶肉组织在上下表皮的气孔内方有较大的腔隙，叫作孔下室（气室）。这些腔隙与栅栏组织和海绵组织的胞间隙相通，有利于气体交换。

有的植物的叶肉组织中含有油室，如桉叶、橘叶；有的含有草酸钙簇晶、方晶、砂晶等，如曼陀罗叶；有的含有单个分布的石细胞，如茶叶。

（3）叶脉：由叶片内的维管束和机械组织构成，在叶肉中呈束状，是茎中的维管束通过叶柄向叶中的延伸，起输导和支持作用。主脉维管束略呈半月形，构造和茎的相同，由木质部和韧皮部组成；木质部位于上方，韧皮部位于下方；在木质部和韧皮部之间常有形成层，但分生能力很弱。在维管束的上下方，常有厚角或厚壁组织包围，靠近下表皮处特别发达，因此主脉和较大的侧脉在叶片的背面明显突起。

侧脉越分越细，构造也越趋简化。最初是形成层的消失，其次是机械组织的减少，再次是木质部和韧皮部的结构简化。到了叶脉的末端，仅有木质部中的1~2个短的螺纹导管，以及韧皮部中短而狭的筛管分子和增大的伴胞。

叶片主脉部位的上下表皮内方，一般为厚角组织和薄壁组织，无叶肉组织。但有些植物在主脉的上方有一层或几层栅栏组织，与叶肉中的栅栏组织相连接，如番泻叶、石楠叶，这种结构叫作串脉叶，是叶类药材的鉴别特征。（图2-37）

（二）单子叶植物叶的构造

单子叶植物叶的构造是由表皮、叶肉和叶脉三部分组成。现以禾本科植物的叶为例加以说明。

表皮细胞的表面观，形状比较规则，多是长方形和方形。长方形细胞排列成行，其长轴与叶的长轴方向一致，因而易于纵裂。细胞外壁不仅角质化，而且高度硅质化，硅质细胞的胞腔

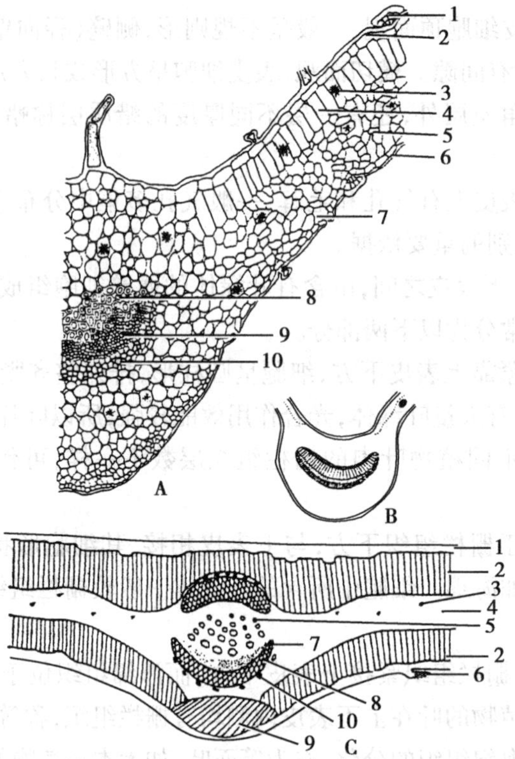

图 2-37 双子叶植物叶的横切面详图及简图

A. 薄荷叶横切面结构：1. 腺鳞，2. 上表皮，3. 橙皮苷结晶，4. 栅栏组织，5. 海绵组织，6. 下表皮，7. 气孔，8. 木质部，9. 韧皮部，10. 厚角组织；B. 薄荷叶横切面简图；C. 番泻叶横切面简图：1. 表皮，2. 栅栏组织，3. 草酸钙簇晶，4. 海绵组织，5. 导管，6. 非腺毛，7. 韧皮部，8. 厚壁组织，9. 厚角组织，10. 草酸钙棱晶

内充满硅质体，故禾本科植物叶坚硬而表面粗糙。在上表皮中有一些特殊大型的薄壁细胞，在横切面上观察略呈扇形，这些细胞具有大型液泡，叫泡状细胞。干旱时这些细胞失水收缩，使叶子卷曲成筒，可减少水分蒸发，这种细胞与叶片的卷曲和伸展有关，因此又叫运动细胞。表皮上下两面都分布有气孔。

禾本科植物的叶片多呈直立状态，叶片两面受光近似，因此，叶肉没有栅栏组织和海绵组织的明显分化，属于典型的等面叶。但个别植物有栅栏组织和海绵组织分化，是两面叶，如淡竹叶。

禾本科植物叶脉内的维管束近平行排列，主脉粗大，为有限外韧维管束，在维管束与上下表皮之间有发达的厚壁组织，并与表皮相连。在维管束外围常有一二层或多层细胞包围，构成维管束鞘。如玉米、甘蔗由一层较大的薄壁细胞组成，水稻、小麦则由一层薄壁细胞和一层厚壁细胞组成。维管束鞘可以作为禾本科植物分类上的特征（图 2-38）。

六、叶的生理功能及药用

叶的主要生理功能是光合作用、呼吸作用和蒸腾作用，它们在植物的生活中有着重要的意

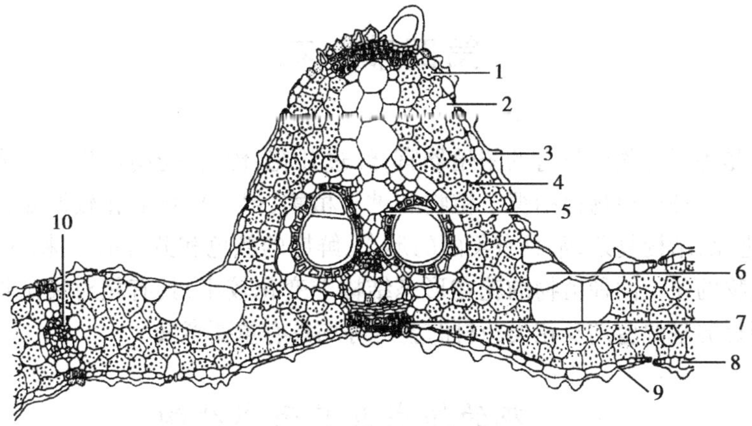

图2-38　水稻叶片的横切面详图

1. 上表皮，2. 气孔，3. 表皮毛，4. 薄壁细胞，5. 主脉维管束，6. 泡状细胞，7. 厚壁组织，8. 下表皮，9. 角质层，10. 侧脉维管束

义。此外，叶尚有吐水、吸收、贮藏、繁殖的功能。

（一）生理功能

1. 光合作用　绿色植物通过叶片中叶绿体所含叶绿素和有关酶的活动，利用太阳光能，把二氧化碳和水合成有机物（主要是葡萄糖），并将光能转变为化学能而储存起来，同时释放出氧气的过程称为光合作用。

2. 呼吸作用　呼吸作用与光合作用相反，它是指植物细胞吸收氧气，使体内的有机物质氧化分解，排出二氧化碳，同时释放能量供植物生理活动需要的过程。

3. 蒸腾作用　水分以气体状态从植物体表散失到大气中的过程，称为蒸腾作用。蒸腾作用对植物的生命活动有重大意义。

4. 吐水作用　又称溢泌作用，是植物在夜间或清晨高湿低温情况下，蒸腾作用微弱时，水分以液体状态从叶片边缘或叶尖的水孔排出的现象。

5. 吸收作用　叶也有吸收的功能，如根外施肥或喷洒农药，即向叶面喷洒一定浓度的肥料或杀虫剂等农药时，叶片表面就能吸收进入植物体内。

6. 贮藏作用　有些植物的叶有贮藏作用，如洋葱、百合、贝母等的肉质鳞叶内含有大量的贮藏物质。

7. 繁殖作用　有少数植物的叶尚具有繁殖能力，如落地生根，在叶片边缘上生有许多不定芽或小植株，脱落后掉在土壤上即可长成新个体；另外，如秋海棠的叶子，插入土中亦可长成新的植株。

（二）叶的药用

中药中仅以叶为药用部位的并不多，如薄荷叶、桑叶、大青叶、洋地黄叶、颠茄叶、蓼蓝叶、枇杷叶、番泻叶、银杏叶、紫苏叶、艾叶等都是常用的中药。很多中药是以草本植物的全草或地上部分入药，其中叶常占据了主要的部分，常见的如紫花地丁、蒲公英、益母草、紫苏、穿心莲、绞股蓝、草珊瑚、鱼腥草，等等。也有的是以叶的一部分入药，如黄连的叶柄基部入药称剪口连，全叶柄入药称千子连。叶有多种药用价值，如毛地黄叶含有强心苷，为著名的强心药；颠茄叶含莨菪碱和东莨菪碱等生物碱，为著名抗胆碱药，用以解除平滑肌痉挛等。

第四节 花

花(flower)是种子植物所特有的繁殖器官,经过开花、传粉、受精产生果实和种子,执行生殖功能,延续后代。种子植物包括裸子植物和被子植物,裸子植物的花较原始而简单,被子植物的花则高度进化,结构复杂,常具有美丽的形态、鲜艳的颜色和芳香的气味,平常人们所指的花,即是被子植物的花。同种植物的花在形态结构上变化较小,具有相对稳定性,对研究植物分类、植物类药材的基源鉴别及花类药材的鉴定等均具有重要意义。

一、花的组成及其形态结构

花由花芽发育而形成,常生于枝的顶端,也可生于叶腋,是节间极度缩短、适应生殖的一种变态短枝。花通常由花梗、花托、花萼、花冠、雄蕊群和雌蕊群六部分组成。其中雄蕊群和雌蕊群是花中最主要的组成部分,位于花的中央,执行生殖功能;花萼和花冠合称花被,位于花的周围,通常有鲜艳的颜色和香味,具有保护和吸引昆虫传粉的功能;花梗及花托位于花的下方,主要起支持和保护作用(图2-39)。

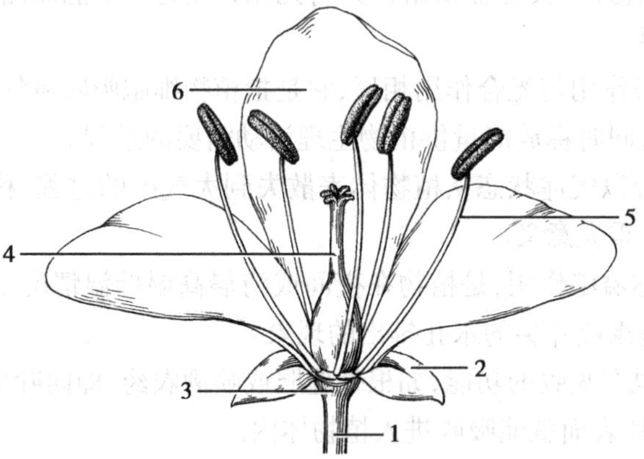

图2-39 花的组成部分

1. 花梗, 2. 花托, 3. 花萼, 4. 雌蕊, 5. 雄蕊, 6. 花冠

(一)花梗

花梗又叫花柄,是着生花的小枝,连接花与茎,常呈绿色柱状,其粗细长短随植物种类而异。多数植物的花都有花梗,车前、青葙子等少数植物的花无梗。花梗的内部构造和茎枝的初生构造基本相同,包括表皮、皮层、中柱三部分。其维管系统与茎枝相连。当花梗发育成果梗后,有的还可产生次生构造,如南瓜的果梗。

(二)花托

花梗顶端略膨大的部分称为花托,花的其余部分按一定方式排列于花托上。花托通常呈平坦或稍凸起的圆顶状,少数呈其他形状,如木兰、厚朴的花托呈圆柱状;草莓的花托膨大成圆锥状;桃花的花托呈杯状;金樱子、玫瑰的花托呈瓶状;莲的花托膨大成倒圆锥状(莲蓬)。有的植物花托顶部形成扁平状或垫状的盘状体，可分泌蜜汁，特称花盘，如柑橘、卫矛、枣等。

（三）花被

花被为花萼与花冠的合称。尤其是在花萼和花冠形态相似时多称花被，如百合、黄精、贝母等。

1. 花萼　花萼生于花的最外层，由绿色叶片状的萼片组成。萼片的数目随植物种类不同而异，通常3~5片。萼片相互分离的称离生萼，如毛茛、菘蓝；萼片多少有点连合的称合生萼，如地黄、薄荷，其下部连合部分称萼筒，上部分离部分称萼齿或萼裂片。有的植物萼筒一侧向外延长成管状或囊状的突起称距，距内常贮有蜜汁，可引诱昆虫帮助传粉，如凤仙花、金莲花等。有的植物在花萼外方还有一轮萼状物称副萼，如蜀葵、木槿等。若花萼大而鲜艳似花冠状的称冠状萼，如乌头、飞燕草等。菊科植物的花萼特化成毛状称冠毛。此外还有的变成干膜质，如青葙、牛膝等。

花萼一般在花开放后脱落。有些植物花开放后萼片不脱落，并随果实长大而增大称宿存萼，如西红柿、柿、茄等；还有少数植物的花萼，在开花前就脱落，称早落萼，如白屈菜、虞美人等。花萼的内部结构与叶相似，其表皮上分布有气孔、表皮毛，表皮内为含有叶绿体的薄壁细胞，没有栅栏组织和海绵组织的分化。

2. 花冠　花冠生于花萼的内侧，由色彩鲜艳的花瓣组成。花瓣常排列成一轮，其数目常与同一花的萼片数相等，若花瓣排列成两轮以上则称重瓣花。花瓣相互分离的称离瓣花，如毛茛、菘蓝等；花瓣多少有些连合的称合瓣花，如牵牛、益母草等，合瓣花下部连合部分称花冠筒，上部分离部分称花冠裂片，花冠筒与花冠裂片交界处称喉。有些植物在花冠与雄蕊之间生有瓣状附属物，称副花冠，如萝藦、水仙等。还有的花瓣基部延长成管状或囊状称距，如紫花地丁、延胡索等。

花瓣的形状和大小随植物而不同，使整个花冠呈现特定的形状，这些花冠形状往往成为不同类别植物所特有的特征。其中常见的有以下几种类型。

1. 十字形花冠　花瓣4片相互分离，上部外展排列呈十字形。如菘蓝等十字花科植物的花冠。

2. 蝶形花冠　花瓣5片分离，排列成蝶形，外面一片最大称旗瓣，侧面两片较小称翼瓣，最下面两片顶部稍联合并向上弯曲成龙骨状，称龙骨瓣。如甘草、黄芪等蝶形花亚科植物的花冠。

3. 假蝶形花冠　花瓣5片分离，排列似蝶形，旗瓣较小，在最内方，侧面两片略大，最下面龙骨瓣最大，包在最外方。如紫荆等云实亚科植物的花冠。

4. 唇形花冠　花冠连合，下部筒状，上部二唇形排列，通常上唇2裂，下唇3裂。如丹参、益母草、黄芩等唇形科植物的花冠。

5. 管状花冠　又称筒状花冠，大部分花冠连合成细管状，如红花等植物的花冠。

6. 舌状花冠　花冠下部连合成短筒，上部向一侧延伸成扁平舌状，如蒲公英、苦菜等植物的花冠。

7. 漏斗状花冠　花冠全部连合成长筒，自基部向上逐渐扩展成漏斗状，如牵牛等旋花科植物和曼陀罗等部分茄科植物的花冠。

8. 钟状花冠　花冠筒较粗短，上部扩展成钟状，如桔梗、党参等桔梗科植物的花冠。

9. 坛（壶）状花冠　花冠合生，下部膨大成圆形或椭圆形，上部收缩成一短颈，顶部裂片向外展，如君迁子、石楠等的花冠。

10. 高脚碟状花冠　花冠下部连合成细长管状，上部水平外展成碟状，如长春花、水仙花等的花冠。

11. 辐(轮)状花冠　花冠筒极短，裂片呈水平状外展，形似车轮，如枸杞等茄科植物的花冠(图 2-40)。

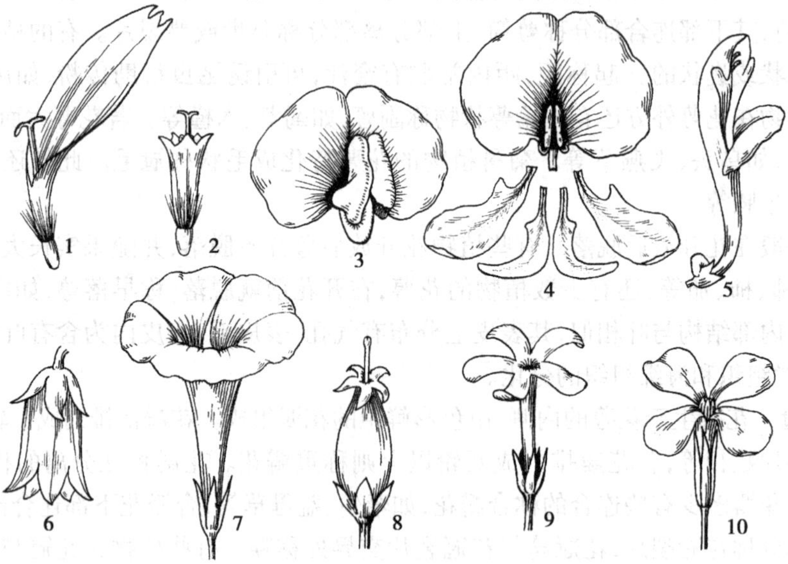

图 2-40　花冠的类型

1. 舌状花，2. 管状花，3. 蝶形花，4. 蝶形花解剖，5. 唇形花，6. 钟状花，7. 漏斗形花，8. 壶形花，9. 高脚碟形花，10. 十字形花

花被片之间的排列方式及其相互关系称花被卷迭式，在花蕾即将绽开时尤为明显，植物种类不同花被卷迭式也不同，常见的有：①镊合状：花被各片边缘彼此接触而不覆盖，如桔梗。若花被的边缘微向内弯曲称内向镊合，如沙参；若花被边缘微向外弯曲称外向镊合，如蜀葵；②旋转状：花被各片边缘依次相互压覆成回旋状，如夹竹桃、黄栀子；③覆瓦状：花被各片边缘相互覆盖，但有一片完全在外，一片完全在内，如三色堇、山茶；④重覆瓦状：与覆瓦状类似，但有两片完全在外，两片完全在内，如桃、杏等(图 2-41)。

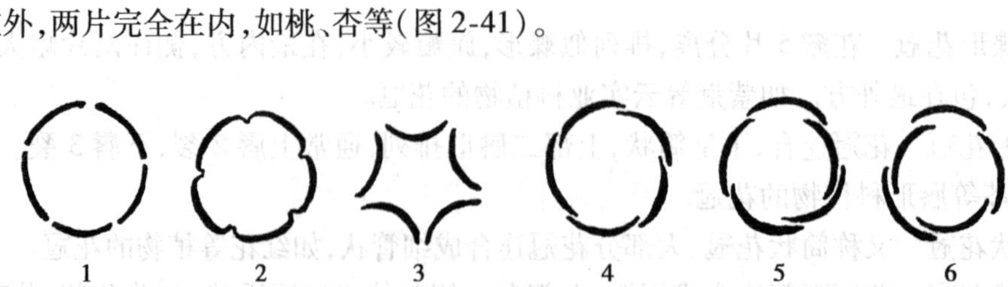

图 2-41　花被卷迭式

1. 镊合状，2. 内向镊合状，3. 外向镊合状，4. 旋转状，5. 覆瓦状，6. 重覆瓦状

(四)雄蕊群

雄蕊群是一朵花中所有雄蕊的总称。常着生于花被内侧的花托上，少数基部着生于花冠或花被上的，称冠生雄蕊。雄蕊的数目通常与花瓣同数或为其倍数，雄蕊十枚以上，称雄蕊

多数。

1. 雄蕊的组成　雄蕊一般由花丝和花药两部分组成。

（1）花丝：常呈细长管状，下部着生于花托或花被基部，顶端着生花药。

（2）花药：是花丝顶端膨大的囊状物，为雄蕊的主要部分。花药由四个或两个花粉囊组成，中间由药隔相连。花粉囊中产生花粉；花粉发育成熟后，花粉囊开裂，花粉散出。花粉囊开裂的方式随植物不同而异，常见的有：纵裂，花粉囊沿纵轴开裂，如百合；横裂，花粉囊沿中部横向开裂，如蜀葵；瓣裂，花粉囊侧壁上裂成几个小瓣，花粉由瓣下的小孔散出，如淫羊藿；孔裂，花粉囊顶部开一小孔，花粉由小孔散出，如杜鹃等。

花药在花丝上的着生方式也有下列几种不同情况。

1）全着药：花药全部附着在花丝上，如紫玉兰。

2）基着药：花药基部着生于花丝顶端，如樟。

3）背着药：花药背部着生于花丝上，如杜鹃。

4）丁字着药：花药中部横向着生于花丝顶端而与花丝呈丁字形，如百合等。

5）个字着药：花药顶端着生在花丝上，下部分离，略呈个字形，如地黄等。

6）平着药或广歧着药：花药左右两侧分离平展，与花丝呈垂直状着生，如薄荷、益母草等（图2-42）。

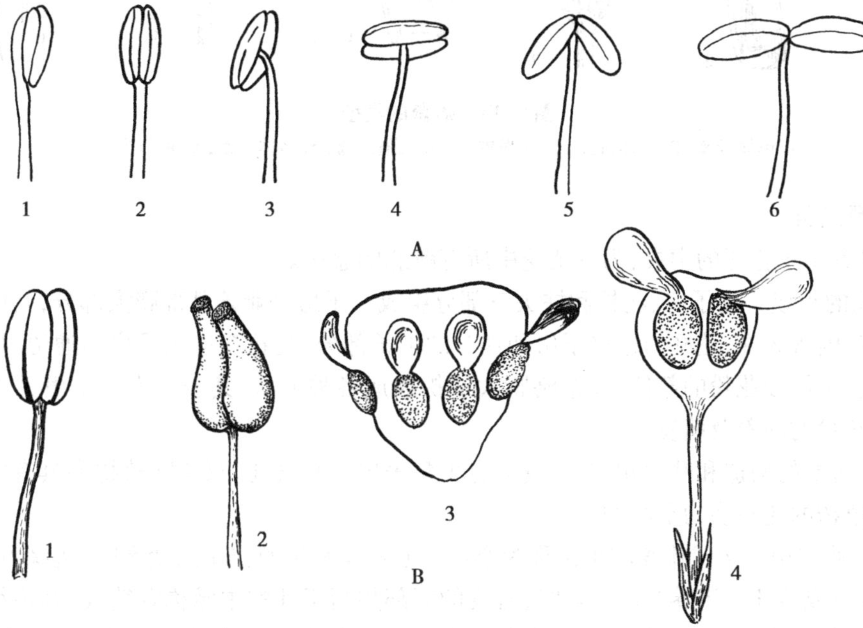

图2-42　花药的着生和开裂方式

A. 花药着生位置：1. 全着药，2. 基着，3. 背着，4. 平着，5. 个字着，6. 丁字着；B. 花药开裂方式：1. 纵裂，2. 孔裂，3、4. 瓣裂

2. 雄蕊的类型　根据雄蕊的数目、长短、排列及离合情况的不同，常有下面几种类型：

（1）离生雄蕊：雄蕊相互分离，长短一致，为多数植物所具有的雄蕊类型。

（2）二强雄蕊：四枚雄蕊相互分离，两长两短，如益母草、地黄等唇形科和玄参科植物的雄蕊。

（3）四强雄蕊：六枚雄蕊相互分离，四长两短，如菘蓝等十字花科植物的雄蕊。

（4）单体雄蕊：花药分离，花丝相互联合呈圆筒状，如蜀葵等锦葵科植物以及苦楝、远志、山茶等植物的雄蕊。

（5）二体雄蕊：雄蕊的花丝互相联合成两束。如许多豆科植物花的雄蕊共有十枚，其中九枚联合，一枚分离；紫堇、延胡索等植物有雄蕊六枚，呈两束。

（6）多体雄蕊：雄蕊多数，花丝相互联合成多束，如金丝桃、元宝草、酸橙等植物的雄蕊。

（7）聚药雄蕊：雄蕊的花丝分离，而花药连合成筒状，如红花等菊科植物的雄蕊。

另外少数植物的雄蕊发生变态而呈花瓣状，如姜、芍药、美人蕉等。还有的植物的花中部分雄蕊不具花药，或仅留痕迹，称不育雄蕊或退化雄蕊，如鸭跖草（图 2-43）。

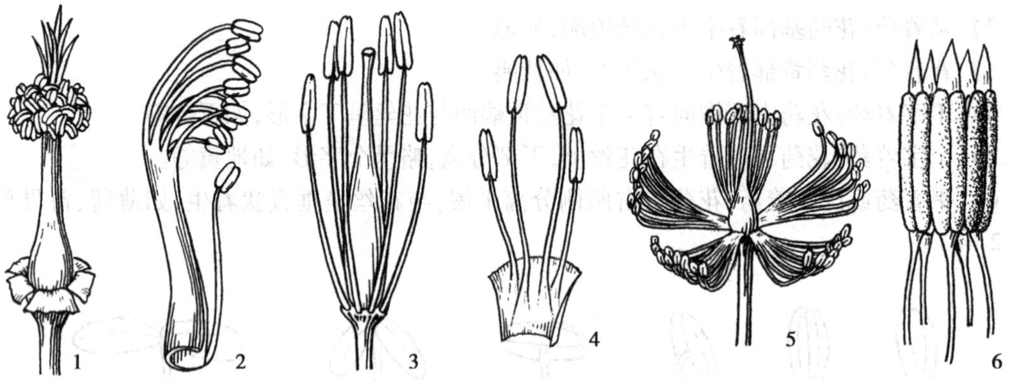

图 2-43 雄蕊的类型

1. 单体雄蕊，2. 二体雄蕊，3. 四强雄蕊，4. 二强雄蕊，5. 多体雄蕊，6. 聚药雄蕊

（五）雌蕊群

雌蕊群着生于花托的中央，为一朵花中所有雌蕊的总称。

1. 雌蕊的组成　由子房、花柱和柱头三部分组成。子房是雌蕊基部膨大部分，其中的中空称为子房室，内含胚珠；花柱为连接子房和柱头的细长部分，是花粉进入子房的通道；柱头位于雌蕊的顶端，是承接花粉的部位，通常略膨大或扩展成各种形状，其表面常不平滑并能分泌黏液，有利于花粉的固着及萌发。

雌蕊子房壁的构造和叶片相似，表皮上有少数表皮毛和气孔，双子叶植物多具有实心的花柱，单子叶植物的花柱多为空心的。

2. 雌蕊的类型　构成雌蕊的单位称为心皮。心皮是具生殖作用的变态叶，边缘着生胚珠，向内卷合即形成雌蕊。当卷合成雌蕊时，心皮的背部相当于叶的中脉称背缝线，其边缘的愈合线称腹缝线，胚珠着生在腹缝线上。依据组成雌蕊的心皮数目不同，雌蕊分为两大类型。

（1）单雌蕊：由一个心皮构成的雌蕊。有的植物在一朵花内仅具一个单雌蕊，如甘草、扁豆、桃、杏等。也有的植物在一朵花内生有多个单雌蕊，又称离生心皮雌蕊，将来发育成聚合果，如八角茴香、五味子、牡丹等。

（2）复雌蕊：由两个以上的心皮相互联合形成的雌蕊，又称合生心皮雌蕊，如连翘、百合、苹果、柑橘等。组成复雌蕊的心皮数通常可依据花柱或柱头的分裂数目、子房上的主脉数及子房室数来判断（图 2-44）。

3. 子房的着生位置　不同的植物，其子房着生于花托上的位置及与花的各组成部分相互

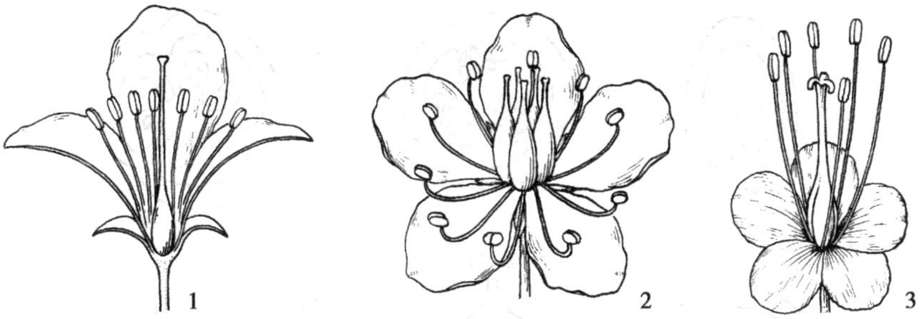

图2-44 雌蕊的类型

1. 单生单雌蕊，2. 离生单雌蕊，3. 复雌蕊

关系不同。常见的有下列几种。

（1）子房上位：子房仅底部着生于花托上。若花托凸起或平坦，花的其他部分均着生于子房下方的花托上，这种子房上位的花称为下位花，如毛茛、百合等。若花托下陷成坛状而不与子房壁愈合，花的其他部分着生于花托上端边缘，这种子房上位的花称周位花，如桃、杏等。

（2）子房下位：花托下陷成坛状，子房壁全部与之愈合，花的其他部分着生于子房的上方称子房下位；这种花则称上位花，如栀子、梨等。

（3）子房半下位：子房下半部与凹陷的花托愈合；花的其他部分着生于子房四周的花托边缘，这种花也称周位花，如桔梗、马齿苋等（图2-45）。

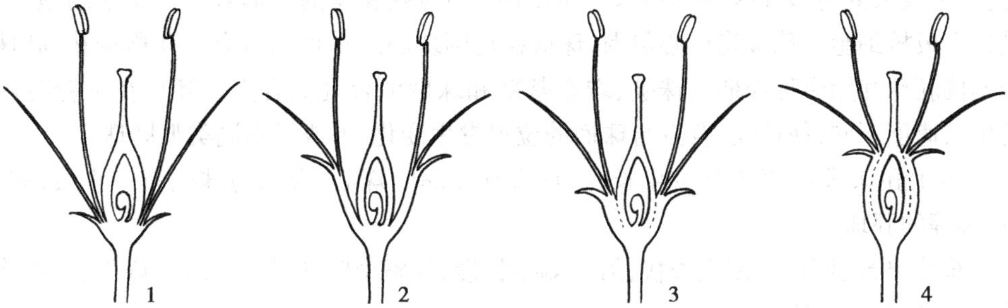

图2-45 子房的位置

1. 子房上位（下位花），2. 子房上位（周位花），3. 子房半下位（周位花），4. 子房下位（上位花）

4. 胎座的类型　子房内着生胚珠的部位称胎座。胎座常见以下几种类型：

（1）边缘胎座：单雌蕊，子房一室，胚珠着生于腹缝线上，如甘草等。

（2）侧膜胎座：复雌蕊，子房一室，胚珠着生于心皮愈合的腹缝线上，如南瓜、罂粟、紫花地丁等。

（3）中轴胎座：复雌蕊，子房多室，心皮边缘向子房中央愈合成中轴，胚珠着生于中轴上，如百合、柑橘、桔梗等。

（4）特立中央胎座：复雌蕊，子房一室，此类型由中轴胎座衍生而来，子房室底部突起一游离柱，胚珠着生于柱状突起上，如石竹、马齿苋、报春花等。

（5）基生胎座：单雌蕊或复雌蕊，子房一室，一枚胚珠着生于子房室底部，如向日葵、大黄等。

（6）顶生胎座：单雌蕊或复雌蕊，子房一室，一枚胚珠着生于子房室顶部，如桑、杜仲等（图

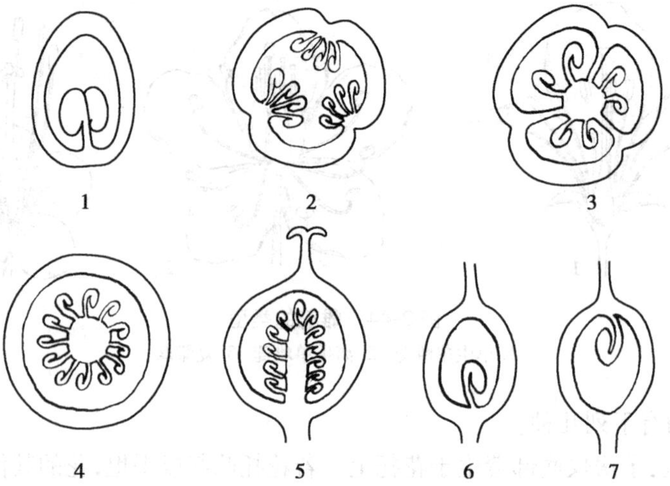

图2-46 胎座的类型

1. 边缘胎座，2. 侧膜胎座，3. 中轴胎座，4. 特立中央胎座（横切），
5. 特立中央胎座（纵切），6. 基生胎座，7. 顶生胎座

2-46）。

5. 胚珠的构造及类型 胚珠是种子的前身，着生于胎座上，由珠心、珠被、珠孔、珠柄组成。珠心是形成于胎座上的一团胚性细胞，其中央发育成胚囊；成熟胚囊有8个细胞，靠近珠孔有3个，中间一个较大的为卵细胞，两侧为2个助细胞，与珠孔相反的一端有3个反足细胞，胚囊的中央是2个极核细胞。珠被将珠心包围，珠被在包围珠心时在顶端留有一孔称珠孔，胚珠基部有短柄连接胚珠和胎座称珠柄。珠被、珠心基部和珠柄汇合处称合点。胚珠在发育时由于各部分的生长速度不同，使珠孔、合点与珠柄的位置发生变化，形成了不同类型胚珠。

（1）直生胚珠：胚珠各部均匀生长，胚珠直立，珠孔、珠心、合点与珠柄呈一直线，如大黄、胡椒、核桃等的胚珠。

（2）横生胚珠：胚珠一侧生长快，另一侧生长慢，使整个胚珠横列，珠孔、珠心、合点连线与珠柄垂直，如锦葵的胚珠。

（3）弯生胚珠：珠被、珠心不均匀生长，使胚珠弯曲成肾状，珠孔、珠心、合点与珠柄不在一条直线上，如大豆、石竹、曼陀罗等的胚珠。

（4）倒生胚珠：胚珠一侧生长特别快，另一侧几乎停止生长，胚珠向生长慢的一侧弯转而使胚珠倒置，珠孔靠近珠柄；珠柄很长，与珠被愈合，形成一条长而明显的纵行隆起称珠脊，珠孔、珠心、合点几乎在一条直线上，如落花生、蓖麻、杏、百合等多数被子植物的胚珠（图2-47）。

二、花的类型

为了适应生存和环境，植物在进化过程中，花的各部常发生不同程度的变化，可划分为以下几种主要的类型。

（一）完全花和不完全花

凡是具有花萼、花冠、雄蕊、雌蕊四部分的花，称完全花，如桃、桔梗等的花。若缺少其中一部分或几部分的花，称不完全花，如南瓜、桑、柳等的花。

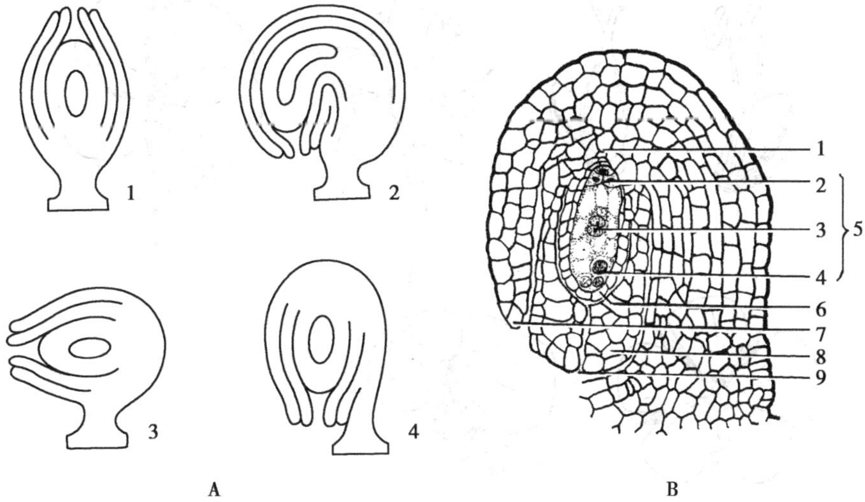

图 2-47 胚珠的类型和构造

A. 胚珠的类型：1. 直生胚珠，2. 弯生胚珠，3. 横生胚珠，4. 倒生胚珠；B. 胚珠的构造：1. 合点，2. 反足细胞，3. 极核，4. 卵细胞，5. 胚囊，6. 珠心，7. 外珠被，8. 内珠被，9 珠孔

（二）重被花、单被花和无被花

同时具有花萼和花冠的花称重被花，如桃、杏、萝卜等的花。若只具花萼而无花冠或花萼与花冠不易区分的称单被花，这种花被常具鲜艳的颜色而呈花瓣状，如百合、玉兰、白头翁等的花。不具花被的花称无被花，这种花常具苞片，如杨、柳、杜仲等的花。

（三）两性花、单性花和无性花

同时具有雄蕊与雌蕊的花称两性花，如桃、桔梗、牡丹等的花。若仅具雄蕊或雌蕊的称单性花，只具雄蕊的称雄花，只具雌蕊的称雌花；雄花和雌花生于同一植物上称雌雄同株，如南瓜、蓖麻，雄花和雌花分别生于不同植株上称雌雄异株，如桑、柳、银杏等；单性花又有两性花同时生于同一株植物称杂性同株，如厚朴；单性花和两性花分别生于不同植株上称杂性异株，如臭椿、葡萄。若花中雄蕊和雌蕊均退化或发育不全的称无性花，如八仙花花序周围的花等。

（四）辐射对称花、两侧对称花和不对称花

通常指花萼和花冠而言。通过花的中心可作两个以上对称面的花称辐射对称花或整齐花，如桃、桔梗、牡丹等的花。通过花的中心只能作一个对称面的称两侧对称花或不整齐花，如扁豆、益母草等的花。无对称面的花称不对称花，如败酱、缬草、美人蕉等的花。

（五）风媒花、虫媒花、鸟媒花和水媒花

借助风力传播花粉的花称风媒花，具有花小、单性、无被或单被、素色、花粉量多而细小、柱头面大和分泌黏液等特征，如玉米、大麻等的花。借助昆虫传播花粉的花称虫媒花，特征为：两性花，雌蕊和雄蕊发育不同期，花被具有鲜艳的色彩和芳香气味，花粉量少且大，表面多具突起并有黏性，花的形态常和传粉昆虫的特点形成相适应的结构，如丹参、益母草等的花。风媒花和虫媒花是植物长期适应环境的结果。此外，还有少数植物的花借助小鸟传粉，称鸟媒花，如某些凌霄属植物的花；或借助水流传粉，称水媒花，如金鱼藻、黑藻等一些水生植物的花（图 2-48）。

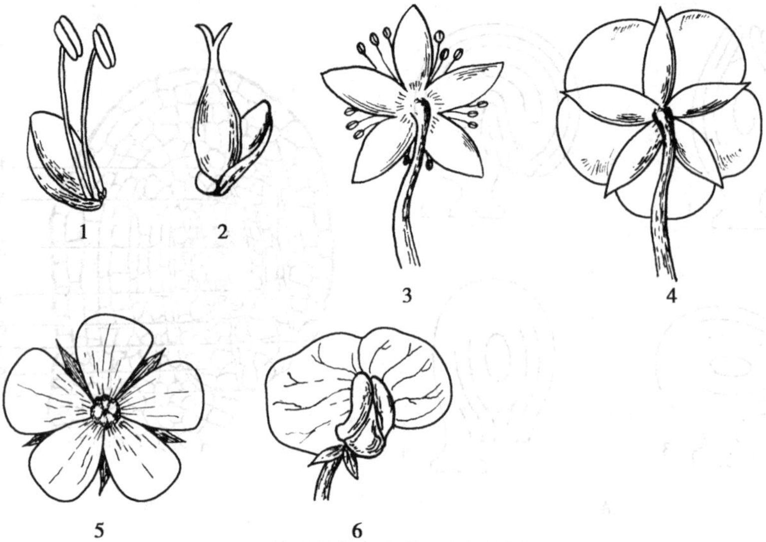

图2-48 花的类型

1、2. 无被花（单性花），3. 单被花（两性花），4. 重被花（两性花），5. 整齐花，6. 不整齐花

三、花程式与花图式

（一）花程式

是用字母、数字和符号来表示花各部分的组成、排列、位置和彼此关系的方程式。①以字母代表花的各部：一般用花各部拉丁词的第一个字母大写表示，P 表示花被，K 表示花萼，C 表示花冠，A 表示雄蕊群，G 表示雌蕊群。②花各部的数目以数字表示：数字写在代表字母的右下方，"∞"表示超过 10 个以上或数目不定，"0"表示某部分缺少或退化，雌蕊群右下角有三个数字，分别表示心皮数、子房室数和每室胚珠数，数字间用"："相连。③以下列符号表示花的特征："＊"表示辐射对称花，"↑"表示两侧对称花；"⚥"、"♂"和"♀"分别表示两性花、雄花和雌花；"( )"表示合生，"+"表示花部排列的轮数关系，短横线"-"表示子房的位置，$\underline{G}$、$\overline{G}$ 和 $\overline{\underline{G}}$ 分别表示子房上位、子房下位和子房半下位。

例：萝卜花＊⚥ $K_4C_4A_{2+4}\underline{G}_{(2:2:\infty)}$；槐花↑⚥ $K_{(5)}C_5A_{(9)+1}\underline{G}_{1:1:\infty}$；桑树的雄花＊♂ P_4A_4，桑树的雌花＊♀ $P_4\ \underline{G}_{(2:1:1)}$；桔梗花＊⚥ $K_{(5)}C_{(5)}A_5\underline{G}_{(5:5:\infty)}$；百合花＊⚥ $P_{3+3}A_{3+3}\underline{G}_{(3:3:\infty)}$。

（二）花图式

是以花的横切面为依据所绘出来的图解式。它可以直观表明花各部的形状、数目、排列方式和相互位置等情况。

绘制花图式的原则：上方绘一小圆圈表示花序轴的位置，在轴的下面自外向内按苞片、花萼、花冠、雄蕊、雌蕊的顺序依次绘出各部的图解，通常苞片以外侧带棱的新月形符号表示，萼片用斜线组成带棱的新月形符号表示，空白的新月形符号表示花瓣，雄蕊和雌蕊分别用花药和子房的横切面轮廓表示。

花程式和花图式均能较简明反映出花的形态、结构等特征，但都不够全面，如花图式不能表明子房与花被的相关位置，花程式不能表明各轮花部的相互关系及花被卷迭情况等，所以在

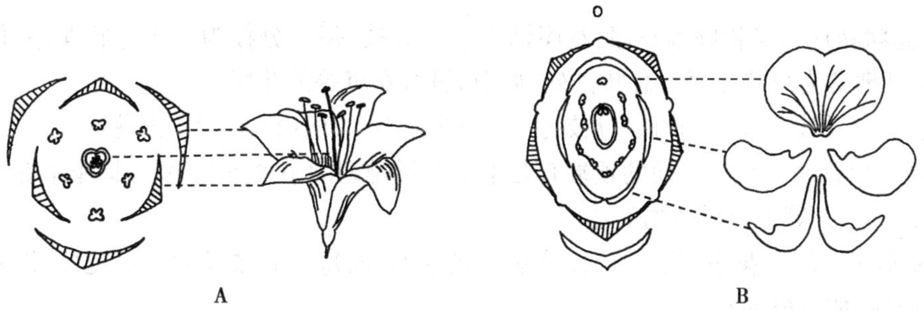

图 2-49　花图式
A. 百合的花图式；B. 蚕豆的花图式

描述时两者配合使用才能较全面反映花的特征（图 2-49）。

四、花　序

被子植物的花，如果是单独一朵着生在茎枝顶端或叶腋部位，称单生花，如玉兰、牡丹、木槿等。但多数植物的花是按一定方式有规律地着生在花枝上，形成花序。花序下部的梗称总花梗（花序梗），总花梗向上延伸成为花序轴。花序轴上着生小花，小花的梗称小花梗。小花梗及总花梗下面常有小型的变态叶分别为小苞片和总苞片。

根据花在花序轴上排列的方式和开放的顺序，分为无限花序和有限花序两大类。

（一）无限花序（总状花序类）

花序轴在花期内可持续生长，产生新的花蕾，花的开放顺序是由下部依次向上开放，或由边缘向中心开放，这种花序称无限花序。根据花序轴及小花的特点可分为：

1. 总状花序　花序轴长而不分枝，着生许多花柄近等长且由基部向上依次成熟的小花，如油菜、荠菜、地黄等的花序。

2. 穗状花序　与总状花序相似，但小花具极短的柄或无柄，如车前、牛膝、知母等的花序。

3. 柔荑花序　花序轴柔软下垂，其上着生许多无柄、无被或单被的单性小花，花后整个花序脱落，如杨、柳、核桃的雄花序等。

4. 肉穗花序　与穗状花序相似，但花序轴肉质粗大呈棒状，其上密生多数无柄的单性小花，如玉米的雌花序；若花序外具一大型总苞片，则称佛焰花序，苞片称佛焰苞，如天南星、半夏等天南星科植物的花序。

5. 伞房花序　似总状花序，但小花梗不等长，下部的长，向上逐渐缩短，小花开放在一个平面上，如山楂、绣线菊等的花序。

6. 伞形花序　花序轴缩短成一点，在总花梗顶端着生许多辐射状排列、花柄近等长的小花，小花开放成一球面，如人参、刺五加、葱等的花序。

7. 头状花序　花序轴极度短缩成头状或扩展成盘状的花序托，其上着生许多无柄的小花，外围的苞片密集成总苞，如向日葵、红花、菊花、蒲公英等的花序。

8. 隐头花序　花序轴肉质膨大并下陷成囊状，其内壁着生多数无柄单性小花，如无花果、薜荔等的花序。

上述花序的花序轴均无分枝，为单花序。有些植物的花序轴产生分枝，称复花序，常见的有：

9. 复总状花序　又称圆锥花序，花序轴作总状分枝，每一分枝为一小总状花序，使整体呈圆锥状，也可理解为总状花序作总状排列，如南天竹、女贞等的花序。

10. 复穗状花序　花序轴每一分枝为一小穗状花序，如小麦、香附等的花序。

11. 复伞形花序　在总花梗的顶端有若干呈伞形排列的小伞形花序，亦即伞形花序作伞形排列，如柴胡、当归等伞形科植物的花序。

12. 复伞房花序　花序轴上的分枝呈伞房状排列，而每一分枝又为伞房花序，即伞房花序呈伞房状排列，如花楸的花序。

13. 复头状花序　由许多小头状花序组成的头状花序，如蓝刺头的花序。

（二）有限花序

有限花序的花序轴顶端的花先开放，限制了花序轴的继续生长，开花的顺序为从上向下或从内向外。通常根据花序轴上端的分枝情况又分为以下几种类型：

1. 单歧聚伞花序　花序轴顶端生一花，然后在顶花下面一侧形成一侧枝，同样在枝端生花，侧枝上又可分枝着生花朵，依次连续分枝则为单歧聚伞花序。若花序轴下分枝均向同一侧生出而呈螺旋状弯转，称螺旋状聚伞花序，如紫草、附地菜等的花序。若分枝呈左右交替生出，则称蝎尾状聚伞花序，如射干、唐菖蒲等的花序。

2. 二歧聚伞花序　花序轴顶花先开，在其下两侧同时产生两个等长的分枝，每分枝以同样方式继续开花和分枝，如石竹、冬青卫矛等的花序。

3. 多歧聚伞花序　花序轴顶花先开，其下同时发出数个侧轴，侧轴常比主轴长，各侧轴又形成小的聚伞花序，称多歧聚伞花序。若花序轴下面生有杯状总苞，则称杯状聚伞花序（大戟花序），如京大戟、甘遂、泽漆等大戟科大戟属植物的花序。

4. 轮伞花序　密集的二歧聚伞花序生于对生叶的叶腋，呈轮状排列，称轮伞花序，如薄荷、益母草等唇形科植物的花序。

此外，有的植物的花序既有无限花序又有有限花序的特征，称混合花序。如丁香、七叶树的花序轴呈无限式，但生出的每一侧枝为有限的聚伞花序，特称聚伞圆锥花序（图 2-50）。

五、花的生理功能和药用

花是植物的生殖器官，主要的功能是繁衍后代。在花完成生殖的过程中，要经过开花、传粉和受精等阶段。

（一）花的生理功能

1. 开花　当花的各部分生长发育到一定阶段，花粉和胚囊发育成熟，或其中之一发育成熟，花被展开，雄蕊和雌蕊露出，这种现象称为开花。开花是多数被子植物性成熟的标志。

不同植物其开花习性、开花年龄、开花季节和花期长短也各不相同。一、二年生植物，生长数月后就可开花，终生只开花一次；多年生植物在达到性成熟后，以后每年的特定季节均能开花，只有少数植物如竹子，虽为多年生植物，但终生只开一次花，花后即死亡。植物的开花季节主要与气候有关，但多数植物的花在早春季节开放，也有一些植物是在冬季开花的。至于花期的长短，不同植物差异较大，有的仅几天，如桃、李、杏等，有的持续一两个月或更长，如腊梅；有的一次盛开后全部凋落，有的持久陆续开放，如棉花、番茄等，一些热带植物几乎终年开花，如

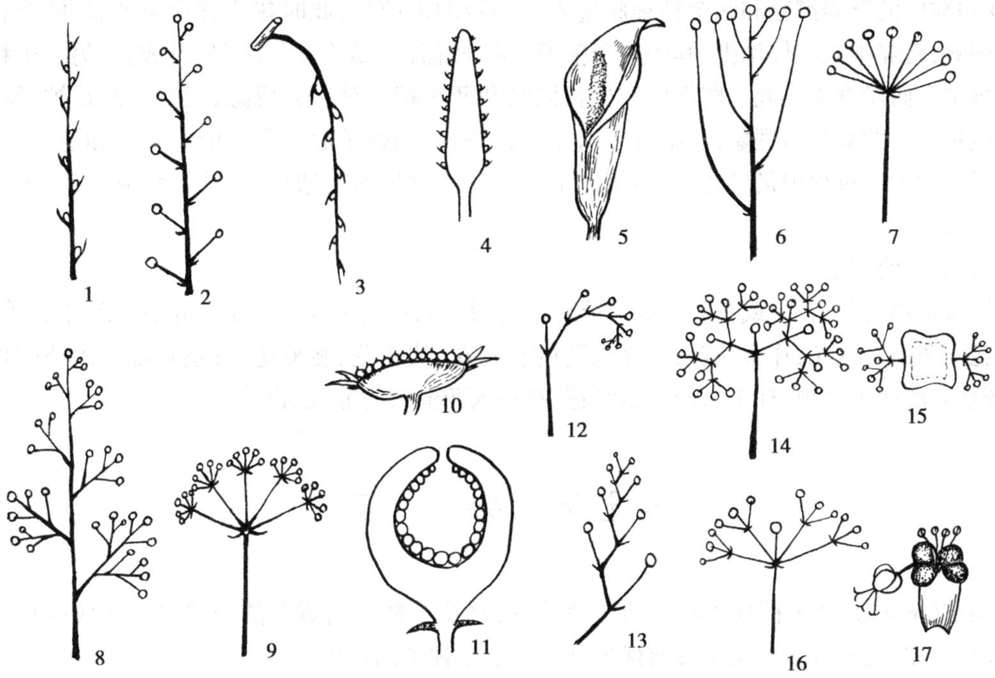

图2-50 花序的种类

1. 穗状花序，2. 总状花序，3. 柔荑花序，4. 肉穗花序，5. 佛焰花序，6. 伞房花序，7. 伞形花序，8. 圆锥花序，9. 复伞形花序，10. 头状花序，11. 隐头花序，12. 螺旋状聚伞花序，13. 蝎尾状聚伞花序，14. 二歧聚伞花序，15. 轮伞花序，16. 多歧聚伞花序，17. 杯状聚伞花序

可可、桉树等。植物的开花习性是植物在长期的演化过程中所形成的遗传特性，是植物适应不同环境条件的结果。

2. 传粉　成熟花粉自花粉囊散出，通过多种途径传送到雌蕊柱头上的过程，称为传粉。传粉是有性生殖（受精作用）不可缺少的环节。传粉通常可分为自花传粉和异花传粉两种方式。

自花传粉　是花粉从花粉囊散出后，落到同一花的柱头上的传粉现象，如棉花、大豆、番茄等。自花传粉的花的特点是：两性花，花药紧靠柱头且内向，柱头、花药常同时成熟。有些植物的雌、雄蕊早熟，在花尚未开放或根本不开放就已完成传粉和受精作用，这种现象称为闭花传粉或闭花受精，如太子参、豌豆等。

异花传粉　是一朵花的花粉传送到另一朵花的柱头上的传粉方式，异花传粉是自然界普遍存在的一种传粉方式，比自花传粉更为进化。异花传粉的花往往在结构和生理上产生一些与异花传粉相适应的特性：花单性且雌雄异株，若为两性花则雌雄蕊异熟或雌雄蕊异长，自花不孕等。异花传粉的花在传粉过程中，花粉需要借助外力的作用才能被传送到其他花的柱头上，通常传送花粉的媒介有风媒、虫媒、鸟媒和水媒等，各种媒介传粉的花往往产生一些特殊的适应性结构，使传粉得到保证。

3. 受精　卵细胞和精细胞相互结合的过程称为受精作用。传粉作用完成以后，落于柱头上的花粉粒被柱头分泌的黏液所粘住，随后花粉内壁在萌发孔处向外突出，并继续伸长，形成花粉管，这一过程即为花粉粒的萌发。花粉管形成后先穿过柱头并继续沿花柱向下引申而达子房，花粉管进入子房后，通常通过珠孔进入胚囊，少数经过合点进入胚囊。花粉管伸长的同时，花粉粒中的营养细胞和两个精细胞进入花粉管的最前端，此时花粉管顶端破裂，两个精子进入胚囊，营养细胞解体消失，其中一个精子与卵细胞结合成合子，将来发育成胚，另一个精子与极核结合而发育成胚乳。卵细胞和极核同时和两个精子分别完成融合的过程，是被子植物有性生殖特有的双受精现象，它融合了双亲遗传特性，加强了后代个体的生活力和适应性，是植物界有性生殖过程中最进化、最高级的形式。花经过传粉受精后，胚珠发育成种子，子房发育成果实。

（二）花的药用

许多植物的花、花序或花的组成部分可供药用。如花蕾入药的有金银花、槐米、丁香等；开放的花入药的有红花、洋金花等；花序入药的有菊花、款冬花、旋覆花等；还有雄蕊入药的如莲须、花柱入药如玉米须、柱头入药如西红花、花粉入药的有香蒲、油松等。

第五节 果　　实

果实(fruit)是被子植物所特有的繁殖器官，是花受精后由雌蕊的子房发育形成的特殊结构，外具果皮，内含种子。果实具有保护种子和散布种子的作用。

一、果实的发育和结构

（一）果实的发育

被子植物的花经过双受精后，花的各部分发生显著变化。花萼、花冠通常脱落，雄蕊及雌蕊的柱头、花柱先后凋萎，胚珠发育形成种子，子房逐渐膨大而发育成果实。这种单纯由子房发育而来的果实称真果，如桃、杏、柑橘等。有些植物除子房外尚有花的其他部分如花托、花萼、花序轴等参与果实的形成，这种果实称假果，如苹果、梨、南瓜等。

果实的形成通常需经过传粉和受精作用，但有的植物只经过传粉而未经受精作用也能发育成果实，称单性结实，所形成的果实称无籽果实。单性结实有自发形成的称自发单性结实，如香蕉、柑橘、柿、瓜类及葡萄的某些品种等。有的是通过人为诱导作用而引起的称诱导单性结实，例如用马铃薯的花粉刺激番茄的柱头而形成无籽番茄，或用化学处理方法如某些生长素涂抹或喷洒在雌蕊柱头上也能得到无籽果实。

（二）果实的结构

果实由果皮和种子构成，果皮通常可分为外果皮、中果皮和内果皮三层。

1. 外果皮　通常较薄而坚韧，表面常被角质层、毛茸、蜡被、刺、瘤突、翅等。
2. 中果皮　变化较大，肉质果实多肥厚，干果多为干膜质。
3. 内果皮　一般膜质或木质，少数植物的内果皮能生出充满汁液的肉质囊状毛，如柑橘。

二、果实的类型

果实的类型很多，一般根据果实的来源、结构和果皮性质的不同，分为单果、聚合果和聚花果。

（一）单果

一朵花中仅有一个雌蕊（单雌蕊或复雌蕊），发育形成一个果实，称为单果。根据果皮质地不同将单果分为肉果和干果两类。

1. 肉果　果皮肉质多汁，成熟时不开裂。主要类型有：

（1）浆果：由单心皮或合生心皮雌蕊发育而成，外果皮薄，中果皮和内果皮肉质多汁，不易区分，内含一至多粒种子。如葡萄、番茄、枸杞、茄等。

（2）核果：多由单心皮雌蕊发育而成，外果皮薄，中果皮肉质肥厚，内果皮木质，形成坚硬果核，每核内含一粒种子。如桃、李、梅、杏等。

（3）梨果：由5心皮合生的下位子房连同花托和萼筒发育而成的一类肉质假果；外果皮和中果皮肉质，界线不清，内果皮坚韧，革质或木质，常分隔成5室，每室含2粒种子。如苹果、梨、山楂、枇杷等。其肉质可食部分主要来自花托和萼筒。

（4）柑果：由多心皮合生雌蕊具中轴胎座的上位子房发育而成，外果皮较厚，柔韧如革，内含油室；中果皮疏松海绵状，具多分枝的维管束（橘络），与外果皮结合，界线不清；内果皮膜质，分隔成多室，内壁生有许多肉质多汁的囊状毛。柑果为芸香科柑橘类植物所特有，如橙、柚、橘、柑等。

（5）瓠果：由3心皮合生、具侧膜胎座的下位子房，连同花托发育而成的假果；外果皮坚韧，中果皮和内果皮及胎座肉质。为葫芦科植物所特有，如南瓜、冬瓜、西瓜、瓜蒌等（图2-51）。

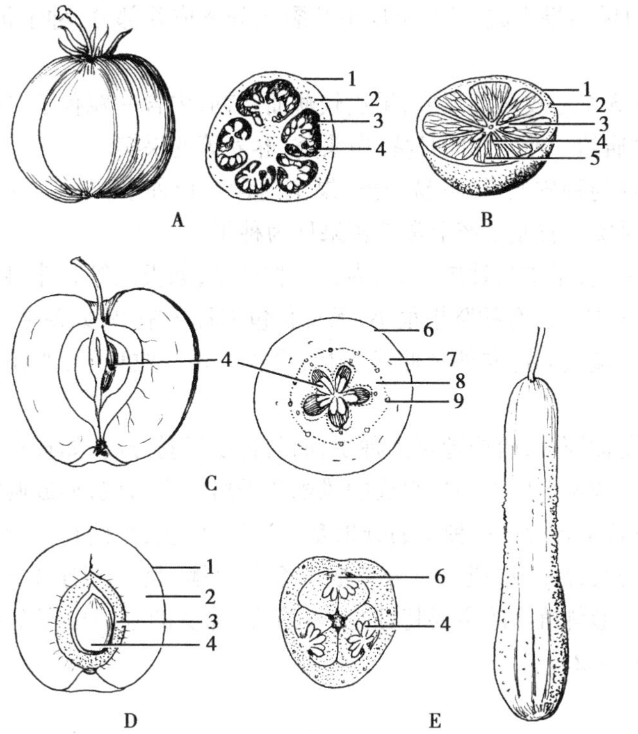

图2-51　肉果的类型

A. 浆果；B. 柑果；C. 梨果；D. 核果；E. 瓠果

1. 外果皮，2. 中果皮，3. 内果皮，4. 种子，5. 毛囊，6. 胎座，7. 表皮层，8. 花筒部分，9. 果皮

2. 干果 果实成熟时果皮干燥,依据果皮开裂与否又分为裂果和不裂果。

(1) 裂果:果实成熟后,果皮自行开裂,根据心皮数目及开裂方式不同分为:

1) 蓇葖果:由单心皮或离生心皮单雌蕊发育而成,成熟后沿腹缝线一侧开裂,如厚朴、八角茴香、芍药、淫羊藿、杠柳等的果实。

2) 荚果:由单心皮发育形成,成熟时沿腹缝线和背缝线两侧开裂,为豆科植物所特有,如扁豆、绿豆、豌豆等。但有的荚果成熟时不开裂,如紫荆、落花生的果实;槐的荚果肉质呈念珠状,亦不裂;含羞草、山蚂蝗的荚果呈节节断裂而不开裂,内含一种子。

3) 角果:由两心皮合生具侧膜胎座的上位子房发育而成;心皮边缘愈合向子房室内延伸形成假隔膜,将子房隔成两室,种子着生在假隔膜两侧,成熟时沿两侧腹缝线自下而上开裂,假隔膜仍留在果梗上。角果为十字花科的特征,又分为长角果和短角果。长角果细长,如油菜、萝卜的果实;短角果宽短,如荠菜、菘蓝、独行菜等的果实。

4) 蒴果:由合生心皮的雌蕊发育而成,子房一至多室,每室含多数种子,是最普遍的一类裂果。蒴果成熟时开裂方式较多,常见的有①瓣裂(纵裂):果实成熟时沿纵轴方向裂成数个果瓣。其中,沿腹缝线开裂的称室间开裂,如马兜铃、蓖麻的果实;沿背缝线开裂的称室背开裂,如百合、射干的果实;沿背、腹两缝线开裂,但子房间隔仍与中轴相连的称室轴开裂,如曼陀罗、牵牛的果实。②孔裂:果实顶端裂开一小孔,如罂粟、桔梗等的果实;③盖裂:果实中上部环状横裂成盖状脱落,如马齿苋、车前等的果实;④齿裂:果实顶端呈齿状开裂,如石竹、王不留行等的果实。

(2) 不裂果(闭果):果实成熟后,果皮不开裂或分离成几部分,种子仍被果皮包被。不裂果常见以下几种:

1) 瘦果:由 1~3 个心皮雌蕊形成,果皮较薄而坚韧,内含一粒种子,成熟时果皮与种皮易分离,为闭果中最普通的一种。如向日葵、白头翁、荞麦等的果实。

2) 颖果:果皮薄与种皮愈合,不易分离,果实内含一粒种子,如稻、麦、玉米、薏苡等,为禾本科植物所特有的果实。农业生产上常把颖果称为种子。

3) 坚果:果皮坚硬,果皮与种皮分离,内含一粒种子,如板栗等壳斗科植物的果实,这类果实常具总苞(壳斗)包围。也有的坚果很小,无总苞包围称小坚果,如益母草、紫草等的果实。

4) 翅果:果皮一端或周边向外延伸成翅状,果实内含一粒种子,如杜仲、榆、槭、白蜡树等的果实。

5) 胞果:果皮薄而膨胀,疏松地包围种子,而与种子极易分离,如青葙、藜、地肤等的果实。

6) 分果:由两个或两个以上心皮组成的雌蕊的子房发育而成,形成两室或数室,果实成熟时,按心皮数分离成若干各含一粒种子的分果瓣。当归、白芷、小茴香等伞形科植物的分果,由两个心皮的下位子房发育而成,成熟时分离成两个分果瓣,呈"个"字形分悬于中央果柄的顶端,特称双悬果,为伞形科植物的主要特征之一;苘麻、锦葵的果实由多个心皮组成,成熟时则分为多个分果瓣(图 2-52)。

(二)聚合果

聚合果是由一朵花中的多心皮离生雌蕊聚集生长在花托上,并与花托共同发育成的果实,每一单雌蕊形成一个单果(小果)。根据小果的种类不同,又可分为聚合蓇葖果(八角茴香、芍药)、聚合瘦果(草莓、毛茛)、聚合核果(悬钩子)、聚合浆果(五味子)、聚合坚果(莲)等(图 2-53)。

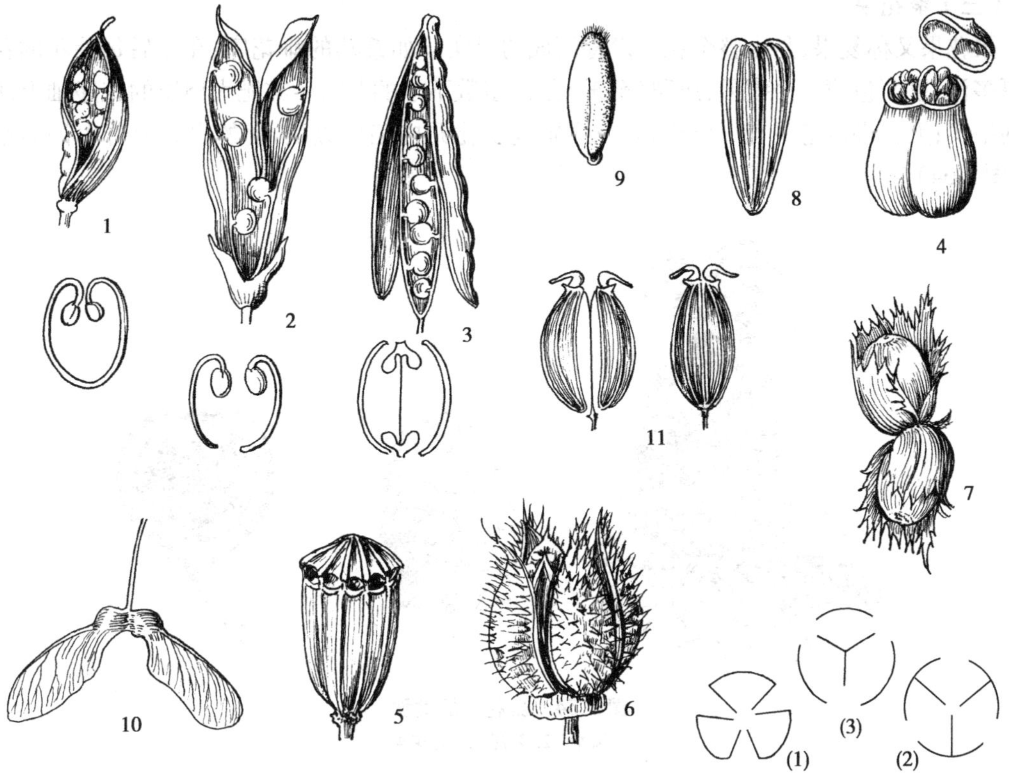

图2-52 干果的类型

1. 蓇葖果，2. 荚果，3. 长角果，4. 蒴果(盖裂)，5. 蒴果(孔裂)，6. 蒴果(纵裂)：(1)室间开裂，(2)室背开裂，(3)室轴开裂，7. 坚果，8. 瘦果，9. 颖果，10. 翅果，11. 双悬果

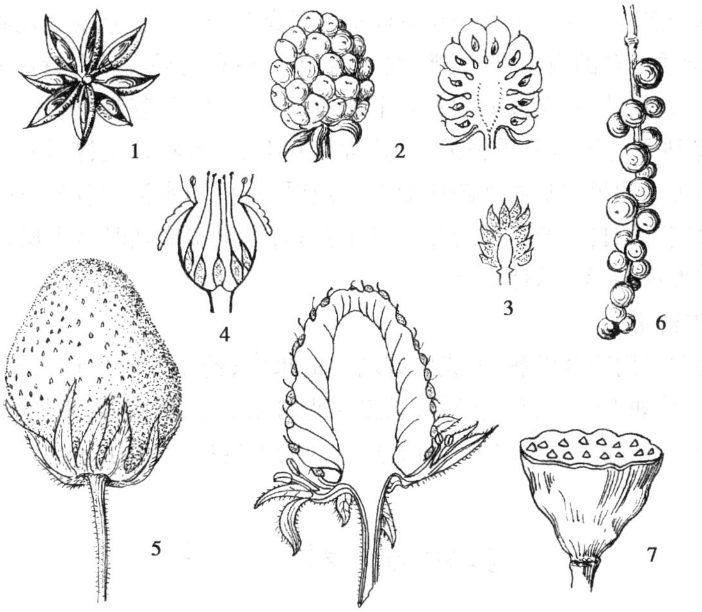

图2-53 聚合果的类型

1. 聚合蓇葖果，2. 聚合核果，3~5. 聚合瘦果，6. 聚合浆果，7. 聚合坚果

（三）聚花果

聚花果又称复果，是由整个花序发育而成的果实。如桑葚的雌花序，在花后每朵花的花被肥厚多汁，里面包藏一个瘦果；凤梨（菠萝）是由多数不孕的花着生在肥大肉质的花序轴上所形成的果实；无花果由隐头花序形成，其花序轴肉质化并内陷成囊状，囊的内壁上着生许多小瘦果（图2-54）。

图2-54 聚花果的类型

1. 凤梨，2. 桑葚，3. 无花果

三、果实的生理功能及药用

（一）果实的生理功能

果实的生理功能主要为保护种子和对种子传播媒介的适应。适应于动物和人类传播种子的果实，往往为肉质可食的肉质果，如桃、梨、柑橘等。还有的果实具有特殊的钩刺突起或有黏液分泌，能黏附于动物的毛、羽或人的衣服上而散布到各地，如苍耳、鬼针草、蒺藜、猪殃殃等。适应于风力传播种子的果实多质轻细小，并常具有毛、翅等特殊结构，如蒲公英、榆、杜仲等。适应于水力传播种子的果实常质地疏松而有一定浮力，可随水流到各处，如莲蓬、椰子等。还有一些植物的果实可靠自身的机械力量使种子散布，在果实成熟时多干燥开裂并能对种子产生一定的弹力如大豆、油菜、凤仙花等。

（二）果实的药用

果实的药用常采用完全成熟、近成熟或幼小的果实；药用部分包括果穗入药如桑葚、夏枯草，完整的果实入药如五味子、女贞子等，果皮入药如陈皮、大腹皮等，果柄入药如甜瓜蒂，果实上的宿萼入药如柿蒂，还有用果皮中的维管束入药的如橘络、丝瓜络等。

第六节 种 子

种子（seed）是种子植物特有的繁殖器官，是花经过传粉、受精后，由胚珠发育形成的。种子内含有下一代的幼小植物体（胚）并通常贮藏有大量营养物质（胚乳）。

一、种子的形态结构

（一）种子的形态

不同种类的植物，种子的形状、大小、色泽和表面纹理也不同。种子的形状有球形、类圆形、椭圆形、肾形、卵形、圆锥形、多角形等。大小差异悬殊，大的有椰子、银杏、槟榔等，小的如天麻、白及等的种子，呈粉末状。种子的表面通常平滑具光泽，颜色各异，如绿豆、红豆、白扁豆等，但也有的表面粗糙、具皱褶、刺突或毛茸（种缨）等，如天南星、车前、太子参、萝藦等的种子。

（二）种子的结构

种子通常由种皮、胚和胚乳三部分组成；也有很多植物的种子是由种皮和胚两部分所构成，而没有胚乳。

1. 种皮　种皮由珠被发育而成，包被于种子外面，对胚具有保护作用。种皮常分为外种皮和内种皮两层，外种皮较坚韧，内种皮通常较薄。种皮上一般都具有种脐和种孔。种脐是种子成熟后从种柄或胎座上脱落后留下的圆形或椭圆形疤痕。种孔由珠孔发育而成，是种子萌发时吸收水分和胚根伸出的部位。此外，具有倒生、横生或弯生胚珠的植物，种皮上具有明显突起的种脊，即种脐到合点（亦即原来胚珠的合点）之间的隆起线；倒生胚珠的种脊较长，横生胚珠和弯生胚珠的种脊较短，而直生胚珠无种脊。还有一些植物的种皮在珠孔处有一个由珠被延伸而成的海绵状突起物，起到吸水帮助种子萌发的作用，称种阜，如蓖麻、巴豆等。

有些植物的种子在种皮外尚有假种皮，是由珠柄或胎座处的组织延伸而形成的；有的假种皮为肉质，如荔枝、龙眼、苦瓜、卫矛等，也有的呈菲薄的膜质，如豆蔻、砂仁等。

2. 胚　由受精的卵细胞发育而成，是种子内尚未发育的幼小植物体。胚由胚根、胚轴（又称胚茎）、胚芽和子叶四部分组成。种子萌发时，胚根自种孔伸出，发育成主根。胚轴向上伸长，成为根与茎的连接部分。子叶为胚吸收养料或贮藏养料的器官，占胚的较大部分，在种子萌发后可变绿进行光合作用，但通常在真叶长出后枯萎；单子叶植物具一枚子叶，双子叶植物具两枚子叶，裸子植物具多枚子叶。胚芽为胚顶端未发育的主枝，在种子萌发后发育成植物的主茎（图2-55）。

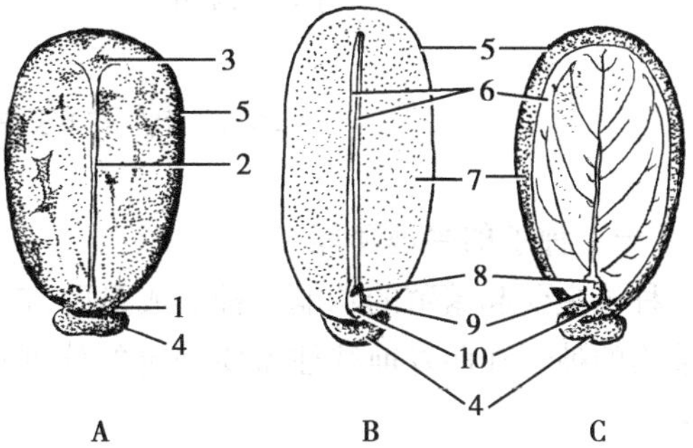

图2-55　有胚乳种子（蓖麻）

A. 外形；B. 与子叶垂直纵切面；C. 与子叶平行纵切面

1. 种脐，2. 种脊，3. 合点，4. 种阜，5. 种皮，6. 子叶，7. 胚乳，8. 胚芽，9. 胚轴，10. 胚根

3. 胚乳　由受精的极核细胞发育而来，位于胚的周围，呈白色，含大量营养物质，提供胚发育时所需要的养料。大多数植物的种子，当胚发育或胚乳形成时，胚囊外面的珠心细胞被胚乳吸收而消失；但也有少数植物种子的珠心，在种子发育过程中未被完全吸收而形成营养组织，包围在胚乳和胚的外部，称外胚乳。肉豆蔻、槟榔、姜、胡椒、石竹等植物的种子，具外胚乳。

二、种子的类型

根据种子中胚乳的有无,一般将种子分为两种类型。

(一)有胚乳种子

种子中有发育明显的胚乳,供种子萌发时胚生长所需养料称有胚乳种子。有胚乳种子具有发达而明显的胚乳,胚相对较小,子叶很薄,如蓖麻、大黄、稻、麦等的种子(图 2-55)。

(二)无胚乳种子

种子中胚乳的养料在胚发育过程中完全被子叶吸收并贮藏于子叶中的称无胚乳种子。这类种子一般子叶肥厚,不存在胚乳或仅残留一薄层,如大豆、杏仁、南瓜子等(图 2-56)。

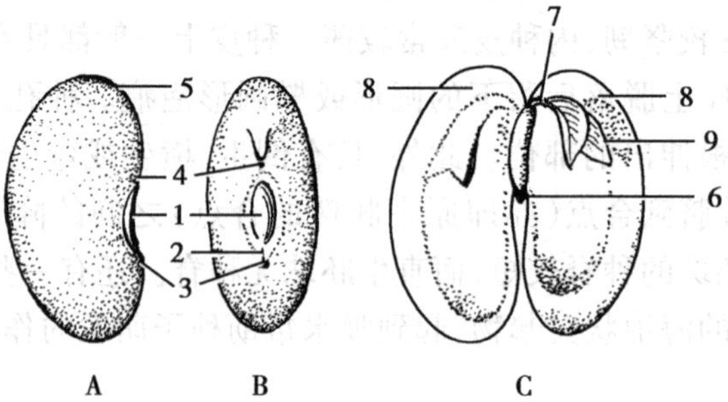

图 2-56 无胚乳种子(菜豆)

A、B. 菜豆外形; C. 菜豆的组成(纵切面)

1. 种脐, 2. 种脊, 3. 合点, 4. 种孔, 5. 种皮, 6. 胚根, 7. 胚轴, 8. 子叶, 9. 胚芽

三、种子的生理功能及药用

(一)种子的生理功能

种子主要起繁殖的功能。种子成熟后,在适宜的外界条件下即可萌发而形成幼苗,但大多数植物的种子在萌发前往往需要一定的休眠期才能萌发。此外,种子的萌发还与种子的寿命有关。

(二)种子的药用

药用植物的种子多采用成熟的种子作为药用。通常用完整的种子入药如沙苑子、决明子等;少数用种子的一部分入药,如假种皮入药的有肉豆蔻衣、龙眼肉等,肉豆蔻用种仁入药;大豆黄卷、大麦芽用发芽的种子入药;淡豆豉则为种子的发酵品入药。

本章小结

本章内容名词概念多、类型多、结构复杂，学习记忆有一定难度。对于名词概念要记清，各器官的形态类型部分，可结合实际生活中的例子及实验课，注意比较相似类型，加深印象。结构部分重点掌握双子叶植物根、茎、叶的次生构造，注意每一种构造的结构特点，可以结合简图的形式来加深结构层次的记忆。熟悉单子叶的内部构造特点。

复习题

1. 单子叶植物根的内部结构与双子叶植物根的初生构造有何不同？
2. 双子叶植物根的次生构造是怎样形成的？
3. 根的三生构造是怎样形成的？
4. 举例说明根有哪些变态类型？
5. 茎与根的本质区别是什么？
6. 年轮是怎样形成的，有什么生物学意义？
7. 为什么单子叶植物的茎不能像双子叶植物尤其是木本植物那样不断地增粗？
8. 如何区别双子叶植物与单子叶植物的根茎？
9. 草本双子叶植物与木本双子叶植物的茎在结构上有何不同？
10. 茎的变态类型有哪些，有何作用？
11. 在形态和结构上如何区别根、茎与根状茎？
12. 叶形的划分原则是什么？
13. 如何鉴别复叶与全裂叶、单叶和小枝？
14. 什么是等面叶，什么是异面叶，如何鉴别？
15. 单子叶植物的叶与双子叶植物的叶有哪些不同？
16. 花由哪几部分组成？常见的花冠有哪些类型？
17. 雄蕊由哪几部分组成？常见哪些类型？
18. 什么叫胎座？常见类型有哪些？
19. 植物的花序分哪几类？
20. 简述植物的双受精现象。
21. 肉果常见有哪些类型？各有什么特点？
22. 干果常见有哪些类型？各有什么特点？
23. 果实是如何形成的？
24. 种皮上有哪些结构特点？
25. 常见的药用种子有哪些？

第三章

植物分类概述

学习目标

掌握：植物分类学的概念；分类等级和基本单位；种的定义；植物学名及表示方法。

熟悉：植物分类学的目的和任务；植物界的类群；种以下等级的学名；植物分类检索表的编制及使用。

了解：植物分类学发展简史；植物分类学的新进展及发展趋势。

第一节 植物分类学的目的和任务

地球上现存的植物，大约有50万种。面对数目如此众多，彼此又千差万别的植物，有必要由粗到细、由表及里地进行分门别类，以便进行相关的研究、开发与利用。植物分类学是一门对植物进行鉴定、分类、命名，将其按系统排列，并研究各类群间亲缘关系及进化发展规律的学科。

植物分类学的主要任务是：

1. 分类群的记述与命名　运用植物形态学、解剖学等知识，对植物的个体间的异同进行比较研究，将类似的个体归为“种”一级的分类群，确定其学名，并加以记述。这是植物分类学的首要任务。

2. 探索植物的起源与进化　借助植物生态学、植物地理学、古生物学、细胞遗传学、植物化学、分子生物学等学科的资料，探索各分类群的起源与进化。

3. 建立自然分类系统　根据对各分类群之间的亲缘关系的研究，确定不同分类等级的亲疏远近，按顺序排列，建立反映客观实际的植物自然分类系统。

4. 编写植物志　根据不同的需要，对某地区、某国家、某类用途或某分类群的植物进行采集、鉴定、描述和按照分类系统编排，编写不同用途的植物志。

药学专业学生学习植物分类学的主要目的，就是利用这门学科的科学知识和方法来研究药用植物，如对药用植物进行资源调查、原植物鉴定、种质资源研究、栽培品种的鉴别等，准确地区分近似种类和科学地描述其特征，澄清名实混乱，深入发掘和扩大药用植物资源，不断提高药用植物的利用价值。

第二节 植物分类学发展简史

人类对植物界的认识和研究,经历了漫长的历史,人们在实践中观察了各种植物的形态、构造、生活史和生活习性。根据掌握的大量知识,进行比较研究,找出它们的异同点,并将具有很多共同点的种类归并成一个类群,又根据它们之间的差异分成若干不同的种类。如此分门别类、顺序排列,形成分类系统。

在欧洲,早在公元前300年,古希腊的植物学家如提奥弗拉斯(Theophrastus)等便开始根据经济用途或生长习性对植物进行分门别类。我国古代也不乏这方面的学者和著作。明代李时珍所编《本草纲目》,将千余种植物分成草、谷、菜、果和木等五部,部下又分类,如草的部分包括山草、湿草、毒草、青草、水草、蔓草、芳草、茅草、石草等11类。清代吴其濬的《植物名实图考》中,将植物分为谷、蔬、山草、隰草、石草、水草、蔓草、芳草、毒草、群芳、果和木等12类。所有这些分类方法,都不是根据植物的自然性质,也没有考察彼此间在演化上的亲缘关系,仅就一二特点或应用价值进行分类。据此建立的分类系统称为人为分类系统(artificial system)。18世纪前、中期,瑞典生物学家林奈(Carl Linmaeus)发表了他的三部重要分类学著作《自然系统》(*System Naturea*,1735)《植物属志》(*Genera Plantarum*,1737)和《植物种志》(*Species Plantarum*,1753),根据雄蕊的有无、数目及着生情况等将植物分成24纲,其中1~23纲为显花植物(如一雄蕊纲,二雄蕊纲等),第24纲为隐花植物;纲以下再根据雌蕊的构造分类。林奈的分类系统也属于人为分类系统,常见亲缘关系疏远的种类放在同一纲中(如水稻和甘蓝同在六雄蕊纲中)。

与之相对应的是自然分类系统(natural system),即利用现代自然科学的先进手段,从比较形态学、比较解剖学、古生物学、植物化学、植物生态学和分子生物学等不同的角度,建立的能够反映植物界自然演化过程和彼此间亲缘关系的分类系统。人们为了建立这样的系统,做了长期不懈的努力,使其渐臻完善。但直至目前,人们尚未能提出一个完全反映客观规律的植物分类系统。

第三节 植物分类的等级

植物分类等级(taxonomic rank),又称分类群、分类单位(taxon,复数taxa),用于表示每一种植物的系统地位和归属。植物之间分类等级的异同程度体现了它们的相似程度和亲缘关系的远近。

植物的主要分类等级,从高到低、由大到小依次为界(Kingdom)、门(Division,Phylum)、纲(Class)、目(Order)、科(Family)、属(Genus)和种(Species)。如果某等级范围过大,植物种类众多,可设亚级,如亚门、亚纲、亚科等。有时亚科下还有族、亚族;亚属下有组、亚组、系、亚系等。

植物分类的各个等级,均用拉丁词表示,一般有特定的词尾,如门的拉丁词尾为-phyta,纲的为-opsida,目的为-ales,科为-aceae等。某些等级的词尾,因历史上习用已久,现仍保留其习用名和词尾,如双子叶植物纲(Dicotyledoneae)、单子叶植物纲(Monocotyledoneae)等。有8个被子植物科的学名也可使用保留名,分别为十字花科 Cruciferae、豆科 Leguminosae、藤黄科 Guttiferae、伞形科 Umbelliferae、唇形科 Labiatae、菊科 Compositae、棕榈科 Palmae、禾本科 Gramineae。

种是生物分类的基本单位。同一种植物具有一定的形态、生理特征,具有一定的自然分布区;种内个体间不仅具有相同的遗传性状,而且彼此可以交配(传粉受精),产生能育的后代;但与其他类群存在生殖隔离,即不同种的个体之间一般不能进行杂交,即使能够杂交其后代也多不育。在自然界中,种是真实存在的,是生物进化与自然选择的产物。

种以下还有亚种、变种、变型等分类等级;栽培植物还有品种。

亚种(subspecies,缩写为 subsp. 或 ssp.):指在不同分布区的同一种植物,由于生态环境不同导致两地植物在形态特征或生理功能上产生的差异。

变种(varietas,缩写为 var.):指具有相同分布区的同一种植物,由于微生境不同,在形态上产生的变异,且变异比较稳定,分布范围较亚种小。

变型(forma,缩写为 f.):指一个种内仅有微小差异,如花、果的颜色、被毛情况等,但其分布是没有规律的相同物种的不同个体。

品种:用于栽培植物的分类上,这些植物有可能是人工培育的,但也有可能是野生起源的。无论其起源如何,总之是一群具有特殊性状和明显区别特征的,而且是人工定向培养的栽培植物。品种是人类劳动的产物(野生植物中没有品种),具有一定的形态、大小、气、香、味等,例如药材中的竹根姜和白姜,人参的大马牙、二马牙、长脖等。

每种植物均有其系统地位和等级。例如,丹参的系统地位为:

界:植物界(Regnum Vegetabile)
门:被子植物门(Angiospermae)
纲:双子叶植物纲(Dicotyledoneae)
目:唇形目(Lamiales)
科:唇形科(Labiatae)
属:鼠尾草属(*Salvia*)
种:丹参(*Salvia miltiorrhiza* Bunge)

第四节 植物的命名

植物种类繁多,人们为了区别这些植物,用自己的语言给常见的植物以各种名称,但由于各个国家,各个民族语言和文字不同,对同一种植物常有不同的名称,经常出现同物异名和同名异物现象。例如铃兰,在英国叫 lily of the vally,在法国叫 muguet,在德国叫 Maiblume,在前苏联叫 landysh 等。这样容易造成名称的混乱,不便于相关的科学研究、开发利用和国际交流。鉴于此,国际上制定了《国际植物命名法规》,赋予每种植物一个大家公认的、合法的、世界通用的科学名称(scientific name),这就是学名。

一、植物学名的组成

根据《国际植物命名法规》,植物的命名采用林奈于1753年在《植物种志》中倡导的双名法,即每一种植物的学名,都由两个拉丁单词或拉丁化形式的单词构成;前一个词为属名,代表该植物所从属的属级分类单位;第二个词为种加词(specific epithet);书写时均用斜体表示,属名首字母必须大写,种加词所有字母一律小写。一个完整的学名,除属名和种加词外,最后还应加上命名人姓名的缩写。如桑的学名为 *Morus alba* L.,*Morus* 是桑属的属名,*alba* 是种加词,L. 是命名人 Linnaeus 的缩写。

1. 属名　一般采用拉丁名词。若源于其他文字或专有名词,则需拉丁化,用单数主格。如蔷薇属 *Rosa* 来源于古拉丁文,荔枝属 *Litchi* 则为中国特产植物荔枝名称的拉丁化。

2. 种加词　一般是形容词,也可以是名词。用形容词作种加词时其性、数、格必须与属名一致。作为种加词的形容词,可以是性质形容词,也有由人名或地名形容词化而来。例如:半枝莲 *Scutellaria barbata* D. Don 的种加词为形容词(意为具髯毛的),黄芩 *S. baicalensis* Georgi 的种加词来自地名 Baikal(贝加尔),甘肃黄芩 *S. rehderiana* Diels 的种加词来自于人名 Alfred Rehder。用名词作种加词时,应与属名在数与格上一致,但不要求性别上的一致。

3. 命名人　植物学名中,命名人一般只用其姓,同姓者可加注名字的缩写以便区分;姓名要拉丁化,如果较长,可缩写。中国人名用汉语拼音法;命名人的姓放在最后并写全,名可以简化,用大写第一个字母。如 L. 或 Linn. 为 Linnaeus 的缩写,W. C. Wang 为王文采的缩写。一种植物由两个或以上作者共同命名,命名人之间用 et 连接。

有的植物的学名,有2个命名人,前者位于括号内。这种情况表示这一学名经重新组合而成,常见的为属名的更动。如白头翁 *Pulsatilla chinensis* (Bge.) Regel,较早由 Bunge 命名为 *Anemone chinensis* Bunge,经 Regel 研究列入白头翁属 *Pulsatilla*,重新组合而成。

二、种以下等级的名称

种下等级有亚种、变种、变型。其学名表示方法,如亚种为原种名后加亚种等级的缩写,再加亚种加词和亚种命名人。变种和变型也用类同的方式表示。例如:

川赤芍 *Paeonia anomala* L. subsp. *veitchii* (Lynch) D. Y. Hong et K. Y. Pan

百合 *Lilium brownii* F. E. Brown. var. *viridulum* Backer

少花红柴胡 *Bupleurum scorzonerifolium* Willd. f. *pauciflorum* R. H. Shan et Y. Li

某些植物具有栽培品种(cultivarietas),过去常用 cv. 来表示。现在其学名表示方法为在种加词加栽培品种加词(cultivar epithet),置于单引号中,不用斜体,首字母大写,后面不加命名人,如椪柑 *Citrus reticulata* 'Ponkan'。

第五节　植物界的类群

根据目前植物分类学常用的分类法,植物界通常分为16门(图3-1)。

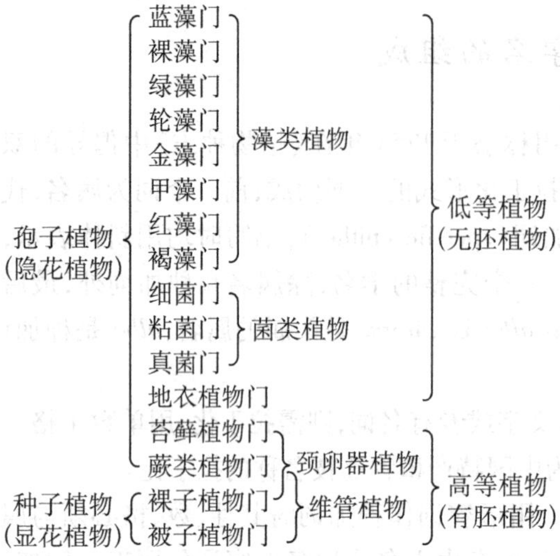

图 3-1　植物界的分门

各门植物之间具有亲缘远近之分。可根据它们的共同点分成若干类。从蓝藻门到褐藻门 8 个门的植物，大多为水生，具有光合作用的色素，自养生活，统称为藻类植物(algae)。细菌门、黏菌门和真菌门，它们不具光合作用色素，大多营寄生或腐生生活，将这 3 门合称为菌类植物。地衣门是藻类和菌类的共生体。藻类、菌类以及地衣是植物界中出现较早，但又比较原始低级的类型，合称为低等植物(lower plant)。低等植物在形态上无根、茎、叶分化，构造上一般无组织分化，生殖器官单细胞，合子发育时离开母体，不形成胚，故又称无胚植物(non-embryophyte)。

苔藓、蕨类、种子植物合称为高等植物(higher plant)。高等植物在形态上有根、茎、叶的分化，构造上有组织分化，生殖器官多细胞，合子在母体内发育形成胚，故又称有胚植物(embryophyte)。藻类、菌类、地衣、苔藓、蕨类植物都用孢子进行繁殖，所以叫孢子植物(sporophyte)。由于它们不开花、不结实，又称为隐花植物(cryptogam)。裸子植物和被子植物都用种子进行繁殖，所以叫种子植物(seed plant)。又因种子植物能开花结实，又称显花植物(phanerogam)，其中被子植物又称有花植物(flowering plant)。从蕨类植物起，到种子植物都有维管系统，称维管植物(vascular plant, tracheophyte)。苔藓植物门与蕨类植物门的雌性生殖器官，都以颈卵器的形式出现，在裸子植物中，也有颈卵器退化的痕迹，这三类植物又合称为颈卵器植物(archegoniatae)。

第六节　植物分类检索表

植物分类检索表(key)是鉴定植物类群的工具。通过检索表，可以很快地查出所列科、属或种之间的区别特征，或根据特征迅速查出植物所属的科、属、种或其他类群。

检索表根据法国植物学家拉马克(Lamarck)的二歧分类原则编制而成。使用检索表时，首先应仔细观察植物标本的各部分特征，如根的类型，茎的形状，叶的形状、叶脉、叶缘、叶基等，特别要对花和果实进行解剖观察，掌握有关描述植物形态的术语，与检索表上所记载的特征进行比较，如两者一致则按项逐次检索，如果特征与检索表记载的某项号内容不符，应查找与该项相对应的一项，如此检索，便可检索到该植物的名称。

常用的检索表有分科、分属和分种检索表。根据其排列方式的不同，有定距式、平行式、连续平行式三种。植物分类检索表常采用定距式检索表。将每一对相互区别的特征分隔编排在一定的距离处，并标注相同的号数，每下一项用后缩一格来排列。如植物界分类群检索表：

1　植物体无根、茎、叶的分化，没有胚胎 ………………………………… 低等植物

　2　植物体不为藻类和菌类所组成的共生体

　　3　植物体内有叶绿素或其他光合色素，自养 …………………………… 藻类植物

3 植物体内无叶绿素或其他光合色素，异养 ………………………… 菌类植物
2 植物体为藻类和菌类所组成的共生体 ………………………… 地衣植物
1 植物体有根、茎、叶的分化、有胚胎 ………………………… 高等植物
4 植物体有茎、叶而无真根 ………………………… 苔藓植物
4 植物体有茎、叶也有真根。
5 不产生种子，用孢子繁殖 ………………………… 蕨类植物
5 产生种子，用种子繁殖 ………………………… 种子植物

第七节 植物分类学的主要研究方法

经典分类学（classical taxonomy）所用的形态学方法，取得了巨大成果，为植物分类打下了坚实的基础，随着科学的不断发展，植物分类学广泛吸收了现代科学技术和方法，出现了许多新的研究方向和新的边缘学科，如实验分类学（experimental taxonomy）、细胞分类学（cytotaxonomy）、化学分类学（chemotaxonomy）、数量分类学（numerical taxonomy）等，特别是生物化学、分子生物学的发展，以及对核酸、蛋白质的深入研究，这些研究成果推动了经典分类学的进一步发展。

一、形态分类学（morphological taxonomy）

经典分类学是基于植物的外部形态特征进行分类研究的，故又称为形态分类学，它是植物分类学研究最主要的传统研究手段。形态分类学主要是利用植物器官的宏观和微观形态为基础，将植物界按各类群进行分门别类，并研究其演化过程。在植物各器官的形态特征中，孢子囊、花、果等繁殖器官性状比较保守稳定，比根、茎、叶等营养器官性状更为重要，尤其花的性状在被子植物的分类中是最常用的。植物的解剖性状有时也可作为外部形态性状的补充。

由于新技术的引入，形态分类学又有了新的发展。随着电子显微镜技术用于植物分类学研究，产生了超微结构分类学，如用扫描电镜对孢粉、叶、种子和果实表面特征进行观察，用透射电镜研究植物韧皮部中的筛分子质体、P-蛋白质，或核蛋白质晶体等，探讨这些结构的分类学意义。

例如，罂粟莲花 *Anemoclema glaucifolium* 原置于银莲花属 *Anemone* 中，但研究发现其花粉粒类型奇特，为散沟带刺花粉，与银莲花属的其他植物的花粉粒类型明显不同；结合其他形态学特征，现已将其从银莲花属中分出，另立为一个单种属罂粟莲花属 *Anemoclema*。

又如，植物表皮微形态结构的高度多样性也越来越多地给被子植物分类提供了新的、有价值的信息。如表皮微形态学特征可以作为荨麻目的分类依据，它们的叶片和茎常有具刺的毛状体（荨麻属）或一种砂纸状的表面（葎草属）；禾本科的表皮细胞排列式样可用于种和属级间分类单位的鉴别；种皮微形态学对兰科植物的分类也提供了极有价值的新标准。

二、实验分类学

实验分类学是用实验方法研究物种起源、形成和演化的学科。物种是客观存在的，但有时传统分类方法对种的划分，忽视了生态条件对一个物种形态习性的影响，将生态类型所产生的形态变化作为分类依据，造成分类错误和混乱，不能准确反映客观实际。这些问题有待从实验分类学的研究去解决。实验分类学的内容相当广泛，如改变生态条件进行栽培实验，或采取种内杂交及种间杂交的方法，以解决分类中较难划分的种类；探索一个种在它的分布区内，由于气候及土壤等条件的差异，所引起的种群变化，来验证分类学所作出的自然界种群发展的真实性等。

实验分类学与生态学、遗传学是密切相关的。瑞典植物学家杜尔松（Turesson）进行的一系列移植栽培试验是实验分类学较早的代表性工作，揭示了植物种内存在可遗传的分化。他注意到一些生于海边的植物，生长得低矮或匍匐，而同一种植物生长在平原地区却是直立的；若把这两种类型的植物种植在同样的条件下，仍能保持这些差异。如此说明，物种是异质的，任何一个个体都不能代表一个物种的全部特征，种是由适应上明显不同的若干种群（居群，population）所组成的，杜尔松把这些遗传上适应的种群叫做“生态型”（ecotypes）。后来较多学者证实和丰富了杜尔松的观点。居群概念的提出是20世纪生物学思想的一次革命，它使生物学家抛弃了模式概念，认识到物种不是固定不变的，它以居群形式存在，在居群内和居群间都有变异，在居群之上还有生态型和地理宗的形式存在。

三、细胞分类学

细胞分类学是利用细胞染色体资料来探讨分类学的问题。从20世纪30年代初开始，开展了细胞有丝分裂时染色体数目、大小和形态的比较研究。应用细胞学资料结合其他特征对科、属、种的分类具有参考意义。例如，牡丹属（*Paeonia*）以前位于毛茛科中，但该属的染色体基数为 X=5，个体较大，与毛茛科其他各属的基数不同，结合其他特征，将该属从毛茛科中分出，并独立成为芍药科，被广大分类学者普遍接受。

四、化学分类学

植物化学分类学是以植物的化学成分为依据，研究各类群间的亲缘关系，探讨植物界演化规律，也可以说是从分子水平上来研究植物分类及其系统演化。用植物化学方法来研究分类，主要是植物的次生代谢产物，如生物碱、苷类、黄酮类、香豆素类、萜类与挥发油等。这些成分在植物体中有规律地分布，成为有价值的分类性状。

例如，对人参属（*Panax*）植物的形态研究发现，该属可分为两个类群：第一个类群的植物，根状茎短而通常直立，具胡萝卜状肉质根；种子大；在地理分布上，表现了分布区狭小和间断分布的特点，如人参 *P. ginseng*、西洋参 *P. quinquefolius*、三七 *P. notoginseng* 等。第二个类群的植物，根状茎长而匍匐，肉质根常不发达或无；种子较小；在地理分布上表现了分布区较广而连续的特点，如姜状三七 *P. zingiberensis*、屏边三七 *P. stipuleanatus*、竹节参 *P. japonicus* 及其变种狭叶竹节参 *P. japonicus* var. *angustifolius*、珠子参 *P. japonicus* var. *major* 和疙瘩七 *P. japonicus* var. *binnatifidus* 等。

植物化学分类研究发现,第一个类群所含三萜皂苷元以达玛烷型四环三萜为主,第二个类群所含三萜皂苷元以齐墩果烷型五环三萜为主,佐证了人参属分成两个类群的合理性。

五、数量分类学

数量分类学是将数学、统计学原理和电子计算机技术应用于生物学的一门边缘学科,又称数值分类学。数量分类学是用数量方法评价有机体类群之间的相似性,并根据这些相似值把类群归成更高阶层的分类群。数量分类学以表型特征为基础,利用有机体大量的性状和数据,包括形态学、细胞学、生物化学等各种性状,按照一定的数学程序,用电子计算机作出定量比较,客观反映出各类群的相似关系和进化规律。

例如,选取人参属52个形态性状、细胞学性状和化学性状,对中国人参属10个种和变种进行数值分类学研究,进一步证明化学分类研究把人参属分为两个类群基本上是合理的。研究表明达玛烷型皂苷的含量与根、种子和叶片的锯齿性状有密切关系。种子大、根肉质肥壮、叶片锯齿较稀疏,达玛烷型四环三萜含量就高。齐墩果酸型皂苷的含量与熟果具黑色斑点这一性状十分一致,与根状茎节间宽窄、花序梗长短(花序梗长与叶柄长之比)也有关。

六、生化与分子系统学(biochemical and molecular systematics)

分子系统学方法是利用分子生物学研究方法探讨植物系统学问题,主要是从大分子水平来研究植物的系统发育和演化的科学。主要研究对象包括蛋白质(同工酶、血清等)、基因组(核基因组、叶绿体基因组等)。

同工酶是指具有相同的催化功能而结构及理化性质不同的一类酶,其结构差异是由基因表达的差异所造成的,同工酶的差异直接反映植物本身遗传基础的差异。因此,同工酶可以用于植物种下、种间的分类学研究。提取植物体内的酶后,在一定介质(淀粉凝胶或聚丙烯酰胺凝胶)下进行电泳,再经酶的特异性染色产生一个酶谱。在一定条件下某些同工酶谱代表了它们的遗传特征,成为有价值的分类学证据,尤其是在研究自然居群遗传变异以及进化上是有效的手段。如对柑橘属及其5个近缘属的过氧化物酶等8种同工酶的分析研究,比较了属间、种间的酶谱差异,结果表明,6个属之间的同工酶谱差异明显,各属都有独特的谱带,支持了6个属的分类处理,并提出将柑橘属分为3个亚属的观点。

血清学研究是一种既方便又快速的方法,而且研究范围很广,可进行杂种来源、种间关系乃至科间关系的探讨。血清学研究利用沉淀反应作为判别指标,它是从某一种植物中提取蛋白质,注射到兔子身上,使兔子血清中产生抗体,然后提纯含有抗体的血清(抗血清),并将需要进行实验的另一种植物的蛋白质悬浮液(抗原)与之相混合而产生沉淀反应,反应的强度可看作是样品中蛋白质相似性的程度。因此,在某种程度上反映了进行比较的植物的相似性,一般来说,其所得到的结果和依据形态学等其他资料所得到的亲缘关系是相关的。

目前,可直接用蛋白质做电泳分析来比较植物种类之间蛋白质的异同,即根据分子大小和分子电荷大小的不同,蛋白质有不同的移动距离,从而形成一幅蛋白质的区带谱。如对松科10属50种植物、栝楼属19种植物种子的蛋白质进行的分析,对上述科、属的分类和进化提供了依据。

近年随着分子生物学的兴起和发展,尤其是关于核酸和蛋白质化学的发展,使人们已可能从生物大分子,特别是 DNA 的特征比较来探讨植物的自然系统。现在常用 DNA 分子标记和 DNA 序列测定等技术进行分子系统学的研究。

不同物种间或同一物种内在 DNA 水平上,由于碱基的缺失、插入、易位、倒位或由于存在长短与排列不一的重复序列等机制,产生了丰富的遗传多态性。DNA 分子标记技术即是通过分析遗传物质的多态性,揭示生物内在基因排列规律及其外在性状表现规律的联系。常用的 DNA 分子标记技术主要分为四类:第一类是以电泳技术和分子杂交技术为核心,主要代表是限制性片段长度多态性标记(restriction fragment length polymorphism,RFLP);第二类是以电泳技术和聚合酶链式反应(polymerase chain reactions,PCR)技术为核心,主要代表是随机扩增多态 DNA 标记(random amplified polymorpohism DNA,RAPD)、简单序列重复长度多态性标记(length polymorphism of simple sequence repeat,SSR)、序列特征扩增多态性标记(sequence characterized amplified regions,SCAR);第三类是以 PCR 和限制性酶切技术结合为核心,主要代表是扩增片段长度多态性标记(amplified restriction fragment polymorphism,AFLP);第四类是基于 DNA 芯片技术的遗传标记,主要代表是单核苷酸多态性标记(single nucleotide polymorphism,SNP)。

DNA 序列测定法是通过 DNA 克隆、PCR 扩增或将 RNA 反转录成 cDNA 等方法得到目的 DNA 片段,然后用化学方法或酶法进行 DNA 一级结构即序列的测定。这种方法得到的信息最全、最多,而且应用面较广,既可用于亲缘关系很近的类群,如种内与种间的研究,亦可用于亲缘关系较远甚至很远,如低等植物与高等植物之间的研究。随着 DNA 片段扩增和测序的日益简化和成本的降低,DNA 序列分析将是今后分子系统学研究最具潜力的发展方向。

目前常用于 DNA 测序的基因主要有叶绿体基因组的 rbcL(核酮糖-1,5-二磷酸羧化酶大亚基基因,ribulose 1,5-bisphosphate carboxylase/oxygenase large subunit gene)、mat K(成熟酶 K 基因,maturase K)与核基因组的 rRNA 基因、内转录间隔区(internal transcribed spacer,ITS)等。

本章小结

1. 植物分类学是一门对植物进行鉴定、分类、命名,将其按系统排列,并研究各类群间亲缘关系及进化发展规律的学科。

植物分类学知识可用于药用植物资源调查、原植物鉴定、种质资源研究、栽培品种的鉴别等,澄清名实混乱,深入发掘和扩大药用植物资源。

2. 植物的分类单位等级从高到低为界、门、纲、目、科、属和种等。种是生物分类的基本单位。

3. 植物的命名采用双名法。每一种植物的学名,都由两个拉丁单词或拉丁化形式的单词构成;前者为属名,后者为种加词;书写时均用斜体表示,属名首字母必须大写,种加词所有字母一律小写。一个完整的学名,包括属名、种加词和命名人。

4. 植物界各门植物之间,具有亲缘远近之分。可根据它们的共同点分成若干类。如藻类植物、菌类植物、低等植物、高等植物、孢子植物、种子植物、隐花植物、显花植物、有花植物、维管植物等。

5. 植物分类检索表常采用定距式检索表。

6. 植物分类学广泛吸收了现代科学技术和方法,出现了许多新的研究方向和新的边缘学科,如细胞分类学、化学分类学、数量分类学、分子系统学等。

复习题

1. 学习植物分类学有什么重要意义？
2. 植物分类等级有哪些？什么是种、亚种、变种和变型？
3. 什么是植物的学名？如何表示？
4. 植物界包括哪些基本类群？其中属于孢子植物和种子植物的各有哪些类群？
5. 用等距式检索表分别区分低等植物和高等植物的组成类群。

第二篇　生药学基础

第四章

生药的分类与记载

学习目标

掌握：生药的基本记载方式和基本分类方法。

熟悉：记载生药的各项要求，特别是基源、显微特征、化学成分、理化鉴别、药理作用和功效；熟悉生药的拉丁名。

了解：生药各种分类方法之间的异同。

第一节　生药的分类

我国生药种类繁多，据迄今收载生药品种最多的《中华本草》记载，我国有生药8980种，其中常用生药约500余种。为了便于研究、参阅和应用，必须将生药按一定的规律，分门别类予以叙述。在历史上，《神农本草经》按照用药目的和药物的毒性强弱分成上、中、下三品。李时珍撰著的《本草纲目》分为水、火、土、石、草、谷、菜、果、木、器、虫、鳞、介、禽、兽、人16部，各部的药物按照其生态及性质分为60类，如草部分为山草、芳草、毒草、水草、石草、杂草等。不同的书籍，根据需要不同，生药分类方法也不同，常见的分类方法有下列几种。

1. 按自然分类系统分类　根据生药的原植(动)物在分类学上的位置和亲缘关系，按门、纲、目、科、属和种分类排列。如豆科包括黄芪、甘草、儿茶、葛根、番泻叶等生药；五加科包括人参、三七、五加皮等生药；伞形科包括当归、柴胡、川芎、小茴香等生药；茄科包括颠茄草、洋金花、枸杞子等生药；菊科包括红花、茵陈、青蒿、旋覆花、菊花等生药；兰科包括天麻、石斛等生药。由于同科属的生药在植物形态、生药性状、组织构造、化学成分、药理作用和功效方面常有相似之处，这种分类方法便于研究和掌握同科同属生药在原植物形态、药材性状、组织构造、化学成分、药理作用和功效等方面的共同点，通过比较其特异性来揭示其规律性，便于寻找具有类似化学成分、相近功效的药用植物和动物，扩大生药资源。

2. 按天然属性及药用部位分类　首先将生药分为植物药(vegetable drug)、动物药(animal drug)和矿物药(mineral drug)。植物药再按照药用部位的不同分为根类、根茎类、茎木类、皮类、叶类、花类、果实类、种子类和全草类等。这种分类方法有利于比较各类生药外部形态和内部构造的特征,掌握各类生药的性状鉴别和显微鉴别的知识和技能,便于比较同类不同生药间在药材性状和显微特征上的异同,同时也有利于掌握传统的药材性状鉴别经验。

3. 按化学成分分类　根据生药中所含的有效成分(effective constituent)或主要成分(main constituent)的类别来分类,如含生物碱类成分的生药、含黄酮类成分的生药、含皂苷类成分的生药、含蒽苷类成分的生药、含挥发油类成分的生药等(表4-1)。这种分类方法有利于研究和掌握具有相同化学成分的生药,便于掌握生药的有效成分和理化分析,对研究有效成分与疗效的关系,以及含同类成分的生药与科属之间的关系大有益处。但生药中所含的化学成分非常复杂,许多生药往往含有结构、性质不尽相同的多种成分,而且都具有生物活性,如甘草中的活性成分甘草甜素属于三萜类;甘草苷、甘草苷元也具有重要的生物活性,属于黄酮类成分,出现这种情况分类就比较困难,只能按最主要的有效成分来分类。

表4-1　按化学成分分类的生药举例表

化学成分类别	生药举例
含多糖类成分的生药	茯苓、猪苓、玉竹、黄精、灵芝
含黄酮类成分的生药	葛根、黄芩、槐米、桑白皮、淫羊藿、苍耳子、槲寄生
含醌类成分的生药	大黄、虎杖、何首乌、番泻叶、决明子、芦荟、茜草
含皂苷类成分的生药	甘草、黄芪、人参、三七、柴胡、麦冬、桔梗、党参
含强心苷类成分的生药	香加皮、洋地黄叶、毛花洋地黄叶、黄花夹竹桃
含香豆素类成分的生药	白芷、防风、独活、菊花、蛇床子、青蒿、茵陈、秦皮
含环烯醚萜类成分的生药	龙胆、地黄、玄参、秦皮、栀子、秦艽
含木脂素类成分的生药	厚朴、杜仲、五味子、连翘
含挥发油类成分的生药	当归、小茴香、砂仁、薄荷、姜、沉香、肉桂、丁香
含生物碱类成分的生药	麻黄、防己、苦参、龙胆、槟榔、黄连、延胡索、黄柏、钩藤、马钱子、洋金花、川贝、川乌、附子、白鲜皮
含鞣质或多元酚类成分的生药	五倍子、儿茶、绵马贯众、诃子、山茱萸、槟榔
含有机酸类成分的生药	山楂、升麻、金银花、马兜铃、木瓜、地龙、蜂蜜

4. 按药理作用或功效分类　根据生药的药理作用(pharmacological action)或功效(efficiency)来分类。如按现代药理作用分为:作用于外周神经系统的生药;作用于中枢神经系统的生药;作用于循环系统及血液系统的生药;作用于内脏系统的生药;作用于内分泌系统的生药等。如按中药功效(表4-2)分为:解表药、清热药、祛风湿药、安神药、止咳化痰药、活血化瘀药、补益药等。这种分类法便于研究和掌握具有相同药理作用或功效的生药,便于与所含活性成分的研究相结合,有利于与临床用药相结合,指导临床用药。

5. 其他分类法　按照生药的中文名笔画顺序进行编排,现代文献中如《中药大辞典》《中药志》《中华人民共和国药典》(以下简称《中国药典》)等专著均按生药中文名的笔画顺序编排。这种最简单的编排法有利于查阅。但各生药之间缺乏相互联系,生药学教材中一般不采用此法。

表4-2 按中医功效分类的生药举例表

功 效	生 药 举 例
解表药	麻黄、桂枝、白芷、防风、荆芥、薄荷、葛根、柴胡
清热药	石膏、知母、黄芩、黄连、黄柏、龙胆、苦参、金银花、板蓝根、大青叶、连翘、青蒿、赤芍、玄参、地骨皮
泻下药	大黄、芒硝、番泻叶、芦荟、火麻仁、商陆
祛风湿药	独活、秦艽、五加皮、木瓜、海桐皮、海风藤、雷公藤
化湿药	广藿香、厚朴、苍术、佩兰
利水渗湿药	茯苓、薏苡仁、泽泻、猪苓、海金沙、石韦、茵陈
温里药	附子、肉桂、干姜、吴茱萸、丁香、小茴香、高良姜
理气药	沉香、陈皮、青皮、枳实、川楝子、香附、木香
消食药	山楂、神曲、麦芽、莱菔子、鸡内金
驱虫药	槟榔、使君子、南瓜子、绵马贯众、鹤草芽、苦楝皮
止血药	地榆、三七、蒲黄、白及、艾叶
活血化瘀药	川芎、丹参、红花、桃仁、乳香、没药、益母草、血竭
化痰止咳平喘药	桔梗、枇杷叶、百部、苦杏仁、川贝、浙贝、半夏
安神药	首乌藤、朱砂、琥珀、远志、酸枣仁、合欢皮、柏子仁
平肝息风药	石决明、赭石、羚羊角、天麻、钩藤、僵蚕、全蝎
开窍药	麝香、石菖蒲、蟾酥、冰片、安息香、苏合香
补气药	甘草、黄芪、人参、党参、太子参、山药、白术
补阳药	海马、菟丝子、锁阳、肉苁蓉、冬虫夏草、鹿茸、蛤蚧
补血药	白芍、当归、熟地黄、何首乌、阿胶、龙眼肉
补阴药	天冬、麦冬、枸杞子、龟甲、石斛、玉竹、黄精、百合
收涩药	五味子、桑螵蛸、诃子、山茱萸、五倍子、莲子、乌梅
涌吐药	常山、瓜蒂、胆矾、藜芦
杀虫止痒药	白矾、蛇床子、土荆皮、硫黄、雄黄、硼砂
拔毒生肌药	轻粉、砒石、铅丹、密陀僧

以上各种分类方法既有优点,又各有不足之处。从我国成人学历教育的培养目标和特点出发,本书采用按自然分类系统分类,便于课堂讲授,有利于学生比较同科同属生药在形态、性状、组织构造、化学成分、药理作用和功效等方面的异同点,提高学习效果。

第二节 生药的记载大纲

一、生药的记载大纲

生药的描述与记载,根据生药的特性不同,记载的项目亦有详略之分。对于常见的较重要的生药记载项目比较详细,少见的较次要的生药记载项目比较简单。生药学各论中记载的生药是按一定次序进行叙述的,记载大纲主要包括以下几个方面:

1. 名称(name)

(1) 中文名:按《中国药典》或比较通用的生药名。

(2) 汉语拼音名:为生药中文名的汉语拼音。

(3) 拉丁生药名:命名方法如下所述。

(4) 英文名和日文名:随着中药现代化和国际化速度的加快,国外对中药有较多的报道、研究和应用。生药的英文名、日文名较普遍采用。如马钱子英文名 Nux Vomica,日文名ホミカ;当归英文名 Chinese Angelica,日文名トウキ。

2. 来源(source,origin) 也称基源,通常指生药的生物来源,包括原植(动)物的科名、植(动)物名称、拉丁学名和药用部位,例如中药人参的来源为五加科植物人参 *Panax ginseng* C. A. Mey. 的干燥根及根茎。多数生药名称与原植(动)物的名称是一致的,例如黄芩的原植物名即黄芩(生药黄芩是植物黄芩的根),桔梗的原植物名即桔梗(生药桔梗是植物桔梗的根)。有些生药的名称则与原植物名称不同,如大青叶的原植物名称为菘蓝(大青叶为菘蓝的叶),天花粉的原植物名为栝楼(天花粉为栝楼的根)。

生药拉丁名、原植物学名的字源,与植(动)物的生态、形态、性状、产地、功效、发现者等有一定的关系,了解名称的原意,有助于记忆这些生药或名称。例如黄连的学名是 *Coptis chinensis* Franch. ,Coptis 来自希腊文"Koptein"切断,表示其分裂状的叶,"chinensis"是指原产地中国。甘草的学名为 *Glycyrrhiza uralensis* Fisch. ,Glycyrrhiza 来自希腊文甜"glukos"和根茎"riza"二字而来,表示根、根茎味甜,uralensis 表示其生长地的地名乌拉尔"ural"。

3. 植(动)物形态(morphology of plant or animal) 描述原植(动)物的主要外形特征及生长习性。有利于对生药特别是全草类生药的性状认识,便于野外采集和作为查考分类学的依据。可通过查阅《中国植物志》《中国药用植物志》《中药志》等,对植物形态进行详细描述。

4. 采制(collection and processing) 简要介绍生药的采收、产地加工、干燥、贮藏和炮制的要点和注意点。对需要特殊加工炮制和储藏的生药做有关介绍。

5. 产地(habitat) 介绍生药的主产地。野生植物指主要的采收地区,多数的野生植物采收地区比较窄,而分布区比较广。栽培植物指主要的栽培地区。

6. 性状(macroscopical characteristics) 叙述生药的外部形态、颜色、大小、质地、折断现象、断面特征和气、味等特点。利用感观或借助扩大镜正确鉴别完整生药或饮片的性状特征,这对于鉴别生药的真伪优劣具有重要的意义。观察时可参阅《中药材及饮片原色图鉴》等专著。

7. 显微特征(microscopical characteristics) 记载生药在显微镜下看到的组织构造和粉末特征,或显微化学的反应结果,是生药真实性鉴定的重要手段之一。熟悉生药的显微特征,对于鉴定外形相似或碎片、粉末状的生药尤为重要。可通过查阅《中华人民共和国药典中药粉末显微鉴别彩色图集》《中药材粉末显微鉴定》等专著,鉴别生药的真伪。在教学中,生药的显微观察、显微特征的描述及绘图技术是重要的基本技能。

8. 化学成分(chemical constituents) 生药中含有的具有特定生物活性的化学成分,是生药发挥防病治病作用的物质基础。记述已经明确的化学成分或活性成分的名称、类别及主要成分的结构式与理化性质,必要时记述有效成分在植物体内的生物合成、分布、积累动态及与生药栽培、采制、贮藏等的关系。为生药的理化鉴定与品质评价提供科学的依据。

9. 理化鉴定(physico-chemical identification) 利用化学或物理的方法对生药所含的化学成分做定性和定量的测定。例如应用薄层色谱法、气相色谱法、高效液相色谱法、紫外分光光度法、可见分光光度法、红外分光光度法、原子吸收分光光度法等，对生药进行真伪鉴定和品质评价。鉴定时可参阅《中华人民共和国药典中药薄层色谱彩色图集》等专著。

10. 药理作用(pharmacological action)　记述生药及其化学成分的现代药理实验研究结果，有利于理解生药的功能、主治及临床疗效的作用原理。

11. 功效(efficiency)　包括性味、归经、功能、主治、用法、用量等。性味、功能是中医对中药药性及药理作用的认识，是临床用药的依据。归经是指药物对机体某部分的选择性作用，主要对某经(脏腑或经络)或某几经发生明显的作用，对其他经作用较小甚至无作用。归经说明了药物治病的适用范围和药效所在，药物的归经不同，治疗作用也不同。主治是指用于治疗何种疾病或在医学上的价值。对于药物的功能，既要记载中医传统用药的经验，又要记载现代医学的内容。

12. 附注(annotation)　记叙与该生药有关的如类同品、掺杂品、同名异物的生药、伪品等其他内容，简介同种不同药用部位的生药及其化学成分与功效，以及含相同化学成分的资源植物等。

本书依据成人学历的教学大纲，对部分常用重要生药的来源、主产地、采收加工、性状特征、显微特征、化学成分、理化鉴别、药理作用、功效与主治等内容作较全面的叙述。由于篇幅有限，对一般的生药简述其来源、主产地、主要性状和显微特征、主要化学成分、药理作用和功效。

二、生药的拉丁名

我国采用的生药拉丁名与多数国家采用的拉丁名相同，拉丁名能为世界各国学者所了解，是国际上通用的名称。使用拉丁名既有利于统一生药的名称，防止混乱，又有利于对外贸易及国际间的交流与合作研究。生药的拉丁名通常包括两部分，第一部分是来自动植物学名的词或词组；第二部分是药用部分的名称，用第一格表示。药用部分的名称如根 Radix、根茎 Rhizoma、枝 Ramulus、木材 Lignum、茎 Caulis、树皮 Cortex、叶 Folium、花粉 Pollen、花 Flos、果实 Fructus、果皮 Pericarpium、种子 Semen、全草 Herba、分泌物 Venenum、树脂 Resina 等。

第一部分有多种形式，用第二格表示：

1. 原植(动)物的属名　如黄芩 Scutellariae Radix(原植物 *Scutellaria baicalensis*)，牛黄 Bovis Calculus(原动物 *Bos taurus domesticus*)。

2. 原植(动)物的种加词　如颠茄 Belladonnae Herba(原植物 *Atropa belladonna*)。

3. 兼用原植(动)物的属名和种加词　以此区别同属其他来源的生药，如青蒿 Artemisiae Annuae Herba，茵陈 Artemisiae Scoporiae Herba。

4. 原植(动)物名和其他附加词　以此说明具体的性质或状态，如熟地黄 Rehmanniae Radix Praeparata、鹿茸 Cervi Cornu Pantotrichum。

有些生药的拉丁名中没有药用部位的名称，直接用原植(动)物的属名或种名。

1. 某些菌藻类生药　海藻 Sargassum(属名)。

2. 完整动物制成的生药　斑蝥 Mylabras(属名)、蛤蚧 Gecko(种名)。

3. 动植物的干燥分泌物、汁液等无组织的生药　麝香 Moschus(属名)。

4. 有些生药的拉丁名采用原产地的土名或俗名　如阿片 Opium、五倍子 Galla Chinensis。

矿物类生药的拉丁名，一般采用原矿物拉丁名，例如朱砂 Cinnabaris，雄黄 Realgar。

生药拉丁名中的名词和形容词的第一个字母必须大写，连词和前置词一般小写。根据目前国际通用的表示方法，《中国药典》(2010 年版)将药用部分排在属名和种名的后面。

本章小结

本章讲述了生药常见的分类方法，对按化学成分分类的生药和按中医功效分类的生药进行了举例列表。对于常见的较重要的生药记载项目特别是基源、显微特征、化学成分、理化鉴别、药理作用和功效阐述比较详细，应加以熟悉和记忆。生药的拉丁名是国际上通用的名称也应加以熟悉。

复习题

1. 生药常见的分类方法有哪些？各种分类方法之间有哪些异同？
2. 生药的记载项目有哪些？
3. 生药的拉丁名通常包括哪些内容？

第五章

生药的化学成分

学习目标

掌握：生药化学成分研究的主要目的。

熟悉：初生代谢产物，次生代谢产物；各类化学成分的基本结构类型和定性分析方法。

了解：各类化学成分的分布概况、定量分析方法、生物活性。

生药发挥防病治病作用的物质基础是本身含有生物活性成分。具有明显生物活性和药理作用，临床上能够发挥药效作用的化学成分称为有效成分(active substances)；能促进有效成分的吸收和利用，增强有效成分临床疗效，具有次要药理作用和生理活性的成分称为辅成分(adjuvant substances)；无明显生物活性，不发挥药效作用的化学成分称为非活性成分(inactive substances)。一种生药中含有的化学成分十分复杂，往往结构类似的衍生物具有相同或相似的药理作用，把具有一定生物活性，结构类似的某一类化学成分称为有效部位或活性部位，如银杏叶总黄酮、人参总皂苷等。

生药中的化学成分是由生物体内的酶参与调节和控制的化学反应过程而产生的。生物为了维持自身的生存、生长和繁殖等生命活动，均需要转化和互换大量的有机化合物，这些过程中所发生的物质合成、分解、转化的化学变化统称为中间代谢(intermediary metabolism)，所涉及的代谢过程称为代谢途径(metabolic pathway)。生物体合成必要的生命活动物质的代谢过程称为初生代谢(primary metabolism)，生成的物质包括糖类、氨基酸、蛋白质、脂肪酸类、核酸类等成分称为初生代谢产物(primary metabolites)。利用这些初生代谢产物产生对生物本身无明显作用的物质的过程称为次生代谢(secondary metabolism)，次生代谢所生成的物质如生物碱类、黄酮类、皂苷类、萜类等化合物称为次生代谢产物(secondary metabolites)。这些初生、次生代谢产物是生药发挥治疗和预防疾病作用的物质基础，特别是有效成分多来源于次生代谢产物。人类最早探索生药的药效物质基础，是从生药中发现生物碱类生物活性成分开始的。1806年从阿片中分离到具有镇痛作用的吗啡(morphine)；1818年从番木鳖中分离到具有中枢兴奋作用的士的宁(strychnine)；1820年从金鸡纳树皮分离到治疗疟疾的奎宁(quinine)。随着研究生药活性成分的天然药物化学学科的发展，生药的化学成分研究成为生药学的重要研究领域之一。

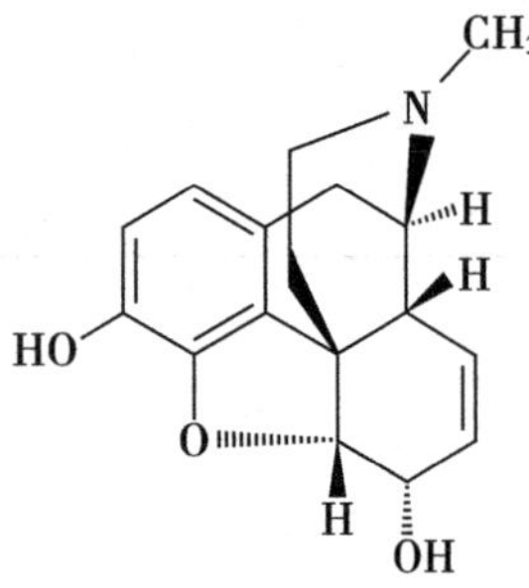

吗啡

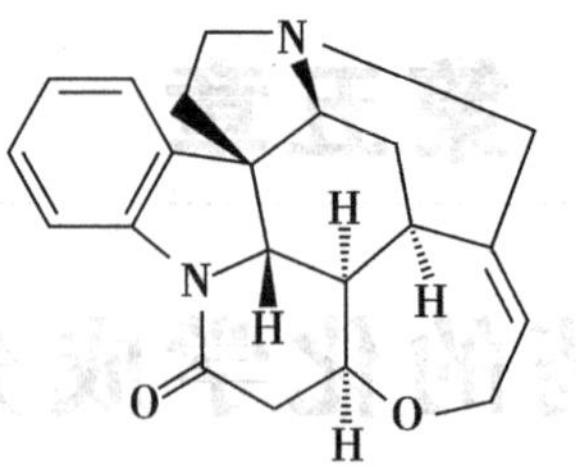

士的宁

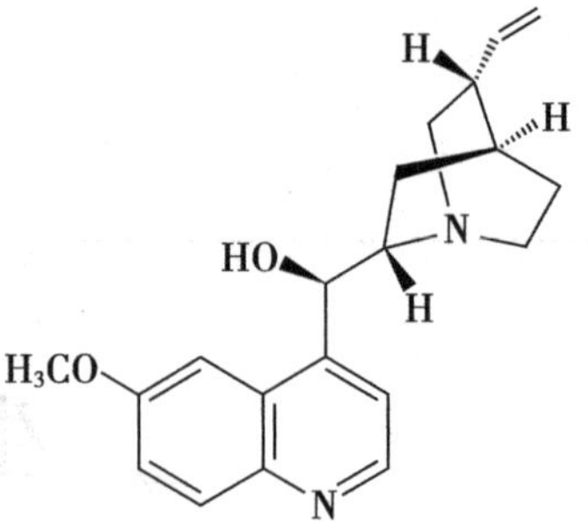

奎宁

生药化学成分研究的主要目的是：①探索生药发挥药效的物质基础，即阐明生药的有效成分和药理作用，证明生药的有效性和安全性，为指导临床用药提供科学的依据。②为鉴别生药的真伪，评价生药的质量优劣，制订生药的质量标准提供现代化的科学技术支持。③为发掘、利用和扩大新的生药资源提供有效的技术手段。④利用生药资源，开发创制现代中药、天然药物制剂。本章简要介绍生药中各类化学成分的基本结构类型、分布和定性定量分析等方面的必备知识，为各论生药学习打下基础。

第一节 糖类和苷类

一、糖 类

糖类(saccharides)又称碳水化合物(carbohydrates)，是植物光合作用产生的初生代谢产物。糖类在生物体内作为贮藏养料和植物的骨架成分，是合成绝大部分次生代谢产物的前体。茯苓、枸杞子、玉竹、山药、地黄和黄精等药材的主要有效成分是糖类化合物。按照组成糖类成分的糖基个数，将糖类分为单糖、低聚糖和多聚糖三类。

(一) 单糖类(monosaccharides)

是一种具有 $C_n(H_2O)_n$(n=3～8)分子通式的多羟基的醛[醛糖类(aldoses)]或多羟基的酮[酮糖类(ketoses)]。天然发现的单糖已达 200 多种，以五碳糖(pentose)、六碳糖(hexose)居多。最为常见的单糖种类有：①五碳醛糖(aldopentoses)：L-阿拉伯糖(L-arabinose)、D-木糖(D-xylose)；②六碳醛糖(aldohexoses)：D-葡萄糖(D-glucose)、D-甘露糖(D-mannose)、D-半乳糖(D-galactose)；③六碳酮糖(ketohexose)：D-果糖(D-fructose)；④甲基五碳糖(methylpentose)：L-鼠李糖(L-rhamnose)。此外，还有去氧糖(deoxysugars)、氨基糖(amino sugar)、糖醛酸(uronic acid)及糖醇(sugar alcohol)等单糖衍生物。

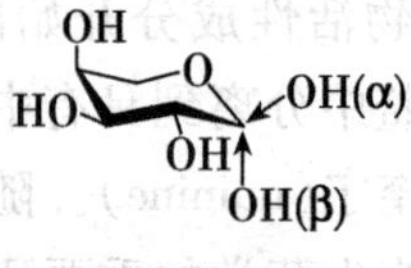

L-阿拉伯糖

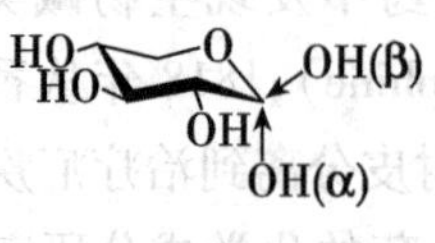

D-木糖

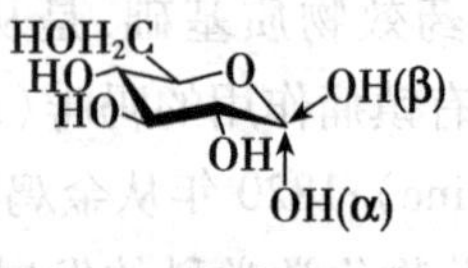

D-葡萄糖

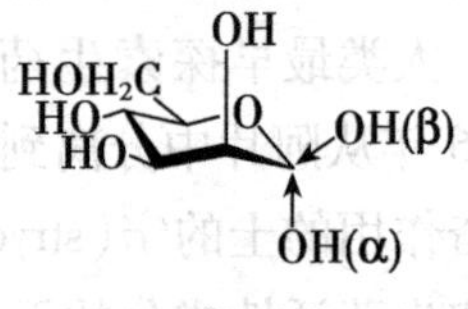

D-甘露糖

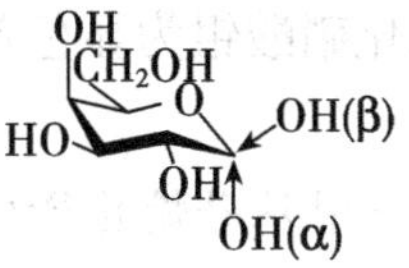

D-半乳糖

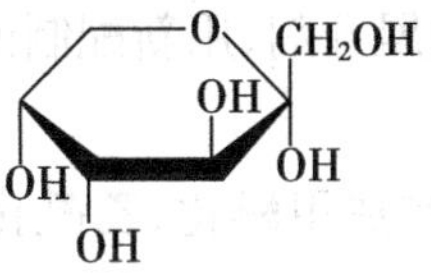

α-D-果糖

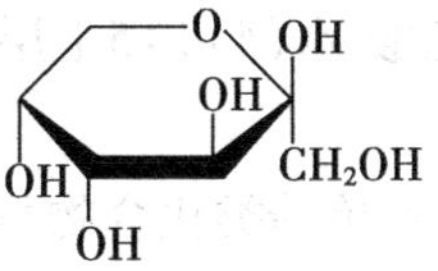

β-D-果糖

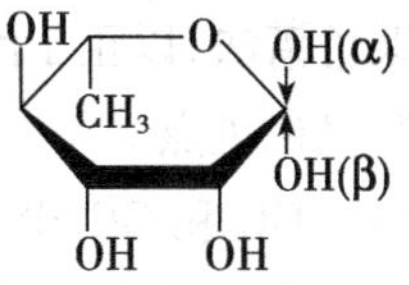

L-鼠李糖

（二）低聚糖类（oligosaccharides）

低聚糖又称寡糖，是由 2～9 个单糖通过糖苷键结合而成的直链或支链聚糖，如蔗糖（sucrose）、麦芽糖（maltose）、龙胆三糖（gentianose）和水苏糖（stachyose）等。

（三）多聚糖类（polysaccharides）

由 10 个以上单糖通过糖苷键连接而成的糖类化合物称为多聚糖，简称多糖。由一种单糖分子组成的多糖称为均多糖（homosaccharide）；由两种以上单糖分子组成的多糖称为杂多糖（heterosaccharide）。多糖结构中除单糖基外，还含有糖醛酸、氨基糖、糖醇、*O*-乙酰基、*N*-乙酰基、磺酸酯等。某些植物类生药中的多糖类化合物具有抗肿瘤、增强免疫、降血脂、抗肝炎、降血糖、抗衰老等生物活性，如黄精多糖有抗病毒和免疫激发作用；香菇多糖有抗肿瘤的活性；黄芪多糖可以影响机体免疫细胞的信号转导，增强免疫功能；大枣多糖有明显的免疫兴奋作用等。常见的多糖有以下几种：

1. 淀粉（starch）　按结构可分为糖淀粉（amylose）和胶淀粉（amylopectin）两类。糖淀粉为直链淀粉，溶于热水呈澄明溶液，遇碘液显深蓝色；胶淀粉为支链淀粉，在热水中呈黏胶状，遇碘液显紫色或紫红色。植物中的淀粉以细胞后含物淀粉粒的形式存在，其形态结构是生药显微鉴定的重要特征之一。

2. 菊糖（inulin）　广泛分布于菊科和桔梗科植物中，遇碘液不显色，可与淀粉区别。菊糖在细胞中呈溶解状态存在，遇乙醇可析出球状或扇形结晶，是生药显微鉴定的特征之一。

3. 树胶（gum）　主要分布于豆科、蔷薇科、芸香科、梧桐科等植物中，是高等植物干枝受伤或受菌类侵袭后从伤口渗出的分泌物，在空气中干燥后形成的半透明无定形固体。树胶在水中可膨胀形成胶体溶液，不溶于有机溶剂，可与醋酸铅或碱式醋酸铅试剂产生沉淀。如阿拉伯胶（acacia）、西黄芪胶（tragacanth）等。树胶主要用作制剂的赋形剂、黏合剂、混悬剂等。

4. 动物多糖　临床上应用的历史最早，如肝素（heparin）临床用于抗血栓，具有很强的抗凝血作用。甲壳素（chitin），主要存在昆虫、甲壳类动物的外壳和真菌的细胞壁中，医药上用于制作可以体内吸收的外科手术缝合线和胶囊剂的外壳。硫酸软骨素（chondroitin sulfate）具有降低血脂、改善动脉粥样硬化的作用，临床上还用于治疗神经痛、风湿痛。透明质酸（hyaluronic acid）具有润滑剂和防止微生物侵害的作用，可作为化妆品的基质使用。

【定性分析】

（1）Molish 试验：所有糖类和苷类成分均呈阳性反应。生药水提液加 α-萘酚试液数滴，摇匀后沿管壁滴加浓硫酸，二液层交界处呈现红紫色环。

（2）Fehling 试验：生药水提液加 Fehling 试剂，沸水浴加热数分钟，如有还原性糖类成分存在，产生砖红色氧化亚铜沉淀。如有非还原性低聚糖和多糖，需加稀酸水解后才能显阳性反应。

（3）色谱法：生药水提液（多糖类需水解）与单糖对照品一起进行色谱分析，常用薄层色谱和纸色谱法，以正丁醇-乙酸-水（4∶1∶5上层）作展开剂，用新配制的氨化硝酸银为显色剂，还原糖有显色斑点。

（4）GC和GC-MS分析：单糖类化合物可以制成甲醚化、乙酰化或三甲基硅烷化衍生物，采用GC或GC-MS色谱分析的方法进行定性分析。

【定量分析】 多糖的含量测定方法常采用容量滴定法和紫外-可见分光光度法。2010年版《中国药典》记载某些药材以多糖的含量为质量控制指标，如用容量滴定法测定云芝多糖以无水葡萄糖计不得少于3.2%；以硫酸-蒽酮反应的紫外-可见分光光度法测定灵芝多糖以无水葡萄糖计不得少于0.50%；以苯酚-硫酸反应的紫外分光光度法测定玉竹多糖以无水葡萄糖计不得少于6.0%。

二、苷　　类

苷类（glycosides）又称配糖体，是糖或糖的衍生物的端基碳原子与非糖部分苷元（aglucone）通过苷键连接形成的化合物。根据苷键原子不同分为氧苷、硫苷、氮苷和碳苷。天然界中氧苷最为常见，苷元部分几乎包罗各种类型的天然化合物。根据苷元的结构类型、特殊性质或生理活性分为黄酮苷、蒽醌苷、苯丙素苷、生物碱苷、皂苷、强心苷和环烯醚萜苷等。

1. 氧苷（O-苷）

（1）醇苷（alcoholic glycosides）：苷元的醇羟基与糖端基羟基脱水而形成的苷。分布在藻类、毛茛科、杨柳科、景天科及豆科等植物中，如具有适应原样作用的红景天苷（rhodioloside），抗菌杀虫作用的毛茛苷（ranunculin）。

（2）酚苷（phenolic glycosides）：苷元的酚羟基与糖结合而成的苷。主要存在于杜鹃花科、木犀科和柳属、杨属、松属等植物中，如天麻中的镇静、镇痛有效成分天麻苷（gastrodin），大黄中的泻下成分番泻苷A（sennoside A），具有软化血管作用的芦丁（rutin）等属于酚苷。

（3）氰苷（cyanogenic glycosides）：主要指α-羟腈基类氧苷，如苦杏仁苷（amygdalin）和野樱苷（prunasin）。α-羟腈基类氧苷经酸水解和酶解产生氢氰酸，微量的氢氰酸具有止咳作用，而过量的氢氰酸可引起人和动物中毒。另外还有γ-羟腈基苷类和氧化偶氮基苷类。氰苷主要分布于蔷薇科、毛茛科、忍冬科、豆科、亚麻科、大戟科和景天科等植物中。

（4）酯苷（ester glycosides）：苷元的羧基与糖或糖的衍生物的半缩醛（半缩酮）羟基脱一分子水缩合而成的化合物称为酯苷。最常见的是齐墩果烷型或熊果烷型三萜皂苷类化合物的28位羧基与糖链形成的酯苷类化合物，如瓦草中分离到的sinocrassuloside Ⅵ具有很强的抑制癌细胞生长活性。

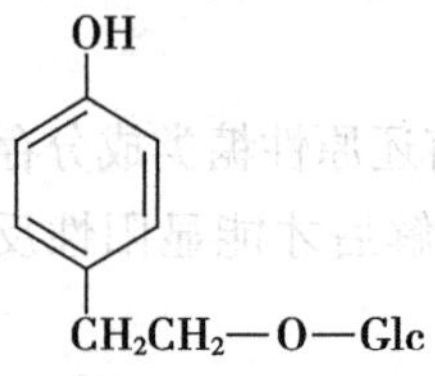
红景天苷

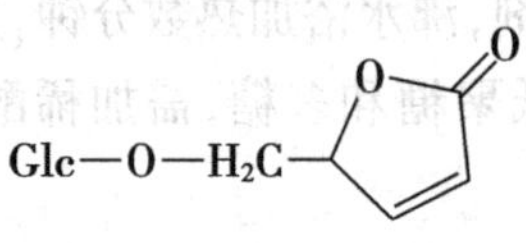
毛茛苷

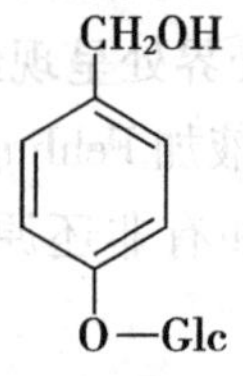
天麻苷

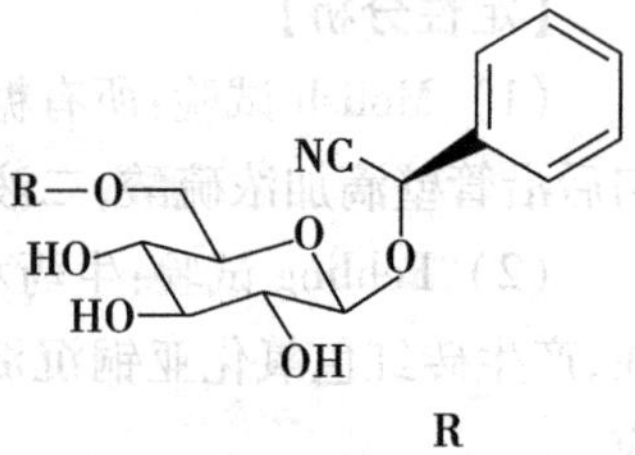
苦杏仁苷　R Glc
野樱苷　H

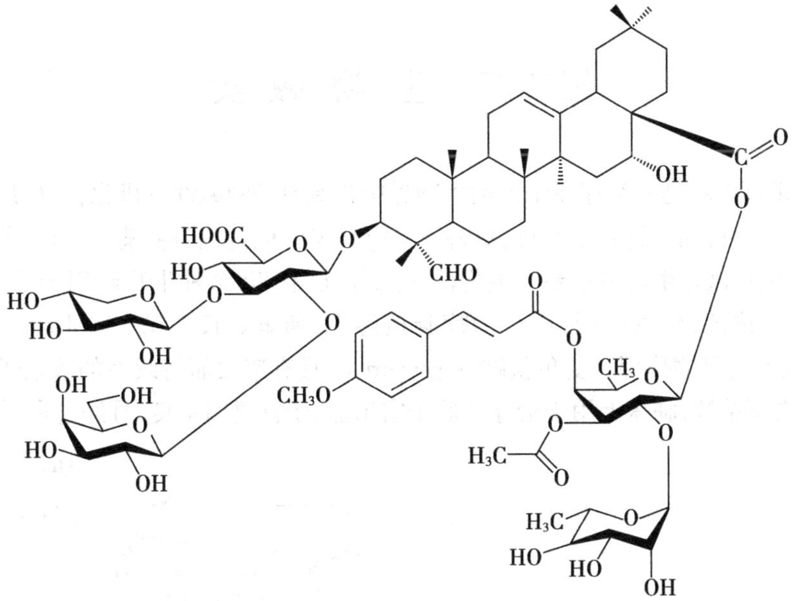

sinocrassuloside Ⅵ

2. 硫苷(S-苷) 糖端基的羟基与苷元上的巯基缩合而成的苷类化合物。主要分布在十字花科植物中,如芥子苷(sinigrin)。含有异硫氰酸酯类化合物,具有消炎止痛作用。

3. 氮苷(N-苷) 糖端基碳与苷元上的氮原子相连的苷称为氮苷,如胞苷(cytidine)、巴豆苷(crotonside)。

4. 碳苷(C-苷) 糖端基碳直接与苷元上碳原子相连的苷类。组成碳苷的苷元有黄酮类、蒽醌和没食子酸等。碳苷是由苷元酚羟基所活化的邻位或对位的氢与糖的端基羟基脱水缩合而成,如牡荆素(vitexin)和异芒果苷(isomangiferin)。

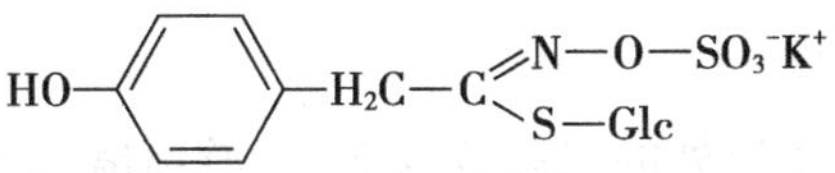

白芥子苷

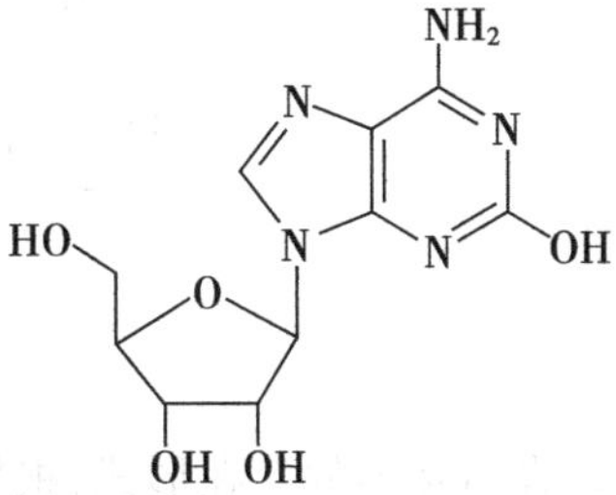

巴豆苷

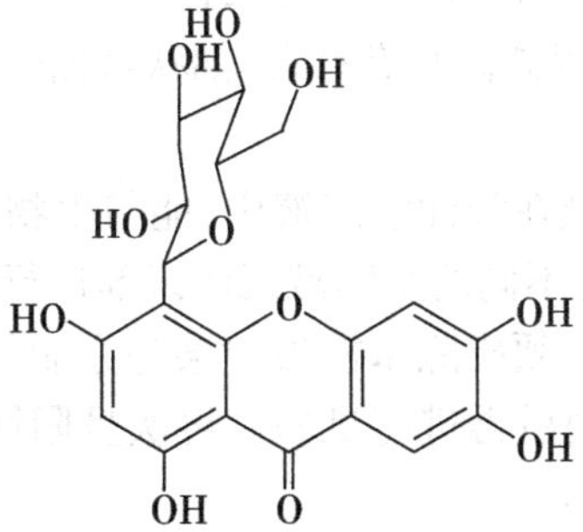

异芒果苷

第二节 生物碱类

生物碱(alkaloids)是一类存在于天然生物界中含氮原子的碱性有机化合物,广泛分布于粗榧科、毛茛科、小檗科、防己科、罂粟科、豆科、马钱科、夹竹桃科、茄科、菊科、百合科等约100余科的植物中。生物碱是生药中重要的生物活性成分,已有80余种生物碱用于临床,如小檗碱(berberine)具有抗菌、消炎作用,用于治疗肠道感染、菌痢。长春碱(vinblastine)、长春新碱(vincristine)具有抗肿瘤作用。麦角新碱(ergometrine)具有速效而持续性的收缩子宫平滑肌作用,与肾上腺素不拮抗,临床上用于治疗产后子宫出血、子宫复旧不良、月经过多等病症。

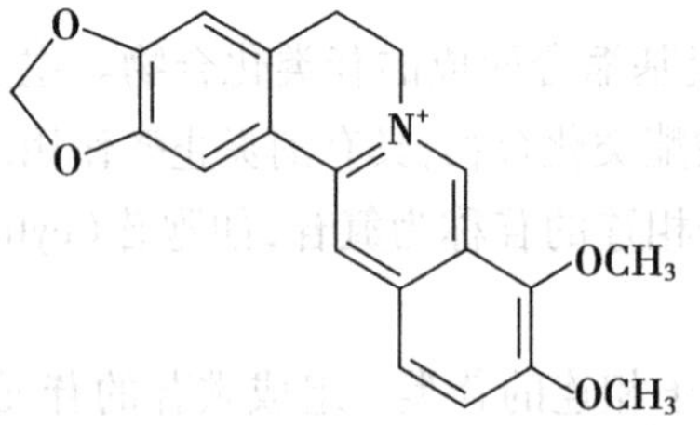

小檗碱

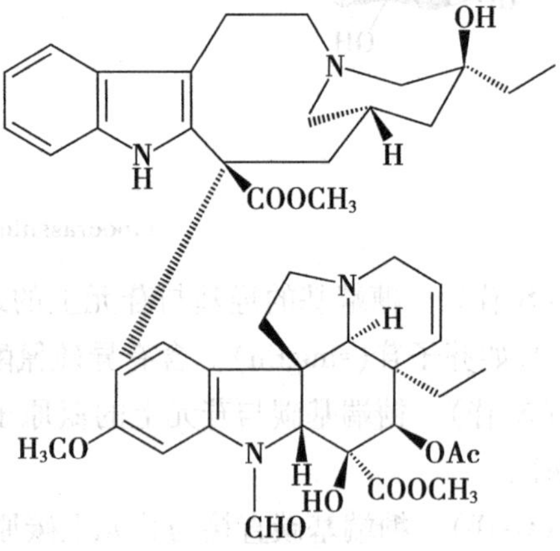

长春新碱

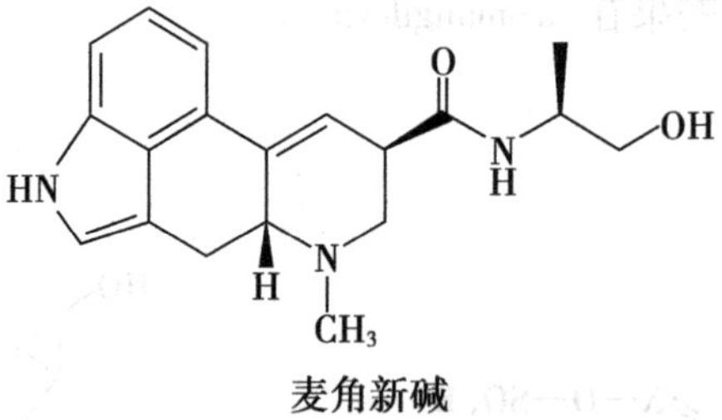

麦角新碱

生物碱在自然界的存在形式,根据分子中氮原子所处的状态分为6类:游离碱、盐类、酰胺类、N-氧化物、氮杂缩醛类和亚胺、烯胺等其他类。大多数生物碱一般与有机酸(草酸、柠檬酸、苹果酸、枸橼酸、酒石酸等)结合成盐,有的结合成苷。在生物体内,除以酰胺形式存在的生物碱外,仅少数碱性极弱的生物碱以游离状态存在,如秋水仙碱(colchicine)、咖啡碱(caffeine)。

【定性分析】

1. 沉淀反应 大多数生物碱在酸性水溶液中,能与生物碱沉淀剂反应生成沉淀。生药的酸性水提液通常先选用3种以上不同的生物碱沉淀试剂进行试验,若均为阴性反应,则肯定无生物碱存在;若呈阳性反应,则必须排除水浸液中某些亦能与生物碱沉淀剂反应的成分(如蛋白质、鞣质、胺类等)的干扰,精制后再进行试验。再次呈阳性反应,才可确证存在生物碱。常用的生物碱沉淀剂有:

(1) 碘化铋钾试剂(Dragendorff试剂,$BiI_3 \cdot KI$):在酸性溶液中与生物碱反应生成橘红色沉淀[Alk·HI·$(BiI_3)_n$,为一种络盐,Alk表示生物碱,下同]。此反应很灵敏,常用于生药的TLC分析检测生物碱。

(2) 碘-碘化钾试剂(Wangner试剂,I_2·KI):在酸性溶液中与生物碱反应生成棕红色沉淀(Alk·HI·I_n)。

(3) 碘化汞钾试剂(Mayer试剂,HgI_2·KI):在酸性溶液中与生物碱反应生成白色或黄白色沉淀[Alk·HI·$(HgI_2)_n$]。

(4) 硅钨酸试剂(Bertrand试剂,SiO_2·I_2WO_3):在酸性溶液中与生物碱反应生成灰白色沉淀。

(5) 磷钼酸试剂(Sconnenschein试剂,H_3PO_4·I_2MoO_3):在中性或酸性溶液中与生物碱反应生成鲜黄或棕黄色沉淀。此反应很灵敏。

(6) 苦味酸试剂(Hager试剂):在中性溶液中与生物碱生成淡黄色沉淀。

2. 显色反应　生物碱能与某些试剂生成特殊颜色的物质,可用于生物碱的识别。常用的显色剂有矾酸铵-浓硫酸溶液(Mandelin试剂)、钼酸铵(钠)-浓硫酸溶液(Fröbde试剂)和甲醛-浓硫酸试剂(Marquis试剂)等。

【定量分析】 生药中单体生物碱的含量测定方法常采用HPLC色谱法。生药中总生物碱含量测定方法,常利用生物碱可与多种试剂(如溴甲酚绿、溴麝香草酚蓝等酸性染料)产生染色反应,采用紫外-可见分光光度法测定。

第三节　黄　酮　类

黄酮类化合物(flavonoids)是指两个苯环中间通过一个三碳链连接,具有C_6-C_3-C_6基本骨架的一类化合物。最常见的是具有2-苯基色原酮(2-phenyl-chromone)结构的黄酮类化合物。主要分布在豆科、芸香科、菊科、唇形科、水龙骨科、银杏科、小檗科和鸢尾科等高等植物中。黄酮类化合物除少数游离外,大多数以*O*-苷或*C*-苷的形式存在。植物界中尚有双黄酮类化合物(biflavonoids)存在。

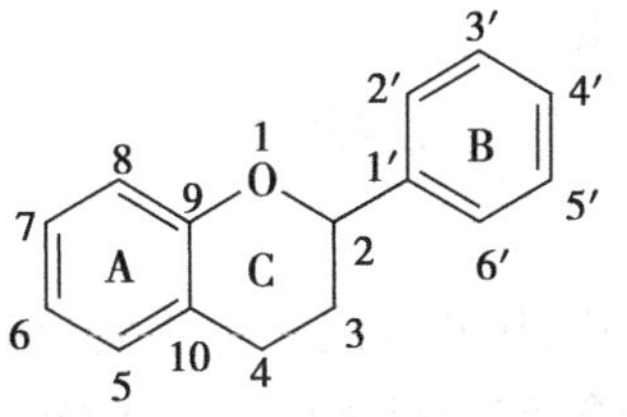

C_6-C_3-C_6

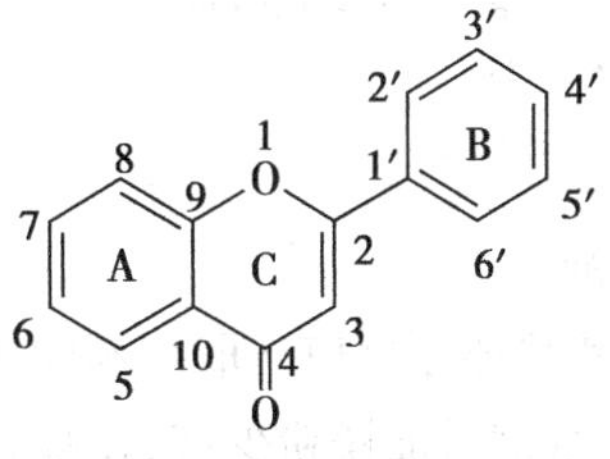

2-苯基色原酮

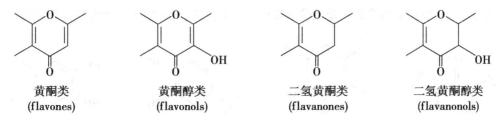

根据中间三碳链的氧化程度、B-环连接在C-环上的位置(2-或3-位)以及三碳链是否构成环状等结构特点,黄酮类化合物主要分为如下种类(结构只画出C环部分):

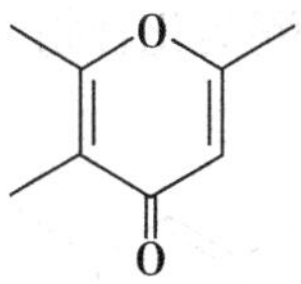

黄酮类
(flavones)

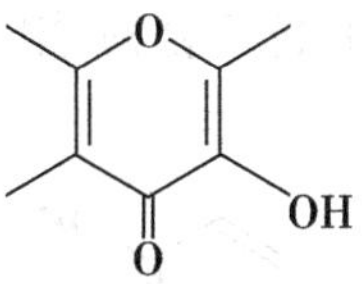

黄酮醇类
(flavonols)

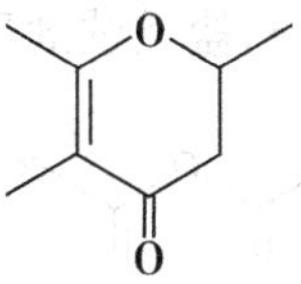

二氢黄酮类
(flavanones)

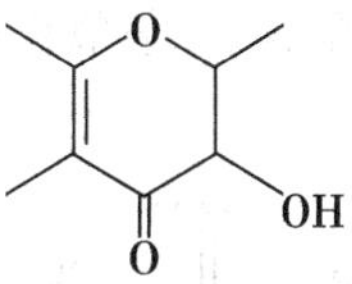

二氢黄酮醇类
(flavanonols)

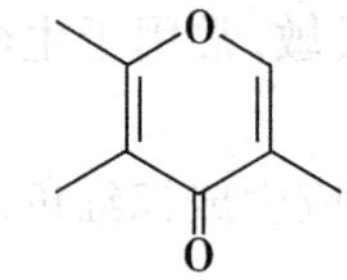

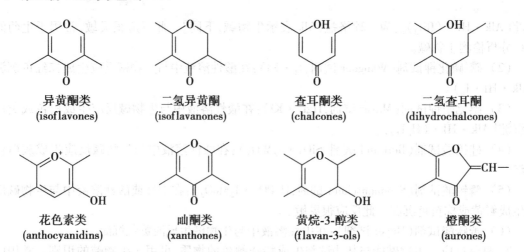

异黄酮类
(isoflavones)

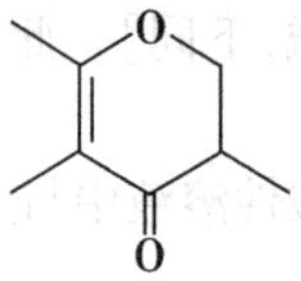

二氢异黄酮
(isoflavanones)

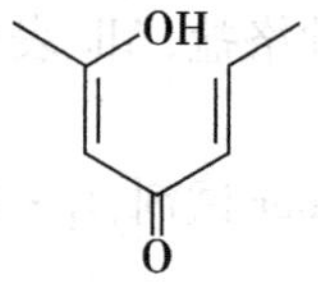

查耳酮类
(chalcones)

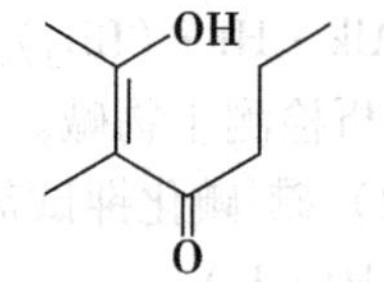

二氢查耳酮
(dihydrochalcones)

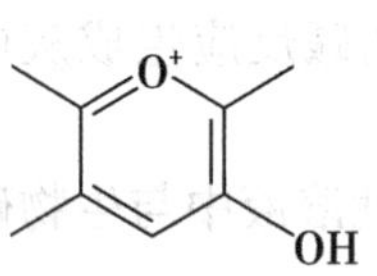

花色素类
(anthocyanidins)

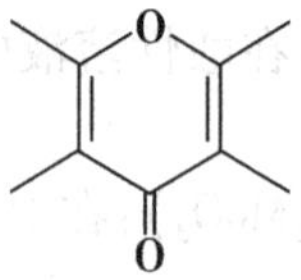

𠮿酮类
(xanthones)

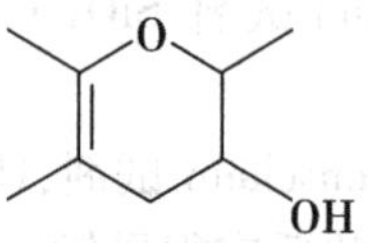

黄烷-3-醇类
(flavan-3-ols)

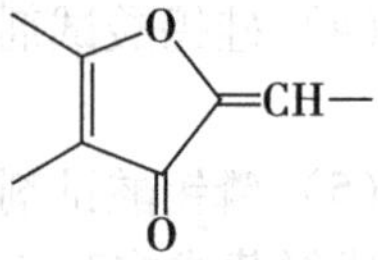

橙酮类
(aurones)

黄酮类化合物是生药中重要的活性成分，具有保护心脑血管系统、抗菌、抗炎、抗病毒、抗氧化、抗肿瘤和雌激素样作用等药理活性，在临床上得到广泛应用。芦丁(rutin)、葛根素(puerarin)及葛根总黄酮、山柰酚(kaempferol)、槲皮素(quercetin)、银杏叶总黄酮、山楂叶总黄酮等药物用于治疗冠心病、心绞痛、心肌梗死、脑血栓、动脉粥样硬化等心脑血管系统疾病。异甘草苷元(isoliquiritigenin)、大豆素(daidzein)具有解除平滑肌痉挛作用。黄芩苷(baicalin)、水飞蓟素(silibinin)有很强的保肝作用，用于治疗急、慢性肝炎、肝硬化及多种中毒性肝损伤。某些异黄酮类化合物具有双向调节人体雌激素水平的功能，可降低因雌激素分泌异常而引起的乳腺癌、前列腺癌的发病率，缓解更年期因雌性激素分泌减少而引起的更年期障碍和骨质疏松症。

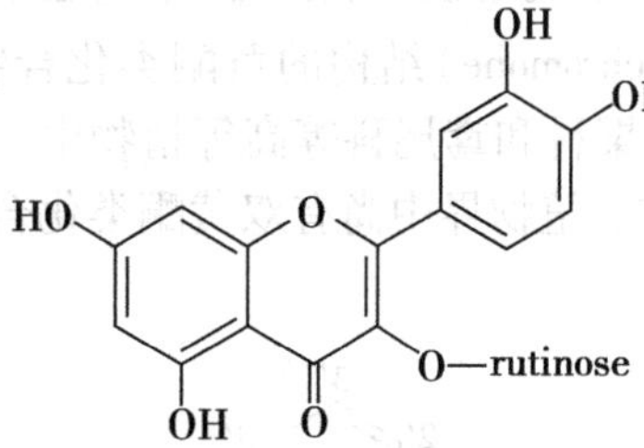

芦丁

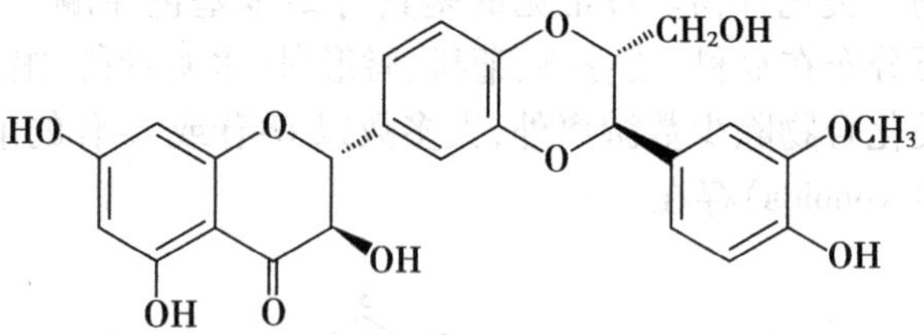

水飞蓟素

【定性分析】

1. 盐酸-镁粉还原反应　取生药粉末少许置于试管中，用乙醇或甲醇数毫升温浸或超声提取，过滤，滤液浓缩后加镁粉少许，振摇，滴加数滴浓盐酸，溶液显深红色。黄酮、二氢黄酮、黄酮醇、二氢黄酮醇呈阳性反应，而异黄酮类、查耳酮类、花色素类及部分橙酮不显色。本反应机制为生成阳碳离子所致。

2. 金属盐类试剂的络合反应　具有下列结构单元的黄酮类化合物，可与三氯化铝、醋酸铅、醋酸镁、二氯氧化锆等重金属盐类试剂反应生成有色络合物，用于鉴别黄酮类化合物。

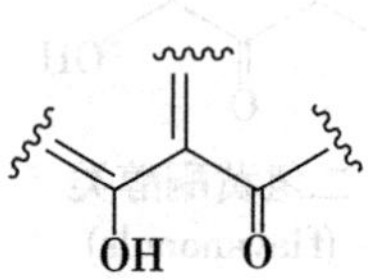

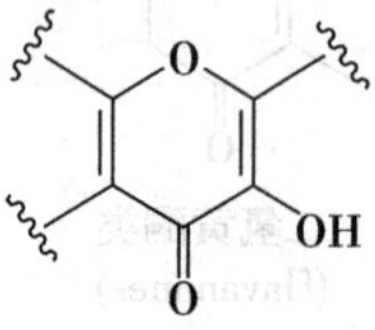

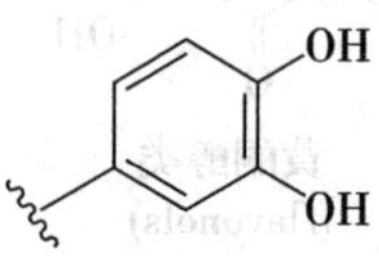

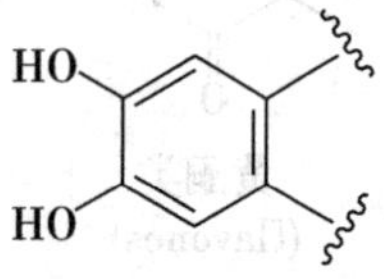

【**定量分析**】 生药中单体黄酮类化合物的含量测定常采用高效液相色谱法。根据黄酮类化合物与金属盐类试剂反应生成有色络合物的性质,利用紫外-可见分光光度法可测定总黄酮的含量,如《中国药典》(2010年版)山楂叶总黄酮的含量测定。

第四节 皂 苷 类

皂苷类(saponins)化合物根据皂苷元的结构分为三萜皂苷(triterpenoidal saponins)和甾体皂苷(steroidal saponins)两大类。

1. 三萜皂苷 根据三萜皂苷的苷元结构,分为五环三萜皂苷和四环三萜皂苷两类。五环三萜皂苷的苷元主要有齐墩果烷型(oleanane)、乌苏烷型(又称熊果烷型,ursane)、羽扇豆烷型(lupane)和木栓烷型(friedelane)等。大多数五环三萜皂苷元在 C_{28}或 C_{24}位有—COOH 基,故又称酸性皂苷。四环三萜皂苷的苷元主要有达玛烷型(dammarane)、羊毛脂烷型(lanostane)、甘遂烷型(tirucallane)、环阿屯烷型(cycloartane)、葫芦烷型(cucurbitane)和楝烷(meliacane)型等。三萜皂苷具有抗炎、抗肿瘤、抗菌、抗病毒、降低胆固醇等活性。主要分布在豆科、五加科、毛茛科、伞形科、葫芦科、鼠李科、桔梗科、远志科、石竹科、报春花科等植物中,海参、海星等海洋生物中亦含有大量皂苷类化合物。

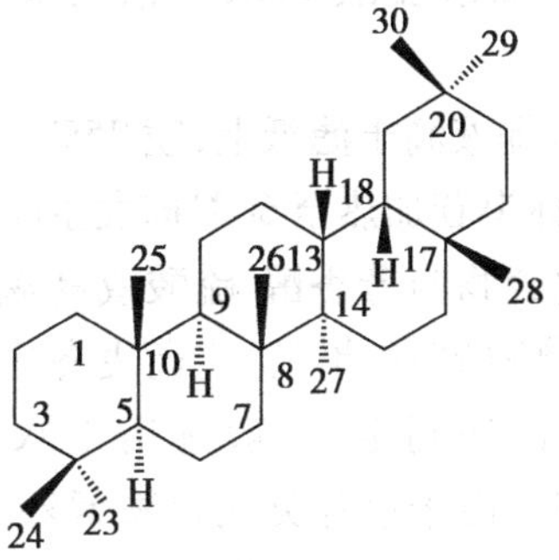

齐墩果烷

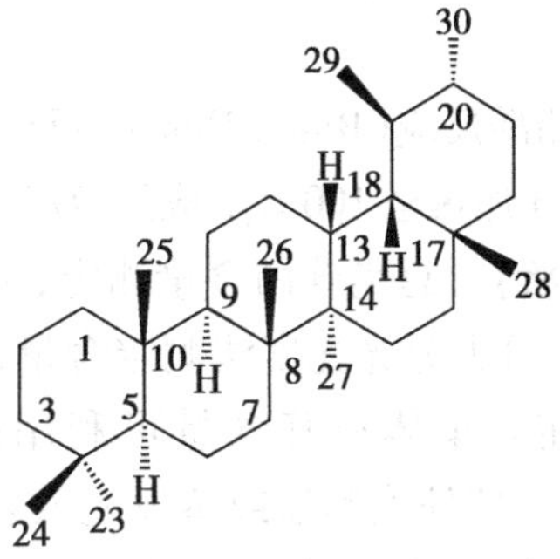

乌苏烷

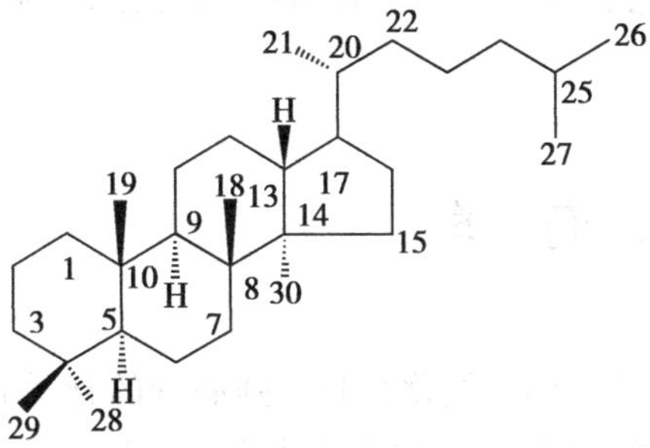

达玛烷

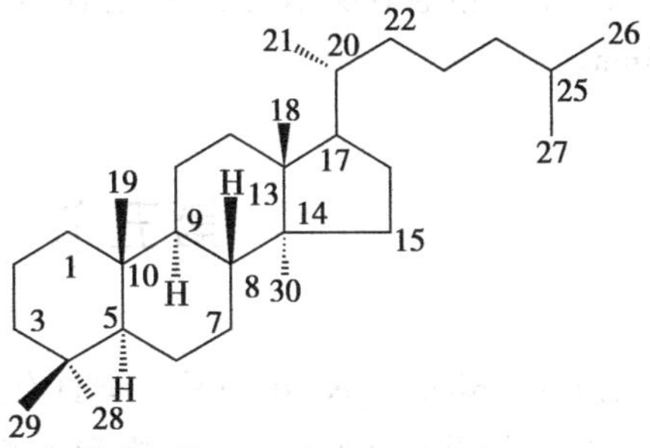

羊毛脂烷

2. 甾体皂苷 是一类以螺甾烷(spirostane)为苷元的皂苷类化合物。主要分布于薯蓣科、百合科、玄参科和龙舌兰科等植物中。甾体皂苷不含羧基,故又称为中性皂苷。依照螺甾烷结构中 C_{25}位的构型和环的环合状态,分为螺甾烷醇类(spirostanols)、异螺甾烷醇类(isospirostanols)、呋甾烷醇类(furostanols)和变形螺甾烷醇类(pseudo-spirostanols)等4种类型。

甾体皂苷具有抗肿瘤、降血糖、免疫调节、防治心脑血管疾病、抗真菌、抗血小板聚集等药理活性。

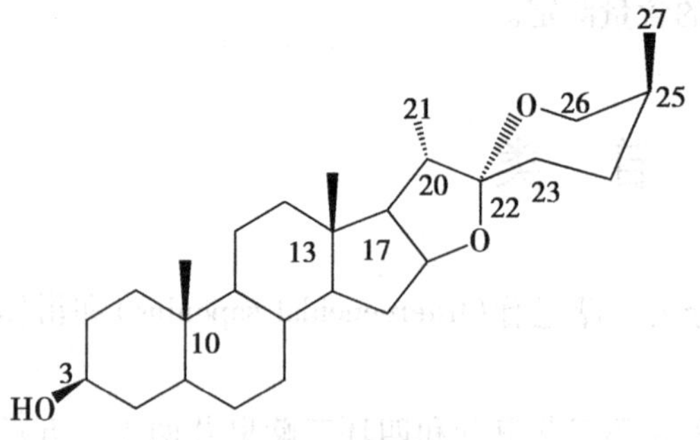

螺甾烷醇

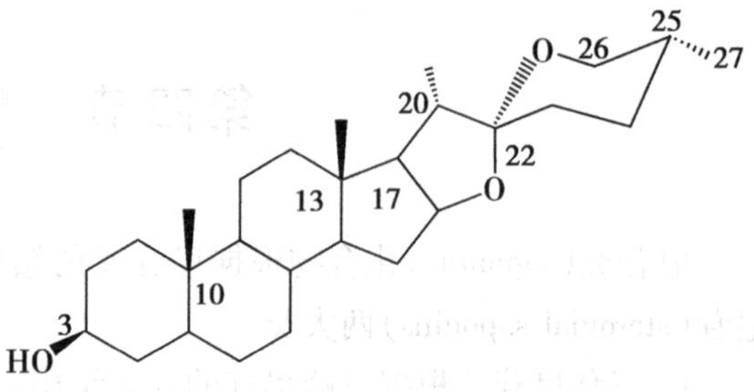

异螺甾烷醇

【定性分析】

1. 泡沫试验　取中药粉末1g,加水10ml,煮沸10分钟后过滤,滤液在试管中强烈振摇,如产生持久性泡沫(15分钟以上)为阳性反应。

2. 溶血试验　生药水浸液1ml,加1.8%氯化钠溶液1ml和2%红细胞悬浮液1ml,摇匀后放置,数分钟后溶液变成透明红色。此反应也可在显微镜下进行,可观察红细胞溶解情况。

3. 浓硫酸-醋酐反应(Liebermann-Burchard反应)　取生药70%乙醇提取液1ml,水浴蒸干,加醋酐1ml溶解残渣,移入小试管中,沿管壁加浓硫酸1ml,两液的交界处出现紫色环。

4. 三氯醋酸反应(Rosen-Heimer反应)　将样品水提液滴于滤纸上,喷25%三氯醋酸乙醇溶液,三萜皂苷加热至100℃生成红色渐变成紫色,甾体皂苷加热至60℃即发生颜色变化。

【定量分析】　总皂苷的含量测定,可利用皂苷化合物与芳香醛-硫酸或高氯酸发生显色反应,用紫外-可见分光光度法测定含量,如《中国药典》(2010年版)生药麦冬中的总甾体皂苷的含量测定。单体皂苷含量可利用高效液相色谱法测定,一般选用十八烷基键合相(ODS)色谱柱,紫外检测器或蒸发光散射检测器测定。由于皂苷类化合物紫外吸收弱,可利用皂苷类化合物的末端吸收,将测定波长设定在200~210nm之间测定,如《中国药典》(2010年版)人参中三萜皂苷类成分人参皂苷Rg1、人参皂苷Re、人参皂苷Rb1的测定,检测波长为203nm。

第五节　强心苷类

强心苷(cardiac glycosides)是一类具有强心作用的甾体苷类化合物。强心苷的苷元分为2种类型,C_{17}位侧链是$\Delta^{\alpha\beta}$-γ五元不饱和内酯环苷元的为甲型,又称强心甾型(cardenolide);C_{17}位侧链为$\Delta^{\alpha\beta,\gamma\delta}$-δ六元不饱和内酯环苷元的为乙型,又称蟾蜍甾型(bufanolide)或海葱甾型(scillanolide)。强心苷具有典型的构效关系特征,特别是C-3位的糖链中,除含有6-去氧糖、6-去氧糖甲醚和六碳醛糖外,还必须含有仅存在于强心苷中,称为α-去氧糖的2,6-二去氧糖、2,6-二去氧糖甲醚等单糖基。常见的α-去氧糖主要有D-洋地黄毒糖(D-digitoxose)、L-夹竹桃糖(L-oleandrose)和D-加拿大麻糖(D-cymarose)等。

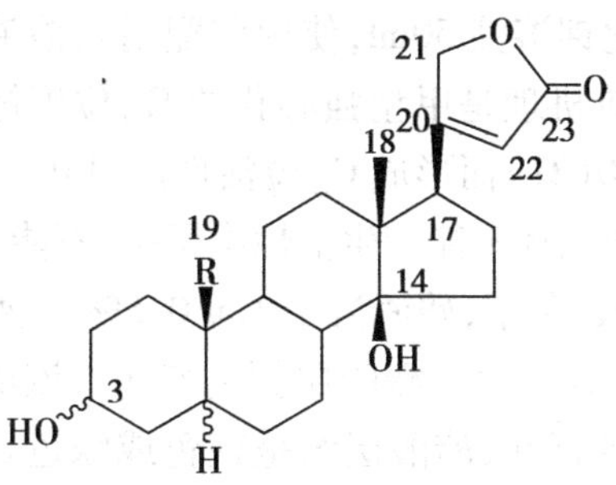

甲型

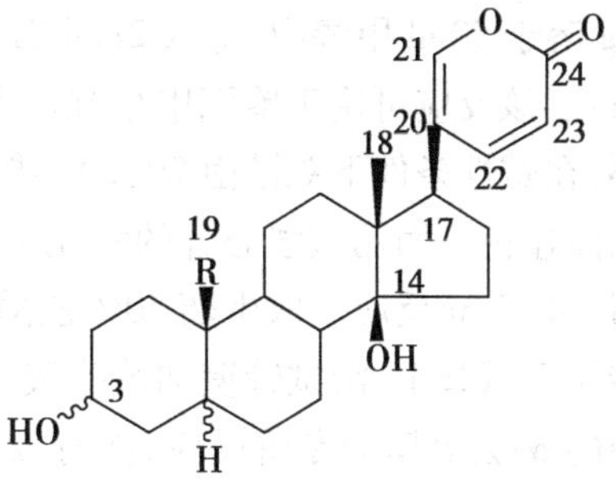

乙型

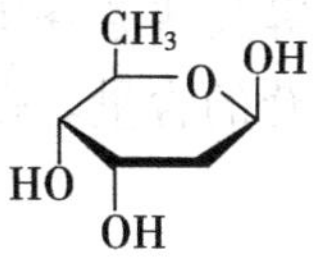

β-D-洋地黄毒糖

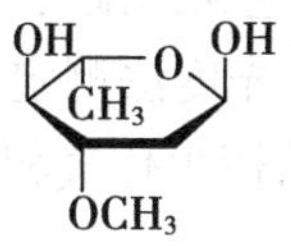

α-L-夹竹桃糖

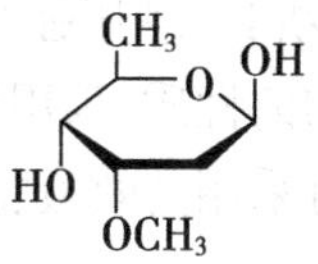

β-D-加拿大麻糖

强心苷主要分布于夹竹桃科、玄参科、百合科、十字花科、毛茛科、萝藦科和卫矛科等植物中。临床上用于治疗充血型心力衰竭和节律障碍等心脏疾病的药物地高辛(digoxin)和西地兰(cedilanid),就是强心苷类化合物的制剂。

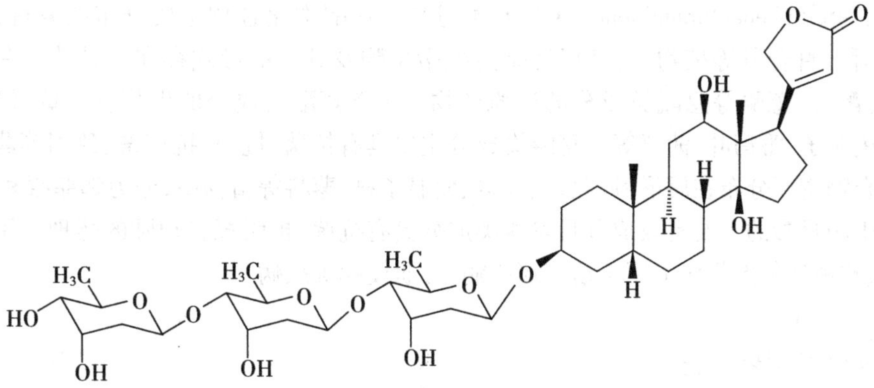

地高辛

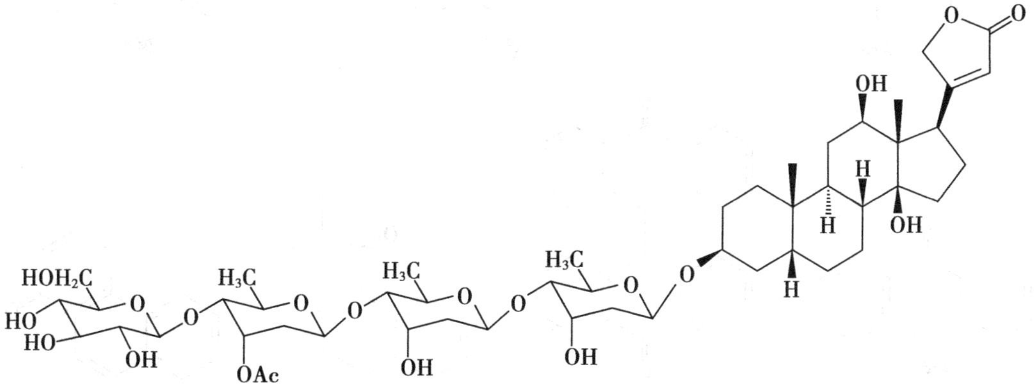

西地兰

【定性分析】

1. Kedde 反应　取生药的甲醇或乙醇提取液于试管中,加 3 ~4 滴 Kedde 试剂(3,5-二硝基苯甲酸 1g 溶于 50ml 甲醇中,加入 2mol/L 氢氧化钾溶液 50ml,使用前配制),溶液产生红色(λ_{max}590nm)。该反应可用于鉴别甲型强心苷,反应机理是甲型强心苷的 C_{17} 位侧链的五元不饱和内酯环,在碱性条件下双键由 20(22)转位到 20(21)而形成 C_{22} 位活性次甲基,可与活性甲基试剂作用而显色。而乙型强心苷的六元不饱和内酯环不能产生活性次甲基,不能显色。

2. Keller-Kiliani 反应　取生药 70% 乙醇提取液,蒸干,残渣溶于 1ml 0.5% 三氯化铁-冰醋酸溶液后转移至试管中,沿试管壁加浓硫酸 1ml,观察界面和醋酸层颜色变化。该反应用于检测强心苷中的 α-去氧糖的专属反应,如有 α-去氧糖存在,醋酸层渐呈蓝色或绿色。界面呈现的颜色随苷元而异,并且由于浓硫酸对苷元所起的作用逐渐向下层扩散。

【定量分析】　利用强心苷中 α,β-不饱和内酯可与间-二硝基苯等某些芳香硝基化合物形成有色加成物的性质,采用紫外-可见分光光度法测定生药中总强心苷的含量。强心苷单体化合物的含量可采用高效液相色谱法或柱前衍生化气相色谱法测定。

第六节　醌　　类

醌类(quinones)化合物主要有苯醌(benzoquinones)、萘醌(naphthoquinones)、蒽醌(anthraquinones)、菲醌(phenanthraquinones)4 种基本母核。蒽醌类化合物主要分布在蓼科、豆科、茜草科、鼠李科、百合科等植物中,多以羟基蒽醌衍生物及其苷的形式存在。另外还有蒽酮、蒽酚、氧化蒽酚、二蒽酮等蒽醌类成分的还原产物。主含蒽醌类成分的生药有大黄、何首乌、虎杖、芦荟、决明子、番泻叶、茜草等。蒽醌类成分主要具有抗菌、抗炎、抗病毒、致泻等药理作用。菲醌类化合物主要分布在唇形科、兰科、豆科、使君子科、蓼科等植物中,分为邻菲醌和对菲醌 2 种类型。生药丹参的主要有效成分丹参醌类成分具有抗菌、扩张冠状动脉的药理作用,其中丹参醌 $Ⅱ_A$ 磺酸钠注射剂临床上用于治疗冠心病、心肌梗死等疾病。

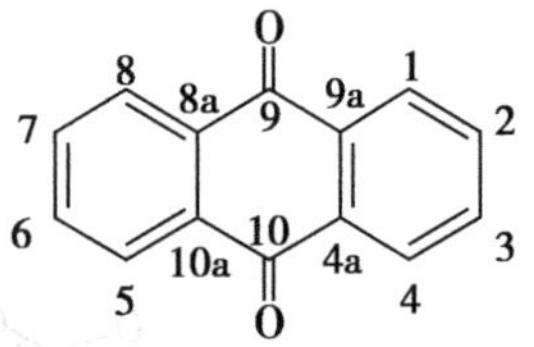

蒽醌

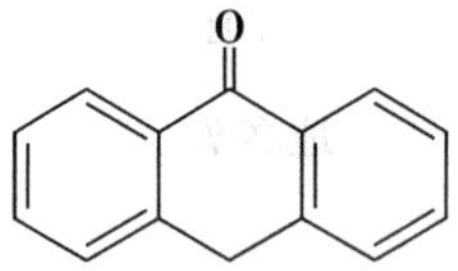

蒽酮

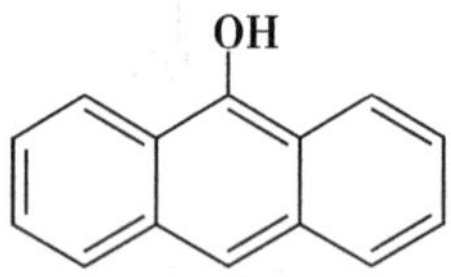

蒽酚

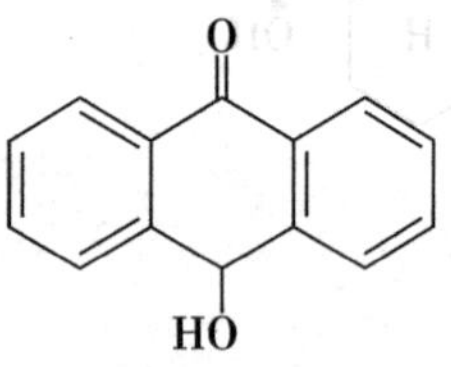

氧化蒽酚

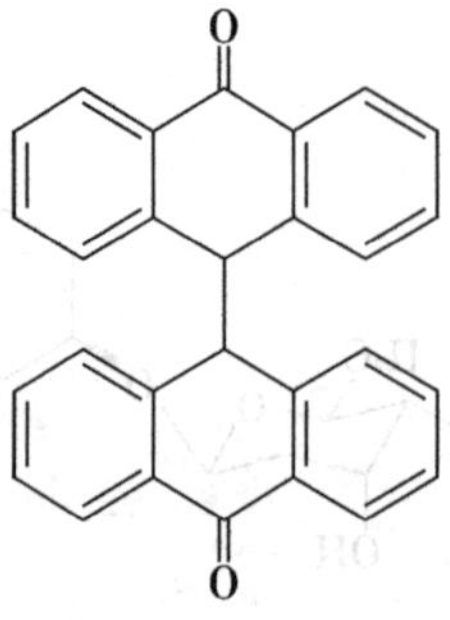

二蒽酮

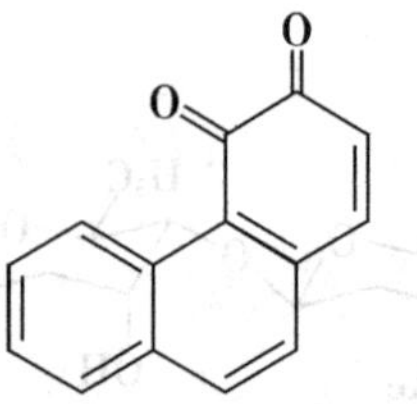

邻菲醌

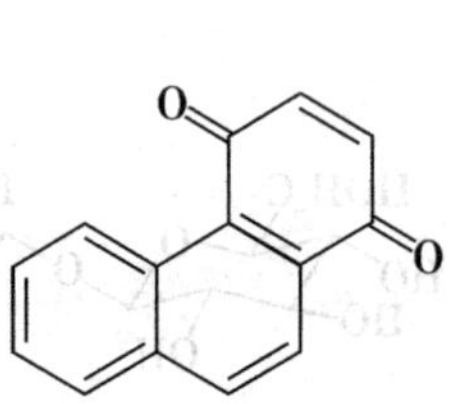

对菲醌

【定性分析】

1. 与碱液的显色反应　羟基蒽醌类成分能与碱液反应生成红色或紫红色,加酸后红色消失，若再加碱又显红色。

2. Bornträger 反应　取生药粉末 0.1g 置试管中，加碱液数毫升浸出，溶液呈红色，滤过。滤液加盐酸酸化，红色又转为黄色，然后加 2～3ml 乙醚振摇，醚层显黄色。分取醚层，加碱液振摇，醚层由黄色褪为无色，水层显红色。该反应主要鉴别羟基蒽醌及具有游离羟基的蒽醌苷类化合物，而蒽酚、蒽酮、二蒽酮类化合物需要氧化成羟基蒽醌后才能显色。

3. 与金属离子的反应　将含羟基蒽醌衍生物的醇溶液滴在滤纸上，干燥后喷以 0.5% 的醋酸镁甲醇溶液，90℃加热 5 分钟即可显色。其原理是含有 α-酚羟基或邻位二酚羟基结构的蒽醌类化合物，可与 Pb^{+}、Mg^{2+} 等金属离子形成有色络合物。

4. 无色亚甲基蓝显色试验　无色亚甲基蓝溶液（leucomethylene blue）用于 PPC 和 TLC 作为喷雾剂，是检出苯醌类和萘醌类的专用显色剂。样品在白色背景呈蓝色斑点，通过此反应可与蒽醌类化合物区别。

【定量分析】　蒽醌类化合物能与醋酸镁甲醇液生成稳定的有色络合物，可用紫外-可见分光光度法测定生药中的总蒽醌的含量。生药中结合蒽醌常用水提取，游离蒽醌可用氯仿或乙醚提取。二蒽酮苷类成分要先用三氯化铁溶液氧化成单蒽酮苷，再用盐酸水解成游离蒽醌，最后与醋酸镁甲醇液反应生成有色络合物测定含量。生药中单体蒽醌类成分的含量可用高效液相色谱法测定。

第七节　香豆素类

香豆素类（coumarins）化合物是顺式邻羟基桂皮酸的内酯，母核基本骨架是苯骈 α-吡喃酮，具有芳香气。分为简单香豆素类、呋喃香豆素类、吡喃香豆素类三种类型，后两种又各有直线型和角型两种结构类型。主要分布在伞形科、豆科、菊科、芸香科、茄科、兰科等植物中，以游离状态或苷的形式存在。香豆素类化合物具有多方面的药理作用，如奥斯脑（osthole）具有抑制乙型肝炎表面抗原（HBsAg）的药理活性；补骨脂内酯（psoralen）具有光敏活性作用，用于治疗白癜风；海棠果内酯（calophylloide）具有很强的抗凝血作用；滨蒿内酯（scoparon）是生药茵陈蒿平肝利胆、松弛平滑肌的主要活性成分。

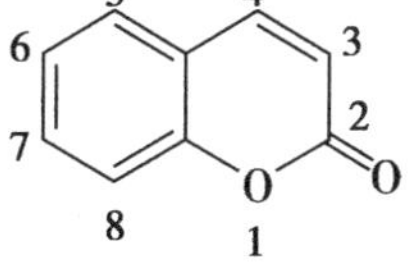
香豆素

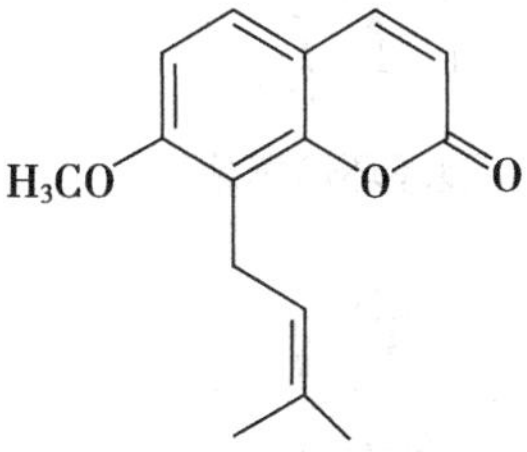
奥斯脑

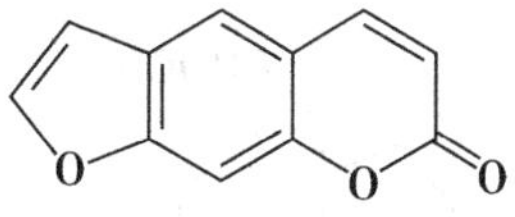
补骨脂内酯

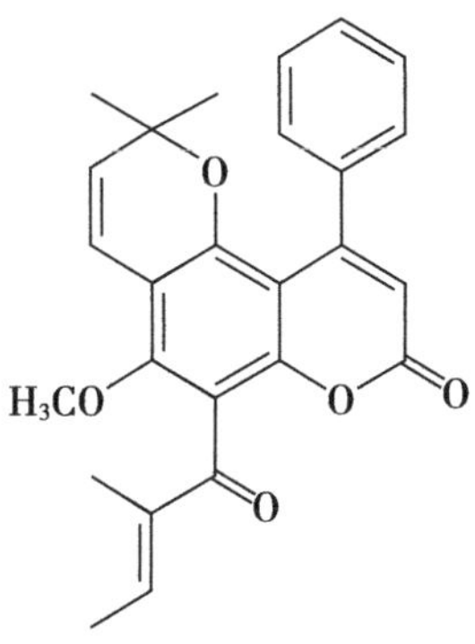
海棠果内酯

【定性分析】

1. 取生药 0.2g，加 5ml 乙醇提取，置于 λ_{max}365nm 紫外灯下观察，溶液呈蓝至蓝紫色荧光。香豆素类化合物在日光或紫外光照射下显蓝色荧光。

2. 异羟肟酸铁反应 取生药粉末的甲醇提取液，加7%盐酸羟胺的甲醇溶液与10%氢氧化钠的甲醇溶液各数滴，水浴微热，冷却后，加稀盐酸调节 pH 至3～4，然后加1%三氯化铁试液，溶液显红色或紫色。反应机制如下：

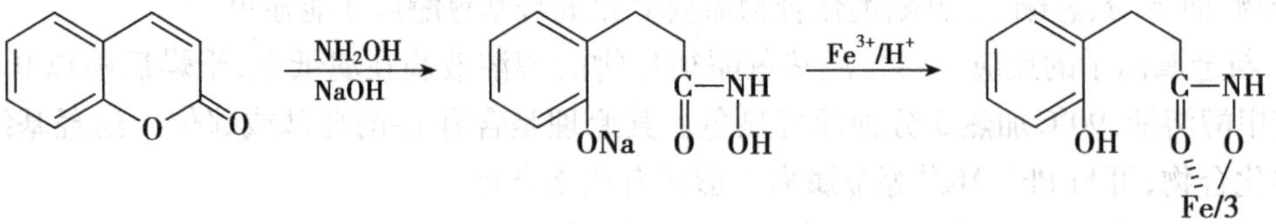

【定量分析】 香豆素类化合物具有较长的共轭体系，而且多具有助色团，因而具有较强的紫外吸收特征，可用紫外-可见分光光度法测定生药中总香豆素的含量。生药中单体香豆素化合物的含量常采用高效液相色谱法测定，如《中国药典》(2010年版)补骨脂中补骨脂素和异补骨脂素的含量测定。

第八节 萜　　类

萜类(terpenoids)化合物是以异戊二烯(isoprene)为基本单位的聚合体及其衍生物。分子式通式为$(C_5H_8)n$。自然界中主要有单萜、倍半萜、二萜、三萜等。

1. 单萜类(monoterpenoids) 是由两个异戊二烯单位构成的含十个碳原子的化合物类群，广泛分布于高等植物的腺体、油室和树脂道等分泌组织中。单萜类的含氧衍生物(醇类、醛类、酮类)具有较强的香气和生物活性，是医药、食品和化妆品工业的重要原料，常用作芳香剂、防腐剂、矫味剂和消毒剂。

环烯醚萜(iridoids)是具有环戊烷环烯醚萜(iridoid)和裂环环烯醚萜(secoiridoid)两种基本骨架的单萜类化合物。主要分布于玄参科、龙胆科、茜草科、忍冬科。一些环烯醚萜苷类化合物具有很强的药理活性，如山栀子中的京尼平苷(geniposide)具有促进胆汁分泌的利胆作用；地黄中的梓醇(catapol)具有降血糖、利尿的作用。

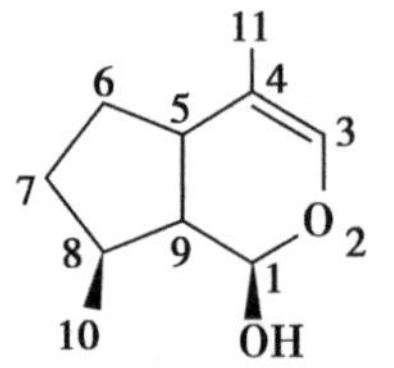

环烯醚萜

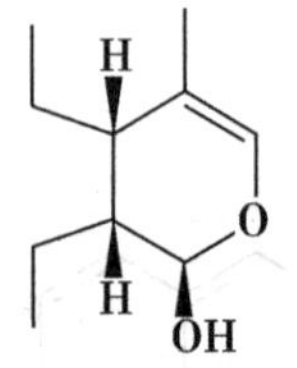

裂环环烯醚萜

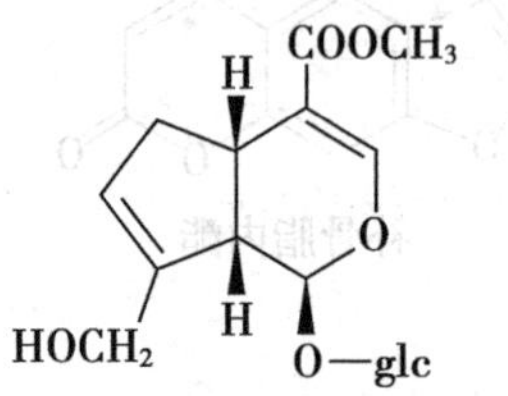

京尼平苷

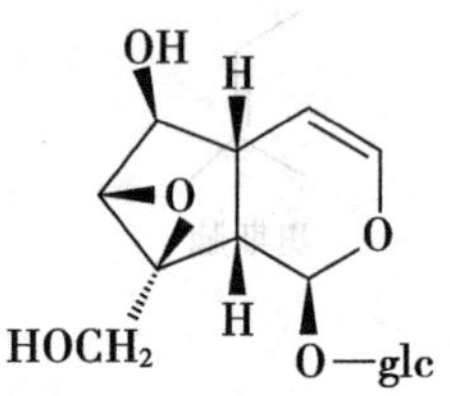

梓醇

2. 倍半萜类(sesquiterpenoids)　是由三个异戊二烯单位构成的含十五个碳原子的化合物类群。倍半萜类化合物具有挥发性，在植物中多以醇、酮、苷类、内酯和生物碱形式存在。倍半萜内酯类化合物具有解痉、抗炎、抑菌、降血脂、抗肿瘤、强心、抗病原虫等药理活性，如青蒿素(artemisinin)具有很强的抗疟原虫的生物活性，临床用于治疗恶性疟疾。

3. 二萜类(diterpenoids)　是由四个异戊二烯单位构成的含二十个碳原子的化合物类群。广泛分布在植物分泌的乳汁、树脂中，以松柏科植物最为普遍。二萜的含氧衍生物具有多方面的生物活性，如紫杉醇(taxol)用于治疗卵巢癌、乳腺癌和肺癌；银杏内酯类(ginkgolides)具有抑制血小板活化因子的药理作用，用于治疗心脑血管疾病。

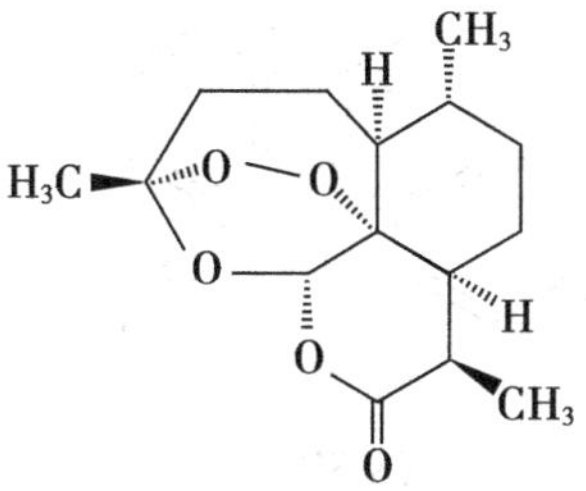

青蒿素

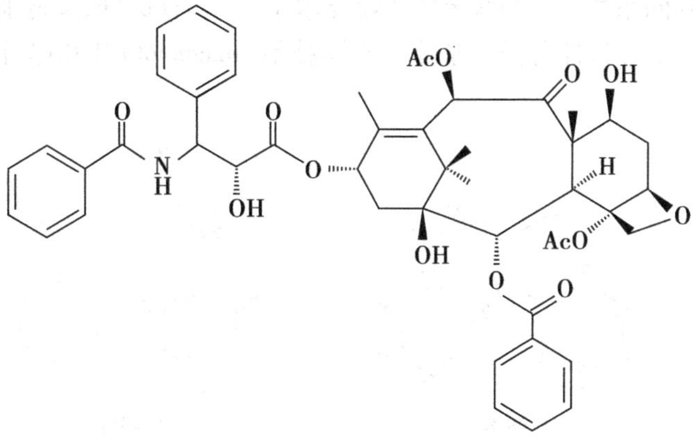

紫杉醇

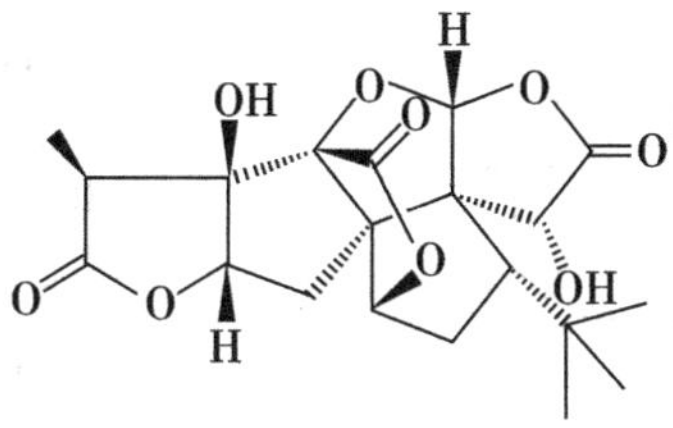

银杏内酯A

第九节　挥 发 油 类

挥发油(volatile oils)又称精油(essential oils)，是一种常温下具有挥发性，可随水蒸气蒸馏，与水不相混溶的油状液体。大多数挥发油具有芳香气味。主要分布于松科、柏科、木兰科、樟科、芸香科、瑞香科、桃金娘科、伞形科、唇形科、菊科、姜科等植物中。存在于腺毛、油室、油细胞及油管中。主含挥发油的生药有细辛、沉香、川芎、白术、苍术、木香、陈皮、枳实、砂仁等。挥发油主要由单萜、倍半萜、芳香族化合物、脂肪族成分等组成。挥发油具有发散解表、芳香开窍、理气止痛、祛风除湿、活血化瘀、温里祛寒、清热解毒等功效，如薄荷油具有清凉、祛风、消炎、局麻作用；柴胡油解热；当归油镇痛；丁香油有局部麻醉、止痛作用；茉莉花油具有兴奋作用等。

【定性分析】　挥发油遇香草醛硫酸试液显各种颜色，可用于定性鉴别。

【定量分析】 含量测定一般采用气相色谱法或气相色谱-质谱联用法。

第十节 木脂素类

木脂素(lignans)是由苯丙素(C_6-C_3)氧化聚合形成的一类化合物,有二聚物、三聚物或四聚物。主要分布于芸香科、小檗科、木兰科、樟科、木犀科、蒺藜科等植物中。主含木脂素的生药有厚朴、五味子、鬼臼、连翘、牛蒡子等。生药五味子中含有的五味子素甲(schisantherin A)及其同系物是一类联苯环辛烯类木脂素,具有保肝、降低血清谷丙转氨酶的药理作用,临床上用于治疗慢性肝炎。厚朴中的厚朴酚(magnolol)和和厚朴酚(honokiol)具有镇静和肌肉松弛作用。

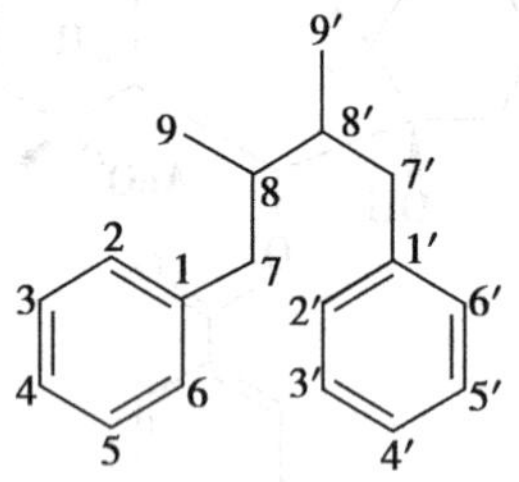

(8-8′)

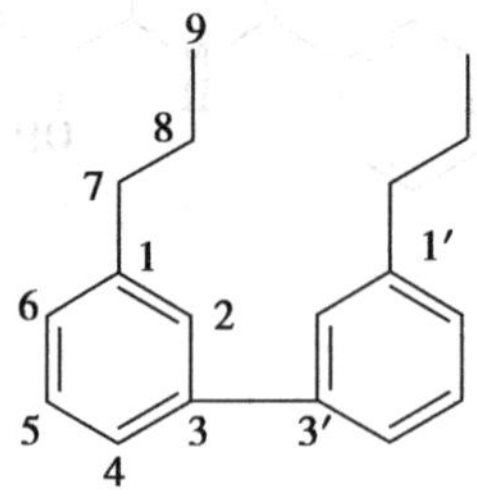

(3-3′)

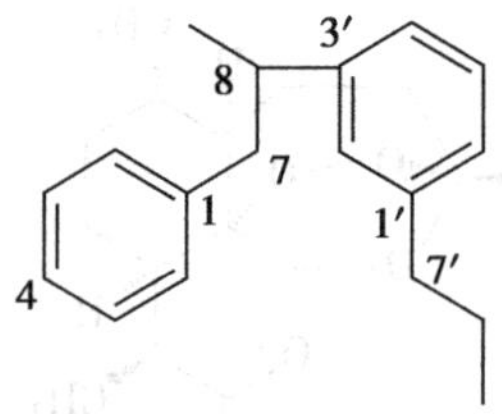

(8-3′)

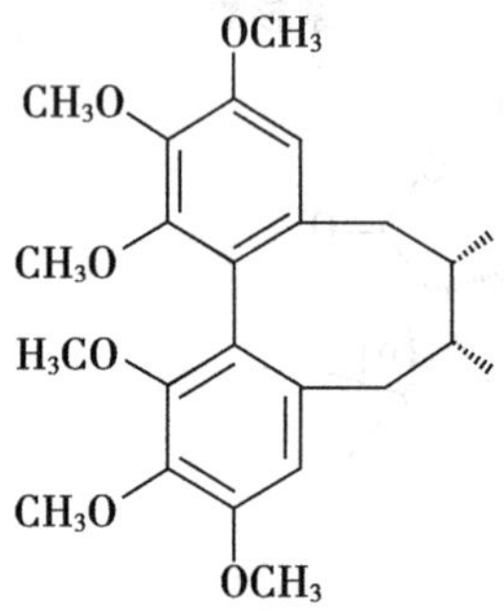

五味子素甲

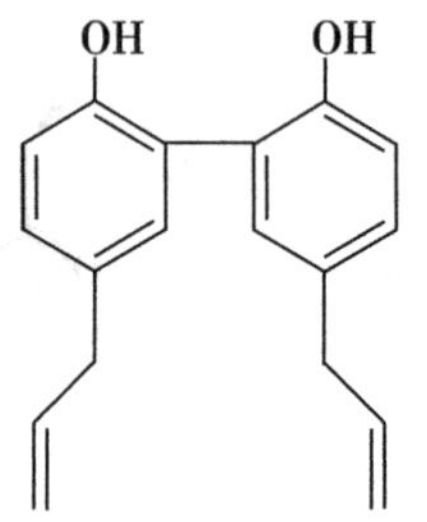

厚朴酚

【定性分析】 可用薄层色谱分析法定性鉴别木脂素类化合物。木脂素类化合物在紫外灯照射下呈暗斑,喷1%三氯化锑氯仿溶液可显色。

【定量分析】 木脂素类化合物与变色酸等试剂反应生成有色物质,可用紫外-可见分光光度法测定生药中总木脂素的含量。单体化合物含量测定可用高效液相色谱分析法。

第十一节 鞣质类

鞣质(tannins)又称单宁。主要分布在裸子植物和双子叶植物的杨柳科、山毛榉科、蓼科、蔷薇科、豆科、桃金娘科、茜草科中。根据化学结构分为可水解鞣质(hydrolysable tannins)和缩合鞣质(condensed tannins)两大类。可水解鞣质是一类由酚酸及其衍生物与葡萄糖或多元醇通过苷键或酯键结合而成的化合物,可被酸、碱水解或酶解。根据水解后得到的酚酸类的差异，又分为没食子酸鞣质（gallotannin）和逆没食子酸鞣质（ellagotannin）两类。含有可水解鞣质的生药有五味子、诃子、大黄、桉叶、丁香等。缩合鞣质是一类由儿茶素（catechin）或其衍生物棓儿茶素（gallocatechin）等黄烷-3-醇（flavan-3-ol）以碳-碳键聚合而成的化合物。由于结构中无苷键和酯键，因此不能被酸、碱水解。含缩合鞣质的生药有儿茶、茶叶、虎杖、桂皮、钩藤、金鸡纳皮、绵马、槟榔等。鞣质有收敛作用，内服可治疗溃疡、胃肠道出血；外用具有局部止血作用，可用于创伤的治疗。此外有抑菌、抗病毒、抗炎等作用。

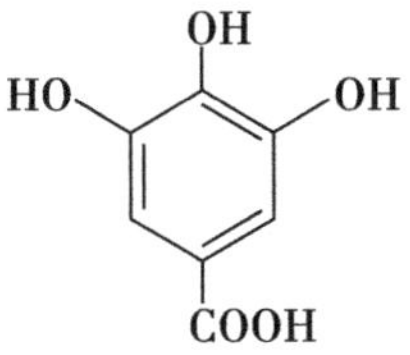

没食子酸

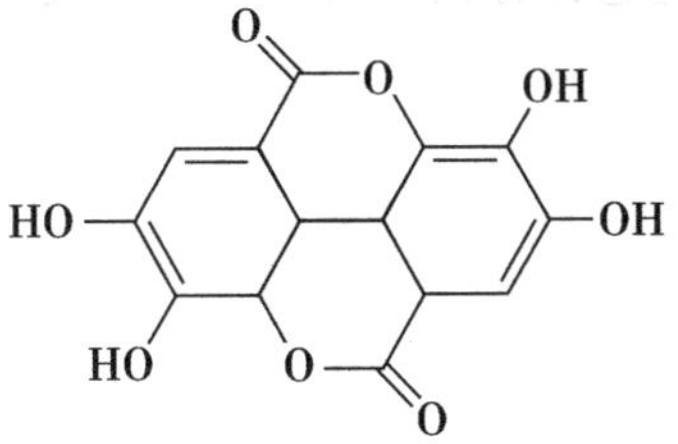

逆没食子酸

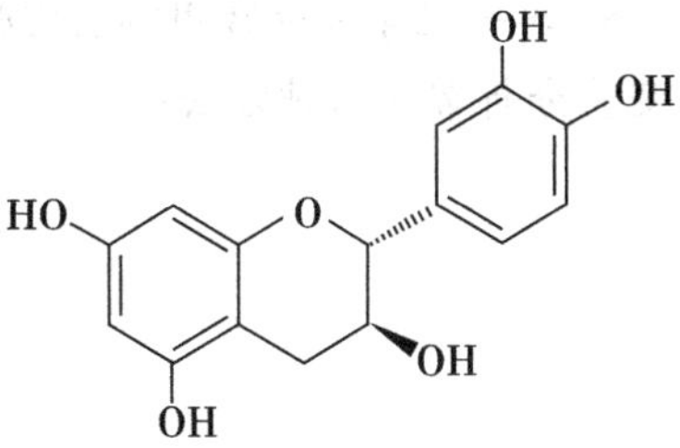

儿茶素

【定性分析】

（1）鞣质水溶液遇三氯化铁试剂，可水解鞣质产生蓝→蓝黑色，缩合鞣质产生绿→绿黑色。

（2）鞣质水溶液遇醋酸铅试剂可生成沉淀。可水解鞣质产生的沉淀不溶于稀醋酸；缩合鞣质产生的沉淀可溶于稀醋酸，此性质可用于鉴别可水解鞣质和缩合鞣质。

第十二节 其他成分

除了上述主要化学成分类型外，生药中还含有有机酸类、蛋白质、氨基酸、肽类、脂质类、芳香族化合物和一些无机微量元素等。相关知识在天然药物化学的专业书籍中有介绍。

本章小结

本章重点介绍了生药的初生代谢产物、次生代谢产物、药效物质基础和生药有效成分的概念；生药化学成分研究的主要目的；各类化学成分的基本结构类型和定性分析方法。简要介绍了各类化学成分的分布概况、定量分析方法、生物活性等方面的知识。为后续学习各论生药内容打下基础。

复习题

1. 生药化学成分研究的目的是什么？

2. 何谓生物碱类化合物？生物碱类化合物的定性分析方法有哪些？常用的生物碱沉淀试剂有哪些？

3. 熟记常见的五碳糖、六碳糖、甲基五碳糖的结构特点。糖类化学成分常用哪些检测方法？

4. 熟记黄酮、黄酮醇、二氢黄酮、二氢黄酮醇、异黄酮、查耳酮母核的结构特点。常见的黄酮类化合物的检测方法有哪些？

5. 熟记齐墩果烷型、熊果烷型、达玛烷型三萜皂苷的母核结构特点。强心苷类化合物有哪几种结构类型？三萜皂苷、强心苷类化合物的定性分析方法有哪些？

6. 熟记羟基蒽醌类、香豆素类、木质素类化合物的结构特点和定性分析方法。

7. 挥发油的组成成分有哪些？有哪些常见的定性、定量分析方法？

8. 单一化学成分常用哪些定性、定量色谱分析方法？由某一类化学成分组成的有效部位的定量分析常用何种方法？

第六章

生药的鉴定

学习目标

掌握：生药鉴定的意义和常用鉴定方法，重点掌握生药的基源鉴定、性状鉴定、显微鉴定和理化鉴定的基础知识。

熟悉：各种生药鉴定方法的技术要点和应用。

了解：生药鉴定的新技术和新方法。

第一节　生药鉴定的意义

生药鉴定就是依据国家药典、有关资料规定及有关专著对生药进行真实性(identity)、纯度(purity)及品质优良度(quality)的检定。生药鉴定一般包括原植(动)物的确认，以及性状、显微、理化鉴定等项目，常常需要与对照生药(reference crude drug)作比较。此项工作对保证生药的真实性、安全性(safety)和有效性(efficacy)，发掘利用新药源等方面具有重要意义。可归纳为以下三个方面：

一、通过本草考证工作，发掘祖国医药遗产，整理中药品种

生药应用历史悠久，种类繁多，产区广泛。由于地区用语、使用习惯等因素，类同品(allied drug)、代用品(substitute)和民间药物(folk medicines)不断涌现，导致生药同名异物或同物异名的现象普遍存在，运用现代科学知识与技术，对生药进行认真的本草考证，通过本草考证、调查研究，加以科学鉴定，正本清源，尽量做到一药一名，互不混淆，从源头上保证生药品种的真实性。

二、制定生药质量标准，努力促进生药标准化

在生药商品流通中，特别是一些贵重生药，时常发现以次充好、以假充真的现象，如冬虫夏草、麝香、血竭、熊胆、羚羊角、番红花等，严重影响疗效。因此开展生药的品质评价，制订生药

的鉴别依据和质量标准，使生药标准化、规范化，确保临床用药的安全有效。

三、寻找和利用新的药物资源

在不断对生药进行品种整理和质量研究中，立足创新，发现新品种，发掘新资源，发展生药学事业。

第二节　生药鉴定的一般程序与方法

《中国药典》(Pharmacopoeia of the People's Republic of China)及其增补本是生药鉴定的主要法定依据；部(局)颁药品标准和地方药品标准是重要补充。常用生药的鉴定内容收载于《中国药典》一部，包括性状、显微鉴别、理化鉴别、检查(杂质、水分、灰分、重金属及有害元素、农药残留、黄曲霉毒素、毒性成分)、浸出物、含量测定等，都是生药鉴定的依据。

一、生药的取样

取样(sampling)的代表性直接影响到鉴定结果的正确性。工作前一定认真阅读，明确取样的原则，按规定合理取样。

(1) 取样前，应注意品名、产地、规格、等级及包装式样是否一致，检查包装的完整性、清洁程度以及有无水迹、霉变或其他物质污染等情况，作详细记录。凡有异常情况的包件，应单独检验。

(2) 同批生药包件中抽取检定用样品的原则：5～99件，随机取样5件；100～1000件按5%取样；超过1000件的，超过部分按1%取样；不足5件的逐件取样；对于贵重生药，不论包件多少均逐件取样。

(3) 对破碎的、粉末状的生药，可用采样器抽取样品。每一包件至少在不同部位抽取2～3份样品。每一包件的取样量：一般药材抽取100～500g；粉末状药材抽取25g；贵重药材抽取5～10g。

(4)将所取样品混和拌匀，即为总样品。最终供试样品的量一般不得少于做真实性、纯度和品质优良度等实验所需用量的3倍，即1/3供实验室分析鉴定用，另1/3供复核用，其余1/3则为留样保存，保存期至少1年。

二、生药的常规检查

一般应先对生药样品进行包括杂质(impurity)、水分(water)、灰分(ash)、浸出物(extractive)等的常规检查。

1. 杂质检查　生药中混存的杂质，一般包括①物种与规定相符，但其性状或药用部分与规定不符的物质，如药用果实，却夹带了大量的叶；②来源与规定不同的有机物质，如杂草等；③无机杂质，如砂石、泥块、尘土等。检查方法是取规定量的供试品，将各类杂质挑选出来，分别称重,计算其在供试品中所占的百分数。

2. 水分测定　一般对容易吸湿发霉变质、酸败的生药应规定水分检查。水分含量偏高,会使生药的剂量不足,疗效降低。水分的测定,也是为了保证生药不因所含水分超过限度而发霉变质。供测定用的样品一般先破碎成直径不超过 3mm 的颗粒或碎片。直径和长度在 3mm 以下的可不破碎。常用的测定方法有烘干法、甲苯法、减压干燥法。烘干法适用于不含或少含挥发性成分的生药,甲苯法适用于含挥发性成分的生药,减压干燥法适用于含挥发性成分的贵重生药。具体操作方法参照《中国药典》附录Ⅸ H 进行。例如《中国药典》规定甘草水分不得过 12.0%。

3. 灰分测定　生药的灰分包括总灰分及酸不溶性灰分。所谓总灰分,是生药本身经过灰化后遗留的不挥发性的无机成分以及生药表面附着的不挥发性无机成分的总和;酸不溶性灰分是指总灰分中加 10% 盐酸处理,得到不溶于 10% 盐酸的灰分。同一种生药,在无外来掺杂物时,一般都有一定的总灰分范围。规定生药的总灰分限度,对保证生药的品质和纯净程度,有一定的意义。生药本身所含的无机盐(包括钙盐,如草酸钙)多数可溶于稀盐酸中,而来自泥沙等的外来杂质大部分是硅酸盐类,在酸中不溶解,因此测定酸不溶性灰分能较准确地表明生药中外来杂质。易夹杂泥沙生药或对难以加工处理和炮制时也不易除去泥沙的生药,应规定总灰分。实际应用时可根据生药的具体情况,规定其中一项或二项。具体操作方法参照《中国药典》附录Ⅸ K 进行。例如《中国药典》规定甘草总灰分不得过 7.0%。酸不溶性灰分不得过 2.0%。

4. 浸出物的测定　某些生药有效成分尚不明确或尚无精确定量方法,无法进行含量测定,而浸出物的指标能明显区别生药质量优劣的,可结合用药习惯和已知化学成分类别等,选用适宜的溶剂,测定其浸出物含量,以示生药的品质。溶剂的选择,应结合用药习惯、活性成分等考虑,一般采用水或一定浓度的乙醇,或采用乙醚作溶剂,即水溶性浸出物测定法、醇溶性浸出物测定法和醚溶性浸出物测定法。供测定的生药样品须粉碎,通过二号筛,并混合均匀。例如《中国药典》规定黄精照醇溶性浸出物测定法项下的热浸法测定,用稀乙醇作溶剂,不得少于 45.0%。具体操作见《中国药典》附录Ⅹ A。

5. 挥发油的测定　适用于含挥发油的生药。测定用的供试品,除另有规定外,须粉碎使能通过二号至三号筛,并混合均匀,在特制的挥发油测定器中进行测定。测定方法分为甲法与乙法。甲法适用于测定相对密度在 1.0 以下的挥发油,乙法适用于测定相对密度在 1.0 以上的挥发油。具体操作见《中国药典》附录Ⅹ D。

第三节　生药的基源鉴定

生药的原植(动)物鉴定(identification of original plant),又称分类学鉴定或者基源鉴定。是应用植(动)物分类学的知识,对生药的来源进行鉴定,确定学名和药用部位,以保证应用品种的准确性。这是生药鉴定工作的基础,也是生药生产、资源开发及新药研究工作的基础。原植物鉴定一般分为如下四部分:

一、实地调查和采集标本

深入原产地进行调查研究,收集第一手资料,如该品种在当地的名称,分布、海拔、生态习性、植物特征、用药习惯以及采收加工等情况。采集包括花、果实、种子等具有分类学特征的植物标本、还应注意采集到药用部位,压制标本后作进一步研究。

二、观察植物形态

对新鲜的或较完整植物的标本,应注意其根、茎、叶、花、果实等器官的观察,对繁殖器官(花、果、孢子囊、子实体等)应特别仔细观察,可借助放大镜或解剖镜,同时注意对药用部位进行观察。

三、核对文献

根据已观察到的形态特征,能初步确定科属的,可直接查阅该科属的资料,若不能确定科属,就必须查阅植物分科检索表来确定科属,然后再根据检品的形态特征查阅有关中草药书籍和图鉴的描述,加以分析对照。在核对文献时,首先考虑植物分类专著,如《中国植物志》《中国高等植物图鉴》等;其次再查阅《中药志》《中华本草》《中药大辞典》《全国中草药汇编》、此外《常用中药材品种整理与质量研究》《中国中药资源丛书》等也是生药基源鉴定的重要参考资料。通过核对文献正确鉴定,确定其学名。

四、核对标本

当确定未知种是什么科属时,可以到有关植物标本馆核对已定学名的该科属标本。在核对标本时,要注意同种植物在不同生长期的形态差异,需要参考更多一些的标本和文献资料,才能使鉴定的学名准确。

生药原植物标本经过鉴定学名后,必须将分开采集的药用部分标明相同的学名,作为标准样品保存,供研究工作及鉴定商品时对比之用。

第四节 生药的性状鉴定

性状鉴定(macroscopical identification),通过眼观、手摸、鼻闻、口尝、水试、火试等十分简便的鉴定方法,对生药的性状,包括形状、大小、色泽、表面、质地、断面、气味等作为依据对生药进行真实性鉴定的方法。这是我国专业人员长期积累的传统鉴别经验,故又称经验鉴别。该方法简单、易行、迅速,是常用而且行之有效的鉴定方法之一。

一、性状鉴定的内容

(一)形状(shape)

指干燥药材的外观形态。有些特殊的形态特征以生动的语言加以概括,易懂易记。如防风的根茎部分称"蚯蚓头";山参的主要特征被形象地描述为"芦长碗密枣核艼,紧皮细纹珍珠须”；海马的外形为“马头蛇尾瓦楞身”。在观察外形时，对皱缩的药材如叶和花类，鉴定时可先用热水浸泡，展平后观察；在观察某些果实种子类药材时，亦可用热水浸软，以便剥去果皮或种皮，观察内部特征。

（二）大小（size）

一般指生药的长短、粗细、厚薄。可用 cm 或 mm 表示。有些很小的种子如葶苈子、车前子、菟丝子等，可在放大镜下测量。

（三）色泽（color）

各种生药的颜色是不相同的，色泽变化与药材质量有关，如玄参要黑、丹参要紫、茜草要红、黄连要黄。但大多数生药色泽是复合的，如黄棕色、红棕色、应以后一色为主，即以棕色为主。药材如果加工不当，贮藏时间过长，都可能改变生药的固有色泽，甚至引起内在质量的变化。如黄芩加工或保管不当，颜色由黄变绿，有效成分受到破坏，质量下降。

（四）表面特征（surface character）

指药材表面的特殊之处，如是否光滑、粗糙，皱纹的有无、粗细及排列，皮孔或毛茸的有无及形态类型。例如有的药材表面有皮孔样疤痕，有的表面密生茸毛，易与其他生药相区别。

（五）质地（texture）

指药材组织结构的手感特性，如软硬、轻重、坚韧、疏松、致密、黏性或粉性等。用于形容药材质地的术语也很多，质轻而松、断面多裂隙，谓之“松泡”，如南沙参；折断时有“粉性”，如山药；质地“油润”，如当归；质地坚硬，断面半透明状谓之“角质”，如郁金等。

（六）断面（fracture）

指生药的自然折断面或切断面。注意断面是否平坦，或显纤维性、颗粒性或裂片状，是否可以层层剥离等。如杜仲折断时有胶丝相连；黄柏折断面显纤维性；苦楝皮的折断面裂片状分层；厚朴折断面可见有闪闪发亮的小亮星。

药材断面特征非常重要，还可通过观察皮部与木部的比例、维管束的排列方式、射线的分布、油点的多少等特征区别易混品药材。对于横切面特征的描述，经验鉴别也有很多术语，如黄芪的“菊花心”；粉防已有“车轮纹”等。

（七）气（odour）

有些药材含有挥发性成分，具有特殊的香气或臭气，可用嗅法识别。一般直接嗅闻干燥药材，也可切碎后或用热水浸泡后再闻。如檀香、阿魏、麝香、肉桂等。

（八）味（taste）

是用味觉来识别药材，可取少量药材直接口尝其滋味。生药的味与其含有的成分有关，味感也是衡量药材品质的标准之一，如乌梅、山楂以味酸为佳；黄连、黄柏越苦越好；甘草、党参以味甜为好等。对有毒性的药材，口尝时要特别小心，取样要少，尝后应立即吐出漱口，洗手，以免中毒，如草乌、半夏、白附子等。

（九）水试（water-based test）

是利用生药在水中或遇水发生沉浮、溶解、颜色变化、透明度、膨胀性、旋转性、黏性、酸碱变化等特殊现象鉴别生药的一种方法。如西红花加水浸泡后，水染成金黄色；秦皮水浸液在日光下显碧蓝色荧光；葶苈子、车前子等加水浸泡，则种子变黏滑，且体积膨胀；熊胆粉末投入清水杯中，即在水面旋转并呈黄色线状下沉而不扩散。这些现象往往与生药的组织构造或所含的化学成分相关。

（十）火试（fire-based test）

有些生药用火烧之，能产生特殊的气味、颜色、烟雾、闪光和响声等现象，可作为鉴别手段之一。如麝香少许用火烧时有轻微爆鸣声，随即融化，起油点似珠，香气四溢，灰为白色；海金沙易点燃而产生爆鸣声及闪光，而松花粉及蒲黄无此现象，可用此法区别。

二、各类生药性状鉴定的要点

（一）根类生药

根类生药没有节、节间和叶，一般无芽。根的形状通常为圆柱形或长圆锥形，有的根两端细小而中间膨大称为块根，呈圆锥形或纺锤形等，如麦冬、何首乌。双子叶植物根一般为直根系，主根发达，侧根较小；少数主根不发达，为须根系，多数细长的根集生于根茎上，如威灵仙、龙胆等。单子叶植物根一般为须根系。根的表面常有纹理，有的可见皮孔。双子叶植物根外表常有栓皮，较粗糙。单子叶植物根外表无木栓层，有的具较薄的栓化组织。根的质地和断面特征常因品种而异，有的质重坚实，有的体轻松泡；折断时或有粉尘散落（淀粉粒），或呈纤维性、角质状等。观察根的横断面，首先应注意区分双子叶植物根和单子叶植物根。一般说来，双子叶植物根有一圈形成层的环纹，环内的木质部范围较环外的皮部大，中央无髓部，自中心向外有放射状的射线纹理，木部尤为明显，外表常有栓皮。单子叶植物根有一圈内皮层的环纹；中柱一般较皮部为小，中央有髓部，自中心向外无放射状纹理，外表无木栓层，有的具较薄的栓化组织。其次，应注意根的断面组织中有无分泌物散布，如伞形科植物当归、白芷等含有黄棕色油点，并应注意少数双子叶植物根断面的异常构造，如何首乌的云锦花纹等。

（二）根茎类生药

根茎类生药是以植物的地下茎入药，例如根状茎、块茎、球茎、鳞茎等。根茎类生药表面有节和节间，以单子叶植物的根茎为明显，节上常见有退化的鳞片状或膜质状小叶，有时可见叶痕和芽痕，周围或下侧有不定根或根痕。蕨类植物的根茎常有鳞片或鳞毛，有的周围密布整齐的叶柄基。双子叶植物根茎横断面呈放射状结构，中心有明显的髓部；单子叶植物根茎横断面不呈放射状，内皮层环大多明显，环圈内外均散有维管束小点；蕨类植物根茎横断面有的中心为木部，无髓，有的木部呈完整的环圈，中间有髓，有的为数个分体中柱断续排列成圈状。

（三）茎木类生药

茎木类生药是茎类和木类生药的总称，茎类多为木本植物的茎，包括茎藤，如鸡血藤；茎枝，如桂枝；带叶茎枝，如络石藤；带钩茎刺，如钩藤；茎刺，如皂角刺；茎的翅状附属物，如鬼箭羽；茎的髓部，如通草。少数为草本植物的茎，如首乌藤。木类生药系采用木本植物茎的形成层以内的部分，通常以心材入药，如沉香等。观察时一般应注意其形状、大小、粗细、表面、颜色、质地、折断面及气味等。

（四）皮类生药

皮类生药主要是指来源于被子植物（主要是双子叶植物）和裸子植物的茎干、枝和根的形成层以外的部分。其中大多数为木本植物茎干的皮，少数为根皮或枝皮。

皮类生药因植物来源、取皮部位、采集和加工干燥不同而形成外表形态上的变化特征，在鉴定时，要仔细观察。

形状　由粗大老树上剥下的皮，大多粗大而厚，呈长条状或板片状；枝皮呈细条状或卷筒状；根皮多呈短片状或短小筒状。一般描述术语有①平坦状：皮片呈板片状，较平整。②弯曲状：皮片多数向内弯曲。由于弯曲的程度不同，又分为反曲状、槽状或半管状、管状或筒状、单卷筒状、双卷筒状、复卷筒状。

外表面　多为灰黑色、灰褐色、棕褐色或棕黄色等，有的树干皮外表面常有斑片状的地衣、苔藓等物附生。有的常有纵横深浅不同的裂纹或片状剥离的落皮层，有时亦有各种形状的突起物；多数树皮尚可见皮孔，通常是横向的，皮孔的形状、颜色、分布的密度，常是鉴别皮类药材的特征之一。少数有刺毛或有钉状物。

内表面　颜色各不相同，一般较外表面色浅而平滑，常有粗细不等同的纵向皱纹。

折断面　皮类中药横断面的特征和皮的各部组织的组成和排列方式有密切关系，是皮类生药鉴别的重要特征，折断面主要有①平坦状：无显著突起物。②颗粒状：组织中富含石细胞群，折断面常呈颗粒状突起。③纤维状：组织中富含纤维，折断面多显较细的纤维状物或刺状物突出。④层状：组织构造中的纤维束和薄壁组织呈环带状间隔排列，折断时断面形成明显的层片状。有些皮的断面外侧较平坦或颗粒状，内侧显纤维状，说明纤维主要存在于韧皮部，如厚朴。有的皮类中药在折断时有胶质丝状物相连，如杜仲。亦有些皮在折断时有粉尘出现，这些皮的组织均较疏松，含淀粉较多，如白鲜皮。

气味　与皮中所含成分有密切关系，各种皮的外形有时很相似，但其气味却完全不同。如香加皮和地骨皮，前者有特殊香气，味苦而有刺激感，后者气味均较微弱。

（五）叶类生药

叶类生药大多采自双子叶植物的叶。入药部位多数为完整而成熟的叶；少数为嫩叶，也有带嫩枝的，有的为带叶的枝梢。多数以单叶入药，少数为复叶的小叶。叶类生药的性状鉴定首先应观察大多数叶子的色泽及状态。完整的还是破碎的，是单叶还是复叶的小叶，是平展的还是皱缩的，以及有无茎枝或叶轴等。由于叶类生药大多是干燥品，且叶片较薄，容易皱缩、破碎，故鉴定时应该选择完整的、有代表性的样品来观察。观察时常需将样品浸泡在水中，使其湿润、展开。必要时借助解剖镜或放大镜仔细观察。鉴别时一般应注意以下几个方面：①组成：单叶还是复叶。②形状：包括叶片外形、叶缘、叶尖、叶基、叶脉、叶柄的有无、长短及叶鞘的情况等。③大小：选择大、中、小叶片分别测量其长度及宽度。④表面特征：例如观察叶片上下表面的颜色、光泽、质地、光滑程度、毛茸情况、腺点或其他色点。有时需对光观察，看有无油点（透明点）或灰色斑点（草酸钙结晶）等。⑤气味：可揉搓或热水浸泡进行。

（六）花类生药

花类生药包括干燥的花、花序或花的某一部分。完整的花包括已开放的花或花蕾。花序也有用已开放的花或是花蕾，也有带花的果穗入药。花的某一部分，如番红花系柱头入药，松花粉、蒲黄则为花粉粒入药。性状鉴别首先应注意观察药材的全形、颜色、大小、气味。药材经过采制、干燥，常干缩、破碎而改变了形状，常见的有圆锥状、棒状、团簇状、丝状、粉末状等，颜色、气味较新鲜时淡。以完整花入药者，应注意观察花萼、花冠、雄蕊群和雌蕊群的数目及其着生位置、形状、颜色、被毛与否、气味等；如以花序入药，还需注意花序的类别、总苞或苞片的数目、形状、大小、颜色等。如是菊科植物，还需观察花序托的形状、有无被毛等特征。此外，鉴定时常需将药材放在温水中软化，以便观察它们的构造，必要时需借助放大镜、解剖镜进行观察。

（七）果实、种子类生药

果实及种子在植物体中是两种不同的器官，但在生药中常未严格区分，大多数是果实、种子一起入药。果实类生药是以植物的果实或果实的一部分入药的药材总称，包括果穗、完整果实和果实的一部分。完整果实有成熟果实、近成熟果实、幼果之分，果实的一部分包括果皮、果核、带部分果皮的果柄、果实上的宿萼等，有的甚至仅采用中果皮部分的维管束入药，如橘络、丝瓜络。药用的种子多为成熟品，包括完整的种子及假种皮、种皮、种仁、去掉子叶的胚等种子的一部分；有的采用发芽后的种子，如大豆黄卷；或种子经发酵加工后入药，如淡豆豉。

完整果实包括果皮和种子，一般顶端可见宿存花被、花柱或瘢痕，基部可见宿萼、果柄或果柄痕，有的还有宿存花被；内含成熟或未成熟的种子，少数种子不发育。果实的性状鉴别应注意其形状、大小、颜色、表面、质地、断面及气味等。果实类生药的表面大多干缩而有皱纹，肉质果实尤为明显；果皮表面常稍有光泽，有的具毛茸；芸香科植物的果实的表面常可见凹下的油点；一些伞形科植物的果实表面具有隆起的肋线。

完整的种子包括种皮和种仁。种子的表面要注意种脐、种脊、合点、种阜、假种皮等特征。种仁部分包括胚乳和胚。有的种子可进行水试，如车前子、葶苈子遇水表面显黏性；牵牛子水浸后种皮呈龟裂状，有明显黏液；菟丝子水煮会出现“吐丝”等。

气味也是果实种子类生药很重要的鉴别特征。芸香科、伞形科植物的果实常有浓烈的香气，可作为鉴别真伪及品质优劣的依据。宁夏枸杞子味甜，鸦胆子味极苦，白芥子味辛辣，五味子有酸、甜、辛、苦、咸等味。剧毒生药，如巴豆、马钱子等，尝时应特别注意安全。

（八）全草类生药

全草类生药又称草类中药材，大多为干燥草本植物的地上部分，亦有少数带根及根茎入药；也有草质茎如麻黄等；或肉质茎如肉苁蓉等，均列入全草类生药。

全草类生药的鉴定，应按其所包括的药用部位，如根、茎、叶、花、果实、种子等分别进行观察，这些器官在观察时的注意事项，前面章节已做详细论述，本章不再重复。但全草类生药主要由草本植物的全株或地上的某些器官直接干燥而成，在采收、加工、包装或运输过程中易皱缩或破碎，故在鉴别时对其进行原植物的分类鉴定更为重要，如有完整的花、叶，可在水中浸泡后展开进行观察。

（九）动物类生药

动物类生药是动物的全体、器官或代谢产物、分泌物入药，应注意观察肌肉、骨、皮肤、毛、脚等各部分特征。

（十）矿物类生药

矿物药是一类特殊的生药，主要是依据矿物的性质进行鉴定。性状鉴定除对外形、颜色、质地、气味等进行鉴定外，还应检测其硬度、透明度、条痕、解理、断口、磁性及比重等性质。

以上所述，在描述生药的性状或制定质量标准时，都要全面而仔细地观察生药，确保准确鉴定。

第五节 生药的显微鉴定

显微鉴定（microscopical identification），是利用显微镜来观察生药内部的细胞形状、组织构造以及细胞内含物特征，鉴定生药的真伪或制定显微鉴别的依据。由于生药的内部构造较稳定，多具有种的特异性，易于正确鉴别。该法适用于外形相似不易区别的多来源生药、破碎和呈粉末状的生药，以及用粉末制成的丸、散、片、胶囊等中成药。

一、显微鉴定常用的方法

1. 组织鉴定　通过观察植物器官的各种切片，以组织构造特征来鉴别生药。一般来说，对不同科属来源的生药鉴别比较容易，对于相同科属来源的生药鉴别相对较困难。

2. 粉末鉴定　直接用生药粉末制片，观察描述该种生药特有的细胞、内含物的特征来鉴别真伪。

3. 显微化学反应　见理化鉴别。

二、显微鉴定的步骤

1. 制片　首先要根据观察的对象和目的，选择具有代表性的生药，制作不同的显微片。一般用徒手、滑走或石蜡切片法做横切片观察，必要时做纵切片、表面装片、粉末制片。有时为了观察某些细胞如纤维、石细胞、导管等，可制解离组织片。一般用蒸馏水或醋酸甘油试液装片观察淀粉粒。为使细胞、组织观察更清楚，可用水合氯醛液透化后装片，为避免放冷后析出水合氯醛结晶，可在透化后滴加甘油少许，再加盖玻片。

2. 观察和记录　观察细胞和后含物时，常需要测量其直径、长短（以 μm 计），作为鉴定依据之一，测量可用目镜测微尺进行。测量较大物体时可在低倍镜下进行，测量微细物体时宜在高倍镜下进行，高倍镜下目镜测微尺的每一格的 μm 数较少，测得的结果比较准确。当观察的物体大小差异很小时，可用一个数字记载，如直径约 10μm，当观察的物体大小有一定差异时，可记载最小值和最大值，如 10～25μm。

鉴定结果的记录，既用文字，又要附图。附图可以用手绘、显微绘图法绘制，现多用显微摄影、数码摄影技术摄制。

三、各类生药显微鉴定要点

（一）根类生药

1. 组织特征　根的横切面在显微镜下观察组织构造，可区分双子叶植物根和单子叶植物根。①双子叶植物根：一般均具次生构造。最外层大多为周皮，由木栓层、木栓形成层及栓内层组成。维管束一般为无限外韧型，由初生韧皮部、次生韧皮部、形成层、次生木质部和初生木质部组成。双子叶植物根一般无髓；少数次生构造不发达的根初生木质部未分化到中心，中央为薄壁组织区域，形成明显的髓部，如川乌等。双子叶植物根除上述正常构造外，有些还可形成异常三生构造。②单子叶植物根：一般均具初生构造。最外层通常为一列表皮细胞，无木栓层，有的细胞分化为根毛，细胞外壁一般无角质层。少数根的表皮细胞进行切线分裂为多层细胞，形成根被，如麦冬等。皮层宽厚，占根的大部分，内皮层及其凯氏点通常明显。中柱与皮层的界限分明，直径较小。维管束为辐射型，韧皮部与木质部相间排列，呈辐射状，无形成层。髓部通常明显。

根类生药的横切面显微鉴别，首先应根据维管束的类型、有无形成层等，区分是双子叶或单子叶植物的根。其次根中常有分泌组织存在，如乳管、树脂道、油室等。常见草酸钙结晶如簇晶、方晶、砂晶、针晶等。此外淀粉粒、菊糖、厚壁组织的有无也应注意观察。

2. 粉末特征　木栓组织较为多见，观察时应注意木栓细胞表面观的形状、颜色、壁的厚度，有的可见木栓石细胞（如党参）。导管一般较粗，观察时应注意其类型、直径、导管分子的长度及末端壁的穿孔、纹孔的形状及排列等。石细胞观察时应注意形状、大小、细胞壁增厚形态和程度、纹孔形状及大小、孔沟密度等特征。纤维观察时应注意纤维的类型、形状、长短粗细等；注意纤维束的周围细胞是否含结晶形成晶鞘纤维。分泌组织观察时应注意分泌细胞、分泌腔（室）、分泌管（道）及乳汁管等类型、分泌细胞的形状、分泌物的颜色、周围细胞的排列及形态等特征。结晶大多为草酸钙结晶，其次还有菊糖、硅质晶体等，观察时应注意结晶的类型、大小、排列及含晶细胞的形态等。淀粉粒一般较小，观察时应注意淀粉粒的多少、形状、类型、大小、脐点形状及位置、层纹等特征。

（二）根茎类生药

1. 组织特征　观察根茎横切面的组织构造，首先根据中柱、维管束的类型，区分其为双子叶植物、单子叶植物或蕨类植物的根茎。双子叶植物根茎大多有木栓组织，或有木栓石细胞；皮层中有时可见根迹维管束；中柱维管束无限外韧型，环列；中心有髓。少数种类有三生构造，髓部有异型复合维管束（如大黄）。单子叶植物根茎的最外层为表皮，有的皮层外侧局部地形成木栓组织（如姜），或皮层细胞木栓化形成后生皮层（如藜芦），皮层中有叶迹维管束，内皮层大多明显；中柱中散有多数有限外韧维管束，也有周木维管束（如石菖蒲）。较粗的根茎、块茎等内皮层不明显。鳞茎的鳞叶表皮可见气孔。蕨类植物根茎的最外层，多为厚壁性的表皮及下皮细胞，基本薄壁组织较发达。中柱类型，有的是原生中柱（如海金沙）；有的是双韧管状中柱（如狗脊）；有的为网状中柱（如绵马贯众）等。中柱类型，分体中柱的形状、数目和排列方式是品种鉴定的重要依据。有的在基本组织的细胞间隙中生有间隙腺毛（如绵马贯众）。

根茎生药中油室、油细胞、草酸钙结晶、厚壁组织、导管等均应注意观察。

2. 粉末特征　根茎类生药的粉末，与根类相似。常含多量较大的淀粉粒，其形状、大小、脐点、层纹以及类型等特征是鉴别的重要依据。鳞茎的鳞叶表皮常可察见气孔。单子叶植物根茎较易见到环纹导管。蕨类植物根茎一般只有管胞，无导管。

（三）茎木类生药

1. 组织特征　茎类观察其组织特征时应注意周皮或表皮。注意观察木栓细胞的形状、层数、增厚情况，落皮层有无等；幼嫩木质茎周皮尚不发达，常可见表皮组织。皮层注意其存在与否及在横切面所占比例，注意观察细胞的形态及内含物等。韧皮部注意观察韧皮薄壁组织和韧皮射线细胞的形态及排列情况，有无厚壁组织、分泌组织等。形成层注意观察是否明显，一般都呈环状。木质部注意观察导管、管胞、木纤维、木薄壁细胞、木射线细胞的形态和排列情况。髓部注意观察大多为薄壁细胞构成，多具明显的细胞间隙，细胞壁有时可见圆形单纹孔；有的髓周具厚壁细胞，散在或形成环髓纤维或环髓石细胞。草质茎髓部较发达，木质茎髓部较小。此外，还应注意以上各类组织的排列，各种细胞的分布，细胞内含物如结晶体、淀粉粒等特征的有无及形状。双子叶植物木质茎藤，有的为异常构造，韧皮部和木质部层状排列成数轮，如鸡血藤；有的髓部具数个维管束，如海风藤；有的具内生韧皮部，如络石藤。

木类生药一般分别做三个方向的切面，即横切面、径向纵切面与切向纵切面。注意观察各切面组织的特征。注意观察导管、木纤维、木薄壁细胞、木射线、淀粉粒或草酸钙结晶的有无及其类型。此外,有的生药可见到内函韧皮部,如沉香。

2. 粉末特征 茎类生药粉末一般除无叶肉组织外,其他组织、细胞、后含物都可能存在。木类生药粉末应注意观察导管、纤维管胞、韧型纤维、木薄壁细胞的特征及淀粉粒或草酸钙结晶等特征的有无及其类型。

(四)皮类生药

1. 组织特征 皮类生药的构造一般可分为周皮、皮层、中柱鞘部位及韧皮部。应首先观察横切面各部分组织的界限和宽厚度,然后再进行各部组织的详细观察和描述。周皮包括木栓层、木栓形成层与栓内层三部分。皮层中常可见到纤维、石细胞和各种分泌组织,如油细胞、乳管、黏液细胞等,细胞内常含有淀粉粒或草酸钙结晶。中柱鞘部位注意观察该部位有无厚壁组织以及它们的形态、细胞排列情况和多少。韧皮部包括韧皮部束和射线两部分。韧皮部束主要由筛管和韧皮薄壁细胞组成,其筛管群常皱缩成为颓废筛管组织。应注意有无厚壁细胞、分泌组织、淀粉粒及草酸钙结晶等。射线可分为髓射线和韧皮射线两种。髓射线较长,常弯曲状,外侧渐宽,呈喇叭口状;韧皮射线较短。射线的宽度和形状在鉴别时也较为重要。

2. 粉末特征 常有木栓细胞、纤维、石细胞、分泌组织、草酸钙结晶等,一般不应有木质部的组织,如管胞、导管等。

(五)叶类生药

1. 组织特征 叶片的组织构造特征主要分表皮、叶肉和叶脉三部分。表皮细胞多排列紧密,呈扁平的长方形或方形,多为 1 层细胞。表皮细胞的外壁常较厚,其外通常有角质层。有时可见到毛茸及气孔点。特别要注意表皮细胞中是否含有后含物及后含物的种类。叶肉为含叶绿体的薄壁组织,位于上、下表皮之间。通常分为栅栏组织和海绵组织,栅栏组织通常由 1 列至数列长圆柱形的细胞组成,观察时注意栅栏组织的细胞列数、与海绵组织是否易区分、是否通过主脉、是否含有后含物等,一般栅栏组织是不通过主脉的,但有的生药较特殊,栅栏组织通过主脉,如番泻叶、穿心莲叶等。海绵组织占叶肉组织的大部分,有时有侧脉维管束分布。观察时注意细胞内是否含有钟乳体、草酸钙结晶、橙皮苷结晶、色素;有无分泌细胞,如油细胞、黏液细胞、油室、间隙腺毛、乳汁管;有无异形细胞、厚壁细胞(石细胞)存在。它们的颜色、形状、分布都是非常重要的鉴别特征。叶脉是叶片中的维管束。维管束在叶片横切面中的排列方式常因植物的种类而异。除注意其排列方式外,还应注意观察维管束的类型;中柱鞘厚壁组织的有无及其分布、形状;中脉上、下表皮内方有无厚角组织分布;栅栏组织是否通过主脉等。

2. 表面制片 通过撕取叶的上表皮或下表皮制取表皮片观察其特征。表皮细胞一般为 1 层扁平的长方形、多边形或波状不规则细胞,彼此嵌合,排列紧密。注意观察平周壁有无角质层皱纹或突起,垂周壁的弯曲及增厚情况(波状、平直或念珠状);毛茸的种类(腺毛、腺鳞或非腺毛)、长度、组成毛茸的细胞数、形状、分布及毛茸表面的光滑度、木化程度等;气孔的类型、分布等特征。利用叶的表面制片可测定栅表比、气孔数、气孔指数、脉岛数、脉端数等,这些显微数据常因生药原植物种类不同而异,在叶类生药研究中具有较重要的鉴别意义。

3. 粉末特征 叶类生药的粉末常观察到碎断的毛茸、表皮碎片、气孔、纤维、分泌组织、异型细胞、厚角组织、晶体及导管等。表皮细胞应注意观察其形状、大小、垂周壁的弯曲情况、增厚程度、突起等。气孔应注意其形状、大小、类型、保卫细胞形状、副卫细胞数量等。毛茸重点注意区分腺毛、腺鳞、非腺毛,观察细胞数、形状、壁加厚情况等。厚壁组织应注意有无晶纤维、石细胞等特征。分泌组织应观察有无及其类型。此外,通过叶肉碎片可观察栅栏细胞的列数,有无晶细胞层、特异细胞等。

（六）花类生药

1. 组织特征 花梗和花托其构造与茎相似，注意表皮、皮层、内皮层、维管束及髓部是否明显，有无厚壁组织、分泌组织，有无草酸钙结晶、淀粉粒等。花萼和苞片在构造上与叶相类似，主要观察上表皮和下表皮细胞的形态，有无气孔和毛茸的分布，以及气孔和毛茸的类型、形状及分布情况等。叶肉组织常不分化，大多呈海绵组织状，有时有含晶细胞、分泌组织和异形细胞。花冠（花瓣）的构造与花萼近似，但气孔小而常退化。结构较简单，但表皮细胞及毛茸的形状常因部位的不同而有变化。上表皮细胞常呈乳头状或毛茸状突起，无气孔；下表皮细胞的垂周壁常波状弯曲、具内脊或向胞腔内弯曲而形成小囊状胞间隙，有时有少数毛茸及气孔存在。叶肉组织几乎不分化，由数层排列疏松的薄壁组织构成，有时可见分泌组织及贮藏物质。维管束细小，仅见少数螺纹导管。

2. 粉末特征 以花粉粒、花粉囊内壁纤维细胞增厚特征、非腺毛、腺毛为主要鉴别点，并注意草酸钙结晶、分泌组织及色素细胞等。花粉粒的形状、大小、颜色、表面纹理及萌发孔（沟）的情况等特征都是花重要的鉴别依据。花粉粒的形状和萌发孔数常因观察面（极面观或赤道面观）的不同而改变，应加以辨别。雌蕊柱头的表皮细胞亦有较重要的鉴定意义。

（七）果实、种子类生药

1. 组织特征 果实的构造包括外果皮、中果皮、内果皮三部分。外果皮相当于叶的下表皮，通常为 1 列表皮细胞，外被角质层，偶有气孔。表皮细胞观察时注意是否有毛茸、草酸钙结晶、橙皮苷结晶、色素或其他有色物质等情况。中果皮相当于叶肉组织，通常较厚，大多由薄壁细胞组成。薄壁细胞中有时含淀粉粒。中部有细小的维管束散在，有时可能有石细胞、油细胞等存在。内果皮相当于叶的上表皮，大多由 1 列薄壁细胞组成；也有为 1 列或多层石细胞组成。伞形科植物果实的内果皮特殊，是镶嵌状排列的细胞层。

种子类生药重点观察种皮，种皮的构造因植物的种类而异，最富变化，常可找出在鉴定上具重要意义的鉴别特征。种皮通常仅有 1 层，但有的种子有内、外种皮 2 层。种皮通常由下列一种或数种组织组成。它们分别是表皮层、栅状细胞层、油细胞层、色素层、石细胞层、营养层。还要注意观察种子的外胚乳、内胚乳及子叶细胞的形状、细胞壁增厚情况，糊粉粒的形状、大小及有无拟球体、拟晶体，有的糊粉粒中也可有小簇晶存在。此外含有的脂肪油、淀粉粒等也有鉴别意义。

2. 粉末特征 果实类生药主要观察果皮表皮碎片、中果皮薄壁细胞及纤维、石细胞、结晶等。注意外果皮细胞的形状、大小，有时外果皮表皮细胞的垂周壁增厚，呈念珠状，外果皮上可能有非腺毛、腺毛或腺鳞。注意内果皮有无镶嵌状细胞等。结晶以簇晶及方晶为多见，砂晶极少见。含有种子的果实类药材，在粉末中还含有种皮、胚乳细胞及胚的组织碎片。

种子类生药可见种皮表皮碎片，注意其细胞的形态特征。糊粉粒是种仁中贮藏蛋白质的特殊形式，常存在于胚及胚乳薄壁组织中。淀粉粒较少见，一般细小，偶见较大的。不同的种子粉末中还可能出现栅状细胞、杯状细胞、支持细胞、色素细胞、网状细胞、硅质块、纤维及分泌组织等。

（八）全草类生药

全草类生药大多为草本植物的地上部分，全草类生药包括了草本植物的各个部位，其显微鉴定可参照上述各类生药的显微鉴别特征。

（九）菌类生药

药用部分大多是子实体（如灵芝）和菌核（如猪苓、茯苓）。观察时应注意菌丝的形状、有无分支、颜色、大小；团块、孢子的形态；结晶的有无及形态、大小、类型。不应出现淀粉粒和高等植物的显微特征。

（十）动物类生药

根据药用部位可分为动物全体、分泌物、病理产物和角甲类。动物全体应注意观察皮肤碎片细胞的形状、色素颗粒的颜色；刚毛的形态、大小、颜色；体壁碎片的形态、颜色、表面纹理及菌丝体；骨碎片的形状、颜色、骨陷窝形态与排列方式，骨小管形状以及是否明显等。带有鳞片的动物还应注意鳞片的表面纹理及角质增厚特征。分泌物和病理产物应注意团块的颜色及其包埋物的性质特征，还应注意表皮脱落组织，毛茸及其他细胞的形状、大小、颜色等特征。角甲类生药应注意碎块的形状、颜色、横断面和纵断面观的形态特征及色素颗粒的颜色。

（十一）矿物类生药

对粉末状的矿物生药可借助显微镜，观察其形状、透明度和颜色等。在矿物药的显微研究中，一般使用偏光显微镜研究透明的非金属矿物的晶形、解理和化学性质，如折射率、双折射率；用反光显微镜对不透明与半透明的矿物进行物理、化学性质的检测。但在进行显微鉴定时，均要求矿物经磨片后才可进行观察。

四、中成药的显微鉴定要点

对于用粉末生药制成的中成药，可根据其细胞、组织、后含物的特征，用显微镜加以识别。实践证明显微鉴定是鉴定中成药丸散锭丹和片、颗粒剂等的科学方法之一。其步骤：

1. 查阅和分析资料　通过此项工作了解该中成药的剂型和制法，熟悉处方中组成药物的显微特征。因为中成药一般多由两味以上生药采用多种方法制备而成。制备方法的不同对显微鉴别会产生一定的影响，而且组成药物及各种辅料的显微特征还会出现相互影响和干扰。如中成药常用的蜂蜜均含有花粉粒，显微镜下与组成药物的花粉粒交叉，相互影响，干扰鉴定结果。所以通过查阅资料，熟悉剂型中生药的显微粉末特征，可排除干扰。

2. 根据处方明确专属性特征　根据处方，对各组成药材粉末特征作分析比较，排除某些类似的细胞组织或后含物等的影响，选取各药具专属性的显微特征，作为鉴别依据。例如二陈丸，由陈皮、半夏（制）、茯苓、甘草四味药组成，每味药都有数个显微特征，大部分特征又有横向类别的交叉。我们应选取其代表特征，如陈皮：草酸钙方晶，半夏：草酸钙针晶，茯苓：无色不规则的菌丝状团块，甘草：晶纤维。这些代表性显微特征可以区别每一味药。

3. 观察、绘图或显微照相　绘图时一定注意形状、大小和放大倍数。注意保存鉴定记录。

4. 写出鉴定报告

五、显微鉴定新技术

1. 偏振光显微镜（polarization microscope）　简称偏光显微镜，在偏光显微镜下，生药的鉴别要素在色彩上表现出一定的变化，可作为显微鉴别依据之一。如淀粉在偏光显微镜下呈现黑十字现象，不同类型的淀粉其黑十字形象不同；草酸钙结晶类型多样，在偏光显微镜下呈不同的多彩颜色；石细胞其细胞壁在偏光显微镜下呈亮黄色或亮橙黄色；纤维、导管在偏光显微镜下则呈强弱不同的色彩；动物的骨碎片、肌纤维、结晶状物、毛茸等也呈现出不同的偏光特性；矿物类物质多具有偏光特性。

2. 扫描电子显微镜（scanning electron microscope） 简称扫描电镜，扫描电镜分辨率高，放大倍率可达10万倍，能使物质的图像呈现显著的表面立体结构（三维空间）的特征，观察的样品制备操作又较简易，所以在药材鉴定，特别在同科属种间的表面结构的鉴别比较上，已成为一种新的手段。如扫描电子显微镜用于研究花粉粒、种皮和果皮的表面纹饰的结构已有很多报道。

此外，生药鉴定方面还应用荧光显微镜（fluorescence microscope）、紫外光显微镜（ultraviolet microscope）、激光扫描共聚焦显微镜（laser scanning confocal microscope）等显微鉴定技术。

第六节 生药的理化鉴定

生药的理化鉴定（physical and chemical identification）是利用物理的或化学的分析方法，对生药及其制品中所含有效成分或指标性成分进行定性和定量分析，以鉴定生药的真伪和品质优劣的一种方法。

一、一般理化鉴别

1. 呈色反应 利用生药所含的化学成分能与某些试剂产生特殊颜色反应的性质鉴别生药。一般在试管中进行，也可直接在生药切片或粉末上滴加各种试剂观察呈现的颜色，用以判断生药中是否含有某类或某种化学成分。如马钱子胚乳的切片置于白瓷板上，若滴加1%钒酸铵硫酸溶液则显紫色（示番木鳖碱）；若滴加发烟硝酸1滴则显橙红色（示马钱子碱）。

2. 沉淀反应 利用生药的化学成分能与某些试剂产生某种性状的沉淀反应来鉴别生药。如黄芩的乙醇提取液，加醋酸铅试液生成橘黄色沉淀，示黄芩含有黄酮或黄酮苷类成分。

3. 显微化学反应 利用植物细胞后含物可与某些化学试剂发生反应的性质，将生药的少量粉末、切片或浸出液置于载玻片上，滴加某种化学试液后，通过显微镜观察产生的颜色变化、沉淀或结晶的生成、气体逸出等化学反应现象鉴别生药。如黄连粉末滴加稀盐酸，镜检可见簇状盐酸小檗碱结晶；若滴加30%硝酸，可见针状小檗碱硝酸盐结晶析出。

4. 微量升华 利用生药含有的某些小分子化学成分具有升华性质的特性，用生药粉末进行升华试验，在显微镜下观察升华物的结晶形态，或在升华物上滴加化学试剂，观察发生反应的结果来鉴别生药，如大黄含有的游离羟基蒽醌类成分具有微量升华的特性，镜检低温升华物为黄色针晶，高温升华物为树枝状或羽毛状结晶，升华物若加碱液呈红色溶液。

5. 荧光分析 利用生药中所含的某些化学成分，在紫外光或自然光照射下能产生一定颜色荧光的性质进行鉴别。可直接取生药饮片、粉末或将浸出物滴加在滤纸上在紫外光灯下观察荧光现象鉴别生药，如黄连饮片断面显金黄色荧光，秦皮的水浸液显天蓝色荧光。

6. 物理常数 对挥发油、油脂类、树脂类、液体类药（如蜂蜜等）和加工品类（如阿胶等）生药，通过测定相对密度、旋光度、折光率、硬度、黏稠度、沸点、凝固点、熔点等物理常数进行鉴别。

二、色　谱　法

现代色谱分析技术具有分离、分析双重功能，特别适用于含有复杂化学成分生药的定性、定量鉴别，在制定生药及其制品的质量标准、评价生药的有效性和安全性中得到越来越广泛的重视和应用。色谱法根据分析原理可分为吸附色谱法、分配色谱法、离子交换色谱法和排阻色谱法等。根据分离方法分为纸色谱法、柱色谱法、薄层色谱法、高效液相色谱法和气相色谱法。薄层色谱法是生药鉴别中最为常用的定性鉴别方法，高效液相色谱法和气相色谱法是常用的定性、定量分析方法。

1. 薄层色谱法(thin layer chromatography，TLC)　将生药或生药制品用适当溶剂提取并处理后制成供试品溶液，与标准化学对照品溶液或标准对照药材溶液点于同一薄层板上，在层析缸内用展开剂展开，使供试品中的化学成分层析分离。用显色剂显色或用紫外灯照射(254nm或365nm)下检视，或在薄层硅胶中加入荧光物质，采用荧光猝灭法检视。通过比较供试品溶液与对照物的色谱图进行鉴别。常用的正相层析薄层板为硅胶G板或硅胶GF_{254}板。

2. 气相色谱法(gas chromatography，GC)　采用气体为流动相(载气)，样品注入进样器加热气化，被载气带入色谱柱内各成分得到分离，先后进入检测器，用记录仪或数据处理器记录色谱图，进行生药化学成分的定性、定量分析。氮、氦、氢气可用作载气；色谱柱为填充柱或毛细管柱；气相色谱法最常用检测器有热导检测器(TCD)和火焰离子化检测器(FID)，其他检测器如电子捕获检测器(ECD)、火焰光度检测器(FPD)、质谱检测器(MSD)、氮磷检测器(NPD)等也有应用。气相色谱法最适用于含有挥发油及其他挥发性成分，或制成可气化的衍生物的非挥发性成分的生药的定性、定量分析，如丁香按照气相色谱法测定，以聚乙二醇20 000(PEG-20M)为固定相，含丁香酚($C_{10}H_{12}O_2$)不得少于11.0%。高温下不能气化的成分不能进行分析。

3. 高效液相色谱法(high performance liquid chromatography，HPLC)　系采用高压输液泵将流动相泵入装有填充剂的色谱柱，对样品进行分离测定的色谱分析方法。根据生药所含化学成分的性质，选用不同的色谱柱及适宜的流动相。反相高效液相色谱系统最常用的色谱柱是以十八烷基键合相硅胶为填充剂的色谱柱，辛烷基键合相硅胶、氰基键合相硅胶、氨基键合相硅胶色谱柱也有应用。正相色谱系统常用以硅胶为填充剂的色谱柱。流动相采用固定比例(等度洗脱)和规定程序改变比例(梯度洗脱)的溶剂系统，常用的流动相系统有甲醇-水、乙腈-水、缓冲溶液系统等。常用的检测器有紫外检测器(UVD)、二极管阵列式检测器(DAD)、荧光检测器(FLD)和视差折光检测器(RID)等。高效液相色谱法具有分离效能高、分析速度快、灵敏度和准确度高、重现性好、适用各类化学成分的分析等特点和优势，是生药化学成分定性、定量分析的首选方法。

高效液相色谱法技术的发展，除了研制各种新型固定相的高性能色谱柱外，主要是开发出各种高灵敏度、通用型新检测器，如电喷雾检测器(CAD)、蒸发光散射检测器(ELSD)、电化学检测器(ECD)和质谱检测器(MSD)等。这些检测器的共同特点是，具有较宽的动态监测范围、较高的灵敏度和重复性、不依赖于化学结构的信号响应一致性、应用广泛和操作简捷等优点。可应用于中性、酸性、碱性及两性物质，特别是无紫外吸收或紫外吸收弱、非挥发性或半挥发性物质的检测。如采用HPLC-CAD色谱法，对柴胡药材中10种化学结构相似的柴胡皂苷类成分进行分析，获得高分离度的色谱图，可同时进行定性、定量分析（图 6-1）。

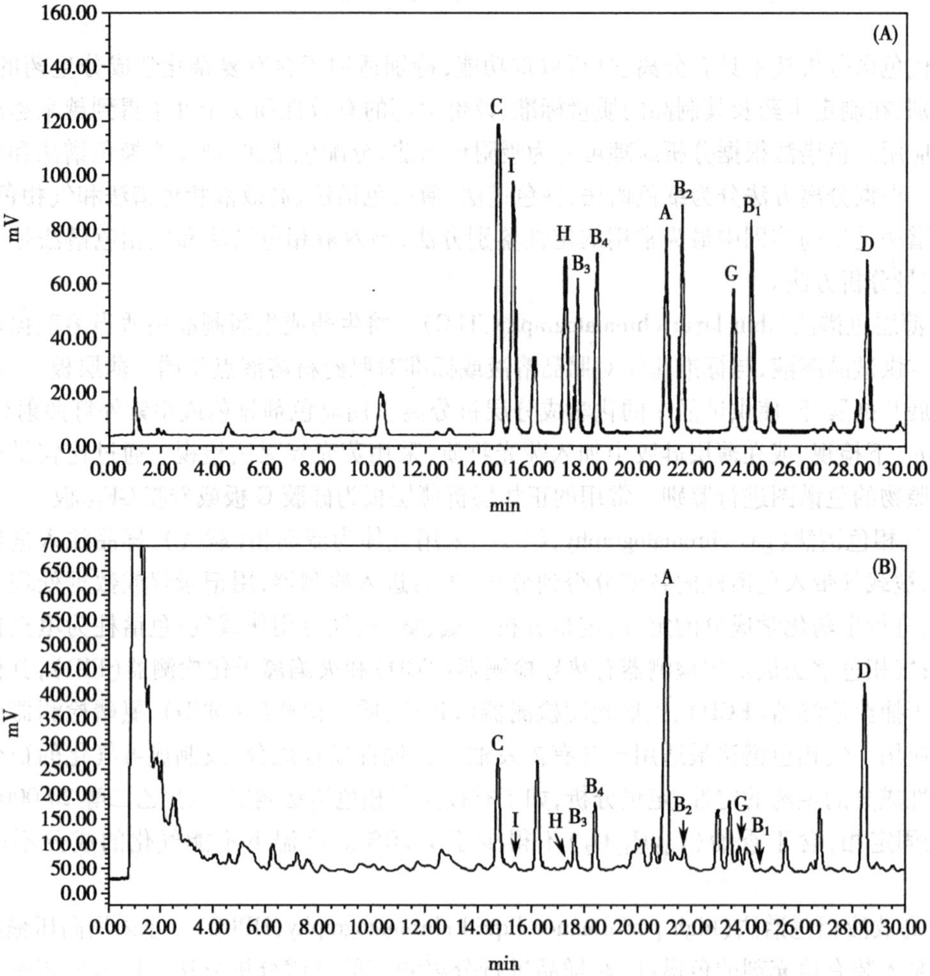

图 6-1 对照品与样品 HPLC-CAD 色谱图

A. 对照品；B. 样品。色谱峰对应成分与对照品标注一致

对照品：柴胡皂苷（saikosaponins）A、B_1、B_2、B_3、B_4、C、D、G、H、I。结构式如下：

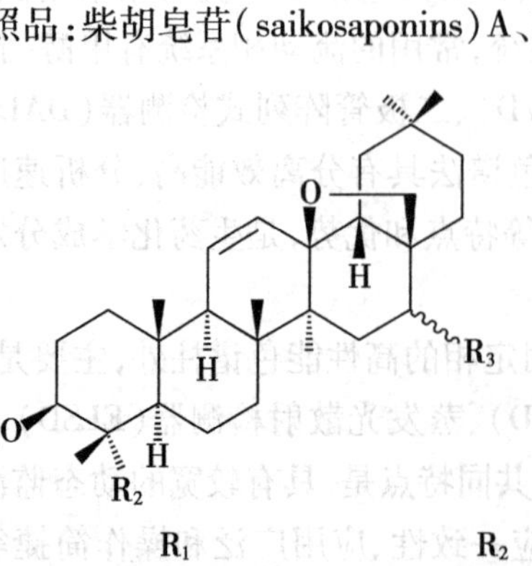

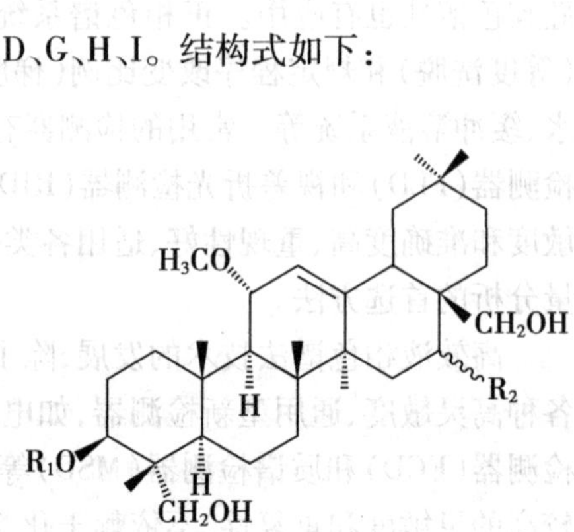

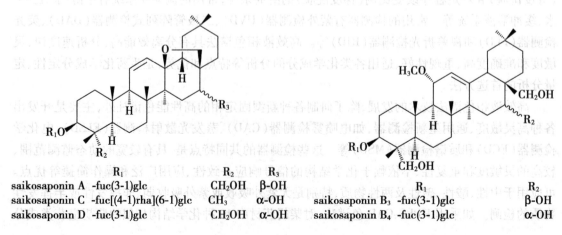

	R_1	R_2	R_3
saikosaponin A	-fuc(3-1)glc	CH_2OH	β-OH
saikosaponin C	-fuc[(4-1)rha](6-1)glc	CH_3	α-OH
saikosaponin D	-fuc(3-1)glc	CH_2OH	α-OH

	R_1	R_2
saikosaponin B_3	-fuc(3-1)glc	β-OH
saikosaponin B_4	-fuc(3-1)glc	α-OH

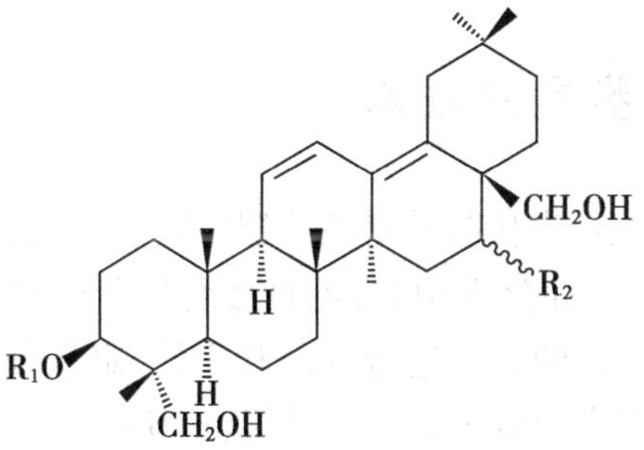

	R_1	R_2
saikosaponin B_1	-fuc(3-1)glc	β-OH
saikosaponin B_2	-fuc(3-1)glc	α-OH
saikosaponin H	-fuc[(6-1)rha](6-1)glc	β-OH

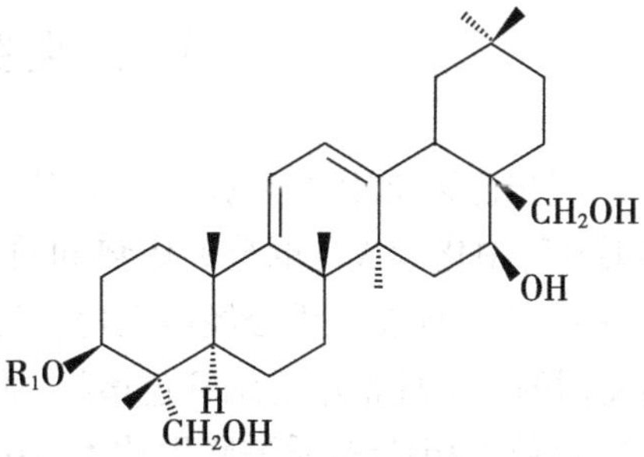

	R_1
saikosaponin G	-fuc(3-1)glc
saikosaponin I	-fuc[(4-1)rha](3-1)glc

色谱柱：Ascentis Express C18（100mm×4.6mm，2.7μm），预柱：Phenomenex C18（4.0mm×3.0mm，Torrance，CA，USA）；流动相：90% 乙腈（A），10% 乙腈（B）；梯度洗脱：20% A（0～5 分钟），线性梯度 50% A（5～35 分钟），50%～90% A（35～36 分钟），90% A（36～46 分钟）；流速：1ml/min；检测器：电喷雾检测器（CAD）；漂移管温度：50℃；氮气进口压力：35psi；柱温：27.5℃；自动进样器温度：4℃。

三、分光光度法

分光光度法是通过测定被测物质在特定波长或一定波长范围内的光吸收度而进行定性和定量分析的方法。常用的方法有下列几种：

1. 紫外-可见分光光度法（ultraviolet-visible spectrophotometry，UV-Vis）根据有机化合物对 200～760nm 波长范围电磁波的吸收特性而建立的光谱分析方法。可用于化学结构中具有发色团或助色团的化学成分的定性、定量分析，特别是有色物质和具有共轭双键结构的无色物质的分析。对本身吸收弱或无吸收的化学成分，也可通过与某些化学试剂反应显色后进行测定。此法适用于测定生药中某类成分的总含量，如《中国药典》（2010 年版）记载的山楂叶中总黄酮、川贝母中总生物碱、知母中总皂苷的含量测定等。常用的仪器为紫外-可见分光光度仪或比色计。含量测定方法主要有对照品比较法、吸收系数法和标准曲线法等。具有灵敏、简便、准确等优点。

2. 红外分光光度法（infrared spectrophotometry，IR）　红外光谱又称振转光谱，由于光谱的专属性强，几乎没有两种单体化合物的红外光谱完全一致，主要用于生药单体化学成分的定性鉴别。红外光谱鉴别需要标准品或标准图谱进行对照。近年，通过识别生药粗提物的特征吸收峰，直接用于生药粗提物的品种鉴别的报道越来越多，如珍珠、蟾酥、麝香、熊胆等动物类生药的鉴别。

3. 原子吸收分光光度法（atomic absorption spectrophotometry，AAS）　利用原子吸收分光光度计，测定生药中呈原子状态的无机元素的吸收光谱进行鉴别的方法。本法的专属性强，检测灵敏度高，测定快速，是测定生药和中药制剂中微量元素、重金属的最常用方法。

四、生药理化鉴定新技术

1. 气相色谱-质谱联用技术(GC-MS) 将气相色谱仪与质谱检测器串联使用,发挥气相色谱对混合物中化学成分的分离优势和质谱的直接定性分析功能,可直接对生药中含有的挥发油类成分,或非挥发性成分经衍生化转为具有挥发性的物质进行分离和定性、定量分析。气相色谱使用的色谱柱常用毛细管色谱柱,质谱检测器常用电子轰击质谱仪(EIMS)。

2. 高效液相色谱-质谱联用技术(HPLC-MS) 将高效液相色谱仪与质谱检测器串联使用,发挥高效液相色谱化学成分的分离优势和质谱的直接定性分析功能,直接对生药含有的各类化学成分进行分离和定性、定量分析。高效液相色谱使用的色谱柱常用十八烷基键合相硅胶色谱柱,质谱检测器常用电喷雾离子化质谱仪(ESIMS)。此技术在生药的化学成分研究中已经得到广泛重视和应用。

3. 超高速液相色谱(RRLC) 亦称为超高效液相色谱(UPLC)、超快速液相色谱(UFLC),是近几年发展起来的一种新的液相色谱技术。与常规高效液相色谱法比较,主要技术改进是开发出固定相粒子直径比常规高效液相色谱柱更小的新型高效色谱柱。固定相除采用 C18 键合相硅胶外,还有 C30 键合相硅胶和胆甾基键合相硅胶色谱柱,如 COSMOSIL Cholester 系列胆甾基键合相硅胶高性能反相柱等。超高速液相色谱主要在峰容量、分析效率、灵敏度和分辨率等方面较常规高效液相色谱法有很大的提高,特别是分析速度比常规高效液相色谱快,可节省 5～10 倍时间的特点,可用于生药化学成分的分析、中药指纹图谱、中药及复方的定量测定。如采用 COSMOSIL Cholester 系列胆甾基键和硅胶高性能反相柱,分析 6 种柴胡皂苷化合物 Saikosaponin H(1)、Saikosaponin A(2)、Saikosaponin B_2(3)、Saikosaponin B_1(4)、Saikosaponin C(5)、Saikosaponin D(6),分析速度比常规 HPLC 快 6 倍(图 6-2)。

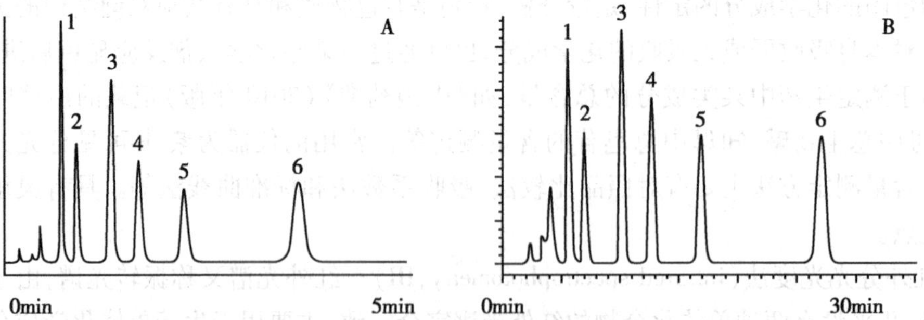

图 6-2 6 种柴胡皂苷超高速 LC 和常规 HPLC 分析色谱图

A. 超高速 LC 装置。色谱柱:2.5Cholester(2.0mm×50mm,2.5μm);流动相:乙腈-0.05% NaH_2PO_4水溶液(30:50);流速:0.7ml/min;柱温:50℃;检测波长:UV 206nm;进样量:1.0μl。B. 常规 HPLC 装置。色谱柱:Cholester(4.6mm×150mm,5μm);流动相:乙腈-0.05% NaH_2PO_4水溶液(30:50);流速:1.0ml/min;柱温:40℃;检测波长:UV 206nm;进样量:20μl。色谱峰对应成分与对照品标注一致

4. 高效毛细管电泳技术(HPCE) 以弹性石英毛细管为分离通道,以高压直流电场为驱动力,依据样品中各组分的淌度(单位电场强度下的迁移速度)和分配系数的不同进行快速分离的分析方法。它是凝胶电泳技术和现代微柱分离技术相结合的新技术,主要包括:①毛细管区带电泳(CZE);②毛细管等速电泳(CITP);③毛细管胶速电动色谱(MECC);④毛细管凝胶

电泳(CGE);⑤毛细管等电聚焦电泳(CIEF);⑥毛细管电色谱(CEC);⑦非水毛细管电泳(CNACE)等技术。

毛细管区带电泳(CZE)为HPCE的基本操作模式,一般采用磷酸盐或硼酸盐缓冲液,实验条件包括缓冲液浓度、pH值、电压、温度、改性剂(乙腈、甲醇等),用于对带电物质(药物、蛋白质、肽类等)分离分析,对于中性物质无法实现分离。毛细管胶束电动色谱(MECC)为一种基于胶束增溶和电动迁移的新型液体色谱,在缓冲液中加入离子型表面活性剂作为胶束剂,利用溶质分子在水相和胶束相分配的差异进行分离,拓宽了CZE的应用范围,适合于中性物质的分离,亦可区别手性化合物,可用于氨基酸、肽类、小分子物质、手性物质、药物样品及体液样品的分析。毛细管等速电泳(CITP)采用先导电解质和后继电解质,构成不连续缓冲体系,基于溶质的电泳淌度差异进行分离,常用于离子型物质(如有机酸),并因适用较大内径的毛细管而可用于微制备,但本法空间分辨率较差。毛细管等电聚焦电泳(CIEF)用于具兼性离子的样品(蛋白质、肽类),等电点仅差0.001可分离的物质。毛细管凝胶电泳(CGE)依据大分子物质的分子量大小进行分离,主要用于蛋白质、核苷酸片段的分离。毛细管电色谱(CEC)及非水毛细管电泳(CNACE),用于水溶性差的物质和水中难进行反应的分析研究。目前CZE和MECC用得较多。HPCE具有分析高效、快速、微量的特点。

5. 中药化学成分指纹图谱技术(chemical fingerprint)　中药(生药)的药效是所含多种化学成分通过多靶点、多环节发挥综合性作用的结果,特别是很多中药的化学成分十分复杂,且有效成分尚未明确,因此,仅仅通过对中药中的某一种或某几种化学成分进行分析评价其质量缺乏其科学性。中药化学成分指纹图谱鉴定法,就是为解决这一客观难题而创立的一种新的中药质量评价方法。

中药化学成分指纹图谱是指采用色谱或光谱分析方法而建立的用于表征生药化学成分特征的图谱。在生药鉴定中最常用的是用高效液相色谱法、薄层色谱法或气相色谱法等色谱分析技术建立的指纹图谱。将中药经过适当处理后,应用现代色谱技术并结合化学计量学及计算方法,制定对生药所含化学成分的整体特征进行科学表征的专属性很强的图谱,用以评价中药的质量。指纹图谱全面反映了中药所含化学成分的整体特征,从而能更好地评价中药的内在品质。如银杏叶制剂的质量控制就是采用指纹图谱技术的成功范例。

作为一种综合性、可量化的质量评价方法,指纹图谱具有显著的"整体性"和"模糊性"的特点。"整体性"是指指纹图谱是中药化学成分整体综合表达,不能孤立地看待其中的某一个或某几个色谱峰,只有完整的图谱才能表达中药所含化学成分的全部特征。"模糊性"是指指纹图谱中的大多数色谱峰所对应的化合物结构是不清楚的。为了保证指纹图谱的实用性,要求指纹图谱具有专属性和重复性,即指纹图谱应能够体现某一生药的特征,其结果可以重现,因此,严格的方法学考察是必需的。必须通过10批以上样品的分析,从中归纳出合格样品所共有的、且峰面积相对稳定的色谱峰作为指纹峰构建标准图谱,即由所有具有指纹意义的色谱峰组成的完整图谱。指纹峰的位置(保留时间或比移值)、强度(峰面积或峰高)或相对值(与选定参比峰的比值)是色谱指纹图谱的综合参数。通过计算供试品图谱与标准图谱的相似度判断供试品合格与否。根据供试品的特点和所含化学成分的理化性质选择相应的检测方法。对于所含成分类型较多的生药,如一种检测方法或一张图谱不能反映该中药的固有特性,可以考虑采用多种检测方法或一种检测方法的多种测定条件,建立多张指纹图谱来评价该中药的质量。

第七节 DNA 分子遗传标记鉴定

一、DNA 分子标记技术概述

DNA 分子遗传标记鉴定(identification by DNA molecular genetic marker)是利用分子生物学的 DNA 分子遗传标记技术,通过测定生物间 DNA 分子遗传多样性来鉴定生药的基源,确定其学名的方法。DNA 分子标记直接检测 DNA 分子上的差异,具有数量多、遍及整个基因组、多态性高、遗传稳定、不受环境及基因表达与否的限制,可对不同发育时期的生物个体、组织器官以及细胞进行检测的优点。与传统的生药鉴定方法比较,具有下列特点:①遗传稳定性:DNA 分子作为遗传信息的直接载体,不受外界因素和生物体发育阶段及器官组织差异的影响,每一个体的任一体细胞均含有相同的遗传信息。因此用 DNA 分子特征作为遗传标记进行物种鉴别更为准确可靠。②遗传多样性:DNA 分子是由 G、A、C、T 四种碱基构成的双螺旋结构的长链状分子,生物体特定的遗传信息便包含在特定的碱基排列顺序中,不同物种遗传上的差异表现在这 4 种碱基排列顺序的变化,这就是生物的遗传多样性。比较物种间 DNA 分子的遗传多样性的差异来鉴别物种就是 DNA 分子遗传标记鉴别。选择适当的 DNA 分子遗传标记,在属、种、亚种、居群或个体水平上进行准确的鉴别。③化学稳定性:DNA 分子作为物种遗传信息的载体除具有较高的遗传稳定性外,比其他生物大分子,如蛋白质、同工酶等具有较高的化学稳定性。用陈旧标本中所保存下来的 DNA 仍能够进行 DNA 分子遗传标记的研究。

关于 DNA 分子遗传标记鉴定的技术和具体方法主要有 DNA 提取技术、琼脂糖凝胶电泳技术、聚合酶链式反应(polymerase chain reaction,PCR)以及基因芯片技术等。具体的 DNA 分子标记技术的方法和原理在此不作详细介绍,可参阅药用植物学基础部分的第三章第七节内容和相关专著。

二、DNA 分子标记技术在生药鉴定中的应用

1. 在生药原植物进化、分类研究中的应用 应用 DNA 分子标记技术来研究种间、属间的 DNA 变异情况,从而揭示物种的亲缘关系,为物种鉴定特别是新种的确立提供可靠依据。

2. 在生药鉴别中的应用 DNA 分子遗传标记技术已广泛应用于近缘生药品种的整理研究,名贵易混淆生药、动物类生药、野生与栽培生药和特殊药材的 DNA 分子鉴定等。如《中国药典》(2010 年版)采用聚合酶链式反应法鉴别蕲蛇药材,供试品凝胶电泳图谱中,在与对照药材凝胶电泳图谱相应的位置上,在 200 ~ 300bp 应有单一 DNA 条带。

3. 在道地药材鉴定中的应用 道地药材其原植物是一个种,种内多样性是道地药材品质形成的生物学基础。道地药材与非道地药材的本质区别是有效成分的差异,其形成主要受遗传因子和环境因子的影响。遗传因子是控制有效成分合成的内因,环境因子是外因,只能对遗传基因的表现起修饰作用。因而应用 DNA 遗传标记技术,比较道地药材与非道地药材的基因差异,将有助于阐明道地药材的成因。利用此技术,可达到准确区分道地药材与非道地药材的目的。

本章小结

本章介绍了生药鉴定的意义。生药鉴定的一般程序，包括生药的取样和常规检查项目。生药的基源鉴定。生药的性状鉴定内容和各类生药性状鉴定要点。生药显微鉴定的常用方法、显微鉴定的步骤、各类生药显微鉴定要点以及中成药显微鉴定要点和显微鉴定的新技术。生药理化鉴定中重点介绍了薄层色谱法、气相色谱法、高效液相色谱法在生药质量分析中的应用。简要介绍了生药的一般理化鉴别法、紫外-可见分光光度法、红外分光光度法和原子吸收分光光度法在生药质量评价中的应用。为扩展知识面，还介绍了理化鉴定中的新技术。

复习题

1. 生药鉴定的意义是什么？
2. 生药的取样原则是什么？
3. 生药的常规检查项目有哪些？
4. 如何对生药进行基源鉴定？
5. 生药的性状鉴定内容有哪些？各类生药性状鉴定要点是什么？
6. 生药显微鉴定的常用方法有哪些？显微鉴定的步骤是什么？
7. 各类生药显微鉴定要点是什么？显微鉴定的新技术有哪些？
8. 生药有哪些一般理化鉴别方法？何谓显微化学反应、微量升华试验？
9. 薄层色谱法、气相色谱法、高效液相色谱法、紫外-可见分光光度法、气相色谱-质谱联用技术、高效液相色谱-质谱联用技术在生药鉴定中适用于何种分析？
10. 在生药鉴定中应用的中药化学成分指纹图谱技术有什么特点？
11. DNA 分子标记技术在生药鉴定中有哪些应用？

第七章

生药的采收、加工与贮藏

学习目标

掌握：适宜采收时期的确定和产地加工方法对生药质量的影响。
熟悉：贮藏中容易发生的变质现象，贮藏的新技术。
了解：一般采收原则。

生药所含的有效成分是药物具有防病治病作用的物质基础，适时、合理、科学地对生药进行采收、加工、贮藏，对保证生药质量、达到预防和治疗疾病的目的、保护和扩大药源，具有重要的意义。

第一节 生药的采收

生药有效成分含量的高低与采收季节、产地、方法等因素密切相关。如早在《神农本草经》序例中就已指出："（药之）阴干、暴干，采造时月，生熟，土地所出，真伪陈新，并各有法。"认为药物的产地、采收、贮存与其品种真伪、加工炮制一样重要。《千金翼方》指出："夫药采集，不知时节，不依阴干暴干，虽有药名，终无药实……"同时列举了233种中药的采收时节及519种中药的产地情况。因此，历代医家都十分重视中药的产地、采收与贮存，积累了许多宝贵的知识和经验，值得借鉴。合理的采收应建立在对生药的道地性、采收标准、采收方法等方面有充分了解的前提下，将有效成分的积累动态与药用部分的产量变化结合起来考虑，确定最佳采收期，获得优质高产的生药，保证用药的安全有效。

一、确定适宜采收期

生药的合理采收，与药用植（动）物的种类、药用部位、采收季节等诸多因素有关。药用植物有效成分在体内的积累还与个体的生长发育、居群的遗传变异，生长的环境如光照时间、土壤、地势、降雨量等密切相关。必须根据具体情况加以研究，将有效成分的积累动态与药用部位产量这两个指标综合考虑，以确定最适宜的采收期，常见的情况如下：

（1）有效成分含量有显著的高峰期，药用部分产量变化不显著，则有效成分含量的高峰期即为适宜的采收期。

（2）有效成分含量高峰期与药用部分产量高峰期不一致时，要考虑有效成分的总含量，即有效成分的总量=单产量×有效成分的百分含量，总量最大值时，即为适宜的采收期。可以绘制有效成分含量和产量的曲线图，两条曲线的相交点即为适宜的采收期。

（3）有些生药除含有效成分外，尚含有毒性成分，采收时应注意尽可能在毒性成分含量较低时采收。

生药合理采收期的确定，是一项比较复杂的科研工作，有多种因素影响生药的质量，对于一些有效成分尚不明确的生药，还应考虑生物活性、药理作用、临床疗效。要对每个产地、每个品种进行具体分析。有时需要应用计算机技术来判定更为确切的采收期。总之，以药材质量的最优化和产量的最大化为原则，获得高产质优的生药。

二、一般采收原则

考虑有效成分的含量、药用部位产量、总量等因素，虽然比较合理，但需要做大量的科研工作。此外，目前很多生药的有效成分尚不明确，可以利用传统的采药经验，根据各种药用部位的生长特性，分别掌握合理的采收季节。

1. 根和根茎类　一般宜在秋、冬季节，植物生长停止，地上部分枯萎的休眠期，或在春季发芽前采集。此时，根和根茎中贮藏的营养物质比较丰富，通常有效成分的含量较高。古人经验指出：初春“津润始萌，未充枝叶，势力淳浓”；“至秋枝叶干枯，津润归流于下”，可见“春宁宜早，秋宁宜晚”是有科学根据的。但也有例外，如柴胡在春天采较好；人参在夏季采较好；延胡索、半夏地上部分枯萎时间较早，多在谷雨和立夏之间采挖。

2. 茎木类　一般在秋、冬季节植物落叶后或春初萌芽前采收，如首乌藤等；木类药材可全年采收，如沉香等。

3. 树皮和根皮　树皮多在春夏之交采收，此时植物生长旺盛，树皮液汁的养分增多，形成层细胞分裂快，树皮易于剥离，质量较好。根皮多在秋季采收。树皮、根皮的采收，容易损害植物的生长，应注意采收方法。有些干皮的采收可结合林木采伐一起进行。

4. 叶类　在花蕾将开或正在盛开时采收，如荷叶等，但桑叶需经霜后采收，枇杷叶须落地后采集。

5. 花类　一般在花开放时采收，有些则在花蕾期采收，如槐米、丁香等。但除虫菊在花蕾半开放时采收，红花在花冠由黄变橙红时采收。

6. 果实和种子　应在已成熟或将成熟时采收，如瓜蒌、枸杞等；少数用未成熟的果实，如青皮等。种子多在完全成熟后采收。

7. 全草类　多在植物充分生长、茎叶茂盛的花前期或刚开花时采收。

8. 菌、藻、孢粉类　各自情况不一，如茯苓立秋后采收质量较好；麦角在寄主（黑麦等）收割前采收，生物碱含量较高；冬虫夏草在夏初子实体出土孢子未散发时采收。

9. 动物类　动物类生药因种类的不同、入药部位的不同，采收时间也有所不同，以确保药效和容易获得为原则。如鹿茸须在清明后适时采收，过时则骨化为角。昆虫类生药，必须掌握其孵化发育活动季节，如桑螵蛸以卵鞘入药，需在三月收集，过时虫卵孵化变为成虫，影响药效。以成虫入药的，应在活动期捕捉，如土鳖虫等。

10. 矿物类　矿物类药材一般没有季节的限制，大多与矿藏的采掘相结合进行选取和收集，可全年采挖，如石膏、雄黄等。

在采收过程中要注意保护野生药源，计划采药，合理采挖。凡用地上部分者要留根；凡用地下部分者要采大留小，采密留稀，合理轮采；轮采地要分区封山育药。动物药以锯茸代砍茸，活麝取香等。同一植物有多个部位入药的应兼顾各自的采收期，如菘兰，夏、秋季采收作大青叶入药，应注意到冬季采挖其根作板蓝根入药，采收时应适时适度，避免影响其根的生长和质量。此外生药采收时还应兼顾其繁殖器官的成熟期，保证种群的繁殖生长。这些都是保护药源的有效方法。

第二节　生药的加工

生药除少数如鲜生地、生姜等鲜用外，大多数采收后需进行产地加工（processing in producing area）。去除杂质，便于干燥，符合商品规格，确保药材质量，利于包装、贮藏、运输。一般加工后应达到形体完整、含水量适度、色泽好、香气散失少、不变味、有效成分破坏少等要求，产地加工的任务是纯净药材，包装成件，确保用药的安全有效。常用的加工方法有：

1. 拣、洗　洗净泥土，去除非药用部分，有的须先刮去外皮使色泽洁白，如山药等。种子类生药，一般晒干去壳，取出种子。具有芳香气味的生药一般不用水淘洗，如薄荷等。有些质地疏松或黏性较大的软性药材，如莱菔根、当归等，在水中洗的时间不宜长，否则影响切制。有些种子类药材含有较多的黏液质，如葶苈子、车前子等，下水结成团，不易散开，不能水洗，可用簸筛等方法除去附着的泥沙。

2. 切片　有些生药质地坚硬或较粗，需趁鲜切片或剖开后干燥，如乌药等；有些药材其有效成分容易氧化或具挥发性，不宜切成薄片干燥或长期贮藏，以免影响药材质量。

3. 蒸、煮、烫　有的生药富含黏液质、糖分、淀粉，需经蒸、煮、烫处理，利于干燥。药材经加热处理后，能杀死虫卵，防止孵化，如五倍子等。加热处理亦可使某些药材中的酶类失去活性，确保药材的有效成分不被分解，如黄芩等。应根据药材的性质选择加热方法，确定加热时间。

4. 发汗　有些药材如杜仲、厚朴等，为使内部水分外溢，变色、变软、增加香气、减少刺激性、利于干燥，常需将药材用微火烘至半干或微煮、蒸后，堆放起来发热，习称“发汗”，是药材加工过程的一种传统工艺。

5. 干燥　干燥的目的是及时去除新鲜药材的水分，避免发霉、虫蛀、有效成分分解，利于贮藏，确保药材质量。干燥是药材加工的重要环节。常用的干燥方法有：

（1）晒干法：适用于肉质根类药材，如山药等。将药材置于搭架的竹席、竹帘上，或铺于河滨沙砾地，直接利用日光晒干，干燥时间可明显缩短。注意在烈日下晒后易开裂的生药如白芍等，含挥发油类的药材如薄荷等，所含有效成分或外表色泽受日晒易变质变色的药材如大黄等，均不宜采用晒干法。

（2）阴干法：主要用于含挥发性成分的叶类、花类、草类生药，如薄荷等。将生药置于室内或屋檐下等通风处，便于水分自然散发。

（3）烘干法：利用人工加温的方法使药材干燥，可在野外搭棚用火烘烤或室内用烘箱干燥，不受天气的限制。要注意富含淀粉的生药如欲保持粉性，烘干温度须慢慢升高，防止新鲜生药遇高热淀粉粒糊化。

有些生药不适于上述方法干燥的，可用石灰干燥器进行干燥，此法适用于易变色的生药。生药干燥后一般含水分8%～11%，每种生药的干燥程度应与贮藏时空气的相对湿度相适应。

（4）远红外线干燥技术：近年来远红外加热干燥技术用于药材、饮片、中成药的干燥。它与日晒、火力热烘、电烘烤等方法相比，具有干燥速度快、脱水率高、加热均匀、节约能源，同时对细菌、虫卵等有杀灭作用的优点。干燥的原理是电能转变为远红外线辐射出去，被干燥物体的分子吸收后产生共振，引起分子、原子的振动和转动，导致物体变热，经过热扩散、蒸发现象或化学变化，最终达到干燥的目的。

（5）微波干燥：微波是指频率为300MHz～300GHz、波长1mm～1m的高频电磁波。微波干燥具有干燥速度快、加热均匀、对某些有效成分有较好的保护作用、产品质量高等优点。一般比常规干燥时间能缩短几倍至百倍以上，能杀灭微生物及真菌，防止药材发霉、生虫，具有消毒作用。实验证明对山药、生地、中成药六神丸等效果较好。微波干燥是一种感应加热和介质加热，药材中的水和脂肪等能不同程度地吸收微波能量，并把它转变为热能，达到干燥的目的。

（6）低温冷冻干燥：此法能保持药材新鲜时固有的色泽和形状，有效成分基本无损失，是较理想的干燥方法，如冻干人参。此法要利用低温真空冰冻干燥设备，在低温下使药材内部水分冻结，而后在低温减压条件下除去其中的水分，达到药材干燥的目的，但此法费用较昂贵。

第三节　生药的贮藏和保管

生药品质不仅与采收、加工有关，而且与生药的贮藏保管是否得当有密切的关系，如生药在贮藏中受环境的影响，常会发生虫蛀、霉烂、变色、泛油等现象，导致药材变质，影响疗效，造成物质浪费和经济损失。因此必须贮藏和保管好药材，保证临床用药安全有效。

一、生药贮藏中易发生的变质现象及其防治

（一）虫蛀

生药经虫蛀后，既破坏了药材的外形，又造成有效成分损失，导致降低药效，甚至失去全部药用价值。一般温度在18～32℃，空气相对湿度在70%以上，药材含水量13%以上，都能促进害虫的繁殖。特别是富含糖类、淀粉、脂肪油、蛋白质的生药更容易生虫。

虫害的防治措施有：

1. 物理方法　如烘烤法、太阳曝晒法、热蒸法、远红外高温法、低温冷藏法、密封法等。

2. 化学方法　将贮藏的药材密封于塑料帐下，结合低氧法，用低剂量的磷化铝进行熏蒸，或探索试用低毒高效的新杀虫剂。

3. 经验方法　明代陈嘉谟所著的《本草蒙筌》中曾记载："人参须和细辛，冰片必同灯草，麝香宜蛇皮裹……"，是古人对贮藏方法的总结。有的药材具有挥发性气味，可以防止同处存

放的药材虫蛀。例如,泽泻与丹皮同储,泽泻不易虫蛀;陈皮与高良姜同放,可免生虫;有腥味的动物药材如海马、海龙等,放入花椒;瓜蒌、哈蟆油等药材的密闭容器中,置入瓶装酒精,使其逐渐挥发,形成不利于害虫生长的环境,均能达到防虫的目的。

近年来,也采用气调养护、核辐射灭菌技术、高频介质电热、黑光灯诱杀蛀虫等方法达到防治虫害的目的。

(二)生霉

空气中的真菌孢子散落于药材的表面。在适当温度如25℃左右;空气中相对湿度在85%以上或药材含水量超过15%;以及阴暗不通风的适宜环境;足够的营养条件等,可使真菌孢子在药材表面或内部滋生,萌发菌丝,分泌酵素,分解和溶蚀药材,破坏有效成分,使药材失去药效。已经发霉的生药,按《中国药典》取样方法取样检查,轻微变质者除去受损部分单独保管;严重变质者按假药处理,全部销毁不能继续使用。

药材的防霉措施有:

1. 水分控制法　药材的含水量不能超过其自身的安全水分。一般含水量应保持在15%以下。控制水分可采用通风散潮、日晒或烘干、使用吸湿剂等方法,使药材失去水分。

2. 温度控制法　使用制冷设备,为药材建造低温库,库温控制在15℃以下,相对湿度低于70%,有较好的防霉效果。也可通过日晒、蒸、煮等高温灭菌法抑制真菌生长。

3. 密封法　利用严密的包装,隔绝药材和外界环境,使真菌失去生长所需的氧气,起到防霉的作用。

(三)变色

色泽是药材品质的标志之一,如果药材贮存不当,会引起色泽的改变。变色主要原因包括:

(1)药材所含成分的结构中有酚羟基,在酶的作用下,经过氧化、聚合、形成大分子的有色化合物,使药材变色。如含黄酮类、鞣质类、羟基蒽醌类等成分的药材,容易变色。

(2)药材中所含的糖及糖醛酸分解产生糠醛及其类似化合物,与一些含氮化合物缩合成棕色色素。

(3)药材中所含的蛋白质中氨基酸与还原糖作用,生成大分子的棕色物质,导致药材变色。

(4)其他如湿度、温度、日光、氧气、杀虫剂等多与变色有关。

防止药材变色,一般需要避光、干燥、冷藏。

(四)泛油

"泛油"又称"走油",指某些药材的油质泛出药材表面,如含脂肪油的桃仁、柏子仁等;含挥发油的肉桂、当归等,也指药材受潮、变色后表面泛出油样的物质,如含糖的枸杞等。药材"泛油",常与药材的变质相联系,防止"泛油"主要采取低温、避光保存。如贮藏易"泛油"的药材,需要选择阴凉干燥的库房,堆码不宜过高过大,尽量避免油性药物受挤压。

(五)其他

有些矿物药久贮容易风化失水,使药材成分流失,功效减弱,如芒硝等;有的药材有效成分自然分解,如绵马贯众等;松香久贮,在石油醚中溶解度会下降。有些富含油脂的药材,贮藏不当,夏季层层堆置重压,中央产生的热量不能及时散出,局部温度过高,易导致药材自动燃烧起来,这些都是在贮藏过程中应注意的问题。

二、药材贮藏的新技术

1. 气调贮藏　气调贮藏又名“气调养护”。其原理是调节库内的气体成分，充氮气或二氧化碳降氧，使库内充满98%以上的氮气或二氧化碳，而氧气留存不到2%，使害虫缺氧窒息死亡，达到杀虫防霉的效果，确保库内药材不腐烂、不发霉、不变质。该方法既能保持药材原有的品质，又能杀虫防霉防变色，无化学杀虫剂的残留，对人体健康无害，不污染环境，是一种经济且科学的方法。

2. 应用除氧剂贮藏　除氧剂密封贮藏保管技术是继真空包装、充气包装之后发展起来的一项新技术。其作用主要原理是利用其本身与贮藏系统内的氧产生化学反应，生成一种稳定的氧化物，将氧除去，达到保存药材品质的目的。除氧剂具有连续的除氧功能，可维持保管系统低氧浓度的稳定性，方便检查，安全性强。采用除氧剂处理的药材在长达3年多的贮藏期内，品质完好，无虫、无霉。

3. 核辐射灭菌　联合国世界卫生组织、国际原子能机构及粮食组织关于辐照食品卫生标准联合专家委员会认为，10^4Gy剂量以下辐照食品是安全范围，食品不会产生致癌性。钴射线具有很强的灭菌能力，对中药材粉末、饮片进行杀虫灭菌处理可达到较好的效果。γ射线用于中成药的灭菌效果很理想。低剂量照射药品后，含菌量可达到国家标准，高剂量照射药品后，可以彻底灭菌。核辐射辐照食品具有方法简便、杀菌效果好、成本低、便于贮藏等优点。我国将该项技术应用于中成药和中药材的灭菌贮藏研究，解决了长期以来中成药存在的生虫、发霉和染菌等问题。

本章小结

本章讲述了如何确定生药适宜的采收时期及一般采收原则。介绍了产地加工方法对生药质量的影响。加工方法中详细介绍了干燥的方法及其现在常用的技术。贮藏过程中介绍了容易发生的变质现象及其贮藏的新技术。这些均为学生们常常遇到的实际问题。应加以理解、熟悉和掌握。

复习题

1. 如何确定生药适宜的采收期？
2. 生药常用的干燥方法有哪些？
3. 生药贮藏过程中容易发生的变质现象有哪些？
4. 生药贮藏的新技术有哪些？

第八章

中药材的炮制

学习目标

掌握：中药炮制的主要目的。
熟悉：中药炮制的主要方法。
了解：中药炮制的发展概况和研究进展。

第一节　中药材炮制的发展概况

炮制即对原药材进行一般修治整理或特殊处理，是药材在应用或制成各种制剂之前必要的加工处理过程。中药炮制既有科学的内涵，又有其特殊的技术标准，与中医的辨证施治是相辅相成的关系。在加工处理过程中，既要充分发挥疗效又要避免或减轻不良反应，最大程度地满足临床用药的安全有效。

炮制古称炮炙、修事、修治等，有着悠久的历史。历代医药书籍对炮制有颇多论述。医药史上"炮炙"一词最早见于《金匮玉函经》。最早的医方书《五十二病方》中记载有炮、炙、燔、细切、熬、酒渍等炮制方法；《黄帝内经》中有"治半夏"，"㕮咀"，"燔制左角发"的记载；《神农本草经》指出了中药炮制的原则："药有毒无毒，阴干暴干，采造时月，生熟土地所出，真伪陈新，并各有法……若有毒宜制，可用相畏相杀，不尔勿合用也。"东汉末年，医圣张仲景所著的《伤寒论》《金匮要略》两书中，其中73种药物注明了炮制的方法，部分药物提出了炮制的质量要求、目的。

我国第一部炮制专著《雷公炮炙论》在南北朝问世，该书首先提出了应用辅料炙药，对后世中药炮制的发展，产生了深远的影响。唐代医药科学逐渐发达，中药炮制逐渐形成体系，炮制由过去的"随方脚注"发展到了专章论述。孙思邈所著的《备急千金要方》指出："诸经方用药，所有熬炼节度皆脚注之，今方则不然，于此篇具条之，更不烦方下别注也。"唐朝政府修订和颁行的《新修本草》记载炮制的内容也较为丰富。至宋代，中药炮制发展较快，政府颁行的《太平惠民和剂局方》提出，对药物要"依法炮制"，"修制合度"，有专章讨论药物的加工技术，并将炮制列为法定的制药技术。明代中药炮制的理论得到了较全面的发展，陈嘉谟著《本草蒙筌》一书，提出了制药的原则：凡药制造，贵在适中，不及则功效难求，太过则气味反失，系统论述了辅料的作用原理："酒制升提，姜制发散，入盐走肾仍仗软坚，用醋注肝且资住痛……"此书还将炮制方法归纳为火制、水制、水火共制三类，沿用至今，为炮制理论上的发展作出了突出的贡献。明代李时珍在《本草纲目》中，收载了各家之法，专列了"修制"一项，保存了大量的文献资料。其后缪希雍在他的《炮炙大法》的卷首提出了著名的"雷公炮炙十七法"，为中药炮制的进一步发展奠定了基础。

鸦片战争至新中国成立前这一时期，中药炮制出现了炮制方法不统一、各地各法、一药数法的局面。新中国成立后，政府十分重视中药事业的发展，自《中国药典》(1963 年版)开始，正式列出了炮制一项，制定了"药材炮制通则"，使中药炮制管理步入法制化。随着中药化学成分和药理作用的深入研究，中药炮制的机制不断被阐明，评价炮制的质量更趋于科学化、合理化，对人民医疗保健水平的提高起到了积极的促进作用。

第二节　中药材炮制的目的

中药在使用前需除去杂质、非药用部位，如泥土、沙石、虫卵等，以及混入的其他物质。保证药材的质量和临床用药的安全有效。中药炮制的目的主要有以下方面。

一、增强药物的疗效

中药在炮制的过程中，常常加入一些辅料，辅料与药物的某些作用之间，能够起到协同作用，从而提高了药物的临床疗效。如蜜制百部、紫菀，能增强润肺止咳的作用；油炙淫羊藿可以提高壮阳作用；酒炒丹参、川芎能增强活血作用；醋制香附、延胡索，能增强止痛作用；醋制莪术能增强止痛和活血化瘀作用；盐炙杜仲可以提高补肝肾、降压作用；姜汁炙黄连、竹茹能增强止呕作用。

二、降低或消除药物的毒性或副作用

马钱子、川乌、附子、半夏、天南星、巴豆等，不炮制使用有很大的毒副作用，炮制后可降低毒性。对有毒的药物，炮制不可太过或不及，太过则疗效难以保证，不及则易发生中毒反应，要注意适度，保证用药的安全、有效。

川乌传统认为是"大辛，大热"，为"大毒"之品。常用的炮制方法为浸、漂、蒸、煮等。浸或漂，反复更换新水，使生物碱随水流失，起到解毒的作用；蒸煮乌头，可使毒性成分水解。临床中有服用炮制不当的乌头发生中毒死亡的案例，应引起注意。

半夏生品对口腔、咽喉、消化道黏膜有强烈的刺激作用，生品内服 0.1 ~2.4g 可引起中毒，造成口舌麻木、舌干、流涎、恶心、腹泻、不能发音，也有因服生半夏过量造成永久性失音的报道，炮制后可降低或消除刺激性。常用的炮制方法有姜汁浸、矾水煮等，常用炮制品有清半夏、姜半夏、法半夏等。由于炮制方法不同，临床功效也有所不同。清半夏长于化痰；姜半夏降逆止呕的作用增强；法半夏温性较弱，燥湿作用增强。

此外,蛤壳经火煅后,砷含量均有不同程度的下降,从而降低了毒性。柏子仁、藤黄、苍术、芫花等的炮制目的同样是为了减少毒副作用,保证临床用药的安全。

三、缓和或改变药物的性能

中医采用寒、热、温、凉和辛、甘、酸、苦、咸来表达中药的性能。在临床应用时性味偏盛的药物会带来一定的副作用,例如太寒伤阳,太热伤阴,过酸损齿伤筋,过苦伤胃耗液,过甘生湿助满,过辛损津耗液,过咸助生痰湿等。如炮制的方法、不同的辅料、不同的火力对药物的性味均能产生不同程度的影响,可转变或缓和药物偏盛的性和味。中药的性味,是临床用药的依据之一。“性”和“味”错综复杂的结合,使药物具有了多种药性。炮制的总原则是:制其太过,扶其不足,以适应临床的需要。如何首乌生品性微温,味苦、涩,能润肠通便;经酒蒸制之后,变为制首乌,其性温味甘,失去泻下作用,具有补肝肾、滋补强壮等作用。甘草生品甘、平,主泻火清热解毒;炙甘草则甘、温,主益气健脾、调和营卫。天南星用白矾、生姜水炮制后,性温,具有燥湿化痰、祛风解痉的功效,可用于湿痰、寒痰、风痰有寒诸症;用牛胆汁拌制加工以后为胆南星,性凉,具有清热化痰、息风止痉的作用,可以治疗热痰、痰火、风痰有热诸证。黄连生品大苦大寒,能清湿热、泻火毒;但姜黄连苦寒之性大减,可以治疗胃热呕吐。麻黄生品辛散力强,解表力强,用于外感风寒表实证;炙麻黄缓和了辛散之力,既能用于老人、小儿的风寒表证,又兼有止咳平喘的作用。桑白皮生用性寒,泻肺利水作用较强,多用于水肿胀满;蜜制后,性寒偏润,多用于肺热咳喘。蒲黄生用性滑,有活血化瘀的作用;炒炭品则性涩,有止血的作用。以上实例临床应用不同的原因,是因为其性味发生了变化。通过炮制来改变药物的偏盛之性,不但避免了临床使用的副作用,还扩大了药物的应用范围,使其适应临床上不同的病情和体质的需要。

四、改变药物的作用部位和趋向

“五味所入”的理论,即酸入肝,苦入心,甘入脾,辛入肺,咸入肾,在炮制理论中引申为“醋制入肝,入盐走肾,甘缓益元”等理论。药物加入不同的辅料炮制后,对归经有一定的影响,可以引导药物直达病所,有选择地在一定的脏腑、经络发挥最佳疗效。如柴胡生品能升能散,解表退热力强;醋制柴胡可缓和生散之性,能引药入肝,发挥疏肝解郁的作用。生姜主入肺,发散力强,用于发汗解表;干姜主入心,温燥力强,用于回阳救逆;煨姜主入胃,止呕力强,用于和中止呕;姜炭主入脾,止血力强,用于温经止血。知母生用具有清热泻火的作用;盐炙后,可引药下行,入肾,增强滋阴降火、退虚热的功效。

药物在体内作用的趋向性,中医理论称为“升降浮沉”,是说明药物作用性质的概念之一。升是上升,如涌吐者为升;降是下降,如泻下者为降。浮表示发散,如解表者为浮;沉表示收敛固藏和泄利二便,沉包含着向内和向下两种作用趋向,如降逆者为沉。炮制能影响药物的“升降浮沉”,如酒炒则升,姜汁炒则散,醋炒则收敛,盐水炒则下行。例如黄柏生品主清下焦湿热;酒炙后兼清上焦之热。大黄为苦寒之品,主沉降,作用下行,能泻下;酒蒸之后,借酒之力,作用上行,因而酒大黄能清头目之火。砂仁生品行气开胃消食,作用于中焦;盐炙之后能下行,治疗小便频数之症。

五、矫嗅矫味，利于服用

动物类或其他具有腥臭气味的药材，往往在服用时引起恶心呕吐等反应。常采用蜜炙、酒炙、醋制、麸炒、漂洗等炮制方法，达到矫味矫臭、利于病人服用的目的。例如五灵脂常用醋制，减轻其臭味。紫河车为人的胎盘，常用酒蒸以减轻其腥味。龟甲、鳖甲等经砂烫醋淬后，既使之酥脆，又能除腥去臭。此外还有麸炒僵蚕，酒制乌梢蛇，醋制乳香、没药等。

六、利于制剂、调剂和有效成分的煎出

矿石、贝、甲、化石、动物的角质类，质地坚硬，如磁石、自然铜、穿山甲等，须经炮制才能进行制剂和调剂。某些坚硬的植物根、根茎、果实、种子类药材，如根和根茎类的白芍、土茯苓、天麻须切成薄片；一些种子类药材，如决明子、白芥子等，须炒黄处理，利于有效成分的煎出。另有一些药材常研成细粉，随汤药冲服，如羚羊角粉、珍珠粉、三七粉等。这些处理方法便于调配制剂，更好地利用了有效成分。

七、利于药材贮运，保存药效

药材经过炮制后，可以杀死虫卵以及药材中的酶等，有利于贮藏和运输。如桑螵蛸蒸后可以杀死虫卵；白僵蚕炒后可以杀死白僵菌。有些含苷类的生药，经加热处理，能破坏与苷类共存的酶，起到保存药效的作用。如蒸制黄芩可以使酶失去活性，利于保护药材的有效成分不被酶解，便于药材贮藏和运输。

第三节　中药材炮制的方法

炮制方法是历代逐渐充实、发展起来的，内容丰富、方法多样。明代缪希雍在《炮制大法》中，曾把古代的炮炙方法归纳为十七法，为炮制的发展奠定了基础。现代的炮制方法在占代炮炙经验的基础上，有了很大的改进和发展，可分成以下五大类型。

一、一般修制

1. 拣　或称“挑”，把药材中的杂物及非药用部分拣去，或将药材拣选出来。如拣去连翘的果柄，挑出合欢花的枝叶等。

2. 筛　利用竹筛或铁筛，除去药材中的细小部分或杂物。如筛去五灵脂、乳香、没药中的沙石、木屑等杂物。

3. 簸　用竹匾或簸箕，簸去杂物或分开轻重不同之物。

4. 揉 将质脆而薄的药材变成细小的碎片,把药材放在粗筛子上面,用手揉之,使其破碎而过筛,如桑叶等。

5. 拌 将药材与另一种辅料药材同时拌和,使辅料附在药材上,可以增加某种饮片的药性。辅料有固体辅料(如朱砂、青黛等)和液体辅料(多用动物血),如鳖血拌柴胡。

6. 去毛 有些药材的表面有毛状物,服用时可能黏附或刺激咽喉的黏膜,引起咽喉发痒、咳嗽。去毛的方法有刷去毛、刮去毛、火燎去毛、烫去毛、炒去毛等。如枇杷叶需用较硬的毛刷刷去表面的毛茸;鹿茸需用火燎去毛;马钱子采用烫去毛的方法,将砂炒热至200~300℃,与药材炒拌,使毛茸烫焦,再刷去焦毛。

7. 磨 利用摩擦力来粉碎药材,如用石磨、机磨等。

8. 捣或击 有些粒小体硬的药材可放在铜药罐中,击碎使用。为防止细粉飞出,打碎时最好加盖。

9. 制绒 将药材碾压使其松解成绒,可以缓和药性或便于服用。如麻黄制绒则发汗作用减弱,适于儿童、老人、体弱患者服用。

二、水 制

水制是利用水和其他液体辅料对药材进行处理,其目的是清洁、软化药材、便于切制、调整药性。常用的方法有洗、淋、泡、漂、浸、润、水飞等。我们介绍常用的三种方法:

1. 润 根据药材的质地、加工时的气温和工具,采用淋润、浸润、盖润、伏润、露润、复润等多种方法,使清水或其他液体辅料慢慢入内,在尽量减少药效损失的前提下,使药材软化,便于切制,如黄酒润当归、伏润天麻等。

2. 漂 将药材放在盛有水的缸中,冷天每日换水2次,天热每日换水2~3次。漂的天数依具体情况而定,短则3~4天,长则两周。有些药材需要漂去含有的大量盐分,如海藻、昆布等;有些需要用水溶去部分有毒成分如半夏、附子等;有些需要用水漂去腥味如紫河车等。漂的季节最好在温度适宜的春秋两季,夏季气温高,必要时可加明矾防腐。

3. 水飞 利用药物在水中的沉降性质分取药材极细粉末的方法。将药材与水一起研磨,水的用量以能研成糊状为度,再加水搅拌,倾取混悬液,下面粗的再加水继续研,直至全部研细。混悬液静置后分取沉淀物,干燥,研散。此法所得到的粉末又细,又能减少研磨中粉末飞扬的损失。多用于矿物类、贝甲类药材的制粉,如水飞朱砂等。水飞雄黄还可降低雄黄中As_2O_3的含量。

三、火 制

火制是使用较为广泛的用火加热处理药材的炮制方法,常用的有烘培、炒、烫、煅、炙、煨等。

1. 烘焙 用文火加热,使药材干燥的方法,不需经常翻动。焙后能降低腥臭气味和毒性,便于粉碎,如焙蜈蚣等。

2. 炒 将药材放在铁锅中翻动加热。可清炒也可加入固体辅料炒。

清炒是将药材直接放在锅中翻炒。用小或中等火力，炒到药材微黄色或微带焦斑称为炒黄，如炒黄芪。用较大火力，炒到药材外部焦褐或焦黄色，内部淡黄色称为炒焦，如焦槟榔。炒焦有矫味、健胃、减缓药性的作用，如焦大黄。用猛火炒到药材外面焦黑色，内部焦黄色称为炒炭，如蒲黄炭。炒炭可以缓和药材的烈性、副作用，或增强其收敛止血的作用。

加入的固体辅料如麸、米、盐、土等，可减少药物的刺激性，增强疗效。如土炒白芍、米炒斑蝥、麸炒枳壳等。

3. 烫　烫后的药材组织疏松，黏度减低，利于提取有效成分，便于服用。烫的温度较高，一般200～300℃。将洁净的砂或其他辅料炒热，加入药材，烫至泡酥，如龟板用砂炒烫；用蛤粉烫的温度要比砂烫低，适用于胶类药材，如阿胶等。

4. 煅　将药材用猛火直接或间接煅烧，可以改变药材原有的性状，使其质地疏松，利于粉碎和煎煮。煅后药材改变了原有的理化性质，减少或消除了副作用，能够充分发挥疗效。将药材置于无烟的炉火上或适宜的容器内，进行烧煅称为明煅法，如煅石膏、煅牡蛎等。

5. 淬　将药材烧煅至红透，趁热投入规定的液体辅料中，使其温度骤然降低，令药材酥脆的方法称为煅淬法，如煅淬自然铜，醋淬磁石、鳖甲等。

6. 炙　将药材与液体辅料拌炒，使辅料逐渐渗入药材内部的炮制方法。

（1）蜜炙：把蜜放入锅中加热熔化变黄色，加适量的水调和均匀后，将药材加入拌炒到稍干。蜜炙主要目的是增强药物润肺止咳、补脾益气的作用；或为了缓和药性、矫味、消除副作用等。

（2）醋炙：将药材加米醋拌匀闷透炒至干时为度。醋炙可以增强药物疏肝理气、散瘀止痛的作用；同时也有解毒、利于有效成分的煎出、矫嗅矫味的作用。

（3）酒炙：将黄酒用水稀释，与药材拌匀，待酒吸尽后文火炒干。酒炙可以改变药性，引药上行，增强活血通络的作用，并可增加某些成分的溶解，提高疗效。

（4）姜汁炙：鲜姜加水榨汁，与药材拌匀后炒干，或用姜和药材共煮。姜汁炙可降低药材苦寒之性，增强和胃止呕的作用，并可减少副作用，增强疗效。

（5）盐炙：将药材与盐水拌匀，炒到微带焦斑或炒焦为度。盐炙可以引药下行，增强药物补肾固精、利尿、滋阴降火等作用。

（6）油炙：将药材加入定量食用油脂共同加热处理的方法称为油炙法。常用辅料有麻油、羊脂油等。油炙可以增强疗效，如淫羊藿用羊脂油炙后能增强温肾助阳的作用；油炙还可使药材酥脆，如马钱子等。

7. 煨　指药材用面粉糊或纸浆糊包裹，或用吸油纸均匀隔层分放进行加热处理，也可将药材与多量的麸皮同炒至麸皮焦黄近枯，药材显黄色。煨可以除去药材中部分挥发性或刺激性成分，减少副作用，缓和药性。如煨生姜、甘遂、肉豆蔻等。

四、水 火 共 制

常见的水火共制包括蒸、煮、燀等。

1. 煮　是将药材与水或其他液体或其他药材共煮。先将适量水煮沸后加入药材，煮到内部无白心，称为清水煮，适用于含淀粉多的药材。酒被药材吸收后加水煮或药材与酒水同煮至干,称为酒煮。醋煮方法同酒煮。此外,有用豆腐、山羊血同煮等。煮可以缓和药性,增强疗效,降低毒副作用。

2. 蒸 用水蒸气直接加热,多用于滋补类药材。不加辅料蒸称为清蒸,用酒或醋将药材拌匀吸收后蒸,分别称为酒蒸或醋蒸。蒸有改变药性、扩大用药范围、减少副作用、保存药效、利于储藏等作用。

3. 焯 种子类药材置热水中浸泡或稍煮以分离种皮的炮制方法,称焯法。其目的是保存有效成分,便于除去种皮,如焯杏仁等。

五、其他炮制方法

1. 复制法 将药材加入一种或数种辅料,按规定程序反复炮制的方法称为复制,如复制半夏、复制天南星等。

2. 发酵 在适当的温度、湿度条件下,利用酶的作用,给予充足的养料而发酵成曲,是一种改变原药的药性、产生新疗效的方法,如神曲等。

3. 制霜 种子类药材压榨去油制成松散粉末或经加工析出细小结晶的炮制方法。制霜可以缓和药性,降低毒性,如巴豆霜等;也可产生新的疗效,如西瓜霜等。

4. 发芽法 在一定的温度和湿度条件下,使成熟的果实种子萌发幼芽的方法称为发芽法,如用此法可制备麦芽、谷芽等。通过发芽,起到扩大用药范围的作用。

第四节 中药材炮制的机制和应用实例

炮制传统的理论主要体现在生熟理论和药性理论。一般主要表现在三个方面:生泻熟补、生峻熟缓、生毒熟减。由于中药炮制方法的复杂性、多样性及多种辅料炮制等特点,药材炮制之后,各种性味功能的变化,其基础都是物质的变化,或为量变,或为质变,从而影响或改变了药物原有的作用,达到了我们需要的某种临床效果。因此,研究炮制前后化学成分、药理作用、临床效果的改变及其意义,对阐明炮制机制,鉴别炮制方法的合理性,推动炮制工艺的改革,提高炮制水平均有重要的意义。

一、炮制提高或改变药材的疗效

对含生物碱成分的药材,常采用醋制、酒制的炮制方法。如醋制延胡索,其水煎液中总生物碱的含量比生延胡索增加一倍,增强了延胡索镇静、止痛的作用。酒是一种良好的溶剂,酒制也能提高生物碱的溶出率,起到提高临床疗效的作用。

生地为甘、苦,寒之品,能清热凉血,养阴生津;经黄酒蒸制之后变为熟地,则药性微温,能补血、滋阴,适用于血虚证。研究表明,地黄炮制后梓醇含量降低率为40%~80%;生地经长时间加热蒸熟后,部分多糖和多聚糖可水解转化为单糖,熟地比生地单糖含量高2倍以上;在炮制过程中还生成新化合物5-羟甲基糠醛,熟地黄5-羟甲基糠醛的含量比生地黄增加20倍左右。

马钱子是临床常用的镇痛药和活血化瘀药，毒性很大，临床上有成人口服7粒生马钱子致死的报道。实验表明，生品的毒性最大，不同的炮制品毒性均有所下降。研究证明，当炮制温度在230～240℃时，士的宁可转化10%～15%，马钱子碱可转化30%～35%，它们的异型化合物异士的宁碱和异马钱子碱的含量增加。士的宁碱和马钱子碱的毒性比异士的宁碱和异马钱子碱大10～15.3倍，而异士的宁碱和异马钱子碱的镇痛、抗炎、抑制肿瘤等活性强于士的宁碱和马钱子碱。马钱子采用砂炒法炮制，其总生物碱的含量为生品的92.1%，毒性只是生品的48.5%。镇痛实验表明，砂炒炮制品的镇痛作用最强。因此，马钱子采用砂炒法炮制是有科学根据的。马钱子炮制后可起到减毒增效的作用。

含结晶水的矿物药石膏能清热泻火，除烦止渴；煅烧后失去结晶水，具有收敛、生肌、敛疮、止血的作用。

二、炮制降低药材副作用或毒性

苍术经炮制后除去部分挥发油，减低了副作用，降低了药材的燥性。

山楂炒炭后，有机酸破坏约68%，酸性下降，刺激性也随之降低。

川乌生品有大毒，其中含有的双酯型二萜类生物碱，如乌头碱、中乌头碱、下乌头碱，对人的致死量为3～5mg，约合0.5～1g原药材。将川乌和附子加工炮制或加水长时间煮沸，使极毒的双酯型乌头碱C-8位上的乙酰基水解得到相应的苯甲酰单酯型生物碱，其毒性仅为双酯型乌头碱的1/500～1/50，再进一步将C-14位上的苯甲酰基水解，得到亲水性氨基醇类乌头原碱，其毒性仅为双酯型乌头碱的1/4000～1/2000。炮制后毒性明显下降。

斑蝥生品有大毒，可引起剧烈的消化道反应和中毒性肾炎，严重者可引起肾功能或循环系统衰竭，中毒量为1g，3g导致死亡。研究表明，斑蝥含斑蝥素、蚁酸等有效成分，也是其毒性成分。斑蝥素在84℃开始升华，其升华点为110℃，米炒斑蝥的温度为128℃，可使斑蝥素部分升华而降低毒性。采用低浓度氢氧化钠溶液炮制处理，可有效地使斑蝥素在虫体内转化为斑蝥素钠，既降低了毒性，又保留和提高了斑蝥的抗癌活性。故斑蝥生品不可内服，多外用。炮制后可内服。

巴豆生品有大毒，主含巴豆油，有峻泻作用。巴豆油在肠中遇到碱性肠液，析出巴豆酸，巴豆酸能刺激肠黏膜，使肠蠕动加快，产生峻泻。巴豆中还含有巴豆毒素，也是剧毒物质。巴豆毒素属于一种毒性球蛋白，能溶解红细胞，但加热至110℃毒性即消失。传统炮制方法通过加热破坏巴豆毒素，压去油使泻下作用缓和是科学的。

本章小结

本章介绍了中药炮制的发展概况，从增强药物的疗效、降低或消除药物的毒性或副作用，缓和或改变药物的性能，改变药物的作用部位和趋向等七个方面阐述了中药炮制的主要目的，从一般修制、水制、火制等五个方面介绍了中药炮制的主要方法。通过实例探讨了中药炮制的研究机制。

复习题

1. 生药炮制的目的是什么?
2. 川乌为何需要进行炮制?
3. 生何首乌与酒制何首乌临床功效有何不同?
4. 生药常用的炮制方法有哪些?
5. 马钱子采用砂炒法炮制如何起到减毒增效的作用?

第九章

生药的质量控制及质量标准的制订

学习目标

掌握：生药中内源性毒性成分及其控制；生药质量标准的制订；生药质量的三级法定标准；质量标准用对照品要求。

熟悉：生药中外源性有害物质及其检测。

了解：自然因素、人为因素对生药质量的影响；中药材生产质量管理规范(GAP)。

在药材生产、中药和天然药物制剂的研制开发和中医临床应用过程中，生药质量的优劣是确保疗效的关键。生药的质量控制是通过鉴定生药的真实性（原植物鉴定、性状鉴定、显微鉴定、理化鉴定、DNA分子遗传标记鉴定）、有效性（有效成分或指标性成分、有效部位的定量分析、生物活性测定）和安全性（检测内源性毒性成分、重金属、农药残留量和其他有害物质）等评价方法的系统研究，制订切实可行的生药质量标准来实现的。

第一节 影响生药质量的因素

一、自然因素对生药质量的影响

1. 生药原植(动)物的物种因素的影响　在生药的生产、流通、应用过程中，同名异物、同物异名和地区性俗名现象十分普遍，必须通过基源鉴定确定其原植(动)物物种的真伪，这是生药质量控制的首要环节。防己的商品药材有10多种，如防己科的粉防己 *Stephania tetrandra* S. Moore、木防己 *Cocculus trilobus* (Thunb.) DC.，马兜铃科的广防己 *Aristolichia fangchi* Y. C. Wu ex L. D. Chow et S. M. Hwang、川防己 *Aristolichia austroszechuanica* Chien et C. Y. Cheng 等。临床上应用的具有肌肉松弛作用的药物"汉肌松"有两种，一种为从粉防己根部提取的异喹啉类总生物碱的碘甲烷衍生物，可作为中药麻醉和针刺麻醉的辅助药物。另一种为异喹啉生物碱类有效成分 *d*-粉防己碱(*d*-tetrandrine；又称 *d*-汉防己碱、*d*-汉防己甲素)的针剂，为外科手术时临床应用的肌肉松驰剂。"防己类"商品药材含有的化学成分不同，只有粉防己可作为肌肉松弛类药物"汉肌松"的原料使用。而马兜铃科的广防己、川防己含肾毒性成分马兜铃酸类(aristolochic acids)化合物,《中国药典》(2010 年版)已取消其药用标准,不再应用。

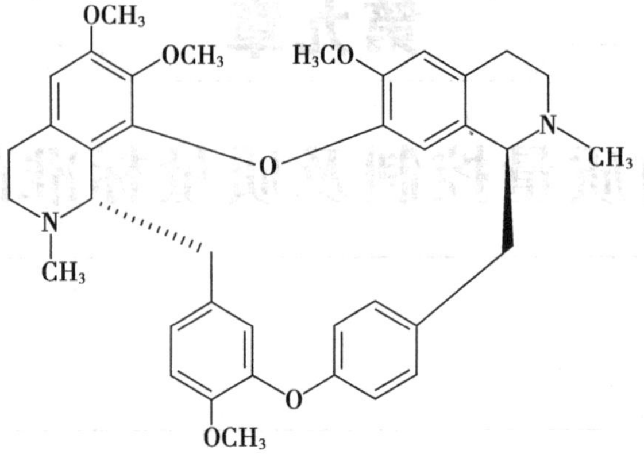

d-粉防己碱

《中国药典》规定大黄的基源植物为蓼科的掌叶大黄 *Rheum palmatum* L.、药用大黄 *R. officinale* Baill. 和唐古特大黄 *R. tanguticum* Maxim. ex Balf. 三种。这些大黄属 Rheum 掌叶组 Sect. *Palmota* 原植物的根茎和根中,具有泻下作用的结合型羟基蒽醌类成分的含量高可药用。而来源于同属波叶组 Sect. *Rhapontica* 植物的土大黄,如河套大黄 *R. hotaoense* C. Y. Cheng et C. T. Kao、华北大黄 *R. franzenbachii* Munt.、天山大黄 *R. wittrochii* Lundstr. 和藏边大黄 *R. emodi* Wall. 等,根和根茎中结合型羟基蒽醌类成分含量低,且含有高含量的毒性成分土大黄苷(rhapoticin),不能药用。

《中国药典》(2010 年版)收载的药材中,有 145 种为多基原药材,约占药材收载总数的 24%,其中二基源的有 9 种,三基源的有 39 种,四基源的有 8 种,五基源的有 2 种。具有多基源植物的同一种生药,往往由于有效成分的含量差异造成质量上的差别。如淫羊藿的主要有效成分为黄酮类化合物,《中国药典》规定淫羊藿的原植物有 4 种,包括小檗科植物心叶淫羊藿 *Epimedium brevicornum* Maxim.、箭叶淫羊藿 *E. sagittatum* (Sieb. et. Zyce.) Maxim.、柔毛淫羊藿 *E. pubescens* Maxim. 和朝鲜淫羊藿 *E. koreanum* Nakai。这 4 种原药材中的黄酮类化合物的含量和种类存在较大差异,其主要有效成分淫羊藿苷的含量分别为 1.18%、3.49%、0.46% 和 3.69%。

2. 植物种内遗传变异因素的影响　受生长环境因素的影响,药用植物经长期栽培,种内的遗传特性可能发生变异,产生种内次生代谢产物的多型性现象。这种现象称为化学变种(chemovarietas)或化学型(chemotypes),是影响生药质量的一个重要因素。如蛇床 *Cnidium monnieri* (L.) Cuss. 的种内香豆素成分的变化与其地理分布具有相关性,可分为 3 个化学型:类型Ⅰ以蛇床子素和线型呋喃香豆素为主要成分,分布于福建、浙江、江苏等亚热带常绿阔叶林区域。类型Ⅱ以角型呋喃香豆素为主要成分,分布于辽宁、黑龙江、内蒙古等温带针阔叶混交林区域。类型Ⅲ以蛇床子素、线型和角型呋喃香豆素同时存在,属于混合的过渡类群,分布于河南、河北、山西等暖温带落叶阔叶林区域的过渡地带。过渡类群样品的香豆素成分变化还表现在量和质的变化,即从南到北,蛇床子素的含量逐渐降低直至检测不出,而角型呋喃香豆素则从无到有,且含量逐渐升高,同时形成过渡交叉类。

3. 植物生长期因素的影响　药用植物体内有效成分的形成和积累,与生长发育特性密切相关。掌握药用植物的生长特性，对提高药材质量和单位面积产量、控制药材质量具有指导意义。

（1）药用植物的生长年限对生药质量的影响：药用植物在不同生长阶段其次生代谢产物可能发生变化，因而对生药的质量产生影响。如人参根中的总人参皂苷含量随着生长年限的增加而不断升高，人参根重在第4、5年间变化最大，可增加1倍。以前人参多栽培8～10年采收，现在同时考察人参根重和总人参皂苷含量，认为以5～7年生长期为宜，栽培第5年的夏末为人参的最佳采收期。

（2）药用植物生长的物候期对生药质量的影响：植物的生长发育分为播种、出苗期、拔节期、现蕾期、开花期和成熟期等阶段，因随季节而变化，称为物候期。植物生长的物候期直接影响次生代谢产物的积累，不同药用部位生药的合理采收期就是根据此理论总结建立的。茵陈来源于菊科植物滨蒿 *Artemisia scoparia* Waldes. et Kit. 或茵陈蒿 *A. capillaries* Thunb. 的干燥地上部分，具有清利湿热、利胆退黄的功效，为中医治疗黄疸的要药。春季幼苗期采收的药材称为“绵茵陈”；秋季花蕾期采收的药材称为“茵陈蒿”。我国常以“绵茵陈”入药，而日本常以秋季采收的枝梢入药。

4. 植物生长环境因素的影响　对生药质量产生影响的植物生长环境因素有非生物因素和生物因素两种情况。非生物因素主要包括光照、温度变化、降水量、土壤条件（类型、土壤元素、pH 值）、海拔高度和地球纬度等，都能影响植物的次生代谢产物的形成，直接影响生药的质量。根据研究，各种土壤环境生长的野生乌拉尔甘草的甘草酸含量依次为栗钙土>棕钙土>风沙土>盐碱化草甸土>次生盐碱化草甸土>碳酸盐黑钙土。

生物因素的影响主要包括植物之间和微生物的影响。植物之间的直接影响主要表现在植物寄生、共生和附生现象。植物之间的间接影响是通过植物的生长改变了另一种植物的生长环境，继而对另一种植物的生长产生影响。微生物对生药质量的影响主要与内生真菌有关。内生真菌不明显侵染植物组织或改变植物特性，与植物呈互利共生的关系，能够参与植物次生代谢及成分的转化合成。植物内生菌本身可以产生一些生物活性成分，一些化学成分与宿主植物产生的化学成分相同或结构相似；或产生宿主植物无法产生的化学成分。

二、人为因素对生药质量的影响

1. 药用植物栽培因素的影响　药用植物栽培涉及选择生长环境、选择种质资源、良种繁育、栽培方式、田间管理、病虫害防治等人为操作环节，每一步的处理都可直接影响生药的质量。

2. 采收期因素的影响　药用植物在不同的生长期有效成分的含量有很大变化，必须结合药用部位的产量，研究有效成分产量最大的时期采收，确保其药效。根据中医药传统理论和经验，虽然对于不同的药用部位的生药制定了一般采收原则，但应用现代科学技术，对不同的生药进行合理采收期的系统研究，制订出最佳的合理采收期是保证生药质量的重要环节。

3. 加工因素的影响　除少数鲜用的生药外，大多数生药采收后需要进行产地加工处理，不同的加工处理方法直接影响有效成分的含量，进而影响其质量。为了贮藏，需要对生药进行干燥处理，干燥的温度、方法必须经过研究确定。如为了抑制所含酶的作用，避免有效成分的酶解，含苷类、生物碱类生药的干燥温度应控制在50～60℃。高温干燥会造成挥发油的损失，因而含挥发油的生药干燥温度应控制在35℃以下。某些生药日晒易变色、变质、开裂而影响质量，必须阴干或迅速干燥。人为掺假、造伪、混入非药用部位的行为也是造成生药质量下降的原因，必须严格控制、有力打击。

4. 炮制因素的影响　大多数生药需要切制成饮片炮制后使用，炮制的技术、方法以及处理过程可直接影响药材的质量和药效。如根据当归不同炮制方法对其有效成分阿魏酸的含量变化的研究结果表明，生当归、酒炒当归、清炒当归和当归炭中阿魏酸的含量分别为0.05%、0.03%、0.04%和0.01%，临床应用时应根据不同情况选用不同的炮制药材品种。

5. 贮藏因素的影响　生药在贮藏过程中受环境温度、湿度、光照、空气氧化等作用，常发生霉变、虫蛀、变色、泛油等现象，导致药材变质。有些生药贮藏时间过长，有效成分发生分解，含量降低。光照会使多酚类成分和色素氧化，使生药发生变色。含芳香性成分的药材光照后成分易挥发，使生药失去应有的气味。含淀粉、蛋白质、多糖和脂肪的药材容易发生虫蛀现象。含黄酮类、羟基蒽醌类、鞣质类的药材容易变色。药材含水量高、贮藏环境湿度大容易发生霉变。含糖、淀粉多的药材在湿热的环境中会发生变软、发黏、颜色变深等现象。含挥发油高的药材随着贮藏时间的增加，挥发油的含量下降。

第二节　生药中有害物质及其检测

生药中的有害物质包括外源性的有害物质和内源性的有害物质两大类。外源性有害物质包括药材中的重金属及其他有害元素的富集、农药残留以及微生物污染等。内源性有害物质主要有生药原植物自身次生代谢产生的对人体具有毒副作用的化学成分。

一、生药中外源性有害物质及其检测

1. 重金属及其他有害元素的检测　生药中的重金属和其他有害元素主要有铅、镉、铜、铝、汞、砷等。这些重金属若进入人体内，可与体内酶蛋白上的巯基和二硫键牢固结合，使蛋白质变性，酶失去活性，组织细胞出现结构和功能上的损害而产生毒性作用。《中国药典》规定重金属总量采用比色法测定，硫代乙酰胺或硫化钠为显色剂。砷盐的检查采用古蔡氏法或二乙基二硫代氨基甲酸银法。采用原子吸收分光光度法（atomic absorption spectrophotometry，AAS）或电感耦合等离子体质谱法（inductively coupled plasma-mass spectrometry，ICP-MS），可分别测定生药中铅、镉、铜、铝、汞、砷的单一元素的含量。《中国药典》已经对甘草、丹参、山楂、西洋参、黄芪等20种药材或加工品进行了重金属限量规定，见表9-1。

2. 农药残留量的检查　农药残留是指农药使用后残存于生物体、农副产品和环境中的微量农药原体、有毒代谢物、降解物和杂质的总称，主要有有机磷类、有机氯类、拟除虫菊类和氨基甲酸酯类等。这些农药具有挥发性，可采用毛细管柱气相色谱法（GC）测定。随着分析化学技术的发展，农药残留快速定性、定量分析方法得到广泛应用，如气相色谱-质谱联用法（GC-MS）、固相萃取气相色谱法、高效液相色谱-质谱联用法（HPLC-MS）和柱后衍生化高效液相色谱法等。过去国内最常使用有机氯农药六六六（BHC）、滴滴涕（总DDT）和五氯硝基苯（PCNB）防治农作物的病虫害，虽然我国已经于1983年开始禁止使用，但已经残留土壤中，造成生药栽培过程中仍然受到污染。长期服用农药残留超标的生药易造成体内蓄积性中毒。为

确保用药安全,必须对其加以检测和含量限制。《中国药典》(2010年版)对甘草、黄芪、人参茎叶总皂苷、人参总皂苷的农药残留量进行了限量规定,见表9-2。

表9-1 《中国药典》(2010年版)中药材及加工品重金属或有害元素的限量(ppm)

中药材	重金属总量	铅	镉	砷	汞	铜
山楂、丹参、甘草、白芍、西洋参、金银花、枸杞子、黄芪、阿胶		5	0.3	2	0.2	20
白矾	20					
玄明粉	20			20		
地龙	30					
芒硝、西瓜霜	10			10		
冰片	5			2		
龟甲胶	30					
鹿角胶	30			2		
滑石粉	40			2		
八角茴香油	5					
人参茎叶总皂苷		2	0.2	2	0.2	20
人参总皂苷		3	0.2	2	0.2	20
三七三醇皂苷、黄芩提取物、银杏叶提取物	20					
三七总皂苷、茵陈提取物、积雪草总苷、薄荷脑		5	0.3	2	0.2	20
丹参总酚酸提取物、丹参酮提取物	10					
灯盏花素		5	0.3	2	0.2	
连翘提取物	20			2		
牡荆油、桉油、丁香罗勒油	10					
莪术油	10			2		

表9-2 《中国药典》(2010年版)对中药材或加工品中有机氯农药残留的限量(mg/kg)

药材、加工品	六六六(总BHC)	滴滴涕(总DDT)	五氯硝基苯(PCNB)
甘草、黄芪	2	2	1
人参总皂苷、人参茎叶总皂苷	1	10	1

3. 黄曲霉素的检查 黄曲霉素(Aflatoxin,AF)是一类具有强烈致癌作用的二呋喃香豆素类毒性物质,至今已经发现14种黄曲霉素类化合物。黄曲霉素主要有AFB和AFG两大类,其中AFB_1致癌作用最强。生药在加工、贮藏过程中常常受到真菌污染而产生霉变现象,其中霉变感染的黄曲霉菌 *Aspergillus flavus* Link 和寄生曲霉菌 *A. flavus* subsp. *parasiticus* (Speare) Kurtzman 可产生黄曲霉素代谢产物。为了保证生药的用药安全,必须对黄曲霉素进行限量检查。《中国药典》规定采用高效液相色谱法测定药材中的黄曲霉素含量。对桃仁、陈皮、胖大海、酸枣仁、僵蚕等进行了含量限定,规定每1000g含AFB_1、AFB_2、AFG_1和AFG_2的总含量不得超过10μg。

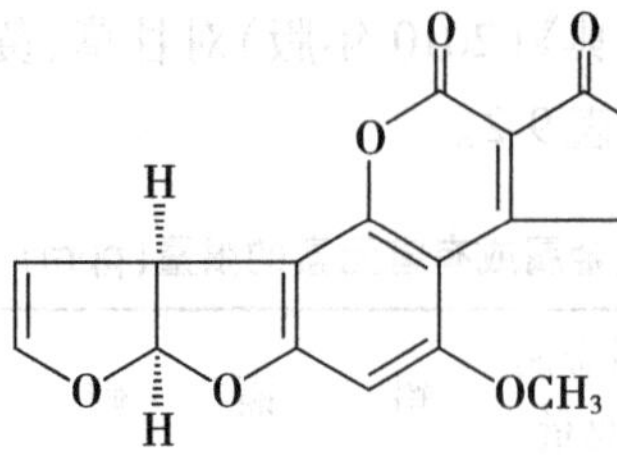

AFB$_1$

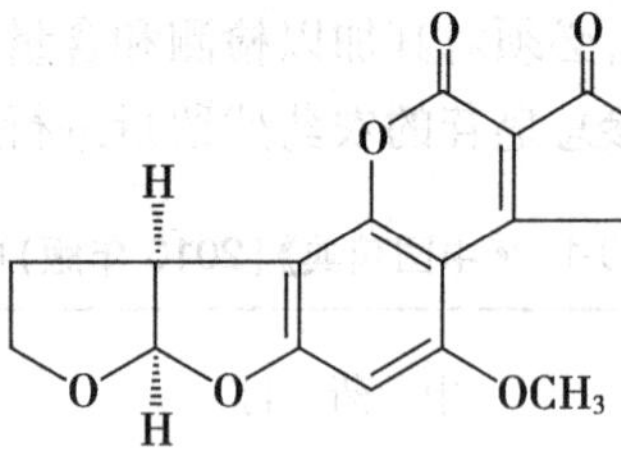

AFB$_2$

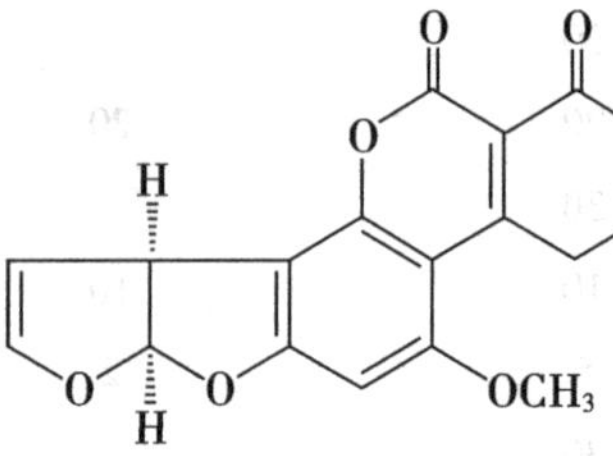

AFG$_1$

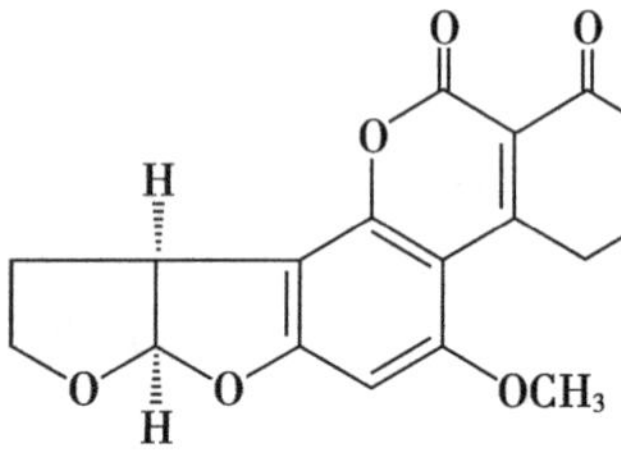

AFG$_2$

4. 二氧化硫的检查　某些生药为了杀菌防腐便于贮藏或漂白，采用硫黄熏蒸的传统加工工艺进行处理，造成生药中存在二氧化硫的残留，过量的二氧化硫对人体的肝脏、肾脏、呼吸系统和消化系统有严重危害。《中国药典》规定必须对经过硫黄熏蒸过的生药残留的二氧化硫，采用蒸馏法进行含量测定，但尚未规定含量限度。2011 年 6 月 sFDA 公开征求意见的二氧化硫限量标准为，山药、牛膝、粉葛、甘遂、天冬、天花粉、白及、白芍、白术、党参等 11 种传统习用硫黄熏蒸的中药材或饮片，不超过 400mg/kg，其他药材及饮片不得超过 150mg/kg。

二、生药中内源性毒性成分及其控制

生药中的内源性毒性物质分两大类。第一类为单纯的毒性成分，没有任何治疗作用，如具有肾毒性的马兜铃酸类化合物；具有肝毒性的吡咯里西啶生物碱类化合物。第二类为既是毒性成分，又是有效成分的物质，如川乌、附子含有的乌头碱类生物碱，马钱子中的士的宁等。

1. 肾毒性成分　1993 年比利时学者报道，一些妇女长期服用含来源于马兜铃科的中药材广防已的减肥药，发生肾脏进行性快速纤维化并伴有肾萎缩，既而发生慢性肾衰竭。研究表明，肾毒性成分为非类化合物马兜铃酸和马兜铃内酰胺，常见的有马兜铃酸 Ⅰ ~ Ⅴ（aristolochic acids Ⅰ ~ Ⅴ）和马兜铃内酰胺 Ⅰ、Ⅱ、Ⅲa（magnoflorine Ⅰ、Ⅱ、Ⅲa）。国外把这种肾脏疾病称为“中草药肾病”（Chinese herbs nephropathy，CHN），已经对含有马兜铃酸肾毒性成分的生药采取了限制性措施。我国学者依据其肾性成分为马兜铃酸类化合物，建议将其改为“马兜铃酸肾病”（aristolochic acid nephropathy，AAN）。

国内也报道过多例长期服用中成药造成肾脏损害的病例，严重者发展成尿毒症。马兜铃酸类和马兜铃内酰胺类化合物主要存在于马兜铃科植物中，我国常用的来源于马兜铃科的药材有细辛、马兜铃、关木通、广防已、青木香、天仙藤、寻骨风、朱砂莲等。其中细辛为应用最广泛的中药材，2000 年版以前的《中国药典》规定中药材细辛为来源于马兜铃科的植物北细辛 *Ararum heterotropoides* Fr. Schmidt var. *mandshuricum*（Maxim.）Kitag.、汉城细辛 *A. sieboldii* Mig. var. *seoulense* Nakai 或华西辛 *A. sieboldii* Mig. 的干燥全草。研究发现，马兜铃酸主要存在这三种原植物的地上部分，而根和根茎未检测到马兜铃酸。细辛药材我国古代一直只用根，日本药局方仅用根和根茎，有鉴于此，《中国药典》(2005 年版)规定药用部位改为根和根茎。《中国药典》(2005 年版)开始不再收载关木通、广防己和青木香，其他来源于马兜铃科的药材也应当慎用。药材中的马兜铃酸类和马兜铃内酰胺类成分，可采用高效液相色谱法进行定性、定量分析检测。

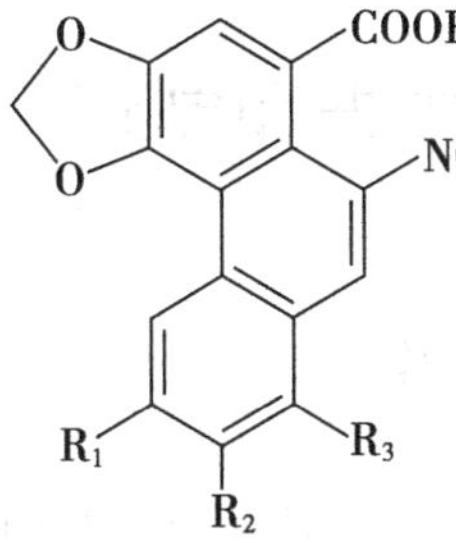

	R_1	R_2	R_3
马兜铃酸Ⅰ	H	H	OCH_3
马兜铃酸Ⅱ	H	H	H
马兜铃酸Ⅲ	OCH_3	H	H
马兜铃酸Ⅳ	OCH_3	H	OCH_3
马兜铃酸Ⅴ	OCH_3	OCH_3	H

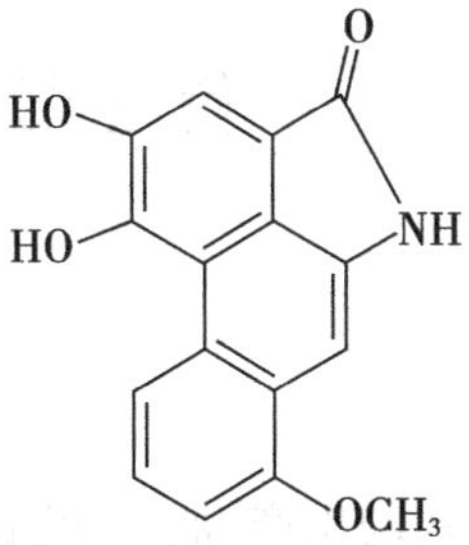

马兜铃内酰胺Ⅰ

2. 肝毒性成分　迄今发现的药用植物中最强的肝毒性成分是肝毒吡咯里西啶类生物碱(heptotoxic pyrrolizidine alkaloids,HPAs)。基本结构是由千里光次碱(necine)的 1 位羟甲基上的羟基和 7 位羟基与脂肪酸形成的大环双内酯类化合物，如千里光碱(senecionine)、野百合碱(monocrotaline)和阿多尼弗林碱(adonifoline)等。这类化合物在体内代谢产生的代谢吡啶(metabolic pyrrole)具有很强的亲电性，能与组织中的亲核性的酶、蛋白质、DNA、RNA 迅速结合，引起机体的各种损伤，特别是肝脏是此类化合物的代谢场所和靶器官，对肝脏的损害更为严重，可形成肝静脉栓塞症(hepatic venoocclusive disease,VOD)。为了用药安全，含有 HPAs 的中药材或中成药要慎用或避免使用。《中国药典》对含有 HPAs 的药材采取严格的限量规定，如依照高效液相色谱-质谱法测定，千里光按干燥品计算含阿多尼弗林碱不等超过 0.004%。

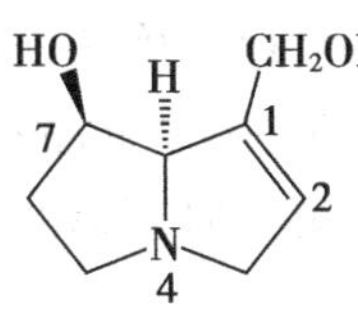

千里光次碱

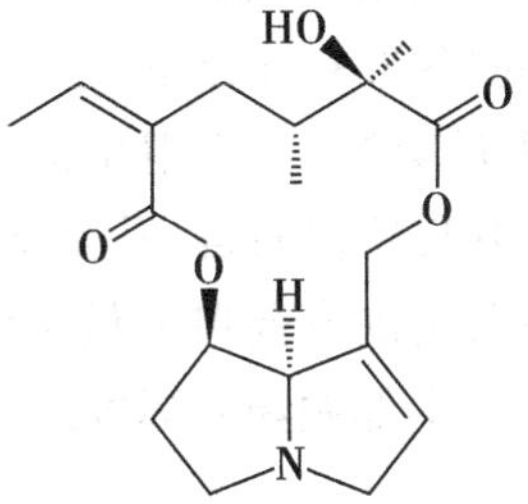

千里光碱

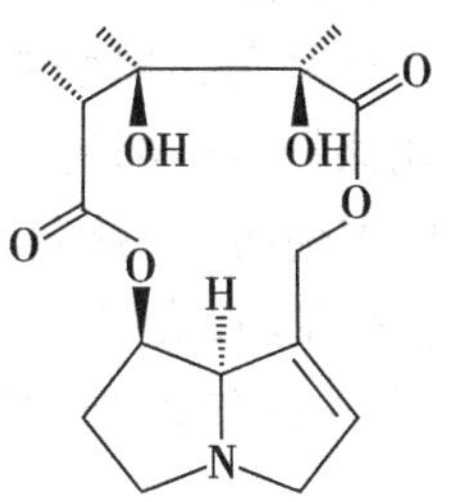

野百合碱

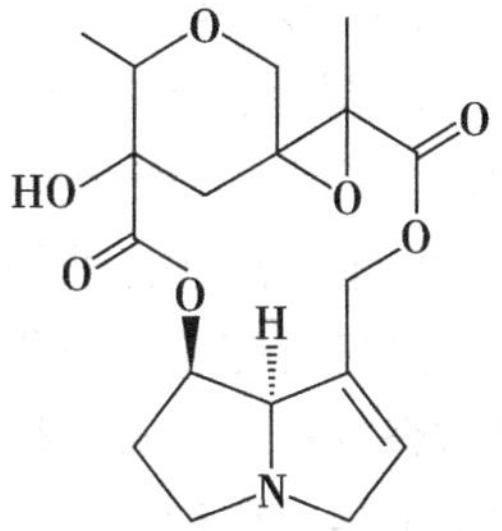

阿多尼弗林碱

吡咯里西啶类生物碱(pyrrolizidine alkaloids,PAs)还具有肺脏毒性、致癌作用、致突变作用和神经毒性等毒性。主要分布于菊科、紫草科、豆科和兰科植物中，厚壳科、玄参科、夹竹桃科、毛茛科和百合科等也有少量分布。

3. 其他毒性成分　有些化学成分既是毒性成分又是有效成分，如川乌、附子含有的乌头碱类生物碱，马钱子中的士的宁，洋地黄药材中的强心苷等。根据治疗量和毒性量之间的关系，其含量必须严格控制，应当规定含量幅度或含量限度，以确保用药安全。《中国药典》规定，以川乌干品计算,含乌头碱、次乌头碱、新乌头碱的总量应为0.050%~0.17%;川乌的炮制加工品制川乌含苯甲酰乌头原碱、苯甲酰次乌头碱和苯甲酰新乌头原碱的总量应为0.070%~0.15%,双酯型生物碱以乌头碱、次乌头碱和新乌头碱的总量计不得超过0.040%。

第三节 生药质量标准的依据和制订

一、质量控制的依据

在生药的生产、加工、贮藏、制剂等过程中,为了保证中药材、饮片、中成药质量稳定和临床用安全有效,必须制订严格的质量标准以控制其质量。我国生药质量标准主要依据三级标准,即一级标准为国家药典标准,二级为局(部)颁标准,三级为地方标准。

1. 国家标准 《中华人民共和国药典》(简称《中国药典》;Chinese Pharmacopoeia,Ch. P.),由卫生部药典委员会编写,中华人民共和国卫生部批准颁布实施,是我国控制药品质量的国家标准。药典是国家对药品质量标准及检验方法所作的技术规定,是药品生产、供应、使用、检验、管理部门共同遵守的法定依据。《中国药典》收载使用广泛、疗效较好的药品,自1953年版起至2010年版止共出版9版。随着科学技术的发展,不断有新的药学研究成果出现,新版药典将不断增加新品种,修订完善上版记载的旧品种内容,删除不合理的需要,淘汰的旧品种。现行《中国药典》(2010年版)由三部组成,于2010年7月1日起正式执行,共收载药品4567种,其中新增1386种。一部收载中药材及饮片、植物油脂和提取物、成方制剂和单方制剂共计2165种,其中新增1019种,修订634种。二部收载化学药品、抗生素、生化药品、放射性药品及药用辅料等共计2271种,其中新增330种,修订1500种。三部收载生物药品131种,其中新增37种,修订94种。本版药典中现代分析技术的应用进一步扩大,对药品的安全性问题更加重视。每种药材项下记载内容为:中文名、汉语拼音、拉丁名、基源(来源)、性状、鉴别、检查、浸出物、含量测定、炮制、性味与归经、功能与主治、用法与用量、注意、贮藏等。

2. 局(部)颁标准 国家食品药品监督管理局(SFDA)颁布的药品标准,简称局颁标准。1998年以前,该级药品标准由隶属卫生部的药典委员会制订,由卫生部批准颁布执行,亦简称部颁标准。局颁标准是对《中国药典》的补充。就中药品种而言,凡是来源清楚、疗效确切、较多地区经营使用的中药材,包括蒙药、藏药等民族药,由国家药典委员会编纂出版,国家食品药品监督管理局颁布执行。迄今共颁布10册,其中《卫生部颁药品标准》中药材(第一册)共计收载101种中药材。

3. 地方标准 各省、直辖市、自治区卫生厅(局)审批的药品标准及炮制规范简称地方标准。此标准系《中国药典》和局(部)颁标准中未收载的本地区经营、使用的药品,或虽有收载但规格有所不同的本地区生产的药品,它具有地区性的约束力。现行的《中华人民共和国药品管理法》取消了中成药的地方标准,规定"药品必须符合国家药品标准"。由于中药材、中药饮片品种较多,规格不一,各地方用药习惯、炮制方法不统一,全部纳入规范化、标准化管理有现实困难。故中药材的地方标准目前仍然存在,但药品管理法原则规定:"实施批准文号管理的中药材、中药饮片品种目录由国务院药品监督管理部门会同国务院中医药管理部门制定。"

上述三级标准，以国家药典为准，局（部）颁标准为补充。凡是在全国经销的药材或生产中成药的药材，必须符合国家药典和部（局）颁标准，凡不符合以上两个标准或使用其他地方标准的药材可鉴定为伪品。地方标准只能在相应制定地区使用。

除上述三级法定药品质量标准外，在控制药品的质量过程中得到应用的还有临床研究用药品质量标准、暂行或试行药品质量标准和企业标准。正在研制中的中药、天然药物新药，为了进行临床试验用药的安全和结论可靠，还需有一个由新药研制单位制订，并由国家食品药品监督局批准的临时性的临床研究用药品质量标准。某些新药经临床试验或试用后报批生产时，这时制订的药品标准叫暂行药品标准。药品转为正式生产时该标准叫试行药品标准。如果药品质量仍然稳定，经国家食品药品监督管理局批准转为局颁标准。由药品生产企业自己制订并用于控制其药品质量的标准称为企业标准或企业内部标准。

二、生药质量标准的制订

生药（药材）质量标准由质量标准草案及起草说明组成。质量标准草案包括名称、汉语拼音、药材拉丁名、基源（来源）、性状、鉴别、检查、浸出物、含量测定、炮制、性味与归经、功能与主治、用法与用量、注意及贮藏等项。起草说明是对制订的质量标准的详细注释，充分反映制订质量标准的大量试验研究过程，有助于判断制订质量规格的合理性、各种检测方法的可靠性和可行性。起草说明的项目应与质量标准草案正文一一对应，说明制订质量标准中各个项目的理由，规定各项目指标的依据、技术条件和注意事项等。既要有理论解释，又要有实践工作的总结及试验数据。生药质量标准应本着质量可控、准确灵敏、简便实用、格式规范以及可持续改进的原则制订。有关质量标准的书写格式参照现行版《中国药典》。质量标准有关项目内容的技术要求如下：

1. 名称、汉语拼音、药材拉丁名　按中药命名原则要求制定。

2. 基源（来源）　来源包括原植（动）物的科名、中文名、拉丁学名、药用部位、采收季节和产地加工等。矿物药包括矿物的类、族、矿石名、主要成分及产地加工。起草说明提供药材鉴定详细资料，以及原植（动）物的形态描述、生态环境、生长特性、产地和分布；引种或野生变家养的植、动物药材，应有与原种对比的资料。

3. 性状　系指对药材形态、大小、色泽、表面特征、质地、断面、气味等的描述。除必须鲜用的按鲜品描述外，一般以完整的药材为主。易破碎的药材还需描述破碎部分。要注意抓主要特征，描述要确切，术语应用要规范。

4. 鉴别　包括经验鉴别、显微鉴别、理化鉴别、色谱和光谱鉴别等方法。选用的方法要求专属性强，灵敏度高。色谱、光谱鉴别应当设定化学对照品或对照药材。

5. 检查　包括杂质、水分、灰分、酸不溶性灰分、重金属、砷盐、农药残留量、毒性成分等项目。起草说明包括各检查项目的理由及试验数据，阐明确定该检查项目限度指标的意义及依据，重金属、砷盐、农药残留量的考察结果及是否列入质量标准的理由。

6. 浸出物的测定　可参照《中国药典》附录浸出物测定要求，结合用药习惯、药材质地、已知的化学成分类别选定适宜的溶剂，测定其浸出物量以控制质量。浸出物量的限（幅）度指标应根据实测数据制定，并以药材的干品计算。

7. 含量测定　应建立有效成分含量测定项目，操作步骤叙述应准确，术语和计量单位应规范。含量限(幅)度指标应当根据实测数据制定。起草说明中应提供:根据样品的特点和有关化合成分的性质,选择相应测定方法的依据;应阐明含量测定方法的原理;确定该测定方法的方法学考察资料和相关图谱(包括测定方法的线性关系、精密度、重复性、稳定性试验和回收率试验等);阐明确定该含量限(幅)度的意义及依据,至少应有10批样品20个数据。

8. 炮制 根据用药需要炮制的品种,应当制订合理的加工炮制工艺,明确辅料用量和炮制品的质量要求。

9. 性味与归经、功能与主治、用法用量、注意及贮藏 应根据药材研究结果制订。

三、质量标准用对照品要求

质量标准用对照品、对照药材和对照提取物系指用于鉴别、检查、含量测定的标准物质,由国家药品监督管理部门指定中国药品生物制品检定所制备、标定和供应,可直接使用。其他来源的对照品则应按照以下要求制备和提供资料,经省级以上药品检验所标定或鉴定后方可使用,并同时向中国药品生物制品检定所申请备案。

1. 化学对照品(chemical reference substances)

(1) 对照品来源:由植物、动物、矿物提取的需要说明原料的科名、拉丁学名、药用部位、具体的提取、分离工艺、方法。化学合成品需要注明来源及工艺方法。

(2) 对照品确证:验证已知化合物的结构,需要提供必要的参考数据及图谱,并应与文献值或图谱一致。如无文献记载,则按未知化合物要求提供足以确证其结构的参数,如元素分析、熔点、红外光谱、紫外光谱、磁共振谱、质谱等。

(3) 对照品纯度:对照品用于何种类型色谱,则以该色谱方法进行纯度检查。如为TLC法,点样量应为所适应检验方法点样量的10倍量,选择三个以上容积系统展开,色谱中应不显杂质半点,并提供彩色照片。

(4) 对照品含量:定量用对照品含量(纯度)应在98%以上;鉴别用对照品含量(纯度)应在95%以上。并应提供含量测定方法、测定数据和有关图谱。

(5) 对照品稳定性:依照稳定性试验方法定期检查,提供使用期及其确定依据。

(6) 包装和贮藏:置密闭容器内,避光、低温、干燥处贮藏。

2. 对照药材(reference crude drugs)

(1) 品种鉴定:经过准确鉴定并注明基源,多来源的对照药材,须有共性的鉴别特征。

(2) 质量:选定符合国家药品标准规定要求的优质药材。

(3) 均匀性:必须粉碎过筛,取均匀的粉末分装应用。

(4) 稳定性:应考察稳定性,提供使用期及其确定依据。

(5) 包装与贮藏:置密闭容器内,避光、低温、干燥处贮藏。

3. 对照提取物(reference extracts)

对照提取物在基源、制备工艺、内在质量等方面应符合相关规定。

4. 对照品使用说明(instruction of reference substances)

化学对照品应注明中英文名称、分子式、批号、使用期及适用于何种检测方法。含量测定用化学对照品,应注明含量。对照药材应注明中文名、拉丁名、批号、使用期及贮藏条件。对照提取物也应符合相关要求。

第四节　中药材生产质量管理规范(GAP)

为了规范中药材生产,保证中药材质量,促进中药标准化、现代化,使中药材生产和质量管理有可以依据的基本准则,应对中药材生产企业进行中药材(含植物、动物药)生产的全过程质量监控,以保护生态环境,实现资源的可持续利用。对中药材生产的全过程进行标准化、规范化管理,对包括种植、栽培、采收、加工、贮藏、流通等各个环节进行控制,即实施药材生产质量管理规范(good agricultural practice,GAP)。

《中药材生产管理规范》由国家食品药品监督管理局于2002年6月颁布实行。主要包括以下内容:

1. 产地生态环境　生产企业应按中药材产地适宜性优化原则,因地制宜,合理布局。其环境(包括生产基地空气、土壤、灌溉水、药用动物饮用水)应符合国家相应标准。

2. 种质和繁殖材料　种质资源是中药材种植的前提,必须对养殖、栽培或野生采集的药用动植物准确鉴定物种(包括亚种、变种或品种),并实行检验和检疫制度,以保证质量和防止病虫害及杂草的传播。加强中药材良种选育、配种工作,建立良种繁育基地,保护药用动植物种质资源。药用动物应按动物习性进行引种及驯化并严格检疫。

3. 栽培与养殖管理　对药用植物应根据其生长发育要求,确定栽培适宜区域,并指定相应的种植过程,进行科学的田间管理。根据不同生长发育期进行施肥、灌溉和排水,根据需要进行打顶、摘蕾、整枝修剪、覆盖遮荫等栽培措施。病虫害的防治要结合控制农药残留和重金属污染,环境生态保护。

对于药用动物养殖应根据药用动物生态环境、食性、行为特点及对环境的适应能力等因素,其确定相应的养殖方式和方法,制订相应的养殖规程和管理制度。并对饲料以及添加剂、饮水、场所环境及消毒、疫病、防治等做了要求。

4. 采收与加工　对于野生或半野生药用动植物的采收,应坚持"最大持续产量"原则,应有计划地进行野生抚育、轮采与封育,以利于生物的繁殖与资源的更新。要确定合适的采收期,并要配备合格的采收机械、器具。对药材的产地加工、场地、干燥以及鲜用药材的存贮保鲜和道地药材的加工都要符合相关要求。

5. 包装、运输与贮藏　包装应按标准操作规程操作,并有批包装记录,所使用的包装材料应符合质量要求并作标记。易碎药材应装在坚固的箱盒内;消毒、麻醉性、贵重药材应使用特殊包装,并应贴上相应的标记。药材批量运输时,不能与其他有毒、有害、易串味物质混装。运载容器应具有较好的通气性,以保持干燥,并应有防潮措施。药材贮藏需要保证环境合格,防止虫蛀、霉变、腐烂、泛油等现象发生,并定期检查。

6. 质量管理　中药材生产质量管理是GAP的中心环节。生产企业应设有质量管理部门,负责中药材生产全过程的监督管理和质量控制,并应配备与药材生产规模、品种检验要求相适应的人员、场所、仪器和设备。对质量检验部门的任务、检验项目以及检验报告的出具等内容也作了相应的规定。

7. 人员与设备　对中药材生产企业的负责人、质量管理部门的负责人以及从事中药材生产的人员学历、知识结构、能力、素质和培训考核等都作了相应要求。生产和检验用的仪器、仪表、量具、衡器的适用范围和精密度应符合生产和检验要求，有明显的状态标志，并定期检验。

8. 文件管理　对中药材生产过程中形成的各类文件进行管理归档，包括生产管理、质量管理等标准操作规程，每种中药材的生产全过程应详细记录。所有原始记录、生产计划及执行情况、合同及协议书等均应存档，至少保存5年。档案资料应有专人保管。

9. 附则　对规范中所起到的术语进行了详细解释。

世界卫生组织（WHO）和发达国家对植物类生药的生产、质量管理十分重视，先后制定了相应的法规。世界卫生组织2003年公布了《药用植物优良种植及采收规范（GACP）指南》（*WHO guideline on good agricultural and collection practices for medicinal plants*）。日本2003年公布了《药用植物优良种植和采收规范》（*Good agricultural and collection practices for medicinal plants*，GACP）。欧盟1998年出台了药用和芳香植物优良种植生产质量规范条例，并于2002年公布了《草药原料优良种植和采收规范细则》（*Points to consider good agricultural and collection practice for starting material of herbal origin*）。

本章小结

本章重点介绍了生药中外源性有害物质和内源性毒性成分的种类及其控制方法，生药质量标准的相关内容，质量标准用对照品的质量要求，生药质量的三级法定标准等方面的知识。简要介绍了影响生药质量的自然因素和人为因素，中药材生产质量管理规范（GAP）。这些知识是从事生药的生产、研究、开发利用的必要基础。

复习题

1. 影响生药质量的自然因素、人为因素有哪些？

2. 生药中的重金属和其他毒性元素、农药残留量、黄曲霉素、二氧化硫等外源性有害物质各对人体有什么危害？如何检测、控制？

3. 生药中肾毒性成分、肝毒性成分有哪些种类？主要在哪些植物类生药中含有？

4. 生药质量标准草案包括哪些具体内容？起草说明在制订质量标准过程中起什么作用？

5. 在检测生药质量过程中，使用的标准化学对照品和对照药材的质量是如何要求的？

6. 我国控制生药质量的标准有哪些？在控制生药质量中各起什么作用？

7.《中药材生产质量管理规范》（GAP）主要包括哪些内容？

第十章

生药资源的开发与可持续利用

学习目标

掌握：道地药材的定义；生药资源开发利用的途径。

熟悉：生药资源开发利用的层次；生物技术在生药资源开发中的应用；中药、天然药物注册分类及说明。

了解：我国生药资源的概况、各地区的道地药材；生药资源保护法规；从海洋生物开发新的药用资源；药用资源其他方面的综合开发利用。

第一节 我国生药资源概述

一、我国生药资源的概况

生药资源包括植物药、动物药和矿物药资源。20 世纪 80 年代，我国对生药资源进行了全面系统的普查，发现药用资源种类共有 12 807 种，其中药用植物有 11 146 种，约占全部种类的 87%；药用动物 1581 种，占 12%；药用矿物 80 种（原矿物），不足 1%。我国行政区划所属 6 大区按生药资源种类数量的排序为：西南区→中南区→华东区→西北区→东北区→华北区。生药资源种类最多的 5 个省区为云南（5050 种）、广西（4590 种）、四川（4354 种）、湖北（3970 种）和陕西（3291 种）。

我国著名的药材集散地有河北安国、江西樟树、河南百泉、河南禹州、安徽亳州、湖南邵东、广州清平、广西玉林、成都荷花池、西安康复路、陇西文峰、湖南岳阳、山东鄄城舜王城、湖北蕲州等药材市场。在全国中药材贸易交流中，中药材种类一般在 800 ~ 1000 种左右，最高时达 1200 种。常用药材约 500 多种，道地药材约 200 种，民族药有 4000 多种。全国已建立中药材生产基地 600 多个，人工栽培的药用植物约有 250 多种，种植面积已达 600 万亩。有近百种常用中药材已建立了 GAP 生产基地。

二、道地药材

道地药材(famous-region drugs)是指经过中医临床长期应用优选出来的,在特定地域,通过特定生产过程所产的,较在其他地区产的同种药材品质佳、疗效好,具有较高知名度的药材。著名的道地药材有以下种类。

1. 关药 通常指东北地区所出产的优质药材。著名的关药有人参、花鹿茸、关马茸、辽细辛、北五味子、刺五加、关黄柏、关龙胆、关防风、哈蟆油等。

2. 北药 通常指华北地区、西北地区和内蒙古自治区中部和东部等地区所出产的优质药材。主要有潞党参、北黄芪、宁夏枸杞子、岷当归、北沙参、济银花、北板蓝根、山东阿胶、北全蝎、西陵知母、连翘、酸枣仁、远志、黄芩、赤芍、山楂、五灵脂等。

3. 怀药 泛指河南境内所产的优质药材。产常用药材约300种,如著名的“四大怀药”:怀地黄、怀山药、怀牛膝、怀菊花。此外尚有密银花、怀红花、南全蝎等。

4. 浙药 浙药亦称杭药、温药,包括浙江及沿海大陆架生产的优质药材,产常用药材约400种。狭义的浙药是指以“浙八味”为代表的浙江道地药材,如浙贝母、杭白芍、白术、浙玄参、延胡索、杭菊花、杭麦冬、温郁金等。

5. 江南药 包括湘、鄂、苏、皖、闽、赣等淮河以南各省区所产的优质药材。湘鄂地区出产的著名药材有安徽的亳菊、滁州的滁菊、歙县的贡菊、霍山石斛、宣州木瓜等;江苏的苏薄荷、茅苍术、太子参、蟾酥等;福建的建泽泻、建厚朴;江西产的清江枳壳,丰城鸡血藤、泰和乌鸡;湖北产的大别山茯苓,板桥党参,鄂西味连和紫油厚朴;湖南产的平江白术、湘乡木瓜、零陵香等。

6. 川药 指四川所产优质药材。四川是我国著名的药材产区,道地药材呈明显的区域性或地带性分布,如高原地带的冬虫夏草、川贝母、麝香、川黄连、川天麻等;川产大宗药材有岷江流域的姜和郁金、江油附子、绵阳麦冬、灌县川芎、石柱黄连、遂宁白芷、合川使君子、汉源花椒、川牛膝等。

7. 云、贵药 云药包括滇南和滇北所出产的优质药材。滇南出产的诃子、槟榔、儿茶等;滇北出产的茯苓、云木香、冬虫夏草等;处于滇南、滇北之间的文山、思茅地区以盛产三七闻名于世。此外,尚有云黄连、云当归、滇龙胆、天麻、穿山甲、蛤蚧、金钱白花蛇等。著名的贵药有天麻、杜仲、天冬、茱萸、雄黄、朱砂等。

8. 广药 又称“南药”,系指广东、广西南部、海南、台湾等地出产的优质药材。槟榔、砂仁、巴戟天、益智仁是我国著名的“四大南药”。广东砂仁年产量占全国产量的80%;广藿香年产量占全国92%。广西的肉桂、三七和蛤蚧都是著名的道地药材。台湾的樟脑曾垄断国际市场。

9. 西药 西药是指“丝绸之路”的起点西安以西的广大地区,包括陕、甘、宁、青、新及内蒙西部所产的优质药材。著名的秦艽和名贵的西牛黄等都产于这里。甘肃主产当归、大黄、党参;宁夏主产枸杞子、甘草;青海盛产麝香、马鹿茸;新疆盛产甘草、紫草、阿魏。陕西也是当归、党参的重要产地。内蒙古南部是黄芪商品药材基地,年收购量占全国80%以上;呼伦贝尔草原的防风密集,为草原优势品种。

10. 藏药 指青藏高原所产优质药材。以野生资源为主,冬虫夏草、雪莲花、炉贝母、西红花习称“四大藏药”。甘松野生蕴藏量占全国96%，大黄、冬虫夏草野生蕴藏量占全国80%，鹿茸资源占全国60%。此外，还有麝香、胡黄连、羌活、雪上一支蒿、红景天、雪灵芝等。

三、生药资源的保护

生药资源的保护是关系到生药的生产和资源可持续利用的重大问题。我国成立了国务院环境保护领导小组和国家濒危动植物管理办公室，颁发了一系列资源保护管理文件，对生药资源的保护，特别是大宗名贵中药材野生资源的保护，对中药行业的可持续发展起着重要的作用。我国颁布了《中华人民共和国野生动物保护法》。在《国家重点保护野生动物名录》中记载的257种(类)中，有药用记载或具有药用价值的动物共161种(类)，其中属一级保护的重要药用动物有67种，属二级保护的有96种。《中国珍稀濒危保护植物名录》共354种，其中药用植物约有160余种。《野生药材资源保护管理条例》制定出第一批国家重点保护野生药材物种名录记载共76种，其中植物58种，动物18种。规定对于列为一级保护的物种严禁采猎；对于列为二、三级保护的物种，必须经县级以上医药管理部门会同同级野生动植物管理部门提出计划，报上一级医药管理部门批准，并取得采药证后才能进行采猎。《国务院关于禁止犀牛角和虎骨贸易的通知》规定，取消犀牛角和虎骨药用标准，今后不得再用犀牛角和虎骨制药。此外，我国卫生部还发行了《卫生部关于限制以野生动植物及其产品为原料生产保健食品的通知》《卫生部关于限制以甘草、麻黄草、肉苁蓉和雪莲及其产品为原料生产保健食品的通知》等文件。

第二节　生药资源的开发利用

一、生药资源开发利用的层次

生药资源的开发利用主要是利用天然资源，以开发新药材、新药物制剂和探索新的开发途径为主，这是现代生药学研究领域的重中之重，也是药学专业开设生药学课程的主要目的。开发的层次主要有：①以发展药材和原料为主的初级开发；②以发展中药制剂和其他天然副产品为主的二级开发；③以发展天然化学药品为主的天然药物制剂的深度开发；④利用废弃物开发出其他有用药物和产品的综合开发等。

二、生药资源开发利用的途径

1. 从历代医药书籍记载中发掘新药用资源和开发新药　我国古代医书、本草著作是发掘新药的重要宝库，根据传统中医药学理论和古代医书、本草著作记载的信息，通过现代药学研究方法开发出许多现代药物制剂。如根据中药川芎具有活血化瘀的功效，通过现代生药学、天然药物化学、药理学研究确证其有效成分为生物碱类化合物川芎嗪(ligustrazine)，具有抗血小板聚集、扩张小动脉、改善微循环和脑血流量的作用，已经制成烟酸盐、磷酸盐注射剂和磷酸盐片剂,临床用于治疗闭塞性血管疾病、脑血栓形成、脉管炎,降低肺动脉压,治疗冠心病、心绞痛等心脑血管疾病。用活血化瘀药丹参和开窍药冰片等传统药材,开发出了治疗冠心病和脑血栓的复方丹参片、复方丹参滴丸等现代中成药制剂。从丹参中分离到活血化瘀的有效成分丹参酮Ⅱ$_A$(tanshinone Ⅱ$_A$),制成丹参酮Ⅱ$_A$磺酸钠注射液,用于治疗心脑血管疾病。

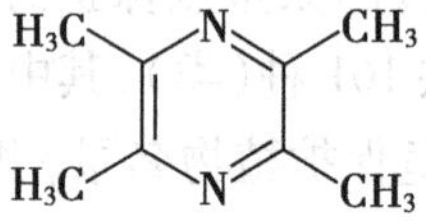

川芎嗪

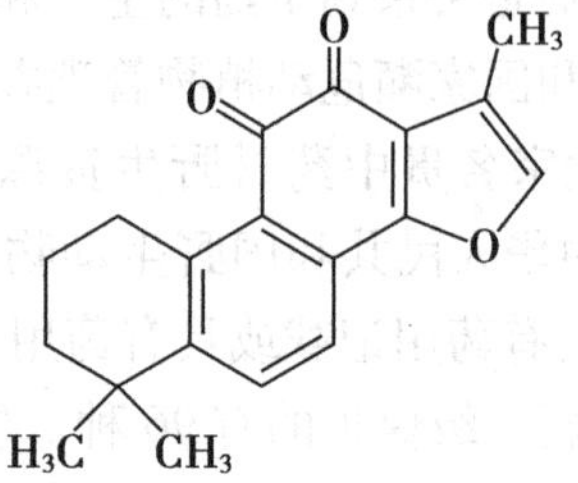

丹参酮Ⅱ$_A$

通过对传统中药材、方剂的现代研究,过去没有被发现或虽有记载但未引起重视的药效得到证实,发现其新医疗用途或开发成新药。如大黄临床上可用于胰腺炎、胆囊炎、肠梗阻等治疗的新用途;山楂可用于治疗冠心病、高血脂、高血压、脑血管疾病;白芷用于治疗胃病、银屑病;青蒿用于治疗疟疾、红斑狼疮;青黛用于治疗白血病、银屑病;贯众用于治疗乙型肝炎;虎杖用于治疗高脂血病等。

2. 通过生物的亲缘关系寻找新的药用资源　根据药用植物学的"亲缘关系相近的植物类群具有相似的化学成分"的理论,可以有方向、有目的地从同科属亲缘关系相近的植物种类中寻找新的药用资源,或从已知含有特定成分的植物类群中选择含量高的种类作为最佳的药用资源。如薯蓣皂苷(dioscin)的苷元薯蓣皂苷元(diosgenin)是合成甾体激素类药物的重要原料,研究表明薯蓣皂苷是薯蓣属(*Dioscorea* spp.)根茎组植物(Sect. *Stenophora*)的特征性成分,因此,多种薯蓣属植物均可作为提取薯蓣皂苷的药用资源,并已经筛选出薯蓣皂苷含量高的优良植物,如三角叶薯蓣 *Dioscorea deltoidea* Wall.(1.8% ~5.4%)、盾叶薯蓣 *D. zingiberensis* C. H. Wright(1.05% ~4.90%)等,为薯蓣皂苷原料药的生产提供了保证。

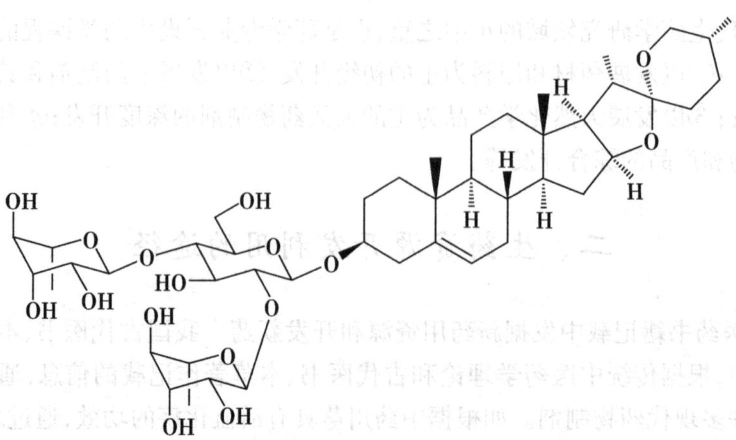

薯蓣皂苷

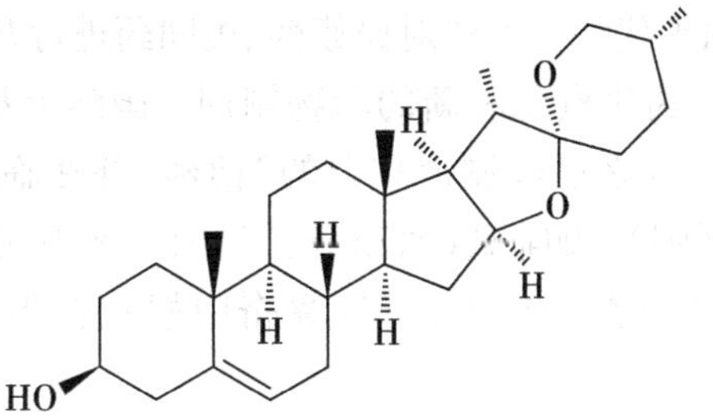

薯蓣皂苷元

20世纪50年代进口的降压、安定药“Serpina”，是从印度产的夹竹桃科植物蛇根木 *Rauvolfia serpentine*（Linn.）Benth. ex Kurz. 中提取的总生物碱制剂，主要活性成分为利血平（reserpine）。该种植物中国没有分布，我国药物工作者利用生物的亲缘关系，从海南、广东等地分布的国产同属植物萝芙木 *R. verticillata* Baill. 中寻找到提取利血平的国产资源，现在临床上应用的降血压药物“降压灵”，就是以萝芙木总生物碱为有效组分制成的制剂，具有降压作用温和、药效缓慢而持久、副作用小的特点。国外从百合科植物秋水仙 *Colchicum autumnale* L. 的球茎和种子中分离到的用于治疗肿瘤的秋水仙碱（colchicine），我国从同科植物丽江山慈菇 *Iphigenia indica* Kunth. 中成功地分离到并应用于临床。

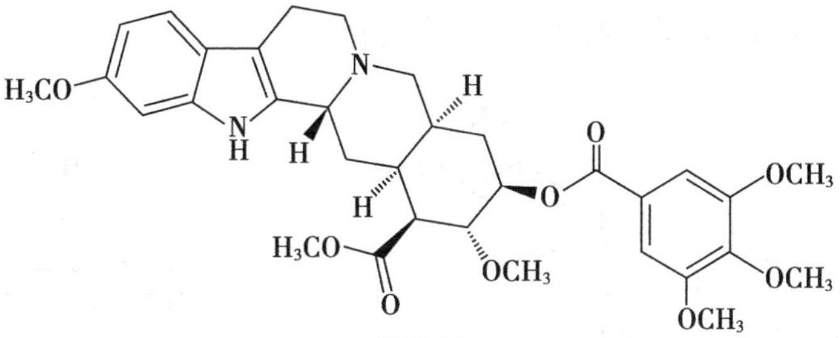

利血平

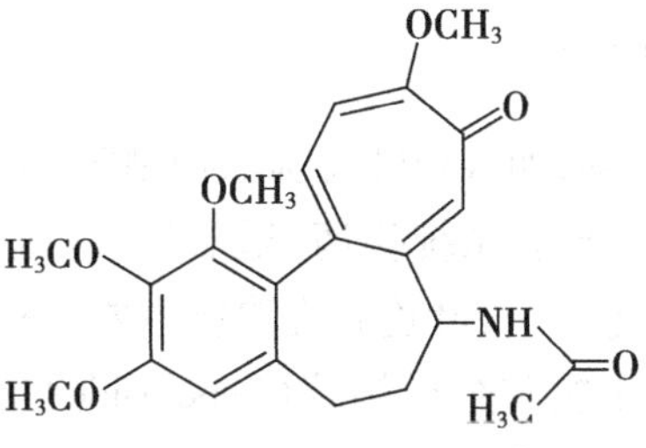

秋水仙碱

从进口药材的国产近缘植物中可寻找其代用品，如国产安息香代替进口安息香，国产马钱子代替进口马钱子等。利用动物亲缘关系寻找紧缺动物药的资源，如水牛角代替犀牛角，黄羊角和山羊角代替羚羊角，将珍珠层粉用作珍珠的代用品等。

3. 从民族药、民间药中开发新药资源　我国有56个民族，各自具有传统的医药历史，我国藏族的《晶珠本草》，蒙古族的《方海》《蒙药正典》，彝族的《彝药志》，纳西族的《玉龙本草》等许多民族医药书籍，都记载了各具民族特色的天然药物，民族医药是开发新药的重要资源。以我国云南省为例，有25个民族，使用的民族药达3781种。许多民族药如土木香、毛诃子、沙棘、黑种草子、亚乎奴等，经过现代药学研究确证其有效成分、药理作用和中医功效后，已经成功地被《中国药典》收载。用现代科技方法对民族药、民间药进行开发利用研究，必能发现新成分和新用途，继而开发出新的药用资源和新的药物制剂。国际上从民间药用植物中所发现的一些具特殊疗效的活性成分，许多已经制成重要的“西药”并在临床上得到应用，如长春新碱（高效抗白血病）、麻黄碱（平喘）、咖啡碱（兴奋条件反射）、阿托品（解痉、治疗磷中毒）、奎宁（抗疟）、奎尼丁（治心房性纤维颤动）、士的宁（兴奋中枢）、洋地黄毒苷（强心）、可待因（镇咳）、吗啡（镇痛）等。

我国已经从民族药、民间药开发出几十种药品，如从草珊瑚 *Sarcandra glabra* 开发出的“肿节风针剂”和“草珊瑚含片”。肿节风针剂具有清热解毒、消肿散结的功效，用于热毒壅盛所致肺炎、阑尾炎、蜂窝织炎、菌痢、脓肿的治疗。以满山红 *Rhododendron dauricum* 为原料制成的“消咳喘”；治疗肝炎的青叶胆片；治疗类风湿和红斑狼疮的昆明山海棠片；治疗瘫痪的灯盏细辛注射液等。

4. 从动植物中提取有效成分或有效部位开发新药　从动植物中直接提取有效成分或有效部位作为制药原料，直接开发成新药，可以促进天然药用资源深度利用。从药用植物中直接提取活性成分开发成现代药物制剂，这是国际上公认的生药学重要研究领域。如从小檗属植物中提取抗菌消炎药物小檗碱（黄连素），从菊科植物黄花蒿中提取的抗疟药物青蒿素，从千金藤属植物中提取催眠、镇痛药物罗痛定（tetrahydropalmatine），从蛇足石杉中提取治疗老年痴呆药物石杉碱甲（Huperzine A）等，均已投入了工业化生产。

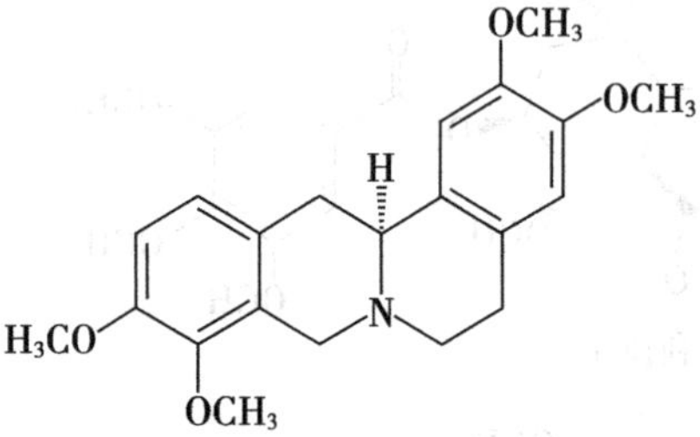

罗痛定

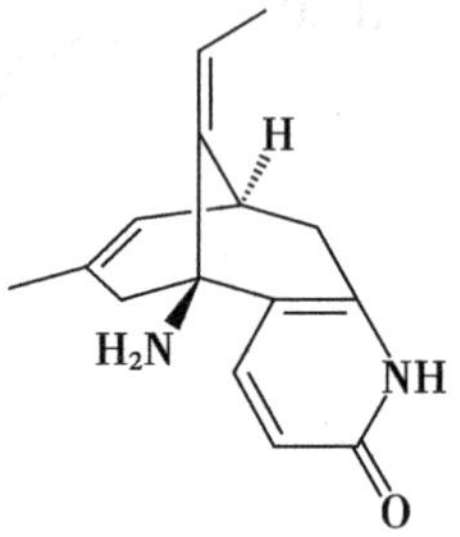

石杉碱甲

有效部位制成制剂的实例很多，如银杏叶总提取物制剂，主要含有银杏内酯类和银杏双黄酮类有效成分，临床上用于治疗心血管系统疾病（冠心病、高血压、高血脂等）和神经系统疾病（老年痴呆症、帕金森病、脑梗死等）。贯叶连翘提取物主要含有金丝桃素（hypericin）等双蒽酮类、贯叶金丝桃素等间苯三酚衍生物和金丝桃苷（hyperoside）等黄酮类成分，已经开发出用于防治抑郁症、调节情绪障碍和情感失调的新药。

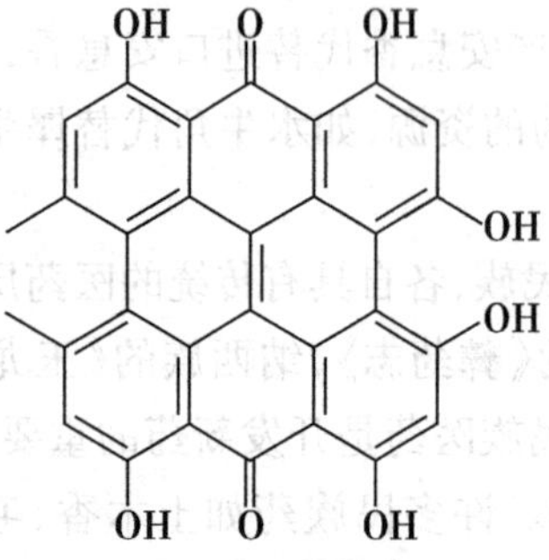

金丝桃素

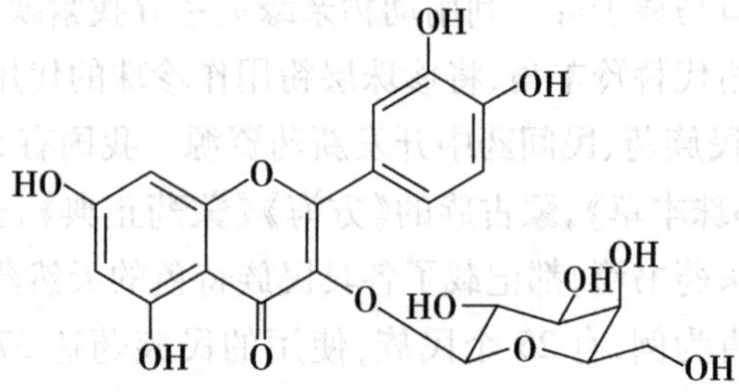

金丝桃苷

5. 以某些动植物成分作为半合成原料或先导化合物，通过化学合成或结构改造开发新药　将某些天然化学成分作为合成药物的原料开发新药，如以从红豆杉枝叶中提取10-去乙酰巴卡亭Ⅲ（10-deacetylbaccatin Ⅲ）为原料，化学半合成生产抗癌药物紫杉醇（taxol）、多烯紫杉醇（docetaxel）。从黄藤茎木中提取巴马汀（palmatine），经化学转化生产延胡索乙素（tetrahydropalmatine），比从延胡索中直接提取延胡索乙素更经济实用。用于治疗疟疾有良效的中药青蒿 *Artemisia annua* 和 *A. apiacea*，原多以煎剂服用，其有效成分青蒿素因溶解度小而在煎剂中含量较低，疗效不明显，采用天然药物化学方法提取青蒿素（artemisinin），并经结构改造后制成的青蒿琥酯（artesunate）静脉注射剂、蒿甲醚（artemether）肌肉注射剂，成为抢救和治疗各种危重疟疾和脑型疟疾的高效低毒新药，提高了青蒿的生物利用率。

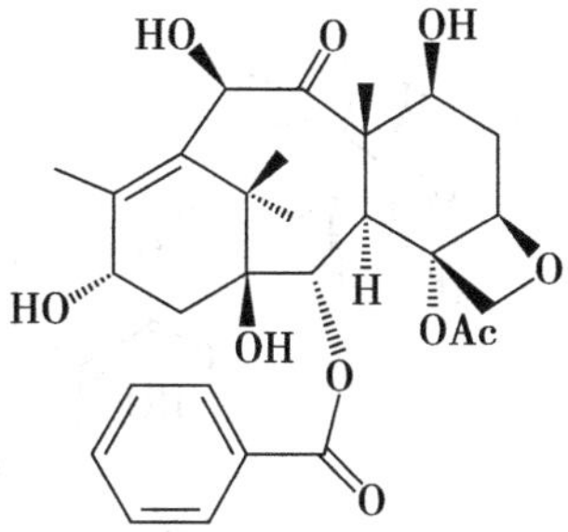

10-去乙酰巴卡亭Ⅲ

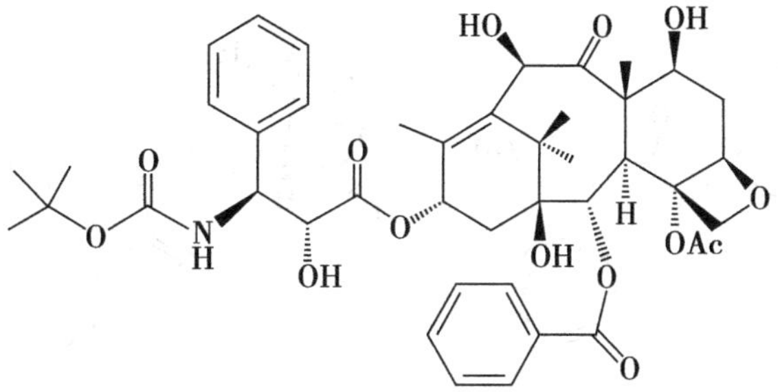

多烯紫杉醇

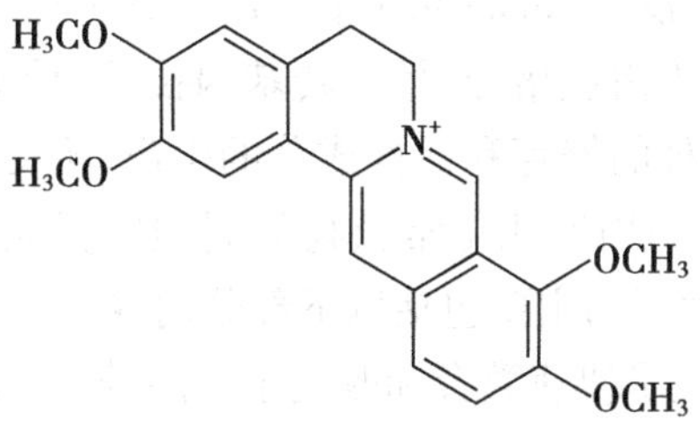

巴马汀

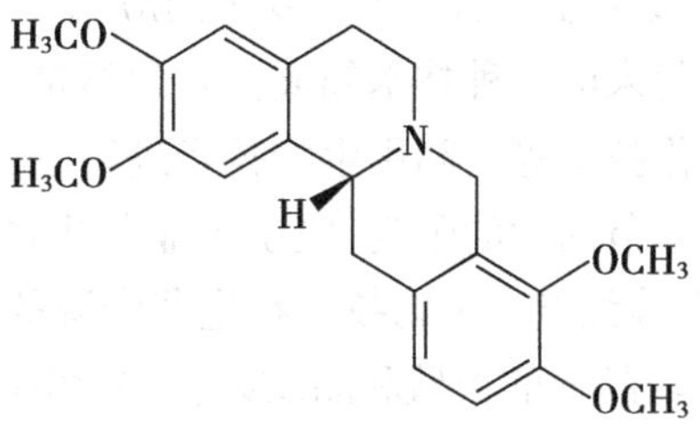

延胡索乙素

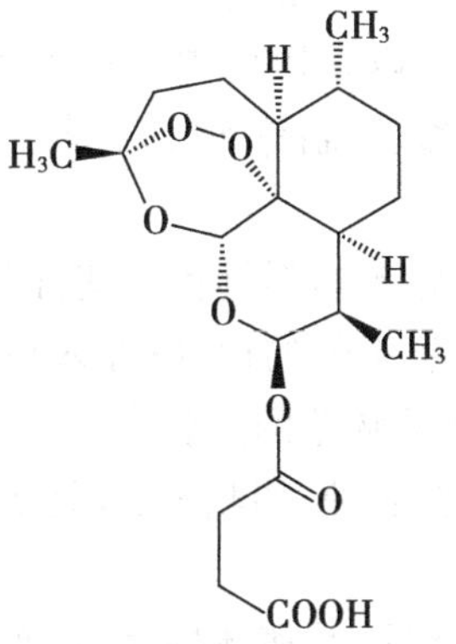

青蒿琥酯

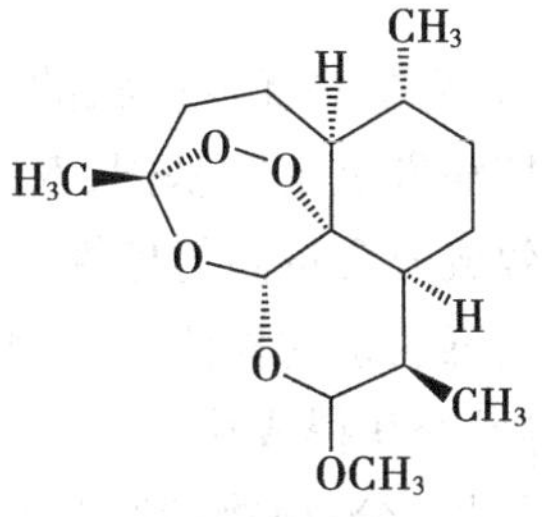

蒿甲醚

6. 扩大药用部位提高资源利用率　许多重要商品药材按传统用药习惯仅用药用植物的某些特定部分，其余多废弃不用。许多被废弃部位或含与药用部位相同的有效成分，或有其他的成分或用途。为了提高资源利用率，可通过系统的化学、药理学、毒理学研究，科学评价传统药物的非药用部位的药用价值，扩大药用资源。如人参、党参、玄参、牛膝、桔梗等药材，传统用药时多去芦(根茎),现研究确认,芦头与根的成分基本一致均可供药用。人参的茎、叶亦含有较高含量的人参皂苷,可作为提取人参皂苷的原料加以合理利用,开发制成人参皂苷片、人参药酒、人参防皱霜、人参叶袋泡茶等。杜仲叶与树皮的成分相似,亦可供药用;钩藤茎枝可代钩藤入药。

同一种药材往往含有不止一种药用成分,未被利用的生理活性物质应充分利用,制成不同的制剂在临床上应用。山莨菪含有多种莨菪烷类生物碱,各有不同的生理活性和药效:阿托品(atropine)用于胃肠解痉、眼科散瞳;东莨菪碱(scopolamine)用于治疗各种中毒性休克、眩晕症;樟柳碱(anisodine)用于治疗血管痉挛型偏头痛、视网膜血管痉挛、神经系统炎症和有机磷中毒等疾病。

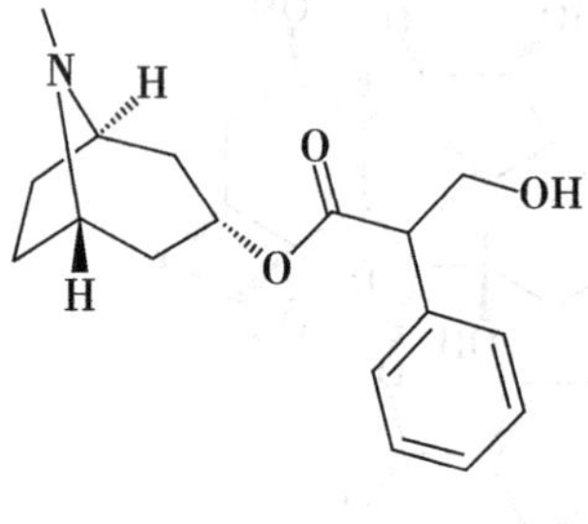

阿托品

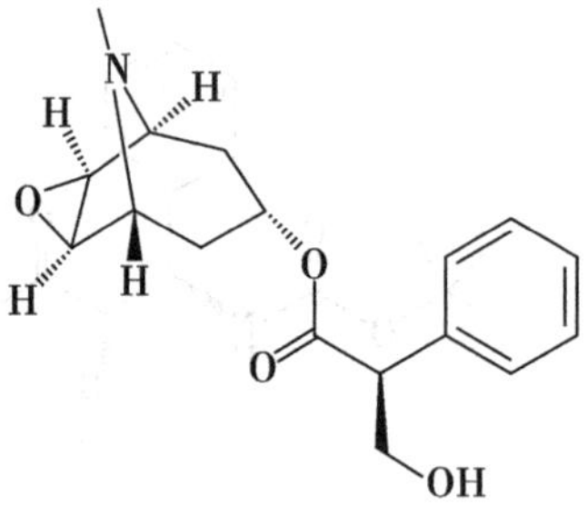

东莨菪碱

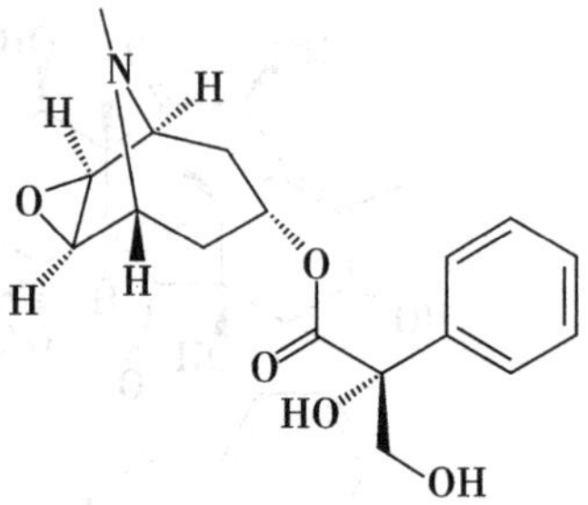

樟柳碱

7. 生物技术在生药资源开发中的应用　生物技术(biotechnology)是生命科学与工程技术相结合发展起来的一种技术领域。它包括植物细胞组织培养、植物转基因技术、转基因器官培养和生物转化技术等。利用生物技术进行生药品种的繁育和活性成分的生产,不受气候条件、地理位置和季节因素的限制,便于工业化生产,生长周期比正常植物的周期短,具有质量和产量可控、稳定等优点。生物技术在生药资源的开发利用主要包括以下部分内容:

(1) 生药品种的繁殖和品质改良:利用生物技术快速繁育和改良生药品种,主要集中在离体快速繁殖技术、突变体的筛选和转基因药材方面。植物细胞组织培养是根据细胞的全能性(cell totipotency),用植物体某一部分组织或细胞,经过培养,在试管内繁殖试管苗,实现快速繁殖。利用该技术诱导多倍体、筛选出的优质株系可以在短期内大量繁殖,大大缩短了育种周期。我国已经对党参、宁夏枸杞、黄芩、丹参、太子参、石斛等50多种药用植物的多倍体诱导获得成功。

利用重组DNA技术,将某些优良性状的基因导入本不具备这些性状的植物体内,改良药用植物的品种,如导入抗病毒抗虫害基因,获得抗病害强的植株;导入控制植物次生代谢产物合成酶基因,可获得有效成分含量高的植株。利用植物茎的生长点,选出无病毒部分进行组织培养和诱导,培养出无病毒品系的种苗,获得脱毒新品种,如莪术、怀地黄、百合、太子参、丹参、川麦冬、杭白菊、半夏等已经获得成功。

(2) 生产生药的活性成分:植物细胞具有全能性,其离体器官、组织或细胞在一定条件下不仅能够分化形成新的个体,而且还能产生和母体植物相同或相似的次生代谢产物。通过控制培养条件,还可获得亲本植物所不能产生的新化合物,或将廉价的化合物转化成立体或区域专一性的高附加值的新化合物。

通过植物细胞组织培养成功地获得人参皂苷、紫草宁、小檗碱、紫杉醇的规模化生产。黄芪、三七、红豆杉、雪莲、丹参、甘草等的细胞组织培养正在向工业化生产迈进。利用毛状根培养技术已经获得多种次生代谢产物，如长春花毛状根培养获得长春碱、长春新碱；喜树毛状根培养生产喜树碱；甘草毛状根培养生产甘草皂苷；何首乌毛状根培养生产大黄素、大黄酸等羟基蒽醌类化合物。毛状根培养还可转化生产活性成分，利用天仙子将天仙子胺转化为东莨菪碱；利用金鸡纳树将色氨酸转化为奎宁；利用人参将洋地黄毒苷配基转化为洋地黄毒苷等。

生药活性成分的生物活性与其结构密切相关，利用生物转化技术修饰活性成分的结构，可以改变中药有效成分的溶解性，提高生物活性或降低毒性。10-羟基喜树碱（10-hydroxycamptothecin）是喜树碱（camptothecin）的结构类似物，对多种癌症具有显著的疗效，且毒副作用很小，但在喜树中的含量仅为十万分之二，采用无毒黄曲霉菌株 T-419，可将喜树碱转化为 10-羟基喜树碱，转化率达 50% 以上。

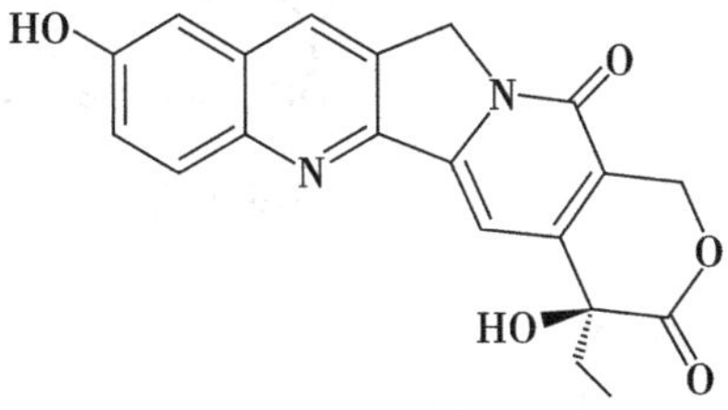

10-羟基喜树碱

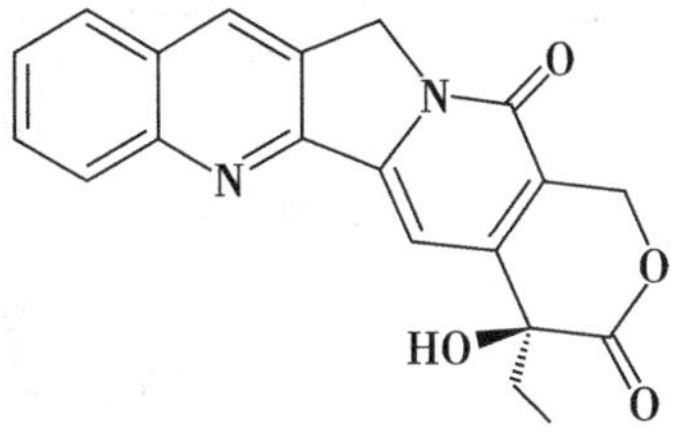

喜树碱

利用转基因植物作为反应器，把外源基因导入核基因组或叶绿体基因组，可以生产出有生物活性的药用蛋白，成为药用蛋白生产的新途径。如利用转基因植物生产疫苗，已经育成了表达乙型肝炎表面抗原（HBsAg）的转基因植物烟草、莴苣、番茄、海带、花生等。利用转基因植物生产其他活性成分如作为抗凝血剂用于治疗血栓形成的水蛭素，过去是从欧洲医蛭 *Hirudo medicinalis* 提取的，现在除利用重组细菌和酵母生产外，也可利用基因工程油菜、烟草和埃塞俄比亚芥生产。

（3）保护珍稀濒危药用植物种质资源：利用组织和细胞培养技术保存和繁殖植物物种，建立目标植物的试管苗基因库，保护种植资源。如铁皮石斛生长缓慢，自然繁殖能力低，长期过度采集导致自然资源日益枯竭。通过组织培养建立种苗快速繁殖体系，可以提高种苗的繁殖速度，规模化生产铁皮石斛，保护了野生铁皮石斛资源。冬虫夏草菌的寄主专属性强，生长环境特殊，资源稀少，采用发酵培养生产的冬虫夏草菌丝体，其化学成分和生物活性与冬虫夏草药材接近，目前已经应用于中成药“金水宝胶囊”和“百令胶囊”中。“金水宝胶囊”是发酵冬虫夏草菌粉的胶囊剂。具有补益肺肾、秘精益气功能。用于治疗肺肾两虚，精气不足，久咳虚喘，神疲乏力，不寐健忘，腰膝酸软，月经不调，阳痿早泄等症；慢性支气管炎、慢性肾功能不全、高脂血症、肝硬化见上述证候者。“百令胶囊”主要成分亦为发酵冬虫夏草菌粉。药理实验证明有提高机体免疫、升高白细胞、降低血脂、抗疲劳、抗炎、抗肿瘤等作用。具有补肺肾、益精气功效。用于肺肾两虚引起的咳嗽、气喘、咯血、腰背酸痛的治疗；慢性支气管炎、慢性肾功能不全的辅助治疗。

8. 从海洋生物开发新的药用资源　海洋中生活着 40 多万种动植物和大量微生物，由于其特殊生态环境，使得海洋生物的次生代谢产物具有一些特殊结构。结构新颖、具有特殊母核结构的新化合物不断被发现，很多具有重要的生物活性，是研究药用活性成分的重要宝库。一些来源于海洋生物的先导化合物已经成功地开发成药物，如来源于海洋真菌的抗感染药物头孢霉素（cephalosporins），来源于海绵的抗肿瘤药物阿糖胞苷（cytarabine，ara-C）和抗病毒药物阿糖腺苷(vidarabine,ara-A);来源于海藻的多糖褐藻酸(alginic acid),经酯化后制成的治疗心脑血管疾病的药物藻酸双酯钠(alginic sodium diester)和甘糖脂(mannose eater)。来源于鱼类或海藻的二十碳五烯酸(eicosapentaenoic acid,EPA)具有降血脂作用;二十二碳六烯酸(docosahexaenoic acid,DHA)具有补脑、健脑功效。许多化合物用于重要的生理试剂,在细胞分子生物学的研究中发挥重要作用,如河豚毒素(tetrodotaxin,TTX)作为钠离子通道专用阻断药,海人草酸作为谷氨酸受体竞争剂等。

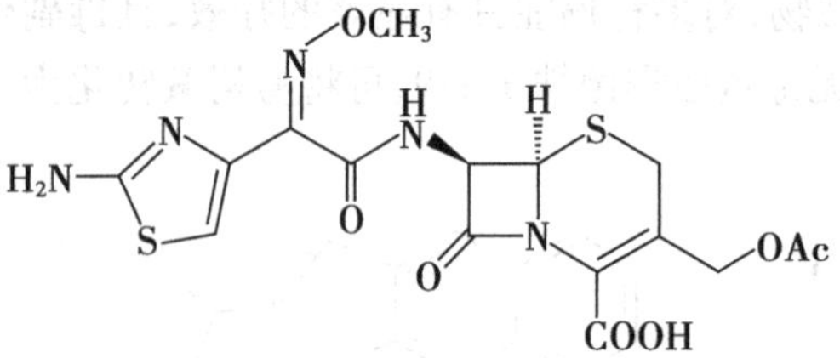

头孢霉素

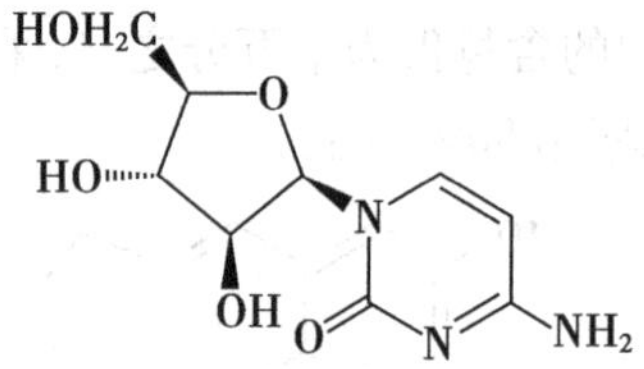

阿糖胞苷

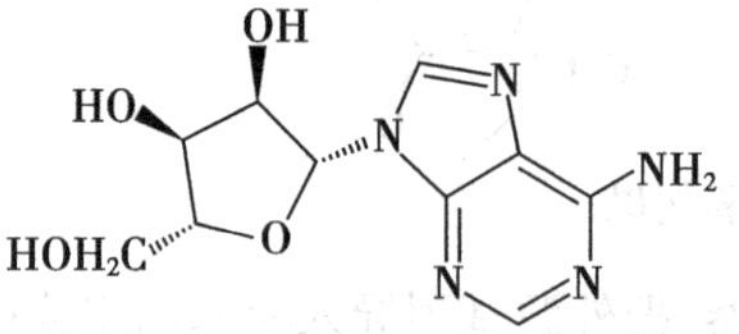

阿糖腺苷

9. 药用资源其他方面的综合开发利用　利用生药资源还可开发保健药品、功能性保健食品、化妆品、香料香精、色素、矫味剂、兽药、农药等。

(1) 保健药品和保健食品:用于保健药品和功能性保健食品的生药,常常是一些既有营养又能提高机体免疫力,几乎无毒副作用的植物。如银耳 *Tremella fuciformis* 和黑木耳 *Auriculana auncula* 的子实体中含有丰富的多糖、氨基酸、蛋白质、钙、磷、铁以及维生素 B_1、维生素 B_2 等营养物质,具有养阴滋补、扶正固本的功效,是延年益寿的滋补佳品。可用于预防和治疗老年痴呆、脑中风,还可制成化妆品如洗发香波、护肤霜,用于治疗粉刺、痤疮等。

(2) 天然香料、香精和化妆品添加剂:用植物提取的营养物质作为化妆品的乳化剂、基质、添加剂,是开发新一代药物性化妆品的重要途径。天然香料、香精大多是含有数十种甚至数百种化学成分的芳香性挥发油,具有优质天然香料的纯真和高雅的香味,无法人工合成。许多药用植物是天然香料、香精的重要原料,如从金粟兰科植物珠兰 *Chloranthus spicatus*、番荔枝科植物依兰 *Cananga odorata* 提取的芳香性挥发油,木兰科植物云南含笑 *Michelia yunnanensis* 提取的茉莉酮,具有优雅芬芳的香气,可作为高级化妆品的香精。

(3) 食品添加剂和天然甜味剂:一些挥发油可作为罐头、饮料、奶制品的添加剂。木兰科植物香荚兰 *Varilla planifolia* 全株含有香兰素等多种芳香物质,是各种食品加香中不可缺少和无法代替的原料,故有"食品香料之王"的称号。许多食品中使用的调味料、矫味剂,往往直接使用中药材或其加工品,如甘草甜素可用于盐浸食品、鱼肉制品等食品中调味剂,产生浑圆柔和的味感;还用于可口可乐、咖啡或固体饮料中,可掩盖不适应人们口味的怪味,从而提高饮料、食品的适口感。可从植物资源中寻找安全性高、低热量、甜味足、风味佳的优良天然甜味剂,代替传统的天然甜味剂蔗糖、果糖、葡萄糖等,如甜叶菊苷是菊科植物甜叶菊 *Stevia rebaudiana* 茎叶中所含的甜味成分,具有安全无毒、味清甜甘美、低热能、抗龋齿等特点,是优良的天然甜味剂，已经在酿造业（酒、酱油、酱菜等）、饮料、糕点、医药、烹调等行业中得到广泛应用。

（4）天然色素：天然色素具有色调自然、安全性高，本身兼有营养和治疗作用等特点。如茜草 *Rubia cordifolia* 含有红色的茜素，可用于纤维的染料，也可用于食品或药用。现已广泛应用的天然色素有从姜黄 *Curcuma longa* 的根茎中提取姜黄色素，从红花 *Carthamus tinctorius* 中提取红花黄色素，从栀子 *Gardenia jasminoides* 的果实中提取的栀子黄色素，从锦葵科植物玫瑰茄 *Hibiscus sabdariffa* 的花萼中提取的玫瑰茄色素等。

（5）植物农药：植物农药对人畜安全，易分解，无有机磷等化学物质残留污染环境的危害。对粮食作物、果树、蔬菜以及药用植物等施用非常适合，尤其适合在绿色食品生产过程中使用。如从银杏 *Ginkgo biloba* 的果皮中提取的白果酚酸，可防治稻螟、棉蚜、斜纹液稻蛾、红蜘蛛、桑蝗、红铃虫等病虫害。

第三节　中药、天然药物注册分类及说明

一、注 册 分 类

（1）未在国内上市销售的从植物、动物、矿物等物质中提取的有效成分及其制剂。

（2）新发现的药材及其制剂。

（3）新的中药材代用品。

（4）药材新的药用部位及其制剂。

（5）未在国内上市销售的从植物、动物、矿物等物质中提取的有效部位及其制剂。

（6）未在国内上市销售的中药、天然药物复方制剂。

（7）改变国内已上市销售中药、天然药物给药途径的制剂。

（8）改变国内已上市销售中药、天然药物剂型的制剂。

（9）已有国家标准的中药、天然药物。

二、注册分类说明

注册分类 1 ~8 的品种为新药，注册分类 9 的品种为已有国家标准的药品。

（1）“未在国内上市销售的从植物、动物、矿物等物质中提取的有效成分及其制剂”是指国家药品标准中未收载的从植物、动物、矿物等物质中提取得到的天然的单一成分及其制剂，其单一成分的含量应当占总提取物的 90% 以上。

（2）“新发现的药材及其制剂”是指未被国家药品标准或省（区、市）地方药材规范（统称“法定标准”）收载的药材及其制剂。

（3）“新的中药材代用品”是指替代国家药品标准中药成方制剂处方中的毒性药材或处于濒危状态药材的未被法定标准收载的药用物质。

（4）“药材新的药用部位及其制剂”是指具有法定标准药材的原动、植物新的药用部位及

其制剂。

(5)“未在国内上市销售的从植物、动物、矿物等物质中提取的有效部位及其制剂”是指国家药品标准中未收载的从植物、动物、矿物等物质中提取的一类或数类成分组成的有效部位及其制剂，其有效部位含量应占提取物的50%以上。

(6)“未在国内上市销售的中药、天然药物复方制剂”包括：传统中药复方制剂；现代中药复方制剂；天然药物复方制剂；中药、天然药物和化学药品组成的复方制剂。

(7)“改变国内已上市销售中药、天然药物给药途径的制剂”包括：不同给药途径之间相互改变的制剂及局部给药改为全身给药的制剂。

(8)“改变国内已上市销售中药、天然药物剂型的制剂”是指在给药途径不变的情况下改变剂型的制剂。

(9)“已有国家标准的中药、天然药物”是指我国已批准上市销售的中药或天然药物的注册申请。

本章小结

本章重点介绍了生药资源开发利用的层次和生药资源可持续利用的途径等方面的知识，为了便于学习给出了一些活性成分的结构式。简要介绍了我国生药资源的概况，生药资源保护法规，中药、天然药物注册分类及说明等方面的内容。

复习题

1. 我国生药资源种类最多的前5个省是哪些省份？各有多少种药用资源？我国有哪些著名的药材集散地？

2. 何为“道地药材”？“四大怀药”“浙八味”“四大南药”“四大藏药”包括哪些药材？主产地为何处？

3. 生药资源开发利用有哪几种层次？生药资源开发利用的途径有哪些？

4. 生物技术包括哪些技术内容？生物技术在生药资源的开发利用中主要涉及哪些方面的内容？

5. 中药、天然药物注册分类中规定的1、2、5、6类新药包括哪些内容？

第三篇　药用植物类群和重要生药

第十一章

藻类、菌类和地衣

学习目标

掌握：藻类、菌类和地衣生药鉴别要点；冬虫夏草、茯苓的来源、性状和显微鉴别要点及化学成分、药理作用和功效主治。

熟悉：灵芝的来源、性状和显微鉴别要点及化学成分、药理作用和功效主治。

了解：昆布、海藻、螺旋藻、猪苓及麦角的来源、性状鉴别、化学成分、药理作用和功效主治。

第一节　藻类植物

一、藻类植物概述

藻类(Algae)为自养的原始低等植物，构造简单，没有真正的根、茎、叶分化。一般具光合作用色素，能进行光合作用，制造养分供本身需要。

藻类植物绝大多数是水生的，生于淡水中的称为淡水藻；生于海水中的称为海水藻。少数藻类不能自由生活，其中生于活的动植物体内，但不危害宿主的称为内生藻类；生于活的动植物体内，并危害宿主的称为寄生藻类；和其他生物形成互利关系的称为共生藻类。

二、藻类植物的分类与生药选论

藻类植物依据光合作用色素的种类、贮存养分的种类、细胞壁的成分、鞭毛着生的位置和类型、生殖方式和生活史等不同，通常将其分为八个门：蓝藻门(Cyanophyta)、裸藻门(Euglenophyta)、绿藻门(Chlorophyta)、轮藻门(Charophyta)、金藻门(Chrysophyta)和甲藻门(Pyrrophyta)、红藻门(Rhodophyta)、褐藻门(Phaeophyta)。其中与药用关系密切的藻类约有30余种,主要集中在褐藻门、红藻门,少数在绿藻门及蓝藻门。

藻类含有的化学成分类型有:①糖及其衍生物:包括多糖、糖醇、糖醛酸类。②蛋白质、氨基酸:藻类蛋白质的含量较高,肽类多具生物活性。藻类含有丰富的氨基酸成分,具有补益作用,其中海带氨酸具有降压作用。③色素:海藻中含叶绿素、藻蓝素、藻褐素、藻红素等色素。④无机元素:如I,Br,K,Ca,Na,Fe等。⑤其他类:如甾醇(sterol)等。

随着海洋药物的兴起,藻类植物的开发与研究越来越受到重视。常见的药用植物有红藻门的鹧鸪菜 *Caloglossa leprieurii*(Mont.)J. Ag.、海人草 *Digenea simplex*(Wulf.)C. Ag.、石花菜 *Gelidium amansii* Lamx.、甘紫菜 *Porphyra tenera* Kjellm. 等;褐藻门的昆布 *Ecklonia kurome* Okam.、海带 *Laminaria japonica* Aresch.、海蒿子 *Sargassum pallidum*(Turn.)C. Ag. 及羊栖菜 *S. fusiforme*(Harv.)Setch. 等。

昆布 Laminariae Thallus, Eckloniae Thallus

本品为海带科植物海带 *Laminaria japonica* Aresch. 或翅藻科植物昆布 *Ecklonia kurome* Okam. 的干燥叶状体。主产于辽宁、山东沿海区域。海带卷曲折叠成团状,或缠结成把。全体呈黑褐色或绿褐色,表面附有白霜;用水浸软则膨胀成扁平长带状,中部较厚,边缘较薄而呈波状;类革质,残存柄部扁圆柱状;气腥,味咸。昆布卷曲皱缩成不规则团块;全体呈黑色,较薄;用水浸软则膨胀成扁平的叶状;两侧呈羽状深裂,裂片呈长舌状,边缘有小齿或全缘;质柔滑。本品主要含多糖、氨基酸、脂肪酸及维生素等。其中多糖的主要成分为藻胶素、海带多糖、甘露醇等。具有防治甲状腺肿、降压、降糖及降脂等药理作用。本品性寒,味咸。能软坚散结,消痰,利水。用于瘿瘤,瘰疬,睾丸肿痛,痰饮水肿等。

海藻 Sargassum

本品为马尾藻科植物海蒿子 *Sargassum pallidum*(Turn.)C. Ag. 或羊栖菜 *S. fusiforme*(Harv.)Setch. 的干燥藻体。前者习称"大叶海藻",后者习称"小叶海藻"。海蒿子主产于辽宁、山东沿海,羊栖菜产于我国沿海各省。

海蒿子 皱缩卷曲,黑褐色,有的被白霜;主干圆柱状,具圆锥形突起,主枝自主干两侧生出,侧枝自主枝叶腋生出,具短小的刺状突起;初生叶呈披针形或倒卵形全缘或具粗锯齿;次生叶条形或披针形,叶腋间有着生条状叶的小枝;气囊黑褐色,球形或卵圆形,有的有柄,顶端钝圆,有的具细短尖;质脆,潮润时柔软;水浸后膨胀,肉质,黏滑;气腥、味微咸。

羊栖菜 较小,长15~40cm;分枝互生,无刺状突起;叶条形或细匙形,先端稍膨大,中空;气囊腋生,纺锤形或球形,囊柄较长;质较硬易碎。两者均含海藻酸、马尾藻多糖、甘露醇等。具有防治甲状腺肿、降血脂、降压等药理作用。本品性寒,味苦、咸。能软坚散结,消痰,利水。用于瘿瘤,瘰疬,睾丸肿痛,痰饮水肿。

螺旋藻 Spirulina

本品为蓝藻门颤藻科植物钝顶螺旋藻 *Spirulina platensis*(Notdst.)Geitl 的干燥藻体。本品含有的化学成分主要有:①粗蛋白:主要由异亮氨酸、亮氨酸、赖氨酸、蛋氨酸、苯丙氨酸、苏氨酸、色氨酸等组成，另含藻蓝蛋白(phycocyanin)。②维生素类：含多种维生素、β-胡萝卜素、泛酸、叶酸等。③多糖类：如螺旋藻多糖。此外，还含有多种微量元素及必需脂肪酸等。螺旋藻主要有增强免疫、抗辐射、抗衰老、抗肿瘤等作用，此外还有抗贫血、抗氧化、抗疲劳及降血脂等作用。可用于癌症的辅助治疗、高血脂、缺铁性贫血、糖尿病及营养不良等。也可作为保健食品使用，此外作为保健品食用的还有极大螺旋藻 *Arthrospira maxima* Setch. Et Gardn 等。

第二节 菌类植物

一、菌类植物概述

菌类(Fungi)植物没有根、茎、叶分化，一般无光合作用色素，是一类依靠现存有机物质生活、不具有自然亲缘关系的低等植物。菌类植物的生活环境比较广泛，在水、空气、土壤及动、植物体内均可生存。植物体有单细胞、多细胞，形态多样，大小不一。菌类植物由于不能进行光合作用，其生活方式均为异养，可分为寄生和腐生。其中从活的生物体吸取养分者为寄生，而从死的动植物体或无生命的有机物质吸收养分者为腐生。

菌类药材常含多糖、氨基酸、生物碱、蛋白酶、甾醇和三萜类等成分。其中多糖类成分生物活性较为突出，如茯苓多糖、猪苓多糖、银耳多糖、灵芝多糖等有增强机体免疫力及抗肿瘤作用。

二、菌类植物的分类与生药选论

菌类可分为细菌门(Bacteriophyta)、黏菌门(Myxomycota)和真菌门(Eumycophyta)，其中与药用关系密切的是真菌门。

真菌细胞有细胞壁、细胞核，但不含叶绿素。细胞壁主要由几丁质和纤维素组成。真菌的营养体除少数种类是单细胞外，一般都是由伸向四周的分枝丝状体组成，称为菌丝体，每个分枝称为菌丝。

真菌的菌丝在正常生长时期通常是疏松的，但在生殖期或不良环境中，菌丝相互紧密缠绕在一起，形成有一定形状和结构的菌丝组织体。常见的菌丝组织体有菌核(sclerotium)、子座(stroma)和根状菌索(rhizomorph)。

菌核　是菌丝相互缠绕在一起形成的休眠体，质地坚硬，在适宜条件下，可萌发成菌丝体或子实体(sporophore)，子实体是真菌生殖时期形成有一定形状和结构、能产生孢子的菌丝体。

子座　真菌的子座是容纳子实体的褥座，是由疏丝组织和拟薄壁组织构成的，一般呈垫状。子座形成后，通常在上面产生子实体，所以子座是真菌从营养阶段到繁殖阶段的一种过渡形式，有助于度过不良环境。

根状菌索　真菌的菌丝体有的可以纠结成绳索状，外观和高等植物的根相似，故称为根状菌索。根状菌索能抵抗不良环境,遇到适宜的条件可从顶端的生长点恢复生长。

目前,可供药用的真菌已达到100多种,其分布以子囊菌纲和担子菌纲为最多。子囊菌的主要特征是在特殊的子囊中形成子囊孢子,如冬虫夏草、蝉花、竹黄等药用菌。担子菌的主要特征是不形成子囊,而依靠担子形成担孢子来繁殖。药用部分主要是子实体(如马勃、灵芝等)和菌核(如猪苓、茯苓、雷丸、麦角等)。

冬虫夏草　Cordyceps

【来源】　本品为麦角菌科真菌冬虫夏草菌 *Cordyceps sinensis*(Berk.)Sacc. 寄生在蝙蝠蛾科昆虫蝙蝠蛾 *Hepialus armoricanus* Oberthur 幼虫上的子座(子实体)及幼虫尸体的复合体。

【植物形态】　本品由虫体与从虫头部长出的真菌子座相连而成。子座出自寄主头部,单生,少数2~3个,细长如棒球棍状,全长4~11cm,柄部长约6cm,圆形,初时淡黄色,后变为棕褐色,由许多细长的菌丝所组成;子座头部稍膨大,长约3cm,棕黄色,头部的外皮粗糙,其内密生多数子囊壳;子囊壳大部陷入子座中,先端突出于子座之外,卵形或椭圆形,壳内有多数线形子囊,每一子囊内有2~4个具隔膜的子囊孢子(图11-1)。

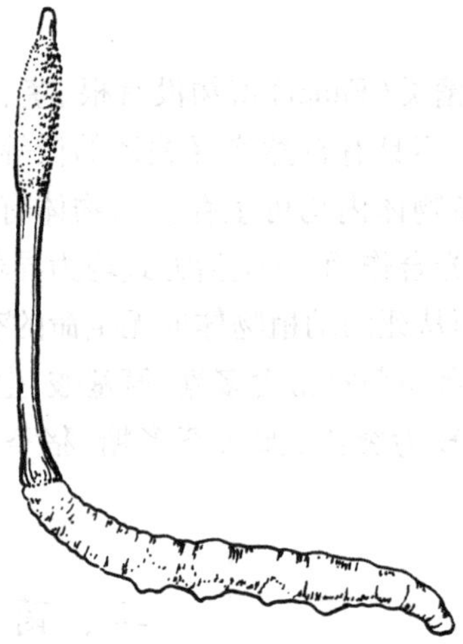

图11-1　冬虫夏草原植物图

冬虫夏草的形成:夏季,子囊孢子从子囊内射出后,产生芽管(或从分生孢子产生芽管),感染寄主蝙蝠蛾幼虫,染菌致病幼虫冬季潜入土中,菌于幼虫体内吸取养分,使幼虫体内充满菌丝形成菌核而死亡,但虫体的角皮仍完整无损,翌年夏季,虫草菌发育,从寄主头部长出子座(子实体),露出土面。

【产地】　主产于四川阿坝、甘孜藏族自治州,青海玉树、果洛藏族自治州,云南丽江纳西族自治州。以四川产量最大。

【采制】　夏初子座出土、孢子未发散时挖取,晒至6~7成干,除去似纤维状的附着物及杂质,晒干或低温干燥。

冬虫夏草生长于海拔3000~4500m排水良好的高寒草甸。

【性状】　①虫体形似蚕,长3~5cm,直径0.3~0.8cm。②外表呈深黄色至黄棕色,粗糙环纹明显,共有20~30条,近头部的环纹较细。③全身有足8对,近头部3对,中部4对,近尾部1对,以中部4对最明显;头部红棕色,尾如蚕尾。④质脆,易折断,断面略平坦,淡黄白色,中央有明显黯棕色"U"形纹。⑤子座细长圆柱形,形似"金针",一般比虫体长,长4~7cm,直径约0.3cm;表面深棕色至棕褐色,有细纵皱纹,上部稍膨大;⑥质柔韧,折断面纤维状,类白色。⑦气微腥,味微苦。有"草似金针虫似蚕"的比喻来形容冬虫夏草的形状(图11-2)。以完整、虫体丰满肥大、外色黄亮、内色白、子座短者为佳。

【显微鉴别】　子座头部横切面　类圆形。①周围由1列子囊壳组成,子囊壳大部陷入子座中,先端突出于子座之外,卵形或椭圆形。②子囊壳内有多数长条状的线形子囊,每一子囊内有2~4个具有隔膜的子囊孢子。③子座中央充满菌丝,其间有裂隙。④子座先端不育部分无子囊壳(图11-3)。

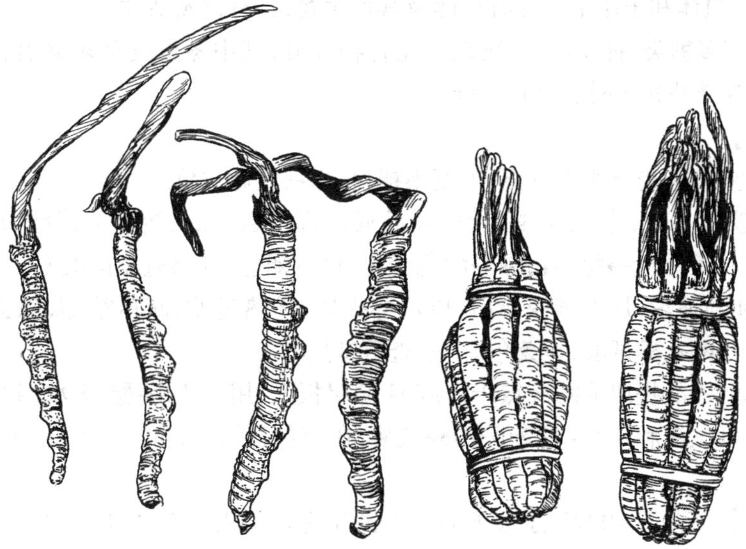

图 11-2　冬虫夏草的药材图

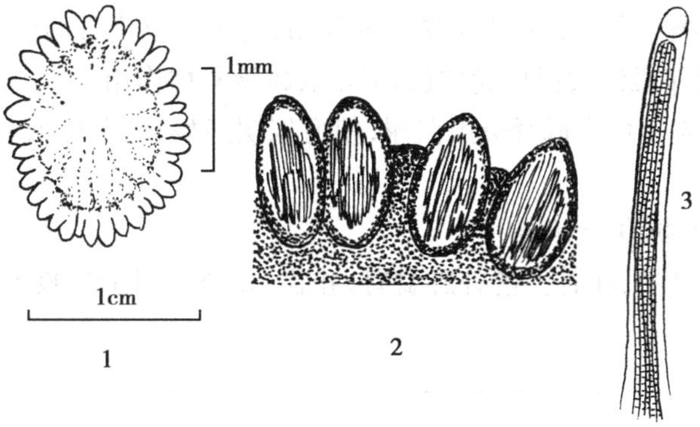

图 11-3　子座横切面简图

1. 子实体横切面，2. 子囊壳放大（示子囊），3. 子囊放大（示子囊孢子）

【化学成分】

1. 核苷类　目前已从冬虫夏草中分得虫草素（又称 3′-去氧腺嘌呤核苷，cordycepin）、腺嘌呤、腺苷等核苷类成分，其中腺苷和虫草素为虫草的主要活性成分。

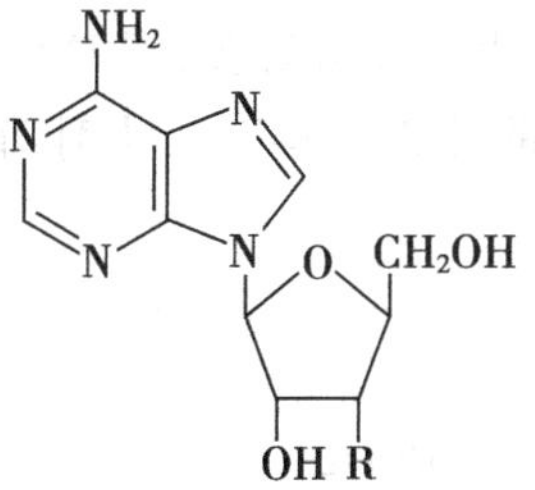

虫草素　R=H

腺　苷　R=OH

2. 糖醇类　冬虫夏草中 D-甘露醇的含量平均为 7% ~9%，甘露醇现已作为某些人工发酵虫草的质控指标之一。

3. 固醇类　虫体和子座中均含有甾醇及其衍生物，具有抗癌活性。

此外，还含有多糖类、挥发油、生物碱等化合物成分，其中冬虫夏草多糖由甘露糖、半乳糖和葡萄糖组成，为滋补和滋阴的有效成分。

【理化鉴别】

1. 热水浸泡，虫体与子座不分离，子座不褪色，水液显微黄色。

2. 取本品粉末1g，用氯仿提取，所得样品滤液挥去氯仿后，溶于冰醋酸，加醋酐-浓硫酸(20∶1)，产生红→紫→蓝→绿→污绿等颜色变化，最后褪色。(检查甾醇类)

3. 取本品粗粉适量，加乙醚脱脂后，以乙醇提取，趁热过滤，减压浓缩，除去沉淀，取滤液1ml，加0.2%茚三酮乙醇试液，显紫色。(检查氨基酸)

4. 薄层色谱：本品提取浓缩液点于硅胶G薄层板上，用正丁醇-醋酸-水(4∶1∶6)展开，喷以0.5%高碘酸钾试液和0.5%联苯胺乙醇试液，在蓝色背景下，可见白色斑点，R_f值约0.14。(检查甘露醇)

【含量测定】　采用HPLC方法测定，以腺苷为对照品，冬虫夏草中腺苷含量不得少于0.010%。

【药理作用】

1. 免疫调节作用　可使小鼠胸腺缩小，脾脏增重；对体液、细胞免疫均有调节作用。

2. 对内分泌的影响　虫草具有雄激素样的作用，对醋酸氢化可的松所致"类阳虚"小鼠有防治作用；可使去势幼年雄性大鼠精囊增加，显示有雄激素样作用。

3. 对肾功能的影响　可降低肾炎蛋白尿，使血尿明显好转，并能改善肾功能，用于慢性肾炎和慢性肾衰竭。

此外，还有抗肿瘤、抗衰老等作用。

【功效与主治】　性平，味甘。能补肺益肾，止血，化痰。用于久咳虚喘，劳咳咯血，阳痿遗精，腰膝酸痛。

理论与实践

冬虫夏草的抗肿瘤成分

①虫草素：肿瘤细胞生长繁殖需要大量腺苷，而虫草素因其结构与腺苷相似，通过错误识别而替代腺苷参与肿瘤细胞的生长繁殖，从而抑制肿瘤细胞的核酸合成；此外，虫草素在细胞内可被磷酸化为3'-ATP，对核Poly(A)多聚酶有很强的抑制作用，能阻断mRNA的合成进而抑制肿瘤细胞蛋白质的合成。②多糖类：冬虫夏草多糖为滋补和滋阴的有效成分，可增强机体免疫力而提高机体抗肿瘤能力。③甾醇类：甲醇提取物中分得的麦角甾醇-3-O-β-D-吡喃葡萄糖苷和22,23-二氢麦角甾醇-3-O-β-D-吡喃葡萄糖苷具有明显的抗肿瘤活性。

茯苓　Poria

【来源】　本品为多孔菌科真菌茯苓 *Poria cocos*(Schw.)Wolf的干燥菌核。

【植物形态】　菌核寄生或腐生于地下松树根上，鲜时质软，干后坚硬；呈球形、扁球形、长圆形或稍不规则块状，形状、大小不一；表面淡灰棕色或黑褐色，断面近外皮处带粉红色，内部粉质、白色稍带粉红。子实体生于菌核表面，平伏，伞形，直径0.5～2cm，幼时白色，老时变浅褐色。菌管多数，管孔为多角形，孔壁薄，孔缘渐变齿状。孢子长方形，有一斜尖。

【产地】 主产于云南、安徽、湖北、河南、贵州、四川等省。现部分省区已大量人工栽培。其中以云南产品质量最佳，称"云苓"，安徽产量最大，称"安苓"。

【采制】 采收　野生茯苓常在7月至次年3月到松林中采挖。人工栽培茯苓于接种后第二年7～9月间采挖。

加工　将鲜茯苓堆放在不通风处，进行"发汗"，使水分析出，取出放阴凉处，待表面干燥后，再行"发汗"，如此反复3～4次，至内部水分大量散失，表面出现皱纹后阴干，称"茯苓个"；用刀削取外皮得"茯苓皮"；去皮后切片为"茯苓片"；切成方形或长方形者为"茯苓块"；中有松根者为"茯神"；去皮后内部带淡红色或棕红色部分切成的片块称"赤茯苓"，去赤茯苓后的白色部分切成的片块为"白茯苓"。

【性状】 茯苓个　①呈类球形、椭圆形、扁圆形或不规则团块状，大小不一。②外皮薄而粗糙，棕褐色至黑褐色，有明显的皱缩纹理。③体重，质坚实，不易破裂，断面颗粒性，有的具有裂隙，外层淡棕色，内部白色，少数淡红色。④无臭，味淡，嚼之粘牙(图11-4)。以体重坚实、外皮色棕褐、皮纹细、无裂隙、断面白色细腻、粘牙力强者为佳。

茯神　呈方块状，附有切断的一块茯神木，质坚实，色白(图11-5)。

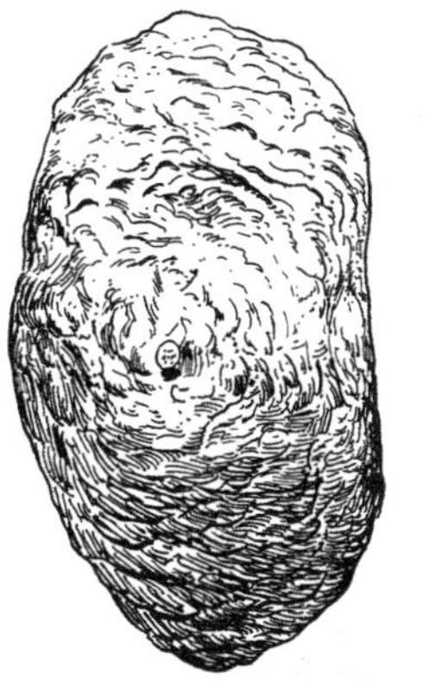

图11-4　茯苓药材图

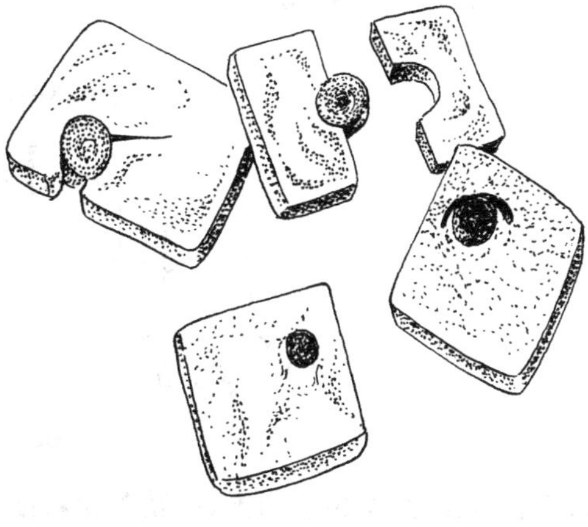

图11-5　茯神药材图

【显微特征】 粉末　灰白色。①用水装片，可见无色不规则颗粒状团块或末端钝圆的分枝状团块；②遇水合氯醛或5%氢氧化钾溶液，团块溶化露出菌丝，菌丝细长，无色（内层菌丝）或淡棕色（外层菌丝），稍弯曲，有分枝，直径3～8μm，少数至16μm，横壁偶见；③粉末加α-萘酚及浓硫酸，团块物即溶解，可显橙红色至深红色；④本品不含淀粉粒及草酸钙晶体（图11-6）。

【化学成分】

1. 多糖类　菌核主要含茯苓聚糖（pachyman），茯苓聚糖为具有β-(1→6)吡喃葡聚糖支链的β-(1→3)吡喃葡聚糖，切断支链成β-(1→3)葡聚糖，称为茯苓次聚糖（pachymaran），常称茯苓多糖（PPS）。

2. 三萜类化合物　主要为茯苓酸、猪苓酸C、土莫酸、齿孔酸、松苓酸、松苓新酸（3β-羟基

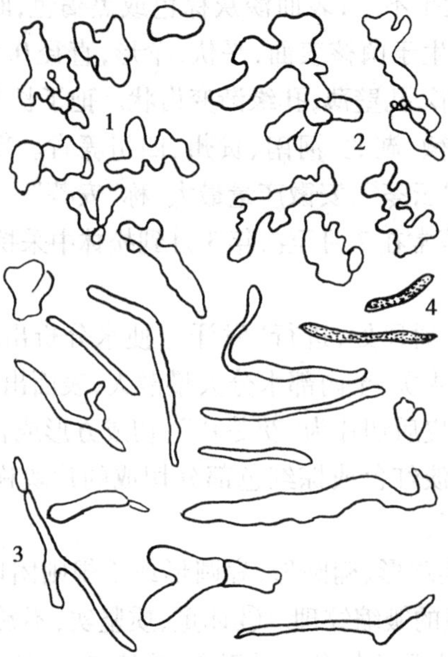

图 11-6　茯苓粉末图

1. 分枝状团块，2. 颗粒状团块，3. 无色菌丝，4. 棕色菌丝

羊毛甾-7,9(11),24-三烯酸）等。

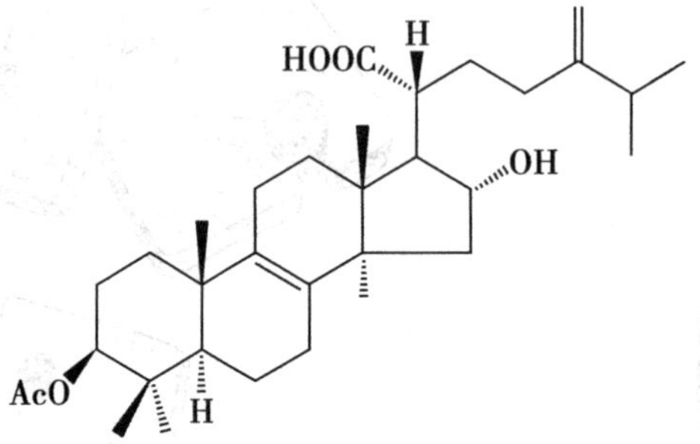

茯苓酸

此外，尚含麦角甾醇、β-谷甾醇、β-茯苓聚糖酶、蛋白酶、胆碱、腺嘌呤等。

【理化鉴别】

1. 薄层色谱　取本品乙醚提取液蒸干，甲醇溶后与茯苓对照药材溶液分别点于同一硅胶 G 薄层板上，以甲苯-乙酸乙酯-甲酸(40∶10∶1)为展开剂，展开，取出，晾干，喷以 2% 香草醛硫酸溶液-乙醇(4∶1)混合溶液，在 105℃加热至斑点显色清晰。供试品色谱中，在与对照药材色谱相应的位置上，显相同颜色的主斑点。

2. 取粉末 1g，加丙酮 10ml，在水浴上加热回流 10 分钟，过滤，滤液蒸干，残渣加冰醋酸 1ml 溶解，再加浓硫酸 1 滴，显淡红色，后变为淡褐色。（麦角甾醇反应）

3. 取本品粉末少量，加碘化钾碘试液 1 滴，显深红色。

【药理作用】

1. 利尿作用　茯苓乙醇提取液稀释至一定浓度，选择健康兔按体重注射给药，慢性实验结果表明，用药后尿量有明显增加。

2. 免疫调节作用　茯苓多糖能使小鼠的脾脏和胸腺增重，增强因注射醋酸考的松引起免疫机制的小鼠和荷瘤小鼠巨噬细胞的吞噬功能，提高T淋巴细胞的细胞毒作用。

3. 抗肿瘤作用　茯苓多糖具有一定的抗肿瘤作用。

此外，茯苓还具有改善消化系统功能、降血糖、镇静及抑菌等作用。

【功效】　本品性平，味甘、淡。能利水渗湿，健脾，宁心。用于水肿尿少，痰饮眩悸，脾虚食少，便溏泄泻，心神不安，惊悸失眠。用量9～15g。

理论与实践

茯苓的抗肿瘤作用

茯苓多糖(PPS)具有抗肿瘤作用。具有β-(1→6)吡喃葡聚糖支链的β-(1→3)吡喃葡聚糖的茯苓聚糖，无抗肿瘤活性；切断支链成β-(1→3)葡聚糖，即茯苓多糖，具有抗肿瘤活性；再经羧甲基化得到羧甲基茯苓多糖(CMC)，水溶性增大，抗肿瘤活性增强。实验证明，茯苓多糖除了直接杀伤肿瘤细胞外，还可与抗肿瘤药物(如丝裂霉素、5-FU等)合用，增强其疗效并降低不良反应。

此外，有研究表明，茯苓素(四环三萜类有机酸统称)对艾氏腹水瘤、肉瘤S_{180}等有显著的抑制作用。

灵芝　Ganoderma

【来源】　本品为多孔菌科真菌赤芝 *Ganoderma lucidum* (Leyss. ex Fr.) Karst. 或紫芝 *G. sinense* Zhao, Xu et Zhang 的干燥子实体。

【产地】　赤芝产于华东、西南及河北、山西、江西、广西、广东等地；紫芝产于浙江、江西、湖南、广西、福建和广东等地。二者均有人工栽培。

【性状】　赤芝　①外形呈伞状，菌盖肾形、半圆形或近圆形，直径10～18cm，厚1～2cm。②皮壳坚硬，黄褐色至红褐色，有光泽，具环状棱纹和辐射状皱纹，边缘薄而平截，常稍内卷。③菌肉白色至淡棕色。菌柄圆柱形，侧生，少偏生，长7～15cm，直径1～3.5cm，红褐色至紫褐色，光亮。④孢子细小，黄褐色。⑤气微香，味苦涩(图11-7)。

紫芝　①皮壳紫黑色，有漆样光泽。②菌肉锈褐色，菌柄长17～23cm。

【显微特征】　粉末　①浅棕色、棕褐色至紫褐色。②菌丝散在或粘结成团，无色或淡棕色，细长，稍弯曲，有分枝，直径2.5～6.5μm。③孢子褐色，卵形，顶端平截，外壁无色，内壁有疣状突起，长8～12μm，宽5～8μm。

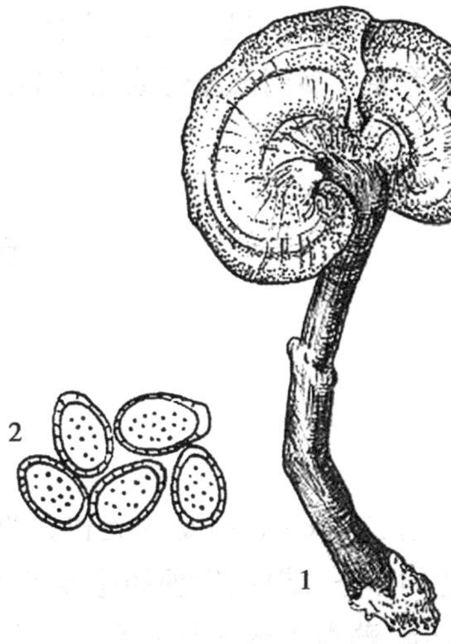

图11-7　灵芝(赤芝)药材图

1. 子实体，2. 孢子

【化学成分】

1. 三萜类　如灵芝酸、赤芝酸等。

2. 多糖类　如灵芝多糖A、灵芝多糖B、灵芝多糖C等。

此外，还含有核苷类、生物碱、挥发油等。

【药理作用】

1. 免疫增强作用　灵芝多糖能增强正常小鼠的非特异性免疫能力，促进细胞免疫和体液免疫功能。

2. 抗肿瘤作用　灵芝多糖对 Lewis 小鼠肺癌和结肠癌具有抑制作用。

此外，还有镇静、抗肝损伤、抗辐射等作用。

【功效与主治】 性平，味甘。能补气安神、止咳平喘。用于心神不宁，眩晕不眠，肺虚咳喘，心悸气短，不思饮食，虚劳咳喘。用量 6～12g。

猪苓　Polyporus

本品为多孔菌科真菌猪苓 *polyporus umbellatus* (Pers.) Fries 的干燥菌核。全国各地均有栽培。本品呈条形、类圆形、块状，有的有分枝。表面黑色、灰黑色或棕黑色，皱缩或有瘤状突起。质致密而体轻，能浮于水面，断面细腻，类白色或黄白色，略呈颗粒状。气微、味淡。以个大、皮黑、肉白、体较重者为佳。主要含水溶性多聚糖、麦角甾醇、麦角甾-4,6,8(14),22-四烯-3-酮、猪苓甾酮、粗蛋白等，其中麦角甾醇可作为猪苓的指标成分。本品具有利尿、抗癌及增强免疫功能等作用，还有抗衰老、抑菌及治疗慢性病毒性肝炎等作用。本品性平，味甘、淡。能利水渗湿。用于小便不利，水肿，泄泻，淋浊，带下。用量 6～12g。

麦角　Secale Cornutum

本品为麦角科真菌麦角菌 *Claviceps purpurea* (Fr.) Tul. 寄生在禾本科植物黑麦 *Secale cereale* L. 等子房中所形成的菌核。主产于东欧国家，我国东北、华北地区亦产，野生或人工栽培。干燥菌核呈纺锤形，平直或略弯曲呈角状，具 3 条钝棱，两端渐尖。表面紫黑色或紫棕色，有明显纵沟及细小横裂纹。质脆，易折断，断面钝三角形，边缘黯紫色，内部白色或浅粉红色，中央可见星状纹理。气微而特殊；味甘、辛，具油腻性。本品中含有多种生物碱，如麦角新碱(ergometrine)、麦角胺碱、麦角克碱、麦角高碱和麦角生碱等。麦角碱类对子宫有选择性兴奋作用，大剂量时可引起子宫强直性收缩。本品性平，味苦，有毒。常用于产后止血及子宫复旧、偏头痛等症。多制成浸膏或注射剂使用。

第三节　地衣类植物

一、地衣类植物概述

地衣(Lichenes)是藻类和真菌共生的复合体。由于藻、菌之间的长期生物结合，使其具有独特的形态、结构、生理和遗传等生物学特性。地衣中共生的真菌绝大多数为子囊菌，少数为担子菌；藻类为蓝藻及绿藻。地衣中的藻细胞能进行光合作用，为植物体提供养分；而真菌则能吸收水分和无机盐，为藻类的光合作用提供原料。

地衣类成分与藻类、菌类不同，含特有的地衣酸、地衣色素、地衣多糖、地衣淀粉，此外还含有蒽醌类、黄酮类及含氮化合物等。最特殊的为地衣酸类，是地衣类的主要代谢产物，现在已知的地衣酸约有150余种，很多地衣酸具有抗菌作用，如抗菌消炎的松萝酸，含有对结核杆菌和革兰阳性菌有高度抗菌活性的小红石蕊酸。地衣多糖具有抗肿瘤作用，所以地衣类是很有药用潜力的植物资源。

地衣类植物适应性强，特别耐寒抗旱，广泛分布于世界各地，种类约有400属近2万种。因为地衣类对空气污染十分敏感，尤其是SO_2，故多生长在高山树林等空气清新的地方，所以，地衣类可视为环境污染的指标植物。

常见的地衣类生药有松萝、石耳等。

二、地衣类植物的分类

地衣类植物的形态主要由真菌决定，而藻类分布于地衣内部，真菌的菌丝附着于藻类的藻细胞上而建立密切的共生关系。地衣的形态可分为三种类型：

1. 壳状地衣　地衣体为具有各种颜色的壳状物，菌丝与树干或石壁紧贴，因此不易分离。如文字衣、茶渍衣等。

2. 叶状地衣　植物体扁平叶片状，有背腹性，以假根或脐固着在基物上，易采下。如石耳、梅衣等。

3. 枝状地衣　植物体树枝状、丝状，直立或悬垂，仅基部附着在基物上。如松萝、石蕊等。

不同类型的地衣其内部构造也不完全相同。从叶状地衣的横切面上，可分为四层，即上皮层、藻层或藻胞层、髓层和下皮层。上皮层和下皮层是由菌丝紧密交织而成，也称假皮层；藻胞层就是在上皮层之下由藻类细胞聚集成一层；髓层是由疏松排列的菌丝组成。

本章小结

藻类、菌类和地衣生药均来自于藻类或真菌类等低等植物，无根、茎、叶的分化，在外观形态上与高等植物来源的生药明显不同，在性状鉴定时应注意区分。多数菌类生药以菌丝为基本结构单位，特征明显，可作为显微鉴定的主要依据。应熟悉菌丝、菌丝体、子座、子实体、菌核等概念，清楚各菌类生药的药用部位。冬虫夏草为贵重生药，伪品较多，因市场流通中多为个子货形式，所以其性状鉴定尤显重要。茯苓、猪苓二者相似处较多，应注意区分二者的性状差异，粉末鉴别时应注意观察二者菌丝的不同表现形式、八面体型草酸钙方晶的有无等。

复习题

1. 冬虫夏草哪些成分具有抗肿瘤作用？
2. 冬虫夏草的质量控制标准有哪些？
3. 简述茯苓的性状鉴定及显微鉴定要点。
4. 茯苓中抗肿瘤的有效成分是什么？
5. 简述茯苓的主要功效。

第十二章

高等植物

学习目标

掌握：苔藓植物门、蕨类植物门、裸子植物门及被子植物门的植物学特征鉴别要点；重点生药的来源、性状和显微鉴别要点及化学成分、功效主治。

熟悉：重点科的概述内容，熟悉次重点生药的来源、性状和显微鉴别要点及化学成分、功效主治。

了解：非重点科的概述内容，一般生药、附注生药的来源、性状鉴别、化学成分及功效主治。

第一节　苔藓植物门

一、苔藓植物概述

苔藓植物是绿色自养性植物，一般较小，常见的植物体大致可分成两种类型：一是苔类，分化程度比较浅，保持叶状体的形状；另一种是藓类，植物体已有假根和类似茎、叶的分化。苔藓植物的假根是表皮突起的单细胞或一列细胞组成的丝状体。植物体内部构造简单，组织分化水平不高，仅有皮部和中轴的分化，没有真正的维管束构造。叶多数是由一层细胞组成，表面无角质层，内有叶绿素，能进行光合作用，也能直接吸收水分和养料。

苔藓植物具有明显的世代交替，我们常见的植物体是它的配子体，由孢子萌发成原丝体，再由原丝体发育而成，配子体在世代交替中占优势，能独立生活。而孢子体不能独立生活，只能寄生在配子体上，这一点是苔藓植物与其他高等植物的最大区别。

苔藓植物的雌、雄生殖器官都是由多细胞组成。雌性器官的颈卵器外形如瓶状，中间有一个大形的细胞称为卵细胞。雄性器官的精子器一般呈棒状、卵状或球状，内有多数精子。精子长而卷曲，先端有两条鞭毛，借水游到颈卵器内与卵结合，卵细胞受精后成为合子(2n)，合子在颈卵器内发育成胚，胚在颈卵器内吸收配子体的营养进而发育成孢子体(2n)，孢子体通常分为三部分：上端为孢子囊，又称孢蒴；其下有柄，称蒴柄；蒴柄最下部有基足，可伸入配子体组织中吸收养料，供孢子体生长。孢蒴内的孢原组织细胞经多次分裂再经减数分裂，形成孢子(n)，孢子散出后，在适宜的环境中萌发成新的配子体。

在苔藓植物生活史中，从孢子萌发到形成配子体，配子体产生雌雄配子，这一阶段为有性世代，细胞核染色体数目为1n；从受精卵发育成胚，由胚发育形成孢子体的阶段称为无性世代，细胞核染色体数目为2n。有性世代和无性世代互相交替，形成了世代交替(图12-1)。

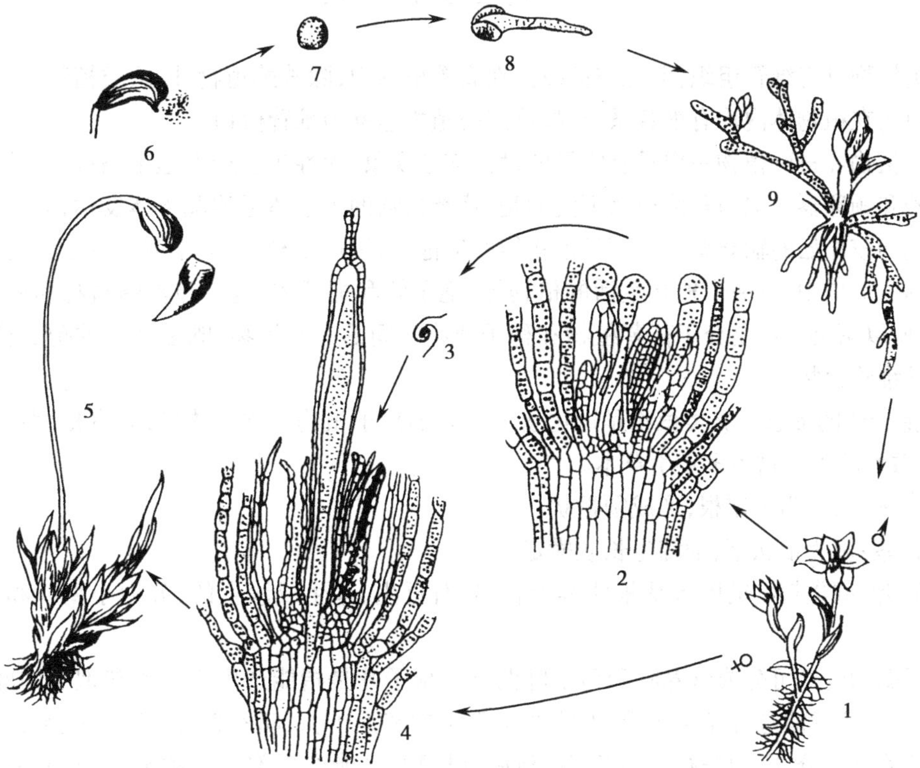

图12-1　葫芦藓生活史

1. 配子体上的雌雄生殖枝，2. 雄器苞的纵切面示精子器及隔丝，3. 精子，4. 雌器苞的纵切面示颈卵器和正在发育的孢子体，5. 成熟的孢子体仍着生于配子体上，6. 散发孢子，7. 孢子，8. 孢子萌发，9. 具芽及假根的原丝体

苔藓植物生长在潮湿和阴暗的环境中，它是植物界从水生到陆生过渡形式的代表。苔藓植物含有多种活性成分，如脂类、萜类、黄酮类等。此外，苔藓植物生长密集，能涵养大量水分，对水土养分的保持、森林及某些附生植物的发育均有极为重要的作用。

苔藓植物在医药上被利用的历史较久，明代李时珍的《本草纲目》也记载了少数苔藓植物可以供药用。现已知全国约有9科，50多种可供药用。常见的药用植物有地钱、大金发藓等。

二、苔藓植物的分类

苔藓植物约有23 000种，遍布世界各地，我国约有2800种，已知药用的有21科43种。根据其营养体的形态结构，通常分为两大类，即苔纲(Hepaticae)和藓纲(Musci)。但也有人把苔藓植物分为三纲：苔纲、角苔纲(Anthocerotae)和藓纲。

第二节 蕨类植物门

一、蕨类植物概述

蕨类植物具有维管组织，但比较低级。在高等植物中，除苔藓植物外，蕨类植物、裸子植物及被子植物在植物体内均有维管系统，故这三类植物总称为维管植物。

蕨类植物和苔藓植物一样具有明显的世代交替现象，无性生殖产生孢子，有性生殖器官具有精子器和颈卵器。但与苔藓植物不同的是：蕨类植物的孢子体远比配子体发达，并有根、茎、叶的分化和较原始的输导系统。蕨类植物能产生孢子，不产生种子，故不同于种子植物。在蕨类植物的生活史中，有两个独立生活的植物体：孢子体和配子体，这点与苔藓植物和种子植物均不同，所以蕨类植物是介于苔藓植物和种子植物之间的一类植物，既是高等的孢子植物，又是低级的维管植物。

1\. 孢子体的形态 蕨类植物是进化水平最高的孢子植物。孢子体发达，有根、茎、叶的分化，大多数的蕨类植物为多年生草本。

（1）根：通常为不定根，形成须根状。

（2）茎：多为根状茎，匍匐生长或横走。

（3）叶：蕨类植物的叶多从根状茎上长出，有近生、远生或簇生的，分为小型叶和大型叶两种。

叶根据功能又可分成营养叶和孢子叶两种。孢子叶是指能产生孢子囊和孢子的叶，又叫能育叶；营养叶仅能进行光合作用，不能产生孢子囊和孢子，又叫不育叶。有些蕨类植物的孢子叶和营养叶不分，既能进行光合作用，制造有机物，又能产生孢子囊和孢子，叶的形状也相同，称为同型叶，如常见的鳞毛蕨、贯众、石韦等；另外，在同一植物体上，具有两种不同形状和功能的叶，即营养叶和孢子叶，称为异型叶，如槲蕨、荚果蕨、紫萁等。

2\. 孢子囊和孢子 小型叶类型的蕨类植物中，孢子囊单生于孢子叶的近轴面叶腋或叶的基部，通常很多孢子叶紧密地或疏松地集生于枝的顶端形成球状或穗状，称孢子叶球或孢子叶穗，如石松和木贼等。大型叶的蕨类植物由许多孢子囊聚集成不同形状的孢子囊群或孢子囊堆，生于孢子叶的背面或边缘。

孢子囊群有圆形、长圆形、肾形、线形等形状，孢子囊群常有膜质盖，称囊群盖。孢子囊的细胞壁上有不均匀的增厚形成环带。环带的着生位置有多种形式。孢子的形状常为两面形、四面形或球状四面形，外壁光滑或有脊及刺状突起或有弹丝（图 12-2）。

3\. 蕨类植物的维管组织 蕨类植物的孢子体内部出现明显的维管组织的分化，形成各种类型的中柱，主要有原生中柱、管状中柱、网状中柱和散状中柱等。其中原生中柱为原始类型，仅有木质部和韧皮部组成，无髓部，无叶隙（图 12-3）。

4\. 蕨类植物的配子体 蕨类植物的孢子成熟后散落在适宜的环境里，萌发成一片细小的呈各种形状的绿色叶状体，称为原叶体，这就是蕨类植物的配子体，能独立生活。其腹面生有颈卵器和精子器，精子与卵结合发育成胚，胚发育成孢子体（幼时寄生在配子体上），长大后，配

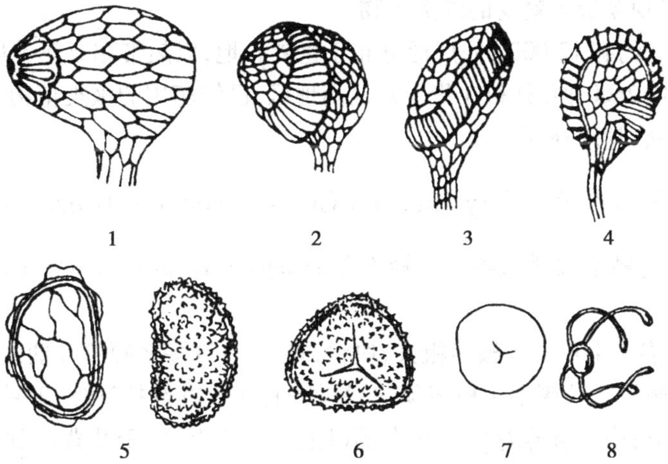

图 12-2　孢子囊环带和孢子的类型

1. 顶生环带(海金沙属),2. 横行中部环带(芒萁属),3. 斜行环带(金毛狗脊属),
4. 纵行环带(水龙骨属),5. 两面形孢子(鳞毛蕨属),6. 四面形孢子(海金沙属),
7. 球状四面形孢子(瓶尔小草科),8. 弹丝形孢子(木贼科)

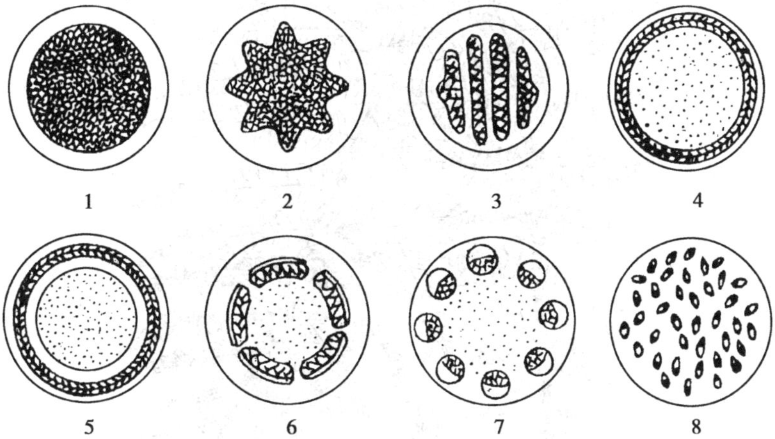

图 12-3　蕨类植物中柱类型横剖面图

1. 单中柱,2. 星状中柱,3. 编织中柱,4. 外韧管状中柱,5. 双韧管状中柱,6. 网状中柱,
7. 真中柱,8. 散状中柱

子体死去,孢子体独立生活。

5. 蕨类植物的生活史　蕨类植物具有明显的世代交替,和苔藓植物有所不同:一方面孢子体和配子体都能独立生活;另一方面孢子体发达,配子体弱小,所以蕨类植物的生活史是孢子体占优势的异型世代交替。

蕨类植物的主要含有黄酮类、生物碱类、萜类及甾体类等化学成分。

二、蕨类植物的分类与生药选论

过去通常将蕨类植物门下分为 5 纲:松叶蕨纲、石松纲、水韭纲、木贼纲、真蕨纲。前四纲都是小叶型蕨类,是一些较为原始而古老的类群,现存的较少。真蕨纲是大叶型蕨类,是最进化的蕨类植物，也是现今最为繁茂的蕨类植物。

现存的蕨类植物约有 12 000 种，广泛分布于世界各地，以热带和亚热带最为丰富。我国有约有 61 科 223 属，约 2600 种，分布在华南及西南地区，已知药用的蕨类植物有 39 科 300 余种。重要生药有绵马贯众、骨碎补等。

绵马贯众 Dryopteridis Crassirhizomatis Rhizoma

【来源】 本品为鳞毛蕨科植物粗茎鳞毛蕨 *Dryopteris crassirhizoma* Nakai 的干燥根茎及叶柄残基。

【植物形态】 多年生草本。根茎粗大，块状，斜生，有许多坚硬的叶柄残基及黑色细根，密被锈色或深褐色大鳞片。叶簇生于根茎顶端，具长柄，叶片宽倒披针形，2 回羽状全裂或深裂，孢子叶与营养叶同形；孢子囊群着生于叶中部以上的羽片上，生于叶背小脉中部以下，囊群盖肾形或圆肾形（图 12-4）。

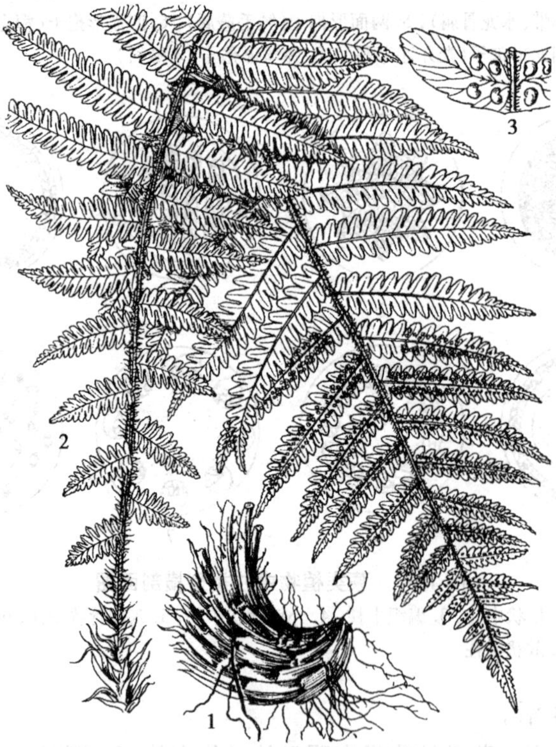

图 12-4 粗茎鳞毛蕨图

1. 根状茎，2. 叶，3. 羽片一部分（示孢子囊群）

【采制】 秋季采挖，削去叶柄、须根，除去泥沙，晒干。

【产地】 主产于黑龙江、吉林、辽宁三省山区。

【性状】 ①呈长倒卵形，略弯曲，上端钝圆或截形，下端较尖，有的纵剖为两半。②表面黄棕色至黑褐色，密被排列整齐的叶柄残基及鳞片，并有弯曲的须根。③叶柄残基呈扁圆形，表面有纵棱线，质硬而脆，断面略平坦，棕色，有黄白色维管束 5～13 个，环列；每个叶柄残基的外侧常有 3 条须根，鳞片条状披针形，全缘，常脱落。④质坚硬，断面略平坦，深绿色至棕色，有黄白色维管束 5～13 个环列，其外散有较多的叶迹维管束。⑤气特异，味初淡而微涩，后渐苦、辛（图 12-5）。以个大、质坚实、叶柄残基断面棕绿色为佳。

【显微特征】 叶柄基部横切面 ①表皮为 1 列外壁增厚的小形细胞，常脱落。②下皮为 10 列多角形厚壁细胞，棕色至褐色，基本组织细胞排列疏松，细胞间隙中有单细胞的间隙腺毛，头部呈球形或梨形，内含棕色分泌物。③维管束整体为网状中柱，横切面观为周韧维管束 5～13 个，环列，每个维管束周围有 1 列扁小的内皮层细胞，凯氏点明显，有油滴散在，其外有 1～2 列中柱鞘薄壁细胞，薄壁细胞中含棕色物及淀粉粒（图 12-6）。

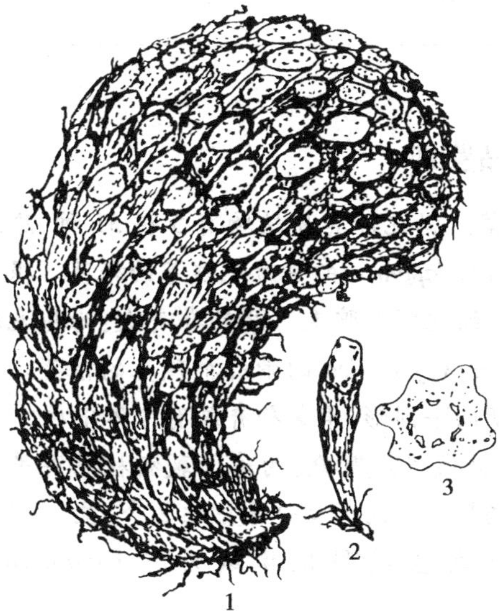

图 12-5 绵马贯众药材图

1. 全形，2. 叶柄残基，3. 根茎横切面

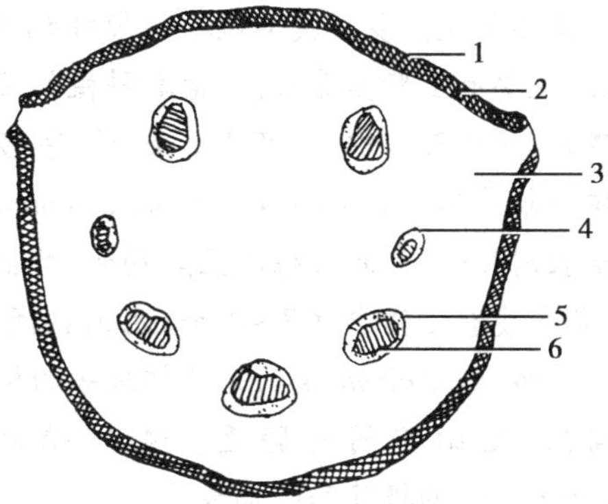

图 12-6 粗茎鳞毛蕨叶柄基部横切面简图

1. 表皮，2. 厚壁组织，3. 薄壁组织，4. 内皮层，5. 韧皮部，6. 木质部

【化学成分】

1. 间苯三酚衍生物 如绵马精其性质不稳定，能缓慢分解产生绵马酸类（filicic acids，绵马酸 BBB、绵马酸 PBB、绵马酸 PBP、绵马酸 ABB）、黄绵马酸类及微量白绵马素、粗蕨素等。

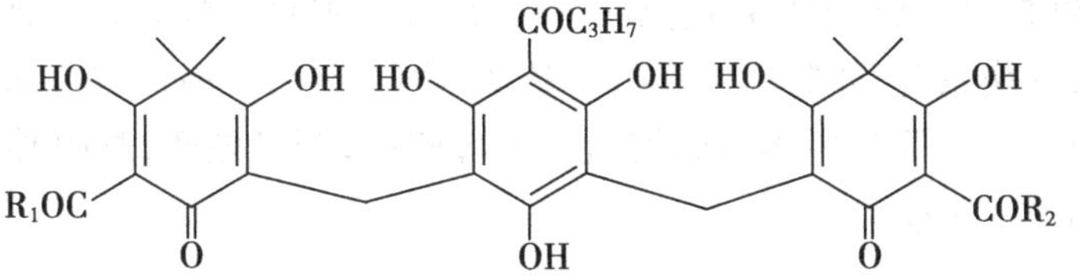

	R_1	R_2
绵马酸BBB	C_3H_7	C_3H_7
绵马酸PBB	C_2H_5	C_3H_7
绵马酸PBP	C_2H_5	C_2H_5
绵马酸ABB	CH_3	C_3H_7

2. 其他类成分 还含有三萜类、黄酮类、挥发油及树脂等。

【理化鉴别】

1. 薄层色谱 取本品环己烷提取液，与绵马贯众对照药材提取液共薄层，以正己烷-三氯甲烷-甲醇（30∶5∶1）为展开剂，喷以 0.3% 坚牢蓝 BB 盐的稀乙醇溶液，在 40℃ 放置 1 小时。供试品色谱中，在与对照药材色谱相应的位置上，显相同颜色的斑点。

2. 取本品横切面片，滴加 1% 香草醛乙醇溶液及浓盐酸，镜检，可见细胞间隙的间隙腺毛显红色。

【药理作用】

1. 驱虫　绵马酸类化合物是绵马贯众驱虫的有效成分。

2. 抗病毒　绵马贯众水煎剂,对流感病毒、亚洲甲型流感病毒及新甲Ⅰ型流感病毒均有良好抑制效果,对多发流感病毒均有效。

3. 止血　对血浆有促凝作用,其有效成分为间苯三酚衍生物。

另外尚有抗肿瘤、兴奋子宫平滑肌等作用。

【功效与主治】　性微寒,味苦;有小毒。清热解毒,止血,杀虫。用于时疫感冒,风热头痛,温毒发斑,疮疡肿毒,崩漏下血,虫积腹痛。用量4.5～9g。

理论与实践

绵马贯众混伪品鉴别

商品贯众为多种蕨类植物的带叶柄的干燥根茎。据统计其原植物有5科31种,除正品外,主要有①紫萁贯众:为紫萁科植物紫萁 *Osmunda japonica* 的带叶柄残基的根茎。根茎无鳞片,折断面多中空,可见1条"U"字形中柱。无细胞间隙腺毛。②狗脊贯众:为乌毛蕨科植物单芽狗脊蕨 *Woodwardia unigemmata* 及狗脊蕨 *W. japonica* 的带叶柄残基的根茎。药材呈长圆柱形,表面红棕色至黑褐色,叶柄基部横断面半圆形,单芽狗脊蕨有分体中柱5～8个,狗脊蕨有分体中柱2～4个;无细胞间隙腺毛。③荚果蕨贯众:为球子蕨科植物荚果蕨 *Matteuccia strurthiopteris* 的带叶柄残基的根茎。叶柄基部横切面有分体中柱2个,呈"八"字形排列;无细胞间隙腺毛。④峨嵋蕨贯众:为蹄盖蕨科植物峨嵋蕨 *Lunathyrium acrostichoides* 的根茎和叶柄残基。

骨碎补　Drynariae Rhizoma

本品为水龙骨科植物槲蕨 *Drynaria fortunei*(Kunze)J. Sm. 的干燥根茎。主产于湖北、浙江等地。本品呈扁平长条状,多弯曲,有分枝。表面密被深棕色至黯棕色的小鳞片,柔软如毛,经火燎者呈棕褐色或黯褐色,两侧及上表面均具突起或凹下的圆形叶痕,少数有叶柄残基和须根残留。体轻,质脆,易折断,断面红棕色,维管束呈黄色点状,排列成环。主要含黄酮类、三萜类化合物。药理实验表明有促进骨损伤愈合、降低骨关节病变率等作用。本品性温,味苦。能疗伤止痛,补肾强骨;外用消风祛斑。用于跌仆闪挫,筋骨折伤,肾虚腰痛,筋骨痿软,耳鸣耳聋,牙齿松动;外治斑秃,白癜风。用量3～9g。

海金沙　Lygodii Spora

本品为海金沙科植物海金沙 *Lygodium japonicum*(Thunb.)Sw. 的干燥成熟孢子。分布于长江流域及其以南各省区。本品呈粉末状,棕黄色或浅棕黄色。孢子为四面体、三角状圆锥形,顶面观三面锥形,可见三叉状裂隙,侧面观类三角形,底面观类圆形,外壁有颗粒状雕纹。体轻,手捻有光滑感,置手中易由指缝滑落。撒于火上,即发出轻微爆鸣及明亮的火焰。海金沙含高丝氨酸、咖啡酸、香豆酸等成分。海金沙煎剂对金黄色葡萄球菌、铜绿假单胞菌、伤寒杆菌等均有抑制作用;此外,还有利胆作用。本品性寒,味甘、咸。能清利湿热,通淋止痛。用于热淋,石淋,血淋,膏淋,尿道涩痛。用量6～15g,包煎。

第三节　裸子植物门

一、裸子植物概述

裸子植物是介于蕨类植物和被子植物之间,保留着颈卵器,具有维管束,能产生种子的一类植物。由于种子不被子房包被,胚珠和种子是裸露的,因而得名裸子植物。一般具有以下主要特征:

1. 植物体(孢子体)发达　裸子植物一般为多年生木本植物,多为常绿乔木,少数落叶性(如银杏);茎内维管束环状排列,有形成层及次生生长;木质部大多为管胞,极少数有导管(如麻黄),韧皮部有筛胞而无伴胞。叶针形、条形、鳞片形,极少呈阔叶。具强大的根系。

2. 胚珠裸露,产生种子　雌雄同株或异株。常缺花被(买麻藤纲有假花被),雄蕊聚生成小孢子叶球(雄球花),雌蕊的心皮不包卷成子房,丛生或聚生成大孢子叶球(雌球花)。种子裸露于心皮上,这是与被子植物重要的区别点。

3. 孢子体(植物体)占优势　配子体非常退化,完全寄生在孢子体上。萌发后的花粉粒为雄配子体,胚囊及胚乳为雌配子体。

4. 具多胚现象　大多数裸子植物具有多胚现象,一个雌配子体上的几个或多个颈卵器的卵细胞同时受精,形成多胚(简单多胚)。或由一个受精卵在发育过程中,发育成原胚,再分裂为几个胚而形成的多胚(裂生多胚)。子叶2至多枚。

5. 裸子植物的化学成分结构丰富　主要的成分类型主要有:黄酮及其苷类、生物碱类、萜类及挥发油等。

二、裸子植物的分类与生药选论

现代生存的裸子植物有5纲,9目,12科,71属,约800种。我国有5纲,8目,11科,41属,近300种(其中引种栽培的有1科,7属,51种),已知药用的有10科,25属,100余种,以松科最多,有8属,40余种。有不少是第三、四纪的孑遗植物,或称“活化石”植物,如银杏、水杉、银杉等。其中药用植物较多的科有松科、麻黄科、银杏科、三尖杉科、红豆杉科、苏铁科等。

麻黄　Ephedrae Herba

【来源】　本品为麻黄科植物草麻黄 *Ephedra sinica* Stapf. 、木贼麻黄 *E. equisetina* Bunge. 或中麻黄 *E. intermedia* Schrenk et C. A. Mey. 的干燥草质茎。

【植物形态】

1. 草麻黄　草本状小灌木,高30～50cm。木质茎短而多匍匐状,绿色草质茎直立。小枝对生或轮生,节明显,节间长2～6cm,直径约2mm。叶膜质鞘状,基部约1/2合生,2裂,裂片三角形,先端渐尖,多反卷。雌雄异株,雄球花顶生,3～5聚成复穗状;雌球花多单生枝顶,成熟时呈红色浆果状。种子两枚，卵状。花期5～6月，种子7～8月成熟。成片丛生于山坡、草地、河滩、沙丘；分布于东北、华北、西北地区（图12-7）。

2. 木贼麻黄　木质茎上部多分枝；草质茎多分枝，节间短，常被白粉。叶片2裂，钝三角形，不反卷。雄球花多单生或3～4个集生于节上；雌球花成对或单生于节上。种子通常1粒（稀2粒）（图12-8）。

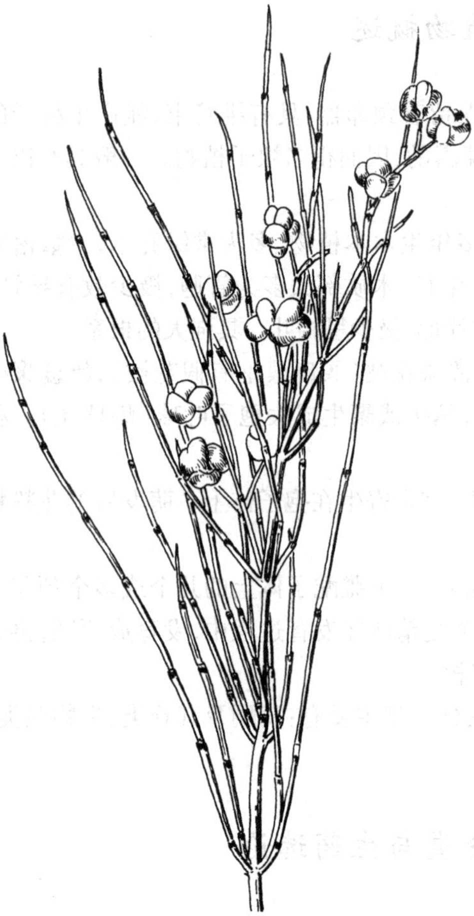

图12-7　草麻黄原植物图

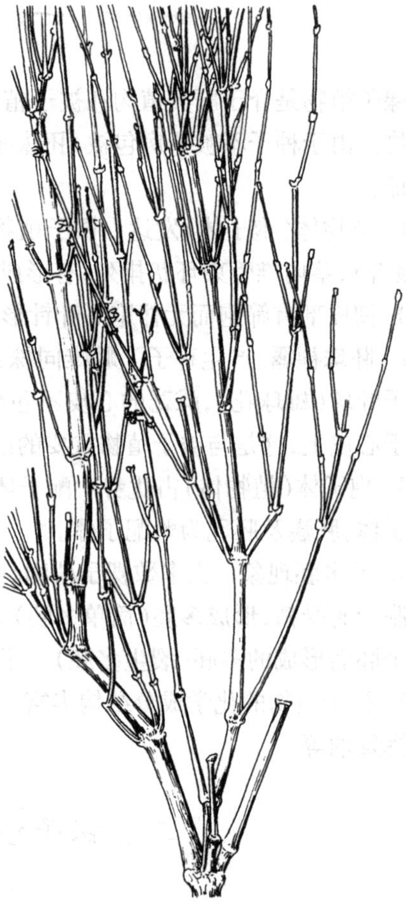

图12-8　木贼麻黄原植物图

3. 中麻黄　木质茎基部多分枝；草质茎较粗，常被白粉。叶片3裂（稀2），裂片先端尖锐。雄球花数个簇生于节上；雌球花3个轮生或2个对生于节上。种子常3粒（稀2粒）（图12-9）。

【产地】　草麻黄主产于河北、山西、内蒙、新疆；中麻黄主产于甘肃、青海、内蒙；木贼麻黄主产于山西、甘肃、宁夏、新疆、河北、内蒙等地。草麻黄产量大，中麻黄次之，两者多混用，木贼麻黄产量小。

【采制】　9月为最佳采收期，割取草质茎，于通风处晾至7～8成干时再晒干。如曝晒则色变黄，受霜冻则色变红，药效均会受影响。

【性状】

1. 草麻黄　①细长圆柱形，少分枝。有的带少量灰棕色木质茎。②表面淡绿色至黄绿色，有细纵脊线，触之微有粗糙感。③节明显，节间长2～6cm。节上有膜质鳞叶；基部约1/2合生，裂片2（稀3），锐三角形，先端灰白色，反曲，基部联合成筒状，红棕色。④体轻，质脆，易折断，断面类圆形或扁圆形，略呈纤维性，周边黄绿色，髓部红棕色，近圆形。⑤气微香，味涩、微苦（图12-10A）。

2. 木贼麻黄　①较多分枝，无粗糙感。②节间长1.5～3cm，膜质鳞叶长1～2mm；裂片2（稀3），上部为短三角形，灰白色，先端多不反曲，基部棕红色至棕黑色。③断面类圆形（图12-10B）。

3. 中麻黄　①多分枝，有粗糙感。②节上膜质鳞叶长2～3mm，裂片3（稀2），先端锐尖。③断面髓部呈三角状圆形（图12-10C）。

麻黄以茎枝粗壮、圆柱形、淡绿色、内心充实、味苦涩者为佳。

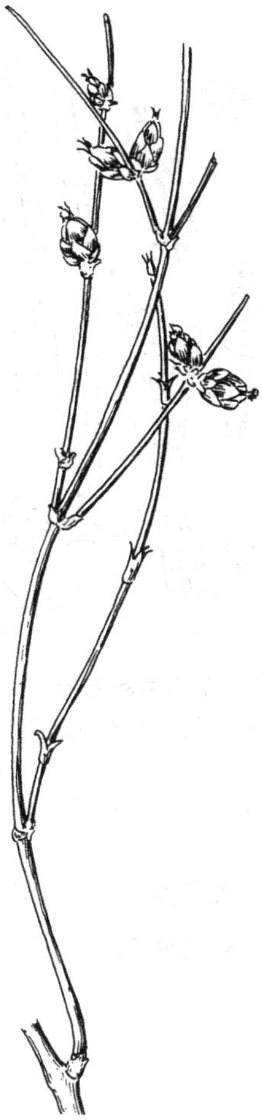

图12-9　中麻黄原植物图

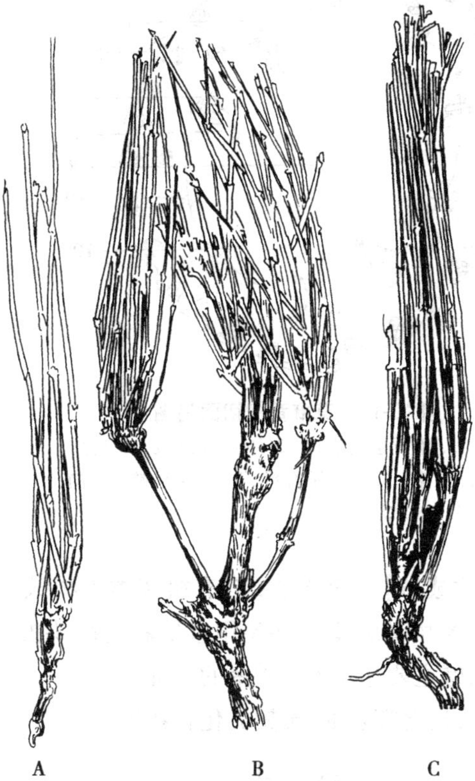

图12-10　麻黄药材性状图

A. 草麻黄；B. 木贼麻黄；C. 中麻黄

【显微特征】

1. 草麻黄横切面　①表皮细胞外被厚的角质层，脊线较密，有蜡质疣状突起，两脊线间有下陷气孔。②下皮纤维束位于脊线处，壁厚，非木化。③皮层较宽，纤维成束散在，中柱鞘纤维束新月形。④维管束外韧型，8～10个。⑤形成层环类圆形。⑥木质部呈三角状。⑦髓部薄壁细胞含棕色块，偶有环髓纤维。⑧表皮细胞外壁、皮层薄壁细胞及纤维壁均有多数微小草酸钙砂晶或方晶（图12-11）。

2. 木贼麻黄横切面 ①维管束8～10个。②形成层环类圆形。③无环髓纤维。

3. 中麻黄横切面 ①维管束12～15个。②形成层环类三角形。③环髓纤维成束或单个散在。

4. 草麻黄粉末 淡棕色。①表皮细胞类长方形，外壁布满草酸钙砂晶，角质层厚约至18μm。②气孔特异，长圆形，保卫细胞侧面观似电话听筒状。③皮层纤维长，直径10～24μm，壁厚，有的木化，壁上布满砂晶，形成嵌晶纤维。④螺纹、具缘纹孔导管直径10～15μm，导管分子斜面相接，接触面具多数穿孔，形成特殊的麻黄式穿孔板。此外，薄壁细胞中常见细小簇晶、红棕色块状物、少量石细胞、髓部薄壁细胞及木纤维（图12-12）。

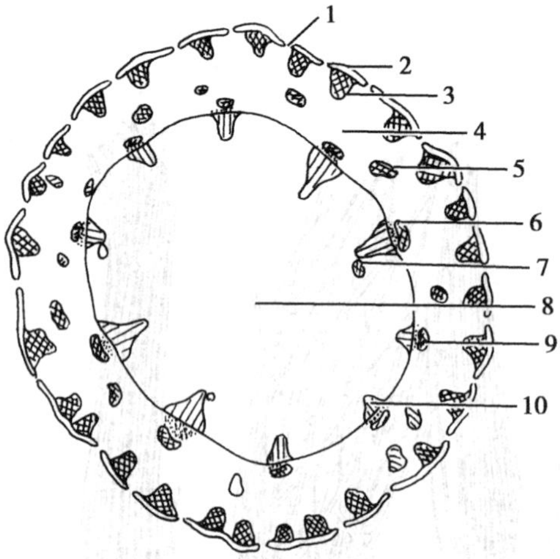

图12-11 草麻黄横切面简图

1. 气孔，2. 角质层及表皮，3. 下皮纤维束，4. 皮层，5. 皮层纤维束，6. 中柱鞘纤维，7. 环髓纤维，8. 髓，9. 韧皮部，10. 木质部

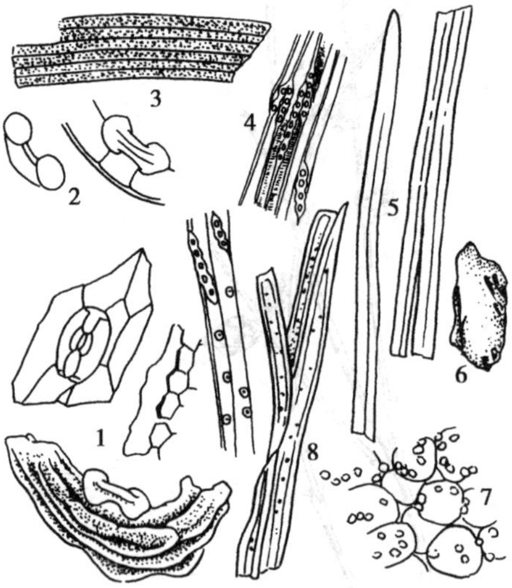

图12-12 草麻黄粉末图

1. 表皮碎片（示表皮细胞及角质层），2. 气孔，3. 嵌晶纤维，4. 导管，5. 皮层纤维，6. 色素块，7. 皮层薄壁细胞（示方晶），8. 木纤维

【化学成分】 麻黄主要含有机胺类生物碱类化合物，主要为*l*-麻黄碱（*l*-ephedrine）、*d*-伪麻黄碱、*l*-N-甲基麻黄碱、*d*-N-甲基伪麻黄碱、*l*-去甲基麻黄碱、*d*-去甲基伪麻黄碱、麻黄次碱等。麻黄生物碱主要存在于草质茎的髓部。

此外，还含挥发油、黄酮类化合物等。

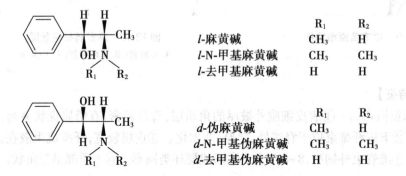

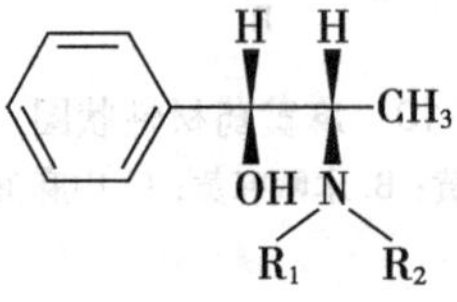

	R_1	R_2
l-麻黄碱	CH_3	H
l-N-甲基麻黄碱	CH_3	CH_3
l-去甲基麻黄碱	H	H

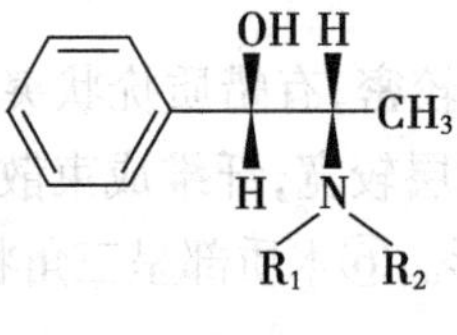

	R_1	R_2
d-伪麻黄碱	CH_3	H
d-N-甲基伪麻黄碱	CH_3	CH_3
d-去甲基伪麻黄碱	H	H

【理化鉴别】

1. 粉末微量升华,得细小针状或颗粒状结晶。(检查麻黄碱)

2. 药材纵剖面置紫外灯下观察,边缘显亮白色荧光,中心显亮棕色荧光。

3. 取麻黄酸水提取液,碱化后氯仿萃取,将三氯甲烷萃取液分两管,一管加氨制氯化铜溶液与二硫化碳,振摇后静置,则三氯甲烷层显棕黄色;另一空白对照管中,用氯仿代替二硫化碳,振摇后三氯甲烷层无色或显微黄色。(检查麻黄碱)

4. 薄层色谱　麻黄粉末提取液,与盐酸麻黄碱共薄层,点以三氯甲烷-甲醇-浓氨水(40:10:1)展开,茚三酮试液显色(105℃)。供试品色谱中,在与标准品色谱相应的位置上,显相同的红色斑点。

【含量测定】　采用高效液相色谱法测定,以盐酸麻黄碱、盐酸伪麻黄碱为对照品,麻黄中含盐酸麻黄碱不得少于1.0%。

【药理作用】

1. 兴奋神经中枢作用　麻黄碱可兴奋大脑皮质、呼吸中枢及血管运动中枢,产生明显的精神兴奋作用。

2. 收缩血管作用　对皮肤黏膜和内脏血管呈收缩作用。

3. 升高血压作用　收缩压的升高比舒张压显著,且作用缓慢而持续。

4. 扩张支气管作用　激动 β_2 受体,使支气管平滑肌舒张,解除支气管痉挛而起到平喘作用。

【功效与主治】　性温,味辛、微苦。能发汗散寒,宣肺平喘,利水消肿。用于风寒感冒,胸闷喘咳,风水肿。蜜麻黄润肺止咳。多用于表证已解,气喘咳嗽。用量2~9g。

【附】　麻黄根　为草麻黄 *Ephedra sinica* Stapf. 或中麻黄 *E. intermedia* Schrenk et C. A. Mey. 的干燥根及根茎。本品呈圆柱形,略弯曲。表面红棕色或灰棕色,有纵皱纹和支根痕。外皮粗糙,易成片状剥落。根茎具节,表面有横长突起的皮孔。体轻,质硬而脆,断面皮部黄白色,木部淡黄色或黄色,射线放射状,中心有髓。气微,味微苦。麻黄根不含麻黄碱类成分,含麻黄根素,麻黄根碱A、B、C,以及双黄酮类麻黄宁A、B。麻黄根碱具有显著降压作用。本品性平,味甘。能止汗,用于自汗、盗汗。3~9g。外用适量,研粉撒扑。

银杏叶　Ginkgo Folium

【来源】　本品为银杏科植物银杏 *Ginkgo biloba* L. 的干燥叶。

【产地】　主产于我国南部各省区,如江苏、广西、湖北等地。

【性状】　①多皱褶或破碎,完整者呈扇形。②黄绿色或浅棕黄色,上缘呈不规则的波状弯曲,有的中间凹入,深者可达叶长的4/5。③具二叉状平行叶脉,细而密,光滑无毛,易纵向撕裂。④叶基楔形,叶柄较长。⑤体轻,气微,味微苦。

【显微特征】　叶表皮片　①上表皮细胞呈不规则长方形,沿叶脉方向延长,垂轴壁强烈弯曲,近叶脉处的细胞壁稍波状弯曲。②下表皮细胞呈不规则长方形,垂轴壁强烈弯曲。③气孔多数,不定式,内陷,副卫细胞4至多数。

叶横切面　①叶上、下表皮均被角质层,具内陷气孔,不定式。②叶肉细胞分化不明显,细胞中常含有油滴状物或棕色物。③维管束外韧型,维管束之间具分泌道。此外,老叶叶肉细胞中含草酸钙簇晶。

【化学成分】

1. 黄酮类　主要有银杏双黄酮(ginkgetin)、异银杏双黄酮、异鼠李素、槲皮素、芸香苷等。

2. 萜类内酯　银杏内酯、白果内酯等。

此外,还有白果酸、白果酮、白果醇、毒八角酸等成分。

【药理作用】

1. 对心、脑血管系统的作用　可增加脑血流量,改变脑细胞代谢,对脑细胞缺血、缺氧、水肿有保护作用;可保护缺血心肌,减少心律失常的发生,降低毛细血管的通透性;能消除自由基,抗血小板聚集,防止血栓形成。

2. 对中枢神经系统的影响　能保护神经系统,改善学习记忆,具有对抗衰老、痴呆、脑功能障碍的作用。

3. 其他作用　如对平滑肌的影响,叶的乙醇提取物对组胺和乙酰胆碱引起的豚鼠离体气管和回肠痉挛有拮抗作用,腹腔注射可阻止组胺引起的豚鼠哮喘等。

【功效与主治】　性平,味甘、苦、涩。能活血化瘀,通络止痛,敛肺平喘,化浊降脂。用于瘀血阻络,胸痹心痛,中风偏瘫,肺虚咳喘,高脂血症。用量9~12g。

【附】　白果　为银杏科植物银杏 *Ginkgo biloba* L. 的干燥成熟种子。略呈椭圆形,一端稍尖,另端钝。表面黄白色或淡棕黄色,平滑,具2~3条棱线。中种皮(壳)骨质,坚硬。内种皮膜质,种仁宽卵球形或椭圆形,一端淡棕色,另一端金黄色,横断面外层黄色,胶质样,内层淡黄色或淡绿色,粉性,中间有空隙。性平,味甘、苦、涩,有毒。能敛肺定喘,止带缩尿。用于痰多喘咳,带下白浊,遗尿尿频。用量5~10g。生食有毒。

三尖杉　Cephalotaxi Folium et Ramulus

本品为三尖杉科植物三尖杉 *Cephalotaxus fortunei* Hook. f. 的干燥枝叶。全年可采,干燥。以秋季采收者质量较好。小叶对生,基部有宿存芽鳞,叶螺旋状排成2列,常水平展开,披针状条形,先端尖,基部楔形成短柄,上面深绿色,中脉隆起,下面中脉两侧有白色气孔带。主含三尖杉碱、三尖杉酯碱、高三尖杉酯碱等生物碱。性寒,味苦、涩。能抗癌,用于淋巴肉瘤、肺癌等多种肿瘤。

紫杉　Taxi Cortex,Ramulus et Folium

本品为红豆杉科植物东北红豆杉 *Taxus cuspidata* Sieb. et Zucc. 或红豆杉 *T. chinensis* (Pilger) Rehd. 的树皮或枝叶。东北红豆杉主要产于我国东北等地,中国红豆杉主要分布在甘肃、四川等地。枝红褐色。叶线形,半直或稍弯曲,表面深绿色。气微,味淡。含二萜类化合物超200种,主要为紫杉醇。具有抗癌活性,临床用于治疗卵巢癌、乳腺癌及肺癌等。性平,味淡。能温肾通经、利尿消肿,用于肾炎浮肿、小便不利、淋病、月经不调、产后瘀血等症。内服叶3~6g,煎汤服用。

侧柏叶　Platycladi Cacumen

本品为柏科植物侧柏 *Platycladus orientalis* (L.) Franco. 的干燥枝梢及叶。别名扁柏、香柏、片柏、片松。主产于江苏、广东、海南、河北、山东等地，为我国特产。药材多为带叶枝梢，多分枝，小枝扁平，长短不一，淡红褐色。叶呈细小鳞片状，尖短钝，交互对生，紧密贴生于扁平的枝上，深绿色或黄绿色。质脆，易折断，断面呈黄白色。气清香，味苦涩、微辛。主含黄酮类成分，如扁柏双黄酮。尚含挥发油约 0.26%，如 α-侧柏酮等。性微寒，味苦、涩；能凉血止血，生发乌发；用于治疗咳血、吐血、崩漏下血、功能失调性子宫出血及慢性支气管炎等症；用量 6 ~ 12g。外用适量。本品久服、多服可出现头晕、恶心、胃部不适、食欲减退等症。

【附】 柏子仁　本品为柏科植物侧柏的干燥成熟的果实。主产山东、河南、河北、江苏等地。长卵形或长椭圆形，新货黄白色或淡黄色，久置陈货则呈黄棕色，并有油点渗出。外面常包裹有薄膜质的种皮，顶端略尖，圆棱形，基部钝圆。质软油润，断面黄白色，胚乳较多，子叶 2 枚，均含有丰富的油质。气微香，味淡而有油腻感。含有脂肪油约 14%，多为不饱和脂肪酸组成，还含有少量挥发油、皂苷、蛋白质、钙、磷及多种微量元素等。性平，味甘。具有养心安神、润肠通便的功效。用于惊悸、失眠、盗汗、便秘等。用量为 3 ~ 9g。

第四节　被子植物门

一、被子植物概述

被子植物是目前植物界中最进化、种类最多、分布最广和最繁盛的一个类群。现知被子植物 1 万 2 千多属，24 万多种，占植物界植物总数一半以上。我国被子植物已知有 2700 多属，约 3 万种，其中药用种类约 11 000 种，是药用植物最多的类群。大多数生药（包括中药和民间药物）都来自被子植物，被子植物构成了现在地球表面植被的主要部分。

被子植物能有如此众多的种类和极其广泛的适应性，这与它们的结构复杂化、完善化，特别是与繁殖器官的结构和生殖过程的特点分不开的。和裸子植物相比，被子植物有真正的花，故又叫有花植物；胚珠包藏在由心皮形成的子房内，使其得到良好的保护，子房在受精后形成的果实，既保护种子又以各种方式帮助种子散布；具有双受精现象和三倍体的胚乳，此种胚乳不是单纯的雌配子体，而具有双亲的特性，使新植物体有更强的生活力；被子植物孢子体高度发达和进一步分化。被子植物具有多种多样的习性和类型，如水生或陆生，自养或寄生，木本或草本，直立或藤本，常绿或落叶，一年生、二年生或多年生等。在解剖构造上，被子植物木质部中有导管，韧皮部有筛管、伴胞，使输导组织结构和生理功能更加完善，同时在化学成分上，随着被子植物的演化而不断发展和复杂化，被子植物包含了所有天然化合物的各种类型，具有多种生理活性。

二、被子植物的分类与生药选论

本教材按恩格勒分类系统，将被子植物门分为双子叶植物纲和单子叶植物纲。两纲植物的主要区别特征如下（少数例外）：

	双子叶植物纲	单子叶植物纲
根系	直根系	须根系
茎	维管束呈环状排列，具形成层	维管束呈散状排列，无形成层
叶	具网状叶脉	具平行或弧形叶脉
花	通常为5或4基数	3基数
花粉粒	具3个萌发孔	具单个萌发孔
子叶	2枚	1枚

（一）双子叶植物纲

双子叶植物纲分为原始花被亚纲（离瓣花亚纲）和后生花被亚纲（合瓣花亚纲）。属于原始花被亚纲的生药包括来源于马兜铃科、蓼科、毛茛科、防己科、木兰科、樟科、蔷薇科、豆科、芸香科、大戟科、五加科、伞形科等植物的生药，而属于后生花被亚纲生药包括来源于木犀科、马钱科、龙胆科、唇形科、茄科、玄参科、茜草科、葫芦科、桔梗科、菊科等植物的生药。

1. 桑科 Moraceae

$$♂P_{4\sim5}A_{4\sim5};♀P_{4\sim5}\underline{G}_{(2:1:1)}$$

【概述】 木本，稀草本和藤本，常有乳汁。叶多互生；托叶细小，常早落。花小，单性，雌雄同株或异株；集成葇荑、穗状、头状、隐头等花序；花单被，常4～5片，雄花之雄蕊与花被同数且对生；雌花花被有时呈肉质；子房上位，2心皮，合生，通常1室1胚珠。果为小瘦果、小坚果，有的在果期与花被或花轴等形成聚花果。本科约70属，1400余种，广布于热带和亚热带。我国有18属，近170种，药用约55种，全国各地均有分布，长江以南较多。常用生药有桑白皮、火麻仁。本科植物含多种特有成分及强烈活性成分，如桑色素、氰桑酮等本科特有的黄酮类成分；见血封喉苷等强心苷；有致幻作用的大麻酚、四氢大麻酚等酚类成分；牛膝甾酮、羟基蜕皮甾酮等昆虫变态激素。尚含皂苷、生物碱等。

桑白皮 Mori Cortex

本品为桑科植物桑 *Morus alba* L. 的干燥根皮。主产于江苏、浙江等地。根皮呈扭曲的卷筒状、槽状或板片状，厚1～4mm。外表面白色或淡黄白色，较平坦，有的残留橙黄色或棕黄色鳞片状粗皮；内表面黄白色或灰黄色，有细纵纹。体轻，质韧，纤维性强，难折断，易纵向撕裂，撕裂时有粉尘飞扬。气微，味微甘。含多种黄酮类成分，如桑皮素、桑黄素、环桑皮素、环黄皮素、桑皮呋喃等。本品具有利尿、导泻、降压、抗菌、镇静、镇痛、镇咳、抗炎、抗血栓等药理作用。性寒，味甘；能泻肺平喘，利水消肿。用于肺热喘咳，水肿胀满尿少，面目肌肤浮肿。用量6～12g。

2. 桑寄生科 Loranthaceae

$$⚥*,P_{3\sim8}A_{3\sim8}\overline{G}_{(3\sim4\sim1:3\sim4\sim1:1\sim2\sim3)}$$

【概述】 半寄生性灌木，稀草本，寄生于木本植物的枝上，少数为寄生于根部的陆生小乔木或灌木。叶对生或互生，有的退化为鳞片叶，无托叶。花两性或单性，花被3～8，花瓣状或萼片状，离生或不同程度合生成冠管；副萼短；雄蕊与花被片同数且着生其上；子房下位，为花托包围，不形成胚珠，以造孢细胞发育成的胚囊所代替。浆果，稀核果。本科约65属1300种，广布热带地区，温带分布较少。中国有11属，约64种，大多数分布于华南和西南各省区。桑寄生科主要含有黄酮类、儿茶素、皂苷类等成分。常用生药有桑寄生、槲寄生。

桑寄生 Taxilli Herba

本品为桑寄生科植物桑寄生 *Taxillus chinensis*(DC.)Danser 的干燥带叶茎枝。主产于福建、广东、广西、云南等省。茎枝呈圆柱形，表面红褐色或灰褐色，具细纵纹，并有多数细小凸起的棕色皮孔，嫩枝有的可见棕褐色茸毛；质坚硬，断面不整齐，皮部红棕色，木部色较浅。叶多卷曲，具短柄；叶片展平后呈卵形或椭圆形，表面黄褐色，幼叶被细茸毛，先端钝圆，基部圆形或宽楔形，全缘；革质。气微，味涩。含多种黄酮类成分，如槲皮素、槲皮苷、金丝桃苷等；尚含强心苷及d-儿茶素等。本品具有强心、降压、利尿、抗菌及抗病毒作用。性平，味苦、甘。能祛风湿，补肝肾，强筋骨，安胎元。用于风湿痹痛，腰膝酸软，筋骨无力，崩漏经多，妊娠漏血，胎动不安，头晕目眩。用量9～15g。

3. 马兜铃科 Aristolochiaceae

$$⚥ *, \uparrow P_{(3)} A_{6\sim12} \overline{G}_{(4\sim6:4\sim6:\infty)} \overline{\underline{G}}_{(4\sim6:4\sim6:\infty)}$$

【概述】 多年生草本或藤本。单叶互生，叶片多为心形或盾形，全缘，无托叶。花两性；单被，辐射对称或左右对称，花被下部合生成管状，顶端3裂或向一侧扩大；雄蕊常6～12；心皮4～6，合生，子房下位或半下位，4～6室；中轴胎座。蒴果，种子多数。本科约8属，600种；我国有4属，80余种，药用约65种。本科重要生药有细辛、杜衡、马兜铃等。本科植物主要含有生物碱、挥发油及硝基菲类等成分。硝基菲类成分马兜铃酸是马兜铃科植物的特征性化学成分。本科植物大多含有马兜铃酸或马兜铃内酰胺类成分，此两类为肾毒性成分，长期或大量服用可造成蓄积中毒，使用时应特别注意控制用量。

细辛 Asari Radix et Rhizoma

【来源】 本品为马兜铃科植物北细辛 *Asarum heterotropoides* Fr. Schmidt var. *mandshuricum*(Maxim.)Kitag.、汉城细辛 *A. sieboldii* Miq. var. *seoulense* Nakai 或华细辛 *A. sieboldii* Miq. 的干燥根和根茎。前两种习称“辽细辛”。

【产地】 北细辛与汉城细辛主产于辽宁、吉林、黑龙江，产量大，销全国并出口。华细辛主产于陕西、湖北等省，产量小。

【性状】 ①常卷缩成团。根茎横生呈不规则圆柱形，具短分枝，表面灰棕色，粗糙，有环形的节。②根细长，密生节上，表面灰黄色，平滑或具纵皱纹；有须根及须根痕。③质脆，易折断，断面平坦，黄白色或白色。④气辛香，味辛辣、麻舌(图12-13)。

【显微特征】 根横切面 ①表皮细胞1列，部分残存。②皮层宽，散有油细胞；外皮层细胞1列，类长方形，木栓化；内皮层明显，可见凯氏点；薄壁细胞含淀粉粒。③中柱鞘细胞1～2列，维管束次生组织不发达，初生木质部2～4四原型(图12-14)。

【化学成分】 主含挥发油2%～4.5%，油中主成分为甲基丁香酚(methyl eugenol)、细辛醚、榄香脂素、黄樟醚。另含*l*-细辛脂素、*l*-芝麻脂素、去甲乌药碱等。

图 12-13　细辛药材图

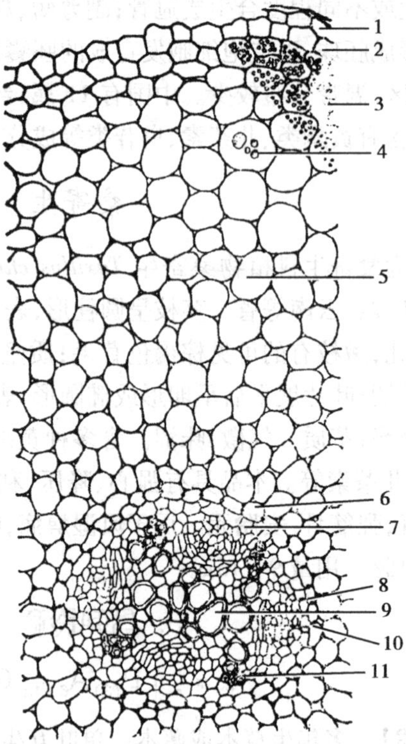

图 12-14　细辛根横切面详图

1. 表皮，2. 外皮层，3. 淀粉粒，4. 油细胞，5. 皮层，6. 内皮层，7. 中柱鞘细胞，8. 韧皮部，9. 后生木质部，10. 形成层，11. 原生木质部

【药理作用】

1. 镇痛、镇静、解热作用　细辛挥发油对动物具有镇痛、镇静、局部麻醉及降温作用。
2. 抗炎作用　细辛水煎液及挥发油有明显的抗炎作用。
3. 平喘、祛痰作用　甲基丁香酚、细辛醚为主要活性成分。

【功效与主治】　性温，味辛。能祛风散寒，祛风止痛，通窍，温肺化饮。用于风寒感冒，头痛，牙痛，鼻塞流涕，鼻鼽，鼻渊，风湿痹痛，痰饮喘咳。用量 1～3g。外用适量。不宜与藜芦同用。

4. 蓼科　Polygonaceae

$$⚥ * P_{3\sim6,(3\sim6)}A_{3\sim9}\underline{G}_{(2\sim3:1:1)}$$

【概述】　多为草本，茎节常膨大。单叶互生，托叶膜质，包围茎节形成托叶鞘。花多两性，常排成穗状、总状或圆锥花序；单被，花被 3～6，多宿存；雄蕊多 6～9；子房上位，瘦果或小坚果，包于宿存花被内，常具翅。本科约有 30 属，1200 种，全球分布。我国 15 属，200 余种，其中药用约 120 种，全国均有分布。主要的属有大黄属（*Rheum*）、蓼属（*Polygonum*）、酸模属（*Rumex*）、荞麦属（*Fagopyrum*）等。重要的生药有大黄、何首乌、虎杖、拳参、萹蓄、金荞麦等。

本科植物细胞中常多见草酸钙簇晶；不少种类的地下器官中具有异常的三生构造，如①大黄：在根茎髓部散有异型维管束（星点）；②何首乌：在皮层散有 4～11 个类圆形异型维管束（云锦花纹）；③酸模属植物有髓维管束。

本科植物化学成分主要有：①蒽醌类化合物：广泛存在蓼科植物中（如大黄属、蓼属、酸模属等），有的呈游离状态，有的结合成苷，游离蒽醌有：大黄素（emodin）、大黄酸（rhein）、大黄素甲醚（physcin）等。结合蒽醌有：番泻苷A、B、C、D（sennoside A、B、C、D）等，这类成分具有抗菌、促进肠管蠕动、泻下等作用。②黄酮类化合物：分布于荞麦属和蓼属植物中，如芦丁（rutin）、萹蓄苷（avicularin）、金丝桃苷（hyperoside）等，具有抗炎、抗氧化等活性。③二苯乙烯苷类化合物（芪类，stilbens）：在蓼属和大黄属中含有芪类成分，如2，3，5-4′-四羟基二苯乙烯-2-*O*-*β*-D-葡萄糖苷、土大黄苷（rhaponticin）、白藜芦醇（芪三酚，resveratrol）、虎杖苷（芪三酚苷，polydatin）等，均具有降血脂等作用。本科植物还含有鞣质类、吲哚苷类成分。

大黄　Rhei Radix et Rhizoma

【来源】　本品为蓼科植物掌叶大黄 *Rheum palmatum* L.、唐古特大黄 *R. tanguticum* Maxim. ex Balf. 或药用大黄 *R. officinale* Baill. 的干燥根和根茎。

【植物形态】　掌叶大黄　多年生高大草本。根及根茎肥厚，黄褐色。基生叶宽卵形或近圆形，掌状5～7中裂，裂片窄三角形。圆锥花序大，顶生；花小，红紫色；瘦果三棱状，具翅。花期6～7月，果期7～8月。唐古特大黄　叶片掌状深裂，裂片再作羽状浅裂。药用大黄　叶片掌状浅裂，一般仅达叶片1/4处，裂片宽三角形；花白色（图12-15）。

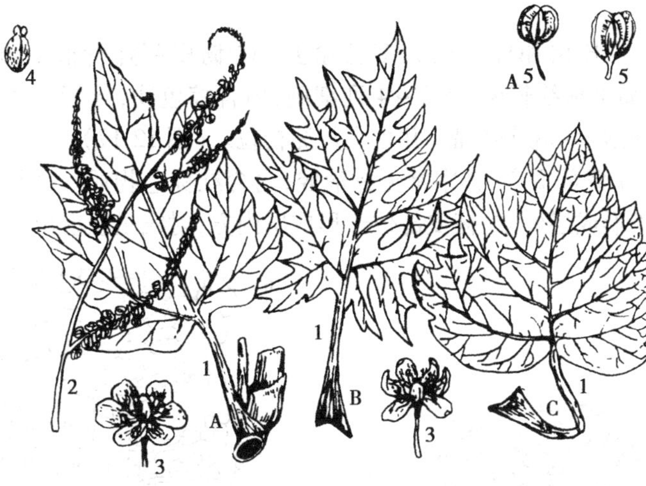

图12-15　大黄原植物图

A. 掌叶大黄；B. 唐古特大黄；C. 药用大黄

1. 叶，2. 果枝，3. 花，4. 雌蕊，5. 果实

【产地】　掌叶大黄和唐古特大黄主产于甘肃、青海、西藏，二者商品均称"北大黄"。药用大黄主产于四川、云南、贵州、湖北、陕西，商品称"南大黄"。

【采制】　秋末茎叶枯萎或次春发芽前采挖，除去细根，刮去外皮，切成瓣或段，绳穿成串干燥或直接干燥。

【性状】　①呈类圆柱形、圆锥形、卵圆形或不规则块状，长3～17cm，直径3～10cm。②除尽外皮者表面黄棕色至红棕色，有的可见类白色网状纹理及星点（异型维管束）散在。③质坚实，有的中心稍松软，断面淡红棕色或黄棕色，显颗粒性；根茎髓部宽广，有星点环列或散在；根

木部发达，具放射状纹理，形成层环明显，无星点。④气清香，味苦而微涩，嚼之粘牙，有沙粒感。（图 12-16）

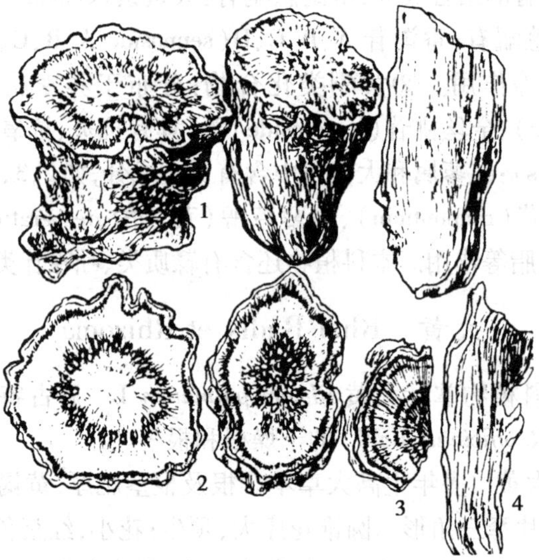

图 12-16 大黄药材及饮片

1. 药材外形，2. 根茎部横切片，3. 根部横切片，4. 根部纵切饮片

【显微特征】

1. 根横切面 ①木栓层和栓内层大多已除去。②韧皮部筛管群明显，薄壁组织发达。③形成层成环。④木质部射线较密，宽 2～4 列细胞，内含棕色物，导管非木化，常 1 至数个相聚，稀疏排列。薄壁细胞含草酸钙簇晶，并含多数淀粉粒。（图 12-17）

2. 根茎横切面 ①髓部宽广，其中常见黏液腔，内含红棕色物质。②异型维管束散在，形成层成环，木质部位于形成层外方，韧皮部位于形成层内方，射线星状射出。（图 12-18）

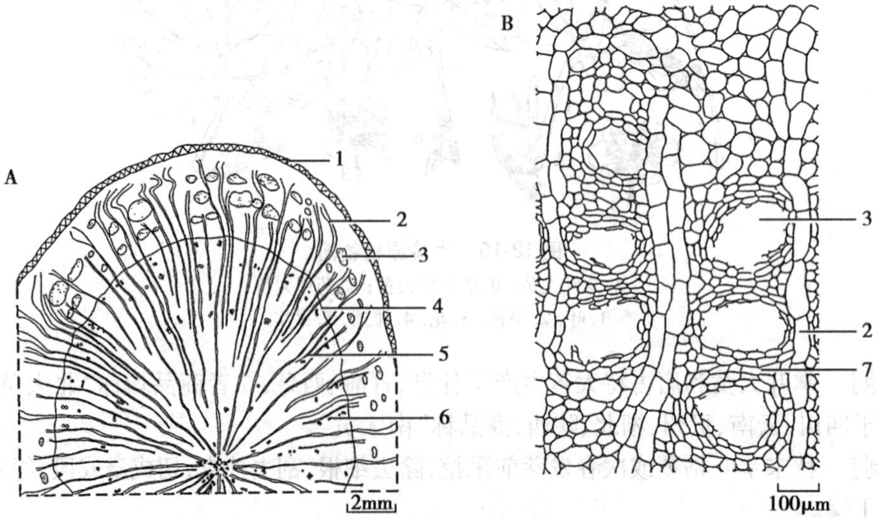

图 12-17 大黄根横切面图

A. 唐古特大黄根横切面简图；B. 唐古特大黄根横切面详图

1. 木栓层，2. 韧皮射线，3. 黏液腔，4. 形成层，5. 木射线，6. 导管，7. 韧皮薄壁细胞

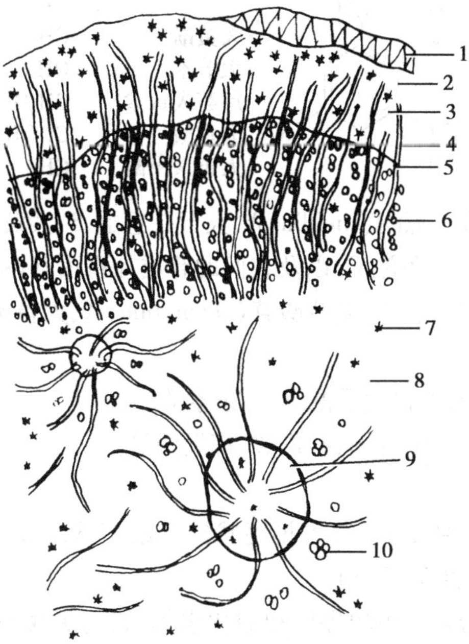

图 12-18　大黄根茎横切面简图

1. 木栓层，2. 皮层，3. 韧皮部，4. 射线，5. 形成层，6. 木质部，7. 草酸钙簇晶，8. 髓，9. 异型维管束（星点），10. 导管

3. 粉末　黄棕色。①草酸钙簇晶众多，直径 20 ~ 160μm，有的至 190μm，棱角大多短钝。②具缘纹孔导管、网纹导管、螺纹导管及环纹导管非木化。③淀粉粒甚多，单粒类球形或多角形，脐点星状；复粒由 2 ~ 8 分粒组成。（图 12-19）

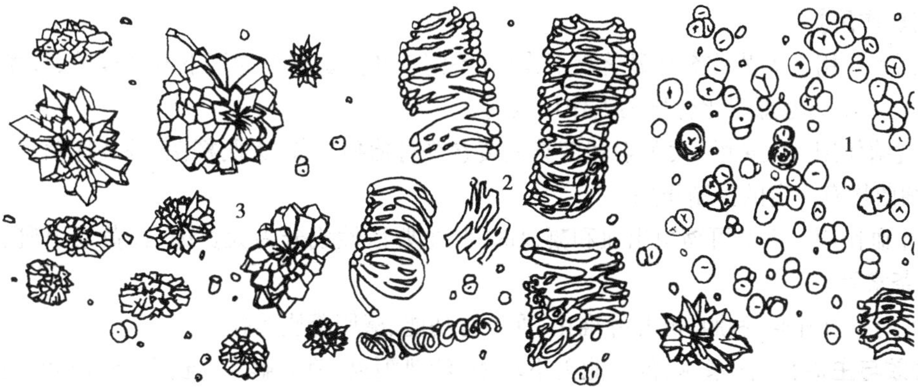

图 12-19　大黄粉末图

1. 淀粉粒，2. 导管，3. 草酸钙簇晶

【化学成分】

1. 蒽醌类　大黄酚（chrysophanol）、大黄素（emodin）、芦荟大黄素（aloe-emodin）、大黄酸（rhein）、大黄素甲醚（physcion）等游离蒽醌成分以及它们的单、双葡萄糖苷等结合蒽醌类成分。

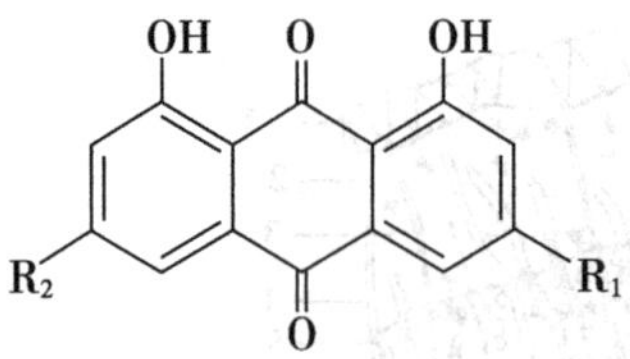

	R_1	R_2
大黄酚	CH_3	H
大黄素	OH	CH_3
芦荟大黄素	CH_2OH	H
大黄酸	COOH	H
大黄素甲醚	CH_3	OCH_3

2. 蒽酚和蒽酮类 大黄二蒽酮(rheidin)A、大黄二蒽酮B、大黄二蒽酮C,掌叶二蒽酮(palmidin)A、掌叶二蒽酮B、掌叶二蒽酮C,以及它们的苷类如番泻苷(sennoside)A、番泻苷B、番泻苷C、番泻苷D、番泻苷E、番泻苷F,大黄酸苷(rheinoside)A、大黄酸苷B、大黄酸苷C、大黄酸苷D等。

3. 鞣质类 为收敛成分,如没食子酸、*d*-儿茶素等。

尚含有芪类(二苯乙烯类)化合物、有机酸、挥发油等。

【理化鉴别】

1. 取本品粉末少量进行微量升华,可见菱状针晶或羽状结晶,结晶遇氢氧化钠试液或氨水,溶解并显红色。(羟基蒽醌类反应)

2. 薄层鉴别 取本品粉末经甲醇提取和酸化水解后,与大黄对照药材及大黄酸对照品液共薄层展开,置紫外光灯下检视。供试品色谱中,在与对照药材色谱相应的位置上显相同的5个橙黄色荧光主斑点;在与对照品色谱相应的位置上,显相同的橙黄色荧光斑点,经氨气熏后斑点变为红色。

3. 粉末用甲醇浸提,上清液点于滤纸上,以45%乙醇展开,取出,晾干,置紫外光灯下检视,不得显持久的亮紫色荧光。(检查土大黄苷)

【含量测定】 采用HPLC方法测定,以芦荟大黄素($C_{15}H_{10}O_5$)、大黄酸($C_{15}H_8O_6$)、大黄素($C_{15}H_{10}O_5$)、大黄酚($C_{15}H_{10}O_4$)和大黄素甲醚($C_{16}H_{12}O_5$)为对照品,本品含5个成分的总量不得少于1.5%。

【药理作用】

1. 泻下作用 大黄煎剂有显著泻下作用,番泻苷和大黄酸苷为泻下有效成分,以番泻苷A的作用最强,游离型蒽醌化合物泻下作用较弱。

2. 抗菌作用 大黄酸、大黄素和芦荟大黄素等对葡萄球菌、大肠杆菌、肺炎球菌、痢疾杆菌等多种细菌均有一定的抑制作用。

3. 止血作用 大黄可缩短出血和凝血时间,主要活性成分为大黄酚、大黄素甲醚、没食子酸、*d*-儿茶素等。

此外尚有抗肿瘤、利胆、抗肝纤维化、保护肾功能、减肥降脂等作用。

【功效与主治】 性寒,味苦。能泻下攻积,清热泻火,凉血解毒,逐瘀通经,利湿退黄。用于实热积滞便秘,血热吐衄,目赤咽肿,痈肿疔疮,肠痈腹痛,瘀血经闭,产后瘀阻,跌打损伤,湿热痢疾,黄疸尿赤,淋证,水肿;外治烧烫伤;酒大黄用于目赤咽肿,齿龈肿痛。熟大黄泻下力缓,泻火解毒,用于火毒疮疡。大黄炭凉血化瘀止血,用于血热有瘀出血症。用量3~15g。用于泻下不宜久煎。

理论与实践

大黄真伪鉴别

大黄属波叶组植物的根及根茎，在部分地区或民间药用，有时与正品大黄相混淆，据载，大黄酚、番泻苷等成分在大黄属仅局限在掌叶组植物，而波叶组植物主含土大黄苷，不含或仅含微量结合性蒽醌（为正品的1/30），故无大黄的泻下作用，不能作大黄用，应注意区别。伪品大黄有藏边大黄 *Rheum emodi*、河套大黄 *R. hotaoense*、华北大黄 *R. franzenbachii*、天山大黄 *R. wittrochii*。根茎横切面髓部无星点（除藏边大黄），荧光为亮蓝紫色，其泻下作用弱，可用于兽药。

何首乌　Polygoni Multiflori Radix

【来源】 本品为蓼科植物何首乌 *Polygonum multiflorum* Thunb. 的干燥块根。

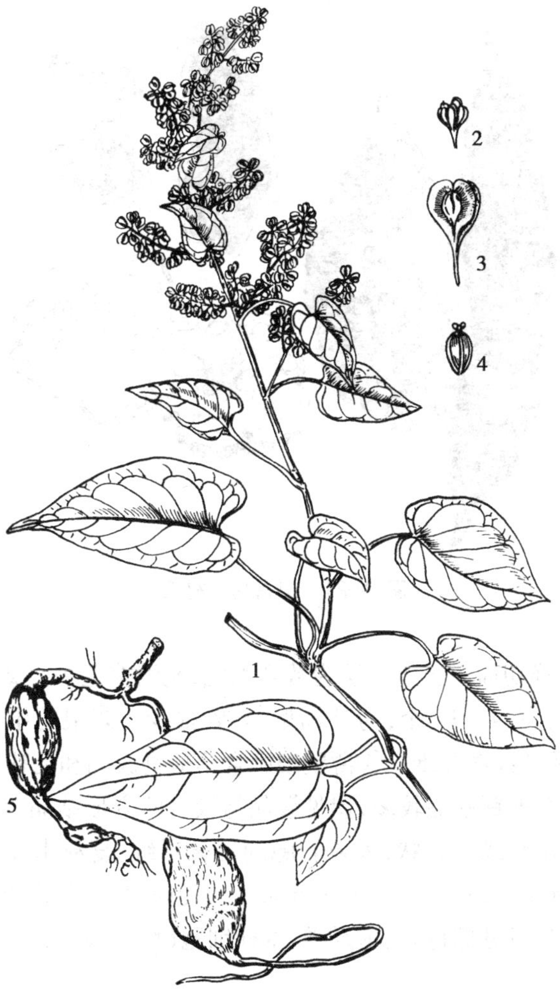

图 12-20　何首乌原植物图

1. 花枝，2. 花，3. 成熟果实附有具翅花被，4. 瘦果，5. 块根

【植物形态】 多年生缠绕草本。根细长,末端膨大呈不整齐块状。茎攀援。单叶互生,具长柄;叶片心形,全缘;托叶鞘膜质。圆锥花序顶生或腋生;花多数,白色。瘦果椭圆形,有3棱,包于宿存的翅状花被内。花期8~10月,果期9~11月(图12-20)。

【产地】 主产于河南、湖北、广西、广东、贵州、江苏等地。

【采制】 秋、冬两季叶枯萎时采挖,切去两端,洗净,大个者可对半刨开或切片晒干。生用或用黑豆汁拌匀,炖或蒸成制首乌。

【性状】 ①块根呈团块状或不规则纺锤形,长6~15cm,直径4~12cm。②表面红棕色或红褐色,皱缩不平,有浅沟,并有横长皮孔样突起及细根痕。③体重,质坚实,不易折断;断面浅黄棕色或浅红棕色,显粉性;皮部有4~11个类圆形异型维管束环列,形成云锦状花纹,中央木部较大,有的呈木心。④气微,味微苦而甘涩。以个大、质坚实而重、红褐色、断面显云锦状花纹、粉性足者为佳。

制首乌多为不规则皱缩状的块片,表面黑褐色或棕褐色,凹凸不平。质坚硬,断面角质样,棕褐色或黑色。气微,味微甘而苦涩(图12-21)。

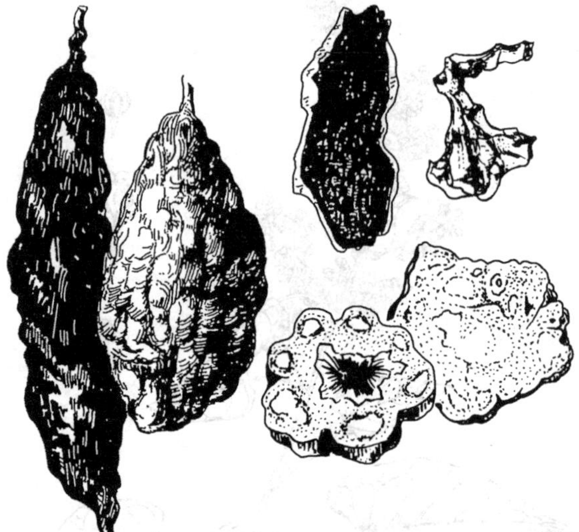

图12-21 何首乌药材图

【显微特征】 块根横切面 ①木栓层为数列细胞,充满棕色物。②韧皮部较宽,散有类圆形异型维管束(复合维管束)4~11个,为外韧型,导管稀少。③根的中央形成层成环;木质部导管较少,周围有管胞及少数木纤维。④薄壁细胞含草酸钙簇晶和淀粉粒(图12-22)。

粉末 黄棕色。①草酸钙簇晶较多,偶见簇晶与较大的方形结晶合生。②淀粉粒众多,单粒类圆形,脐点人字形、星状或三叉状,大粒者隐约可见层纹;复粒由2~9分粒组成。③棕色细胞类圆形或椭圆形,壁稍厚,胞腔内充满淡黄棕色、棕色或红棕色物质,并含淀粉粒。④导管主为具缘纹孔导管。此外可见棕色块、木纤维、木栓细胞(图12-23)。

【化学成分】

1. 磷脂类 含卵磷脂(lecithin)约3.7%。

2. 蒽醌类 含量约1.1%,主要为大黄酚、大黄、大黄酸、大黄素甲醚及其葡萄糖苷类,其

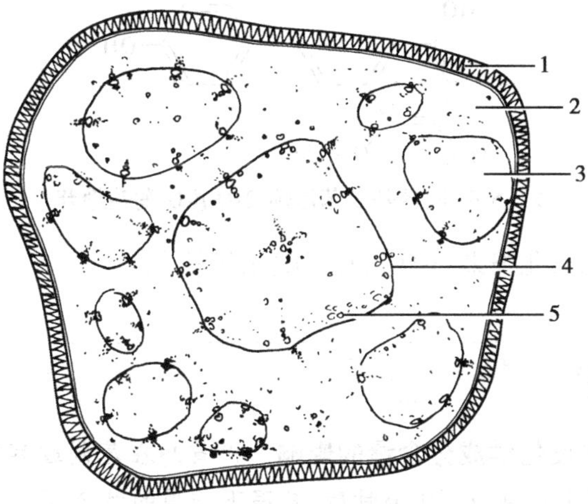

图 12-22　何首乌(块根)横切面简图

1. 木栓层，2. 韧皮部，3. 异型维管束，4. 形成层，5. 木质部

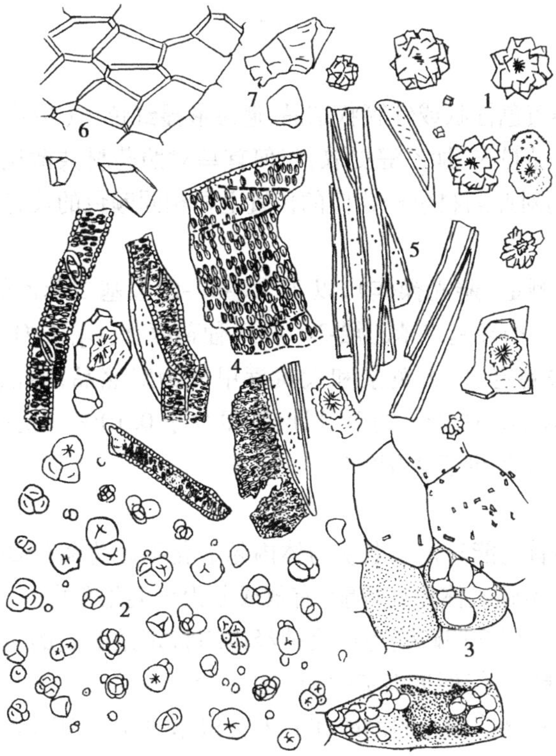

图 12-23　何首乌粉末图

1. 草酸钙簇晶，2. 淀粉粒，3. 棕色细胞，4. 导管，5. 木纤维，6. 木栓细胞，7. 棕色块

中大黄素-8-*O*-*β*-D-葡萄糖苷是何首乌益智的活性成分之一。

3. 芪类　含量0.14% ~6.85%，具有广泛的心血管活性，如2,3,5-4′-四羟基二苯乙烯-2-*O*-*β*-D-葡萄糖苷为抗衰老、降血脂、保肝作用的主要活性成分。

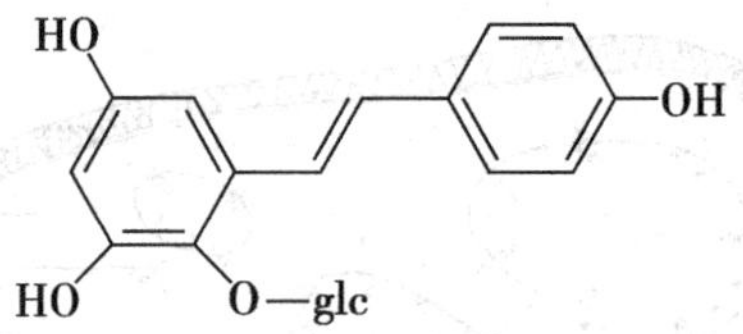

2,3,5-4′-四羟基二苯乙烯-2-*O*-*β*-D-葡萄糖苷

4. 鞣质类　儿茶素、表儿茶素、3-*O*-没食子酰儿茶素等。

相关链接

炮制对何首乌主要化学成分含量的影响　何首乌在蒸制过程中，总蒽醌、结合蒽醌含量随着蒸制时间的延长而减少，50小时后，具泻下作用的结合蒽醌水解成无泻下作用的游离蒽醌衍生物。磷脂及糖含量随着蒸制时间延长而增加，使补益作用更加突出，二苯乙烯苷含量随蒸制时间增加而降低。药理实验表明，生首乌具有泻下作用，制首乌具有免疫增强作用和肝糖原积累作用，故制首乌无泻下作用，而滋补作用增强。

【理化鉴别】

1. 粉末微量升华得黄色柱状或针簇状结晶，遇碱液显红色。（羟基蒽醌类反应）

2. 薄层鉴别　取本品粉末，加乙醇提取，与何首乌对照药材共薄层展开，置紫外光灯下检视。供试品色谱中，在与对照药材色谱相应的位置上显相同颜色的荧光斑点。

【含量测定】

1. 采用HPLC方法测定（避光操作），以2,3,5-4'-四羟基二苯乙烯-2-*O*-*β*-D-葡萄糖苷为对照品，本品含2,3,5-4'-四羟基二苯乙烯-2-*O*-*β*-D-葡萄糖苷（$C_{20}H_{22}O_9$）不得少于1.0%。

2. 采用HPLC方法测定，以大黄素和大黄素甲醚为对照品，本品含结合蒽醌以大黄素（$C_{15}H_{10}O_5$）和大黄素甲醚（$C_{16}H_{12}O_5$）的总量计，不得少于0.10%。饮片含结合蒽醌以大黄素和大黄素甲醚的总量计，不得少于0.050%。

【药理作用】

1. 抗衰老作用　何首乌能对抗衰老动物体内超氧化物歧化酶（SOD）活性的降低，并抑制B型单胺氧化酶的活性，增强机体免疫功能，有效成分为芪类化合物。

2. 补益作用　何首乌所含卵磷脂为构成神经组织特别是脑髓的主要成分，同时为红细胞及其他细胞膜的主要原料，并能促进细胞的新生及发育。

3. 降血脂作用　何首乌能阻止胆固醇在肝内沉积，降低血清胆固醇，具有减轻动脉粥样硬化的作用，有效成分为芪类。

4. 保肝作用　何首乌总苷能抑制肝脏中脂质过氧化过程，有效成分为芪类。

5. 缓泻作用　生首乌中含有结合蒽醌衍生物，能促进肠管蠕动，有润肠通便作用。

此外还有抗菌、强心、改善记忆、抗辐射损伤等作用。

【功效与主治】　生首乌性微温，味苦、甘、涩。能解毒，消痈，截疟，润肠通便。用于疮痈，瘰疬，风湿瘙痒，久疟体虚，肠燥便秘。用量3～6g。制首乌能补肝肾，益精血，乌须发，强筋骨，化浊降脂。用于血虚萎黄，眩晕耳鸣，须发早白，腰膝酸软，肢体麻木，崩漏带下，高脂血症。用量 6～12g。

理论与实践

何首乌的现代临床应用

目前临床有单用何首乌或以何首乌为主的多种药物，单方制剂如首乌片治疗高脂血症，何首乌糖浆适用于肾精亏损，精血不足，筋骨无力，神经衰弱等症。复方制剂如以何首乌为君药，配伍牛膝、决明子、葛根制成的首乌降压丸用于高血压及高脂血症；以何首乌为君药，配伍当归、熟地、女贞子等制成的生发丸治疗白发等。

【附】 首乌藤 *Polygoni Multiflori Caulis* 为何首乌的干燥藤茎。茎呈长圆柱形，稍扭曲，有分枝。表面紫红色至紫褐色，粗糙，具扭曲的纵皱纹，节部略膨大。质脆，易折断。性平，味甘。能养血安神，祛风通络。用于失眠多梦，血虚身痛，风湿痹痛，皮肤瘙痒。用量 9～15g，外用适量，煎水洗患处。

虎杖　Polygoni Cuspidati Rhizoma et Radix

本品为蓼科植物虎杖 *Polygonum cuspidatum* Sieb. et Zucc. 的干燥根茎和根。主产于江苏、浙江、安徽、广西等省。本品多为圆柱形短段或不规则厚片，外皮棕褐色，有纵皱纹及须根痕，切面皮部较薄，木部宽广，棕黄色，射线放射状，皮部与木部较易分离。根茎髓中有隔或呈空洞状。质坚硬。气微，味微苦、涩。含蒽醌类衍生物，如大黄素-8-葡萄糖苷、大黄素甲醚-8-葡萄糖苷以及游离的大黄素、大黄素甲醚、大黄酚等，尚含白藜芦醇、虎杖苷等芪类化合物，并含缩合鞣质。本品对金黄色葡萄球菌、铜绿假单胞菌、流感病毒、乙脑病毒、脊髓灰质炎病毒等多种病原微生物有抑制作用。此外还有止血、镇痛、降血脂等作用。本品性微寒，味微苦。能利湿退黄，清热解毒，散瘀止痛，止咳化痰。用于湿热黄疸，淋浊，带下，风湿痹痛，痈肿疮毒，水火烫伤，经闭，癥瘕，跌打损伤，肺热咳嗽。用量 9～15g。外用适量。孕妇慎用。

拳参　Bistortae Rhizoma

本品为蓼科植物拳参 *Polygonum bistorta* L. 的干燥根茎。主产于河北、山西、湖南、新疆等省。本品呈扁长条形或扁圆柱形，弯曲，有的对卷弯曲，两端略尖，表面紫褐色或紫黑色，粗糙，全体密具粗环纹，有残留须根或根痕。质硬，断面浅棕红色或棕红色，维管束呈黄白色点状，排列成环。气微，味苦、涩。含没食子酸以及可水解鞣质和缩合鞣质，还含右旋儿茶酚、左旋表儿茶酚、6-没食子酰葡萄糖等，尚含酚酸类、黄酮类。本品对乳酸菌具有抑制作用，此外还有中枢抑制、镇痛、降低胆碱酯酶等作用。本品性微寒，味苦、涩。能清热解毒，消肿，止血。用于赤痢热泻，肺热咳嗽，痈肿瘰疬，口舌生疮，血热吐衄，痔疮出血，蛇虫咬伤。用量 5～10g。外用适量。

5. 苋科　Amaranthaceae

$$⚥ * P_{3\sim5}A_{1\sim5}\underline{G}_{(2\sim3:1:1\sim\infty)}$$

【概述】 多为草本。叶互生或对生；无托叶。花两性；排成穗状、圆锥状或头状聚伞花序；

单被,花被片 3～5,干膜质;雄蕊 1～5;子房上位,2～3 心皮,合生,1 室,胚珠 1 枚,稀多数。多为胞果,稀为浆果或坚果。本科约 65 属,850 种,分布于热带和温带。我国约 10 属,50 种,其中已知药用种类 28 种。分布全国。常用生药有牛膝、川牛膝、鸡冠花、青葙子。本科植物常含甜菜黄素和甜菜碱;有些植物含皂苷和昆虫变态激素。

牛膝　Achyranthis Bidentatae Radix

本品为苋科植物牛膝 *Achyranthes bidentata* Bl. 的干燥根。主产于河南,习“怀牛膝”,为“四大怀药”之一。根呈细长圆柱形,挺直或稍弯曲。表面灰黄色或淡棕色,有微扭曲的细纵皱纹、排列稀疏的侧根痕和横长皮孔样的突起。质硬脆,易折断,断面平坦,淡棕色,略呈角质样而油润;中心维管束木质部较大,黄白色,其外围散有多数黄白色点状的维管束,断续排列成 2～4 轮。气微,味微甜而稍苦涩。含三萜皂苷,苷元为齐墩果酸,另含 β-脱皮甾酮、牛膝甾酮、红苋甾酮等;尚含氨基酸、多糖、生物碱和香豆素等。牛膝皂苷有兴奋子宫平滑肌和抗生育作用,牛膝多糖有抗肿瘤和免疫增强作用。此外还有延缓衰老、降血糖、抗炎和镇痛等作用。本品性平,味苦、甘、酸。能逐瘀通经,补肝肾,强筋骨,利尿通淋,引血下行。用于经闭,痛经,腰膝酸痛,筋骨无力,淋证,水肿,头痛,眩晕,牙痛,口疮,吐血,衄血。用量 5～12g。

【附】 川牛膝　Cyathulae Radix 为苋科植物川牛膝 *Cyathula officinalis* Kuan 的干燥根。主产于四川。根近圆柱形,微扭曲,有少数分枝;表面黄棕色或灰褐色;质韧,断面淡黄色或黄棕色,维管束点状,排列成数轮同心环。气微,味甜。根主含甾类化合物,如杯苋甾酮、异杯苋甾酮、红苋甾酮等。并含有甜菜碱、阿魏酸、多糖等。性平,味甘、微苦。能逐瘀通经,通利关节,利尿通淋。用于经闭癥瘕,胞衣不下,跌仆损伤,风湿痹痛,足痿筋挛,尿血血淋。用量 5～10g。

6. 毛茛科　Ranunculaceae

$$⚥ *, \uparrow K_{3\sim\infty} C_{3\sim\infty,0} A_{\infty} \underline{G}_{1\sim\infty:1:1\sim\infty}$$

【概述】 多为草本,少为藤本。单叶或复叶,多互生,少对生;叶片多缺刻或分裂。花多两性,辐射对称或两侧对称;单生或排列成聚伞花序、总状花序和圆锥花序等;雄蕊和心皮多数,分离,常螺旋状排列,子房上位。聚合瘦果或聚合蓇葖果。本科约 50 属,2000 种,广布世界各地。我国有 43 属,约 750 种,全国均有分布,其中已知药用 400 余种。主要的属有乌头属(*Aconitum*)、芍药属(*Paeonia*)、黄连属(*Coptis*)、升麻属(*Cimicifuga*)、白头翁属(*Pulsatilla*)、毛茛属(*Ranunculus*)、铁线莲属(*Clematis*)、侧金盏花属(*Adonis*)等。重要的生药有川乌、附子、白芍、赤芍、黄连、白头翁、牡丹皮、升麻等。

本科植物多以根和根茎入药,其组织构造差别较大。芍药属和黄连属植物有次生保护组织周皮;乌头属和银莲花属则由皮层细胞特化形成后生皮层或外皮层;本科植物维管束中常具“V”字形排列的导管;草酸钙簇晶在芍药属中多见。

本科植物化学成分主要有:①生物碱类:在本科植物中广泛分布。异喹啉类生物碱广泛存在于黄连属、唐松草属(*Thalictrum*)、翠雀属(*Delphinium*)和耧斗菜属(*Aguilegia*)等植物中,其中黄连属、唐松草属、翠雀属植物均含小檗碱(berberine)和木兰花碱(magnoflorine),耧斗菜属仅含木兰花碱。小檗碱有显著的抗菌消炎作用,木兰花碱有降压作用。二萜类生物碱如乌头碱(aconitine)、新乌头碱(mesaconitine)、次乌头碱(hypaconitine)是乌头属植物的特征成分,这类生物碱具有明显的镇痛、局部麻醉和抗炎作用，但毒性极大，可导致心律失常。②苷类：本科植物含有多种类型的苷类成分，具有分类学的意义。毛茛苷（ranunculin）是一种仅存于毛茛科植物中的特殊成分。它分布在毛茛属、银莲花属（*Anemone*）和铁线莲属植物中。芍药苷（paeoniflorin）是芍药属的特征成分。强心苷是侧金盏花属和铁筷子属（*Helleborus*）植物的特征性成分。氰苷存在于扁果草属（*Isopyrum*）、假扁果草属（*Enemion*）、天葵属（*Semiaquilegia*）、耧斗菜属及唐松草属植物中。

川乌　Aconiti Radix

【来源】　本品为毛茛科植物乌头 *Aconitum carmichaeli* Debx. 的干燥母根。

【植物形态】　多年生草本。块根通常 4～5 个连生，母根瘦长圆锥形，侧生子根肥短圆锥形。茎直立。叶互生，具短柄；叶片卵圆形，掌状 3 深裂。总状花序顶生，花萼蓝紫色，萼片 5，上萼片高盔形。蓇葖果 3～5 个。花期 6～7 月；果期 7～8 月（图 12-24）。

【产地】　主产于四川、陕西，湖北、湖南、云南等省亦引种栽培。

【采制】　6 月下旬至 8 月上旬采挖，除去须根及泥沙，将母根与子根分开，母根晒干后称为"川乌"，子根加工成"附子"。

【性状】　①呈不规则的圆锥形，稍弯曲，顶端常有残茎，中部多向一侧膨大，长 2～7.5cm，直径 1.2～2.5cm。②表面棕褐色或灰棕色，皱缩，有小瘤状侧根及子根脱离后的痕迹。③质坚实，断面类白色或浅灰黄色，形成层环纹呈多角形。④气微，味辛辣、麻舌。（图 12-25）以饱满、质坚实、断面色白有粉性者为佳。

图 12-24　乌头原植物图

1. 花枝，2. 块根

【显微特征】

1. 横切面　①后生皮层为棕色木栓化细胞；皮层薄壁组织偶见石细胞，单个散在或数个成群，类长方形、方形或长椭圆形，胞腔较大；内皮层不甚明显。②韧皮部散有筛管群；内侧偶见纤维束。③形成层类多角形，其内外侧偶有 1 至数个异型维管束。④木质部导管多列，呈径向或略呈"V"形排列。⑤髓部明显。薄壁细胞充满淀粉粒。（图 12-26）

2. 粉末　灰黄色。①淀粉粒单粒球形、长圆形或肾形；复粒由 2～15 分粒组成。②石细胞近无色或淡黄绿色，呈类长方形、类方形、多角形或一边斜尖，壁厚者层纹明显，纹孔较稀疏。③后生皮层细胞棕色，有的壁呈瘤状增厚突入细胞腔。④导管淡黄色，主为具缘纹孔，末端平截或短尖，穿孔位于端壁或侧壁，有的导管分子粗短拐曲或纵横连接（图 12-27）。

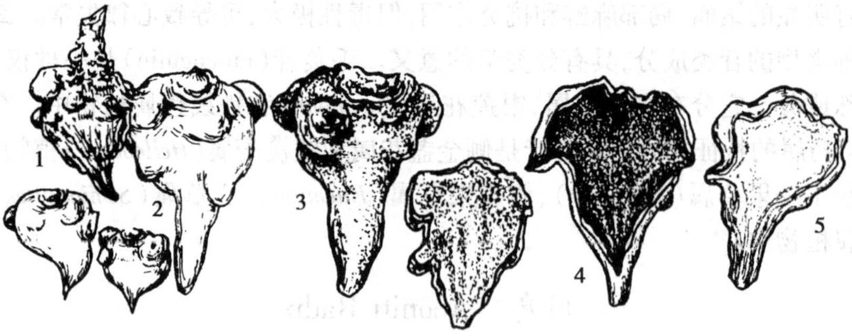

图 12-25　川乌与附子药材图

1. 川乌，2. 附子，3. 盐附子，4. 黑顺片，5. 白附片

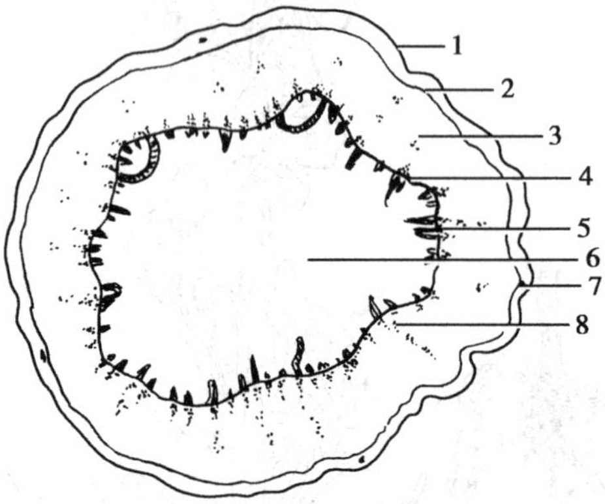

图 12-26　川乌横切面简图

1. 后生皮层，2. 内皮层，3. 韧皮部，4. 形成层，5. 木质部，6. 髓，7. 石细胞，8. 筛管群

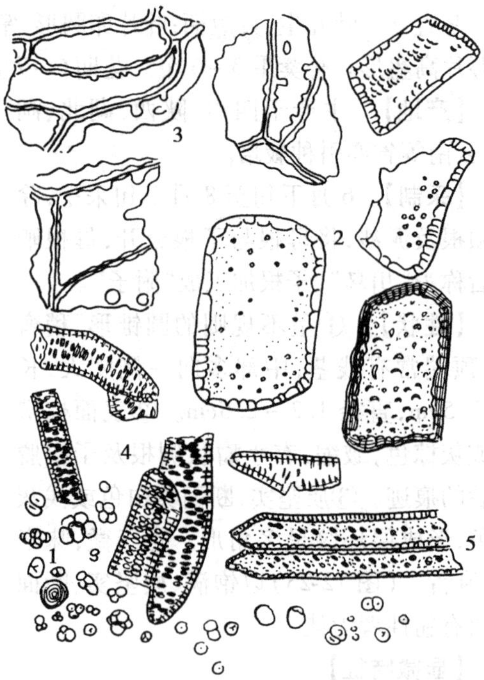

图 12-27　川乌粉末图

1. 淀粉粒，2. 石细胞，3. 后生皮层细胞，4. 导管，5. 纤维

【化学成分】

1. 双酯型二萜类生物碱　主要有乌头碱、新乌头碱、次乌头碱、杰斯乌头碱等。这类成分的分子结构中，C_8-OH 乙酰化和 C_{14}-α-OH 芳酰化因而呈现强烈毒性，是乌头的主要毒性成分。

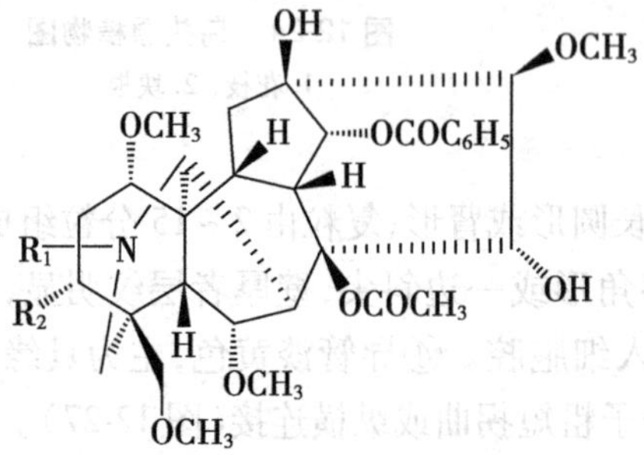

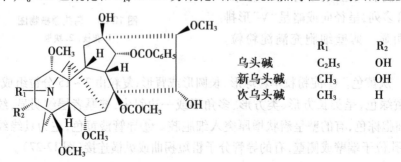

	R_1	R_2
乌头碱	C_2H_5	OH
新乌头碱	CH_3	OH
次乌头碱	CH_3	H

2. 单酯型二萜类生物碱 苯甲酰乌头原碱(benzoylaconine)、苯甲酰新乌头原碱(benzoylmesaconine)、苯甲酰次乌头原碱(benzoylhypaconine)等,这些成分分子结构中仅 C_{14}-α-OH 芳酰化,其毒性明显减小。

3. 其他生物碱 去甲乌药碱(domethylcoclaurine)、去甲猪毛菜碱、棍掌碱等,为川乌的水溶性强心成分。

尚含黄酮类、三萜皂苷、附子多糖等。

相关链接

川乌的炮制原理 川乌、附子在加工炮制或加水长时间煮沸过程中,双酯型二萜类生物碱 C_8 位上的乙酰基首先水解,失去一分子醋酸,生成单酯型二萜类生物碱,毒性显著降低,仅为双酯型二萜生物碱的1/100～1/1000;单酯型二萜类生物碱可进一步水解,脱去 C_{14} 位上的苯甲酰基,失去一分子苯甲酸,生成相应的醇胺型二萜生物碱,如乌头胺、新乌头胺和次乌头胺,几乎无毒性,不会引起心律失常。

【理化鉴别】

1. 取川乌醇提取液蒸干,加2%醋酸,溶解并过滤,滤液加碘化汞钾试剂2滴,有黄白色沉淀。

2. 薄层鉴别 取本品粉末加氨试液碱化后乙醚超声提取,溶液挥干;加二氯甲烷溶解,与乌头碱、新乌头碱和次乌头碱共薄层展开,喷以稀碘化铋钾试液显色,供试品色谱中,在与对照品色谱相应的位置上显相同颜色的斑点。

【含量测定】 采用HPLC方法测定,以乌头碱($C_{34}H_{47}NO_{11}$)、新乌头碱($C_{33}H_{45}NO_{10}$)和次乌头碱($C_{33}H_{45}NO_{11}$)为对照品,本品中这三种成分的总量应为0.05%～0.17%。

【药理作用】

1. 镇痛、抗炎、局部麻醉作用 其有效成分为总生物碱及双酯型二萜生物碱(乌头碱、新乌头碱、次乌头碱等)。

2. 强心、扩血管、降血压作用 其有效成分为去甲乌药碱、去甲猪毛菜碱、棍掌碱、附子苷、乌头碱、新乌头碱、次乌头碱等。

3. 毒性 川乌具有很强的毒性。急性中毒时,表现为呼吸兴奋、流涎、呕吐样开口运动、运动麻痹、末梢痉挛等,称为乌头碱症状。

【功效与主治】 性热,味苦、辛;有大毒。能祛风除湿,温经止痛。用于风寒湿痹,关节疼痛,心腹冷痛,寒疝作痛及麻醉止痛。一般炮制后用。制川乌功效同川乌,毒性小,用量1.5～3g,先煎,久煎。不宜与半夏、瓜蒌类、天花粉、贝母类、白蔹、白及同用。

【附】 附子 Aconiti Lateralis Radix Praeparata 为乌头的子根加工品。与川乌同期采挖,除去母根、须根及泥沙,习称"泥附子";再加工成盐附子、黑顺片和白附片。黑顺片与白附片可直接入药,盐附子需制后才能入药。化学成分与川乌相似,主含毒性较小的单酯类生物碱如苯甲酰乌头原碱、苯甲酰中乌头原碱、苯甲酰次乌头原碱等,但中医临床应用有区别。性大热,味辛、甘,有毒。能回阳救逆,补火助阳,散寒止痛。用于亡阳虚脱,肢冷脉微,心阳不足,胸痹心痛,虚寒吐泻,脘腹冷痛,肾阳虚衰,阳痿宫冷,阴寒水肿,阳虚外感,寒湿痹痛。用量3～15g,先煎,久煎。

白芍　Paeoniae Radix Alba

【来源】 本品为毛茛科植物芍药 *Paeonia lactiflora* Pall. 的干燥根。

【植物形态】 多年生草本,根肥大,圆柱形。茎直立,叶互生,茎下部叶为二回三出复叶,枝端为单叶;小叶狭卵形或披针形。花大形,单生;萼片 3～4,叶状;花瓣 5～10 或更多,白色、粉红色或紫红色。蓇葖果 3～5 个。花期 5～7 月,果期 6～7 月。

【产地】 主产于浙江(杭白芍)、安徽(亳白芍)、四川(川白芍),山东、贵州等地亦有栽培。以安徽亳白芍产量大。

【采制】 一般种植 4～5 年后收获。夏、秋二季采挖,洗净,除去头尾及细根,置沸水中煮至断面透心后刮去外皮或先去皮后再煮,晒干。

【性状】 ①呈圆柱形,平直或稍弯曲,两端平截,长 5～18cm,直径 1～2.5cm。②表面类白色或淡棕红色,光洁或有纵皱纹及细根痕,偶有残存的棕褐色外皮。③质坚实,不易折断,断面较平坦,类白色或微带棕红色,形成层环明显,射线放射状。④气微,味微苦、酸。(图 12-28)以根粗、坚实、无白心或裂隙者为佳。

【显微特征】

1. 横切面　①木栓层 6～10 列木栓细胞,去皮者偶有残存;皮层窄。②韧皮部筛管群于近形成层处较明显。③形成层环微波状弯曲。④木质部宽广,约占根半径的 4/5,导管径向散在,近形成层处成群;木射线较宽。⑤薄壁细胞含草酸钙簇晶和糊化的淀粉粒团块。(图 12-29)

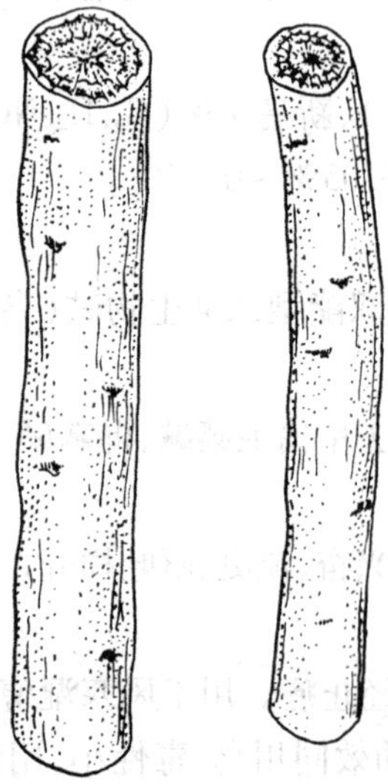

图 12-28　白芍药材图

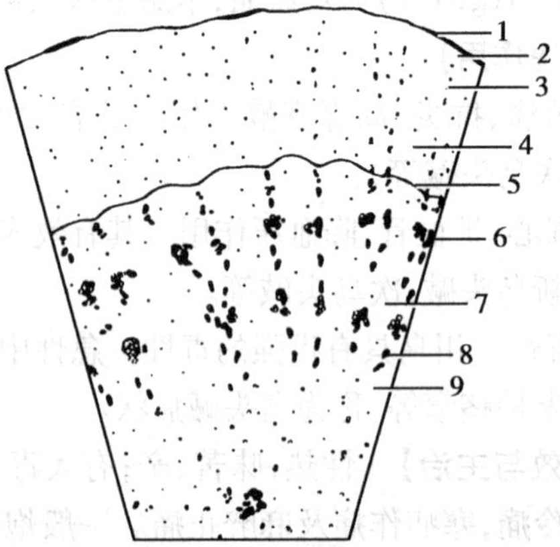

图 12-29　白芍横切面简图

1. 木栓层, 2. 皮层, 3. 筛管群, 4. 韧皮射线, 5. 形成层, 6. 木质部, 7. 木射线, 8. 木纤维束, 9. 草酸钙簇晶

2. 粉末　黄白色。①糊化淀粉团块甚多,含糊化淀粉粒的薄壁细胞类圆形、长方形或不规则形。②草酸钙簇晶存在于薄壁细胞中,常排列成行或一个细胞中含数个簇晶。③纤维长梭形,壁厚,微木化,具大的圆形纹孔。④导管为具缘纹孔或网纹。(图 12-30)

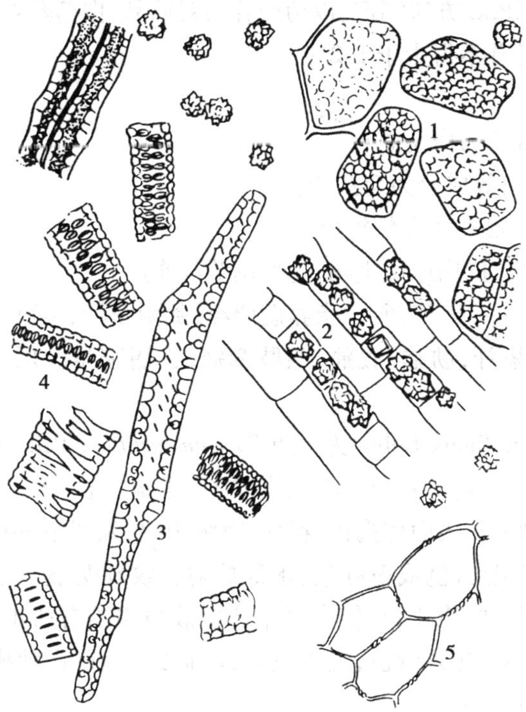

图 12-30　白芍粉末图

1. 含糊化淀粉粒细胞，2. 草酸钙簇晶，3. 木纤维，4. 导管，
5. 薄壁细胞

【化学成分】

1. 单萜类及其苷　主含芍药苷（paeoniflorin），并含少量羟基芍药苷（oxypaeoniflorin）、苯甲酰芍药苷（benzoylpaeoniflorin）、苯甲酰羟基芍药苷、芍药内酯苷（albiflorin）、丹皮酚原苷（paeonolide）、丹皮酚苷（paeonoside）等。

2. 其他成分　含苯甲酸、β-谷甾醇、胡萝卜苷、没食子鞣质、挥发油、氨基酸、蛋白质、脂肪酸等多种类型成分。

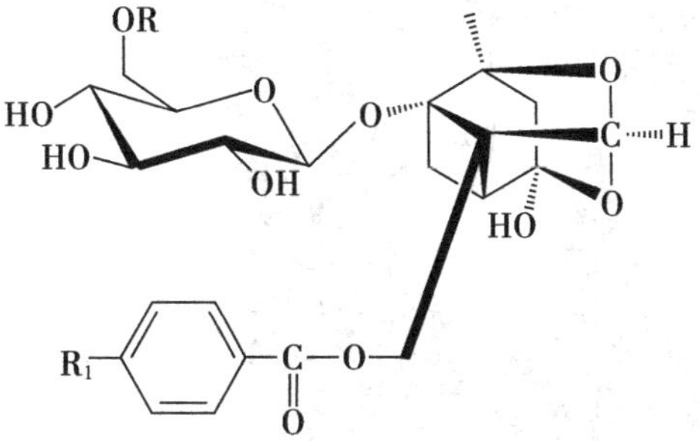

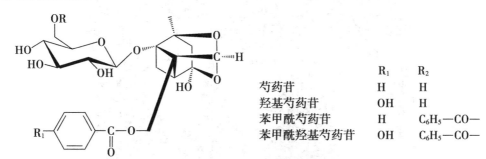

	R_1	R_2
芍药苷	H	H
羟基芍药苷	OH	H
苯甲酰芍药苷	H	C_6H_5—CO—
苯甲酰羟基芍药苷	OH	C_6H_5—CO—

【理化鉴别】

1. 取白芍的乙醇提取液，加三氯化铁试液振摇，溶液呈青紫色～青绿色，最后变为黯绿色（鞣质反应）。

2. 薄层鉴别　取本品粉末的乙醇提取液与芍药苷对照品溶液，共薄层展开，喷以 5% 香草醛硫酸溶液，加热显色。供试品色谱中，在与对照品色谱相应的位置上显相同颜色的蓝紫色斑点。

【含量测定】 采用HPLC方法测定，以芍药苷为对照品，白芍药材含芍药苷($C_{23}H_{28}O_{11}$)不得少于1.6%；饮片含芍药苷不得少于1.2%。

【药理作用】

1. 保肝作用　有效成分为白芍总苷。

2. 镇静、镇痛作用　有效成分为芍药苷。

3. 扩张血管作用　有效成分为芍药苷。

此外还有解痉、抗溃疡、抗病原微生物、免疫调节等作用。

【功效与主治】 性微寒，味苦、酸。能养血调经，敛阴止汗，柔肝止痛，平抑肝阳。用于血虚萎黄，月经不调，自汗，盗汗，胁痛，腹痛，四肢挛痛，头痛眩晕。用量6～15g。不宜与藜芦同用。

【附】 赤芍　Paeoniae Radix Rubra 为芍药 *Paeonia lactiflora* Pall. 和川赤芍 *P. veitchii* Lynch 的干燥根，多为野生。主产于内蒙古、辽宁、河北、四川等地。春、秋二季采挖，除去根茎、须根及泥沙，一般不去外皮，晒干。表面棕褐色，粗糙，有纵沟纹、须根痕和横长皮孔样突起，有的外皮易剥落；质硬而脆，断面粉白色或粉红色，木部放射状纹理明显。主含芍药苷，较白芍含量高。化学成分与药理作用与白芍相似，但中医用药功效与主治有所不同。本品性微寒，味苦。能清热凉血，散瘀止痛。用于热入营血，温毒发斑，吐血衄血，目赤肿痛，肝郁胁痛，经闭痛经，癥瘕腹痛，跌仆损伤，痈肿疮疡。

黄连　Coptidis Rhizoma

【来源】 本品为毛茛科植物黄连 *Coptis chinensis* Franch.、三角叶黄连 *C. deltoidea* C. Y. Cheng et Hsiao 或云连 *C. teeta* Wall. 的干燥根茎。以上三种分别习称“味连”、“雅连”、“云连”。

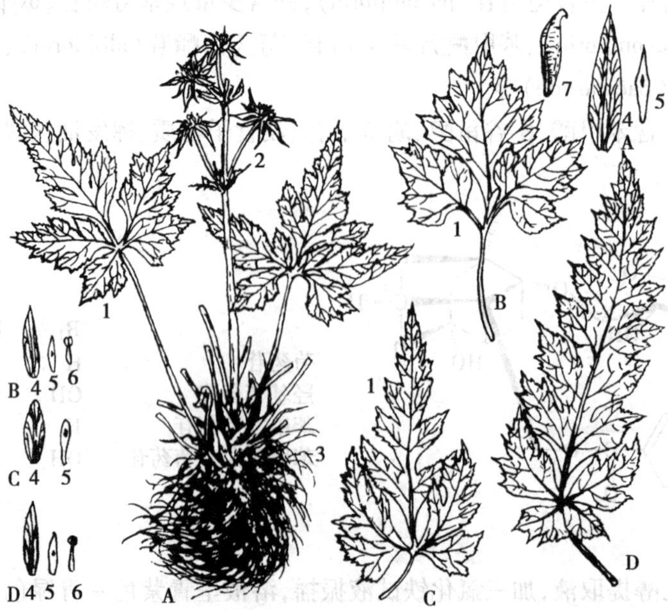

图12-31　黄连植物图

A. 黄连；B. 三角叶黄连；C. 云连；D. 峨嵋野连

1. 叶，2. 花，3. 根茎，4. 萼片，5. 花瓣，6. 雄蕊，7. 果实

【植物形态】 黄连　多年生草本。根茎黄色，常分枝，黄色。叶基生，具长柄；叶片坚纸质，卵状三角形，3全裂，中央裂片有细柄，卵状菱形。聚伞花序顶生，总苞片披针形，花3～8朵；萼片5，窄卵形；花瓣线形或披针形。蓇葖果具细柄。三角叶黄连　根茎不分枝或少分枝，有长节间；叶片稍革质，轮廓三角形，中央裂片三角状卵形。云连　植株较小，根茎单枝，细小；叶片轮廓卵状三角形，裂片间距稀疏；花瓣匙形。（图12-31）

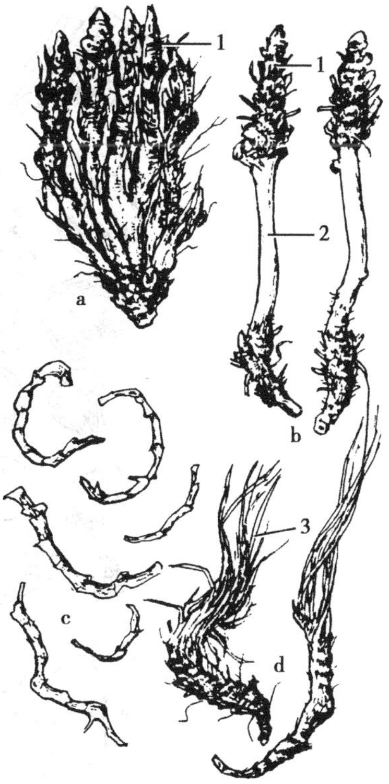

图12-32　黄连药材图

a. 黄连（味连）；b. 三角叶黄连（雅连）；c. 云连；d. 峨眉野连

1. 鳞状叶，2. 过桥，3. 残留叶柄

【产地】 味连主产于重庆、四川、湖北，雅连主产于四川，云连主产于云南及西藏等地。

【采制】 栽培4～6年后可采收，以第5年采挖较好；一般均在秋季采挖，除去须根及泥沙，干燥，撞去残留须根。

【性状】 味连　①多集聚成簇，常弯曲，形如鸡爪，单枝根茎长3～6cm，直径0.3～0.8cm。②表面灰黄色或黄褐色，粗糙，有不规则结节状隆起、须根及须根残基，有的节间表面平滑如茎杆，习称“过桥”。③上部多残留褐色鳞叶，顶端常留有残余的茎或叶柄。④质硬，断面不整齐，皮部橙红色或黯棕色，木部鲜黄色或橙黄色，呈放射状排列，髓部有的中空。⑤气微，味极苦。雅连　①多为单枝，略呈圆柱形，微弯曲，长4～8cm，直径0.5～1cm。②“过桥”较长。顶端有少许残茎。云连　弯曲呈钩状，多为单枝，较细小。（图12-32）均以粗壮、坚实、断面红黄色者为佳。

【显微特征】

1. 味连根茎横切面　①木栓层为数列细胞，其外有表皮，常脱落。②皮层较宽，石细胞单个或成群散在。③中柱鞘纤维成束，或伴有少数石细胞，均显黄色。④维管束外韧型，环列；木质部黄色，均木化，木纤维较发达。⑤髓部均为薄壁细胞，偶有石细胞。雅连　髓部有石细胞。云连　皮层、中柱鞘及髓部均无石细胞。（图12-33）

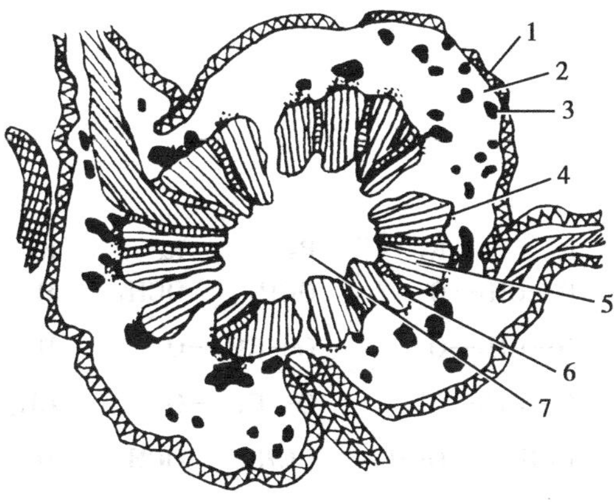

图12-33　黄连根茎横切面简图

1. 木栓层，2. 皮层，3. 石细胞，4. 韧皮部，5. 木质部，6. 木化射线，7. 髓部

2. 粉末　棕黄色。①石细胞鲜黄色，类圆形、类方形、类多角形或稍长。②韧皮纤维成束，鲜黄色，纺锤形或长梭形，壁较厚，可见纹孔。③木纤维众多，鲜黄色，壁具裂隙状纹孔。④鳞叶表皮细胞绿黄色或黄棕色，略呈长方形，壁微波状弯曲。⑤导管多为孔纹导管。此外，可见细小淀粉粒、木薄壁细胞及细小草酸钙方晶等。（图12-34）

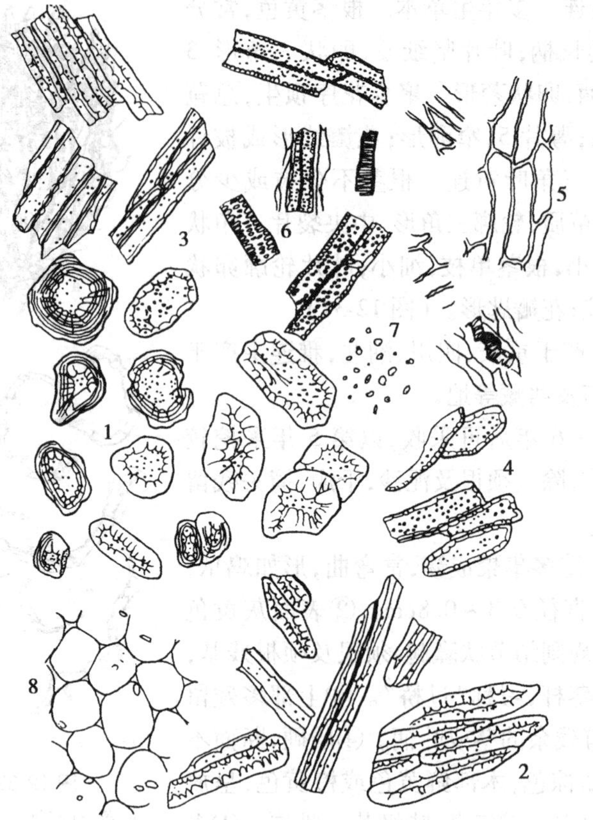

图 12-34 黄连粉末图

1. 石细胞, 2. 韧皮纤维, 3. 木纤维, 4. 木薄壁细胞, 5. 鳞叶表皮细胞, 6. 导管, 7. 淀粉粒, 8. 草酸钙方晶

【化学成分】

1. 含多种异喹啉类生物碱 以小檗碱(berberine)含量最高,为5.0%~8.0%,尚含黄连碱(coptisine)、甲基黄连碱(worenine)、巴马汀(palmatine)、药根碱(jatrorrhizine)、表小檗碱(epiberberine)及木兰花碱(magnoflorine)等。

2. 有机酸类 如阿魏酸、氯原酸等。

尚含黄柏酮和黄柏内酯等化合物。

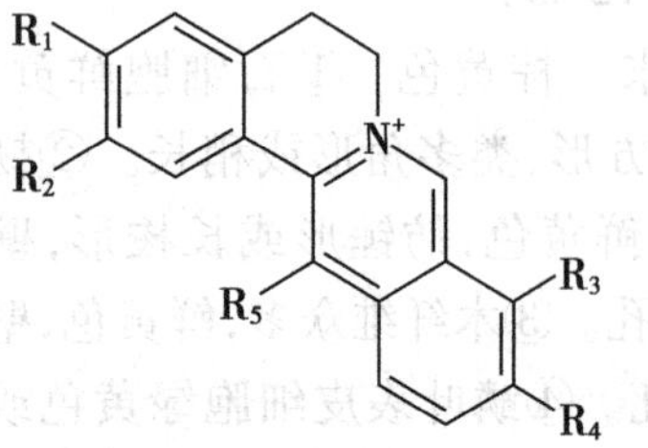

	R_1	R_2	R_3	R_4	R_5
小檗碱:	O—CH_2—O		OCH_3	OCH_3	H
黄连碱:	O—CH_2—O		O—CH_2—O		H
甲基黄连碱:	O—CH_2—O		O—CH_2—O		CH_3
巴马汀:	OCH_3	OCH_3	OCH_3	OCH_3	H

【理化鉴别】

1. 取黄连细粉约1g,加甲醇10ml,加热至沸腾,放冷,滤过。①取滤液5滴,加稀盐酸1ml与漂白粉少量,即显樱红色;②取滤液5滴,加5%没食子酸乙醇溶液2~3滴,蒸干,趁热加硫

酸数滴，即显深绿色。（检查小檗碱）

2. 取粉末或切片，加稀盐酸或30%硝酸1滴，片刻后镜检，可见黄色针状结晶簇，加热结晶显红色并消失。（小檗碱的盐酸盐或硝酸盐）。

3. 薄层色谱　取本品粉末经甲醇超声提取后，与黄连对照药材及盐酸小檗碱对照品液共薄层展开，置紫外光灯下检视。供试品色谱中，在与对照药材色谱相应的位置上显4个以上相同颜色的荧光斑点；在与对照品色谱相应的位置上，显相同颜色的荧光斑点。

【含量测定】　采用HPLC方法测定，以盐酸小檗碱为对照品，黄连药材含小檗碱（$C_{20}H_{17}NO_4$）不得少于5.5%，表小檗碱（$C_{20}H_{17}NO_4$）不得少于0.80%，黄连碱（$C_{19}H_{13}NO_4$）不得少于1.6%，巴马汀（$C_{21}H_{21}NO_4$）不得少于1.5%；饮片含小檗碱不得少于5.0%，含表小檗碱、黄连碱和巴马汀的总量不得少于3.3%。

【药理作用】

1. 抗病原微生物作用　黄连煎剂对革兰阳性和阴性细菌、流感病毒、原虫及真菌类均有较强的抑制作用，有效成分为小檗碱、黄连碱、药根碱和巴马汀。

2. 抗炎、抗溃疡作用　小檗碱能明显对抗小鼠应激性溃疡，抑制胃酸分泌。

3. 降血压作用　小檗碱对实验动物有显著降血压作用，但持续时间较短。

此外还有抗心律失常、降血糖、利胆等作用。

【功效与主治】　性寒，味苦。能清热燥湿，泻火解毒。用于湿热痞满，呕吐吞酸，泻痢，黄疸，高热神昏，心火亢盛，心烦不寐，心悸不宁，血热吐衄，目赤，牙痛，消渴，痈肿疔疮；外治湿疹，湿疮，耳道流脓。用量2～5g。外用适量。

理论与实践

黄连混伪品鉴别

商品黄连除正品外，还有多种植物根茎作黄连用，主要有①峨嵋野连 *Coptis omeiensis.* 野生于四川、云南地区。习称“凤尾连”。根茎多单枝，少有分枝，略呈圆柱形，微弯曲呈蚕状，表面黄棕色，无“过桥”，顶端常带有数个叶柄。②短萼黄连 *C. chinensis.* var. brevisepala. 主产于广东、广西、福建等地。习称“土黄连”。主为野生。根茎略呈连珠状圆柱形，多弯曲，无“过桥”。③线萼黄连 *C. lineavisepala.* 主产于四川。习称“草连”。根茎少分枝，略弯曲，结较密集，顶端均带有叶柄。

白头翁　Pulsatillae Radix

本品为毛茛科植物白头翁 *Pulsatilla chinensis*（Bge.）Regel 的干燥根。主产于河北、辽宁、山东、安徽、河南。根呈类圆柱形或圆锥形，稍扭曲，表面黄棕色或棕褐色，具纵皱纹或纵沟。根头部稍膨大，有白色绒毛，有的可见鞘状叶柄残基。质硬而脆，断面皮部黄白色或淡黄棕色，木部淡黄色。气微，味微苦涩。主含原白头翁素、白头翁素、白头翁皂苷 A_3、B_4、B 等，另含有机酸、糖类等。白头翁煎剂对金黄色葡萄球菌、铜绿假单胞菌等多种病原微生物有抑制作用，其水与乙醇提取物对阴道滴虫有杀灭作用。本品性寒，味苦。能清热解毒，凉血止痢。用于热毒血痢，阴痒带下。用量9～15g。

牡丹皮 Moutan Cortex

本品为毛茛科植物牡丹 *Paeonia suffruticosa* Andr. 的干燥根皮。主产于安徽、河南、四川、山西等省。连丹皮呈筒状或半筒状，有纵剖开的裂缝，略向内卷曲或张开，外表面灰褐色或黄褐色，有多数横长皮孔样突起及细根痕，栓皮脱落处粉红色；内表面淡灰黄色或浅棕色，有明显的细纵纹，常见发亮的结晶。质硬而脆，易折断，断面较平坦，淡粉红色，粉性。气芳香，味微苦而涩。刮丹皮外表面有刮刀削痕，外表面红棕色或淡灰黄色，有时可见灰褐色斑点状残存外皮。主含丹皮酚、牡丹酚苷、牡丹酚原苷、牡丹酚新苷、芍药苷、羟基芍药苷等以及鞣质、挥发油成分。丹皮酚及去除丹皮酚的牡丹皮水溶部分及苷类均有抗炎作用，丹皮酚有降压、镇静、催眠、镇痛、抗惊厥、解热等作用。本品性微寒，味苦、辛。能清热凉血，活血化瘀。用于热入营血，温毒发斑，吐血衄血，夜热早凉，无汗骨蒸，经闭痛经，跌仆伤痛，痈肿疮毒。用量 6 ~ 12g。

7. 小檗科 Berberidaceae

⚥ $* K_{3+3}C_{3+3}A_{3\sim9}\underline{G}_{1:1:1\sim\infty}$

【概述】 草本或小灌木。单叶或复叶，常无托叶。花两性，辐射对称，单生或排成总状、穗状及圆锥花序；萼片与花瓣相似，2 ~ 4 轮，每轮常 3 片；雄蕊 3 ~ 9，与花瓣对生；子房上位，常 1 心皮，浆果或蒴果。本科约有 14 属，650 种，多分布于北温带。我国有 11 属，280 多种，其中药用植物 140 余种，分布全国各地。常用生药有淫羊藿、三颗针、功劳木、八角莲、桃儿七、红毛七等。本科植物多含异喹啉类生物碱，有的成分具有显著生物活性，如小檗碱、小檗胺等。鬼臼属、八角莲属植物多含木脂素类衍生物，其中鬼臼毒素具抗癌活性。淫羊藿属植物含黄酮类成分，淫羊藿苷具有扩张冠状动脉、降低血流阻力作用。

淫羊藿 Epimedii Folium

【来源】 本品为小檗科植物淫羊藿 *Epimedium brevicornu* Maxim.、箭叶淫羊藿 *E. sagittatum* (Sieb. et Zucc.) Maxim.、柔毛淫羊藿 *E. pubescens* Maxim. 或朝鲜淫羊藿 *E. koreanum* Nakai 的干燥叶。

【产地】 淫羊藿主产于陕西、山西、四川等地；箭叶淫羊藿主产于湖北、四川、浙江等地；柔毛淫羊藿主产于四川、陕西等地；朝鲜淫羊藿主产于辽宁。

【性状】

1. 淫羊藿 ①三出复叶；小叶片卵圆形，先端渐尖，顶生小叶基部心形，两侧小叶较小，偏心形，外侧较大，呈耳状，边缘具黄色刺毛状细锯齿；②上表面黄绿色，下表面灰绿色，主脉 7 ~ 9 条，基部有稀疏细长毛，细脉两面突起，网脉明显；③小叶柄长 1 ~ 5cm；叶片近革质。④无臭，味微苦。

2. 箭叶淫羊藿 ①三出复叶，小叶片长卵形至卵状披针形，先端渐尖，两侧小叶基部明显偏斜，外侧呈箭形；②下表面疏被粗短伏毛或近无毛。叶片革质。

柔毛淫羊藿 叶下表面及叶脉密被绒毛状柔毛。

朝鲜淫羊藿 小叶较大，先端长尖，叶片较薄。

均以叶多、色黄绿色者为佳。

【显微鉴别】 叶表面片

1. 淫羊藿　①上、下表皮细胞垂周壁深波状弯曲，沿叶脉均有异细胞纵向排列，内含1至多个草酸钙柱晶。②下表皮气孔众多，不定式，有时可见非腺毛。

2. 箭叶淫羊藿　①上、下表皮细胞较小。②下表皮气孔较密，具有多数非腺毛脱落形成的疣状突起，有时可见非腺毛。

3. 柔毛淫羊藿　下表皮气孔较稀疏，具有多数细长的非腺毛。

4. 朝鲜淫羊藿　下表皮气孔和非腺毛均易见。

【化学成分】 含多种黄酮类成分，主要有：淫羊藿苷（icariin），淫羊藿新苷A，大花淫羊藿新苷A、B、C，淫羊藿次苷Ⅰ，淫羊藿次苷Ⅱ等。此外，尚含多糖和挥发油等。

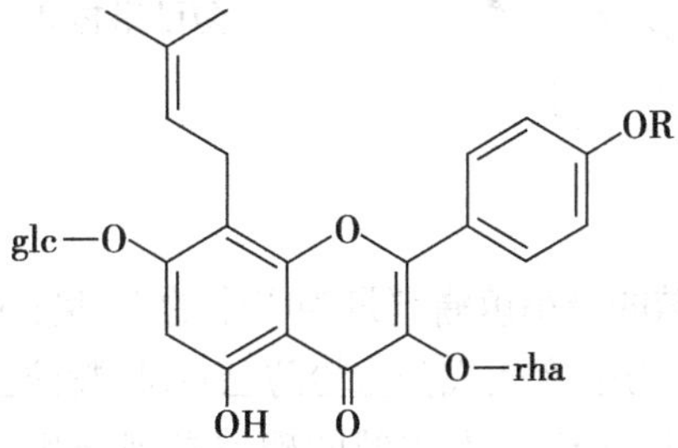

淫羊藿苷　　R=CH_3
淫羊藿新苷A　R=H

【药理作用】

1. 壮阳作用　煎剂可明显改善阴茎勃起障碍，淫羊藿提取液具有雄性激素样作用，有效成分为淫羊藿苷。

2. 增强免疫作用　有效成分为多糖、淫羊藿苷和总黄酮。此外还有降血压、降血脂、抗菌、抗病毒等作用。

【功效与主治】 性温，味辛、甘。能补肾阳，强筋骨，祛风湿。用于肾阳虚衰，阳痿遗精，筋骨痿软，风湿痹痛，麻木拘挛。用量6～10g。

8. 防己科　Menispermaceae

♂ ＊, $K_{3+3}C_{3+3}A_{3\sim6,\infty}$; ♀ ＊ $K_{3+3}C_{3+3}\underline{G}_{3\sim6:1:1}$

【概述】 多年生草质或木质藤本。单叶互生，无托叶。花小，单性异株，辐射对称，聚伞或圆锥花序；萼片、花瓣各6枚，2轮，每轮3片；花瓣常小于萼片；雄蕊多为6枚，偶3或多数；子房上位，心皮3～6，离生，1室，1胚珠；核果，本科约70属，400种，分布于热带及亚热带。我国有20属，近70种，南北均有分布，其中药用植物60多种。常用生药有防己、广防己、北豆根、千金藤、青风藤、金果榄、木防己等。本科植物大多含异喹啉类生物碱，如双苄基异喹啉型中的粉防己碱（汉防己甲素）、蝙蝠葛碱；阿朴啡型中的青藤碱；吗啡烷型中的防己碱；原小檗碱型中的*l*-四氢巴马汀等。

防己　Stephaniae Tetrandrae Radix

【来源】 本品为防己科植物粉防己 *Stephania tetrandra* S. Moore 的干燥根。

【产地】 本品常称粉防己，主产于浙江、安徽、江西、湖北等地。

【性状】 ①根呈不规则圆柱形、半圆柱形或块状，多弯曲。②表面淡灰黄色，弯曲处常有深陷横沟而呈结节状的瘤块样。③体重，质坚实，断面平坦，灰白色，富粉性，有排列较稀疏的放射状纹理。④气微，味苦。以质坚实、粉性足、去净外皮者为佳。

【显微鉴别】 根横切面 ①木栓层有时残存，栓内层石散有细胞群，常切向排列。②韧皮部较宽，形成层成环。③木质部占大部分，射线较宽；导管稀少，呈放射状排列；导管旁有木纤维。④薄壁细胞中充满淀粉粒，并可见细小杆状草酸钙结晶。

【化学成分】 含多种异喹啉类生物碱，主要有粉防己碱（汉防己甲素，tetrandrine）、防己诺林碱（汉防己乙素，fangchinoline）、轮环藤酚碱（cyclanoline）、及小檗胺（berbamine）等。

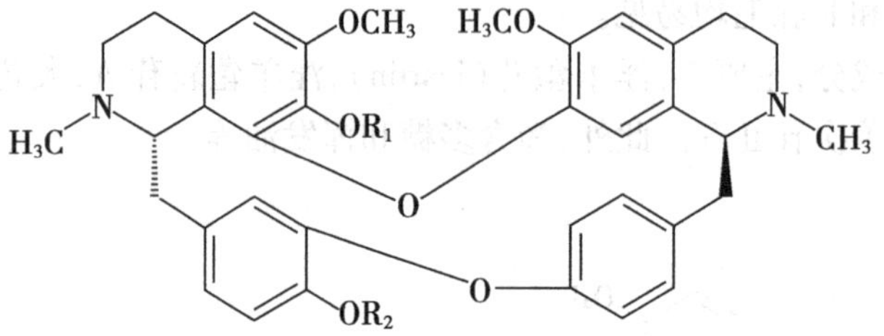

	R_1	R_2
粉防己碱	CH_3	CH_3
防己诺林碱	H	CH_3

【药理作用】

1. 镇痛、抗炎和抗过敏作用　粉防己碱的最小镇痛剂量为吗啡的 10 倍；对大鼠甲醛性关节炎具有一定的抗炎作用；具有广泛的抗过敏作用，有效成分为粉防己总碱、粉防己碱、防己诺林碱。

2. 肌肉松弛、降血压作用　“汉肌松”即防己总生物碱的碘甲烷或氯甲烷衍生物，对横纹肌有松弛作用，有效成分为总生物碱和轮环藤酚碱。

3. 抗肿瘤作用　对大鼠肉瘤 W256 有显著抑制作用，有效成分为生物碱。

【功效与主治】 性寒，味苦。能祛风止痛，利水消肿。用于风湿痹痛，水肿脚气，小便不利，湿疹疮毒等。用量 5～10g。

【附】 广防己　为马兜铃科植物广防己 *Aristolochia fangchi* Y. C. Wu ex L. D. Chow et S. M. Hwang 的干燥根。呈圆柱形或半圆柱形，略弯曲，表面未去净粗皮的呈灰棕色，粗糙，有纵沟纹，质坚硬。断面灰黄色，有明显车轮纹或呈片状突起。因含有肾毒性成分马兜铃酸，可导致肾衰竭，《中国药典》（2005 年版）已取消其药用标准，不得再作药用。

9. 木兰科　Magnoliaceae

$$⚥ * P_{6\sim12} A_{\infty} \underline{G}_{\infty:1:1\sim2}$$

【概述】 木本，稀藤本，体内常具油细胞。单叶互生，通常全缘，托叶大而早落，托叶环（痕）明显。花单生，辐射对称；花被 3 基数；雄蕊和雌蕊多数，分离，螺旋排列在延长的花托上；子房上位。聚合蓇葖果或聚合浆果。

本科约有 20 属，300 种，主要分布在美洲和亚洲的热带、亚热带地区。我国约有 14 属，160 余种，其中已知药用约 90 种，主产于长江流域及以南地区。主要的属有木兰属（*Magnolia*）、五味子属（*Schisandra*）、南五味子属（*Kadsura*）、八角属（*Illicium*）、鹅掌楸属（*Liriodendron*）、含笑属（*Michelia*）等。重要的生药有厚朴、五味子、南五味子、辛夷、八角茴香等。

本科植物茎中的木栓层发生于表皮、下皮或皮层的外侧部分；常有黏液细胞、油细胞和草酸钙小方晶；木质部中导管单个散在或组成小群，端壁多单穿孔，也可见梯状穿孔；射线宽 3～4 列细胞，偶见单列的，同型或异型；纤维多有具缘纹孔。

本科植物的化学成分主要有：①挥发油：普遍存在，是区别于毛茛科植物的特征性成分，主要含芳香族衍生物或倍半萜类，如厚朴酚（magnolol）、茴香烯（anethole）、丁香酚（eugenol）等。

②生物碱：多为异喹啉类生物碱，是木兰科的又一化学特征，如木兰箭毒箭（magnocurarine）、木兰花碱（magnoflorine）等，多具抗感染消炎、利尿降压、松弛肌肉和阻断中枢神经节的作用。③木脂素：如五味子醇甲（schizandrin）等一系列联苯环辛烯类（dibenzocyclooctadiene）木脂素，是五味子属和南五味子属植物的特征性化学成分，具有保肝降酶等多种生物活性。④倍半萜内酯：如八角属中的莽草毒素（anisatin），有毒性，含笑属植物中的多种倍半萜内酯则有抗肿瘤活性。

厚朴 Magnoliae Officinalis Cortex

【来源】 本品为木兰科植物厚朴 *Magnolia officinalis* Rehd. et Wils. 或凹叶厚朴 *M. officinalis* Rehd. et Wils. var. *biloba* Rehd. et Wils. 的干燥干皮、根皮及枝皮。

相关链接

本草记载 本品为常用中药。始载于《神农本草经》，列为中品。陶弘景谓："厚朴出建平、益都（今四川东部、湖北西部）。极厚，肉紫色为好，壳白而薄者不佳。"李时珍谓："其木质朴而皮厚，味辛烈而色紫，故有厚朴、烈、赤诸名。"

【植物形态】 厚朴 落叶乔木。树皮粗厚，紫褐色，皮孔突起而显著。叶大，革质，倒卵形或倒卵状椭圆形，全缘或微波状。花与叶同时开放，单生枝顶，花大，白色，芳香，花被片 9～12，肉质。雄蕊及雌蕊均为多数，螺旋排列于延长的花托上。聚合蓇葖果长圆状卵形。花期 4～5 月，果期 9～10 月。凹叶厚朴 与厚朴的主要区别在于叶片先端有凹陷成 2 钝圆浅裂片。（图 12-35）

【产地】 主产于四川、湖北、浙江、福建、湖南。以四川、湖北所产质量最佳，习称"紫油厚朴"或"川朴"；浙江产者质量亦好，习称"温朴"。

【采制】 4～6 月剥取，根皮和枝皮直接阴干；干皮置沸水中微煮后，堆置阴湿处，"发汗"至内表面变紫褐色或棕褐色时，蒸软，取出，卷成筒状，干燥。

【性状】 干皮 ①呈卷筒状或双卷筒状，习称"筒朴"；近根部的一端展开如喇叭口，习称"靴筒朴"。②外表面灰棕色或灰褐色，粗糙，有时呈鳞片状，较易剥落，有明显椭圆形皮孔和纵皱纹，刮去粗皮者显黄棕色；内表面紫棕色或深紫褐色，较平滑，具细密纵纹，划之显油痕。③质坚硬，不易折断，断面颗粒性，外层灰棕色，内层紫褐色或棕色，有油性，有的可见多数小亮星。④气香，味辛辣、微苦。根皮（根朴） 呈单筒状或不规则块片；有的弯曲似鸡肠，习称"鸡肠朴"。质硬，较易折断，断面纤维性。枝皮（枝朴） 呈单筒状，质脆，易折断，断面纤维性。（图 12-36）以皮厚、肉细、油性足、内表面色紫棕而有发亮结晶状物、香气浓烈者为佳。

图 12-35 厚朴原植物图
1. 花枝，2. 聚合蓇葖果

【显微特征】

1. 横切面 ①木栓层为 10 余列细胞；有的可见落

皮层。②皮层外侧有石细胞环带，内侧散有多数油细胞及石细胞群。③韧皮部射线宽1～3列细胞；纤维多数个成束；亦有油细胞散在。（图12-37）

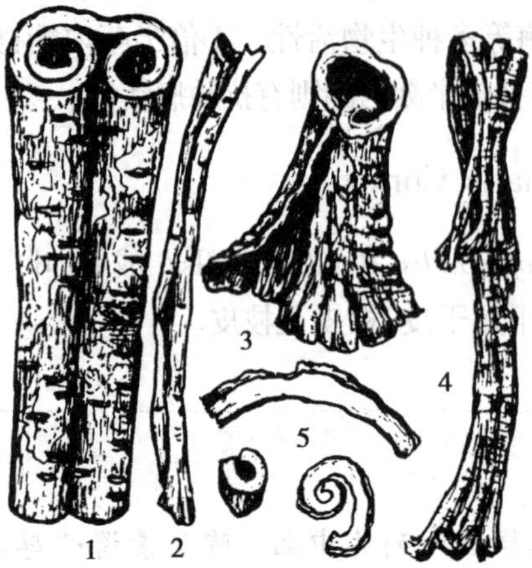

图12-36　厚朴药材图

1. 干皮，2. 枝朴，3. 靴筒朴，4. 根朴，5. 厚朴饮片

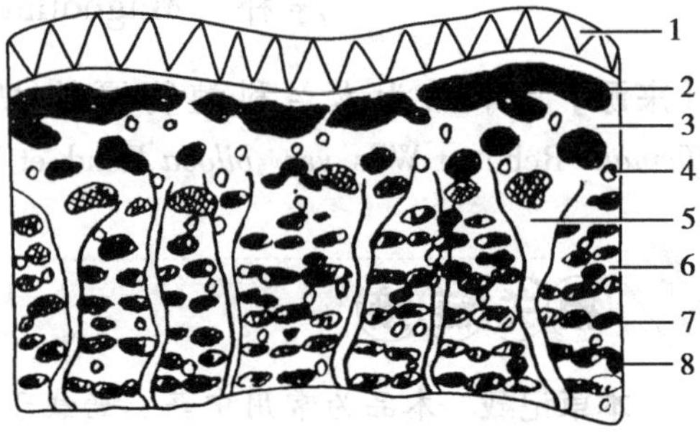

图12-37　厚朴（干皮）横切面简图

1. 木栓层，2. 石细胞层，3. 皮层，4. 油细胞，5. 射线，6. 韧皮部，7. 纤维束，8. 石细胞

2. 粉末　棕色。①纤维甚多，壁甚厚，有的呈波浪形或一边呈锯齿状，木化，孔沟不明显。②石细胞类方形、椭圆形，卵圆形或不规则分支状，有时可见层纹。③油细胞椭圆形或类圆形，含黄棕色油状物。（图12-38）

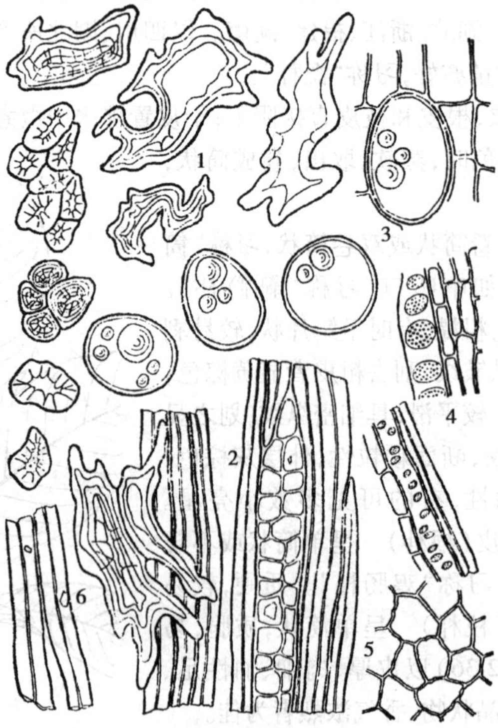

图12-38　厚朴粉末图

1. 石细胞，2. 纤维，3. 油细胞，4. 筛管分子，5. 木栓细胞，6. 草酸钙方晶

【化学成分】

1. 木脂素类　主要有厚朴酚（magnolol）、和厚朴酚（honokiol），以及四氢厚朴酚、异厚朴酚等。

2. 挥发油　主要有β-桉叶醇（β-eudesmol）、荜澄茄醇（cadinol）、对聚伞花素（*p*-cymene）等。

3. 生物碱类　主要有木兰箭毒碱（magnocurarine）、木兰花碱（magnoflorine）等。

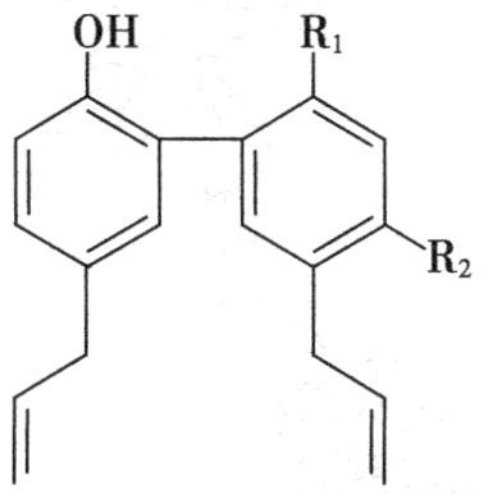

厚朴酚　R_1=OH　R_2=H

和厚朴酚　R_1=H　R_2=OH

【理化鉴别】　薄层色谱　取本品粉末经甲醇振摇提取后，与厚朴酚及和厚朴酚混合对照品液共薄层展开，喷以1%香草醛硫酸试液，加热至显色清晰，供试品色谱在与对照品色谱相应的位置上，显相同颜色的斑点。

【含量测定】　采用HPLC方法测定，以厚朴酚、和厚朴酚为对照品，药材含厚朴酚（$C_{18}H_{18}O_2$）与和厚朴酚（$C_{18}H_{18}O_2$）的总量不得少于2.0%；饮片含厚朴酚与和厚朴酚的总量不得少于1.6%。

【药理作用】

1. 中枢抑制作用　腹腔注射可抑制小鼠自发活动，对抗甲基苯丙胺或阿扑吗啡引起的兴奋作用。有效成分为厚朴酚、和厚朴酚。

2. 肌肉松弛作用　厚朴酚与异厚朴酚具有特殊而持久的中枢性肌肉松弛活性。木兰箭毒碱能使运动神经末梢麻痹，引起全身松弛性运动麻痹现象。

3. 抗溃疡作用　对Shay幽门结扎、水浸应激性溃疡等所致的胃溃疡均有抑制作用，有效成分为厚朴酚。

此外还有抗炎镇痛、调节平滑肌、抗菌等作用。

【功效与主治】　性温，味苦、辛。能燥湿消痰，下气除满。用于湿滞伤中，脘痞吐泻，食积气滞，腹胀便秘，痰饮喘咳。用量3～10g。

理论与实践

厚朴混伪品鉴别

除正品外，尚有多种木兰属和木莲属植物的树皮在一些地区作厚朴用，有以下几类：

1. 滇缅厚朴　*Magnolia rostrata* 的树皮，药材呈卷筒状。表面较平坦，呈灰白色至灰棕色；有纵皱纹，皮孔不太明显。内表面多纵纹理和纵皱纹，手指甲划后留有油痕。质坚硬，断面外层颗粒状。内层裂片状，于阳光下可见点状闪光结晶。气微芳香，味微苦。横切面与厚朴相似，但栓内层外层为6～9列长方形细胞，内层为石细胞环。皮层石细胞为长方形、多角形、不规则形，壁厚，层纹清晰。其化学成分与厚朴类似，亦含厚朴酚、和厚朴酚及木兰箭毒碱。

2. 姜朴类　①武当玉兰 *M. sprengeri*；②凹叶木兰 *M. sargentiana*；③滇藏木兰 *M. campbellii*；④望春玉兰 *M. biondi*；⑤紫花玉兰 *M. liliflora*；⑥玉兰 *M. denudata*。

3. 枝子皮类　①西康木兰；②圆叶木兰。

4. 土厚朴类　①山玉兰；②四川木莲；③红花木莲；④桂南木莲；⑤川滇木莲。

五味子 Schisandrae Chinensis Fructus

【来源】 本品为木兰科植物五味子 *Schisandra chinensis* (Turcz.) Baill. 的干燥成熟果实。习称“北五味子”。

【植物形态】 落叶木质藤本。叶于幼枝上互生，于老茎的短枝上簇生，幼枝红褐色，稍具棱角。花黄白色而带粉红色。雌雄异株；单生或簇生于叶腋，花被片6~9；雌花心皮17~40，螺旋状排列。花后花托显著延长而下垂。聚合果呈穗状，浆果球形，肉质，成熟后深红色。花期5~7月，果期8~10月。(图12-39)

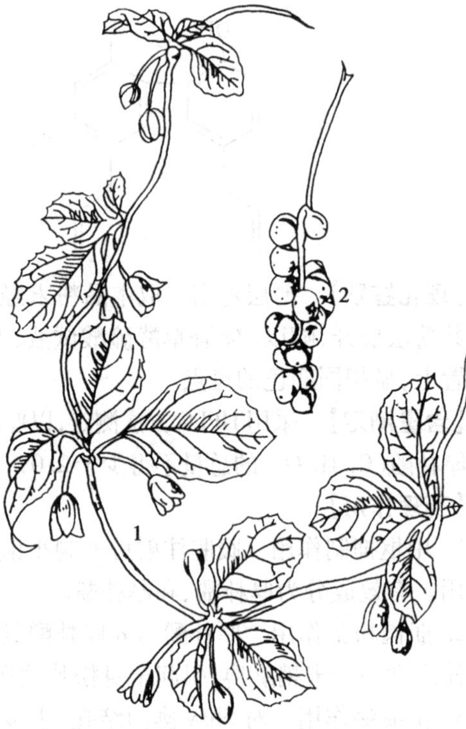

图12-39 五味子原植物图

1. 雌花枝，2. 穗状聚合果

【产地】 主产于辽宁、黑龙江、吉林等省。

【采制】 秋季果实成熟时采摘，晒干或蒸后晒干，除去果梗及杂质。

【性状】 ①呈不规则球形或扁球形，直径5~8mm。②表面红色、紫红色或黯红色，皱缩，显油润，有的表面呈黑红色或出现“白霜”。③果肉柔软，种子1~2，肾形，表面棕黄色，有光泽，种皮薄而脆。④果肉气微，味酸；种子破碎后，有香气，味辛、微苦。以粒大、果皮紫红、肉厚、柔润者为佳。

【显微特征】

1. 横切面 ①外果皮为1列方形或长方形细胞，壁稍厚，外被角质层，散有油细胞；中果皮薄壁细胞含淀粉粒，散有小型外韧型维管束；内果皮为1列小方形薄壁细胞。②种皮最外层为1列径向延长的石细胞，其下为数列类圆形、三角形或多角形石细胞；石细胞层下为数列薄壁细胞，种脊部位有维管束；油细胞层为1列长方形细胞，含棕黄色油滴；再下为3~5列小形细胞；种皮内表皮为1列小细胞，壁稍厚。③胚乳细胞含脂肪油滴及糊粉粒。(图12-40，图12-41)

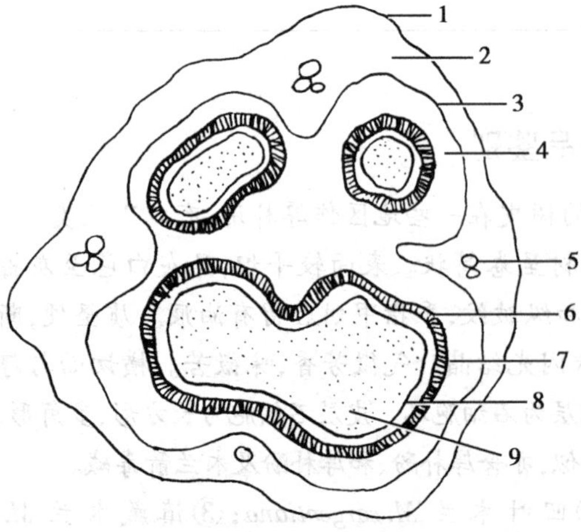

图12-40 五味子横切面简图

1. 外果皮，2. 中果皮，3. 内果皮，4. 种子，5. 中果皮维管束，6. 种皮外层石细胞，7. 薄壁组织，8. 种皮内表皮细胞，9. 胚乳

2. 粉末 黯紫色。①种皮表皮石细胞群表面观呈多角形或长多角形，直径18~50μm，壁厚，孔沟极细密，胞腔内含深棕色物。②种皮内层石细胞呈多角形、类圆形或不规则形，直径约至83μm，壁稍厚，纹孔较大。③果皮表皮细胞表面观类多角形，垂周壁略呈连珠状增厚，表面有角质线纹；表皮中

散有油细胞。④中果皮细胞皱缩，含黯棕色物，并含淀粉粒。（图 12-42）

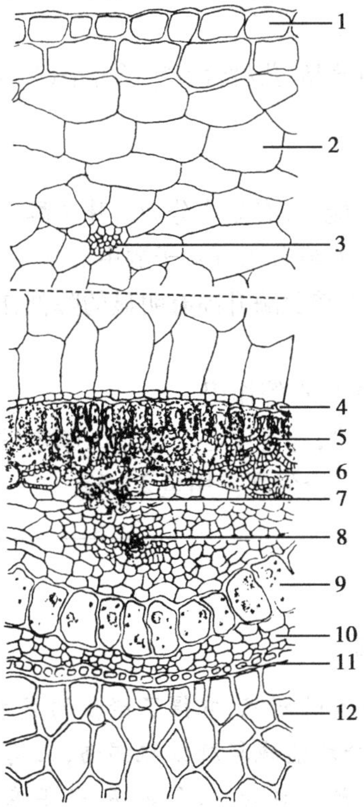

图 12-41　五味子横切面详图

1. 外果皮，2. 中果皮，3. 中果皮维管束，4. 内果皮，5. 种皮外层石细胞，6. 种皮内层石细胞，7. 维管束，8. 种脊维管束，9. 油细胞层，10. 薄壁组织，11. 种皮内表皮组织，12. 胚乳

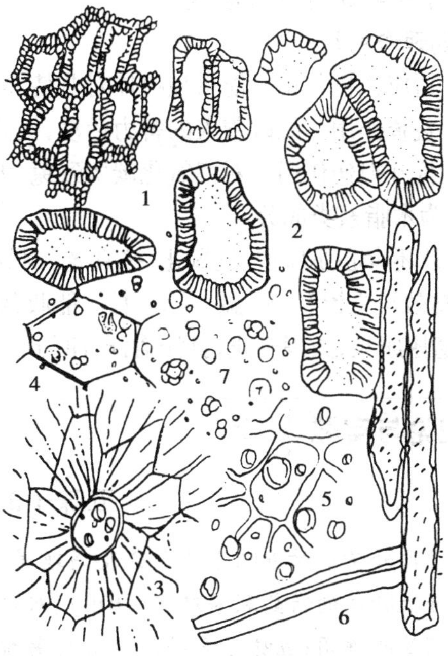

图 12-42　五味子粉末图

1. 种皮外层石细胞，2. 种皮内层石细胞，3. 油细胞，4. 薄壁组织，5. 胚乳，6. 纤维，7. 淀粉粒

【化学成分】

1. 木脂素（lignan）　约 5%，主要为联苯环辛烯木脂素，包括五味子醇甲（五味子素，schisandrin）、五味子醇乙（戈米辛 A，gomisinA）、五味子甲素（去氧五味子素，deoxyschisandrin）、五味子乙素（γ-五味子素，γ-schisandrin）、五味子丙素、五味子酚、戈米辛 J（gomisin J）等。果实完全成熟后，种皮中木脂素含量最高。

2. 挥发油类　主成分为 α-、β-恰米烯（α-、β-chamigrene）等四十多种。

尚含苹果酸、枸橼酸、酒石酸原儿茶酸、维生素 C 等。

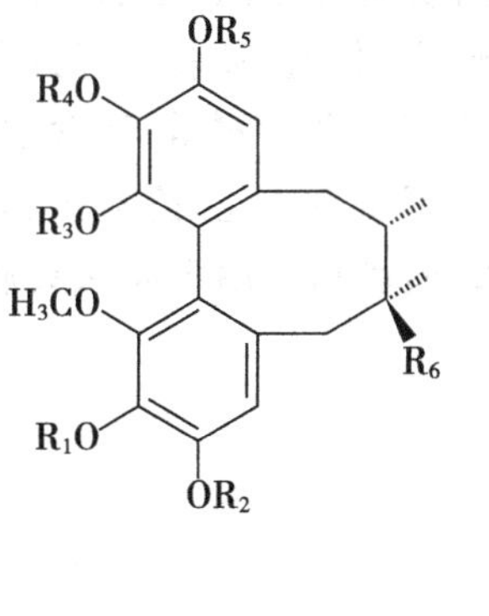

	R_1	R_2	R_3	R_4	R_5	R_6
五味子醇甲	CH_3	CH_3	CH_3	CH_3	CH_3	OH
五味子醇乙	CH_3	CH_3	CH_3	$—CH_2—$		OH
五味子甲素	CH_3	CH_3	CH_3	CH_3	CH_3	H
五味子乙素	$—CH_2—$		CH_3	CH_3	CH_3	H

【理化鉴别】 取本品粉末经三氯甲烷回流提取后，与五味子对照药材及五味子甲素对照品共薄层展开，置紫外灯下检视，供试品色谱在与对照药材和对照品色谱相应的位置上，显相同颜色的斑点。

【含量测定】 采用HPLC方法测定，以五味子醇甲为对照品，药材含五味子醇甲（$C_{24}H_{32}O_7$）不得少于0.40%；饮片同药材。

【药理作用】

1. 适应原样作用　能增强机体对非特异性刺激的抵抗能力，有效成分为五味子醇甲。

2. 益智作用　能改善人的智力活动，提高工作效率，有效成分为五味子醇甲。

3. 抗肝损伤作用　对四氯化碳所致兔、大鼠肝损伤谷丙转氨酶升高有明显的降低作用，有效成分为木脂素类成分。

此外还有心肌保护、抗氧化、抗衰老、调节免疫、抗菌、抗病毒等作用。

【功效与主治】 性温，味酸、甘。能收敛固涩，益气生津，补肾宁心。用于久嗽虚喘，梦遗滑精，遗尿尿频，久泻不止，自汗盗汗，津伤口渴，内热消渴，心悸失眠。用量2~6g。

理论与实践

五味子的研究与应用

国内外学者对五味子的成分及药理等方面进行了深入的研究，取得了诸多的成果，如治疗慢性肝炎的新药联苯双酯（DDB）、双环醇及其他成分均能减轻肝细胞损伤，又均有诱导肝药酶的作用；五味子多种成分有显著抗氧化作用，对预防衰老、帕金森病、老年痴呆等疾病有良好前景。

【附】 南五味子　Schisandrae Sphenantherae Fructus 为木兰科植物华中五味子 *Schisandra sphenanthera* Rehd. et Wils. 的干燥成熟果实。药材呈球形或扁球形，直径4~6mm。表面棕红色至黯棕色，干瘪，皱缩，果肉常紧贴于种子上。种子稍小，肾形，表面棕黄色，有光泽，种皮薄而脆。果肉气微，味微酸。主要含五味子酯甲（schisantherin A）、五味子甲素，五味子酯乙、丙、丁、戊等木脂素类成分。功效及用量同五味子。

辛夷　Magnoliae Flos

本品为木兰科植物望春花 *Magnolia biondii* Pamp.、玉兰 *M. denudata* Desr. 或武当玉兰 *M. sprengeri* Pamp. 的干燥花蕾。主产于四川、河南、湖南等省。花蕾呈长卵形，似毛笔头；苞片2~3层，每层2片，苞片外表面密被灰白色或灰绿色茸毛，内表面类棕色，无毛。花被片9或10~15，棕色，外轮3片呈萼片状；雄蕊和雌蕊多数，螺旋状排列。体轻、质脆。气芳香，味辛凉而稍苦。含挥发油1%~5%，油中主要成分为桉油精、丁香酚、胡椒酚甲醚等；还含木脂素类成分，主要为木兰脂素、辛夷脂素和松脂素二甲醚等；本品有收缩鼻黏膜血管、降血压、兴奋子宫、抗白色念球菌和皮肤真菌作用。本品性温，味辛。能散风寒，通鼻窍。用于风寒头痛，鼻塞流涕，鼻鼽，鼻渊。用量3~10g。

10. 樟科　Lauraceae

$⚥ *P_{6\sim9}A_{3\sim12}\underline{G}_{(3:1:1)}$

【概述】 木本,仅无根藤属(*Cassytha*)为寄生性无叶藤本。多具油细胞,有香气。单叶,常互生,多革质,全缘,无托叶。花常两性,圆锥或总状花序;3基数,多单被,2轮排列,基部合生;雄蕊3~12,常9,排成3~4轮,第1、2轮花药内向,第3轮外向,第4轮常退化,花丝基部常具2腺体,花药4或2室,瓣裂;子房上位,3心皮合生,1室,具一悬垂的倒生胚珠。核果或呈浆果状,有时有宿存花被形成果托包围果实基部。种子1粒,无胚乳。本科约45属,2000~2500多种,分布于热带及亚热带地区。我国有20属400多种,药用120余种,主要分布于长江以南各省区。常用生药有肉桂、桂枝、乌药等。本科植物常含挥发油和异喹啉类生物碱。

肉桂　Cinnamomi Cortex

【来源】 本品为樟科植物肉桂 *Cinnamomum cassia* Presl 的干燥树皮。

【植物形态】 常绿乔木。全株有香气。树皮灰褐色。幼枝略呈四棱形,密被黄褐色短绒毛。叶大,互生或近对生,长椭圆形至近披针形,先端稍急尖,基部楔形,革质,离基三出脉;叶柄粗壮,被黄色短绒毛。圆锥花序腋生或近顶生,花被筒倒锥形,裂片卵状长圆形,花被内外两面密被黄褐色短绒毛。浆果状核果黑紫色,椭圆形,果托浅杯状。花期6~8月,果期10月至次年2~3月。(图12-43)

【产地】 主产于广西、云南、广东等。多栽培,以广西产量大。

【采制】 多于秋分后剥取,阴干。

图12-43　肉桂原植物图

1.花枝,2.花,3.果序

相关链接

肉桂的商品名　由于肉桂采收年限和加工方法的不同,商品品种较多。①油桂筒(广条桂、桂通、官桂):一般于8~10月间,剥取栽培5~6年生幼树的干皮和粗枝皮,晒1~2天,卷成圆筒状,阴干。②企边桂:剥取10年生以上的干皮,将两端削成斜面,突出桂心,夹在木制的凹凸板内,压成两侧内卷的浅槽状,晒干。③板桂:剥取老树干皮,在离地面30cm处作环状割口,将皮剥离,夹在桂夹内晒至九成干时取出,纵横堆叠,加压,约一个月后即完全干燥,呈扁平板状。④桂心:桂皮加工过程中留下的边条,削去栓皮。⑤桂碎:在桂皮加工过程中的块片,多供香料用。

【性状】 ①"企边桂"呈浅槽状，两端斜削，"油桂筒"多呈筒状，长30～40cm，宽或筒径3～10cm，厚2～8mm。②外表面灰棕色，稍粗糙，有不规则的细皱纹及横向突起的皮孔，有的可见灰白色斑纹；内表面红紫色，略平坦，有细纵纹，刻画之显油痕。③质硬而脆，易折断，断面不平坦，外层棕色，内层红棕色而油润，两层间有1条黄棕色的切向线纹(石细胞环带)。④气香浓烈，特异，味甜、辣。(图12-44)以体重、肉厚、色紫、油大、香气浓郁、味甜辣，嚼之渣少者为佳。

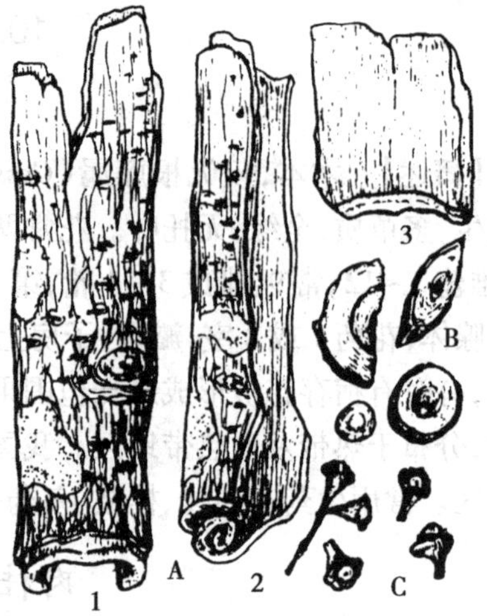

图12-44　肉桂药材图

A. 肉桂药材图；B. 桂枝图；C. 桂子图

1. 企边桂，2. 官桂(油桂筒)，3. 板桂

【显微特征】 横切面　①木栓细胞数列，最内层木栓细胞的外壁增厚，木化。②皮层较宽，散有石细胞、油细胞及黏液细胞。③中柱鞘部位有石细胞群，断续排列成环，外侧伴有纤维束，石细胞通常外壁较薄。④韧皮部约占皮部的1/2，射线宽1～2列细胞，含细小草酸钙针晶；纤维常2～3个成束；油细胞随处可见；有黏液细胞。薄壁细胞含淀粉粒。(图12-45)

粉末　红棕色。①纤维大多单个散在，长梭形，边缘微波状，长195～920μm，直径约24～50μm，壁极厚，木化，纹孔不明显。②石细胞类方形或类圆形，直径32～88μm，壁厚，有的三面厚，一面菲薄。③油细胞类圆形或长圆形，直径45～108μm。④草酸钙针晶细小，成束或散在，射线细胞中多见。⑤木栓细胞多角形，含红棕色物。(图12-46)

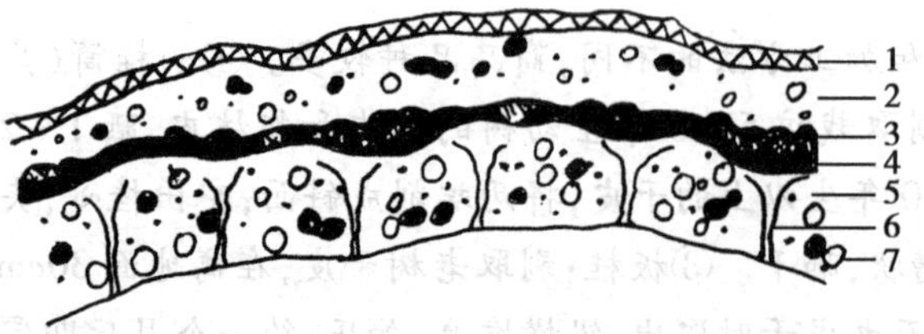

图12-45　肉桂横切面简图

1. 木栓层，2. 皮层，3. 纤维束，4. 石细胞带，5. 韧皮部，6. 射线，7. 油细胞

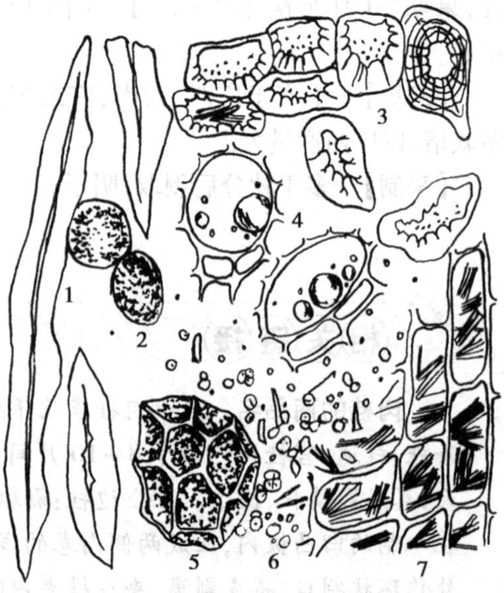

图12-46　肉桂粉末图

1. 纤维束，2. 黏液细胞，3. 石细胞，4. 油细胞，5. 木栓细胞，6. 淀粉粒和小方晶，7. 草酸钙针晶

【化学成分】　挥发油 1% ~2%,油中主要成分为桂皮醛(cinnamaldehyde)占 53% ~95%。另含二萜类化合物、鞣质及肉桂多糖等。

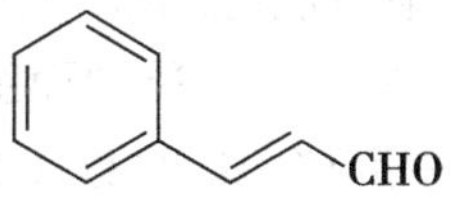

桂皮醛

【理化鉴别】

1. 取粉末 0.1g,加三氯甲烷 1ml 浸渍,吸取三氯甲烷液 2 滴于载玻片上,挥干,滴加 10% 盐酸苯肼试液 1 滴,加盖玻片,镜下可见桂皮醛苯腙杆状结晶。

2. 薄层色谱　取本品粉末加乙醇冷浸提取,以桂皮醛的乙醇溶液为对照品,点于硅胶 G 板,以石油醚(60 ~90℃)-乙酸乙酯(17∶3)展开,喷二硝基苯肼乙醇试液显色。供试品色谱中,在与对照品色谱相应的位置上,显相同颜色的斑点。

【含量测定】

1. 按挥发油乙法测定。本品含挥发油不得少于 1.2%(ml/g)。

2. 采用 HPLC 法测定,以桂皮醛为对照品,本品按干燥品计算,含桂皮醛(C_9H_8O)不得少于 1.5%。

【药理作用】

1. 助阳作用　肉桂水提物给小鼠灌胃,能明显抑制地塞米松阳虚小鼠胸腺萎缩,并对肾上腺皮质功能有保护作用,使胆固醇下降。挥发油也可改善阳虚模型动物的阳虚证。

2. 抗溃疡作用　肉桂水提物灌服水浸应激性胃溃疡小鼠,有抑制溃疡形成作用。另水提物和醚提物灌胃,能明显抑制水浸应激性溃疡、吲哚美辛加乙醇溃疡及幽门结扎和盐酸大鼠胃溃疡等。

3. 解热镇痛作用　桂皮醛对压尾法或腹腔注射醋酸扭体法的小鼠,有明显的镇痛作用;对热板法刺激引起的发热家兔,有解热作用。

【功效与主治】　性大热,味辛、甘。能补火助阳,引火归原,散寒止痛,温经通脉。用于阳痿,宫冷,腰膝冷痛,肾虚作喘,阳虚上浮,眩晕目赤,心腹冷痛,虚寒吐泻,寒疝腹痛,痛经经闭。用量 1 ~5g。有出血倾向者及孕妇慎用,不宜与赤石脂同用。

理论与实践

肉桂的资源开发研究

大叶清化桂 *Cinnamomum cassia* Presl var. *macrophyllum* Chu 是我国广西等地从越南引种的肉桂的新变种。研究表明,其树皮挥发油含量较高,约 2.06%,油中桂皮醛含量为 61.20%,品质较好,可作为肉桂代用品开发利用。本品与正品的主要区别为:药材呈双卷筒状或呈片状,表面灰褐色或灰棕色,有细皱纹及皮孔,内表面红棕色,有微细的纵纹。质硬而脆。气香,味甜、微辛辣。横切面皮部石细胞稍少,中柱鞘部位石细胞带较窄,石细胞 2 ~10 列切向排列成带。

【附】 桂枝 *Cinnamomi Ramnlus* 为樟科植物肉桂 *Cinnamomum cassia* Presl 的干燥嫩枝。春、夏两季采收。本品呈长圆柱形，多分枝，最细枝略呈四棱形。表面红棕色至棕色，有纵棱线、细皱纹及小疙瘩状的叶痕、枝痕、芽痕，皮孔点状。断面皮部红棕色，可见一条浅色的石细胞环带，木部黄白色至浅黄棕色，髓部略呈方形。质硬而脆，易折断。有特异香气，味甜、微辛，皮部味较浓。含挥发油约 1.5%，其桂皮醛（C_9H_8O）以干燥品计不得少于 1.0%。桂皮醛为镇痛、镇静、解热作用的有效成分。本品性温，味辛、甘。能发汗解肌，温通经脉，助阳化气，平冲降气。用于风寒感冒，脘腹冷痛，血寒经闭，关节痹痛，痰饮，水肿，心悸，奔豚。用量 3～10g。

11. 罂粟科 Papaveraceae

$$⚥ *, \uparrow K_2 C_{4\sim6} A_{\infty, 4\sim6} \underline{G}_{(2\sim\infty:1:\infty)}$$

【概述】 草本，体内常含乳汁或黄色液汁。单叶互生，无托叶。花两性，辐射对称或两侧对称，单生或呈总状、聚伞、圆锥等花序；萼片 2，早落，花瓣 4～6，覆瓦状排列；雄蕊多数，轮生，稀 4，离生，或 6 枚合生成二束；子房上位，心皮 2 至多数，1 室，侧膜胎座，胚珠多数。蒴果，孔裂或瓣裂。种子细小。本科 40 多属，600 余种，主要分布于北温带。我国有 20 属，300 余种，药用 130 余种，南北均有分布。主要的属有罂粟属（*Papaver*）、紫堇属（*Corydalis*）、白屈菜属（*Chelidonium*）、博落回属（*Maleaya*）等。常用生药有延胡索、白屈菜、阿片、罂粟壳等。本科植物主含异喹啉类生物碱，如罂粟碱（papaverine）具有解痉作用，吗啡（morphine）、白屈菜碱（chelidonine）具有镇痛作用，可待因（codeine）有镇咳作用，但多具成瘾的副作用。使用不当，即成毒品。

延胡索（元胡） Corydalis Rhizoma

【来源】 本品为罂粟科植物延胡索 *Corydalis yanhusuo* W. T. Wang 的干燥块茎。

【产地】 主产于浙江东阳、磐安，湖北、湖南、江苏等地也有栽培。商品又称元胡。

【性状】 ①块茎多呈不规则扁球形，直径 1～2cm。②外表面灰黄色或黄棕色，有数个瘤状突起及不规则网状细皱纹，上端有略凹陷的茎痕，底部中央略凹呈脐状，有数个圆锥状的小凸起（根痕）。③质坚硬，碎断面黄色或黄棕色，平滑，角质样，有蜡样光泽。④气微，味苦。

【显微特征】

1. 块茎横切面 ①表皮常脱落，偶有残存。②皮层细胞 10 余列，淡黄色，扁平，其最外侧为 1～2 列扁长形的厚壁下皮细胞，木化，具细密纹孔，有少数石细胞。③韧皮部宽广，筛管群与管状分泌细胞伴生，环状散列；韧皮薄壁细胞大，充满淀粉粒或糊化淀粉团块。④形成层不明显。⑤木质部常分成 4～7 小束，疏列成环。⑥中央有较宽广的髓。（图 12-47）

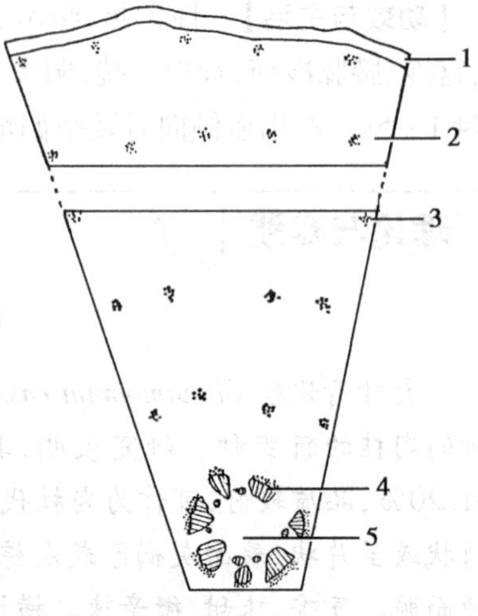

图 12-47 延胡索（块茎）横切面简图

1. 皮层，2. 韧皮部，3. 筛管与分泌细胞，4. 木质部，5. 髓

2. 粉末 绿黄色。①淀粉粒为粉末的主体。含糊化淀粉粒薄壁细胞淡黄色或近无色，类多角形或类圆形，淀粉粒用水合氯醛透化后，留有网格样痕迹。②下皮厚壁细胞成片，长条形或类多角形，有的一端弯曲，直径 48～96μm，壁厚 3～5μm，木化，纹孔细密，孔沟较短而

密，有的呈连珠状。③石细胞单个散离或成群，类方形、类圆形或类多角形，直径24～61μm，长88～160μm，壁厚8～16μm，孔沟短而密。此外，可见螺纹导管和管状的分泌细胞。（图12-48）

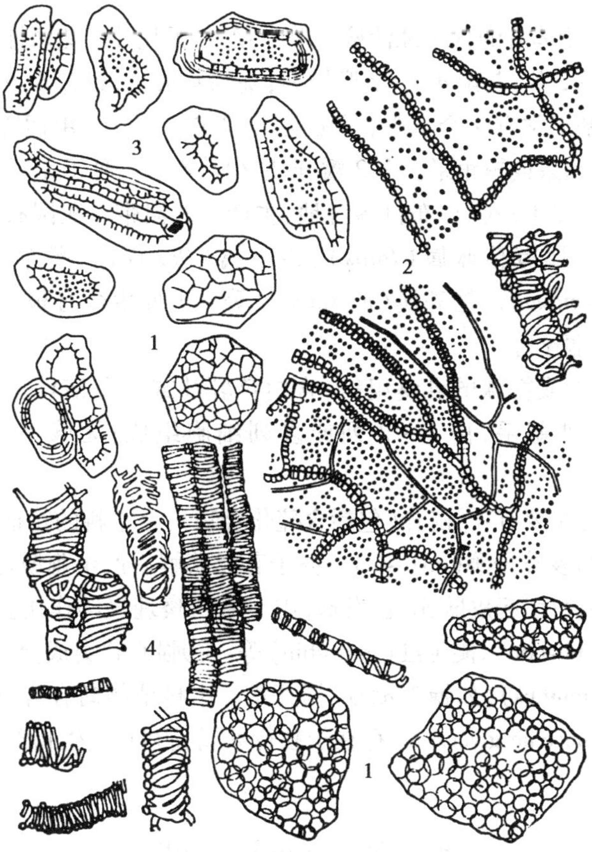

图12-48 延胡索（块茎）粉末图

1. 含糊化淀粉粒的薄壁细胞，2. 下皮厚壁细胞，3. 石细胞，4. 导管

【化学成分】 含20多种异喹啉类生物碱，约0.5%。主要有延胡索甲素（紫堇碱，corydaline）、延胡索乙素（四氢巴马亭，tetrahydropalmatine）、延胡索丙素（原阿片碱，protopine）、延胡索丁素（四氢黄连碱，tetrahydrocoptisine）。另有黄连碱（coptisine）、紫堇单酚碱（corydalmine）等。

【药理作用】

1. 镇痛作用 延胡索总生物碱对实验动物具有较强的镇痛作用，其中延胡索乙素作用最强，甲素次之。

2. 镇静、安定作用 大剂量的延胡索乙素的左旋体对实验动物有明显的催眠作用。

3. 抗胃溃疡作用 去氢延胡索甲素、延胡索乙素、丙素对实验性胃溃疡有明显的保护作用。此外，对心血管系统及内分泌系统也有影响。

【功效与主治】 性温，味辛、苦。能活血，行气，止痛。用于胸胁、脘腹疼痛，胸痹心痛，经闭痛经，产后瘀阻，跌打肿痛。用量3～10g。研末吞服，一次1.5～3g。

12. 十字花科　Cruciferae(Brassicaceae)

$⚥ *K_{2+2}C_4A_{2+4}\underline{G}_{(2:2:1\sim\infty)}$

【概述】 草本,植物体有的含辛辣汁液。单叶互生;无托叶。花两性,辐射对称,多呈总状花序;萼片4,2轮,每轮2片;花瓣4,十字形排列,基部常成爪;雄蕊6,内轮4个长,外轮2个短,为四强雄蕊,雄蕊基部常有4个蜜腺;子房上位,心皮2,合生,由假隔膜分为2室,侧膜胎座,胚珠1至多数。长角果或短角果。多2瓣开裂,少数不裂。种子无胚乳。

本科植物约350属,3200种,广布世界各地,主产于北温带。我国有96属,约430种。已知药用77种。主要的属有菘蓝属(*Isatis*)、芸苔属(*Brassica*)、蔊菜属(*Rorippa*)、葶苈属(*Draba*)、独行菜属(*Lepidium*)、糖芥属(*Erysimum*)等。重要生药有板蓝根、大青叶、芥子、蔊菜、独行菜、播娘蒿、莱菔子等。

本科植物多具乳管或特殊的乳囊组织,含白色乳汁或有色液汁。除少数属外,多不含草酸钙结晶。少数有非腺毛,由1~2列或多列细胞组成;无腺毛,叶表皮的气孔为不定式。

本科植物化学成分主要有:①硫苷(包括含硫化合物):是本科的特征成分,如芥子苷(sinigrin)、菘蓝苷(isatan B)及芥子酶(myrosin)。芥子苷经酶解后产生刺激性芥子油,为异硫氰酸酯类化合物,具挥发性,可引起皮肤充血、发疱,内服有祛痰理气等作用。②吲哚苷:也是本科的特征成分,如靛蓝(indigotin)、靛玉红(indirubin)等。③强心苷类成分:存在于糖芥属(Erysimum)、桂竹香属(Cheiranthus),如糖芥毒苷、糖芥素。本科植物尚有含氰基、异硫氰苷及巯基的化合物,如氰苷(cyanogenic glycoside)存在于独行菜属,脂肪油、生物碱、四萜类化合物,如胡萝卜素(carotene)等。

板蓝根　Isatidis Radix

【来源】 本品为十字花科植物菘蓝 *Isatis indigotica* Fort. 的干燥根。

【植物形态】 二年生草本。主根深长,圆柱形,外皮灰黄色。茎直立,上部多分枝,光滑无毛。单叶互生,基生叶较大,有柄叶片长圆状椭圆形,全缘或波状,有时呈不规则齿裂;茎生叶长圆形或长圆状披针形,下部叶较大,向上渐小,先端钝或尖,基部箭形,抱茎,全缘。复总状花序生于枝端;十字型花冠,花黄色;四强雌蕊。角果矩圆形,扁平,边缘翅状,紫色。种子1枚。花期4~5月,果期6月。(图12-49)

【产地】 各地均有栽培。主产于河北、北京、黑龙江、江苏等地,多自产自销。

【采制】 10~11月经霜后取根,带泥曝晒至半干,扎把,去泥,理顺后晒干。

【性状】 ①根呈圆柱形,稍扭曲。②表面淡灰黄色或淡棕黄色。③有纵皱纹、横长皮孔样突起及支根痕;根头略膨大,可见轮状排列的黯绿色或黯棕色叶柄残基和密集的疣状突起。④体实,质略软;断面皮部黄白色,占半径的1/2~3/4,木部黄色。⑤气微,味微甜后苦涩。(图12-50)以条长、粗大、质坚实者为佳。

【显微特征】 根横切面　①木栓层为数列细胞,栓内层较狭窄。②皮层较窄。③韧皮部宽广,射线宽5~7列细胞,较明显。④形成层成环。⑤木质部导管黄色,类圆形,周围有木纤维束。⑥薄壁细胞内含淀粉粒。(图12-51)

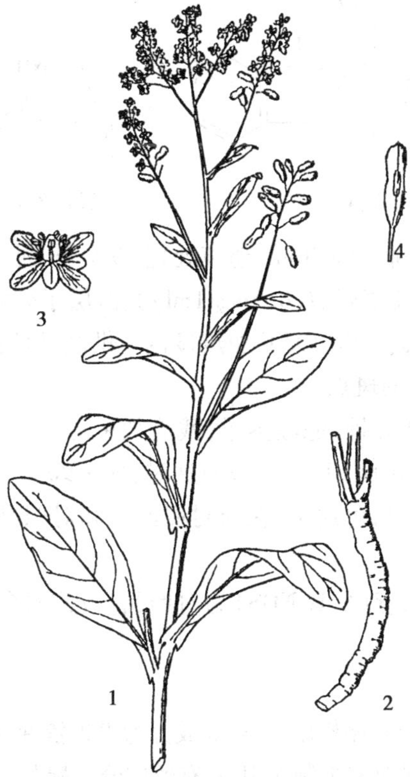

图 12-49 菘蓝原植物图

1. 花枝、果枝，2. 根，3. 花，4. 果实（角果）

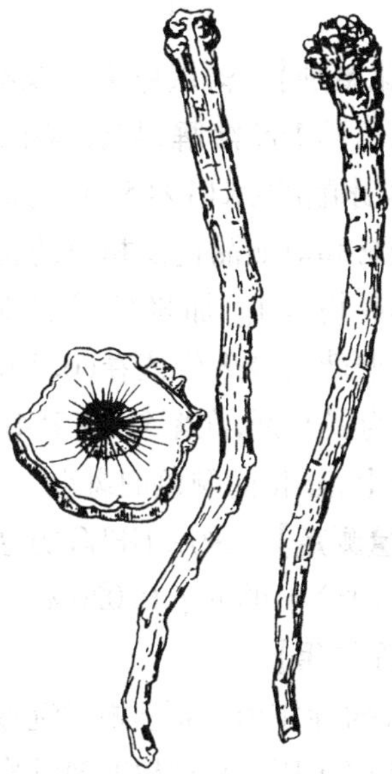

图 12-50 板蓝根药材图

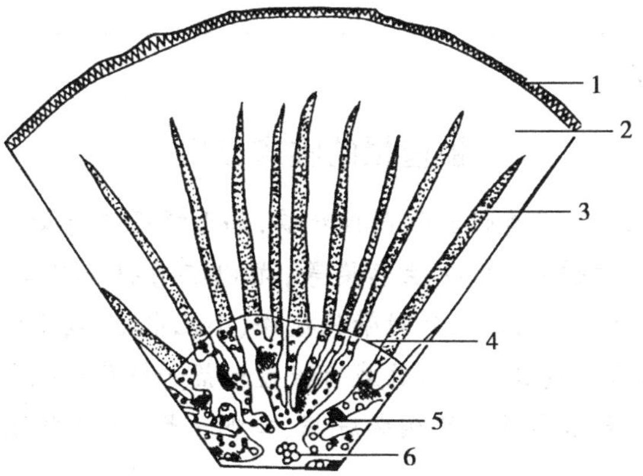

图 12-51 板蓝根横切面简图

1. 木栓层，2. 皮层，3. 韧皮部，4. 形成层，5. 纤维束，6. 导管

【化学成分】

1. 吲哚类化合物 如靛蓝（indigo）、靛玉红（indirubin）、靛玉红吲哚苷（indolyl glucoside）等。

2. 硫苷 如芥子苷（sinigrin）等。

还含表告依春［epigoitrin，（*R*，*S*）-goitrin］、腺苷、多糖及氨基酸等。

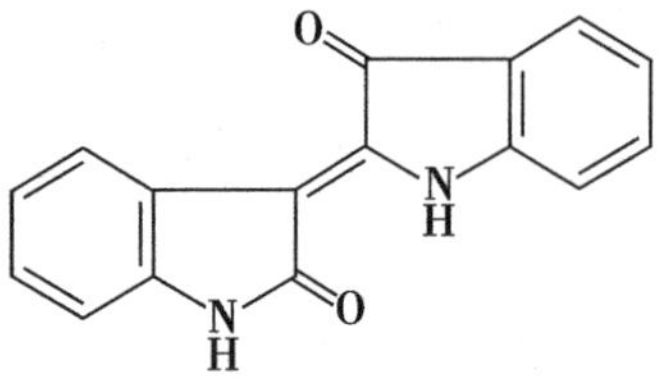

靛玉红

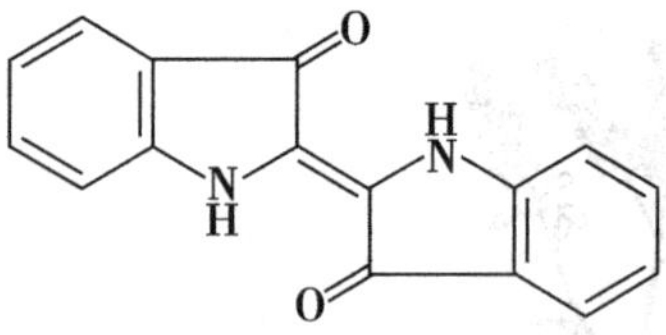

靛蓝

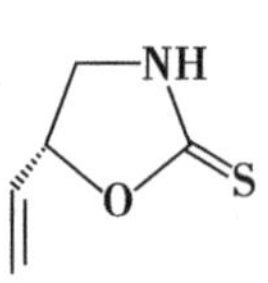

表告依春

【理化鉴别】 薄层色谱　取本品粉末 0.5g，加稀乙醇 20ml，超声处理 20 分钟，滤液蒸干，残渣加稀乙醇 1ml 溶解，与板蓝根对照药材提取液及精氨酸(0.5mg/1ml)共薄层于硅胶 G 板，以正丁醇-冰醋酸-水(19∶5∶5)为展开剂，喷茚三酮试液后，105℃加热显色。供试品色谱中，在与对照药材和对照品色谱相应的位置上显相同颜色的斑点。

取本品粉末 1g，加 80% 甲醇 20ml，超声处理 30 分钟，滤液蒸干，残渣加甲醇 1ml 溶解，与板蓝根对照药材及表告依春(0.5mg/1ml)共薄层于硅胶 GF_{254} 板，以石油醚(60～90℃)-乙酸乙酯(1∶1)为展开剂，在紫外灯(254nm)下检视。供试品色谱中，在与对照药材和对照品色谱相应的位置上，显相同颜色的斑点。

【含量测定】 采用 HPLC 方法测定。以表告依春(C_5H_7NOS)为对照品，板蓝根含表告依春(C_5H_7NOS)不得少于 0.020%。

【药理作用】

1. 抗病毒作用　板蓝根对流感病毒和乙肝病毒有抑制作用。其有效成分为表告依春、靛玉红。
2. 抑菌作用　板蓝根煎剂对革兰阳性和阴性细菌都有抑制作用。其有效成分为靛蓝、靛玉红。

还有解热、抗炎、增强免疫等作用。

【功效与主治】 性寒，味苦。能清热解毒，凉血利咽。用于温毒发斑，舌绛紫黯，痄腮，烂喉丹痧，大头瘟疫，丹毒，痈肿。用量 9～15g。

理论与实践

板蓝根的临床应用

临床上常用板蓝根防治病毒性和细菌性疾病，如上呼吸道感染、流行性乙型脑炎、急慢性肝炎、流行性腮腺炎、骨髓炎、全身性感染等，尤以病毒性感染时最为常用，在 2003 年 SARS 的防治中发挥了重要作用。此外对带状疱疹、小儿水痘、扁平疣、红眼病、疱疹性口腔炎等均有良效。《中国药典》(2010 版)收载有板蓝根茶和板蓝根颗粒，取其清热解毒、凉血利咽功效。用于治疗肺胃热盛所致的咽喉肿痛、口咽干燥、腮部肿胀；急性扁桃体炎、腮腺炎见上述证候者。

【附】 大青叶　Isatidis Folium 为十字花科植物菘蓝 *Isatis indigotica* Fort. 的干燥叶。夏、秋季分 2～3 次采收，除去杂质，晒干。各地均有栽培。主产于河北、江苏、河南等地。药材多卷缩，有的破碎。完整叶片呈长椭圆形至长圆状倒披针形，长 5～20cm，宽 2～6cm；先端钝圆，全缘或微波状，基部渐狭下延成翼状叶柄，叶柄长 4～10cm，淡棕黄色；上表面黯灰绿色，有时可见色较深、微突起的小点；叶脉于叶背较明显。质脆。气微、味微酸、苦涩。其粉末显微特征为：①上表皮细胞垂周壁近平直，外被角质层；下表皮细胞垂周壁略弯曲，略呈念珠状增厚。②气孔下表皮较多，不等式，可见2～3个气孔聚集，具共同的副卫细胞，副卫细胞3～4个。③蓝色的靛蓝结晶，呈细小颗粒状或片状，常聚集成堆，存在于叶肉细胞中。有时存于表皮细胞中。此外，可见橙皮苷样结晶、厚角细胞及螺纹、网纹导管等。鲜叶含菘蓝苷（大青素B，isatan B）约1%、靛玉红（indirubin）、色胺酮、β-谷甾醇等成分。其中菘蓝苷易被弱碱或酶水解，生成吲哚醇，继而氧化成靛蓝（indigo）。大青叶对金黄色葡萄球菌和肺炎双球菌有抑制作用，对甲型流感病毒也有抑制作用；能增强吞噬细胞吞噬功能，增强细胞免疫和体液免疫。其功效与板蓝根类同。用量9～15g。

13. 景天科 Crassulaceae

$$⚥ * K_{4\sim5} C_{4\sim5} A_{4\sim5,8\sim10} \underline{G}_{4\sim5:1:\infty}$$

【概述】 多年生肉质草本或亚灌木。多单叶，互生或对生，少轮生；无托叶。花多两性，少数单性异株，辐射对称，多排成聚伞花序，有时总状花序或单生；萼片与花瓣均4～5，分离或基部合生；雄蕊与花瓣同数或为其倍数；子房上位，心皮4～5，离生或仅基部合生，每心皮基部具1腺体，呈鳞片状，胚珠多数。蓇葖果。种子小，有胚乳。本科约35属，1600种，分布全球。我国有10属，近250种，全国均有分布。已知药用70种。常用生药有红景天、垂盆草等。本科植物含多种苷类成分，如红景天苷（salidroside）、垂盆草苷（sarmentosin）；黄酮类化合物，如槲皮素；尚含有香豆素类、有机酸等成分。红景天苷及其苷元能提高机体抵抗力，垂盆草苷有降低谷丙转氨酶作用。

红景天 Rhodiolae Crenulatae Radix et Rhizoma

本品为景天科植物大花红景天 *Rhodiola crenulata*（Hook. f. *et* Thoms.）H. Ohba 的干燥根和根茎。秋季花茎凋枯后采挖，去粗皮，洗净，晒干。主产于吉林、西藏、甘肃、四川等地。本品根茎圆柱形，粗短，略弯曲，少有分枝，长5～20cm，直径2.9～4.5cm。表面棕色或褐色，粗糙有皱褶，剥开外表皮有一层膜质黄色表皮，且具粉红色花纹；宿存部分老花茎，花茎基部被三角形或卵形膜质鳞片；节间不规则，断面粉红色至紫红色，有一环纹。质轻，疏松。主根圆柱形，粗短，长约20cm，上部直径1.5cm，侧根长10～30cm；断面橙红色或紫红色，有时有裂隙。气芳香，味微苦涩、后甜。主要含红景天苷（rhodioloside）及其苷元酪醇（tyrosol），尚含黄酮类、挥发油类等化学成分。药理研究表明注射红景天苷能增强大鼠脑干网状结构的兴奋性，能促进蛋白质合成；其制剂对应激条件下的小鼠具抗应激作用；流浸膏能增强动物的抗疲劳能力，提高人体脑力劳动和体力劳动的工作效率。用高效液相色谱法测定，本品按干燥品计算含红景天苷（$C_{11}H_{20}O_7$）不得少于0.50%。本品性平，味甘、苦。能益气活血，通脉平喘。用于气虚血瘀，胸痹心痛，中风偏瘫，倦怠气喘。用量3～6g。

14. 杜仲科 Eucommiaceae

$$♂ * P_0 A_{4\sim10}；♀ P_0 \underline{G}_{(2:1:2)}$$

【概述】 落叶乔木，枝、叶折断时有银白色胶丝。树皮灰色。单叶互生，叶片椭圆形或椭圆状卵形，边缘有锯齿，无托叶。花单性异株，无花被，先叶或与叶同时开放；雄花密集成头状花序，具短梗，苞片倒卵状匙形，雄蕊4～10，常为8，花药条形，花丝极短；雌花单生，具短梗，子房上位，心皮2，合生，1室，胚珠2。翅果扁平，含种子1粒。全科仅1属，1种，即药用植物杜仲，为我国特产。分布于我国中部及西南各省区，各地有栽培。

杜仲 Eucommiae Cortex

【来源】 本品为杜仲科植物杜仲 *Eucommia ulmoides* Oliv. 的干燥树皮。

【产地】 主产于四川、贵州、河南等省。多栽培。

【性状】①呈板片状或两边稍向内卷，大小不一，厚3～7mm。②外表面淡棕色或灰褐色，有明显的皱纹或纵裂槽纹；有的树皮较薄，未去粗皮，可见明显的皮孔。③内表面黯紫色，光滑。④质脆，易折断，断面有细密、银白色、富弹性的橡胶丝相连。⑤气微，味稍苦。(图 12-52)

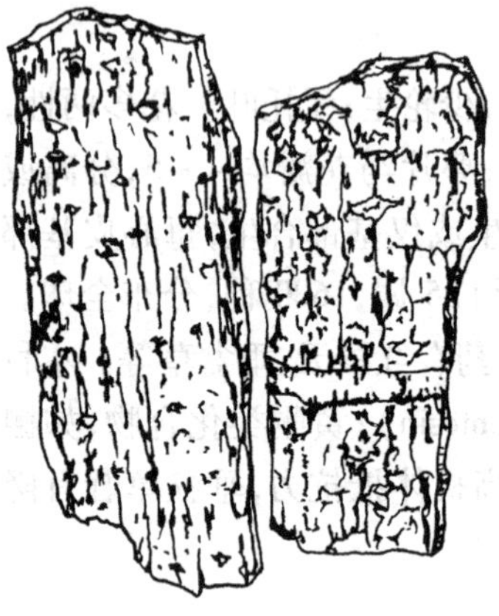

图 12-52 杜仲药材图

【显微特征】 粉末 棕色。①橡胶丝成条或扭曲成团，表面呈颗粒性。②石细胞甚多，多成群，类长方形、类圆形、长条形或不规则形，长约至 180μm，直径 20～80μm，壁厚，有的胞腔内含橡胶团块。③木栓细胞表面观多角形，直径 15～40μm，壁不均匀增厚，木化，有细小纹孔；侧面观长方形，壁三面增厚，一面薄，孔沟明显。

【化学成分】

1. 含硬性橡胶杜仲胶 约20%，为反式异戊二烯聚合体。

2. 木脂素及其苷 右旋丁香树脂素及其苷、右旋松香脂素及杜仲素 A 等。

3. 环烯醚萜类 松脂醇二葡萄糖苷、桃叶珊瑚苷、杜仲苷、京尼平等。

尚含三萜类、酚类、氨基酸、微量元素等。

【药理作用】

1. 降压作用 各种制剂及多种成分均能降压，以炒杜仲煎剂作用较强，煎剂又比酊剂的作用强。松脂醇二葡萄糖苷为其主要有效降压成分。生物碱、桃叶珊瑚苷、绿原酸和多糖成分均能不同程度降压。

2. 免疫增强作用 杜仲醇沉水煎液给大鼠灌胃，能明显增强小鼠巨噬细胞的吞噬功能，并对抗氢化可的松的免疫抑制作用。

尚有抗炎，抗应激、抗氧化、抗肿瘤、抗病原微生物、镇静、镇痛、扩张血管等作用。

【功效与主治】 性温，味甘。能补肝肾，强筋骨，安胎。用于肝肾不足，腰膝酸痛，筋骨无力，头晕目眩，妊娠漏血，胎动不安，高血压等症。用量6～10g。

15. 蔷薇科 Rosaceae

$$⚥ *K_{4\sim5}C_{0\sim5}A_{4\sim\infty}\underline{G}_{1\sim\infty:1:1\sim2},\overline{G}_{(2\sim5:2\sim5:2)}$$

【概述】 草本、灌木或乔木。常有刺及明显的皮孔。单叶或复叶，多互生，常具托叶，常附生于叶柄上而成对。花两性，辐射对称；单生或排成伞房或圆锥花序；花托呈各种类型：凸起、平展或凹陷；花萼下部与花托愈合呈盘状、杯状、坛状、壶状的花筒；萼片、花瓣和雄蕊都着生在花筒的边缘；萼片、花瓣多各为5，分离，雄蕊常多数；子房上位或下位，心皮1至多数，分离或合生，每室胚珠1～2。蓇葖果、瘦果、核果或梨果，通常具宿萼。种子无胚乳。

本科依据托叶的有无、子房的位置和果实的类型分为四个亚科：绣线菊亚科 Spiraeoideae、蔷薇亚科 Rosoideae、苹果亚科（梨亚科）Maloideae 和梅亚科（桃亚科）Prunoideae。四亚科的主要区别见下列检索表和图 12-53。

蔷薇科四亚科检索表

1. 果实开裂;不具托叶 ·· 绣线菊亚科
1. 果实不开裂;具托叶。
    2. 子房上位。
        3. 心皮通常多数;聚合瘦果或小核果 ···································· 蔷薇亚科
        3. 心皮通常 1 枚;核果 ·· 梅亚科
    2. 子房下位或半下位,梨果 ·· 苹果亚科

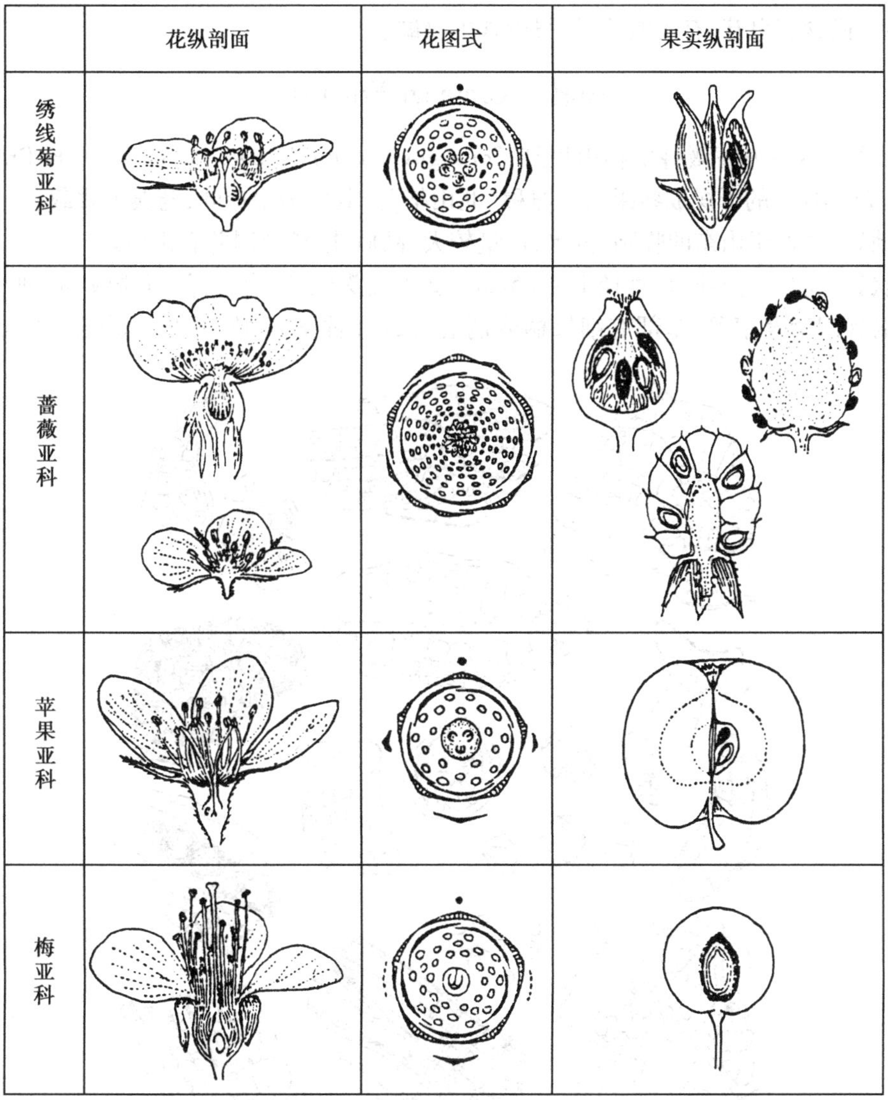

花纵剖面
花图式
果实纵剖面
绣线菊亚科
蔷薇亚科
苹果亚科
梅亚科

图 12-53　蔷薇科四亚科花、果比较图

本科约 124 属,3300 多种,分布于全球,以北温带为多。我国产 51 属,1100 多种,已知药用 360 种,各地均有分布。主要的属有山楂属(*Crataegus*)、梅属(*Prunus*)、枇杷属(*Eriobotry*)、梨属(*Pyrus*)、龙芽草属(*Agrimonia*)等。重要的生药有山楂、苦杏仁、桃仁、乌梅、郁李仁、枇杷叶、

金樱子、龙牙草(仙鹤草)、地榆、覆盆子等。

本科植物的解剖学特征呈现多样性。毛茸多为单细胞,单生或连合成簇,腺毛、腺状长柔毛存在;蜜腺存在于一些植物的叶柄、叶表面及叶齿上;气孔不定式。草酸钙结晶多为方晶或簇晶;黏液细胞常存在于叶表皮、叶脉及茎薄壁组织中(如枇杷属)。溶生式树脂道存在于某些植物的髓中。薄壁细胞常含鞣质。

本科植物化学成分主要有:①氰苷:如存在于枇杷属、梅属、梨属等植物中的苦杏仁苷(amygdalin),有止咳祛痰作用。氰苷能分解产生氢氰酸,少量的氢氰酸有镇咳作用,多量则可致中毒。②多元酚类及鞣质成分:如分布于龙芽草属中的仙鹤草酚(agrimophol),有驱绦虫作用。本科植物几乎都含多量鞣质。③黄酮类成分:如山楂属含有槲皮素(quercetin)、金丝桃苷(hyperin)。尚含有皂苷、有机酸等,但很少含生物碱。

山楂　Crataegi Fructus

【来源】　本品为蔷薇科植物山里红 *Crataegus pinnatifida* Bge. var. *major* N. E. Br. 或山楂 *C. pinnatifida* Bge. 的干燥成熟果实。习称"北山楂"。其叶为山楂叶,药典另收载。

【产地】　主产于山东的临朐、沂水,产量较大,品质佳,销全国并有出口。

【性状】　①果实类球形,直径 1 ~2. 5cm。②表面深红色,有光泽,具皱纹,有细小灰白色斑点,顶端有凹窝及宿萼,基部有细果柄或柄痕,果核(种子)5 枚,弓形。③通常横切成圆形

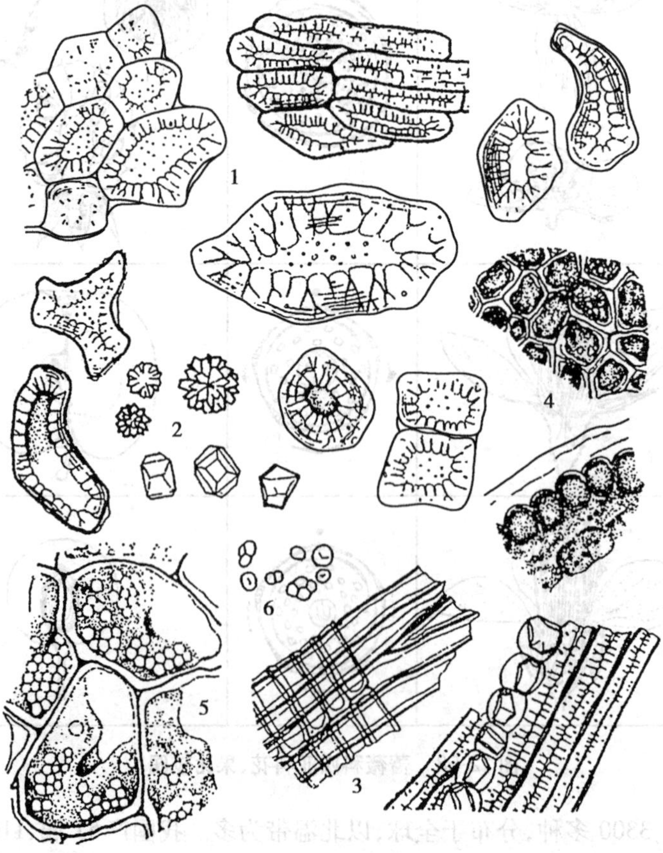

图 12-54　山楂粉末图

1. 石细胞, 2. 草酸钙簇晶和方晶, 3. 纤维, 4. 果皮表皮细胞, 5. 果肉薄壁细胞, 6. 淀粉粒

片，皱缩不平，直径1～2.5cm，厚2～4mm，果肉深黄色至淡棕色，中部横切片具5粒淡黄色果核，但核多脱落而中空。④气微清香，味酸、微甜。

【显微特征】　山里红粉末　深棕色或红棕色。①石细胞类圆形、长条形、类三角形或不规则形，直径18～185μm，壁极厚，达20～50μm，层纹明显，常可见细胞壁有1～3圈裂缝，甚至完整地开裂，孔沟较粗，有分叉，胞腔小，有的含橙黄色物。②草酸钙簇晶直径20～50μm，棱角较钝。③果肉薄壁细胞内含棕色物，淀粉粒及草酸钙方晶，方晶直径10～50μm。④纤维直径10～40μm，壁极厚，有纵裂缝，有时上下层交错排列。⑤果皮表皮细胞内含棕色或橙红色物，断面观角质层厚，达18μm。（图12-54）

山楂粉末特征与山里红相似。

【化学成分】

1. 有机酸类　主含三萜类有机酸，如山楂酸（crataegolic acid）、熊果酸（ursolic acid）、齐墩果酸（oleanolic acid），另含酒石酸（tartaric acid）、绿原酸、枸橼酸、棕榈酸、硬脂酸、油酸、亚油酸、亚麻酸等。

2. 黄酮类　槲皮素（quercetin）、牡荆素（vitexin）、牡荆素-4′-鼠李糖苷（vitexin-4′-rhamnoside）、芦丁（rutin）、金丝桃苷（hyperoside）等。

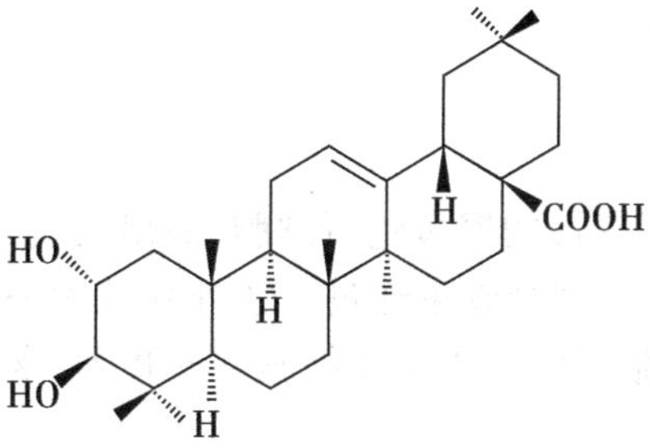

山楂酸

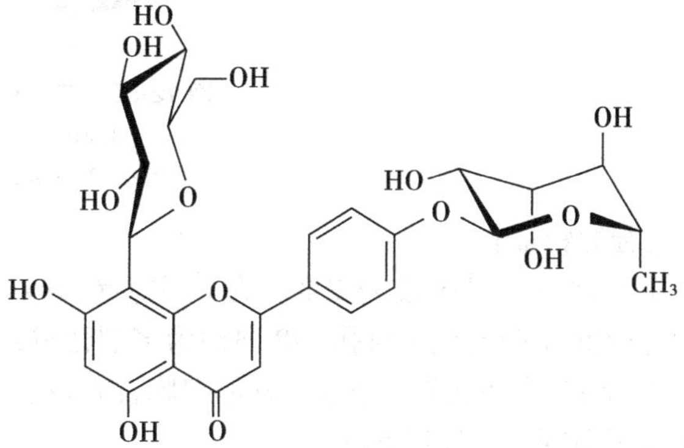

牡荆素-4′-鼠李糖苷

【药理作用】

1. 对心脏的作用　山楂的多种提取物对蟾蜍心脏均有一定强心作用；较小剂量注射对麻醉猫、兔、小鼠有降压作用。总黄酮又增加冠脉流量、抗实验性心肌缺氧、抗心律不齐等作用；牡荆素鼠李糖苷有保护心肌损伤作用。

2. 降血脂作用　山楂浸膏可使家兔血中胆固醇、甘油三酯含量明显降低。

3. 助消化作用　脂肪酶可促进脂肪分解。山楂酸等可提高蛋白分解酶的活性，有助消化的作用。

4. 抗菌作用　山楂煎剂及乙醇提取物对福氏痢疾杆菌、宋内氏痢疾杆菌、大肠杆菌等有抗菌作用；山楂核提取物对大肠杆菌、金黄色葡萄球菌、白念珠菌等有杀灭作用。

5. 防癌作用　山楂总黄酮可通过抑制肿瘤细胞DNA的生物合成，阻止肿瘤细胞分裂繁殖。山楂提取液能阻止亚硝胺的合成。

【功效与主治】　性微温，味酸、甘。能消食健胃，行气散瘀，化浊降脂。用于肉食积滞，胃脘胀痛，泻痢腹痛，瘀血经闭，产后瘀阻，心腹刺痛，胸痹心痛，疝气疼痛，高脂血症。焦山楂消食导滞作用增强，用于肉食积滞，泻痢不爽。用量9～12g。

苦杏仁 Armeniacae Semen Amarum

【来源】 本品为蔷薇科植物山杏 *Prunus armeniaca* L. var. *ansu* Maxim.、西伯利亚杏 *P. sibirica* L.、东北杏 *P. mandshurica*(Maxim.)Koehne 或杏 *P. armeniaca* L. 的干燥成熟种子。

【产地】 山杏主产于辽宁、河北、内蒙古、山东、江苏等地,多野生,亦有栽培;西伯利亚杏主产于黑龙江、辽宁、吉林、河北等地,野生;东北杏主产于东北各地,野生;杏主产于内蒙古、吉林、辽宁、河北、陕西、山西等地,栽培。

【性状】 ①呈扁心形,长 1~1.9cm,宽 0.8~1.5cm,厚 0.5~0.8cm。②表面黄棕色至深棕色。③一端尖,另端钝圆,肥厚,左右不对称;尖端一侧有短线形种脐,圆端合点处向上具多数深棕色的脉纹。④种皮薄,子叶 2,乳白色,富油性。⑤气微,味苦。(图 12-55)

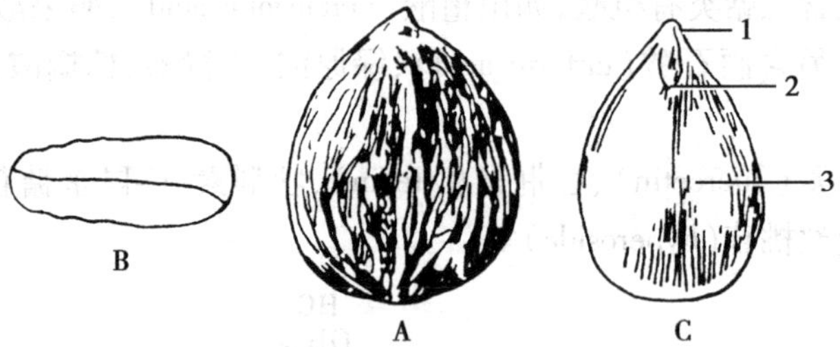

图 12-55 苦杏仁外形图

A. 全形;B. 横断面;C. 纵剖面

1. 胚根,2. 胚芽,3. 子叶

【显微特征】

1. 横切面 ①种皮表皮细胞为 1 层薄壁细胞,散有近圆形的橙黄色石细胞,突出表皮外,埋于表皮的部位有较大纹孔。②向内为多层薄壁细胞,有小型维管束通过。③外胚乳为一薄层颓废细胞;内胚乳为一至数列方形细胞,内含糊粉粒及脂肪油。④子叶细胞类多角形,含糊粉粒及脂肪油。(图 12-56)

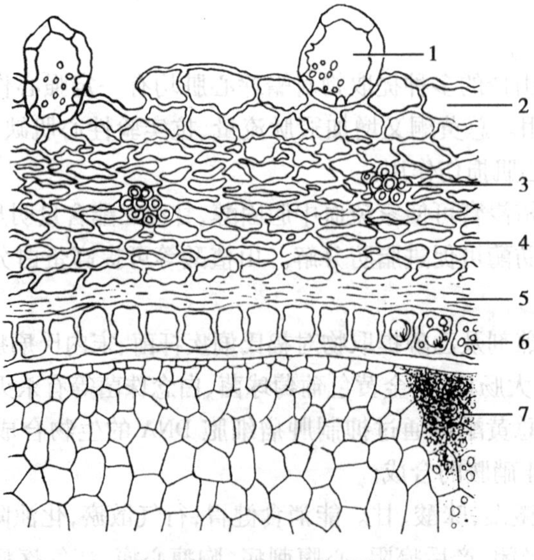

图 12-56 苦杏仁组织图

1. 石细胞,2. 表皮,3. 维管束,4. 薄壁细胞,5. 外胚乳,6. 内胚乳,7. 子叶

2. 粉末 黄白色。①种皮石细胞单个散在或成群,淡黄白色或黄棕色,侧面观多呈贝壳形,表面观类圆形、类多角形,纹孔大而密。②种皮外表皮薄壁细胞黄棕色,多皱缩并与种皮石细胞相连,细胞界限不明显。③子叶细胞含糊粉粒及脂肪油滴,较大的糊粉粒中可见一细小的晶体。④内胚乳细胞类多角形,内含糊粉粒等。

【化学成分】 苦杏仁苷(amygdalin,约3%)、脂肪油(约50%)、另含苦杏仁酶(emulsin)、苦杏仁苷酶、樱叶酶、醇腈酶、Δ^{24}-胆甾醇、α-雌二醇、蛋白质、氨基酸、糖类等。与苦杏仁香味有关的成分为苯甲醛、芳樟醇、4-松油烯醇、α-松油醇等。苦杏仁苷水解后产生氢氰酸(约0.2%)、苯甲醛及葡萄糖。

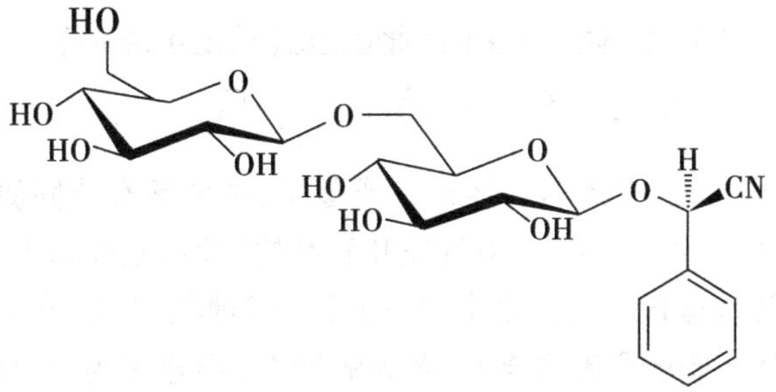

苦杏仁苷

【药理作用】

1. 止咳平喘作用 苦杏仁苷及提取物灌胃,对二氧化硫诱发的实验性咳嗽有明显抑制作用。其有效成分是苦杏仁苷分解产物氢氰酸,能轻度抑制呼吸中枢,起镇咳、平喘作用。

2. 对消化系统的作用 苦杏仁苷分解产物苯甲醛能抑制胃蛋白酶的消化功能。

3. 抗肿瘤作用 热水提取物粗制剂对人子宫颈癌JTC-26株的抑制率为50%～70%;氢氰酸、苯甲醛和苦杏仁苷均有微弱的抗癌作用。给小鼠自由摄食苦杏仁,可抑制艾氏腹水癌的生长,并使生存期延长。

4. 毒副作用 大量口服苦杏仁或苦杏仁苷可引起全身性中毒。由于苦杏仁苷在体内可分解产生氢氰酸,首先作用于延脑的呕吐、呼吸、迷走神经及血管运动等中枢,引起兴奋,随后进入昏迷、惊厥,继而整个中枢神经系统麻痹而死亡。表现有眩晕、头痛、呼吸急促、呕吐、心悸、发绀、昏迷、惊厥等症,用亚硝酸盐和硫代硫酸钠急救。

【功效与主治】 性微温,味苦;有小毒。能降气止咳平喘,润肠通便。用于咳嗽气喘,胸满痰多,血虚津枯,肠燥便秘。用量5～10g,生品入煎剂宜后下,内服不宜过量,以免中毒。

【附】 桃仁 Persicae Semen 为同属植物桃 *Prunus persica*(L.)Batsch 或山桃 *P. davidiana*(Carr.)Franch. 的干燥成熟种子。呈扁长卵形,长1.2～1.8cm,宽0.8～1.2cm,厚0.2～0.4cm,表面黄棕色至红棕色,密被细小颗粒状突起,一端尖,中部膨大,基部钝圆稍偏斜,边缘较薄;尖端一侧有短线形种脐,圆端有颜色略深不太明显的合点,自合点处散出多数纵向维管束。种皮薄,子叶2类白色,富油性。山桃仁呈类卵圆形,较小而肥厚。含苦杏仁苷与苦杏仁酶。性平,味甘、苦。能活血祛瘀,润肠通便,止咳平喘。用于经闭痛经,肺痈肠痈,跌仆损伤,肠燥便秘,咳嗽气喘。用量5～10g。

枇杷叶 Eriobotryae Folium

本品为蔷薇科植物枇杷 *Eriobotrya japonica*(Thunb.)Lindl. 的干燥叶。主产于华东、中南、西南等地区。全年均可采收，晒至七八成干后，扎小把，再晒干。药材叶片呈倒卵圆形或长椭圆形，较厚；先端尖，基部楔形，边缘具疏锯齿，近基部全缘；上表面灰绿色、黄棕色或红棕色，较光滑，有光泽；下表面密被黄色绒毛，羽状网状脉，主脉于下表面明显突出。叶柄极短，被棕黄色绒毛。革质而脆，易折断。气微，味微苦。含苦杏仁苷、皂苷、熊果酸、齐墩果酸、维生素 B_1、维生素 C、鞣质等。鲜叶含挥发油（0.04% ~ 0.1%），主含反式苦橙油醇、橙花椒醇、α，β-蒎烯等近 30 多种成分。其水煎液对金黄色葡萄球菌、肺炎球菌及痢疾杆菌有抑制作用。本品性微寒，味苦。去绒毛后，生用或蜜炙后使用。能清肺止咳，降逆止呕。用于肺热咳嗽，气逆喘急，胃热呕逆，烦热口渴等症。用量 6 ~ 10g。

16. 豆科　Leguminosae（Fabaceae）

$$⚥ *, \uparrow K_{5,(5)} C_5 A_{(9)+1,10,\infty} \underline{G}_{1:1:1\sim\infty}$$

【概述】 乔木、草本、灌木或藤本。茎直立或蔓生，根部常有能固氮的根瘤。叶多为羽状或掌状复叶，少为单叶，常互生；稀对生，多具托叶和叶枕（叶柄基部膨大的部分），花两性，两侧对称或辐射对称，花序常呈总状、头状、聚伞状、圆锥状或穗状，少数单生；具苞片和小苞片；花萼 5 裂；花瓣 5，离生，少数部分或基部合生，多为蝶形花；雄蕊多为 10 枚，常呈二体雄蕊（9+1 或 5+5），稀多数；1 心皮，子房上位，1 室，边缘胎座，胚珠 1 至多数。荚果。种子无胚乳。

在恩格勒系统中，根据花部特征，本科分为三个亚科：含羞草亚科 Mimosoideae、云实（苏木）亚科 Caesalpinioideae 和蝶形花亚科 Papilionoideae。三亚科的主要区别见下列检索表和图 12-57。

豆科三亚科检索表

1. 花辐射对称，花瓣呐合状排列，通常在基部以上合生；雄蕊通常为多数，稀与花瓣同数 ………………………………………………………… 含羞草亚科
1. 花两侧对称；花瓣覆瓦状排列；雄蕊定数，通常为 10 枚。
   2. 花冠为假蝶形；花瓣上升覆瓦状排列，即最上面的一片花瓣（旗瓣）位于最内方；雄蕊 10 枚或更少，通常离生 ………………………………………… 云实亚科
   2. 花冠蝶形；花瓣下降覆瓦状排列，即最上面的一片花瓣（旗瓣）位于最外方；雄蕊 10 枚，通常为二体 ……………………………………………… 蝶形花亚科

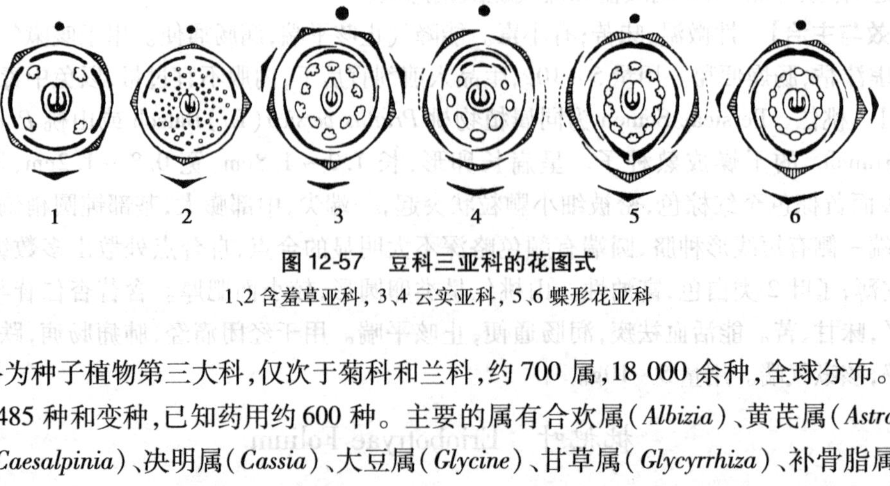

图 12-57　豆科三亚科的花图式

1、2 含羞草亚科，3、4 云实亚科，5、6 蝶形花亚科

本科为种子植物第三大科，仅次于菊科和兰科，约 700 属，18 000 余种，全球分布。我国有 172 属，1485 种和变种，已知药用约 600 种。主要的属有合欢属（*Albizia*）、黄芪属（*Astragalus*）、云实属（*Caesalpinia*）、决明属（*Cassia*）、大豆属（*Glycine*）、甘草属（*Glycyrrhiza*）、补骨脂属（*Psoralea*）、葛属（*Pueraria*）、槐属（*Sophora*）等。重要的生药有甘草、黄芪、番泻叶、葛根、苦参、决明

子、鸡血藤、合欢皮、补骨脂、山豆根、苏木、降香、槐米等。

本科植物毛茸较多,腺毛广泛存在,如蝶形花亚科中,常见单列多细胞毛和单细胞毛,蝶形花亚科和云实亚科的某些属中还有双臂毛。薄壁细胞中常见草酸钙方晶,并形成晶鞘,也有簇晶。叶表皮气孔多为平轴式;有的叶肉组织为等面型;叶脉部位有晶鞘纤维。种子表皮细胞常为狭长的栅状细胞,细胞壁有不同程度的木化增厚,有时中部偏外侧部分可见 1 条折光性强的光辉带,表皮下层细胞常为滴漏状(工字形)的种皮支持细胞。有些植物的中柱鞘、韧皮部和木部薄壁组织会产生树胶,分泌物常呈各种色泽(如鸡血藤)。

本科植物化学成分主要有:①黄酮类:甘草中的甘草苷(liquiritin)、甘草素(liquiritigenin)、异甘草素等黄酮类成分有抗溃疡活性;葛根中的葛根素(puerarin)等异黄酮类成分在心血管系统方面有活性;补骨脂中的异补骨脂查耳酮(isobavachalcone)有显著扩张冠状动脉、增加冠脉血流量和抗肿瘤等作用;槐米中的芦丁(rutin)可以维持血管正常渗透压、降低血管脆性,能预防血管脆化和防止毛细血管性出血;大豆中的染料木素(genistein)和大豆苷元(daidzein)等异黄酮类成分也有抵御癌细胞的作用。②生物碱类:主要分布在蝶形花亚科中,以吡啶类和吲哚类生物碱为主。苦参碱(matrine)有抗癌作用,毒扁豆碱能治疗青光眼。③三萜皂苷类:甘草中的甘草甜素(glycyrrhizin)等成分有抑制艾滋病病毒增殖,以及抗菌、保肝、镇咳、祛痰等作用;黄芪中的黄芪皂苷Ⅰ(astragaloside Ⅰ)有增进巨噬细胞的吞噬功能;合欢属多种植物的树皮有兴奋子宫等作用;葛属植物的三萜皂苷类成分有抗肿瘤和保肝作用。本科植物中还含有蒽醌类(如决明属植物中的番泻苷具有降血脂、抗血小板聚集、抗肝毒和泻下等作用)、多糖、香豆素等。

黄芪　Astragali Radix

【来源】　本品为豆科植物蒙古黄芪 *Astragalus membranaceus*(Fisch.)Bge. var. *mongholicus*(Bge.)Hsiao 或膜荚黄芪 *A. membranaceus*(Fisch.)Bge. 的干燥根。

【植物形态】　蒙古黄芪　多年生草本。茎直立。奇数羽状复叶,小叶较小 12~18 对;宽椭圆形、椭圆形或长圆形;托叶披针形。总状花序腋生,常比叶长;花冠黄色至淡黄色,旗瓣长圆状倒卵形,翼瓣及龙骨瓣均有长爪;雄蕊 10,二体(9+1)。荚果膜质,膨胀,半卵圆形,无毛。花期 6~7 月,果期 7~9 月。分布于黑龙江、吉林、河北、山西、内蒙古等地。(图 12-58)膜荚黄芪　奇数羽状复叶,小叶 6~13 对;小叶片椭圆形至长圆形或椭圆状卵形;托叶卵形至披针状线形。荚果被黑色或黑白相间的短伏毛。

【产地】　主产于山西、黑龙江、内蒙古等地。多栽培,以栽培的蒙古黄芪质佳,膜荚黄芪质稍次。产于山西绵山者,习称"绵芪"或"西黄芪";产于黑龙江、内蒙古者,习称"北黄芪"。此外,吉林、甘肃、河北、陕西、辽宁等省亦产。

【采制】　春、秋二季采挖,以秋季采者为佳。挖出后切去根头,除去须根、泥土,晒至六七成干,分别大小,捆把,晒干。

【性状】　①根呈圆柱形,有的有分枝,上端较粗,长 30~90cm,直径 1~3.5cm。②表面淡棕黄色或淡棕褐色,有不整齐的纵皱纹或纵沟。③质硬而韧,不易折断,断面纤维性强,并显粉性,皮部黄白色,木部淡黄色,有放射状纹理及裂隙,老根中心偶呈枯朽状,黑褐色或呈空洞。④气微,味微甜,嚼之微有豆腥味。(图 12-59)以条粗长、皱纹少、质坚而绵、断面黄白色、粉性足、味甜者为佳。

【显微特征】　横切面　①木栓层为多列木栓细胞。②栓内层较窄,为 3~5 列厚角细胞。③韧皮部射线外侧常弯曲,有裂隙;纤维成束,或单个散在,壁厚,木化或微木化,与筛管群交互

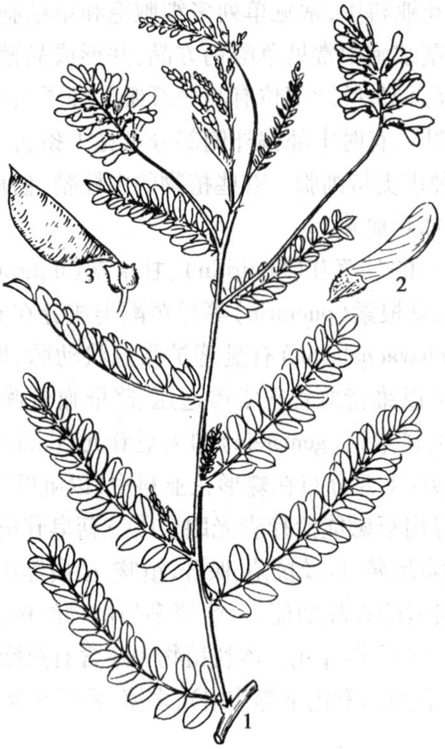

图 12-58　蒙古黄芪原植物图

1. 花枝，2. 花，3. 荚果

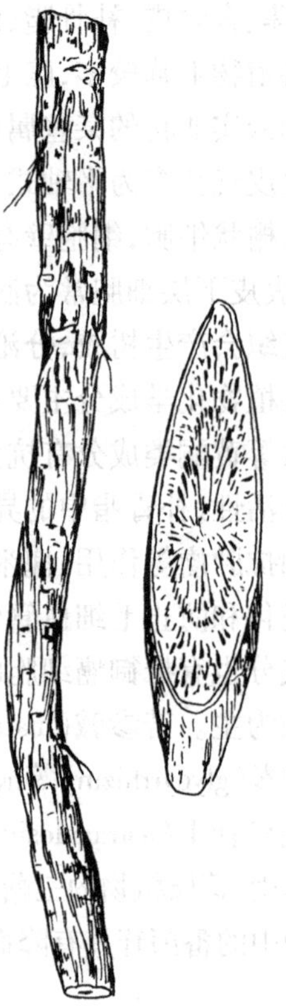

图 12-59　黄芪药材图

排列；近栓内层处有时可见石细胞及纵向管状木栓组织。④形成层成环。⑤木质部导管单个散在或 2～3 个相聚；导管间有木纤维束；射线中有时可见单个或 2～4 个成群的石细胞。薄壁细胞含淀粉粒。（图 12-60）

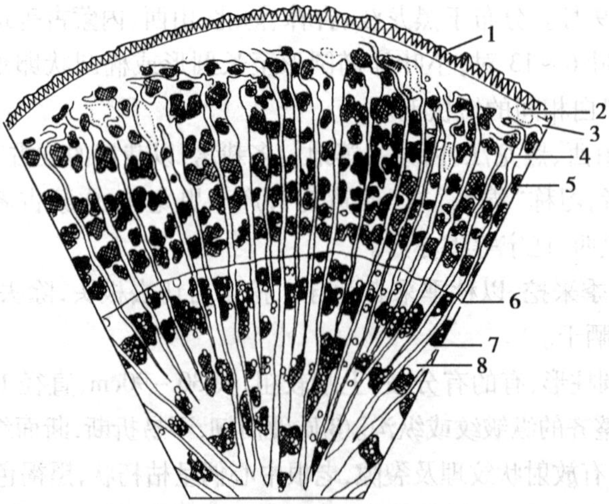

图 12-60　黄芪根横切面简图

1. 木栓层，2. 木栓组织环，3. 皮层，4. 韧皮射线，5. 韧皮纤维束，6. 形成层，7. 导管及木纤维，8. 木质部

粉末　黄白色。①纤维成束或散离，细长，壁厚，表面有纵裂纹，初生壁常与次生壁分离，两端常断裂成须状，或较平截。②具缘纹孔导管无色或橙黄色，具缘纹孔排列紧密。③石细胞少见，圆形、长圆形或形状不规则，壁较厚。④木栓细胞多角形或类方形，垂周壁薄，有的呈细波状弯曲。⑤淀粉粒多为单粒，类圆形、长圆形或类肾形，复粒由2～4分粒组成。（图12-61）

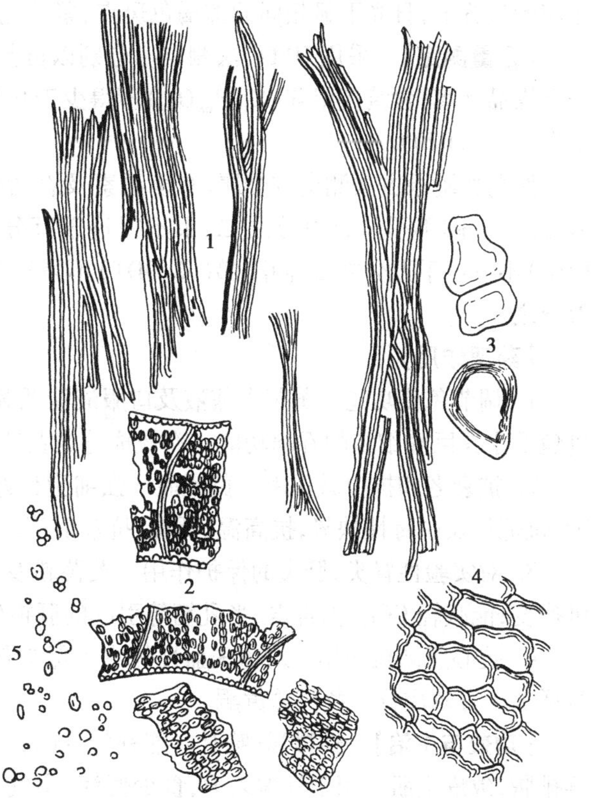

图12-61　黄芪粉末图

1. 纤维，2. 导管，3. 石细胞，4. 木栓细胞，5. 淀粉粒

【化学成分】

1. 三萜皂苷类　膜荚黄芪根中含黄芪皂苷（astragaloside）Ⅰ～Ⅷ、大豆皂苷Ⅰ；蒙古黄芪根中含黄芪皂苷Ⅰ、Ⅱ、Ⅳ和大豆皂苷Ⅰ。黄芪皂苷Ⅳ（黄芪甲苷）为黄芪的主要有效成分之一，常作质控指标。

2. 黄酮类　芒柄花黄素（formononetin）、3′-羟基芒柄花黄素（毛蕊异黄酮，calycosin）、毛蕊异黄酮葡萄糖苷等，其中一些成分具较强的抗氧化活性。

3. 多糖类　黄芪多糖（astragalan）Ⅰ、Ⅱ、Ⅲ等，有增强免疫活性的作用。

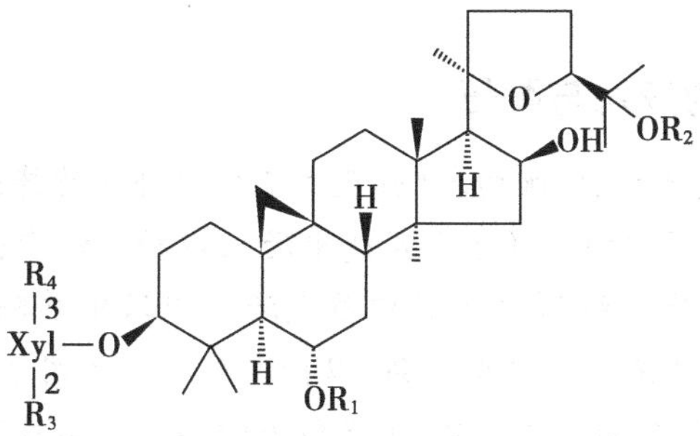

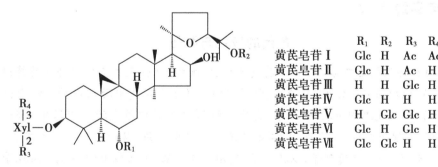

	R_1	R_2	R_3	R_4
黄芪皂苷Ⅰ	Glc	H	Ac	Ac
黄芪皂苷Ⅱ	Glc	H	Ac	H
黄芪皂苷Ⅲ	H	H	Glc	H
黄芪皂苷Ⅳ	Glc	H	H	H
黄芪皂苷Ⅴ	H	Glc	Glc	H
黄芪皂苷Ⅵ	Glc	H	Glc	H
黄芪皂苷Ⅶ	Glc	Glc	H	H

【理化鉴别】

1. 取本品粉末3g，加水30ml，浸渍过夜，滤过，取滤液1ml，加0.2%茚三酮溶液2滴，在沸水中加热5分钟，冷后呈紫红色。（检查氨基酸、多肽）。

2. 取上项水溶液1ml，于60℃水浴中加热10分钟，加5%α-萘酚乙醇溶液5滴，摇匀，沿管壁缓缓加入浓硫酸0.5ml，在试液与硫酸交界处出现紫红色环。（检查糖、多糖）

3. 薄层色谱　取粉末3g，用甲醇回流提取，滤过，滤液用中性氧化铝柱（100～120目）处理，取40%甲醇洗脱液蒸干，残渣加水溶解，用水饱和的正丁醇振摇提取，正丁醇液水洗后，蒸干，残渣加甲醇溶解作供试品。另取黄芪甲苷作对照品。用硅胶G板，三氯甲烷-甲醇-水（13∶7∶2）的下层溶液，展开，以10%硫酸乙醇溶液加热显色。供试品色谱中，在与对照品色谱相应的位置上，日光下显相同的棕褐色斑点；紫外光灯（365nm）下显相同的橙黄色荧光斑点。

【含量测定】 采用 HPLC 法测定。分别以黄芪甲苷、毛蕊异黄酮葡萄糖苷为对照品，本品按干燥品计算，含黄芪甲苷（$C_{41}H_{68}O_{14}$）不得少于 0.040%，含毛蕊异黄酮葡萄糖苷（$C_{22}H_{22}O_{10}$）不得少于 0.020%。

照药典附录方法测定重金属、有害元素及农药残留量，铅不得过百万分之五，镉不得过千万分之三，砷不得过百万分之二，汞不得过千万分之二，铜不得过百万分之二十；六六六（总 BHC）不得过千万分之二，滴滴涕（总 DDT）不得过千万分之二，五氯硝基苯（PCNB）不得过千万分之一。

【药理作用】

1. 调节免疫功能　黄芪水煎液及口服液能明显提高小鼠网状内皮系统的吞噬功能，可促进兔及小鼠巨噬细胞的吞噬功能。有效成分为黄芪多糖、黄芪甲苷。

2. 抗衰老和抗应激作用　黄芪能增强细胞代谢，延长细胞寿命；有适应原样作用，能抗疲劳、抗低压及中毒性缺氧，抗高温、低温、抗辐射等。有效成分为黄芪多糖。

3. 对实验性肾炎、肝炎的保护作用　黄芪粉及其注射液能减轻各种实验性肾炎引起的肾脏病变；能减轻 CCl_4、内毒素、半乳糖等引起的肝损伤。有效成分为黄芪多糖及皂苷。

4. 抗心肌缺血作用　对兔失血性休克有保护作用；能使离体心脏的功能和冠脉血流量明显增加。有效成分为黄芪总黄酮。

【功效与主治】 性微温，味甘。能补气升阳，固表止汗，利水消肿，生津养血，行滞通痹，托毒排脓，敛疮生肌。用于气虚乏力，食少便溏，中气下陷，久泻脱肛，便血崩漏，表虚自汗，内热消渴，气虚水肿，血虚痿黄，半身不遂，痹痛麻木，痈疽难溃，久溃不敛。现常用于治疗慢性肾炎蛋白尿、糖尿病等。用量 9～30g。补气宜炙用，止汗、利尿、托毒排脓、生肌宜生用。

理论与实践

黄芪的应用与配伍

黄芪为补脾益气之要药。①用于脾气虚证：常配白术（如芪术膏），以补气健脾；配人参（如参芪膏），以增强补气作用；配桂枝、白芍、甘草等（如黄芪建中汤），以补气温中；配附子（如芪附汤），以益气温阳固表；配人参、升麻、柴胡等（如补中益气汤），以培中举陷。②用于肺气虚证：常配伍紫菀、款冬花、杏仁等祛痰止咳平喘之品，以标本兼顾。③用于气血不足：常配当归、穿山甲、皂角刺等，以托毒排脓；治久溃不敛，可配伍当归、人参、肉桂等，以生肌敛疮。

甘草　Glycyrrhizae Radix et Rhizoma

【来源】 本品为豆科植物甘草 *Glycyrrhiza uralensis* Fisch.、胀果甘草 *G. inflata* Bat. 或光果甘草 *G. glabra* L. 的干燥根及根茎。

【植物形态】 甘草　多年生草本，全株被白色短毛及腺鳞或腺毛。根茎圆柱状，主根长，粗大。奇数羽状复叶互生，托叶早落；小叶 7～17 枚。总状花序，腋生；蝶形花，淡紫堇色，旗瓣大，先端圆或微缺，下部有短爪，龙骨瓣直，较翼瓣短，均有长爪；雄蕊 10，二体(9+1)。荚果扁平，狭长，弯曲成镰刀状或环状，多数紧密排列成球状，密被绒毛腺瘤、黄褐色刺状腺或少数非腺毛。花期6～7月，果期7～9月。(图12-62)胀果甘草　植物体局部常被密集成片的淡黄褐色鳞片状腺体，无腺毛。小叶3～7枚，边缘波状，上面黯绿色，黄褐色腺点，下面有似涂胶状光泽。总状花序一般与叶等长。荚果短小而直，膨胀，无腺毛。光果甘草　植物体密被淡黄褐色腺点和鳞片状腺体，无腺毛。小叶19枚，窄长平直，上面无毛或有微柔毛，下面密被淡黄色腺点。花序穗状，花稀疏。荚果扁直，长圆形或微弯曲，光滑无毛或有少许不明显的腺瘤。

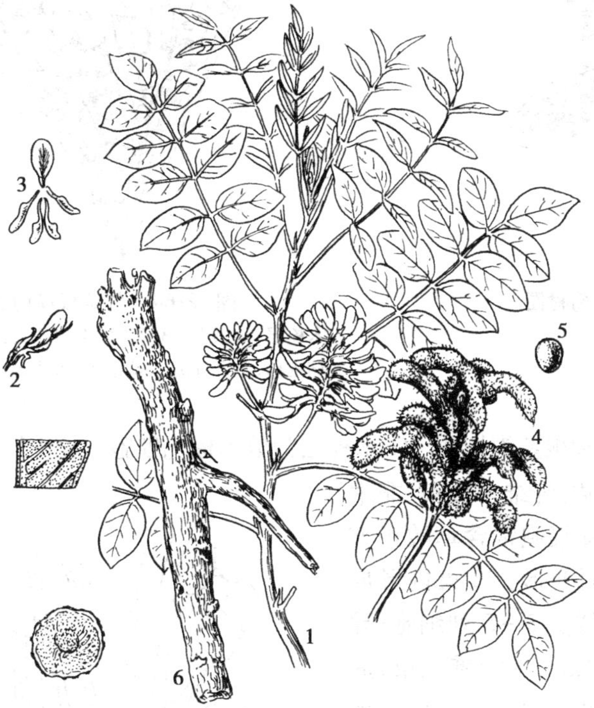

图12-62　甘草原植物图

1.花枝，2.花，3.旗瓣、翼瓣和龙骨瓣，4.荚果，5.种子，6.根和根茎

【产地】　甘草主产于内蒙古、甘肃、新疆等地，依产地分为西甘草和东甘草。西甘草主产于内蒙古、陕西、甘肃、青海、新疆；东甘草主产于黑龙江、吉林、辽宁、河北、山西。以内蒙古阿拉善旗、杭锦旗、橙口一带所产者最佳，内蒙古五原、陕西、山西、新疆产者次之。胀果甘草主产于新疆、甘肃，习称为“新疆甘草”。光果甘草产于新疆、欧洲等地，习称为“欧甘草”或“洋甘草”。

【采制】　春、秋两季采挖，除去须根，晒干。剥去栓皮的，习称“粉甘草”。

【性状】　甘草　①根呈圆柱形，长25～100cm，直径0.6～3.5cm。外皮松紧不一。②表面红棕色或灰棕色，具显著的纵皱纹、沟纹、皮孔及稀疏的细根痕。③形成层环明显，射线放射状，有的有裂隙。④质坚实，断面略显纤维性，黄白色，粉性。⑤气微，味甜而特殊。根茎呈圆柱形，表面有芽痕，断面中部有髓。(图12-63)胀果甘草　根及根茎木质粗壮，有的分枝，外皮粗糙，多灰棕色或灰褐色。质坚硬，木质纤维多，粉性小。根茎不定芽多而粗大。光果甘草　根及根茎质地较坚实，有的分枝，外皮不粗糙，多灰棕色，皮孔细而不明显。

以外皮细紧、色红棕、质坚实、断面黄白、粉性足、味甜者为佳。

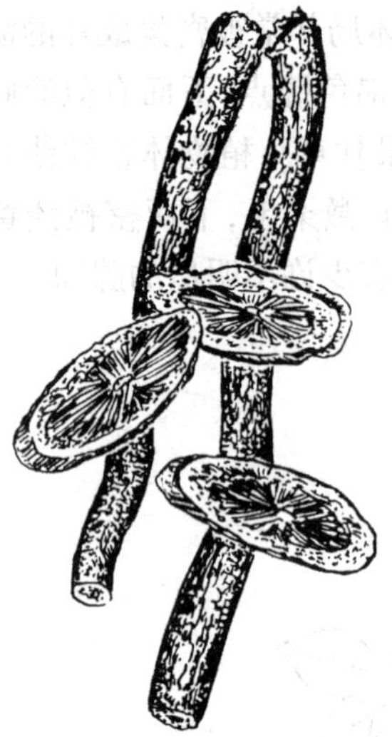

图 12-63　甘草药材图

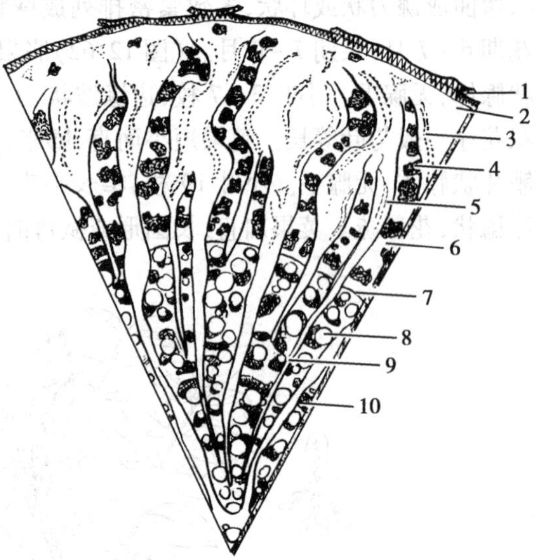

图 12-64　甘草根横切面简图

1. 木栓层, 2. 皮层, 3. 裂隙, 4. 韧皮纤维束, 5. 韧皮射线, 6. 韧皮部, 7. 形成层, 8. 导管, 9. 木射线, 10. 木纤维束

【显微特征】 根和根茎横切面　①木栓层为数列棕色细胞。栓内层较窄。②韧皮部射线宽广,多弯曲,常见裂隙;纤维多成束,非木化或微木化,周围薄壁细胞常含草酸钙方晶;筛管群常因压缩而变形。③束内形成层明显。④木质部射线宽 3 ~5 列细胞;导管较多,直径约至 160μm;木纤维成束,周围薄壁细胞亦含草酸钙方晶。⑤根中心无髓;根茎中心有髓。薄壁细胞含淀粉粒。(图 12-64)

粉末　淡棕黄色。①纤维成束,壁厚,微木化,周围薄壁细胞含草酸钙方晶,形成晶纤维。草酸钙方晶多见。②具缘纹孔导管较大,稀有网纹导管。③木栓细胞红棕色,多角形,微木化。④淀粉粒单粒椭圆形、卵形或类圆形,脐点点状或短缝状;复粒稀少。此外,可见草酸钙方晶、棕色块、射线细胞等。(图 12-65)

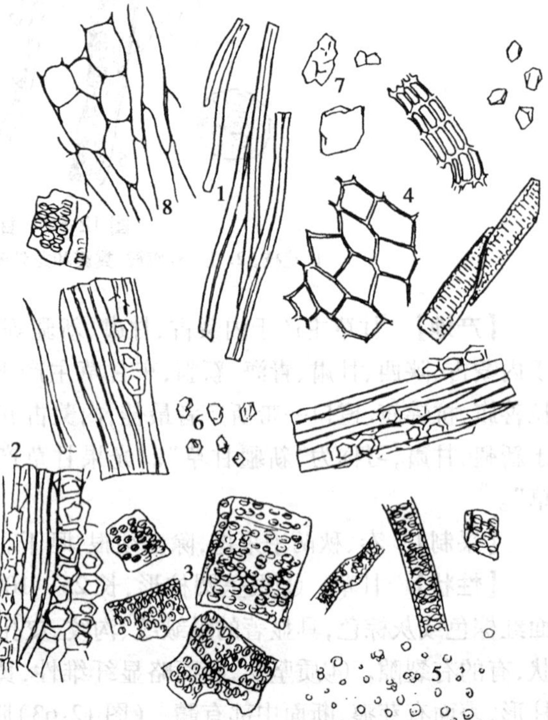

图 12-65　甘草粉末图

1. 纤维, 2. 晶纤维, 3. 导管, 4. 木栓细胞, 5. 淀粉粒, 6. 草酸钙方晶, 7. 棕色块, 8. 射线细胞

【化学成分】

1. 三萜皂苷类　主要有甘草甜素(glycyrrhizin),系甘草酸(glycyrrhizic acid)的钾、钙盐,为甘草的甜味成分。甘草酸水解后得 2 分子葡萄糖醛酸和 1 分子 18β-甘草

次酸(18β-glycyrrhetic acid)。

2. 黄酮类　主要有甘草苷(liquiritin)、甘草苷元、异甘草苷、异甘草苷元、新甘草苷、新异甘草苷等。

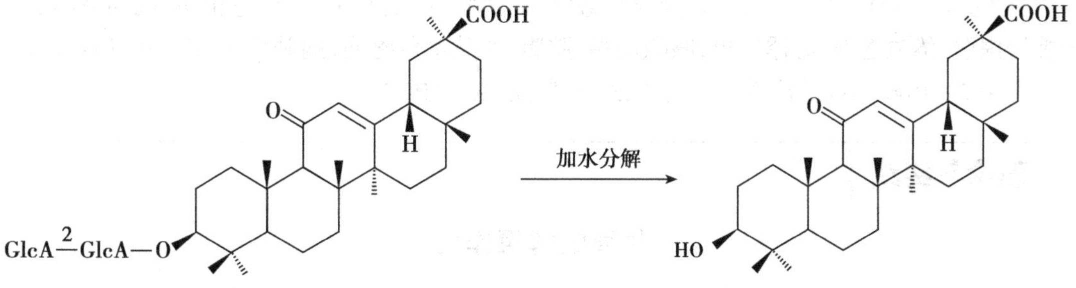

甘草酸　　甘草次酸

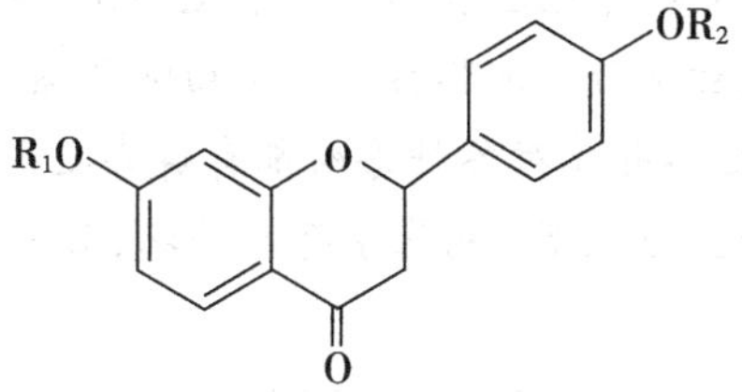

	R_1	R_2
甘草苷元	H	H
甘草苷	H	Glc
新甘草苷	Glc	H

【理化鉴别】

1. 取本品粉末少许置白瓷板上,加80%(v/v)硫酸数滴,显黄色,渐变橙黄色(甘草甜素反应)。

2. 薄层色谱　取本品粉末用乙醚回流脱脂、甲醇热提后,提取液蒸干,残渣加水溶解,正丁醇萃取,萃取液蒸干,残渣加甲醇溶解作供试品。以甘草对照药材和甘草酸单胺盐对照品作对照,用1%氢氧化钠溶液制备的硅胶G板,用醋酸乙酯-甲酸-冰醋酸-水(15∶1∶1∶2)展开,10%硫酸乙醇溶液加热显色,于紫外光灯(365nm)下检视。供试品色谱中,在与对照品药材和对照品色谱相应的位置上,显相同颜色的荧光斑点。

【含量测定】　采用HPLC法测定。分别以甘草苷和甘草酸铵为对照品,本品按干燥品计算,含甘草苷($C_{21}H_{22}O_9$)不得少于0.50%,甘草酸($C_{42}H_{62}O_{16}$)不得少于2.0%。

照药典附录方法测定重金属、有害元素及农药残留量,铅不得过百万分之五,镉不得过千万分之三,砷不得过百万分之二,汞不得过千万分之二,铜不得过百万分之二十;六六六(总BHC)不得过千万分之二,滴滴涕(总DDT)不得过千万分之二,五氯硝基苯(PCNB)不得过千万分之一。

【药理作用】

1. 抗溃疡作用　对大鼠结扎幽门及组胺诱导的犬胃溃疡有明显的抑制作用;其流浸膏灌胃后能吸附胃酸,对正常犬及实验性溃疡大鼠能降低胃酸。主要有效成分为甘草苷元、异甘草苷元。

2. 盐皮质激素样作用　对健康人及多种动物都有促进储水、留钠及排钾的作用。主要有效成分为甘草皂苷及甘草次酸。

3. 糖皮质激素样作用　对大鼠甲醛性关节炎及棉球肉芽肿炎症有明显的抑制作用。主要有效成分为甘草皂苷、甘草次酸盐。

4. 镇咳祛痰作用　甘草次酸及其衍生物具有显著的中枢镇咳作用,其中作用最强的是甘草次酸胆碱盐。

5. 解毒作用　对某些药物中毒、食物中毒、体内代谢产物中毒,有解毒作用。有效成分为甘草皂苷。其解毒机制为甘草甜素对毒物有吸附作用；甘草甜素水解产物葡萄糖醛酸能与毒物结合；甘草甜素有肾上腺糖皮质激素样作用，能增强肝脏的解毒能力等多方面因素综合作用的结果。

6. 抗病毒作用　甘草对艾滋病毒、水疱性口炎病毒等均有明显抑制作用。

【功效与主治】　性平，味甘。能补脾益气，清热解毒，祛痰止咳，缓急止痛，调和诸药。用于脾胃虚弱，倦怠乏力，心悸气短，咳嗽痰多，脘腹、四肢挛急疼痛，痈肿疮毒，缓解药物毒性、烈性。用量2～10g。不宜与海藻、京大戟、红大戟、芫花、甘遂同用。

理论与实践

甘草的解毒作用

甘草俗称"国老"，有"甘草能解百药毒"之说。甘草浸膏、甘草酸等对水合氯醛、士的宁、乌拉坦、可卡因等有显著解毒效果；对印防己毒素、咖啡因、乙酰胆碱、毛果芸香碱、烟碱、巴比妥类药物等也一定的解毒效果；甘草酸对河豚毒、蛇毒、白喉毒素、破伤风毒素等有解毒作用，还能减轻链霉素的毒性。但甘草并非对各种毒药都有解毒之效，如对阿托品、毒扁豆碱、吗啡、锑剂等中毒则无效；对甘遂、京大戟、芫花等有毒药物，甘草不仅没有解毒作用，还可能使其毒性增强。

番泻叶 Sennae Folium

【来源】　本品为豆科植物狭叶番泻 *Cassia angustifolia* vahl 及尖叶番泻 *C. acutifolia* Delile 的干燥小叶。

【产地】　狭叶番泻叶　主产于红海以东至印度一带，现以印度南端的丁内未利产量最大，故商品名又称"印度番泻叶"或"丁内未利番泻叶"。埃及、苏丹亦产。尖叶番泻叶　主产于埃及尼罗河上游，由埃及的亚历山大港输出，故又称"埃及番泻叶"或"亚历山大番泻叶"。现我国广东、海南及云南西双版纳等地也有栽培。

【性状】　狭叶番泻叶　①小叶片多完整平坦，长卵形或卵状披针形，长1.5～5cm，宽0.4～2cm，叶端急尖并有锐刺，全缘，基部稍不对称。②上表面黄绿色，下表面浅黄绿色。无毛或近无毛，有叶脉及叶片叠压线纹，下表面主脉稍隆起。③革质。④气微弱而特异，味微苦，稍有黏性。尖叶番泻叶　与狭叶番泻叶相似，主要区别为：小叶片边缘略卷，有破碎，呈披针形或长卵形，叶端短尖或微凸，叶基不对称。两面均有细短毛茸。无叠压线纹。质地较薄、脆。（图12-66）

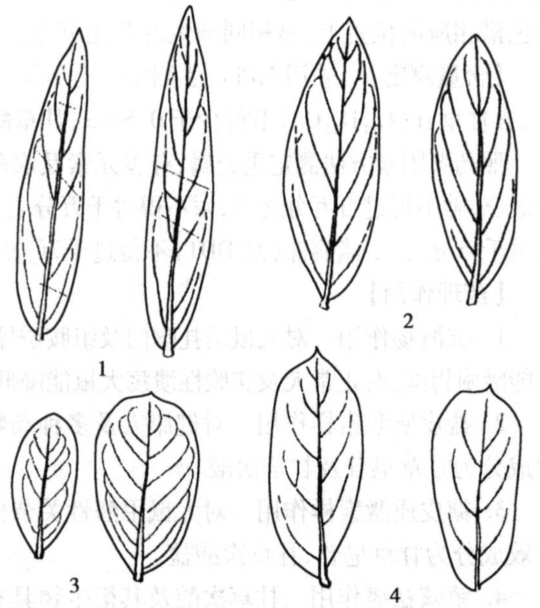

图12-66　番泻叶药材及伪品图
1. 狭叶番泻叶，2. 尖叶番泻叶，3. 卵叶番泻叶，4. 耳叶番泻叶

【显微特征】　叶片横切面　①表皮细胞1列类长方形，常含黏液质，外被角质层；上下表皮均有气孔和单细胞非毛腺。②叶肉组织为等面叶型。均有1列栅栏细胞，上表面的栅栏细胞长柱形约150μm，通过主脉；下表面的栅栏细胞较短，靠主脉下方具厚角组织；海绵组织细胞中常含有草酸钙簇晶。③主脉维管束外韧型，上下两侧均有微木化的中柱鞘纤维束，且形成晶鞘纤维。（图12-67）

粉末　淡绿色或黄绿色。①晶鞘纤维多，草酸钙方晶的直径为12～15μm。②单细胞的非腺毛，壁厚，具疣状突起，基部稍弯曲。③表皮细胞表面观呈多角形，垂周壁平直；气孔平轴式，副卫细胞多为2个，少有3个。④草酸钙簇晶较多，存于海绵组织中。（图12-68）

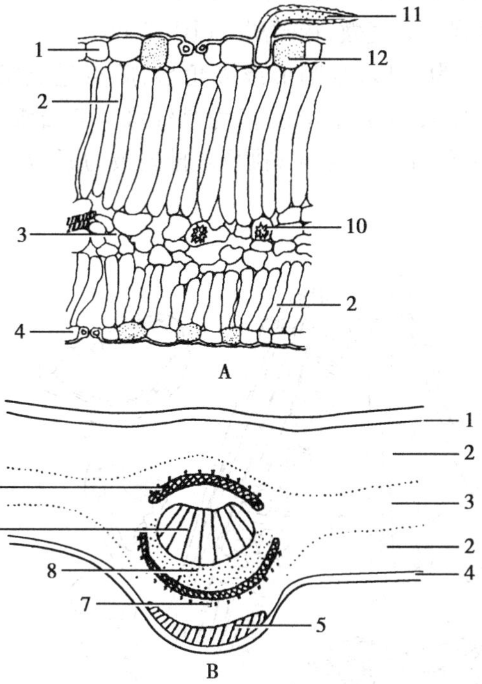

图12-67　番泻叶横切面图（A. 横切面详图；B. 横切面简图）

1. 上表皮，2. 栅栏组织，3. 海绵组织，4. 下表皮，5. 厚角组织，6. 中柱鞘纤维，7. 方晶，8. 韧皮部，9. 木质部，10. 草酸钙簇晶，11. 非腺毛，12. 黏液细胞

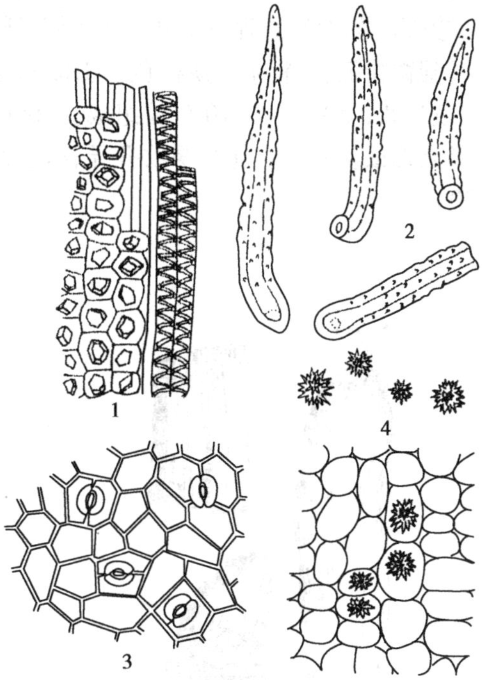

图12-68　番泻叶粉末图

1. 晶鞘纤维，2. 非腺毛，3. 表皮细胞及气孔，4. 草酸钙簇晶

【化学成分】　主含二蒽酮苷类化合物，主要为番泻叶苷A～D（sennosideA～D）、芦荟大黄素双蒽酮苷，其中以番泻苷A、B为主。其次含游离蒽醌及其苷，如大黄酸葡萄糖苷、芦荟大黄素葡萄糖苷及少量的大黄酸（rhein）、芦荟大黄素、大黄酚等。

【药理作用】

1. 泻下作用　番泻叶所含的蒽醌类衍生物具有显著的泻下作用，主要有效成分为番泻叶苷A、B，泄下机理与大黄相似，但本品不含大量鞣质类成分，无泄后继发便秘的副作用，可用于习惯性便秘的治疗。

2. 抗菌作用　蒽醌类对葡萄球菌、大肠杆菌等多种细菌及皮肤真菌有抑制作用。主要有效成分为大黄酸、芦荟大黄素、大黄素。

3. 止血作用　游离蒽醌类衍生物为其止血有效成分，能缩短血凝时间，促进血小板生成，增强毛细血管抵抗力，该药所含的晶鞘纤维和草酸钙簇晶也有局部止血作用。

【功效与主治】　性寒，味甘，苦；能泻热行滞，通便，利水。用于热结积滞，便秘腹痛，水肿胀满等症。用量2～6g。入煎剂宜后下，或开水泡服，孕妇慎用。

葛根　Puerariae Lobatae Radix

【来源】　为豆科植物野葛 *Pueraria lobata*(Willd.)Ohwi 的干燥根。习称"野葛"。

【产地】　主产于湖南、河南、浙江等省，全国大部分地区亦产。

【性状】　①根呈类圆柱形，常纵切成长方形厚片或小方块。②外皮淡棕色，有纵皱纹，粗糙。③切面黄白色，纹理不明显。④质韧，纤维性强。⑤气微，味微甜。(图12-69)

【显微特征】　粉末　淡棕色。①淀粉粒单粒为球形、半圆形或多角形，脐点呈点状、裂缝状或星状；复粒由2～10分粒组成。②纤维多成束，壁厚，木化，多为晶纤维。③石细胞少见，类圆形或多角形。④具缘纹孔导管较大，具缘纹孔六角形或椭圆形，排列极为紧密。(图12-70)

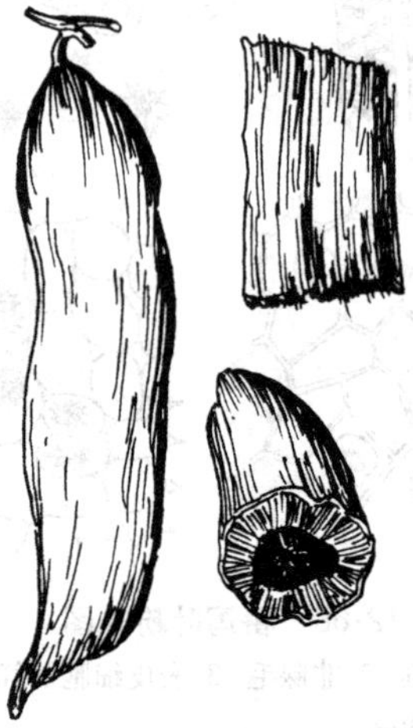

图12-69　葛根药材图

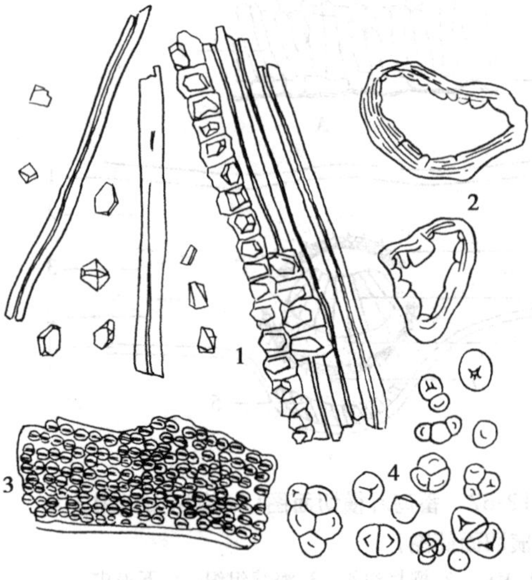

图12-70　葛根粉末图

1. 纤维及晶纤维，2. 石细胞，3. 导管，4. 淀粉粒

【化学成分】　含异黄酮类成分，主要有葛根素(puerarin)、大豆苷(daidzin)、大豆苷元(daidzein)、染料木素、刺芒柄花素等。此外，还有三萜类、皂苷类、香豆素类、尿囊素及大量淀粉等成分。

【药理作用】　主要为对心血管系统的作用，静脉注射葛根黄酮能降低麻醉犬的血压和脑血管阻力，高血压犬口服能轻度降压；葛根总黄酮和葛根素均能扩张冠状血管、改善心肌代谢、减慢心率，提高心肌工作效率；能改善高血压患者的项强、头晕、头疼、耳鸣等症状，缓解冠心病患者的心绞痛症状。此外，葛根还有抗心律失常、降血糖、降血脂、解痉、解热、抗炎、抗氧化等作用。

【功效与主治】　性凉，味甘、辛。能解肌退热，生津，透疹，升阳止泻，通经活络，解酒毒。

用于外感发热头痛、无汗、项背强痛，口渴，消渴，麻疹不透，热痢，泄泻；眩晕头痛，中风偏瘫，胸痹心痛，酒毒伤中。用量 10～15g。退热生用，止泻煨熟用。

苦参　Sophorae Flavescentis Radix

本品为豆科植物苦参 *Sophora flavescens* Ait. 的干燥根。全国各地均产，多自产自销。根呈长圆柱形，下部常有分枝。表面灰棕色或棕黄色，具纵皱纹及横长皮孔，外皮薄，多破裂反卷，易剥落，剥落处显黄色，光滑。质硬，不易折断，断面纤维性；切面黄白色，具放射状纹理及裂隙，有的具异型维管束呈同心性环列或不规则散在。气微，味极苦。主要含生物碱类，如苦参碱（matrine）、氧化苦参碱（oxymatrine）等。黄酮类，如苦参醇、新苦参醇、苦参酮等。三萜皂苷类，如苦参皂苷Ⅰ、Ⅱ、Ⅲ、Ⅳ和大豆皂苷Ⅰ等。此外，尚含醌类化合物苦参醌 A、香豆素类化合物伞形花内酯等。苦参有抗真菌、抗菌、杀滴虫、驱鞭毛虫作用；煎剂、苦参碱及氧化苦参碱对各种急性渗出性炎症均有明显的对抗作用；苦参碱、氧化苦参碱、槐定碱等苦参型生物碱及苦参总黄酮有抗心律失常作用。此外，苦参有利尿、抗肿瘤、升白、平喘、抗过敏、免疫抑制等作用。本品性寒，味苦。能清热燥湿，利尿，杀虫。用于热痢，便血，黄疸尿闭，赤白带下，阴肿阴痒，湿疹，湿疮，皮肤瘙痒，疥癣麻风；外治滴虫性阴道炎。用量 4.5～9g。不宜与藜芦同用。

决明子　Cassiae Semen

本品为豆科植物决明 *Cassia obtusifolia* L. 或小决明 *C. tora* L. 的干燥成熟种子。主产于安徽、江苏、广东等地。秋季采收成熟果实，晒干，打下种子，除去杂质。决明略呈菱方形或短圆柱形，两端平行倾斜。表面绿棕色或黯棕色，平滑有光泽。一端较平坦，另端斜尖，背腹面各有 1 条突起的棱线，棱线两侧各有 1 条斜向对称而色较浅的线形凹纹。质坚硬，不易破碎。种皮薄，子叶 2，黄色，呈“S”形折曲并重叠。气微，味微苦。小决明呈短圆柱形，较小，表面棱线两侧各有 1 片宽广的浅黄棕色带。二者均主要含蒽醌类、蒽酮及二蒽酮类、萘骈吡酮类等化合物。决明主含大黄酚（chrysophanol）、大黄素甲醚（physcion）、决明蒽酮（torosachrysone）、决明子苷（cassiaside），小决明含大黄酚、决明素、芦荟大黄素、去甲红镰玫素（norrubrofusarin）、决明子苷等。决明子有降血压、降血脂、抗动脉粥样硬化、保肝、泻下、明目等作用。性微寒，味甘、苦、咸。能清热明目，润肠通便。用于目赤涩痛，羞明多泪，头痛眩晕，目暗不明，大便秘结。用量 9～15g。

17. 芸香科　Rutaceae

$$⚥ * K_{3\sim5} C_{3\sim5} A_{3\sim\infty} \underline{G}_{(2\sim\infty:2\sim\infty:1\sim2),2\sim\infty:2\sim\infty:1\sim2}$$

【概述】 常绿乔木或灌木，稀草木。叶或果实上常有透明腺点，多含挥发油。叶互生或对生，复叶或单身复叶，无托叶。花辐射对称，两性，稀单性，单生或簇生，或排成总状、聚伞、圆锥花序；萼片 3～5，离生，基部合生；花瓣 3～5，离生，啮合状或覆瓦状排列；雄蕊与花瓣同数或为其倍数，外轮雄蕊常与花瓣对生；花盘发达。子房上位，心皮 2～5 或更多，多合生；每室胚珠 1～2，稀更多。蓇葖果、蒴果、核果或柑果，稀翅果。

本科约 150 属，1700 种，分布于热带、亚热带和温带。我国有 29 属，150 余种，南北均有分布，以南方较多。已知药用 100 余种。主要的属有柑属（*Citrus*）、黄皮属（*Clausena*）、吴茱萸属

(*Evodia*)、黄柏属(*Phellodendron*)、金桔属(*Fortunella*)、茵芋属(*Skimmia*)、花椒属(*Zanthoxylum*)等。重要的生药有黄柏、枳实、枳壳、陈皮、吴茱萸、青皮、香橼、佛手、白鲜皮、两面针、九里香、花椒等。

本科植物茎叶组织中常存在分泌腔(油室),有时伴生或代以分泌细胞。在髓部、皮层和嫩茎射线内常见树脂细胞。毛茸为厚壁单细胞或单列多细胞毛,也有盾状、星状、簇状毛及多细胞的腺毛或瘤状物。叶表皮细胞的内壁常黏液性。多见草酸钙方晶或簇晶,少为针晶、砂晶。茎的周皮于浅表发生,木栓细胞壁薄或外切向壁增厚明显,中柱鞘部位常见纤维束,射线较狭窄。

本科植物化学成分主要有:①挥发油类:油中多含单萜类衍生物,如柠檬烯、芳樟醇(linalool)等;也有芳香族化合物,如茴香醛(anisaldehyde)等。②生物碱类:生物碱在芸香科中普遍存在,一些呋喃喹啉类、吡喃喹啉类和吖啶酮类的生物碱几乎只限存于该科植物。异喹啉类生物碱常存在于黄柏属、花椒属、吴茱萸属等植物中;吲哚类生物碱在吴茱萸中存在,如吴茱萸碱(evodiamine)。生物碱类是本科植物的重要活性成分,如山油柑碱有广谱抗肿瘤作用和中枢神经抑制作用,吴茱萸碱可增强巴比妥类的安眠作用,并有抗惊厥作用,小檗碱有广谱抗菌作用,并有利胆、降压、松弛血管平滑肌等生理活性。③黄酮类:在本科中也有广泛分布,如柑桔属、枸桔属、芸香属、花椒属、黄柏属等植物。橙皮苷能降低血管脆性,防止微血管出血,并能降低血中胆固醇。此外,尚含香豆素类及木脂素类等成分。

黄柏 Phellodendri Chinensis Cortex

【来源】 本品为芸香科植物黄皮树 *Phellodendron chinense* Schneid. 的干燥树皮。习称“川黄柏”。

【植物形态】 乔木。树皮外层黯灰棕色,无或有较薄的栓皮;内层深黄色,有黏性。小枝常黯红色或紫棕色。奇数羽状复叶对生;小叶7~15片,有短柄,长圆状披针形至长圆状卵形,先端长渐尖,基部宽楔形或圆形,通常两侧不对称,近全缘。花序圆锥形,花单性,雌雄异株,黄绿色;萼片5,卵形;花瓣5~8,长圆形;雄花雄蕊5~6,长于花瓣,花丝甚长,基部有白色长柔毛;退化雌蕊钻形,花柱短,柱头5裂。浆果状核果球形,密集成团,熟后紫黑色,通常具5核。花期5~6月。果熟期10月。(图12-71)

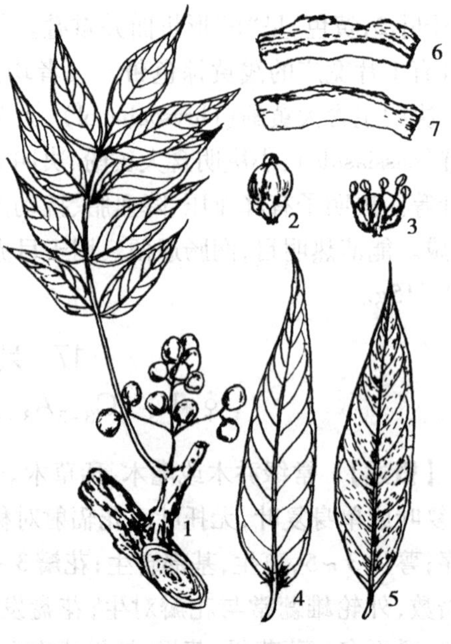

图12-71 黄柏原植物图

1.黄檗果枝,2.黄檗雌花,3.黄檗雄花,4.黄檗叶,5.黄皮树叶,6.黄檗树皮,7.黄皮树皮

【产地】 主产于四川、贵州、陕西、湖北等地。

【采制】 剥取树皮后,除去粗皮,晒干。

【性状】 ①呈板片状或浅槽状,长宽不一,厚1~6mm。②外表面黄褐色或黄棕色,平坦或具纵沟纹,有的可见皮孔痕及残存的灰褐色粗皮;内表面黯黄色或淡棕色,具细密的纵棱纹。③体轻,质硬,断面纤维性,呈裂片状分层,深黄色。④气微,味极苦，嚼之有黏性。（图 12-72）以皮厚、断面色黄者为佳。

【显微特征】 横切面 ①残存木栓层为数列长方形木栓细胞，内含棕色物质，木栓形成层明显。②皮层狭窄，石细胞较多数，鲜黄色，单个或数个相聚，多为分枝状，壁甚厚，层纹明显，木化。③韧皮部宽广，韧皮纤维束鲜黄色，略呈带状，断续成层排列，纤维束周围细胞中含草酸钙方晶，形成晶纤维；韧皮部外侧也分布有较多的石细胞；韧皮射线狭长，先端常弯曲，宽 2 ~ 4 列细胞。④黏液细胞随处可见。薄壁细胞含小淀粉粒，并含草酸钙方晶。（图 12-73）

粉末 鲜黄色。①纤维鲜黄色，直径 16 ~ 38μm，常成束，周围细胞含草酸钙方晶，形成晶纤维；含晶细胞壁木化增厚。②石细胞鲜黄色，类圆形，直径 35 ~ 128μm，有的呈分枝状，枝端锐尖，壁厚，层纹明显；有时可见大型纤维状的石细胞，长可达 900μm。③草酸钙方晶众多。（图 12-74）

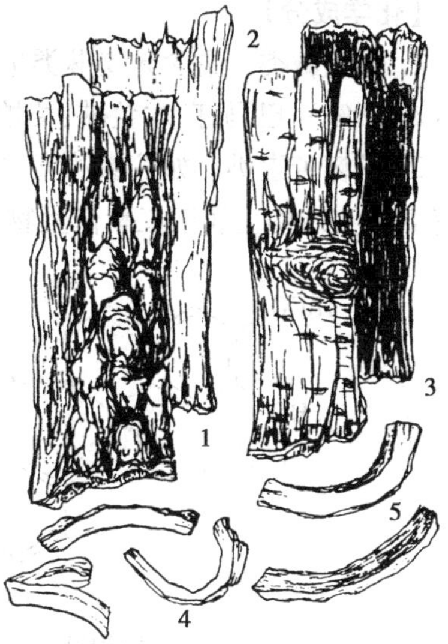

图 12-72 黄柏药材图

1. 关黄柏内面观，2. 川黄柏外面观，3. 川黄柏内面观，4. 关黄柏饮片，5. 川黄柏饮片

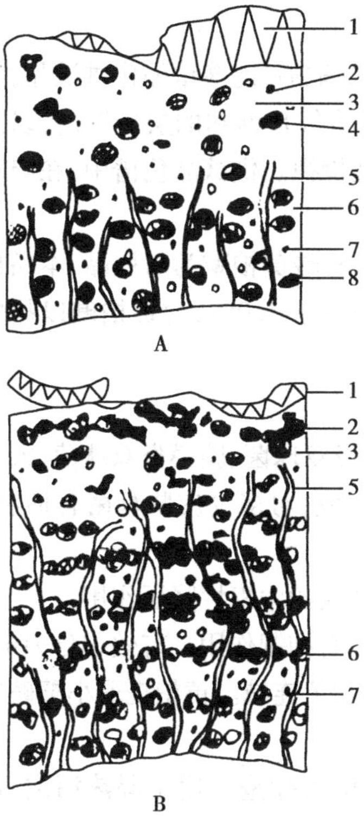

图 12-73 黄柏横切面简图

A. 关黄柏；B. 川黄柏

1. 木栓层，2. 石细胞，3. 皮层，4. 纤维束，5. 射线，6. 韧皮部，7. 黏液细胞，8. 韧皮纤维

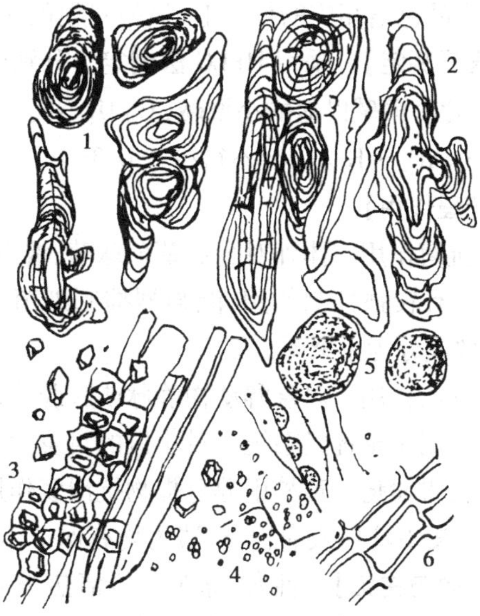

图 12-74 黄柏粉末图

1. 关黄柏石细胞，2. 川黄柏石细胞，3. 晶纤维，4. 草酸钙方晶和淀粉粒，5. 黏液细胞，6. 木栓细胞

【化学成分】

1. 生物碱类　主含异喹啉类生物碱，含总生物碱3.99%～5.33%，如小檗碱（berberine 含量4%～8%）、巴马汀、木兰碱、黄柏碱等。

2. 柠檬苦素类　如柠檬苦素（limonin，黄柏内酯）、黄柏酮（obakunone）、kihadanin A 和 B。柠檬苦素在结构上属于三萜衍生物，是黄柏的主要苦味成分。

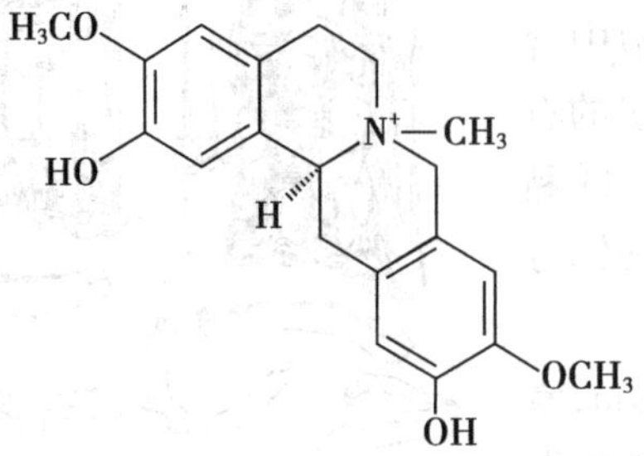

黄柏碱

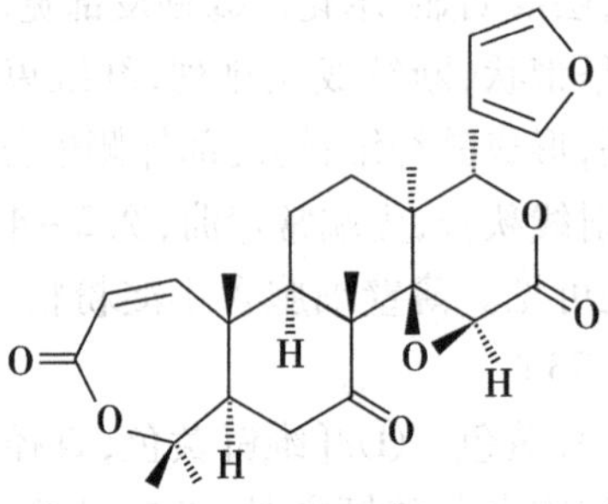

黄柏酮

【理化鉴别】

1. 用乙醚提取后的粉末，加乙醇提取，提取液加盐酸和过氧化氢，振摇，溶液呈红紫色（小檗碱反应）。

2. 取粉末1g，加乙醚10ml冷浸，滤过，滤液挥干乙醚，残渣加冰醋酸1ml，溶解，再加浓硫酸1滴，放置，显紫棕色（黄柏酮反应）。

3. 薄层色谱　粉末用1%的醋酸甲醇溶液于60℃超声提取后，滤液浓缩作供试品，另取黄柏对照药材和盐酸黄柏碱对照品作对照，用硅胶G板，置氨蒸气预饱和的层析缸内，以三氯甲烷-甲醇-水（30∶15∶4）的下层溶液，展开，喷稀碘化铋钾试液检视。供试品色谱中，在与对照药材和对照品色谱相应的位置上，显相同颜色的斑点。

【含量测定】　采用HPLC法测定。分别以盐酸小檗碱、盐酸黄柏碱为对照品，本品按干燥品计算，含小檗碱以盐酸小檗碱（$C_{20}H_{17}NO_4 \cdot HCl$）计，不得少于3.0%，含黄柏碱以盐酸黄柏碱（$C_{20}H_{23}NO_4 \cdot HCl$）计，不得少于0.34%。

【药理作用】

1. 抗菌作用　体外对金黄葡萄球菌、溶血性链球菌、肺炎双球菌、脑膜炎双球菌、人型结核杆菌等均有较强抑制作用，能强烈抑制细菌呼吸及DNA合成；对多种皮肤真菌有抑制作用。主要有效成分为小檗碱。

2. 降压作用　对麻醉动物静脉或腹腔注射，有显著而持久的中枢性降压作用。

3. 抑制中枢神经系统　对小鼠的自发活动、各种反射均有抑制作用。有效成分为黄柏碱。

4. 抗胃溃疡　黄柏甲醇总提物抗溃疡作用强于小檗碱和黄连碱。黄柏提取小檗碱以后的水溶部分皮下注射或灌胃，对溃疡均有保护作用。

【功效与主治】　性寒，味苦。能清热燥湿，泻火除蒸，解毒疗疮。用于湿热泻痢，黄疸尿赤，带下阴痒，热淋涩痛，脚气痿躄，骨蒸劳热，盗汗，遗精，疮疡肿毒，湿疹瘙痒等。用量3～12g。外用适量。

【附】　关黄柏　Phellodendri Amurensis Cortex 为芸香科植物黄檗 *Phellodendron amurense* Rupr. 的干燥树皮。习称“关黄柏”。主产于辽宁、吉林、河北等地。药材外表面绿黄色或淡黄棕色，较平坦，有不规则的纵裂纹，罕见皮孔痕，残留的栓皮灰白色，具弹性。内表面黄色或黄棕色。体轻，质较硬，断面纤维性，鲜黄色或黄绿色，可成裂片状分层。含总生物碱0.92%~2.95%，较少。如小檗碱、巴马汀及少量黄柏碱、药根碱等。采用HPLC法测定，分别以盐酸小檗碱、盐酸巴马汀为对照品，本品按干燥品计算，含小檗碱以盐酸小檗碱（$C_{20}H_{17}NO_4 \cdot HCl$）计，不得少于0.60%，含黄柏碱以盐酸巴马汀（$C_{21}H_{21}NO_4 \cdot HCl$）计，不得少于0.30%。

理论与实践

黄柏商品流通

据调查，全国20多个省、市销售的黄柏，主要是关黄柏，四川、陕西、广西等省区用的是川黄柏。川黄柏的植物来源，多数是秃叶黄皮树 *Phellodendron chinense.* var. *glabriusculum.* 的树皮。与黄皮树的区别：叶轴及叶柄光滑无毛，叶背无毛或沿中脉两侧，在叶中部以下被疏柔毛，果序上的果通常疏散。分布于湖北、广西、陕西、四川、贵州。此种含总生物碱4.24%~7.89%，其中小檗碱含量为3.69%~6.55%，而巴马汀含量较低。此外，峨嵋黄皮树 *P. chinense.* var. *omeiense.*、云南黄皮树 *P. chinense.* var. *yunnanense.*、镰叶黄皮树 *P. chinense.* var. *falcatum.* 等的树皮也供药用。河南、青海、山西、陕西、四川等省的部分地区，有将小檗科小檗属和十大功劳属多种植物的树干内皮伪充黄柏出售，应注意鉴别。

枳实 Aurantii Fructus Immaturus

本品为芸香科植物酸橙 *Citrus aurantium* L. 及其栽培变种或甜橙 *C. sinensis* Osbeck 的干燥幼果。主产于四川（川枳实）、湖南（湘枳实）和江西（江枳实）。5~6月收集自行脱落的果实，自中部横切为两瓣，晒干或低温干燥，较小者直接晒干或低温干燥（鹅眼枳实）。本品呈半球形或圆球形，直径0.5~2.5cm。外果皮黑绿色或黯棕绿色，具颗粒状突起或皱纹，有明显的花柱残基或圆盘状果梗痕。切面中果皮略隆起，黄白色或黄褐色，边缘有1~2列油室，果皮不易剥离，瓤囊棕褐色，呈车轮形。质坚硬。气清香，味苦、微酸。本品主含挥发油。还从酸橙枳实中分离出有升压作用的对羟福林（辛弗林）、N-甲基酪胺。另含橙皮苷、新橙皮苷等黄酮苷类化合物以及维生素C等。采用HPLC法测定，分别以辛弗林为对照品，本品按干燥品计算，含辛弗林（$C_9H_{13}NO_2$）计，不得少于0.30%。枳实对胃肠平滑肌有兴奋和抑制的双重作用，还有抗炎、抗菌、抗病毒、抗肿瘤、强心等作用。本品性微寒，味苦、辛、酸。能破气消积，化痰散痞。用于积滞内停，痞满胀痛，泻痢后重，大便不通，痰滞气阻，胸痹，结胸，脏器下垂。用量3~10g。孕妇慎用。

【附】 枳壳 Aurantii Fructus 为芸香科植物酸橙 *Citrus aurantium* L. 及其栽培变种的干燥未成熟果实。7月果实尚绿时采收，自中部横切为两半，晒干或低温干燥。呈半球形，直径3~5cm；外果皮棕褐色至褐色，有颗粒状突起，突起的顶端有凹点状油室，有明显的花柱残基或果梗痕。横切面中果皮略隆起，黄白色，厚0.4~1.3cm，边缘有1~2列油室，瓤囊7~12瓣，汁囊干缩呈棕色至棕褐色。内藏种子。质坚硬，不易折断。气清香，味苦，微酸。主要含有挥发油及黄酮类成分。性味及功效等与枳实类同，能理气宽中，行滞消胀。用于胸胁气滞，胀满疼痛，食积不化等。

陈皮 Citri Reticulatae Pericarpium

本品为芸香科植物橘 *Citrus reticulata* Blanco 及其栽培变种的干燥成熟果皮。药材分为"陈皮"和"广陈皮"。主产于广东、福建、四川、浙江、湖南等省。陈皮为橘、福橘、朱橘的果皮，广陈皮为茶枝柑、四会柑等的果皮，主产广东，质量较好，常出口。陈皮多剥成数瓣，基部相连，或为不规则的片状。外表面橙红色或红棕色，有细皱纹及凹下的点状油室，内表面黄白色，粗糙，呈海绵状，附黄白色或黄棕筋络状维管束，极易察见圆而紧密的凹点，基部残留有筋络。质稍硬而脆。气香，味辛、苦。广陈皮常 3 瓣相连，形状整齐，厚度均匀，点状油室较大，对光照视，透明清晰。质较柔软。主含挥发油约 2% ~4%。油中主要成分为右旋柠檬烯(约 80%，d-limonene)、柠檬醛、α-蒎烯等 30 多种成分。另有黄酮类化合物，如橙皮苷、橘皮素、新橙皮苷等。尚含肌醇、β-谷甾醇、对羟福林等。陈皮挥发油对胃肠道有温和的刺激作用，能促进消化液分泌，排除肠管内的积气；煎剂能直接抑制肠管平滑肌，对抗乙酰胆碱，具有解痉作用；陈皮还有祛咳平喘、增强心肌收缩力、抗炎、抗氧化、增强免疫等作用。本品性温，味苦、辛。能理气健脾，燥湿化痰。用于胸脘胀满，食少吐泻、咳嗽痰多。用量 3 ~10g。

吴茱萸 Evodiae Fructus

本品为芸香科植物吴茱萸 *Evodia rutaecarpa* (Juss.) Benth.、石虎 *E. rutaecarpa* (Juss.) Benth. var. *officinalis* (Dode) Huang 或疏毛吴茱萸 *E. rutaecarpa* (Juss.) Benth. var. *bodinieri* (Dode) Huang 的干燥近成熟果实。主产于长江流域以南。8 ~10 月果实呈茶绿色而未成熟时采摘。本品呈球形或略呈五角状扁球形，表面黯黄绿色至褐色，粗糙，有多数点状突起或凹下细小油点，顶平，中间有凹窝及五角星状的裂隙，有的裂成 5 果瓣。基部残留被黄色茸毛的果梗。质硬而脆，横切面可见子房 5 室，每室有淡黄色种子 1 粒。破开后内部黑色，边缘显黑色油质麻点(油室)。气芳香浓郁，味辛辣微苦。用水浸泡果实，有黏液渗出。吴茱萸含挥发油 0.4% 以上，主要成分为吴茱萸烯，为油的香气成分；并含吴茱萸碱、吴茱萸次碱等多种生物碱。石虎果实含挥发油、吴茱萸内酯、吴茱萸碱等。性热，味辛、苦。有小毒。能散寒止痛，降逆止呕，助阳止泻。用于厥阴头痛，寒疝腹痛，寒湿脚气，经行腹痛，脘腹胀痛，呕吐吞酸，五更泄泻；外治口疮，高血压。用量 2 ~5g。外用适量。

18. 橄榄科 Burseraceae

$$♂ *K_{(3\sim6)}C_{3\sim6}A_{3\sim6,6\sim12};\ ♀ *K_{(3\sim6)}C_{3\sim6}\underline{G}_{(2\sim5:2\sim5:2)};$$

$$⚥ *K_{(3\sim6)}C_{3\sim6}A_{3\sim6,6\sim12}\underline{G}_{(2\sim5:2\sim5:2)}$$

【概述】 乔木或灌木，有树脂道，分泌树脂或油质。奇数羽状复叶，稀为单叶(我国不产)，互生，通常集中于小枝上部，一般无腺点；小叶全缘或具齿，托叶有或无。圆锥花序或极稀为总状或穗状花序，腋生或有时顶生；花小，3 ~5 数，辐射对称，单性、两性或杂性；雌雄同株或异株；花萼和花冠覆瓦状或啮合状排列；萼片 3 ~6，基部多少合生；花瓣 3 ~6，与萼片互生，常分离；花盘杯状、盘状或坛状，有时与子房合生成"子房盘"；雄蕊在雌花中场退化，1 ~2 轮，与花瓣等数或为其 2 倍或更多，着生于花盘的基部或边缘，分离或有时基部合生，外轮与花瓣对生；花药 2 室；纵裂；子房上位，3 ~5 室，稀为 1 室，在雄花中多为退化或消失，此时花盘往往增大，中央成一凹陷的槽，每室常 2(稀 1)个胚珠，着生于中轴胎座上。核果，外果皮肉质，不开裂,稀木质化且开裂;内果皮果质,稀纸质;种子无胚乳,具直立或弯曲的胚。本科约20属,500余种,分布于热带和亚热带。我国有4属,约15种,主产华南和西南南部。常用的生药有乳香、没药。

乳香 Olibanum

本品为橄榄科植物乳香树 *Boswellia carterii* Birdw. 及同属植物鲍达乳香树 *B. bhaw-dajiana* Birdw. 树皮渗出的树脂。主产于红海沿岸的索马里、埃塞俄比亚及阿拉伯半岛南部。分为索马里乳香和埃塞俄比亚乳香,每种乳香又分为乳香珠和原乳香。我国广西有栽培。本品呈小形乳头状、泪滴样或粘成不规则状块,大者达2cm(乳香珠)或5cm(原乳香)。表面黄白色,有时微带绿色或棕红色,半透明,被黄白色粉尘,久存色加深。质坚脆,遇热软化,断面蜡样无光泽,少有玻璃样光泽。具特异香气,味微苦,嚼之有砂粒感,并软化成胶块而粘牙,唾液呈乳白色,微有香辣感。与水共研成白色乳液。含挥发油2%~8%,树脂60%~70%,树胶27%~35%等。乳香有抗炎、抗肿瘤、抗氧化等作用。本品性温,味辛、苦。能活血定痛、消肿生肌。用于胸痹心痛,胃脘疼痛,痛经闭经,产后瘀阻,风湿痹痛,跌打损伤,痈疽疮肿等。用量3~5g。

没药 Myrrha

本品为橄榄科植物地丁树 *Commiphora myrrha* Engl. 或哈地丁树 *C. molmol* Engl. 的干燥树脂。主产于索马里、埃塞俄比亚、阿拉伯半岛南部及印度等地,其中索马里所产没药质量最佳。分为天然没药和胶质没药。天然没药呈不规则颗粒状或团块,大小不等。表面粗糙,呈黄棕色或红棕色,近半透明部分呈棕黑色,被有黄色粉尘。质坚脆,破碎面不整齐,带棕色油样光泽,与水共研成黄棕色乳状液。有特异香气,味苦而微辛。胶质没药表面棕黄色至棕褐色,不透明,质坚实或疏松,有特异香气,味苦而有黏性。含树胶57%~61%、树脂25%~35%等。没药有抗菌、抗炎作用;能降低动物血清的胆固醇和甘油三酯的浓度。本品性平,味苦。能散瘀定痛,消肿生肌。用途与乳香相似,用量3~5g。

19. 远志科 Polygalaceae

$$⚥ \uparrow K_5 C_{3,5} A_{(4\sim8)} \underline{G}_{(1\sim3:1\sim3:1\sim\infty)}$$

【概述】 草本,灌木或藤本,稀小乔木。单叶,互生,稀对生或轮生,全缘,无托叶。花两性,两侧对称,排成总状花序或穗状花序;萼片5,不等大,最内2片较大,常呈花瓣状;花瓣5或3,大小不等,最下面1片呈龙骨状,顶部常有鸡冠状附属物;雄蕊4~8,花丝合生成鞘状,花药顶孔开裂。子房上位,1~3心皮,合生。蒴果、翅果或坚果;种子常有毛或假种皮。本科约16属,1000种,广布热带和亚热带。我国有5属,近50种,南北均有分布。已知药用近30种。常用生药有远志、瓜子金等。本科植物常含三萜皂苷,尚有生物碱,如远志碱、甾类化合物。

远志 Polygalae Radix

本品为远志科植物远志 *Polygala tenuifolia* Willd. 或卵叶远志 *P. sibirica* L. 的干燥根。主产于山西、陕西、河北、河南等。根呈圆柱形,略弯曲。表面灰黄色至灰棕色,有较密且深陷的横皱纹、纵皱纹及裂纹,老根的横皱纹较密更深陷,略呈结节状。质硬而脆,易折断,断面皮部棕黄色,木部黄白色,皮部易与木部剥离。去木心者,称"远志筒"或"远志肉"。气微,味苦、微辛,嚼之有刺喉感。主含远志皂苷(onjisaponin)A~H及细叶远志皂苷等,尚含呫酮类、生物碱类成分等。具有镇静、抗惊厥、降压、祛痰等作用。本品性温,味苦、辛。能安神益智,交通心肾、祛痰,消肿。用于心肾不交引起的失眠多梦,健忘惊悸,神志恍惚,咳痰不爽,疮疡肿毒,乳房肿痛。用量3~10g。

20. 大戟科 Euphorbiaceae

$$♂ *K_{0\sim5}C_{0\sim5}A_{1\sim\infty,(\infty)};♀ *K_{0\sim5}C_{0\sim5}\underline{G}_{(3:3:1\sim2)}$$

【概述】 木本或草本,常含乳汁。多单叶,互生,稀对生;叶基部常有腺体;托叶早落或缺。花单性;雌雄同株或异株;排成穗状、总状、聚伞或杯状聚伞花序;萼片多2~5,稀1或缺;无花瓣或稀有花瓣;有花盘或腺体;雄蕊多数,或仅一枚,花丝分离或连合;子房上位,3心皮,3室,中轴胎座,每室胚珠1~2。蒴果,少数为浆果或核果。种子具胚乳。本科约300属,8000种,世界各地均有分布,主产热带。我国约66属,360种。已知药用约160种。主要分布于长江以南。常用生药有巴豆等。本科植物多有不同程度的毒性,化学成分复杂,主要有生物碱、氰苷、硫苷、二萜、三萜类化合物。

巴豆 Crotonis Fructus

本品为大戟科植物巴豆 *Croton tiglium* L. 的干燥成熟果实。主产于四川、云南、广西、广东、福建等地。多栽培。秋季果实成熟采收,堆置2~3天,干燥。果实呈卵圆形,一般具三棱。表面灰黄色或稍深,粗糙,有纵线6条,顶端平截,基部有果梗痕。破开果壳,可见3室,每室种子1粒。种子呈略扁的椭圆形,表面棕色或灰棕色,一端有小点状的种脐及种阜的疤痕,另端有微凹的合点,其间有隆起的种脊;外种皮薄而脆,内种皮呈白色薄膜;种仁黄白色,油质,子叶2片,菲薄。气微,味辛辣,有大毒。种子含巴豆油40%~60%,有强刺激性(泻下)和促致癌作用。尚含蛋白质约18%,其中巴豆毒素为一种毒性球蛋白,结构类似蓖麻子毒蛋白等。本品性热,味辛,有大毒。生品外用蚀疮;用于恶疮疥癣、疣痣。孕妇禁用;不宜与牵牛子同用。

【附】 巴豆霜 *Crotonis Semen Pulveratum* 为巴豆的炮制加工品。呈粒度均匀、疏散的淡黄色粉末,有油性。本品性热,味辛,有大毒。能峻下冷积,逐水消肿,豁痰利咽,外用蚀疮。用于寒积便秘、乳食停滞、腹水臌胀、二便不通、喉风、喉痹;外用同上。用量0.1~0.3g。多入丸散。孕妇禁用;不宜与牵牛子同用。

21. 鼠李科 Rhamnaceae

$$⚥ *K_{(4\sim5)}C_{4\sim5}A_{4\sim5}\underline{G}_{(2\sim4:2\sim4:1)}$$

【概述】 木本,稀草本,常具刺。单叶,互生或对生,羽状脉或3~5基出脉;托叶小,常脱落。花小,两性,稀单性,辐射对称;常排成聚伞花序;萼片5~4裂,花瓣4~5或缺;雄蕊4~5,与花瓣对生,花盘肉质发达;子房上位,部分埋藏于肉质花盘中,心皮2~4,合生,2~4室,每室胚珠1。核果、蒴果或翅果,种子常具胚乳。本科58属,约900种,分布于温带及热带。我国有15属,约130种,已知药用76种,南北均有分布,主产长江以南地区。常用生药有酸枣仁、枳椇子等。本科植物含蒽醌类、三萜皂苷类及生物碱等成分。

酸枣仁　Ziziphi Spinosae Semen

本品为鼠李科植物酸枣 *Ziziphus jujuba* Mill. var. *spinosa* (Bunge) Hu ex H. F. Chou 的干燥成熟种子。主产于河北、陕西、辽宁、河南等地。秋末冬初果实成熟时采收，除去果肉及果核壳，取出种子，晒干。呈扁圆形或扁椭圆形，表面紫红色或紫褐色，平滑有光泽，有的有裂纹。有的两面均呈圆隆状突起；有的一面较平坦，中央有 1 条隆起的纵线纹；另一面稍突起。一端凹陷，可见线形种脐；另端有细小突起的合点。种皮较脆，胚乳白色，子叶 2，淡黄色，富油性。气微，味淡。主要含三萜皂苷类，如酸枣仁皂苷 A 和酸枣仁皂苷 B。黄酮类，如斯皮诺素。另含生物碱、固醇、脂肪油和大量维生素 C 等。有镇静、催眠及降压作用。本品性平，味甘、酸。能养心补肝，宁心安神，敛汗生津。用于虚烦不眠，体虚多汗，津伤口渴。用量 10～15g。

22. 瑞香科　Thymelaeaceae

$$⚥ *K_{(4\sim5)}C_0A_{4\sim5,8\sim10}\underline{G}_{(2:1\sim2:1)}$$

【概述】 灌木或乔木。茎皮多韧皮纤维，不易折断。单叶，对生或互生，全缘。花两性或单性，辐射对称，成头状、总状或伞状花序；花萼管状，4～5 裂，花瓣状；花瓣缺或退化为鳞片状；雄蕊常与花萼裂片同数或为其 2 倍，常着生于萼管的喉部；子房上位，每室 1 胚珠。浆果、核果或坚果，稀蒴果。种子有胚乳。本科约 50 属，500 种，分布于热带和温带。我国有 9 属，约 90 种，已知药用约 40 种，主要分布于长江以南地区。常用生药有沉香、芫花、狼毒、结香、了哥王等。本科植物主要含二萜酯类、香豆素类、木脂素类、挥发油和黄酮类等成分。

沉香　Aquilariae Lignum Resinatum

【来源】 本品为瑞香科植物白木香 *Aquilaria sinensis* (Lour.) Gilg 含有树脂的木材。习称国产沉香、白木香、土沉香。

【植物形态】 常绿大乔木，有香气。树皮灰褐色。叶互生，长卵形，倒长卵形或椭圆形，先端渐尖，基部楔形，全缘，革质，有光泽。伞形花序顶生或腋生；花黄绿色，被绒毛；花被钟形，花被管先端 5 裂，长圆形，基部连合成一杯。蒴果木质，扁倒卵形，下垂，长 2.5～3cm，密被灰色毛。种子 1 枚，基部有长于种子两倍的角状附属体、红棕色。花期 4～5 月，果期 7～8 月。（图 12-75）

【产地】 主产于广东，主要为栽培品。

【采制】 全年均可采收，割取含树脂的木材，除去不含树脂的部分，阴干。

【性状】 ①呈不规则块、片状或盔帽状，有的为小碎块。②表面凹凸不平，有刀痕，偶有孔洞，可见黑褐色树脂与黄白色木部相间的斑纹，孔洞及凹窝表面多呈朽木状。③质较坚实，断面刺状。④气芳香，味苦。⑤大多不沉于水；燃烧时发浓烟，有油渗出，香气浓烈。（图 12-76）以色黑、质重、油足、香气浓者为佳。

【显微特征】

1. 横切面　①木射线宽 1～2 列细胞，充满棕色树脂。导管圆多角形，直径 42～128μm，有的含棕色树脂。②木纤维多角形，直径 20～45μm，壁稍厚，木化。③木间韧皮部扁长椭圆状或条带状，常与射线相交，细胞壁薄，非木化，内含棕色树脂；其间散有少数纤维，有的薄壁细胞含

图 12-75 沉香原植物图

1. 植株，2. 花，3. 花冠上的鳞片状毛，4. 花展开示雄蕊和雌蕊，5. 果实，6. 种子

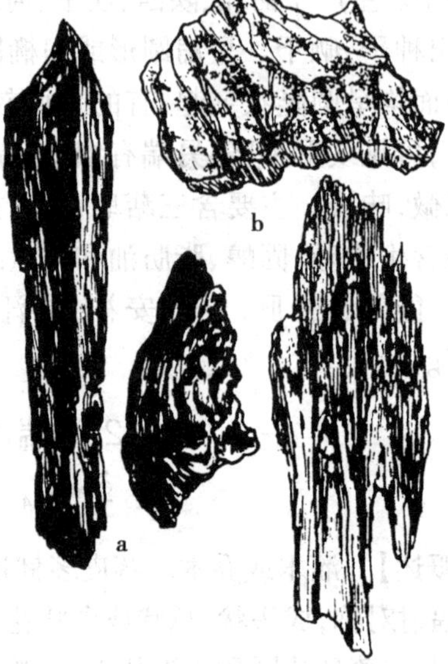

图 12-76 沉香药材图

a. 进口沉香；b. 国产沉香

草酸钙柱晶。(图 12-77A)

2. 切向纵切面　木射线细胞同型性，宽 1～2 列细胞，高 4～20 个细胞。导管节短，两端平截，具缘孔纹排列紧密，内含黄棕色树脂块。纤维细长，壁较薄，有单纹孔。木间韧皮部细胞长方形。(图 12-77B)

3. 径向横切面　木射线排列成横向带状，高 4～20 层细胞，细胞同型，为方形或略长方形。有时可见纤维，径向壁上有单纹孔。余同切向纵切面(图 12-77C)。

粉末　黑棕色。①纤维管胞，长梭形，多成束，直径 20～30μm；壁较薄，径向壁上有具缘纹孔。②纤维，直径 25～30μm，径向壁上有单纹孔。③具缘纹孔导管多见，直径约至 130μm，内含黄棕色树脂块。④木射线宽 1～2 列细胞，高 4～20 个细胞，壁连珠状增厚。⑤草酸钙柱晶少见。⑥木薄壁细胞内含黄棕色物质，壁非木化，可见菌丝腐蚀形成的纵横交错的纹理(图 12-78)。

【化学成分】 主含挥发油，约 0.80%，油中含白木香酸(baimuxinic acia)、白木香醛、白木香醇、沉香螺旋醇、苄基丙酮、茴香酸等，尚含色酮化合物及倍半萜类化合物。

【理化鉴别】

1. 取醇溶性浸出物，进行微量升华，得黄褐色油状物，香气浓郁；于油状物上加盐酸 1 滴与香草醛少量，再滴加乙醇 1～2 滴，渐显樱红色，放置后颜色加深。

2. 薄层色谱　本品粉末加乙醚，超声提取 60 分钟后，滤液蒸干，加三氯甲烷溶解，作供试品溶液，另取对照药材同法制成对照溶液，用硅胶 G 板，以三氯甲烷-乙醚(10∶1)展开，置紫外灯(365nm)下检视。供试品色谱中在与对照药材色谱相应的位置上，显相同颜色的荧光斑点。

【含量测定】 照醇溶性浸出物测定法的热浸法测定，用乙醇作溶剂，不得少于 10.0%。

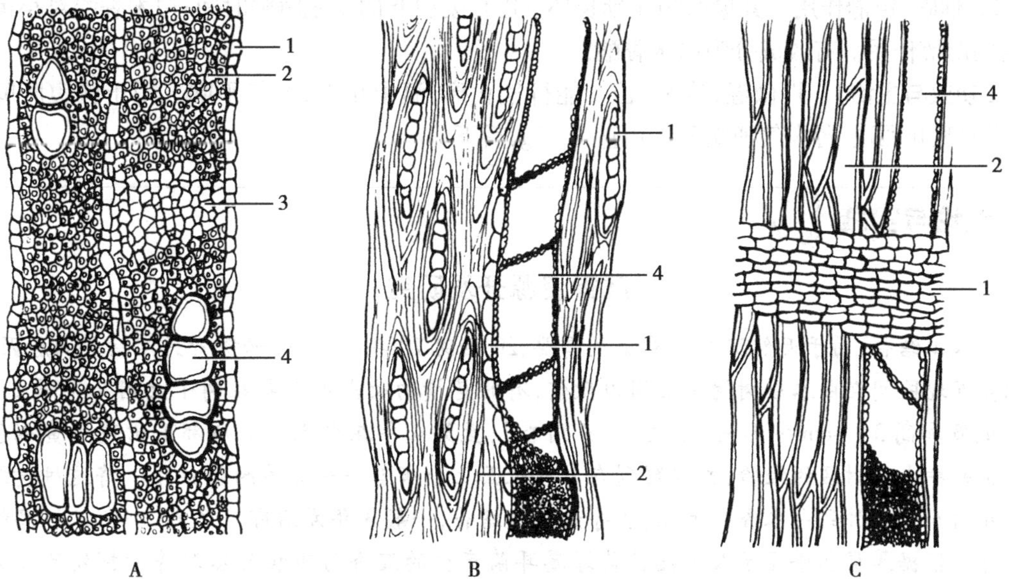

图 12-77 国产沉香三切面详图

A. 横切面；B. 切向纵切面；C. 径向纵切面

1. 射线，2. 木纤维，3. 内涵韧皮部薄壁细胞，4. 导管

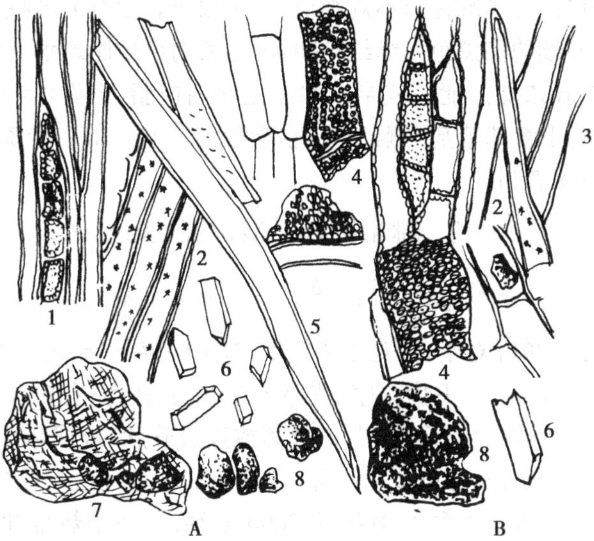

图 12-78 沉香粉末图

A. 国产沉香粉末；B. 进口沉香粉末

1. 木射线，2. 木纤维，3. 木间韧皮部，4. 导管，5. 韧型纤维，6. 草酸钙柱晶，7. 木间韧皮部薄壁细胞，8. 树脂团块

【药理作用】

1. 解痉作用 沉香的水煎液对离体豚鼠回肠的自主收缩有抑制作用，并能对抗组胺、乙酰胆碱引起的痉挛性收缩。

2. 止咳作用 沉香醇提物能促进离体豚鼠气管抗组胺作用，而发挥止喘效果。有效成分为苄基丙酮。

3. 催眠、镇静作用　其提取物能延长环己巴比妥引起的小鼠睡眠时间；白木香酸对小鼠有一定的麻醉作用。有效成分为白木香酸。

【功效与主治】 性微温，味辛、苦。能行气止痛，温中止呕，纳气平喘。用于胸腹胀闷疼痛，胃寒呕吐呃逆，肾虚气逆喘急。用量1～5g，后下。

理论与实践

沉香资源开发研究

人工结香：由于天然沉香不能满足需要，20世纪70年代初，开始探索天然结香的原因，调查发现民间在白木香树树干上用刀砍伤，有的是横向砍出伤面或在树干上凿几个深2～3cm，宽和高3～4cm方形洞，称之为“开门香”，至第4年在腐烂的木质部下出现了黄褐色香脂的结香木材区的经验，并观察到在木材烂面上分布着一种真菌的菌丝体。将这种黄绿墨耳菌人工接种到白木香树干上，能导致加速结香，一般3年左右即可达到二级、三级品的沉香。根据薄层色谱显示人工接种黄绿墨耳菌产生的沉香与市售天然沉香的挥发油成分显色斑点相同。

【附】 进口沉香　*A. agallocha* Boxb. 含有树脂的木材。主产于印度、印度尼西亚、马来西亚、柬埔寨及越南。进口沉香呈圆柱形不规则块片，两端或表面有刀削痕、沟槽或凹凸不平，淡黄棕色或灰黑色，密布断续的棕黑色细纵纹，有时可见黑褐色树脂斑痕，微具光泽，横切面可见细密棕褐色斑点。气味较浓烈。能沉或半沉水。主含油树脂，挥发油约13%，主含苄基丙酮(benzylacetone)26%、对甲氧基苄基丙酮53%、倍半萜烯醇11%等。传统以色黑、质坚硬、油性足、香气浓而持久、能沉水者为佳。

23. 桃金娘科　Myrtaceae

$$⚥ *K_{(3\sim\infty)}C_{4\sim5}A_{\infty,(\infty)}\overline{G}_{(2\sim5:1\sim5:\infty)}$$

【概述】 常绿木本。单叶对生，少互生或轮生，有透明腺点，搓之有香气。花两性，辐射对称，单生或成穗状、总状、伞房状、头状花序；花萼3至多裂，宿存；花瓣4～5，着生于花盘的边缘，或与花萼裂片连成帽状体；雄蕊多数，花丝分离或连成管状，或成数束与花瓣对生，药隔顶端有1腺体；子房下位或半下位，心皮2～5，成1至多室，每室1胚珠，花柱单生，中轴胎座。浆果、核果或蒴果。种子无胚乳。本科约100属，3000多种，分布于热带和亚热带。我国原产8属，89种，引种8属，70多种，已知药用约30种，分布于长江以南地区。常用生药有丁香、大叶桉、蓝桉、桃金娘、红千层等。本科植物多含挥发油类成分，具有抗病毒、抑菌、消炎等作用。

丁香　Caryophylli Flos

【来源】 本品为桃金娘科植物丁香 *Eugenia caryophyllata* Thunb. 的干燥花蕾。

【产地】 主产于坦桑尼亚、印度尼西亚、马来西亚及东非沿岸国家。以桑给巴尔岛产量大，质量佳。现我国海南、广东、广西等省有栽培。

【性状】 呈研棒状。①花冠圆球形，花瓣4枚，膜质，棕褐色至黄褐色，内有多数向内弯曲的雄蕊和花柱，搓碎后可见众多黄色细粒状的花药。②萼筒圆柱形，略显四棱，稍扁，有的稍弯曲，红棕色或棕褐色，萼先端四裂，裂片三角形，十字状分开，肥厚。③质坚实，富油性。④气芳香浓烈，味辛辣，有麻舌感。⑤入水则萼筒部垂直下沉。（图 12-79）

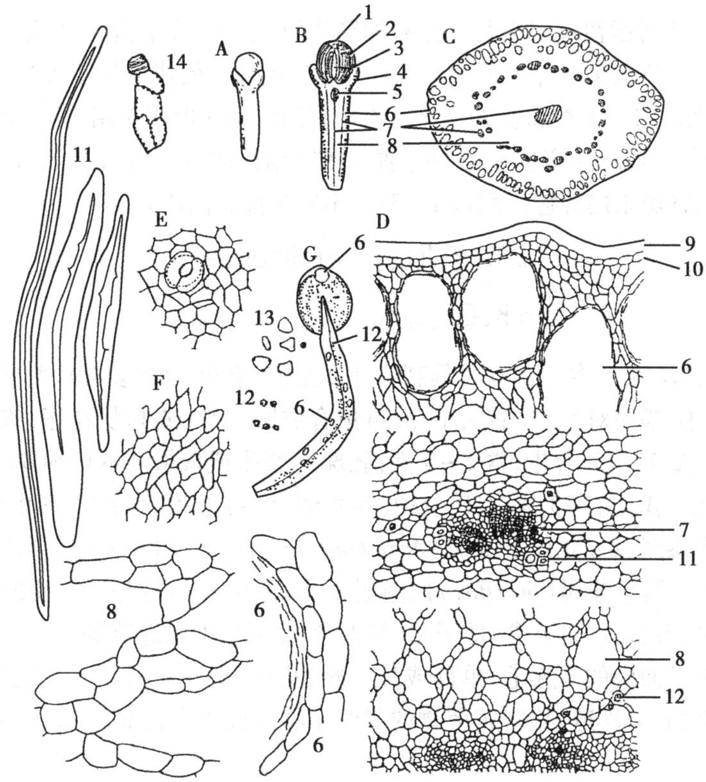

图 12-79　丁香药材及组织图

A. 全形；B. 纵切面；C. 花托中部横切面简图；D. 花托中部横切面部分详图；E. 花托表皮表面观；F. 花冠表皮表面观；G. 雄蕊表面观

1. 花冠，2. 雄蕊，3. 花柱，4. 萼片，5. 子房，6. 油室，7. 维管束，8. 海绵组织，9. 角质层，10. 表皮，11. 纤维，12. 草酸钙结晶，13. 花粉粒，14. 花粉囊壁

（注：图左下方 6、8 为粉末图；左 11 为解离组织图）

【显微特征】

1. 萼筒中部横切面　①表皮细胞 1 列，具较厚的角质层和气孔。②皮层外侧散有众多径向延长的椭圆形油室，2～3 列，排列成环；其下有 20～50 个小型双韧维管束，断续排列成环；维管束外围有少数中柱鞘纤维，厚壁，木化；维管束内侧为数列薄壁细胞构成的通气组织，有大型腔隙。③中央轴部薄壁组织间散有多数细小维管束，约 15～17 个，环列，薄壁细胞较小，含众多细小的草酸钙簇晶。（图 12-79）

2. 粉末　黯红棕色，香气浓郁。①油室众多，多破碎，完整者椭圆形，分泌细胞界限不清，含黄色油状物。②花粉粒众多，极面观呈三角形，赤道面观呈双凸镜状，无色或淡黄色。③纤维随处可见，壁较厚，微木化。④草酸钙簇晶极多，存于薄壁细胞中，有时数个成行排列。（图 12-79）

【化学成分】　含挥发油 14%～21%，油中主要成分为丁香酚（eugenol）、β-丁香烯、乙酰基丁香酚；微量成分有甲基正戊基酮、丁香酮、香草醛等。

【药理作用】

1. 对消化系统作用 丁香水提物、醚提物均有抗溃疡、促胆汁分泌作用；丁香还有调节肠运动，防止、减少腹泻的作用，有健胃作用。有效成分为丁香酚。

2. 抑菌作用 丁香醇浸液对多种细菌有抑制作用，丁香油的抗菌能力强于丁香；丁香挥发油及多种提取物对白色念珠菌等多种真菌也有抑制作用。有效成分为丁香酚。

3. 抗血液凝固作用 丁香油及去油水提物均有预防血栓形成作用，且前者作用较强。

【功效与主治】 性温，味辛。有温中降逆、补肾助阳的功效。用于脾胃虚寒，呃逆呕吐，食少泄泻，心腹冷痛，肾虚阳痿等症。用量1～3g。不宜与郁金同用。

24. 五加科 Araliaceae

$$⚥ * K_5 C_{5\sim10} A_{5\sim10} \overline{G}_{(1\sim15:1\sim15:1)}$$

【概述】 多木本，稀草本。茎有时具刺。叶多互生，单叶；羽状复叶或掌状复叶。花两性，稀单性或杂性；花小，辐射对称，伞形花序，或再集合成圆锥状，或总状花序；雄蕊与花瓣同数，互生；子房下位，心皮1～15，合生，常2～5室，胚珠1；浆果或核果。本科约80属，900种，分布于热带和温带地区。我国有23属，160余种，除新疆外，各地均有分布，其中已知药用近100种。主要的属有人参属（Panax）、五加属（*Acanthopanax*）、楤木属（*Aralia*）、常春藤属（*Hedera*）、刺楸属（*Kalopanax*）、鹅掌柴属（*Schefflera*）、通脱木属（*Tatrapanax*）等。重要的生药有人参、西洋参、三七、刺五加、五加皮、竹节参、珠子参、刺人参、龙牙楤木和通草等。

本科植物常有长而硬的非腺毛，单列或呈二歧、丛生、星状或盾状。气孔常为平轴式。皮层、韧皮部和髓部常有分泌道，某些属植物的射线中有胞间性分泌道。草酸钙簇晶较常见，也有方晶。

本科植物化学成分主要有：①皂苷类：达玛烷型四环三萜皂苷是人参属的特征性成分，其中人参皂苷（ginsenosides）具有广泛的生物活性，是人参、西洋参和三七的主要有效成分。齐墩果烷型五环三萜皂苷分布在楤木属、刺楸属、五加属和人参属植物中，具有兴奋中枢神经、抗炎和抗溃疡等作用。②黄酮类：在许多属植物中均含有，如人参茎叶所含的山柰酚（kaempferol）、三叶豆苷（trifolin）、人参黄酮（panasenoside）、木犀草素-7-葡萄糖苷等有扩张冠状动脉、改善血液循环和抗菌作用。刺五加中的金丝桃苷（hyperin）具有抗缺氧和镇咳作用。③香豆素类：主要分布在五加属和刺楸属植物中，刺五加所含的异嗪皮啶（isofraxidin）有抗肿瘤及利胆作用。本科植物还含有聚乙炔类、挥发油、多糖、木脂素类等成分。

人参 Ginseng Radix et Rhizoma

【来源】 本品为五加科植物人参 *Panax ginseng* C. A. Mey. 的干燥根和根茎。栽培品称“园参”，播种在山林野生状态下自然生长的称“林下山参”，习称“籽海”。

【植物形态】 多年生草本，高30～60cm。主根肥大，纺锤形或圆柱形，根茎短，每年增生1节。茎单一，直立。叶为掌状复叶，3～6枚轮生茎顶，通常一年生者具1枚三出复叶（习称三花），二年生者具1枚五出复叶（习称巴掌），三年生者具2枚五出复叶（习称二甲子），四年生者具3枚五出复叶，并开始抽生花序（习称灯台），以后每年递增1枚五出复叶，最多可达6枚五出复叶（习称六批叶）。伞形花序顶生，花小，淡黄绿色。浆果状核果扁球形，成熟时鲜红色（习称亮红顶）。花期6～7月，果期7～9月。（图12-80）

图 12-80 人参原植物图

1. 一年生人参植株(三花),2. 二年生人参叶(巴掌),3. 三年生人参叶(二甲子),4. 四年生人参叶(灯台),5. 六批叶

【产地】 园参主产于吉林,辽宁及黑龙江亦产。

【采制】 园参于9~10月间采挖栽培6年的人参根,林下山参于7月下旬至9月果熟变红时采挖,洗净,加工成:①生晒参:全根晒干称“全须生晒参”;剪去小支根,晒干者称“生晒参”。山参均加工成“全须生晒参”。②红参:鲜参剪去须根,蒸透(3~6小时)后干燥,剪去支根和细根,再烘干。剪下的支根和细根蒸后干燥者称“红参须”。③糖参:人参鲜根经沸水浸烫后,用排针扎孔,浸于浓糖液中,再晒干或烘干。④冻干参(活性参):鲜参经真空冷冻干燥方法加工制成。

【性状】 生晒参 ①主根呈纺锤形或圆柱形,长3~15cm,直径1~2cm。②表面灰黄色,上部或全体有疏浅断续的粗横纹及明显的纵皱,下部有支根2~3条,并着生多数细长的须根,须根上常有不明显的细小疣状突起(习称珍珠疙瘩)。③根茎(芦头)长1~4cm,直径0.3~1.5cm,多拘挛而弯曲,具不定根(艼)和稀疏的凹窝状茎痕(芦碗)。④质较硬,断面淡黄白色,显粉性,形成层环纹棕黄色,皮部有黄棕色的点状树脂道及放射状裂隙。⑤香气特异,味微苦、甘。

野山参 ①主根多与根茎等长或较短,呈圆柱形、菱角形或人字形,长1~6cm。②表面灰黄色,具纵皱纹,上部或中下部有环纹(习称铁线纹)。③支根多为2~3条,须根少而细长,清晰不乱,有较明显的疣状突起。④根茎细长(习称雁脖芦),少数短粗,中上部具稀疏或密集而深陷的茎痕。⑤不定根较细,多下垂(习称枣核艼)。(图12-81)

生晒参、红参、生晒山参均以条粗、质硬、完整者为佳。糖参以条粗、完整、皮较细、淡黄色者为佳。

【显微特征】

1. 根横切面 ①木栓层为数列细胞。栓内层窄。②韧皮部外侧有裂隙,内侧薄壁细胞排列较紧密,有树脂道散在,内含黄色分泌物。③形成层成环。④木质部射线宽广,导管单个散在或数个相聚,断续排列成放射状,导管旁偶有非木化的纤维。⑤薄壁细胞含草酸钙簇晶。(图12-82)

2. 粉末 淡黄白色。①树脂道碎片易见,含黄色块状分泌物。②草酸钙簇晶直径20~68μm,棱角锐尖。③木栓细胞表面观类方形或多角形,壁细波状弯曲。④网纹及梯纹导管直径10~56μm。⑤淀粉粒甚多,单粒类球形、半圆形或不规则多角形,脐点点状或裂缝状;复粒由2~6分粒组成。(图12-83)

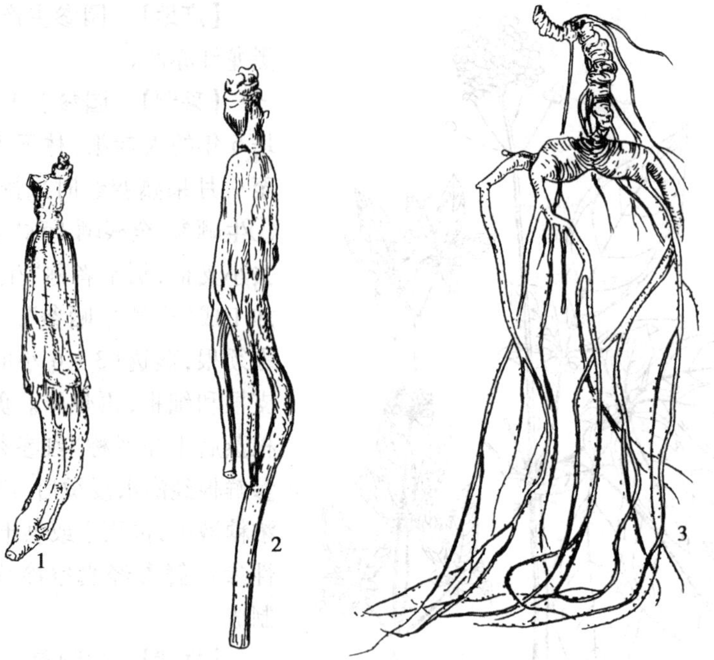

图 12-81　人参药材图

1. 生晒参，2. 红参，3. 生晒山参

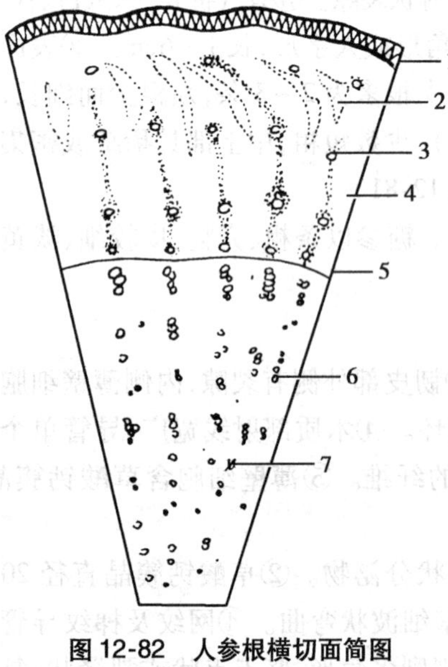

图 12-82　人参根横切面简图

1. 木栓层，2. 裂隙，3. 树脂道，4. 韧皮部，5. 形成层，6. 导管，7. 草酸钙簇晶

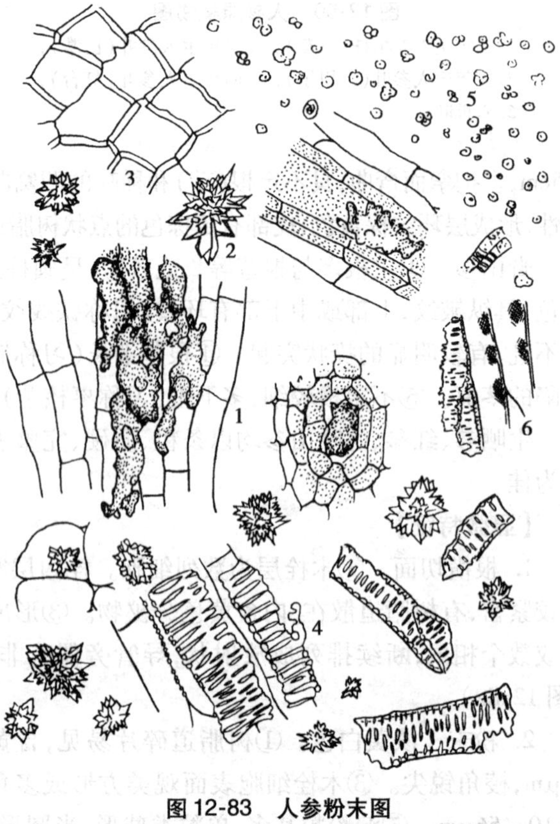

图 12-83　人参粉末图

1. 树脂道，2. 草酸钙簇晶，3. 木栓细胞，4. 导管，5. 淀粉粒，6. 木薄壁细胞

【化学成分】

1. 三萜皂苷类　人参皂苷(ginsenosides)多数为达玛烷型四环三萜皂苷,如人参皂苷 Ra_1、人参皂苷 Ra_2、人参皂苷 Ra_3、人参皂苷 Rb_1、人参皂苷 Rb_2、人参皂苷 Rb_3、人参皂苷 Rc、人参皂苷 Rd、人参皂苷 Re、人参皂苷 Rf、人参皂苷 Rg_1、人参皂苷 Rg_2、人参皂苷 Rg_3、人参皂苷 Rh_1、人参皂苷 Rh_2 等,为人参的主要活性成分;少数为齐墩果酸型(C 型)五环三萜皂苷,如人参皂苷 Ro。由于苷元不同,达玛烷型皂苷又分为 20(s)-原人参二醇(protopanaxadiol)型皂苷(A 型)和 20(s)-原人参三醇(protopanaxatriol)型(B 型),以 A 型皂苷为多。A 型和 B 型人参皂苷经酸水解后,由于 C_{20}上的甲基与羟基发生差向异构并与支链上双键环合,分别得到人参二醇(panaxadiol)和人参三醇(panaxatriol),而不能得到真正的皂苷元。

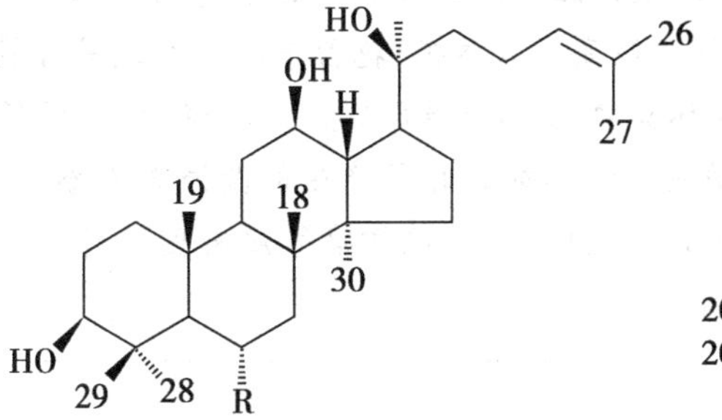

20(s)原人参二醇　R=H
20(s)-原人参三醇　R=OH

2. 挥发性成分　生晒参含挥发油,油中主要成分为 α-、β-、γ-、δ-榄香烯,α-、β-愈创烯等 20 余种成分。尚含挥发性成分人参炔醇(panaxynol),为主要活性成分之一,并含人参环氧炔醇(panaxydol)。红参中特有的挥发性成分为人参炔三醇(panaxytriol)。

3. 多糖　已分离得 A,B,C,D,E 等 5 种单体;并证明人参果胶为 SA 与 SB 酸性杂多糖的混合物,SA 的组成以中性糖为主,SB 以酸性糖为主

尚含人参多肽、多种氨基酸、胆碱、维生素等。

【理化鉴别】　薄层色谱　取本品粉末经三氯甲烷提取、水饱和正丁醇萃取和氨水碱化后,与人参对照药材及人参皂苷 Rb_1、人参皂苷 Re、人参皂苷 Rf 及人参皂苷 Rg_1对照品液共薄层展开,喷以 10% 硫酸乙醇溶液,在 105℃加热至斑点显色清晰,分别置日光和紫外灯下检视,供试品色谱中,在与对照药材和对照品色谱相应的位置上,分别显相同颜色的斑点或荧光斑点。

【含量测定】　采用 HPLC 方法测定,以人参皂苷 Rg_1、人参皂苷 Re、人参皂苷 Rb_1为对照品,人参含人参皂苷 Rg_1($C_{42}H_{72}O_{14}$)和人参皂苷 Re($C_{48}H_{82}O_{18}$)的总量不得少于 0.30%,人参皂苷 Rb_1($C_{54}H_{92}O_{23}$)不得少于 0.20%。

【药理作用】

1. 适应原样作用　人参能增强机体对各种有害因素的非特异性抵抗力,使紊乱的功能恢复正常,有效成分为人参皂苷类。

2. 对中枢神经系统的双向调节作用　人参能调节中枢神经系统的兴奋过程与抑制过程的平衡,Rb 类人参皂苷有镇静作用,Rg 类人参皂苷则有兴奋作用。

3. 对心血管系统的作用　人参及人参皂苷具有强心、抗心肌缺血、扩张血管及双向调节血压的作用。

4. 对血液系统的作用　人参和人参皂苷对骨髓的造血功能有保护和刺激作用,并具有抑制血小板聚集、降血脂和抗动脉粥样硬化的作用。

此外还有调节免疫、增强肝脏解毒能力、抗肿瘤、降血糖等作用。

【功效与主治】 性微温,味甘、微苦。能大补元气,复脉固脱,补脾益肺,生津养血,安神益智。用于体虚欲脱,肢冷脉微,脾虚食少,肺虚喘咳,津伤口渴,内热消渴,气血亏虚,久病虚羸,惊悸失眠,阳痿宫冷。用量3~9g,另煎兑服;也可研粉吞服,一次2g,一日2次。不宜与藜芦、五灵脂同用。

理论与实践

人参的开发应用

研究证实人参茎、叶、花、果及加工副产品中所含的有效成分有的比人参根还高。如人参茎叶中所含的二醇型及三醇型皂苷明显高于人参根;花蕾中的人参皂苷含量高于人参叶和根中的含量,人参花蕾具有提升人体免疫力、防止细胞老化、扩张血管、降低血压和血糖以及抗疲劳、抗衰老(美容养颜)等功效。红参加工时所产生的蒸汽含人参挥发油成分等,这些成分也有抗疲劳、防衰老、增强记忆、调理血压、抗肿瘤等滋补健身作用。目前已制成药品、食品、饮料及化妆品等系列产品。

【附】 西洋参 Panacis Quinquefolii Radix 为五加科植物西洋参 *Panax quinguefolium* L. 的干燥根。又称"花旗参",主产于美国北部及加拿大,我国有引种。根呈纺锤形、圆柱形或圆锥形,芦头大多除去。表面浅黄褐色或黄白色,可见横向环纹及线形皮孔样突起,并有细密浅纵皱纹及须根痕。主根中下部有一至数条侧根,多已折断。有的上端有根茎(芦头),环节明显,茎痕(芦碗)圆形或半圆形,具不定根(艼)或已折断。体重,质坚实,不易折断,断面皮部可见黄棕色点状树脂道,形成层环纹棕黄色。气微而特异,味微苦、甘。显微特征与人参相似。含皂苷6.4%~7.3%,主要有人参皂苷Ro、人参皂苷Rb_1、人参皂苷Rb_2、人参皂苷Rb_3、人参皂苷Rc、人参皂苷Rd、人参皂苷Re、人参皂苷Rg_1、人参皂苷Rg_2、人参皂苷Rg_3,拟人参皂苷F_{11}等。本品性凉,味甘、微苦。能补气养阴,清热生津。用于气虚阴亏,虚热烦倦,咳喘痰血,内热消渴,口燥咽干。用量3~6g,另煎兑服。

三七 Notoginseng Radix et Rhizoma

【来源】 本品为五加科植物三七 *Panax notoginseng*(Burk.)F. H. Chen 的干燥根和根茎。

【植物形态】 多年生草本,高30~60cm。主根倒圆锥形或短纺锤形,肉质,常有瘤状突起的分枝。根茎短。掌状复叶3~6枚轮生于茎顶,小叶通常3~7,长椭圆形至倒卵状长椭圆形,边缘有细密锯齿。伞形花序顶生,花小,黄绿色;花萼5齿裂;花瓣5;雄蕊5。浆果状核果扁球形,成熟时红色。花期6~8月,果期8~10月。

【产地】 主产于云南、广西,以云南文山产品为道地药材。

【采制】 一般于栽种后第3~4年秋季开花前采挖,称"春七",根饱满,质量好;11月种子成熟后采挖,称"冬七",根较泡松,质较次。将挖出的根除去地上部分及泥土,洗净,分开主根、支根及根茎,干燥。主根(习称三七头子),晒至半干时,用手搓揉,以后边晒边搓,直到全干,称"毛货";将毛货置麻袋中反复冲撞,使表面光滑,即为成品。支根习称"筋条",根茎称"剪口"。

【性状】 主根 ①呈类圆锥形或圆柱形。②表面灰褐色或灰黄色,有断续的纵皱纹及支根痕。③顶端有茎痕,周围有瘤状突起。④体重,质坚实,断面灰绿色、黄绿色或灰白色,木部微呈放射状排列。⑤气微,味苦回甜。以个大、体重、质坚、表面光滑、断面灰绿色或黄绿色者为佳。筋条 呈圆柱形或圆锥形。剪口 呈不规则的皱缩块状及条状,表面有数个明显的茎痕及环纹,断面中心灰绿色或白色,边缘深绿色或灰色。(图12-84)

【显微特征】

1. 根横切面 ①木栓层为数列细胞。②韧皮部散有树脂道。③形成层环常略弯曲。④木质部导管近形成层处稍多,1~2列径向排列,木射线宽广。⑤薄壁细胞内含淀粉粒及少数草酸钙簇晶。(图12-85)

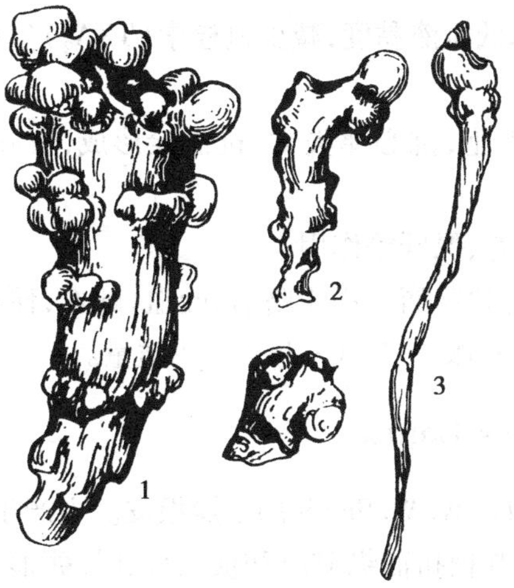

图12-84 三七药材图

1. 主根, 2. 剪口, 3. 筋条

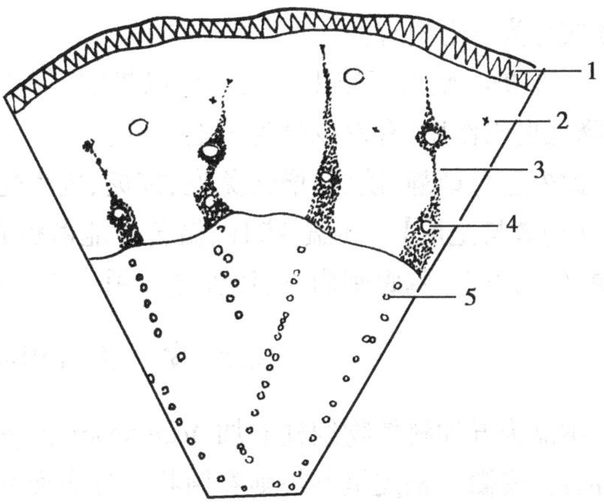

图12-85 三七根横切面简图

1. 木栓层, 2. 草酸钙簇晶, 3. 韧皮部, 4. 树脂道, 5. 导管

2. 粉末 灰黄色。①淀粉粒甚多,单粒圆形、半圆形、圆形或圆多角形,直径4~30μm;复粒由2~10余分粒组成。②树脂道碎片含黄色分泌物。③梯纹导管、网纹导管及螺纹导管直径15~55μm。④草酸钙簇晶少见,直径50~80μm。

【化学成分】

1. 皂苷类 含量为12%,主要含人参皂苷Rb_1、人参皂苷Rg_1、人参皂苷Rg_2,并含少量人参皂苷Ra、人参皂苷Rd、人参皂苷Re、人参皂苷Rb_2、人参皂苷Rg_3等,不含人参皂苷Ro。总皂苷水解后主要得人参三醇,其次为人参二醇;另含三七皂苷(notoginsenoside)R_1~R_{10}、三七皂苷A~E、三七皂苷Fa、三七皂苷Fc、三七皂苷Fe、三七皂苷G~N等。

2. 氨基酸类 分离得到17种氨基酸,有7种为人体必需,其中较特殊的三七素(田七氨酸,dencichine),是三七止血的活性成分。

3. 黄酮类 包括三七黄酮苷(山柰酚-3-O-半乳糖-O-葡萄糖)、槲皮素等。

尚含有多糖、甾醇类、挥发油等。

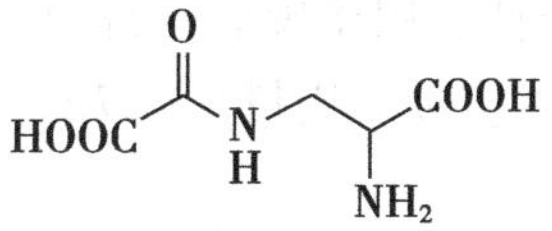

三七素

【理化鉴别】 薄层色谱 取本品粉末经加水饱和正丁醇提取后，与人参皂苷 Rb_1、人参皂苷 Re、人参皂苷 Rg_1 及三七皂苷 R_1 对照品液共薄层展开，喷以 10% 硫酸乙醇溶液，在 105℃ 加热至斑点显色清晰，分别置日光和紫外灯下检视，供试品色谱中，在与对照品色谱相应的位置上，分别显相同颜色的斑点或荧光斑点。

【含量测定】 采用 HPLC 方法测定，以人参皂苷 Rg_1（$C_{42}H_{72}O_{14}$）、人参皂苷 Rb_1（$C_{54}H_{92}O_{23}$）及三七皂苷 R_1（$C_{47}H_{80}O_{18}$）为对照品，本品含三者的总量不得少于 5.0%。

【药理作用】

1. 止血作用 三七能显著缩短出血和凝血时间，收缩局部血管，增加血小板数，有效成分为三七素。

2. 活血作用 三七根总皂苷可抑制血小板聚集，降低血液黏度，减少血栓素（TXA_2）生成，有效成分为三七皂苷。

3. 保护心脑血管作用 三七可以扩冠、保护心肌细胞，抗心律失常，抗血栓形成，有降血脂、降低血压作用，有效成分为三七皂苷。

此外还有镇静、镇痛、增强免疫、抗炎、抗氧化、抗衰老、保肝等作用。

【功效与主治】 性温，味甘、微苦。能散瘀止血，消肿定痛。用于咯血，吐血，衄血，便血，崩漏，外伤出血，胸腹刺痛，跌仆肿痛。用量 3～9g；研粉吞服，一次 1～3g。外用适量。

五加皮 Acanthopanacis Cortex

本品为五加科植物细柱五加 *Acanthopanax gracilistylus* W. W. Smith 的干燥根皮。主产于湖北、河南、安徽。根皮呈不规则卷筒状。外表面灰褐色，有稍扭曲纵皱纹和横长皮孔样瘢痕；内表面淡黄色或灰黄色，有细纵纹。体轻，质脆，易折断，断面不整齐，灰白色。气微香，味微辣而苦。根皮含紫丁香苷、异秦皮啶、异贝壳杉烯酸、刺五加苷 B_1、右旋芝麻素、亚麻酸、维生素 A、B_1 及多糖等。煎剂有抗炎、镇痛、镇静、提高免疫力及抗癌等活性。本品性温，味苦，辛。能祛风湿，补益肝肾，强壮筋骨，利水消肿。用于风湿痹病，筋骨痿软，小儿行迟，体虚乏力，水肿，脚气。用量 5～10g。

刺五加 Acanthopanacis Senticosi Radix et Rhizoma seu Caulis

本品为五加科植物刺五加 *Acanthopanax senticosus*（Rupr. et Maxim.）Harms 的干燥根和根茎或茎。主产于东北。根茎呈结节状不规则圆柱形。根呈圆柱形，多扭曲，表面灰褐色或黑褐色，粗糙，有细纵沟和皱纹，皮较薄，有的剥落，剥落处呈灰黄色。质硬，不易折断，断面黄白色，纤维性。有特异香气，味微辛、稍苦、涩。茎呈长圆柱形，多分枝，长短不一。表面浅灰色，老枝灰褐色，具纵裂沟，无刺；幼枝黄褐色，密生细刺。质坚硬，不易折断，断面皮部薄，黄白色，木部宽广，淡黄色，中心有髓。气微，味微辛。含刺五加苷 A、刺五加苷 B（紫丁香苷）、刺五加苷 B_1、刺五加苷 C、刺五加苷 D、刺五加苷 E、刺五加苷 F、刺五加苷 G 等多种苷类及刺五加多糖。刺五加有类似人参的适应原样作用，还有扩冠、增强免疫力、抗衰老、抗疲劳、抗辐射等作用。性温，味辛、微苦。能益气健脾，补肾安神。用于脾肺气虚，体虚乏力，食欲不振；肺肾两虚，久咳虚喘；肾虚，腰膝酸痛；心脾不足，失眠多梦。用量 9～27g。

25. 伞形科 Umbelliferae

$$⚥ * K_{5,0}C_5A_5\overline{G}_{(2:2:1)}$$

【概述】 草本，常含挥发油而有香气。茎中空，表面常有纵棱。叶互生，一至多回三出复叶或羽状分裂；叶柄基部扩大成鞘状；花小，两性或杂性，多辐射对称，集成复伞形花序或伞形花序；花瓣5；雄蕊5；子房下位，2心皮合生，2室，每室胚珠1；花柱2，基部往往膨大成盘状或短圆状的花柱基。双悬果。每个分果常有5条主棱（1条背棱，2条中棱，2条侧棱），有时在主棱之间还有4条次棱；外果皮表面平滑或有毛、皮刺、瘤状突起，棱和棱之间有沟槽，沟槽内和合生面通常有纵走的油管1至多条。种子有胚乳。（图12-86）

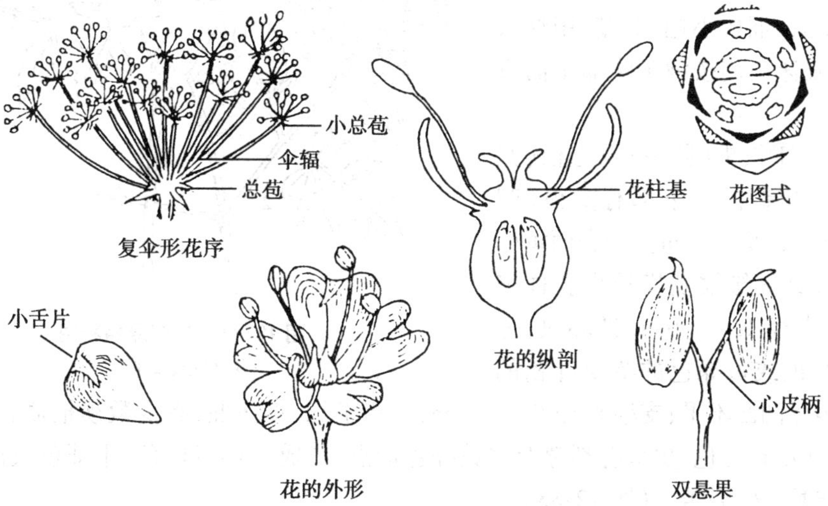

图12-86 伞形科花果模式图

本科约270余属，2900种，广布于热带、亚热带和温带地区。我国约95属，600余种。全国均有分布。已知药用230种。主要的属有当归属（*Angelica*）、柴胡属（*Bupleurum*）、藁本属（*ligusticum*）、独活属（*heracleum*）等。重要的生药有当归、柴胡、川芎、白芷、小茴香和蛇床子等。

本科植物含有多类化学成分，主要有：①挥发油：挥发油中除含有萜类成分外，主要含有各种内酯成分，如当归挥发油中含正丁烯呋内酯（butylidene phthalide），为解痉有效成分。②香豆素类：香豆素及呋喃香豆素是本科的特征性成分，类型较多。存在于当归属、前胡属、藁本属、独活属等20多个属中。③多烯炔类：本科植物含有毒的多烯炔类化合物（polyacetylenic compounds），如毒芹属（*Cicuta*）植物含有的毒芹毒素（cicutoxin）。本科植物还含有三萜类皂苷和生物碱等类成分。如柴胡根中含有柴胡皂苷，川芎中含有可治疗冠心病的川芎嗪（四甲基吡嗪，tetramethylpyrazine）等。

当归 Angelicae Sinensis Radix

【来源】 本品为伞形科植物华当归（当归）*Angelica sinensis*（Oliv.）Diels的干燥根。

【植物形态】 多年生草本，全株有特异香气。主根粗短，有支根数条。茎直立，带紫红色，有明显的纵槽纹。叶互生，为二至三回奇数羽状复叶，叶柄基部膨大成鞘状，抱茎。叶片卵形，小叶3对，一至二回分裂。复伞形花序顶生；花白色。双悬果椭圆形，分果有果棱5条。花期7月，果期8～9月。（图12-87）

图12-87 当归原植物图

1.果枝，2.叶

【产地】 主产于甘肃和云南。四川、陕西、湖北等省亦产。其中以甘肃岷县和宕昌产量大，质量佳。

【采制】 秋末采挖，除去须根及泥沙，晾至半干后，捆成小把，上棚，用烟火慢慢熏干。临床尚用按酒炙法加工而成的酒当归。

【性状】 ①根头（归头）及主根（归身）粗短，略呈圆柱形，下部有支根（归尾）3～10条，长15～25cm。②表面黄棕色至棕褐色，具纵皱纹及横长皮孔样突起。③根头直径1.5～4cm，具环纹，上端圆钝，有紫色或黄绿色的茎及叶鞘的残基；主根表面凹凸不平；支根直径0.3～1cm，上粗下细，多扭曲，有少数须根痕。④质柔韧，断面黄白色或淡黄棕色，皮部有裂隙及多数棕色油点，形成层环黄棕色，木部色较淡。⑤香气浓郁特异，味甘、辛、微苦。（图12-88）

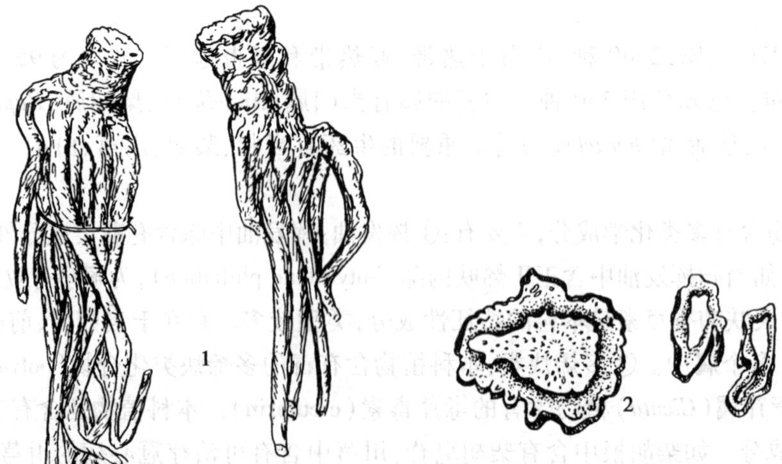

图12-88 当归药材图

1.药材，2.饮片

相关链接

当归不同部位的用药简介　当归是中医“补血、活血”要药，尤为妇科调经的良药。然因其药用部位不同，功效有别。传统习惯止血用当归头，补血用当归身，破血用当归尾，补血活血用全当归。当归生品质润，长于补血，调经，润肠通便。酒炙后增强活血补血调经的作用。

【显微特征】

1. 主根横切面　①木栓层为数列细胞。②栓内层窄，有少数油室。③韧皮部宽广，多裂隙，韧皮射线稍弯曲；有多数分泌腔（主要为油室，也有油管），直径25～160μm，外侧较大，向内渐小，周围分泌细胞6～9个。④形成层成环。⑤木质部射线宽3～5列细胞；导管单个散在或2～3个相聚，呈放射状排列。⑥薄壁细胞含淀粉粒。（图12-89）

2. 粉末　淡黄棕色。①韧皮薄壁细胞纺锤形，壁略厚，表面有极微细的斜向交错纹理，有时可见菲薄的横隔。②梯纹及网纹导管多见，直径约至80μm。③油室及其碎片时可察见，内含挥发油滴。此外，尚有木栓细胞、淀粉粒，偶见木纤维。（图12-90）

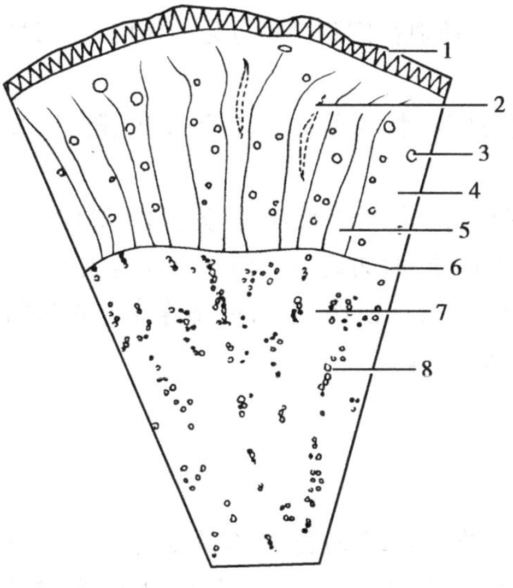

图12-89　当归（主根）横切面简图

1. 木栓层，2. 皮层，3. 裂隙，4. 韧皮部，5. 韧皮射线，6. 形成层，7. 木射线，8. 导管

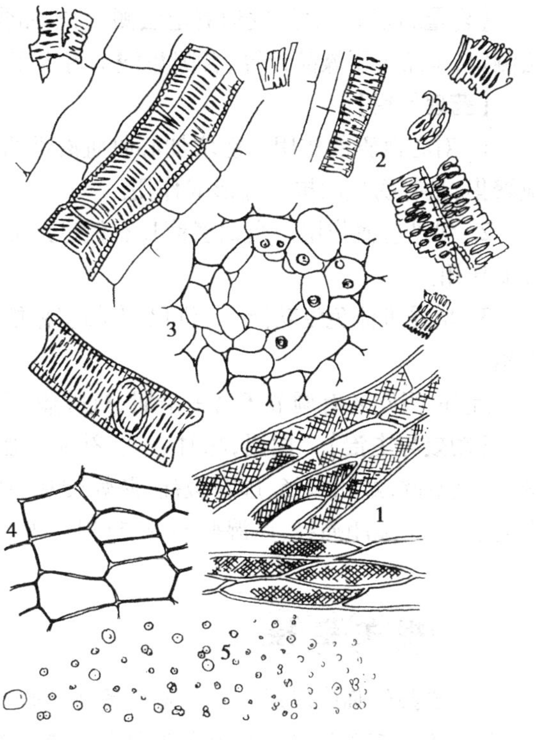

图12-90　当归粉末图

1. 纺锤形韧皮薄壁细胞，2. 导管，3. 油室，4. 木栓细胞，5. 淀粉粒

【化学成分】

1. 挥发油　挥发油含量达0.4%，油中含29种以上的成分，其中正丁烯酞内酯（*n*-butylidene

phthalide)有特殊香气,藁本内酯(ligustilide)在油中含量约45%,为油中主要成分,二者均为抗胆碱(解痉)的有效成分。另含藁本内酯二聚物、新当归内酯等。

2. 酚酸类　主要含阿魏酸(ferulic acid)、丁二酸、烟酸等。

尚含多种氨基酸、当归多糖、尿嘧啶、腺嘌呤及众多的微量元素等。

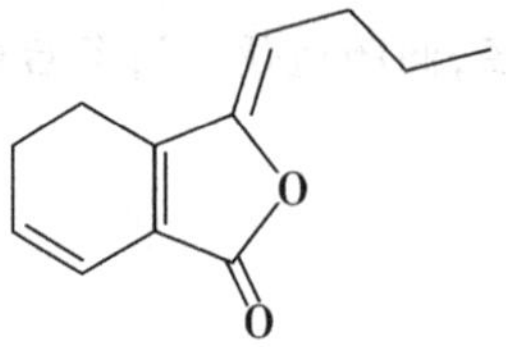

藁本内酯

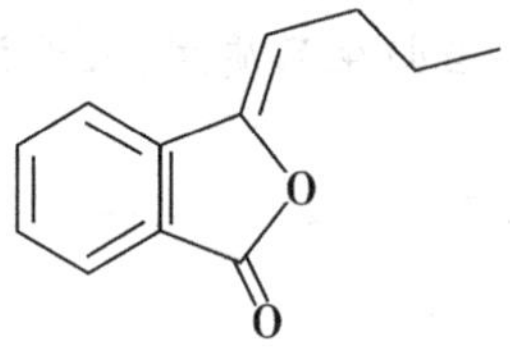

正丁烯酞内酯

【理化鉴别】

1. 断面置紫外光灯(254nm)下检视,皮部显蓝色荧光,木部显蓝紫色荧光。70%乙醇浸渍液点于滤纸上,于紫外光灯(254nm)下,显蓝色荧光斑点。

2. 薄层色谱　以当归药材作对照。用硅胶G薄层板,以正己烷-乙酸乙酯(4∶1)展开,紫外光灯(365nm)下检视。供试品色谱中,在与对照药材色谱相应的位置上,显相同颜色的荧光斑点。以阿魏酸作对照品。用硅胶G薄层板,以苯-乙酸乙酯-甲酸(4∶1∶0.1)展开,置紫外光灯(365nm)下检视。供试品色谱中,在与对照品色谱相应的位置上,显相同颜色的荧光斑点。

【含量测定】　照挥发油测定法测定,本品含挥发油不得少于0.4%(ml/g);高效液相色谱法测定,本品按干燥品计算,含阿魏酸不得少于0.050%。

【药理作用】

1. 对心血管的作用　能增加心肌血液供给,降低心肌耗氧量,并能抗心律失常,抑制血小板聚集,具有明显的抗血栓形成作用。

2. 促进造血作用　当归多糖具有促进造血干细胞、造血祖细胞增殖分化的作用,当归具抗贫血作用。

3. 增强机体免疫功能　当归及当归多糖能促进巨噬细胞吞噬功能,促进小鼠脾淋巴细胞增殖。

此外,当归还有调节子宫平滑肌、抗肿瘤、保肝、抗氧化、抗变态反应、抗炎、镇痛等作用。

【功效与主治】　性温,味甘、辛。补血活血,调经止痛,润肠通便。用于血虚萎黄,眩晕心悸,月经不调,经闭痛经,虚寒腹痛,肠燥便秘,风湿痹痛,跌打损伤,痈疽疮疡等症。酒当归活血通经,用于经闭痛经,风湿痹痛,跌打损伤等。用量6~12g。

相关链接

当归的临床应用　当归是中医药学的珍宝,素有"药王"的美誉,现今临床应用也越来越广泛。有多种以当归为主药制成的中成药制剂,主要用于血虚证。如当归丸、当归浸膏片、当归流浸膏、当归注射液等,用于月经不调、痛经、赤白带下及病后贫血,针剂尚用于腰腿痛、小儿麻痹后遗症、支气管哮喘等。养血当归精用于妇女贫血虚弱、萎黄肌瘦、头晕、闭经及月经不调、行经腹痛、产后体虚。

柴胡　Bupleuri Radix

【来源】　本品为伞形科植物华柴胡(柴胡)*Bupleurum chinense* DC. 或狭叶柴胡 *B. scorzonerifolium* Willd. 的干燥根。前者习称“北柴胡”,后者习称“南柴胡”。

【植物形态】

1. 华柴胡　多年生草本。主根较粗,坚硬。茎上部分枝略呈“之”字形弯曲。基生叶倒披针形或狭线状披针形,早枯;中部叶倒披针形或长圆状披针形,平行脉 7 ~9 条。复伞形花序,花鲜黄色。双悬果长卵形至椭圆形,棱狭翅状。花期 7 ~9 月,果期 9 ~10 月。生于山坡、林缘灌丛中。(图 12-91)

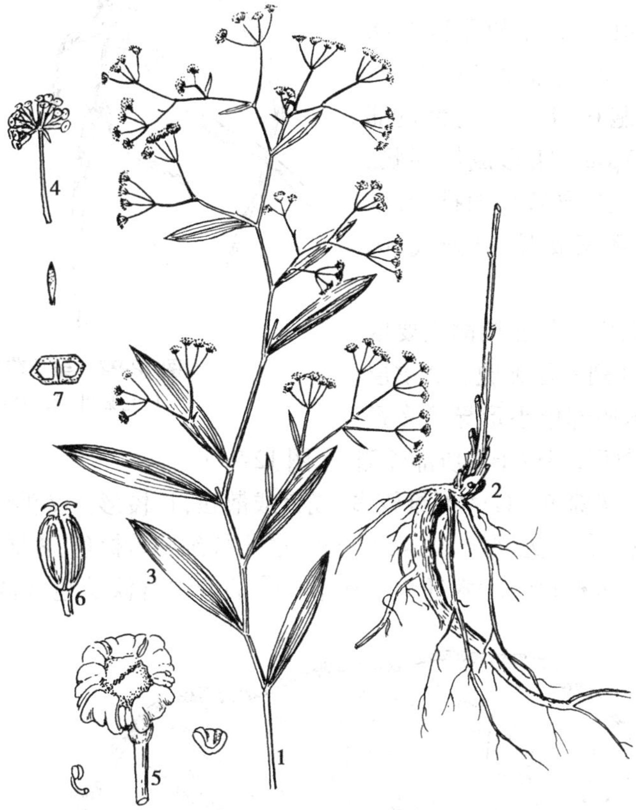

图 12-91　柴胡原植物图

1. 花枝, 2. 根, 3. 叶, 4. 小伞形花序, 5. 花, 6. 双悬果, 7. 果实横切片

2. 狭叶柴胡　主根多单生,叶线形或线状披针形,有 5 ~7 条平行脉。复伞形花序,双悬果,棱粗而钝。生于沙质草原、沙丘草甸及阳坡疏林下。

【产地】　北柴胡主产于东北、河北、河南、陕西;内蒙古、山西、甘肃亦产。南柴胡主产于湖北、江苏、安徽、吉林、黑龙江等地。

【采制】　春、秋季采挖根,晒干。

【性状】

1. 北柴胡　①呈圆柱形或长圆锥形,长 6 ~15cm,直径 0. 3 ~0. 8cm。②根头膨大,顶端残留 3 ~15 个茎基或短纤维状叶残基,下部分枝。③表面棕褐色或浅棕色,具纵皱纹、支根痕及皮孔。④质硬而韧，不易折断，断面显纤维性，皮部浅棕色，木部黄白色。⑤气微香，味微苦。

2. 南柴胡 ①根较细，圆锥形。②顶端有多数细毛状枯叶纤维，下部多不分枝或稍分枝。③表面红棕色或黑棕色，靠近根头处多具细密环纹。④质稍软，易折断，断面略平坦，不显纤维性。⑤具败油气。（图12-92）

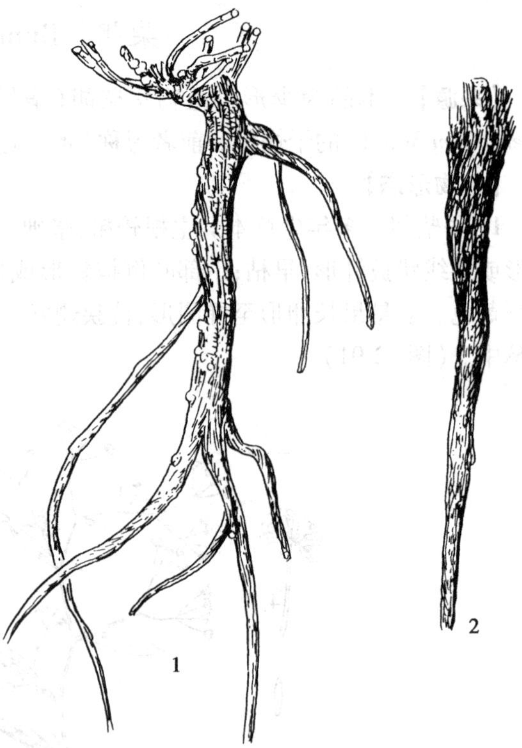

图12-92 柴胡药材图
1. 北柴胡，2. 南柴胡

【显微特征】

1. 北柴胡根横切面 ①木栓层为7～8列木栓细胞。②皮层窄，有油室7～11个，类圆形，周围分泌细胞6～8个。③韧皮部油室较小，直径约27μm。④形成层环状。⑤木质部占大部分，大型导管切向排列，木纤维与木薄壁细胞聚积成群，排列成环。（图12-93）

2. 南柴胡根横切面 与北柴胡主要区别：①木栓层约6～10列木栓细胞。②皮层油室较多而大。③木质部中小形导管多径向排列，木纤维少而散列，多位于木质部外侧。（图12-94）

3. 北柴胡粉末 灰棕色。①木纤维较多，成束或散在，长梭形。②油管多破碎，含黄棕色或黄绿色条状分泌物。③主为网纹、双螺纹导管。④木栓细胞黄棕色，表面观呈类多角形。

4. 南柴胡粉末 黄棕色。①木纤维长梭形。②油管中含淡黄色或淡棕色条状分泌物。

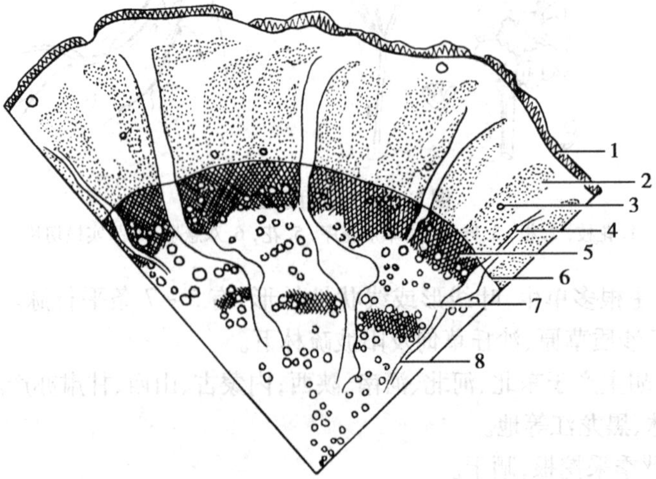

图12-93 北柴胡根横切面简图
1. 木栓层，2. 韧皮部，3. 油室，4. 韧皮射线，5. 木纤维群，6. 形成层，7. 木质部，8. 木射线

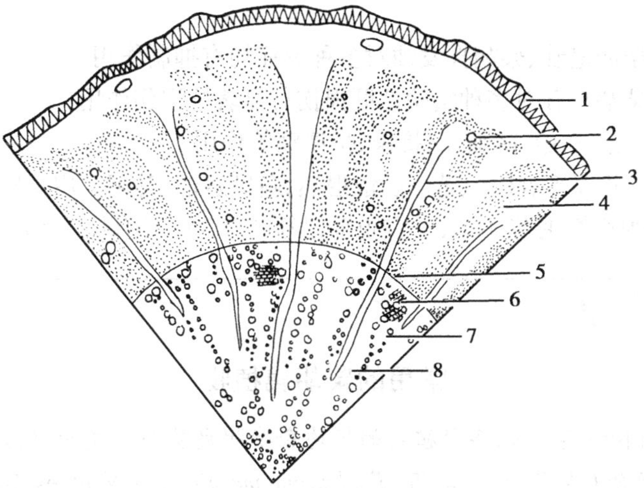

图 12-94　南柴胡根横切面简图

1. 木栓层，2. 油室，3. 韧皮射线，4. 韧皮部，5. 形成层，6. 木纤维群，7. 木质部，8. 木射线

③网纹、双螺纹导管或螺纹及具缘纹孔导管。此外，可见木栓细胞。

【化学成分】

1. 五环三萜皂苷　含多种柴胡皂苷(saikosaponin a～f 等)，活性较显著的为柴胡皂苷 a 和 d。

2. 挥发油　主要含月桂烯、柠檬烯、2-甲基环戊酮等。

尚含甾醇类、脂肪酸类及多糖类等成分。

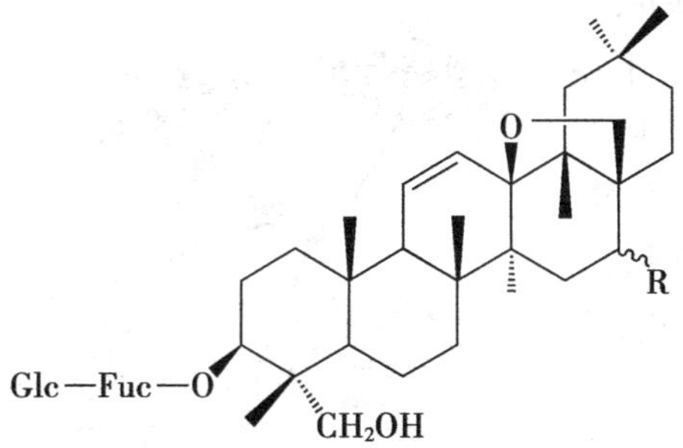

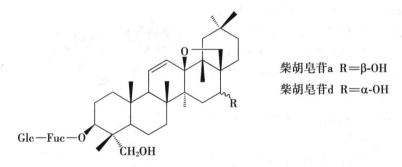

柴胡皂苷a　R=β-OH
柴胡皂苷d　R=α-OH

【理化鉴别】

1. 泡沫反应　粉末 0.5g，加水 10ml，用力振摇，有持久性泡沫产生。(检查皂苷类)

2. 显微化学定位试验　柴胡根横切片滴加 95% 乙醇和浓硫酸等量混合液 1 滴，置显微镜下观察，初呈黄绿色，渐变为绿色、蓝色，持续 1 小时以上，变为浊蓝色而消失。结果：南柴胡的木栓层、栓内层和约 1/3 的皮层显蓝绿色；而北柴胡的木栓层、栓内层及几乎整个皮层都显蓝绿色(检查柴胡皂苷)。

3. 薄层色谱　以柴胡对照药材和柴胡皂苷 a、d 对照品作对照。用硅胶 G 薄层板，以乙酸乙酯-乙醇-水(8∶2∶1)展开。供试品色谱中，在与对照药材及对照品色谱相应的位置上，显相同颜色的斑点或荧光斑点。

【药理作用】

1. 解热作用　柴胡煎剂及柴胡挥发油有明显的解热作用，柴胡皂苷具有解热、镇痛、镇静、镇咳等作用。

2. 抗炎作用 柴胡皂苷、柴胡挥发油对多种炎症均有抑制作用。

3. 保肝作用 柴胡皂苷对多种实验性肝损伤有显著抗损伤作用。

此外还有抗辐射、降血脂、降血压、抗菌、抗溃疡等作用。

【功效与主治】 性微寒,味辛、苦。疏散退热,疏肝解郁,升阳。用于感冒发热,寒热往来,疟疾,肝郁气滞,胸胁胀痛,月经不调,子宫脱垂,脱肛等病症。用量3~10g。

理论与实践

常用的柴胡属植物

我国柴胡属植物种类较多,多种植物的根均含柴胡皂苷与挥发油,供药用的约20种,常用的有:①膜缘柴胡(也称竹叶柴胡)*Bupleurum marginatum* Wall. ex DC.。②银州柴胡 *B. yinchowense* Shan et Y. Li。③锥叶柴胡 *B. bicaule* Helm.。④柴首 *B. chaishoui* Shan et Sheh。⑤黑柴胡 *B. smithii* Wolff.。⑥小叶黑柴胡 *B. smithii* Wolff. var. *parvifolia* Shan et Y. Li 等。

大叶柴胡 伞形科植物大叶柴胡 *Bupleurum longiradiatum* Turcz. 的根和根茎,表面密生环节,因其含柴胡毒素与乙酰柴胡素,有剧毒,不能作柴胡入药。

川芎 Chuanxiong Rhizoma

【来源】 本品为伞形科植物川芎(芎藭本)*Ligusticum chuanxiong* Hort. 的干燥根茎。

【植物形态】 多年生草本,高40~70cm,全株有香气。根茎呈不整齐结节状拳形团块,下端有多数须根。茎丛生,茎基节膨大呈盘状。叶互生,羽状复叶,叶柄基部鞘状抱茎,小叶3~5对。复伞形花序;花白色。双悬果卵形。(图12-95)

图12-95 川芎原植物图

1. 花枝,2. 总苞片,3. 花瓣,4. 未成熟果实

【产地】 现仅见栽培品。主产于四川,贵州、云南、湖南等地亦有栽培。

【采制】 栽培后第二年6~7月间,当茎上的节盘显著突出,并略带紫色时采挖,除去泥沙,晒后烘干,再去须根。

【性状】 ①呈不规则结节状拳形团块,直径2~7cm。②表面黄褐色,粗糙皱缩,有多数平行隆起的轮节,顶端有凹陷的类圆形茎痕,下侧及轮节上有多数小瘤状根痕。③质坚实,不易折断,断面黄白色或灰黄色,散有黄棕色的油室,形成层环呈波状。④气浓香,味苦、辛,稍有麻舌感,微回甜(图12-96)。

【显微特征】

1. 根茎横切面 ①木栓层为10余列细胞。

图 12-96　川芎药材图

1. 药材外形，2. 药材饮片

②皮层狭窄，散有根迹维管束，其形成层明显。③韧皮部宽广，形成层环波状或不规则多角形。木质部导管多角形或类圆形，大多单列或排成“V”形，偶有木纤维束。④髓部较大。薄壁组织中散有多数油室，类圆形、椭圆形或形状不规则，淡黄棕色，靠近形成层的油室小，向外渐大。⑤薄壁细胞中富含淀粉粒，有的含类圆形团块或类簇晶状草酸钙晶体。(图 12-97)

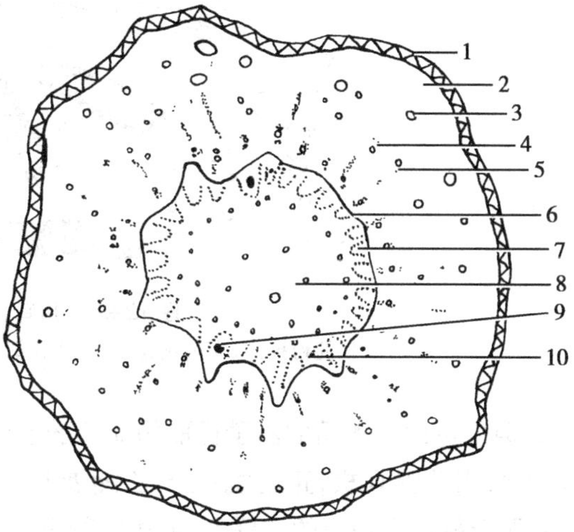

图 12-97　川芎(根茎)横切面简图

1. 木栓层，2. 皮层，3. 油室，4. 筛管群，5. 韧皮部，6. 形成层，7. 木质部，8. 髓部，9. 纤维束，10. 射线

2. 粉末　淡黄棕色或灰棕色。①淀粉粒较多，单粒椭圆形、长圆形、类圆形、卵圆形或肾形，直径 5～16μm，长约 21μm 脐点点状、长缝状或人字状；偶见复粒，由 2～4 分粒组成。②草酸钙晶体存在于薄壁细胞中，呈类圆形团块或类簇晶状，直径 10～25μm。③木栓细胞深黄棕色，表面观呈多角形，微波状弯曲。④导管主为螺纹导管，亦有网纹及梯纹导管，直径 14～50μm。偶可见油室碎片，分泌细胞壁薄，含有较多的油滴。(图 12-98)

【化学成分】

1. 挥发油类　含量约 1%，鉴定出 40 余种成分，主要为苯酞类化合物，如藁本内酯(ligustilide)、正丁烯酞内酯(butylidene phthalide)、4-羟基-3-丁基酞内酯、洋川芎内酯 A、丁基酞内酯等。

2. 生物碱类　川芎嗪(chuanxingzine)、L-异亮氨酰-L-缬氨酸酐等。

3. 酚酸类　阿魏酸、4-羟基 3-甲氧苯基乙烯、4-羟基苯甲酸、香草酸等。

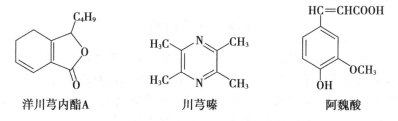

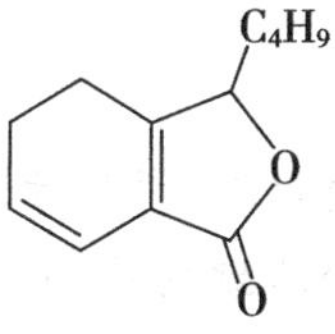

洋川芎内酯A

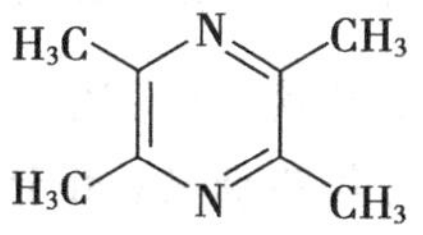

川芎嗪

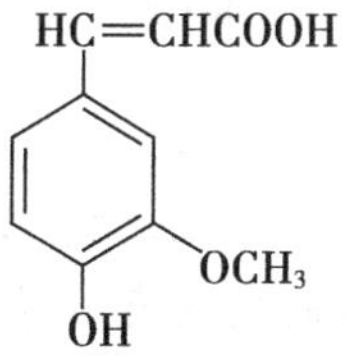

阿魏酸

【理化鉴定】

1. 横切片置紫外灯(254nm)下检视，呈亮淡紫色荧光，外皮显黯棕色荧光。

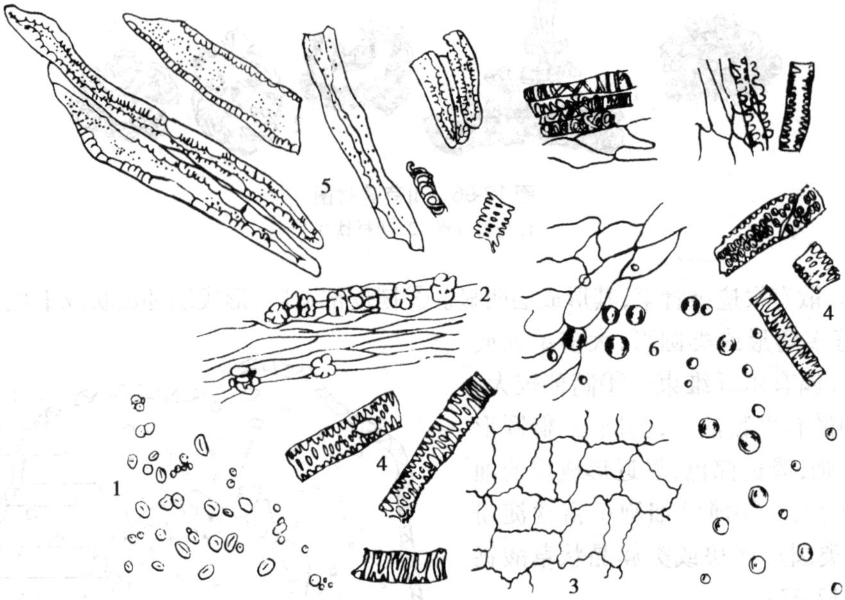

图 12-98 川芎(根茎)粉末图

1. 淀粉粒，2. 草酸钙簇晶，3. 木栓细胞，4. 导管，5. 木纤维，6. 油细胞

2. 薄层色谱 本品的乙醚提取物加乙酸乙酯溶解，作为供试品溶液。同时用川芎对照药材作对照，用硅胶 G 板，正己烷-乙酸乙酯展开，置紫外光灯(254nm)下检视。供试品色谱中，在与对照药材色谱相应的位置上，显相同颜色的斑点。

【含量测定】 采用 HPLC 方法测定。以阿魏酸为对照品，川芎按干燥品计算，含阿魏酸不得少于 0.10%。

【药理作用】

1. 对心血管系统的作用 增加冠脉流量、抗心肌缺血、改善脑循环等。
2. 抗脑缺血、抗血栓、抗再生障碍性贫血。
3. 降压，中枢镇静。

此外还有抗胃溃疡、抗肿瘤等作用。

【功效与主治】 性温，味辛。能活血行气，祛风止痛。用于月经不调，经闭痛经，癥瘕腹痛，胸胁刺痛，跌仆肿痛，头痛，风湿痹痛等病症。用量 3 ~ 9g。

理论与实践

川芎的临床应用

川芎行血又行气，透表祛风又入里开瘀，可上达头目又下通血海，适用于外证里证，气病血病。主要的制剂有川芎茶调丸、川芎茶调散(用于外感风邪所致的头痛，或有恶寒、发热、鼻塞)、磷酸川芎嗪片、磷酸川芎嗪注射液、磷酸川芎嗪氯化钠注射液(用于缺血性脑血管疾病，如脑供血不足、脑血栓形成、脑栓塞引起的脑梗死)等。

白芷　Angelicae Dahuricae Radix

本品为伞形科植物白芷 *Angelica dahurica*(Fisch. ex Hoffm.) Benth. et Hook. 或杭白芷 *A. dahurica*(Fisch. ex Hoffm.) Benth. et Hook. f. var. *formosana*(Boiss.) Shan et Yuan 的干燥根。白芷主产于河南和河北，杭白芷主产于浙江和四川。根呈长圆锥形，表面灰棕色或黄棕色，根头部钝四棱形或近圆形，具纵皱纹、支根痕及皮孔样的横向突起(习称"疙瘩丁")。质坚实，断面白色或灰白色，皮部散有多数棕色油点，形成层环棕色，近方形或近圆形。气芳香，味辛，微苦。主含挥发油和多种香豆素类成分，如欧前胡素(imperatorin)、异欧前胡素(isoimperatorin)、珊瑚菜素等。白芷具有解热、抗炎、镇痛和平喘等作用。性温，味辛。能散风除湿，通窍止痛，消肿排脓。用于感冒头痛，眉棱骨痛，鼻塞，鼻渊，牙痛，白带，疮疡肿痛。用量 3～9g。

小茴香　Foeniculi Fructus

本品为伞形科植物茴香 *Foeniculum vulgare* Mill. 的干燥成熟果实。我国各地均有栽培。双悬果呈长圆柱形，有的稍弯曲，长 4～8mm，直径 1.5～2.5mm。表面黄绿色或淡黄色，两端略尖，顶端残留有黄棕色突起的柱基，基部有时有细小的果梗。分果呈长椭圆形，背面有纵棱 5 条，接合面平坦而较宽。横切面略呈五边形，背面的四边约等长。有特异香气，味微甜、辛。果实中含挥发油约 3%～8%，油中主要成分为反式茴香脑(*trans*-anethole)、α-茴香酮、甲基胡椒酚及 α-蒎烯、茴香醛、双戊烯、柠檬烯、莰烯等。尚含脂肪油 12%～18%，其中有多种天然抗氧化剂；并含黄酮类化合物槲皮素、7-羟基香豆素、6,7-二羟基香豆素，齐墩果酸和甾类化合物等。胚乳中含脂肪油约 15%，蛋白质约 20%。本品性温，味辛。能散寒止痛，理气和胃。用于寒疝腹痛、睾丸偏坠、痛经、少腹冷痛、脘腹胀痛、食少吐泻、睾丸鞘膜积液。盐小茴香能暖肾散寒止痛，用于寒疝腹痛、睾丸偏坠、经寒腹痛。用量 3～6g。

蛇床子　Cnidii Fructus

本品为伞形科植物蛇床 *Cnidium monnieri*(L.) Cuss. 的干燥成熟果实。全国各地均产，主产于河北、山东、广西、浙江、江苏、四川等地，多野生。夏末秋初果实成熟时采收。果实为双悬果，呈椭圆形。表面灰黄色或灰褐色，顶端有 2 枚向外弯曲的柱基，基部偶有细梗。分果的背面有薄而突起的纵棱 5 条，接合面平坦，有 2 条棕色略突起的纵棱线。果皮松脆，揉搓易脱落。种子细小，灰棕色，显油性。气香，味辛凉，有麻舌感。含挥发油约 1.3%，主要成分为左旋蒎烯、左旋莰烯和异戊酸龙脑酯等；尚含蛇床子素、佛手柑内酯等香豆素类成分。主要活性成分为甲氧基欧芹酚，为治疗阴道滴虫病有效成分。本品性温，味辛、苦；有小毒；能温肾壮阳，燥湿，祛风，杀虫。用于阳痿，宫冷，寒湿带下，湿痹腰痛；外治外阴湿疹，妇人阴痒，滴虫性阴道炎。用量 3～9g。外用适量，多煎汤熏洗，或研末调敷。

26. 山茱萸科　Cornaceae

$$⚥ * K_{4\sim5,0}C_{4\sim5,0}A_{4\sim5}\overline{G}_{(2:1\sim4:1)}$$

【概述】 乔木或灌木，稀草本。叶常对生或轮生，无托叶。花两性或单性。辐射对称，常排成聚伞花序或伞形花序；花萼常 4～5 裂，或缺；花瓣 4～5，或缺；雄蕊 4～5，通常着生在花盘的边缘;子房下位,心皮 2 枚,合生成 1 ~ 4 室,每室胚珠 1。核果或浆果状核果。本科 13 属,100 余种,我国有 7 属,近 50 种。重要的生药有山茱萸、青荚叶(小通草)、灯台树、四照花和鞘柄木等。本科植物含三萜皂苷类、环烯醚萜苷类、黄酮类、多糖、鞣质、有机酸等成分。

山茱萸 Corni Fructus

本品为山茱萸科植物山茱萸 *Cornus officinalis* Sieb. et Zucc. 的干燥成熟果肉。主产于河南、浙江、陕西等地。秋末冬初果皮变红时采收果实,用文火烘或置沸水中略烫后,及时除去果核,干燥,有时酒制用。果肉呈不规则的片状或囊状,表面紫红色至紫黑色,皱缩,有光泽。顶端有的有圆形宿萼,基部有果梗痕迹。质柔软。气微,味酸、涩、微苦。主要含环烯醚萜类,如山茱萸苷(cornin, verbenalin)、莫诺苷、马钱子苷(马钱素)、山茱萸新苷等。性微温,味酸、涩。能补益肝肾,涩精固脱。用于眩晕耳鸣,腰膝酸痛,阳痿遗精,遗尿尿频,崩漏带下,大汗虚脱、内热消渴。用量 6 ~ 12g。

27. 木犀科 Oleaceae

$$⚥ * K_{(4)} C_{(4)} A_2 \underline{G}_{(2:2:2)}$$

【概述】 直立或攀援灌木、乔木。叶常对生,单叶、三出复叶或羽状复叶,无托叶。花两性,稀单性,辐射对称;花多为顶生或腋生的圆锥、聚伞花序或簇生,稀单生;花萼 4 裂;花冠 4 裂,稀离瓣或无花冠;雄蕊常 2 枚;子房上位,2 室,每室胚珠常 2 枚;花柱单生。核果、浆果、蒴果或翅果。本科植物约 29 属,600 种,广布于温带和亚热带地区。我国有 12 属,近 200 种,各地均有分布。已知药用 80 余种。常用生药有连翘、女贞子、秦皮、茉莉花、桂花等。本科植物常含有香豆素类、苦味素类、木质素类和挥发油类等成分。

连翘 Forsythiae Fructus

【来源】 本品为木犀科植物连翘 *Forsythia suspense*(Thunb.) Vahl 的干燥果实。

【产地】 主产于山西、陕西和河南等省。

【性状】 果实长卵形至卵形,稍扁。①表面有不规则纵皱纹及多数突起的小斑点,两面各有 1 条明显的纵沟。顶端锐尖,基部有果柄或其断痕。②"青翘"多不开裂,表面绿褐色,凸起的灰白色小斑点较少;质硬;种子多数,黄绿色,细长,一侧有翅。③"老翘"自顶端开裂或裂成两瓣,外表面黄棕色,内表面浅黄棕色,平滑,具一纵隔;质脆;种子多数,多已脱落。④气微香,味苦。(图 12-99)

图 12-99 连翘(果实)外形图

【显微特征】 果皮横切面 ①外果皮为 1 列扁平细胞,外壁及侧壁增厚。②中果皮外侧薄壁组织中散有维管束;内侧为多列石细胞,长条形、类圆形或长圆形,壁厚薄不一,多切向排列成镶嵌状,并延伸至纵隔壁。③内果皮为 1 列薄壁细胞。

【化学成分】 含连翘苷(phillyrin)、连翘酚、连翘苷元(phillygenin)、齐墩果酸、熊果酸、白桦脂醇酸、罗汉松脂苷、松脂素、连翘醇苷C、连翘醇苷D等。初熟青翘含皂苷和生物碱。

【药理作用】

1. 抗病原微生物作用　连翘对多种革兰阳性及阴性细菌均有抑制作用。

2. 抗炎作用　用人工方法给大白鼠复制无菌性肉芽囊模型，腹腔注射连翘液有抗渗出作用，未见抗增生作用。

3. 解热作用　连翘煎剂或复方连翘注射液对人工发热动物及正常动物的体温有降温作用。

此外，连翘中的齐墩果酸和熊果酸是其保肝的有效成分，两者均能降低实验性肝损伤动物的血清谷丙转氨酶。

【功效与主治】　性微寒，味苦。清热解毒，消肿散结。用于治疗痈疽，瘰疬，乳痈，丹毒，风热感冒，湿热入营，高热烦渴，神昏发斑，热淋尿闭等病症。用量6～15g。

秦皮　Fraxini Cortex

本品为木犀科植物苦枥白蜡树 *Fraxinus rhynchophylla* Hance、白蜡树 *F. chinensis* Roxb. 尖叶白蜡树 *F. szaboana* Lingelsh. 或宿柱白蜡树 *F. stylosa* Lingelsh. 的干燥枝皮或干皮。苦枥白蜡树主产于辽宁、吉林；白蜡树主产于四川；尖叶白蜡树、宿柱白蜡树主产于陕西等地。枝皮呈卷筒状或槽状，外表面灰白色、灰棕色至黑棕色或相间呈斑状，平坦或稍粗糙，并有灰白色圆点状皮孔及细斜皱纹。有的具分枝痕。内表面黄白色或棕色，平滑。质硬而脆，断面纤维性，黄白色。气微，味苦。干皮为长条状块片，外表面灰棕色，具龟裂状沟纹及红棕色圆形或横长的皮孔。质坚硬，断面纤维性较强。本品水浸出液在日光下可见碧蓝色荧光。主含秦皮甲素(aesculin)、秦皮乙素、秦皮苷、秦皮素等香豆素类成分。秦皮煎剂有抑菌、抑制流感病毒、疱疹病毒，抗炎、利尿、抗凝、抗过敏、止咳祛痰平喘等作用。本品性寒，味苦、涩。能清热燥湿，收涩，明目。用于治疗热痢、泄泻、赤白带下、目赤肿痛、目生翳膜等病症。用量6～12g。外用适量。

28. 马钱科　Loganiaceae

$$⚥ * K_{(4\sim5)} C_{(4\sim5)} A_{4\sim5} \underline{G}_{(2:2:2\sim\infty)}$$

【概述】　灌木、乔木或藤本，稀草本。单叶对生。花两性，辐射对称；雄蕊与花冠裂片同数而互生；子房上位，通常2室；花柱单生，2裂。本科共35属，750种，分布于热带、亚热带地区。我国有9属63种，产于西南及东部地区。已知药用15属，109种。重要的生药有马钱子、密蒙草、钩吻(断肠草)等。本科植物大多有毒，主要的化学成分有吲哚类生物碱、黄酮类和环烯醚萜苷类等。

马钱子　Strychni Semen

【来源】　本品为马钱科植物马钱 *Strychnos nux-vomica* L. 的干燥成熟种子。

【植物形态】　常绿乔木，高10～13m。叶对生，革质，广卵形或近于球形，全缘，主脉5条。聚伞花序顶生；花萼先端5裂；花冠筒状，白色，先端5裂，雄蕊5。浆果球形，直径6～13cm，成熟时橙色，表面光滑。种子3～5粒或更多，圆盘形。(图12-100)

图 12-100 马钱原植物图

1. 花枝，2. 花冠剖开，示雄蕊，3. 花萼和雌蕊

【产地】 主产于印度、越南、缅甸等地，我国多进口。

【采制】 冬季摘取成熟果实，取出种子，晒干。用砂烫去毛后，研粉用。

【性状】 ①呈钮扣状圆板形，直径 1.5 ~ 3cm，厚 0.3 ~ 0.6cm，常一面隆起，一面稍凹下。②表面密被灰棕或灰绿色绢状茸毛，自中间向四周呈辐射状排列，有丝状光泽。边缘稍隆起，较厚，有突起的珠孔，底面中心有突起的圆点状种脐。③质坚硬，平行剖面可见淡黄白色胚乳，角质状，子叶心形，叶脉 5 ~ 7 条。④气微，味极苦。（图 12-101）

【显微特征】

1. 马钱子横切面 ①种皮表皮细胞分化成向一侧倾斜的单细胞毛，长 500 ~ 1100μm，基部膨大，似石细胞状，直径约 75μm，壁极厚，强木化，有纵长扭曲的纹孔，毛体有 10 条脊状木化增厚，胞腔断面观类圆形。②种皮内层为颓废的棕色薄壁细胞。③内胚乳细胞壁厚约 25μm，主由甘露聚糖和半乳聚糖组成，可见胞间连丝，以碘液处理后较明显，细胞中含脂肪油滴及糊粉粒。（图 12-102）

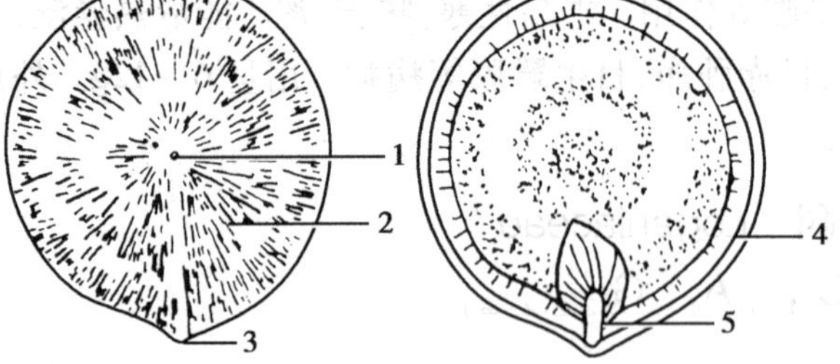

图 12-101 马钱子外形及剖面图

1. 种脐，2. 隆起线纹，3. 珠孔，4. 胚乳，5. 胚

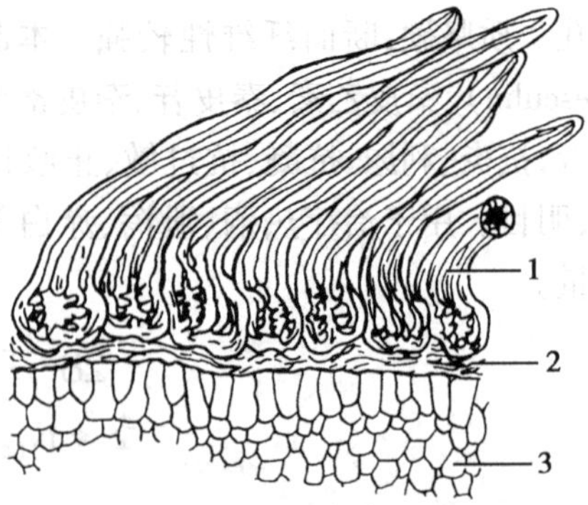

图 12-102 马钱子横切面组织图

1. 种皮非腺毛，2. 颓废的种皮细胞，3. 胚乳

2. 粉末 灰黄色。①非腺毛单细胞，多断裂，完整者长达 1100μm，直径 25 ~ 63μm，基部膨大似石细胞样，壁极厚，多碎断，木化。纹孔纵裂成缝状，毛体圆柱形，顶端钝圆，有 5 ~ 18 条纵脊状增厚，易纵裂，裂片似纤维。②内胚乳细胞壁厚，可见细密的孔沟，含脂肪油滴，糊粉粒。另可见色素层碎片（种皮内层细胞）。（图 12-103）

【化学成分】 马钱子含吲哚类生物碱 3% ~ 5%，其中番木鳖碱（士的宁 strychnine）含量为 1.23%，马钱子碱（brucine）约 1.55%；尚含 α-及 β-可鲁勃林、异番木鳖碱、伪番木鳖碱等多种生物碱及番木鳖苷、绿原酸、棕榈酸、脂肪油、蛋白质、多糖类等。

番木鳖碱为马钱子的最主要活性成分，约占总生物碱的 45%；马钱子碱的药效只有番

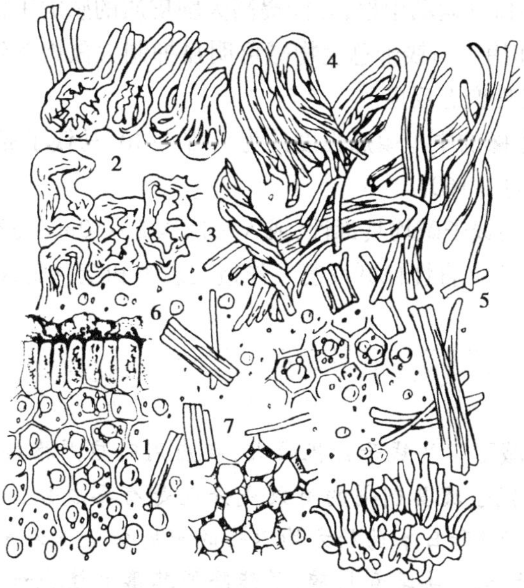

图 12-103　马钱子粉末图

1. 胚乳细胞，2. 种皮非腺毛基部侧面观，3. 种皮非腺毛基部正面观，4. 种皮非腺毛顶端，5. 种皮非腺毛中段，6. 色素层，7. 内胚乳胞间连丝

木鳖碱的 1/40。

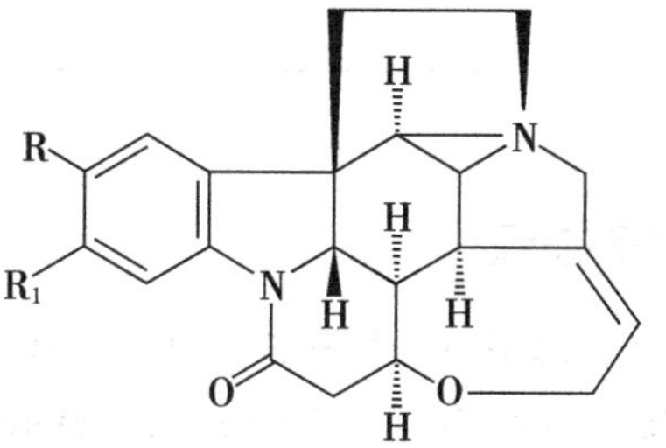

番木鳖碱 $R=R_1=H$

马钱子碱 $R=R_1=OCH_3$

【理化鉴定】

1. 取胚乳切片，加硫矾酸 1 滴，显蓝紫色（番木鳖碱反应）；另取胚乳切片加浓硝酸，显橙红色。（马钱子碱反应）

2. 取马钱子粗粉 1g，加乙醇 15ml，冷浸 2 小时，滤液蒸干，加 1M 盐酸溶解，加氢氧化胺碱化，三氯甲烷提取，三氯甲烷液用 1M 盐酸提取，酸液中加锌粉及浓盐酸，水浴加热 5 分钟，冷却后加亚硝酸溶液 1 滴，即显樱红色，此液具一定专属性。（番木鳖碱反应）

3. 薄层色谱　以士的宁和马钱子碱为对照品，硅胶 G 为固定相。甲苯-丙酮-乙醇-浓氨试液（4∶5∶0.6∶0.4）为展开剂，供试品色谱中，在与对照品色谱相应的位置上，显相同颜色的斑点。

【含量测定】　高效液相色谱法测定，本品按干燥品计算，含士的宁应为 1.20% ~2.20%，马钱子碱不得少于 0.80%。

【药理作用】

1. 中枢神经系统作用　番木鳖碱可兴奋整个中枢神经系统，首先兴奋脊髓的反射功能，其次兴奋延髓的呼吸中枢及血管运动中枢,并能提高大脑皮质的感觉中枢功能。

2. 炎症及免疫反应作用 马钱子总生物碱可明显抑制大鼠肉芽组织生长,能抑制继发性炎症反应及原发性和继发性变态反应。

3. 镇痛作用 马钱子碱的中枢镇痛强度约为吗啡 1/40,马钱子氮氧化物作用强度弱于吗啡与马钱子碱,约为吗啡的 1/160。

4. 毒性 番木鳖碱、马钱子碱均具毒性,成人一次服 5~10mg 的番木鳖碱可致中毒,30mg 可致死亡。死亡原因是由于强直性惊厥反复发作造成衰竭和窒息而致。

相关链接

马钱子的炮制与减毒 马钱子毒性较大,在应用时应严格按规定炮制和准确掌握剂量。马钱子碱既是马钱子及其制剂的有效成分也是有毒成分,且治疗量与中毒量接近。《中国药典》、《英国药典》和日本药局方均以士的宁的含量作为其质量标准。马钱子经砂烫、油炸等加热炮制后,便于去毛和粉碎,并能降低其番木鳖碱和马钱子碱的含量,以降低其毒性。

【功效与主治】 性温,味苦。有大毒。能通络止痛,散结消肿。用于风湿顽痹,麻木瘫痪,跌仆损伤,痈疽肿痛,小儿麻痹后遗症,类风湿关节痛。用量 0.3~0.6g,多炮制后入丸散用,不宜生用,不宜多服久服,孕妇忌用。

理论与实践

马钱子来源

马钱子主产东南亚国家,我国多进口。其同属植物云南马钱 *Strychnos pierriana* A. W. Hill 在我国云南南部有产,功效同马钱。海南马钱 *S. hainanensis* Merr. et Chun、密花马钱 *S. confertiflora* Merr.、山马钱 *S. nux-blanda* Hill、云海马钱 *S. ignatii* Berg.、牛眼马钱 *S. angustiflora* Benth.、伞花马钱 *S. umbellara* (Lour.) Merr. 的干燥成熟种子有些地区混作马钱子用,含有相似的生物碱成分,可用作提取马钱子碱等生物碱的原料。

29. 龙胆科 Gentianaceae

$$⚥ * K_{(4\sim5)}C_{(4\sim5)}A_{4\sim5}\underline{G}_{(2:1:\infty)}$$

【概述】 草本,茎直立或攀援,稀灌木。单叶对生,全缘,少轮生,无托叶。花多成聚伞花序,常两性,辐射对称;花萼筒管状,常 4~5 裂;花冠合瓣,漏斗状、辐状或管状,常 4~5 裂,多旋转状排列;雄蕊与花冠裂片同数而互生,着生花冠管上;子房上位,常 2 心皮合成 1 室,有 2 个侧膜胎座,胚珠多数;蒴果 2 瓣裂。本科植物约 80 属,900 多种,广布于全世界,主产于北温带。我国约 21 属,350 多种,各地有分布,以西南山区种类较多。已知药用 15 属,109 种。重要的生药有龙胆、秦艽、广地丁、当药、青叶胆、肺形草等。本科植物的特征性化学成分为裂环环烯醚萜苷和屾酮类化合物，为龙胆科的苦味成分，具抗感染、消炎、促进胃液分泌等作用。此外还含生物碱类成分。

龙胆　Gentianae Radix et Rhizoma

本品为龙胆科植物条叶龙胆 *Gentiana manshurica* Kitag.、龙胆 *G. scabra* Bge.、三花龙胆 *G. triflora* Pall. 或坚龙胆 *G. rigescens* Franch. 的干燥根及根茎。前三种习称“龙胆”，后一种习称“坚龙胆”。春秋二季采挖。龙胆根茎呈不规则的块状；表面黯灰棕色或深棕色，上端有茎痕或残留茎基，周围和下端着生多数细长的根。根圆柱形，略扭曲；表面淡黄色或黄棕色，上部多有显著的横皱纹，下部较细，有纵皱纹及支根痕。质脆，易折断，断面略平坦，皮部黄白色或淡黄棕色，木部色较浅，呈点状环列。气微，味甚苦。坚龙胆表面无横皱纹，外皮膜质，易脱落，木部黄白色，易与皮部分离。主含龙胆苦苷（gentiopicrin）、獐牙菜苦苷（swertiamarin）、獐牙菜苷、龙胆屾酮等成分。性寒，味苦。能清热燥湿，泻肝胆火，用于湿热黄疸，阴肿阴痒，带下，强中，湿疹瘙痒，目赤，耳聋，胁痛，口苦，惊风抽搐。用量 3～6g。

秦艽　Gentianae Macrophyllae Radix

本品为龙胆科植物秦艽 *Gentiana macrophylla* Pall.、麻花秦艽 *G. straminea* Maxim.、粗茎秦艽 *G. crassicaulis* Duthie ex Burk. 或小秦艽 *G. dahurica* Fisch. 的干燥根。前三种按性状不同分别习称“秦艽”和“麻花艽”，后一种习称“小秦艽”。主产黑龙江、辽宁、内蒙古、河北。秦艽根呈圆柱形，上粗下细，扭曲不直，表面灰黄色或黄棕色，有扭曲的纵皱纹，根头部膨大，由数个根茎合着，顶端残留茎基及纤维状叶鞘。质硬而脆，易折断，断面略显油性，皮部黄色或棕黄色，木部黄色。气特异，味苦、微涩。麻花艽呈类圆锥形，多由数个小根纠聚而膨大，直径可达 7cm。表面棕褐色，粗糙，有裂隙呈网状孔纹。质松脆，易折断，断面多呈枯朽状。小秦艽呈圆锥形或类圆柱形，表面棕黄色。主根通常 1 个，残存的茎基有纤维状叶鞘，下部多有分枝。断面黄白色。主含龙胆甲素等生物碱。秦艽煎剂和龙胆碱对大鼠有镇静、镇痛作用。龙胆碱对大鼠因甲醛或蛋清而致的关节炎有抗炎作用；对过敏性休克有缓解作用。龙胆苦苷为秦艽的苦味成分，能抑制肿瘤坏死因子（TNF）的产生而具有抗肝炎作用。性平，味辛、苦。能祛风湿，清湿热，止痹痛。用于风湿痹痛，筋脉拘挛，骨节酸痛，日晡潮热，小儿疳积发热等病症。用量 3～9g。

30. 夹竹桃科　Apocynaceae

$$⚥ * K_{(5)} C_{(5)} A_5 \underline{G}_2, \underline{G}_{(2:1\sim2:1\sim\infty)}$$

【概述】 乔木、灌木、木质藤本或草本，具白色乳汁或水液。单叶，多对生或轮生，全缘，常无托叶。花两性，辐射对称，单生或成聚伞花序；萼 5 裂，下部呈筒状或钟状，基部内面常有腺体；花冠 5 裂，高脚碟状、漏斗状、坛状或钟状，裂片旋转状排列，花冠喉部常有鳞片状或毛状附属物，有时具副花冠；雄蕊 5 枚，着生在花冠管上或花冠喉部，花药常呈箭头状，具花盘；子房多上位，心皮 2，离生或合生，1～2 室，中轴或侧膜胎座，含 1 至多数胚珠；花柱 1，柱头头状、环状或棍棒状；果实多为 2 个并生蓇葖果，少为核果、浆果或蒴果；种子一端常具毛或膜翅。本科植物约 250 属，2000 余种，主要分布于热带、亚热带地区，少数在温带地区。我国产 46 属，176 种，主要分布于南方各省区。已知药用 95 种。常用的生药有萝芙木、罗布麻叶和长春花等。本科植物的主要活性成分为吲哚类生物碱和强心苷类化合物。

萝芙木 Rauvolfiae Verticillatae Radix

本品为夹竹桃科植物萝芙木 *Rauvolfia verticillata*（Lour.）Baill. 的干燥根。主产于广东、广西、云南等省区。根圆柱形或圆锥形，常弯曲，长 15～30cm，直径 1～2.5cm，主根下常有数个分枝。表面灰色或淡棕色，具不规则的纵沟，皮部黯棕色，木部黯棕色或黄色。质坚硬，不易折断，断面皮部窄，木部宽阔。气弱，味极苦。本品含多种吲哚类生物碱，总生物碱含量约 1%～2%。其中具降压作用的主成分是利血平（reserpine）、利血胺（rescinnamine）、坎尼生（canesscine）、萝尼生等，以利血平的作用最强；尚含四氢蛇根碱（ajmalicine）、萝芙木碱（阿马林，ajmaline）、阿利新等 20 余种生物碱。总生物碱的商品名为“降压灵”，临床降压疗效温和缓慢，作用持久，副作用小。本品性寒，味苦，有小毒。具有降压、镇静作用。主要用作提取利血平等生物碱的原料药。

另外，我国同属多种植物具有相同的成分，如蛇根木 *Rauvolfia serpentina*（L.）Benth. ex Kurz. 广东、广西、云南有栽培，根含总生物碱 1.50%，利血平 0.155%；云南萝芙木 *R. yunanensis* Tsiang 产于云南西双版纳，根含总生物碱 1.3%～2.7%；红果萝芙木 *R. verticillata*（Lour.）Baill. var. *rubrocarpa* Tsiang 产于海南岛，总生物碱含量 0.9%～1.2%。它们与萝芙木功效相同，亦为生产降压药物的原料。

罗布麻叶 Apocyni Veneti Folium

本品为夹竹桃科植物罗布麻 *Apocynum venetum* L. 的干燥叶。主产于西北、华北及东北，现江苏、山东、安徽、河北等省有栽培。叶多皱缩卷曲，有的破碎，完整叶片展开呈椭圆状披针形或卵圆状披针形，长 2～5cm，宽 0.5～2cm。淡绿色或灰绿色。先端钝，有小芒尖，基部钝圆或楔形，边缘具细齿，常反卷；侧脉细密，两面无毛，叶脉于下表面突起；叶柄细，长约 4mm。质脆，气微，味淡。叶含芸香苷（rutin）、槲皮素（quercetin）等黄酮类化合物，并含儿茶素、蒽醌、谷氨酸、丙氨酸、缬氨酸、氯化钾等。罗布麻叶煎剂具降压以及降低甘油三酯与胆固醇的作用；可促进家兔与大鼠的免疫功能，降低大鼠血清过氧化脂质水平。本品性凉，味甘、微苦。能平肝安神，清热利尿。用于治疗肝阳眩晕，心悸失眠，浮肿尿少，高血压，神经衰弱，肾炎浮肿等病症。用量 6～12g，常泡水当作茶饮。

罗布麻根较粗壮，含罗布麻苷、加拿大麻苷（cyamarin）、毒毛旋花子苷元（strophanthidin）、K-毒毛旋花子苷-β 等强心成分，另含槲皮素、异槲皮素等。

31. 萝藦科 Asclepiadaceae

$$⚥ * K_{(5)} C_{(5)} A_{(5)} \underline{G}_{2:1:\infty}$$

【概述】 藤本、多年生草本或灌木，具乳汁。单叶对生。花两性，辐射对称，五基数；花萼 5 裂；常具副花冠；雄蕊 5 枚，与雌蕊合生成中心柱，称合蕊柱；花丝联合生成一个有蜜腺的筒，将雌蕊包围着，称合蕊冠，或花丝离生；花粉粒常聚合成花粉块；子房上位，由 2 个离生心皮组成；花柱 2，顶部合生；胚珠多数；蓇葖果双生；种子多数，顶端具白色丝状毛。本科植物约 180 属，2200 余种，分布于热带、亚热带、少数温带地区。我国产 44 属，约 245 种，主要分布于西南、东南等地。已知药用 32 属，112 种。本科植物大多有毒，尤其是乳汁和根。重要的生药有香加皮、徐长卿、白首乌、白前、白薇、通关藤、萝藦等。本科化学成分包括强心苷、皂苷、生物碱及酚类等。

香加皮 Periplocae Cortex

本品为萝藦科植物杠柳 *Periploca sepium* Bge. 的干燥根皮。主产于山西、河北、河南等地。根皮呈卷筒状或槽状,少数呈不规则块片状,长 3 ~10cm,直径 1 ~2cm,厚 0.2 ~0.4cm。外表面灰棕色或黄棕色,栓皮松软,常呈鳞片状,易剥落;内表面淡黄色或淡黄棕色,较平滑,有细纵纹。体轻,质脆,易折断,断面不整齐,黄白色。有特异香气,味苦。含杠柳苷(periplocin),具有强心作用;其香气成分主要是4-甲氧基水杨醛等。杠柳总苷用于充血性心力衰竭、心脏性浮肿等症。杠柳苷的强心作用具有迅速、持续时间短、无积蓄作用等特点,并具有一定的抗辐射与抗炎作用。本品性温,味苦、辛,有毒。能祛风湿,壮筋骨,强腰膝,消水肿。用于治疗风湿腰骨疼痛,腰膝酸软,心悸气短,下肢浮肿等病症。用量 3 ~6g。本品有毒,不能过量或久服。

32. 唇形科 Labiatae(Lamiaceae)

⚥ $\uparrow K_{(5)}C_{(5)}A_{4,2}\underline{G}_{(2:4:1)}$

【概述】 常为草本,稀灌木,多含挥发油而有香气。茎呈四棱形。叶对生,单叶,稀复叶。花两性,两侧对称,呈轮状聚伞花序,常再组成穗状、总状、圆锥状或头状的复合花序;花萼合生,通常 5 裂,宿存;花冠 5 裂,唇形,通常上唇 2 裂,下唇 3 裂;雄蕊通常 4 枚,2 强;雌蕊子房上位,由 2 心皮组成,通常 4 深裂成假 4 室,每室有胚珠 1 颗;花柱着生于 4 裂子房隙中央的基部,柱头 2 浅裂;果实由 4 枚小坚果组成。本科植物约 220 属,3500 余种,广布于全世界。我国约 99 属,808 种,全国各地均有分布。已知药用约 75 属,436 种。

主要的药用属有:鼠尾草属(*Salvia*)、黄芩属(*Scutellaria*)、益母草属(*Leonurus*)、薄荷属(*Mentha*)、香茶草属(*Rabdosia*)、裂叶荆芥属(*Schizonepeta*)、石荠苧属(*Mosla*)、紫苏属(*Perilla*)、夏枯草属(*Prunella*)等。主要的生药有黄芩、丹参、薄荷、益母草、广藿香、荆芥等。

本科植物主要特征性活性成分有:①二萜类:如丹参属植物中所含的丹参酮、隐丹参酮等,具有抗菌消炎、降血压及活血化瘀、促进伤口愈合等作用。香茶菜属植物中的冬凌草素、延命草素具有抗菌消炎和抗癌作用。②挥发油:薄荷油、广霍香油和紫苏油等有抗菌、消炎及抗病毒作用。③黄酮类:如黄芩苷、黄芩素等,均有抗菌消炎作用。④生物碱类:如益母草碱、水苏碱。本科植物还含有羟基促脱皮甾酮、筋骨草甾酮、杯苋甾酮等昆虫变态激素,能促进蛋白质合成和降血脂。

黄芩 Scutellariae Radix

【来源】 本品为唇形科植物黄芩 *Scutellaria baicalensis* Georgi 的干燥根。

【植物形态】 多年生草本。主根粗大,圆锥形,老根中心常腐朽、中空。茎丛生,钝四棱形。叶对生,披针形至条状披针形,全缘。总状花序顶生,花偏生于花序的一侧;花萼二唇形,上唇背部有盾状物;花冠紫色、紫红色或蓝紫色;子房 4 裂。小坚果卵球形,具瘤(图 12-104)。

【产地】 主产于河北、山西、河南、陕西、甘肃、内蒙古等地,以山西产量最多,河北承德产者质量最好。生长于田旁路边的砂质土、砂壤土或粘壤土的向阳山坡、山顶草地、林下、草原等地。

图 12-104 黄芩原植物图

1. 花枝，2. 花冠的侧面观

【采制】 春、秋二季采挖，以春季采挖为好。除去须根及泥沙，晒至半干后撞去粗皮，再晒干。新根色鲜黄、内部充实者称“子芩”、“条芩”或“枝芩”；老根内部暗棕色、中心枯朽者称“枯芩”。以子芩质佳，枯芩次之。

【性状】 ①本品呈圆锥形，扭曲，长 8～25cm，直径 1～3cm。②表面棕黄色或深黄色，有稀疏的疣状细根痕，上部较粗糙，有扭曲的纵皱或不规则网纹，下部有顺纹和细皱。③质硬而脆，易折断，断面黄色，中间红棕色，老根中间呈暗棕色或棕黑色，枯朽状或已成空洞。④气微，味苦。以条粗长、质坚实、色黄者为佳(图 12-105)。

【显微特征】

1. 根横切面 ①木栓层 8～20 列细胞，细胞扁平，外缘常破裂，其中有石细胞散在；栓内层狭窄。②皮层狭窄，韧皮部宽广，有多数石细胞和纤维，石细胞多分布于外侧，纤维多分布于内侧。③形成层成环。④木质部导管成束，约 6～20 束，导管群排列呈扁平状，老根木质部中有栓化细胞环。⑤薄壁细胞中含有淀粉粒(图 12-106)。

2. 粉末 黄色。①韧皮纤维散在或成束，梭形，长 60～250μm，直径 9～33μm，壁厚，孔沟细。②石细胞类圆形、类方形或长方形，壁较厚或甚厚。③网纹导管多见，直径 24～

图 12-105 黄芩(根)外形及饮片

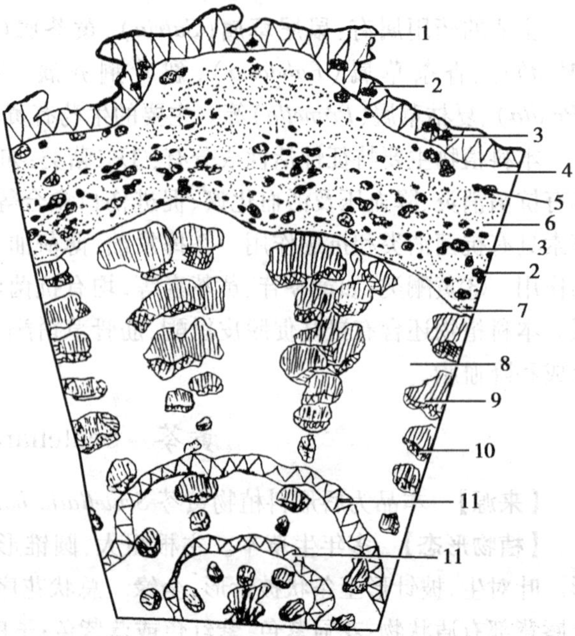

图 12-106 黄芩根的横切面简图

1. 木栓层，2. 石细胞，3. 纤维束，4. 皮层，5. 内皮层石细胞和纤维，6. 韧皮部，7. 形成层，8. 木射线，9. 木质部(导管)，10. 木纤维，11. 木栓细胞环

72μm。④木栓细胞棕黄色，多角形。⑤木纤维多碎断，直径约12μm，有稀疏斜纹孔。⑥淀粉粒甚多，单粒类球形，直径2～10μm，脐点明显，复粒由2～3分粒组成（图12-107）。

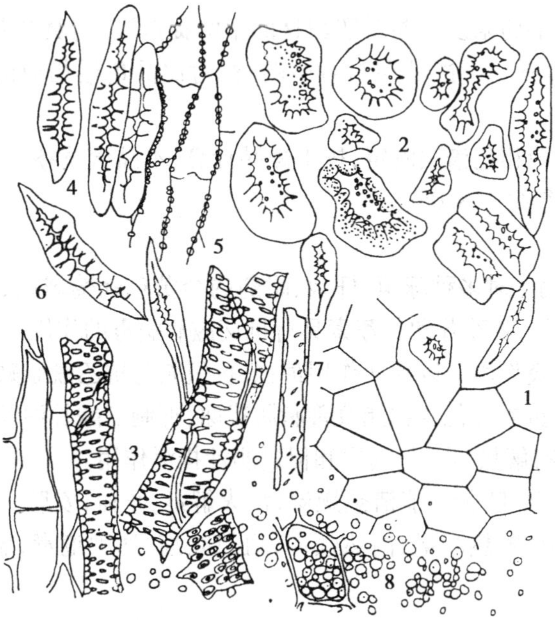

图12-107　黄芩根的粉末图

1. 木栓层，2. 石细胞，3. 导管，4. 韧皮纤维，5. 韧皮薄壁细胞，6. 纺锤形木薄壁细胞，7. 木纤维，8. 淀粉粒

【化学成分】 含多种黄酮类化合物。主要有黄芩苷（baicalin）、黄芩素（baicalein）、汉黄芩苷（wogonoside）、汉黄芩素（wogonin）、黄芩新素Ⅰ、Ⅱ（skullcapflavone Ⅰ、Ⅱ）、去甲汉黄芩素、7-甲氧基黄芩素、白杨黄素、千层纸素A及查耳酮、二氢黄酮醇、黄酮醇等。

尚含有挥发油、糖类、氨基酸、多种甾醇类。

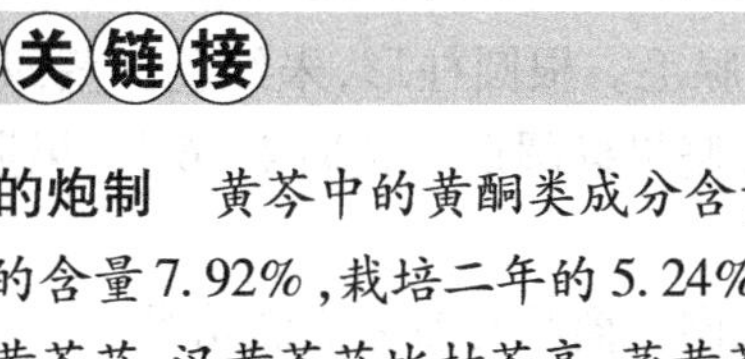

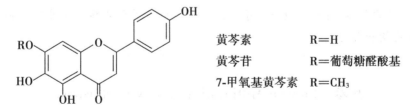

黄芩素	R=H
黄芩苷	R=葡萄糖醛酸基
7-甲氧基黄芩素	R=CH_3

相关链接

黄芩的炮制　黄芩中的黄酮类成分含量与根的新老、栽培年限及不同的炮制方法有关。栽培三年的含量7.92%，栽培二年的5.24%，野生黄芩8.95%。黄芩栽培三年以上为宜。子芩中含的黄芩苷、汉黄芩苷比枯芩高；蒸黄芩（清水蒸1小时）、煮黄芩（沸水煮10～60分钟）和生黄芩中的总黄酮含量最高，烫黄芩（沸水煮6小时）次之，冷浸黄芩（冷水浸12小时）最低。实验表明，黄芩根在水中浸3小时，有62.5%～93.5%的黄芩苷水解成苷元。

【理化鉴定】

1. 取本品粉末2g,加乙醇20ml,加热回流15分钟,滤过。取滤液1ml,加醋酸铅试液2～3滴,即生成橘黄色沉淀;另取滤液1ml,加镁粉少量与盐酸3～4滴,显红色。(检查黄酮)

2. 薄层色谱　取本品粉末及黄芩对照药材的甲醇提取液,与黄芩苷、黄芩素、汉黄芩苷共薄层展开,紫外光灯下检视。供试品在与对照药材、对照品色谱相应的位置上显相同颜色的斑点。

【含量测定】　高效液相色谱法测定,按干燥品计算,本品含黄芩苷不得少于9.0%。黄芩片和酒黄芩含黄芩苷不得少于8.0%。

【药理作用】

1. 抗菌、抗病毒作用　对多种球菌、杆菌、耐药的金黄色葡萄球菌、流感病毒、乙型肝炎病毒、皮肤真菌有抑制作用。黄芩苷和黄芩素具有抗艾滋病病毒的作用。

2. 抗变态反应和抗炎作用　以苷元作用最强,抗组胺与抗乙酰胆碱以生黄芩作用较强。

3. 改善脂肪代谢　黄酮类化合物能改善脂肪代谢,抑制三酰甘油及脂类过氧化作用。

此外黄芩及黄芩苷有解热、降压、利尿和促进胆汁排泄作用。

【功效与主治】　性寒,味苦。能清热燥湿,泻火解毒,止血,安胎。用于湿温、暑温胸闷呕恶,湿热痞满,泻痢,黄疸,肺热咳嗽,高热烦渴,血热吐衄,痈肿疮毒,胎动不安等病症。用量3～9g。

理论与实践

黄芩的现代制剂

双黄连系列制剂:金银花、黄芩和连翘,用于外感风热所致感冒;三黄片:大黄、盐酸小檗碱、黄芩浸膏;银黄含片:金银花和黄芩,用于急性扁桃体炎,急性咽喉炎等;黄芩片:用于湿热泻痢、黄疸、肺热咳嗽、高热烦渴等;黄芩苷注射液:用于病毒性肝炎等;抗炎退热片:用于急性扁桃体炎、肺部感染等;芩连片:黄芩、连翘等,用于脏腑蕴热,头痛目眩,眼目赤肿,热痢腹痛等;复方黄芩片:黄芩、虎杖、穿心莲、十大功劳,用于咽喉炎和外伤感染。桂林西瓜霜等制剂也均含有黄芩。

丹参　Salviae Miltiorrhizae Radix et Rhizoma

【来源】　本品为唇形科植物丹参(赭根鼠尾草)*Salvia miltiorrhiza* Bge. 的干燥根及根茎。

【植物形态】　多年生草本,全株密被柔毛及腺毛。根圆柱形,朱红色。茎四棱。叶对生,羽状复叶,小叶5～7。轮伞花序,花冠蓝紫色。小坚果椭圆形。花期4～6月,果期7～8月(图12-108)。

【产地】　主产于河南、四川、江苏、安徽,销全国。商品丹参多为栽培品。

【采制】　春、秋二季采挖,以秋季采挖质量较好。栽培品于种植第二、三年秋季采挖,除去地上部分和须根,将根摊开曝晒,晒至五六成干时,集中堆积发热,使内部变为紫黑色,再晒干。

【性状】　①根茎短粗,有时残留茎基;②根圆柱形,常稍弯曲,并有分枝及须状细根。长10～20cm,直径0.3～1cm。表面砖红色、棕红色或紫棕色,粗糙,有不规则纵沟或纵皱纹,老根外皮常呈鳞片状剥落；③质硬脆，折断面纤维性，皮部暗红棕色至紫褐色，木部导管束黄白色，显放射状排列；④气微，味微苦涩（图12-109）。

图12-108　丹参原植物图

1. 叶，2. 花，3. 花萼，4. 雄蕊

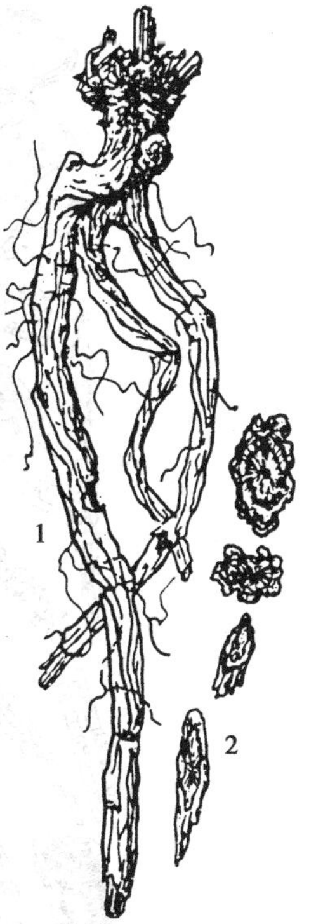

图12-109　丹参药材图

1. 完整药材，2. 饮片

栽培品较粗壮，直径0.5～1.5cm。表面红棕色，具纵皱，外皮紧贴不易剥落。质坚实，断面较平整，略呈角质样。

【显微特征】

1. 根横切面　①木栓层多含橙色或淡紫棕色物。②皮层窄。③韧皮部宽广，筛管群明显。④形成层环明显。⑤木质部射线甚宽，导管束作2～3歧状径向排列，导管近中心少，向外渐多，单个或2～12个多个径向或切向相接，与木薄壁组织间隔排列成层状。⑥木纤维发达，常与导管伴存。少数根的皮层与韧皮部可见石细胞散在。（图12-110）

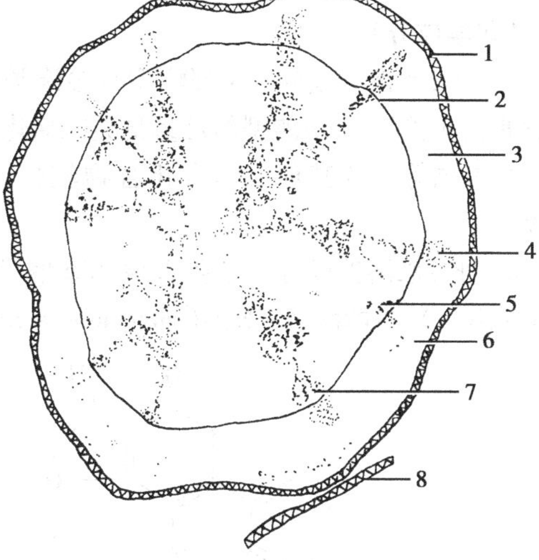

图12-110　丹参（根）横切面简图

1. 木栓层，2. 形成层，3. 皮层，4. 韧皮部，5. 导管，6. 厚壁细胞，7. 木质部，8. 落皮层

2. 粉末　红棕色。①石细胞多单个散在或成对，类圆形、类方形或不规则形，有的细胞腔内含棕色物。②网纹及具缘纹孔导管直径10～50μm；网纹导管分子长梭形，网孔狭细，穿孔多位于侧壁。③韧皮纤维梭形，壁厚，孔沟明显。④木纤维多成束，呈长梭形，末端长

尖，纹孔斜缝状，孔沟较稀。⑤木栓细胞黄棕色，表面类方形或多角形，壁稍厚，弯曲或平直，含红棕色色素（水合氯醛透化，色素则溶解）（图12-111）。

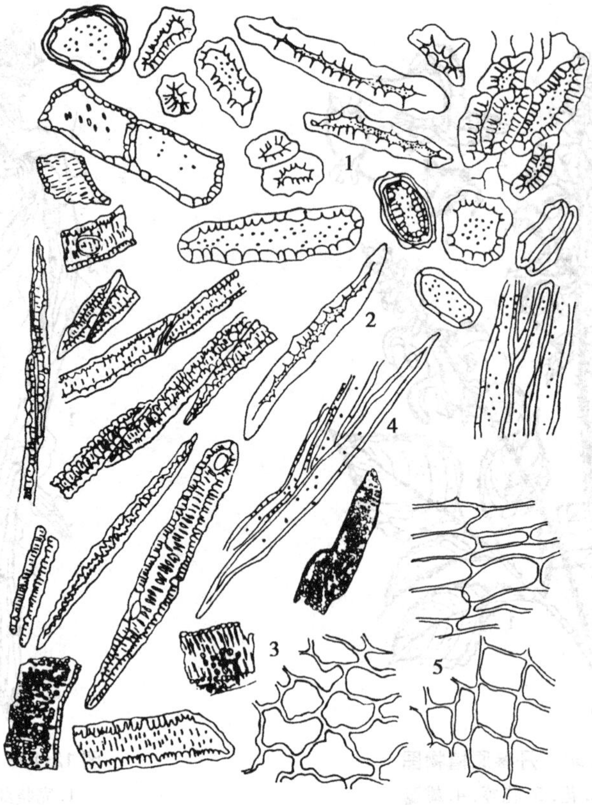

图12-111 丹参（根及根茎）粉末图

1. 石细胞，2. 韧皮纤维，3. 导管，4. 木纤维，5. 木栓细胞

【化学成分】

1. 丹参脂溶性成分 ①邻醌型丹参酮类二萜化合物：主要有丹参酮Ⅰ（tanshinone Ⅰ）、丹参酮$Ⅱ_A$、$Ⅱ_B$等。②对醌型的丹参酮类二萜化合物在丹参中含量很低，主要有异丹参酮Ⅰ、Ⅱ，异隐丹参酮等。③其他二萜类化合物较少，含量低。主要有丹参隐螺内酯、表丹参隐螺内酯等。

2. 丹参水溶性成分 主要有原儿茶醛、原儿茶酸及丹参酸甲（丹参素）、乙、丙（salvianic acid A、B、C）、丹酚酸A～E、G（salvianolic acid A～E、G）等。

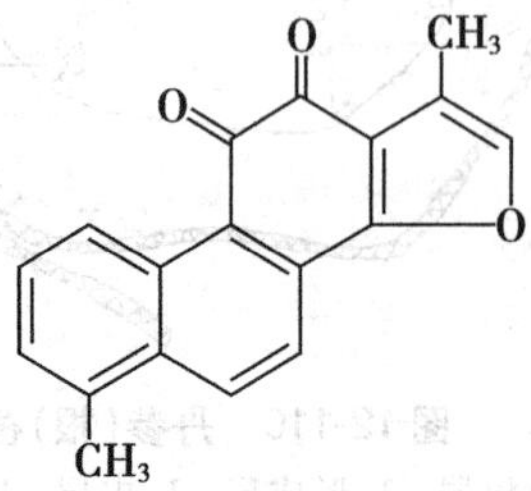

丹参酮Ⅰ

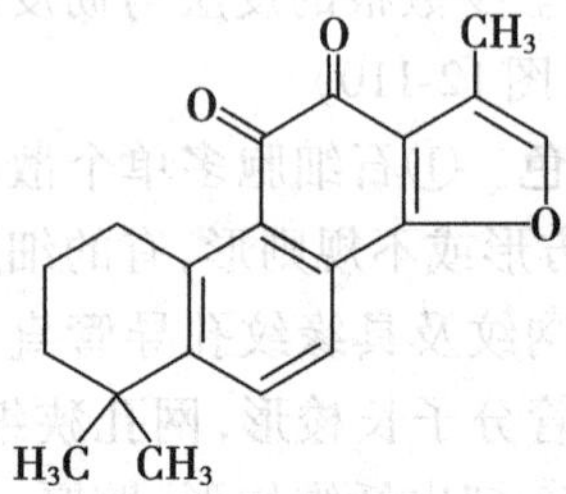

丹参酮$Ⅱ_A$

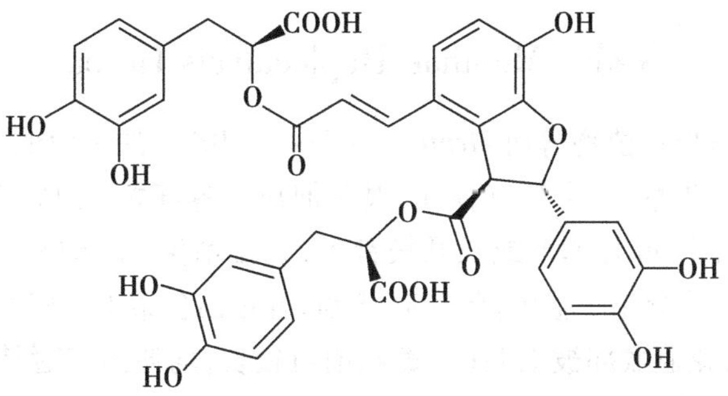

丹参酚酸B

【理化鉴别】 取本品粉末及丹参对照药材的乙醚提取液挥干,残留物加乙酸乙酯溶解,与丹参酮Ⅱ$_A$共薄层展开,供试品在与对照药材、对照品色谱相应的位置上,显相同颜色的色斑。同时,本品粉末及丹参对照药材的75%甲醇提取液,与丹酚酸B共薄层展开,紫外光灯(254nm)下检视,供试品在与对照药材、对照品色谱相应的位置上,显相同颜色的斑点。

【含量测定】 高效液相色谱法测定,按干燥品计算,本品含丹参酮Ⅱ$_A$不得少于0.20%;含丹酚酸B不得少于3.0%。

【药理作用】

1. 对心血管的影响　可扩张冠状动脉,抗动脉粥样硬化,增加血流量,降低心肌兴奋性,对急性心肌缺血缺氧所致的心肌损伤有明显的保护作用,并可改善微循环,抗血小板聚集和血栓形成,使血黏度下降。

2. 保肝作用　丹参酸有显著的抗肝损伤、抗肝纤维化作用,对肝细胞损伤具有明显保护作用。

3. 抗肿瘤作用　丹参酮类化合物对体外培养的几种肿瘤细胞均有显著的抑制扩散作用。

尚有调节免疫力、抗菌、抗艾滋病病毒、抗胃溃疡、抗脂质过氧化等作用。

【功效与主治】 性微寒,味苦。能祛瘀止痛,活血通经,清心除烦。用于月经不调,经闭痛经,癥瘕积聚,胸腹刺痛,热痹疼痛,疮疡肿痛,心烦不眠,肝脾肿大,心绞痛等症。用量9～15g。不宜与藜芦同用。

理论与实践

丹参现代制剂

1. 水溶性成分入药的丹参制剂　丹参注射液、丹参素注射液、复方丹参注射液、丹参黄芪注射液、丹芪益心贴、复方丹参膏、复方丹参糖浆等。

2. 脂溶性成分入药的丹参制剂　用于治疗化脓性感染性疾病如痤疮、扁桃体炎、骨髓炎、蜂窝组织炎、烧伤等的丹参酮片、丹参酮胶囊、丹参酮油膏等;用于治疗心脑血管疾病的丹参舒心胶囊、复方丹参滴丸、丹参舒心片等。

3. 兼用脂溶性成分和水溶性成分的丹参制剂　用于治疗冠心病和脑血管疾病的复方丹参片、冠心丹参片、丹七片、丹田降脂丸、冠心宁片等。

薄荷　Menthae Haplocalycis Herba

【来源】　本品为唇形科植物薄荷 *Mentha haplocalyx* Briq. 的干燥地上部分。

【植物形态】　多年生草本，全株有香气，根茎匍匐。茎直立、方形，有对生分枝，被逆生的长柔毛及腺鳞。单叶对生，叶片卵形或长圆披针形，先端稍尖，基部楔形，边缘具细锯齿，两面有疏柔毛及黄色腺鳞。轮伞花序腋生；萼钟形，5 齿，外被白色柔毛及腺鳞；花冠淡紫色或白色，4 裂，上裂片顶端 2 裂，花冠喉部被柔毛；雄蕊 4，前对较长，均伸出花冠外；小坚果长卵圆形，黄褐色。花期 7 ~ 10 月，果期 9 ~ 11 月（图 12-112）。

图 12-112　薄荷原植物图

1. 植株，2. 花

【产地】　主产于江苏的太仓、安徽、浙江、湖南等地，全国各地均有栽培。江苏省为薄荷的主产区，习称“苏薄荷”。

【采制】　薄荷通常收割两次，第一次收割（俗称头刀）在 7 ~ 8 月割取地上部分，供提取挥发油用；第二次收割（俗称“二刀”）约在 10 ~ 11 月霜降之前收割，主要供药用。选晴天采割，晒干或阴干。

相关链接

薄荷的产地　薄荷是常用中药材，全球有中国、印度、巴西三大薄荷基地，几乎占据总产量的75%以上。其中，中国是最大的薄荷油出口国，同时也是较大的消费国之一。据记载，早在19世纪30年代就有薄荷油生产，其中以江苏太仓的薄荷产量最大，质量最好，以“苏薄荷”著称；其次是四川的中江薄荷、江西的吉安薄荷；上世纪八、九十年代，安徽太和、江苏、徐州等地逐渐成为较大的薄荷产区。

【性状】　①茎呈方柱形，有对生分枝，长15～40cm，直径0.2～0.4cm；表面紫棕色或淡绿色，棱角处具茸毛，节间长2～5cm；质脆，断面白色，髓部中空。②叶对生，有短柄；叶片皱缩卷曲，完整者展平后呈宽披针形、长椭圆形或卵形，长2～7cm，宽1～3cm；上表面深绿色，下表面灰绿色，稀被茸毛，有凹点状腺鳞。③轮伞花序腋生，花萼钟状，先端5齿裂，花冠淡紫色。④揉搓后有特殊的清凉香气，味辛、凉。以叶多、色绿深、气味浓者为佳。

【显微鉴别】

1. 茎横切面　①呈四方形；②表皮为1列长方形细胞，外被角质层，有腺毛和非腺毛；③皮层薄壁细胞数列，排列疏松，四棱脊处有厚角组织，内皮层明显，凯氏点清晰可见；④韧皮部细胞较小，呈狭环状；⑤形成层成环；⑥木质部在四棱角处较发达，导管圆形，木纤维多角形，射线宽窄不一；⑦髓部薄壁细胞大，中心常有空隙，薄壁细胞中含橙皮苷结晶（图12-113）。

2. 叶横切面　①上表皮细胞长方形，下表皮细胞细小扁平，具气孔，上下表皮细胞凹陷处有扁球形腺鳞，偶见非腺毛；②叶异面型，叶肉栅栏组织为1～2列薄壁细胞，海绵组织为4～5列不规则的薄壁细胞组成；③叶肉细胞常含针簇状橙皮苷结晶，以栅栏组织中多见；④主脉维管束外韧型，木质部导管常2～6个排列成行，韧皮部较小；⑤中脉韧皮部和木质部外侧均有厚角组织；⑥薄壁细胞和少数导管内有时亦含橙皮苷结晶。（图12-114）

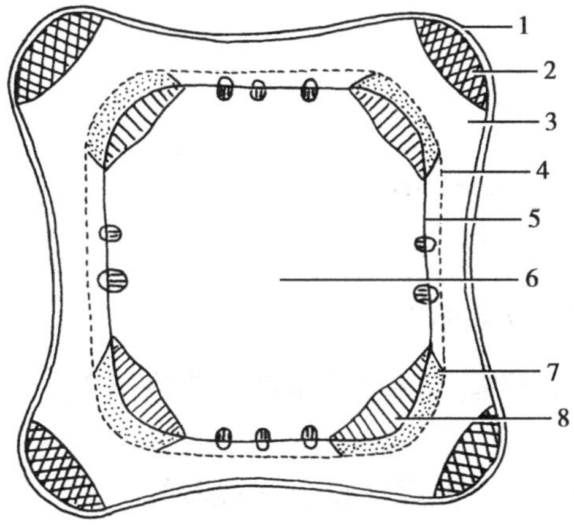

图12-113　薄荷茎横切面简图

1. 表皮，2. 厚角组织，3. 皮层，4. 内皮层，5. 形成层，6. 髓部，7. 韧皮部，8. 木质部

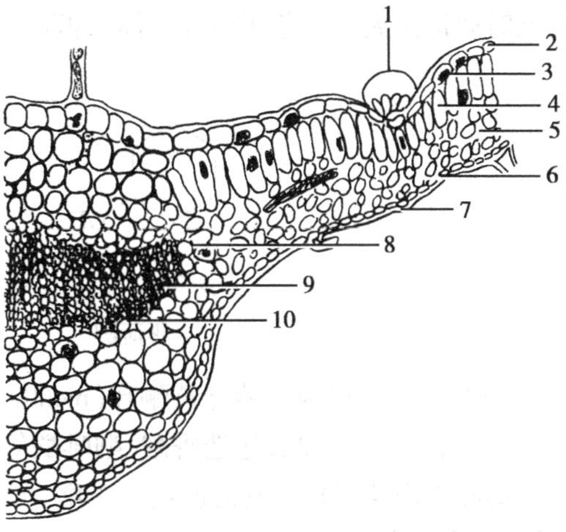

图12-114　薄荷叶横切面详图

1. 腺鳞，2. 上表皮，3. 橙皮苷结晶，4. 栅栏组织，5. 海绵组织，6. 下表皮，7. 气孔，8. 厚角组织，9. 木质部，10. 韧皮部

3. 粉末　黄绿色。①腺鳞头部类圆形,由 6～8 个分泌细胞排列成辐射状,腺柄单细胞,极短;②小腺毛头部为单细胞,椭圆形;③非腺毛由 1～8 个细胞组成,常弯曲,壁厚,有疣状突起;④叶上表皮细胞表面观不规则,壁略弯曲,下表皮气孔多见,直轴式;⑤茎表皮细胞长方形或类多角形,有纵向的角质纹理;⑥橙皮苷结晶存在于茎叶表皮细胞及薄壁细胞中,淡黄色。此外,可见木纤维、导管等。(图 12-115)

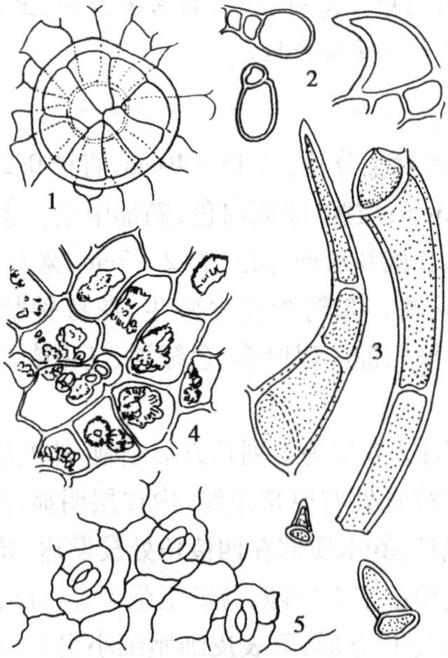

图 12-115　薄荷叶粉末图

1. 腺鳞, 2. 小腺毛, 3. 非腺毛, 4. 上表皮(含橙皮苷结晶), 5. 下表皮(示气孔)

【化学成分】

1. 挥发油　主要含 *l*-薄荷醇(*l*-menthol)、*l*-薄荷酮(*l*-menthone)、异薄荷酮及薄荷酯等。温度稍低时即析出大量无色薄荷醇晶体(即薄荷脑)。

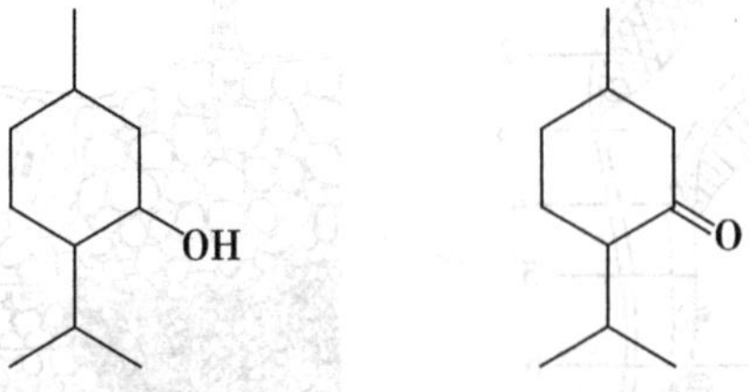

l-薄荷醇　　*l*-薄荷酮

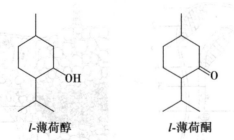

2. 黄酮类　主要为薄荷异黄酮苷(menthoside)、异瑞福灵、木犀草素-7-葡萄糖苷等。

3. 有机酸类　主要含迷迭香酸、咖啡酸等。

薄荷叶中尚含有较丰富的游离氨基酸,如苏氨酸、谷氨酸、丙氨酸、天冬酰胺等。

【理化鉴别】

1. 升华反应　取本品粉末少许,经微量升华得油状物,略放置,置显微镜下观察,渐见有针簇状薄荷醇结晶析出。加浓硫酸 2 滴及香草醛结晶少量,初显黄色至橙黄色,再加水 1 滴,即变紫红色。

2. 薄层色谱　以薄荷脑作对照品，经硅胶 G 薄层分离，以苯-醋酸乙酯(19∶1)为展开剂，经 2% 香草醛硫酸试液-乙醇(1∶4)显色，在与对照品色谱相应的位置上，显相同颜色的斑点。

【含量测定】　按照挥发油测定法测定，含挥发油不得少于 0.80%(ml/g)。

【药理作用】

1. 对中枢神经系统的作用　内服少量薄荷或薄荷油可通过兴奋中枢神经，使皮肤毛细血管扩张，促进汗腺分泌以增加散热，从而具有发汗解热作用。

2. 杀菌作用　体外试验表明，薄荷水煎剂对表皮葡萄球菌、金黄色葡萄球菌、变形杆菌、铜绿假单胞菌、大肠杆菌等均有较强抗菌作用。

3. 抗病毒作用　薄荷水提取物经鸡胚试验证明，对单纯疱疹病毒、牛痘病毒和流行性腮腺炎病毒均有抑制作用。

此外还有祛痰、保肝利胆、抗早孕等作用。

【功效与主治】　性凉、味辛。能宣散风热，清头目，透疹。用于风热感冒，风温初起，头痛，目赤，喉痹，口疮，风疹，麻疹，胸胁胀满等症。用量 3～6g，入煎剂宜后下。

理论与实践

薄荷常见制品

1. 薄荷油　为新鲜叶、茎经水蒸气蒸馏，再冷冻，部分脱脑加工得到的挥发油(又称薄荷白油)。为无色或淡黄色澄清液体，有特异清凉香气，味初辛，后凉。本品为芳香剂、祛风剂、调味剂；用于皮肤，能产生清凉感并减轻疼痛。

2. 薄荷脑　薄荷油放置过程中析出的结晶，为一种饱和环状醇；无色针状或棱柱状结晶，或白色结晶性粉末；有薄荷的特殊香气，味初灼热，后清凉。功效同薄荷油。

益母草　Leonuri Herba

本品为唇形科植物益母草的(异叶益母草)*Leonurus japonicus* Houtt. 的新鲜或干燥地上部分。全国各地均产。茎方柱形，上部多分枝，表面黄绿色，具纵向棱槽，被糙伏毛，易折断，折断面中心有白色髓。叶对生，皱缩，常脱落或残存，下部茎生叶掌状三裂，上部叶羽状深裂或浅裂成 3 片，裂片全缘或具少数锯齿。轮伞花序腋生，花冠紫色，常脱落，宿存花萼顶端 5 尖齿，多数聚集成球状；萼内 4 小坚果呈棕褐色，三棱形。气微，味微苦。全草含益母碱(leonurine, 0.02%～0.12%)、水苏碱(stachydrine, 0.59%～1.72%)、益母草定(leonuridine)、槲皮素、芹黄素、山柰素、延胡索酸、益母草酰胺、月桂酸、亚麻酸、亚油酸、挥发油等成分。益母草煎剂、醇浸膏及益母草碱对离体子宫有明显兴奋作用；益母草能增加外周、冠状动脉和心肌营养血流量；有减慢心率、改善血液循环、利尿、抗凝血、降压等作用。小剂量益母草碱对离体蛙心脏有强收缩作用，而大剂量反呈抑制作用。本品性微寒，味辛、苦。能活血调经，利尿消肿。用于月经不调，痛经，经闭，恶露不尽，水肿尿少，急性肾炎水肿等症。用量 4.5～9g。

【附】　茺蔚子　为唇形科植物益母草 *Leonurus japonicus* Houtt. 的干燥成熟果实。本品呈三棱形。表面灰棕色至灰褐色，有深色斑点，一端稍宽，平截状，另一端渐窄而钝尖；果皮薄，子叶类白色，富油性。气微，味苦。粉末黄棕色至深棕色。本品性微寒，味辛、苦，能活血调经，清肝明目。用于月经不调，经闭，痛经，目赤翳障，头晕胀痛。用量4.5～9g。瞳孔散大者慎用。

广藿香　Pogostemonis Herba

本品为唇形科植物广藿香（卡林刺蕊草）*Pogostemon cablin*（Blanco）Benth. 的干燥地上部分。主产于海南及广东，大量栽培。商品广藿香按产地分为海南广藿香及石牌广藿香，以海南广藿香为大宗，销全国；传统认为石牌广藿香质优，但产量少，主销广州地区。茎约呈方柱形，多分枝，枝条稍曲折，长30～60cm，直径0.2～0.7cm。表面淡绿色，被黄白色柔毛，质脆，易折断，折断面裂片状，中心有小型髓。老茎类圆柱形，直径1～1.2cm，被灰褐色栓皮，质较坚硬。叶对生，多脱落或皱缩成团，展开后叶片呈卵形或椭圆形，长4～9cm，宽3～7cm；两面均被灰白色柔毛；先端短尖或钝圆，基部楔形或钝圆，边缘具大小不规则的钝齿；叶柄细，长2～5cm，被柔毛。气香特异，味微苦。茎的皮层薄壁组织和叶的叶肉组织中有间隙腺毛，头部单细胞且大，柄极短，由1～2个细胞组成。全草含挥发油2%～2.8%，另含多种黄酮类化合物。广藿香挥发油有促进胃液分泌、增强消化的功能与解痉作用；广藿香酮对白念珠菌、新型隐球菌、黑根霉菌等有明显的抑制作用，对金黄色葡萄球菌、甲型溶血性链球菌等亦有一定的抑制作用。本品性微温，味辛。能芳香化浊，开胃止呕，发表解暑。用于中暑发热，头痛心闷，食欲不振，恶心，呕吐，泄泻等症。用量3～10g。

【附】　藿香　为唇形科植物藿香 *Agastache rugosus*（Fisch. et Mey.）O. Ktze. 的干燥地上部分。主产四川、江苏、浙江、湖南，多栽培。多年生草本，有香气。茎呈四棱形，略带紫红色，疏被柔毛及腺体，四角有棱脊，茎的断面中央有白髓。全草含挥发油，油中主要为甲基胡椒酚。性微温，味辛。能祛暑解表，化湿和胃。用于暑湿感冒，胸闷，腹痛吐泻等症。

荆芥　Schizonepetae Herba

本品为唇形科植物荆芥 *Schizonepeta tenuifolia* Briq. 的干燥地上部分。主产于江苏、河南、河北、山东、浙江等地，现多为栽培。本品茎呈方柱形，上部有分枝；表面淡紫红或淡黄绿色，被短柔毛。体轻，质脆，断面类白色。叶对生，多已脱落，叶片3～5羽状分裂，裂片细长。穗状轮伞花序顶生，花冠多已脱落；宿萼钟形，先端5齿裂；淡棕色或黄绿色，被短柔毛；小坚果棕黑色。气芳香，味微涩而辛凉。全草主要含挥发油，油中主要成分为右旋薄荷酮、消旋薄荷酮、左旋胡薄荷酮等。本品性温，微辛。能解表祛风，透疹。用于感冒，头痛，麻疹，疮疡初起等病症。炒炭止血，用于治疗便血、崩漏、产后血晕等病症。

33. 茄科　Solanaceae

$$⚥ * K_{(5)} C_{(5)} A_{5,4} \underline{G}_{(2:2:\infty)}$$

【概述】　草本或灌木，稀小乔木或藤本。叶常互生，有时呈大小叶对生状，无托叶；花两性，辐射对称；花萼常5裂或平截，宿存，常果时增大；花冠合瓣成钟状、漏斗状、辐状或高脚碟状，裂片5；雄蕊常5枚，着生在花冠管上，与花冠裂片互生，花药纵裂或孔裂；子房上位，2心皮2室，中轴胎座，胚珠多数；柱头头状或2浅裂；蒴果或浆果。种子盘形或肾形。

本科植物约80属，3000种，广布于温带及热带地区。我国26属，115种，各地均产。已知药用25属，84种。常用生药有洋金花、枸杞子、颠茄草等。本科植物主要含有托品类生物碱、甾体类生物碱及吡啶类生物碱，此外还含吡咯啶类、吲哚类、嘌呤类生物碱等。

洋金花　Daturae Flos

【来源】　本品为茄科植物白花曼陀罗 *Datura metel* L. 的干燥花。习称"南洋金花"。

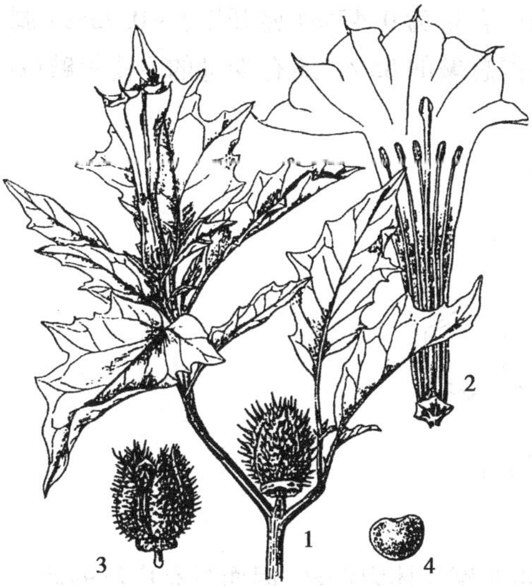

图 12-116　白花曼陀罗

1. 植株，2. 花冠展开示雄蕊、雌蕊，3. 果实，4. 种子

【产地】　主产于江苏，广东、浙江、安徽等地亦产，多为栽培。

【性状】　①常皱缩成条状。②花萼筒状，灰绿色或灰黄色，先端 5 裂，基部具纵脉纹 5 条，表面微有茸毛；③花冠喇叭状，淡黄色或黄棕色，先端 5 浅裂，短尖下有明显的纵脉纹 3 条，两裂片之间微凹，雄蕊 5 枚，雌蕊 1 枚，柱头棒状。④烘干品质柔韧，气特异；晒干品质脆，气微，味微苦。(图 12-116)

【显微特征】　粉末　淡黄色。①花粉粒类球形或长圆形，表面有自两极向四周呈放射状排列的条纹状雕纹。②腺毛两种，一种头部为 1 ~5 个细胞，柄 1 ~5 个细胞；一种头部为单细胞，柄 2 ~5 个细胞。③不同部位的非腺毛不完全相同，花萼非腺毛由 1 ~3 个细胞组成，壁具疣突；花冠非腺毛 1 ~10 个细胞，壁微具疣突；花丝基部非腺毛粗大，由 1 ~5 个较短的细胞组成，顶端钝圆。④花萼、花冠薄壁细胞中有草酸钙砂晶、方晶及簇晶。(图 12-117)

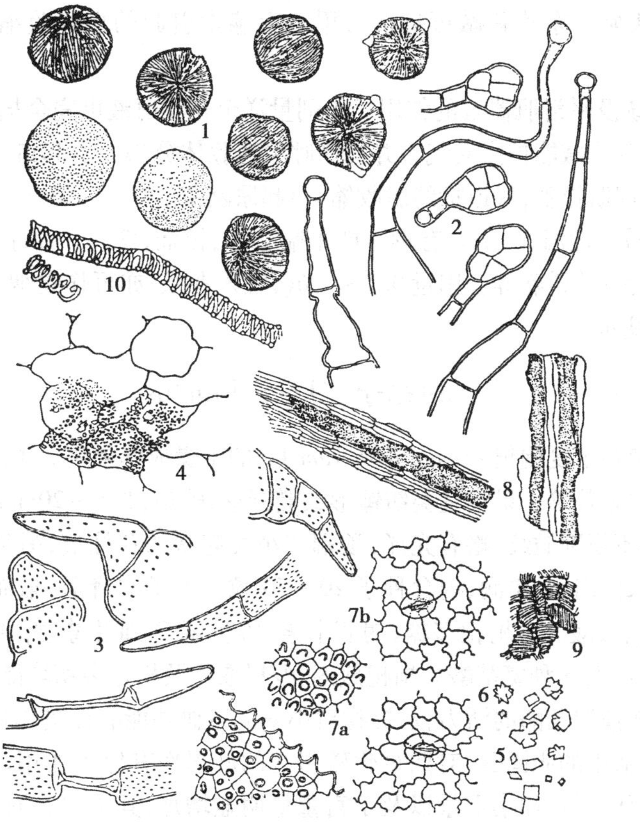

图 12-117　南洋金花粉末图

1. 花粉粒，2. 腺毛，3. 非腺毛，4. 草酸钙砂晶，5. 草酸钙方晶，6. 草酸钙簇晶，7. 花冠表皮(a. 上表皮，b. 下表皮)，8. 黄棕色条块，9. 花粉囊内壁细胞，10. 导管

【化学成分】 含多种莨菪烷类生物碱，总生物碱的含量为0.47%（盛开期）~0.75%（凋花期），其中以东莨菪碱（scopolamine）的含量较高，约占总碱的85%，还有少量的*l*-莨菪碱（*l*-hyoscyamine）。尚含六环和五环醉茄甾内酯。

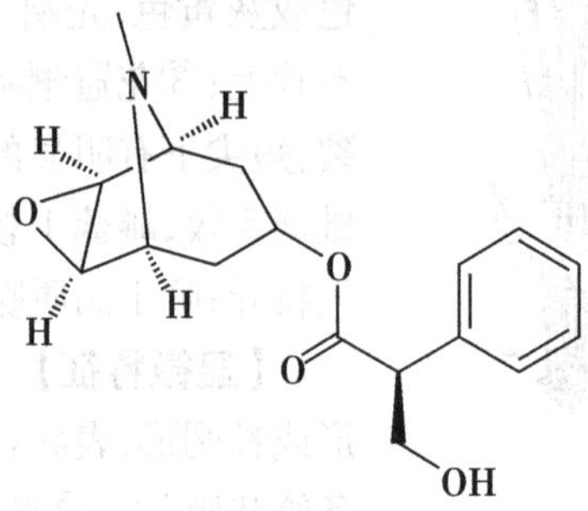

东莨菪碱

【药理作用】 本品所含的阿托品和东莨菪碱为M-胆碱受体阻滞药，因而具有广泛的药理作用。

1. 对中枢神经系统的作用 人肌注或静脉滴注洋金花总生物碱后，出现头昏、眼重、无力、瞌睡等现象，继而兴奋，然后进入麻醉状态。

2. 对循环系统的影响 阿托品、东莨菪碱对正常兔及麻醉犬能拮抗肾上腺素或去甲肾上腺素引起的心律失常。东莨菪碱可拮抗去甲肾上腺素引起的血管收缩，改善失血性犬的微循环。

3. 对呼吸系统及平滑肌器官的作用 小剂量洋金花注射液可完全拮抗离体豚鼠气管平滑肌的收缩作用；东莨菪碱能扩张支气管并抑制呼吸道腺体分泌而引起口干；降低胃肠道的蠕动及张力；使膀胱逼尿肌松弛，尿道括约肌收缩，引起尿潴留。

【功效与主治】 性温，味辛。有毒。能平喘止咳，镇痛，解痉。用于哮喘咳嗽，脘腹冷痛，风湿痹痛，小儿慢惊；外科麻醉。用量0.3~0.6g，宜入丸散；亦可作卷烟分次燃吸，1日剂量不超过1.5g。外用适量。

枸杞子 Lycii Fructus

本品为茄科植物宁夏枸杞 *Lycium barbarum* L. 的干燥成熟果实。主产于宁夏，甘肃、青海、新疆、河北亦产，多系栽培。果实呈类纺锤形或椭圆形，略扁，长6~20mm，直径3~10mm；表面红色或黯红色，具不规则皱纹，略有光泽，顶端有小突起状的花柱痕，另端有凹点状的果梗痕。果皮柔韧，皱缩；果肉肉质，柔润，内含种子20~50粒。种子类肾形，扁而翘，表面浅黄色或棕黄色。气微，味甜、微酸。含枸杞多糖、胡萝卜素、维生素C、维生素B_1、维生素B_2、烟酸、甜菜碱、*l*-莨菪碱、莨菪亭及多种氨基酸。枸杞煎剂、醇提取物及枸杞多糖均能提高巨噬细胞的吞噬功能及显著增强血清溶菌酶的活力；水提物对小鼠的造血功能有促进作用，并可显著增加白细胞数；可降低大鼠血中的胆固醇，对四氯化碳引起的肝损伤有保护作用；枸杞子具雌激素样作用，能使大鼠腺垂体重量、卵巢重量以及子宫重量明显增加；其提取物有显著而持久的降血糖作用。本品性甘，味平。能滋补肝肾，益精明目。用于虚劳精亏，腰膝酸痛，眩晕耳鸣，内热消渴，目昏不明等症。对慢性肝病及糖尿病亦有一定疗效，其提取液具抗衰老作用。用量6~12g。

【附】 地骨皮　本品为茄科植物枸杞 *Lycium chinense* Mill. 或宁夏枸杞 *L. barbarum* L. 的干燥根皮。筒状、槽状或不规则卷片，厚1～3mm，外表面土黄色或灰黄色，有不规则裂纹，亦剥落，内表面黄白色，较平坦，有细纵纹。质轻、脆，易折断，断面外层黄棕色，内层灰白色。微有香气，味稍甜后苦。含甜菜碱、枸杞酰胺、柳杉酚、蜂蜜酸等。有解热、降压、降血糖、降血脂等作用。性寒，味甘、淡。能清虚热，凉血，生津。用于肺结核低热，盗汗，咳嗽，咯血，内热消渴，高血压等病症。用量9～15g。

颠茄草　Belladonnae Herba

本品为茄科植物颠茄 *Atropa belladonna* L. 的干燥全草。栽培于北京、山东烟台及浙江温州等地。茎扁圆柱形，直径3～6mm，表面黄绿色，有细纵皱纹及稀疏的细点状皮孔，中空，幼茎有毛。叶多皱缩破碎，完整叶片卵状椭圆形，表面黄绿至绿棕色。花萼5裂，花冠钟状；果实球形，直径5～8mm，具长梗，种子多数。气微，味微苦、辛。全草含生物碱，总生物碱含量为0.09%～1.32%，主要为 *l*-莨菪碱（*l*-hyoscyamine）、*l*-东莨菪碱、阿朴阿托品、颠茄碱、去甲基莨菪碱、去甲基阿托品等成分。*l*-莨菪碱的药理作用与阿托品相似，主要为阻断乙酰胆碱对M-胆碱受体的作用产生的一系列效应：抑制唾液腺和汗腺的分泌；对肠胃、胆道、输尿管及支气管痉挛均有解痉作用；使眼虹膜括约肌及睫状肌麻痹，产生瞳孔扩大；小剂量兴奋迷走中枢致短暂的心率减慢，大剂量可扩张血管，改善血液循环，兴奋延髓及大脑；中毒剂量时呈明显的中枢兴奋、激动、幻觉及谵语，再加大剂量则先兴奋后抑制最终延髓麻痹而死亡。本品为抗胆碱药，能镇痛，解除平滑肌痉挛，抑制腺体分泌，扩大瞳孔。用于治疗胃痛及十二指肠溃疡、胃肠及胆道绞痛、放大瞳孔等病症。

34. 玄参科　Scrophulariaceae

⚥ $\uparrow K_{(4\sim5)}C_{(4\sim5)}A_{4,2}\underline{G}_{(2:2:\infty)}$

【概述】 草本，少灌木或乔木。叶多对生，少互生或轮生。花两性，常两侧对称，排成总状或聚伞花序；花萼常4～5裂，宿存；花冠4～5裂，通常多少呈二唇形；雄蕊着生于花冠管上，多为4枚，2强，少为2枚或5枚；花盘环状或一侧退化；子房上位，2心皮，2室，中轴胎座，每室胚珠多数；花柱顶生。蒴果。种子多数而细小。

本科植物约200属，3000种以上，遍布于世界各地。我国约60属，634种，全国分布，主产于西南。已知药用231种。主要的药用属有：洋地黄属（*Digitalis*）、地黄属（*Rehmannia*）、玄参属（*Scrophularia*）等。重要的生药有地黄、玄参、洋地黄叶、毛花洋地黄叶、胡黄连、阴行草、仙桃草等。

本科植物化学成分主要有：①环烯醚萜苷：如桃叶珊瑚苷（aucubin）、哈巴俄苷（harpagoside）、胡黄连苦苷。②强心苷：如洋地黄毒苷（digitoxin）、地高辛（digoxin）、毛花洋地黄苷C等，为临床常用的强心药。③生物碱：如槐定碱（sophoridine）、骆驼蓬碱。本科植物还含有黄酮类及蒽醌类等成分。

地黄　Rehmanniae Radix

【来源】 本品为玄参科植物地黄 *Rehmannia glutinosa*（Gnetn.）Libosch. 的新鲜或干燥块根。

【植物形态】 多年生草本，全株有白色长柔毛和腺毛。块根肉质肥大，呈圆柱形或纺锤形，表面红黄色。叶基生成丛，倒卵状披针形，叶面皱缩，下面略带紫色。花序总状；萼5浅裂；

花冠钟形，略2唇状，紫红色，内面常有黄色带紫的条纹。蒴果球形或卵圆形，具宿萼和花柱。花期4～6月，果期5～6月。（图12-118）

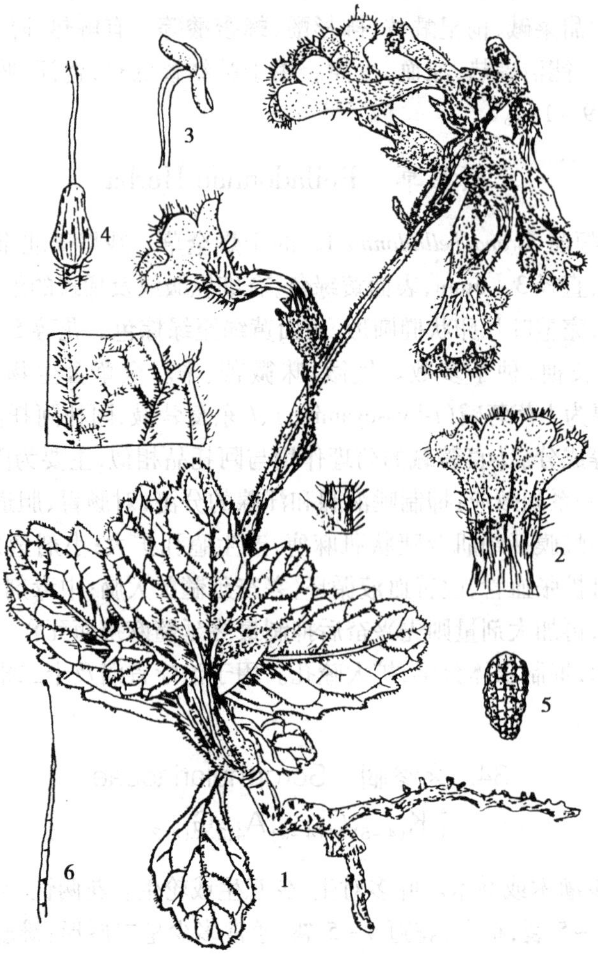

图12-118　地黄原植物图

1. 带花植株，2. 花冠展开示雄蕊，3. 雄蕊，4. 雌蕊，5. 种子，6. 腺毛

相关链接

地黄品种　地黄有1000余年的种植历史，文献中出现的地黄品种（或品系）多达52个。1917年培育出"四赤毛"，1920年培育出"金状元"，70年代后相继通过人工杂交选育出"北京-1""北京-2""北京-3"，目前还有"白状元""小黑英""红薯王""郭李猫""A-1"与"A-2"系列"85-2""85-5"及"85-8"系列、"温县-1号""河南大红袍""国林新-1号""晋红-1号""狮子头"等，日本培育出了福知山地黄。从外观性状上又分为四大类型：①块根纺锤形，产量较高；②叶片宽大，皱褶明显，块根小；③块根薯状，表面有疙瘩，产量高；④植株较高，叶多泡，块根圆，表皮黄细，芽眼多且深，笼头短。

【产地】 主产于河南省温县、博爱、武陟等县(上述地区古属怀庆府管辖,故习称“怀地黄”),主要为栽培品。

【采制】 秋季采挖,除去芦头及须根,洗净,鲜用者习称“鲜地黄”。将鲜生地直接置焙床上缓缓烘焙(不用水洗),经常翻动,至内部变黑,约八成干,捏成团块,习称“生地黄”。亦可用晒干法。生地黄蒸至内外全成黑色为“熟地黄”。

【性状】

1. 鲜地黄　①呈纺锤形或条状,长 8 ~ 24cm,直径 2 ~ 9cm。②外皮薄,表面浅红黄色,具弯曲的皱纹、横长皮孔以及不规则疤痕。③肉质,断面淡黄色或淡黄白色,可见橘红色油点,形成层环明显,中部有放射状纹理。④气微,味微甜、微苦。

2. 生地黄　①多呈不规则的团块或长圆形,中间膨大,两端稍细,有的细小,长条形,稍扁而扭曲。②表面灰黑色或灰棕色,极皱缩,具不规则横曲纹。③体重,质较软,断面棕黑色或乌黑色,有光泽,具黏性。④气微,味微甜。(图 12-119)

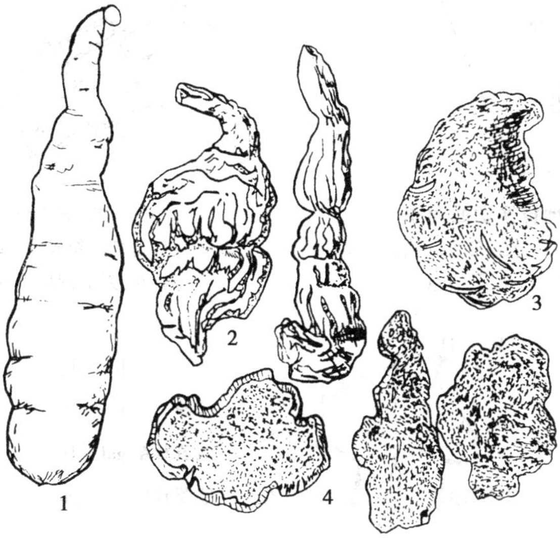

图 12-119　地黄药材图

1. 鲜地黄,2. 生地黄,3. 熟地黄,4. 饮片

【显微特征】

1. 鲜地黄横切面　①木栓层为数列细胞。②皮层薄壁细胞排列疏松,散有多数分泌细胞,含橙黄色油滴,偶有石细胞。③韧皮部宽广,分泌细胞较少。④形成层成环。导管稀疏,单个或数个相连呈放射状排列。射线宽广,中心无髓。(图 12-120)

2. 生地黄粉末　深棕色。①木栓细胞淡棕色。②薄壁细胞中常含有棕色类圆形核状物,有时可见草酸钙方晶。③分泌细胞含橙黄色油滴或橙黄色颗粒状物。④网纹及具缘纹孔导管(图 12-121)。

【化学成分】

1. 环烯醚萜类即苷类　梓醇(catalpol)、二氢梓醇、乙酰梓醇、桃叶珊瑚苷、益母草苷、地黄苷 A ~ D 等主要活性成分。干燥过程中地黄变黑色即由于此类成分所致。

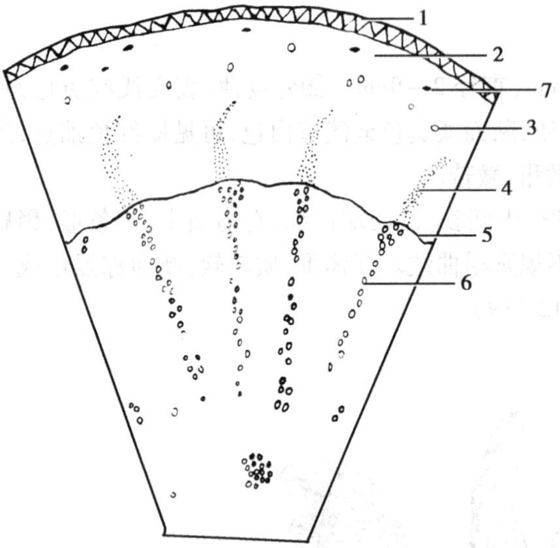

图 12-120　地黄横切面简图

1. 木栓细胞，2. 皮层，3. 分泌细胞，4. 韧皮部，5. 形成层，6. 木质部导管，7. 石细胞

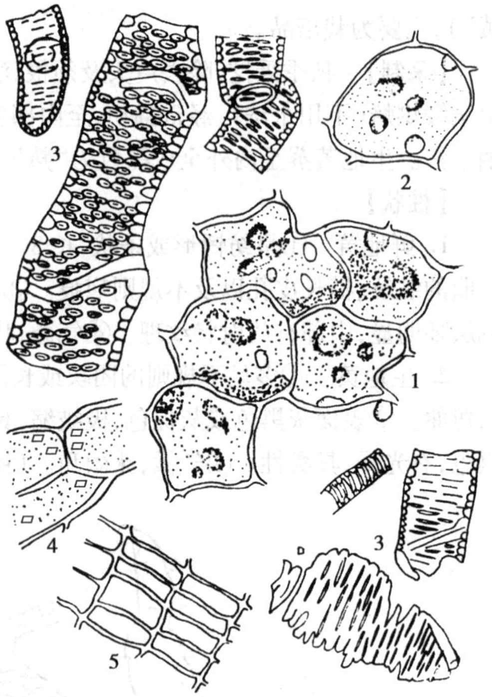

图 12-121　地黄粉末图

1. 薄壁组织碎片，2. 分泌细胞，3. 导管，4. 草酸钙方晶，5. 木栓细胞

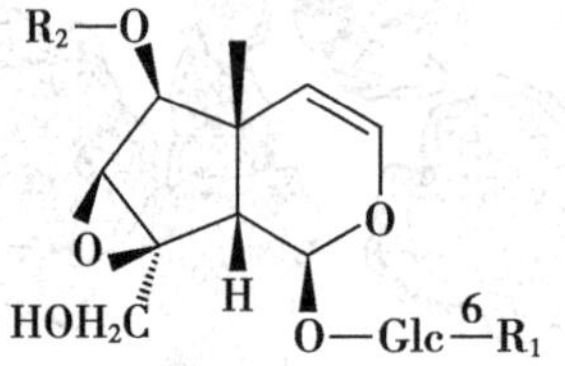

	R_1	R_2
梓醇	H	H
地黄苷A	gal	H
地黄苷B	H	gal

2. 糖类　水苏糖(stachyose)32.1%～48.3%、棉子糖及地黄多糖 RPS-b 等，RPS-b 是地黄中兼有免疫与抗肿瘤活性的有效成分。

3. 氨基酸　含有 20 余种氨基酸，鲜地黄中精氨酸含量最高，干地黄中含有丙氨酸、谷氨酸等 15 种氨基酸。

尚含焦地黄素 A、焦地黄素 B、焦地黄素 C，单萜类、甾醇类、卵磷脂、维生素 A、黄酮类、微量生物碱、微量元素等成分。

【理化鉴别】

1. 取干燥细粉 0.2g，加水 5ml，浸泡过夜，取上清液浓缩点于圆形普通滤纸上，用甲醇展开，喷 0.2% 茚三酮乙醇溶液，80℃烘干后，呈现紫红色斑点。(检查氨基酸)

2. 薄层色谱　以梓醇为对照品，硅胶 G 为固定相，以三氯甲烷-甲醇-水(14∶6∶1)为展开剂，供试品色谱中，在与对照品色谱相应的位置上，显相同颜色的斑点。

【含量测定】　高效液相色谱法测定，按干燥品计算，本品含梓醇不得少于 0.20%。

【药理作用】

1. 对免疫功能的影响　地黄低聚糖可明显增强免疫，增强小鼠的体液免疫和细胞免疫功能。

2. 对激素代谢的影响　生地黄可对抗地塞米松对脑垂体-肾上腺皮质系统的抑制作用，使血浆皮质酮浓度增高。

3. 对心血管的作用　中等剂量地黄浸膏有显著强心作用，并可降低血压，减慢心率。

此外还有降血糖、抗肿瘤、保肝、抗衰老、抗溃疡、止血、抑菌等作用。

【功效】 鲜地黄性寒，味甘、苦。清热生津，凉血，止血。用于热病伤阴，舌绛烦渴，发斑发疹，吐血，衄血，咽喉肿痛。生地黄性寒，味甘。清热凉血，养阴，生津。用于热病舌绛烦渴，阴虚内热，骨蒸劳热，内热消渴，吐血，衄血，发斑、发疹等病症。用量鲜地黄 12～30g，生地黄 9～15g。

理论与实践

地黄的临床应用

地黄临床应用十分广泛。主要应用于阴虚证候，如六味地黄丸（肝肾阴虚之腰膝酸软、头目眩晕、耳鸣耳聋等症）、知柏地黄丸（阴虚火旺之骨蒸劳热、虚烦盗汗）、麦味地黄丸（肺肾阴虚之咳嗽喘逆，潮热盗汗）、杞菊地黄丸（肝肾阴虚而致两眼昏花，视物不明）、都气丸（肾阴虚气喘，呃逆）等。尚用于糖尿病、高血压、痴呆、慢性肾炎、前列腺增生、神经衰弱、更年期综合征、原发性血小板减少性紫癜、脏器出血、慢性肝炎、肿瘤及小儿发育不良等病症。

【附】 熟地黄　本品为生地黄的炮制加工品。呈不规则的块片、碎块，大小、厚薄不一，或呈团块状，质柔软而有韧性，不易折断，内外均显乌黑色，黏性大，有光泽。气微，性微温，味甘。能滋阴补血，益精填髓。用于肝肾阴虚，腰膝酸软，骨蒸潮热，盗汗遗精，内热消渴，血虚萎黄，心悸怔忡，月经不调，崩漏带下，眩晕，耳鸣，须发早白等病症。用量 9～15g。

洋地黄叶　Digitalis Folium

【来源】 为玄参科植物紫花洋地黄 *Digitalis purpurea* L. 的干燥叶。

【植物形态】 二年生或多年生草本，全体密被短毛。茎直立。基生叶丛生，叶片卵形至卵状披针形，边缘具钝齿，有长柄，有翼。第 2～3 年春，抽出花茎，高达 1～1.5m，茎生叶长卵形，互生，边缘有钝锯齿，叶脉于下表面明显凸出，有短柄或近无柄。总状花序顶生，花冠钟形，下垂，偏向一侧，紫红色，内侧带多数深紫色斑点。蒴果圆锥形，种子细小。花期 5～6 月，果期 6～7 月（图 12-122）。

【产地】 原产于欧洲，现我国浙江、上海、江苏、山东等地也有栽培。主要供作制剂或提取强心苷用。

【采制】 采收时期、时间与有效成分的含量密切有关。于栽培第二年初夏花未开时陆续采摘叶，采收期为 5～10 月，以 8 月份叶中有效成分含量最高。采叶须在晴朗天气的中午以后进行。采后，除去泥土，立即于 55～60℃迅速烘干，低温贮存于干燥密闭器中。

【性状】 叶片多破碎、皱缩，完整叶片卵状披针形至宽卵形，长 10～40cm，宽 4～11cm；叶端钝圆，基生叶叶基渐狭成翅状。叶柄长约至 17cm；茎生叶有短柄或无柄；叶缘具不规则圆钝锯齿;上表面暗绿色,微有毛,叶脉下凹;下表面淡灰绿色,密被毛,主脉及主要侧脉宽扁,带紫色,显著凸出,细脉末端伸入叶缘每一锯齿;质脆。干时气微,湿润后具特异气,味极苦。(图12-123)

图 12-122 洋地黄叶原植物图

1. 带花植株, 2. 基生叶, 3. 茎生叶, 4. 花, 5. 花剖面(雄蕊、雌蕊)

图 12-123 洋地黄叶药材图

【显微特征】

1. 叶横切面 ①上表皮细胞长方形,大小不一,略作波状排列;下表皮细胞扁小,气孔众多,有时下表皮与海绵组织脱离,上下表皮内侧均有 2 ~ 5 列厚角细胞。②栅栏组织与海绵组织区别不明显,栅栏组织通常为 1 列,短柱形;海绵组织为 5 ~ 6 列细胞,略呈切向延长。③主脉及侧脉,均向下突出极显著,上面则略凹陷;维管束外韧型,木质部呈新月形,导管排列成行;维管束四周有厚角细胞层;中柱鞘厚角组织外侧有含淀粉粒的薄壁细胞。(图 12-124)

2. 粉末 黄绿色或灰绿色。①上表皮细胞垂周壁平直或稍弯曲,下表皮细胞垂周壁波状弯曲;气孔为不定式,副卫细胞 3 ~ 4 个。②腺毛:一种头部为 2 个细胞,柄 1 ~ 2 个细胞;另一种头部为单细胞,柄 1 ~ 4 个细胞。③非腺毛:2 ~ 8 个细胞,稍弯曲,外壁略有细小疣状突起,中部常有 1 ~ 2 个细胞缢缩,顶端细胞钝圆(图 12-125)。

【化学成分】

1. 强心苷 从紫花洋地黄叶中已分离出 20 多种强心苷,由三种不同的苷元即洋地黄毒苷元(digitoxigenin)、羟基洋地黄毒苷元和吉他洛苷元与糖缩合而成。主要有紫花洋地黄苷 A、B、

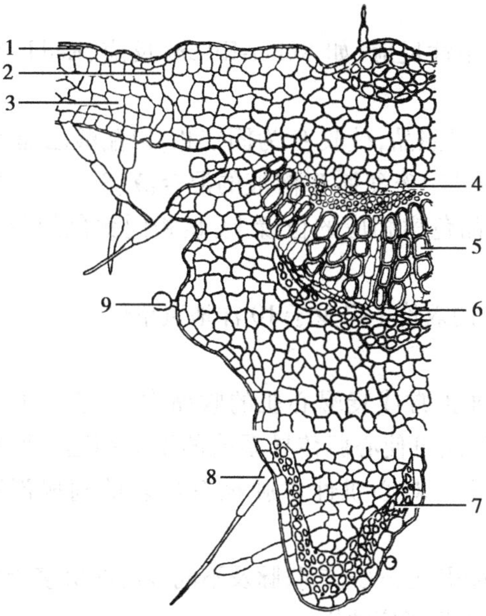

图 12-124 洋地黄叶横切面图

1. 上表皮，2. 栅栏组织，3. 海绵组织，4. 中柱鞘厚角组织外侧细胞，5. 木质部，6. 韧皮部，7. 厚角组织，8. 非腺毛，9. 腺毛

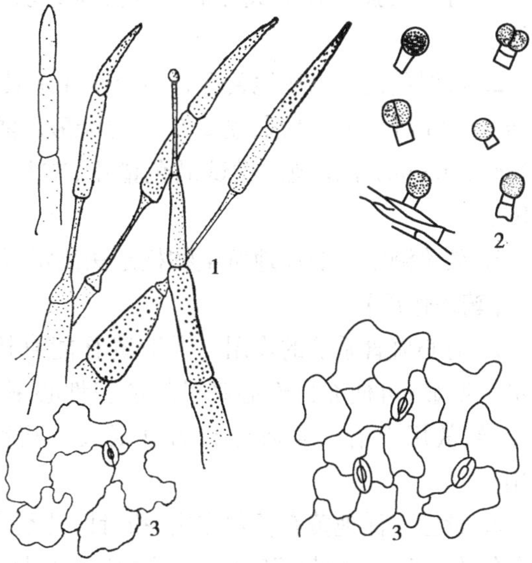

图 12-125 洋地黄叶粉末图

1. 非腺毛，2. 腺毛，3. 表皮细胞及气孔

吉他洛苷、洋地黄毒苷、羟基洋地黄毒苷、洋地黄次苷和吉他洛次苷等。另含一种水溶性速效次级苷羟基洋地黄苷。临床上主要使用次级苷。

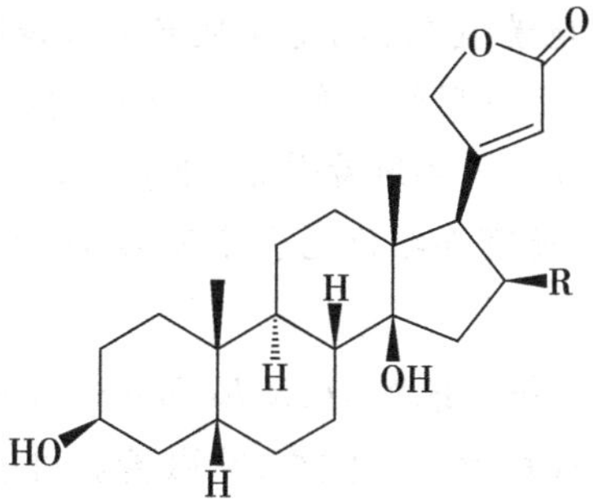

洋地黄毒苷元	R=H
羟基洋地黄毒苷元	R=OH
吉他洛苷元	R= COOH

2. 皂苷类　含多种甾体皂苷，如洋地黄皂苷、吉托皂苷与提果皂苷等。

3. 蒽醌类　含洋地黄叶黄素、沸马林、沸马林-6-甲醚和异大黄酚等。

此外还含有黄酮类、内酯类等化合物。

相关链接

原生苷及次生苷　原生苷主要存在于新鲜叶中，如紫花洋地黄苷 A、B、葡吉他洛苷，在新鲜叶和迅速干燥叶中含量为 0.03% ~0.1%；干燥和贮藏过程中在酶的作用下极易水解，末位的 α-羟基糖脱落而成为次级苷，如羟基洋地黄毒苷、洋地黄毒苷、吉他洛苷。

【理化鉴别】

1. 对一般强心苷类成分的化学鉴别试验均呈阳性反应，如 Keller-Kiliani 反应、Kedde 反应等。

2. 薄层色谱　以洋地黄毒苷与羟基洋地黄毒苷对照品，硅胶 G 为固定相，以醋酸乙酯-甲醇-水（16∶1∶1）为展开剂，喷 25% 三氯醋酸乙醇溶液与 1% 氯胺 T 溶液的混合液（8∶2），在紫外光灯（365nm）下检视。供试品色谱中，在与对照品色谱相应的位置上，显相同颜色的荧光条斑。

3. 效价测定　照洋地黄生物检定法测定，每 1g 的效价不得少于 10 洋地黄单位。

【药理作用】

1. 对心血管系统的作用　洋地黄苷能直接增强正常或衰竭心肌的收缩力，对衰竭的心肌更为明显；可使充血性心脏过快的窦性心率减慢；还可使心肌传导系统的不应期延长而减慢传导，故用于治疗充血性心力衰竭及心房颤动等。对心肌性水肿也有显著的利尿消肿作用。

2. 毒性　洋地黄有蓄积作用，粉、针、片剂均可能引起恶心、二联脉及不同程度的房室传导阻滞等中毒现象；用药期间忌用钙注射液；急性心肌炎患者应慎用。

【功效】　本品属于慢速类强心药。主要用于充血性心力衰竭的维持治疗以及阵发性室上心动过速、房性期前收缩。对心脏性水肿有显著利尿消肿作用。

理论与实践

临 床 应 用

本品为重要的强心药原料药材，供提制洋地黄制剂；毛花洋地黄叶 Digiitalis Lanatae Folium 也是该类药的重要原料之一。目前，临床上使用的制剂有：①洋地黄粉：口服，每次 0.05～0.2g；一次极量 0.4g。②酊剂：每毫升相当 1 个洋地黄单位，剂量：每次 0.5～2ml，1 日量酌情决定，极量：每次 4ml，1 日 10ml。此外，还有毒毛旋花子苷 K、G、洋地黄毒苷等。

【附】　毛花洋地黄叶　本品为玄参科植物毛花洋地黄 *Digitalis lanata* Ehrh. 的干燥叶。多皱缩，破碎，完整叶片展平后呈长披针形或倒长披针形。气微香，味微苦。目前已知 40 多种强心苷。由五种不同的强心苷元，分别与洋地黄毒糖、乙酰洋地黄毒糖、葡萄糖缩合而成一级苷。药理与功效同洋地黄叶，也是强心药。仅供提制地高辛、西地兰等的原料。常用制剂有地高辛、西地兰、毒毛旋花子苷 K、毒毛旋花子苷 G、洋地黄毒苷等。

35. 茜草科　Rubiaceae

$$⚥ * K_{(4\sim5)}C_{(4\sim5)}A_{4\sim5}\overline{G}_{(2:2:1\sim\infty)}$$

【概述】　乔木、灌木或草本，有时攀缘状。单叶，对生或轮生，常全缘，具各式托叶，有时呈叶状，稀连合成鞘或退化成托叶痕迹。聚伞花序排成圆锥状或头状，有时单生；花常两性，辐射对称；花萼 4～5 裂，或先端平截，有时个别裂片扩大成花瓣状；花冠 4～5 裂，稀多裂；雄蕊与花冠裂片同数，且互生，均着生于花冠筒内；具各式花盘；子房下位，通常 2 心皮，合生，常为 2 室，每室 1 至多数胚珠。蒴果、浆果或核果。本科植物约 500 属，6000 多种，广布于热带和亚热带地区，少数分布于温带。我国约有75属，477种，大部分产于西南及东南部。已知药用约50属，219种。重要的生药有钩藤、巴戟天、茜草、红大戟、栀子等。本科化学成分主要有生物碱、环烯醚萜苷和蒽醌类。

钩藤 Uncariae Ramulus cum Uncis

【来源】 为茜草科植物钩藤 *Uncaria rhynchophylla*(Miq.) Miq. ex Havil.、大叶钩藤 *U. macrophylla* Wall.、毛钩藤 *U. hirsuta* Havil.、华钩藤 *U. sinensis* (Oliv.) Havil. 或无柄果钩藤 *U. sessilifructus* Roxb. 的干燥带钩茎枝。

【产地】 主产于广西、江西、四川、广东、云南等省。

【性状】 茎枝呈圆柱形或类方柱形，①表面红棕色至紫红色者具细纵纹，光滑无毛；黄绿色至灰褐色者有时可见白色点状皮孔，被黄褐色柔毛。②多数枝节上对生两个向下弯曲的钩，或仅一侧有钩，另一侧为突起的疤痕；钩略扁或稍圆，先端细尖，基部较阔；钩基部的枝上可见叶柄脱落后的窝点状痕迹和环状的托叶痕。③质坚韧，断面黄棕色，皮部纤维性，髓部黄白色或中空。④气微，味淡。（图12-126）

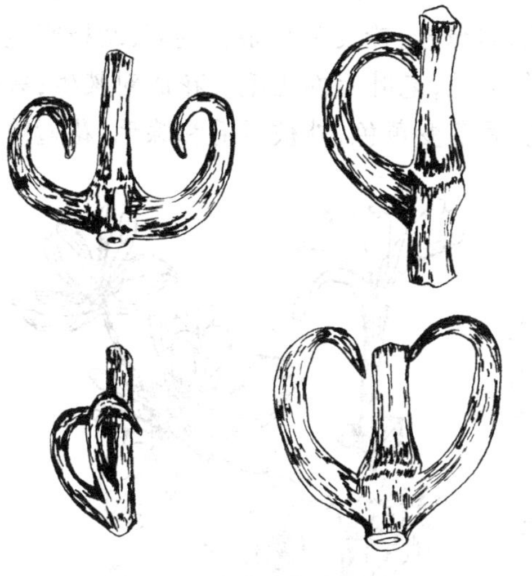

图12-126 钩藤药材图

【化学成分】 主含吲哚类生物碱，如钩藤碱(rhynchophylline)、异钩藤碱、去氢钩藤碱(corynoxeine)、异去氢钩藤碱、毛钩藤碱、去氢毛钩藤碱、柯南因、二氢柯南因等。华钩藤含钩藤碱、异钩藤碱、帽柱木碱、异翅果定碱、四氢鸭脚木碱、钩藤碱A。大叶钩藤除含钩藤碱、异钩藤碱、帽柱木碱、异翅果定碱等外，尚含柯诺辛碱及柯诺辛碱B。

【药理作用】

1. 镇静、抗惊厥作用 煎剂或醇提物腹腔注射，能使小鼠自主活动减少，并能拮抗咖啡因作用。

2. 降压作用 钩藤的各种制剂对实验动物的正常血压或高血压都具降压作用。

3. 平喘作用 钩藤总碱能对抗组胺喷雾引起的豚鼠气喘。

另具抗心律失常、抗血栓形成等作用。

【功效】 性凉，味甘。能清热平肝，息风定惊。用于头痛眩晕，感冒夹惊，惊痫抽搐，妊娠子痫，高血压等病症。用量3～12g，入煎剂宜后下。

栀子 Gardeniae Fructus

本品为茜草科植物栀子 *Gardenia jasminoides* Ellis 的干燥果实。南方各地有野生。全国大部分地区有栽培。9～11月果实成熟显红黄色时采收。呈长卵圆形或椭圆形，表面红黄色或棕红色，具翅状纵棱6条，两棱间有明显的纵脉1条，并有分枝。顶端有宿萼，基部稍尖，有残留果梗。果皮薄而脆，略有光泽；内表面色较浅，有光泽，具2～3条隆起的假隔膜。种子多数，扁卵圆形，集结成球形或卵圆形，深红色或红黄色。气微，味微酸而苦。主含环烯醚萜苷类如栀子苷(gardenoside)、去羟栀子苷等。动物实验证明,栀子提取物有保肝、利胆、降血压及抗菌等作用。性寒,味苦,能泻火除烦,清热利湿,凉血散瘀。用于热病心烦,黄疸尿赤,血淋涩痛,血热吐衄,目赤肿痛,火毒疮疡;外治扭挫伤痛。用量 6 ~ 9g,外用生品适量,研末调敷。

36. 忍冬科 Caprifoliaceae

$$⚥ * \uparrow K_{(4\sim5)} C_{(4\sim5)} A_{4\sim5} \overline{G}_{(2\sim5:1\sim5:1\sim\infty)}$$

【概述】 木本,稀草本。叶对生,单叶,少羽状复叶;通常无托叶。常为聚伞花序,花冠管状,有时呈二唇形;雄蕊着生花冠管上,与花冠互生。浆果、核果或蒴果。本科植物约 15 属,450 余种,分布于温带地区。我国 12 属,约 250 种,全国均有分布。已知药用 9 属,106 种。重要生药有金银花、山银花、接骨木、接骨草等。本科植物花常具有簇晶、腺毛、厚壁非腺毛,腺毛的头部由数十个细胞组成,腺柄由 1 ~ 7 个细胞组成。本科植物主要含有抗菌、抗病毒作用的酚类成分;抗菌抗炎作用的黄酮类成分。还含三萜类、皂苷和氰苷等。

金银花 Lonicerae Flos

【来源】 本品为忍冬科植物忍冬 *Lonicera japonica* Thunb. 的干燥花蕾或带初开的花。

【植物形态】 多年生半常绿木质藤本。茎中空,多分枝,栓皮常呈条状剥离;幼枝密生短柔毛。叶对生,卵圆形至长卵圆形,全缘,嫩叶两面具柔毛;老叶上面无毛。花成对腋生;萼筒短小,先端 5 齿裂;花冠初开时白色,有时稍带紫色,后渐变黄色,外被柔毛和腺毛;花冠筒细长;雄蕊 5;雌蕊 1,花柱棒状,与雄蕊同伸出花冠外;子房下位。浆果球形,黑色。花期 5 ~ 7 月,果期 7 ~ 10 月(图 12-127)。

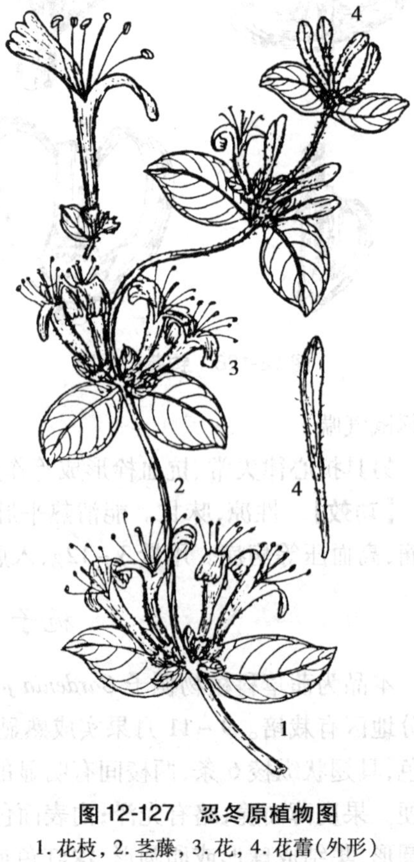

图 12-127 忍冬原植物图

1. 花枝,2. 茎藤,3. 花,4. 花蕾(外形)

【产地】 主产于河南、山东,多为栽培。全国大部地区均产,以河南密县产者为最佳,称"密银花";山东产者称"东银花"、"济银花",产量大,质量好,销全国各地。

【采制】 夏初 5 ~ 6 月采收未开放的花蕾,置通风处阴干或排成薄层晒干。

【性状】 ①花蕾呈细棒槌状,上粗下细,稍弯曲。②表面黄白色或绿白色(久贮色渐深),密被短柔毛。偶见叶状苞片。③花萼细小,绿色,先端 5 裂,裂片有毛。④偶有开放者,花冠筒状,先端二唇形;雄蕊 5 枚,附于筒壁,黄色;雌蕊 1 枚,子房无毛。⑤气清香,味淡、微苦。以花蕾大、含苞欲放、色黄白、质柔软、香气浓者为佳。

【显微特征】 粉末 浅黄色。①腺毛二种,一种头部呈倒圆锥形,顶部略平坦;另一种头部类圆形或略扁圆形。腺毛头部细胞含黄棕色分泌物。②非腺毛为单细胞,有两种,一种长而弯曲,壁薄,壁疣明显;另一种较短,壁较厚,具壁疣,少数具单或双角质螺纹。③花粉粒众多，黄色，类圆形，外壁表面有细密短刺及圆形细颗粒状雕纹，具3孔沟。④薄壁细胞中含细小草酸钙簇晶。（图12-128）

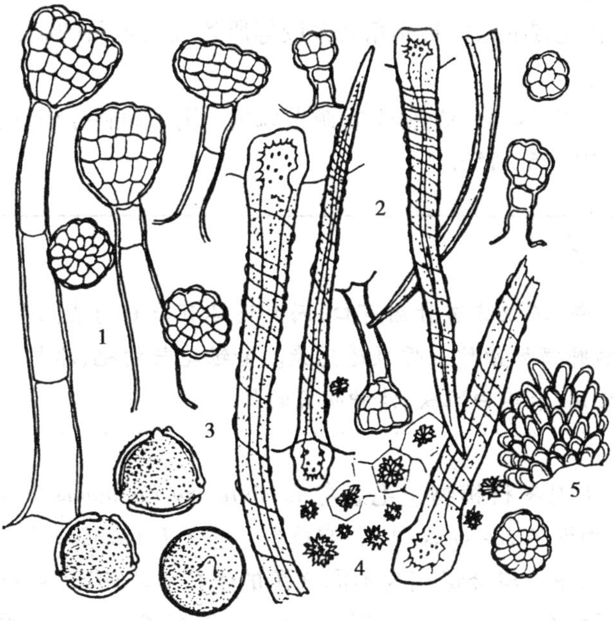

图12-128　金银花粉末图

1. 腺毛，2. 厚壁非腺毛，3. 花粉粒，4. 草酸钙簇晶，5. 花冠表皮细胞

【化学成分】

1. 有机酸类　约8%，主要为绿原酸（chlorogenic acid）、异绿原酸（isochlorogenic acid）等。

2. 黄酮类　木犀草素（luteoline）、木犀草素-7-葡萄糖苷（木犀草苷，luteolin-7-glucoside）等。

3. 挥发油类　芳樟醇（linalool）等。

此外，还含有环烯醚萜苷类及三萜皂苷等。

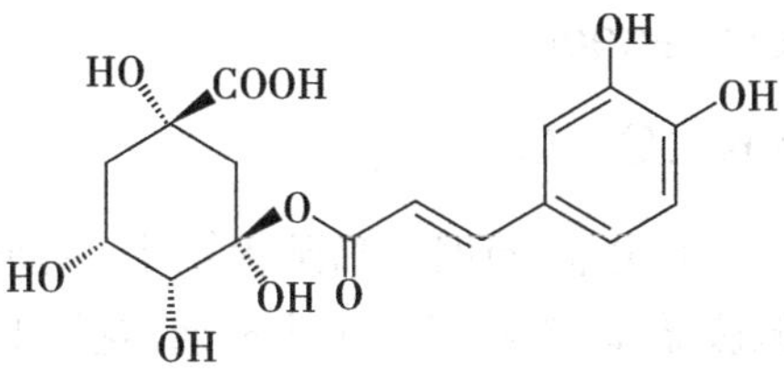

绿原酸

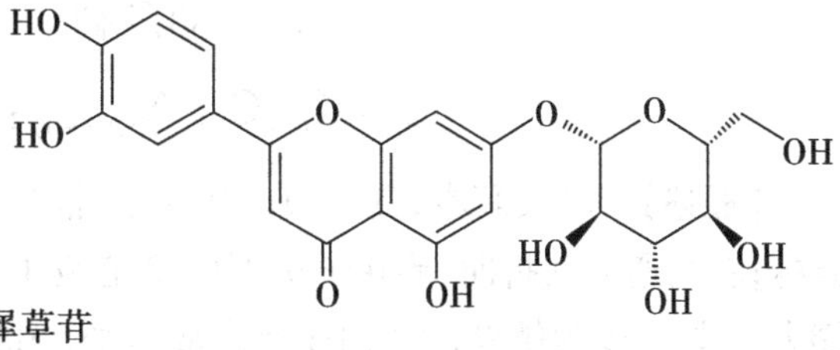

木犀草苷

【理化鉴别】　薄层色谱　以绿原酸为对照品，硅胶H为固定相，以乙酸丁酯-甲酸-水（7∶2.5∶2.5）的上层溶液为展开剂，置紫外灯（365nm）下检视。供试品色谱中，在与对照品色谱相应的位置上，显相同颜色的荧光斑点。

【含量测定】　高效液相色谱法测定，本品按干燥品计算绿原酸不得少于1.5%，含木犀草苷不得少于0.10%。

【药理作用】

1. 抗菌抗病毒作用　金银花煎剂及醇浸液对金黄色葡萄球菌、肺炎杆菌、埃可病毒、疱疹病毒等有抑制作用。

2. 抗内毒素作用　挥发油、芳樟醇、绿原酸、异绿原酸腹腔或静注能降低铜绿假单胞菌内毒素所致小鼠的中毒或死亡。

3. 抗炎作用　金银花提取液能抑制角叉菜胶等所致大鼠足跖肿胀，并能明显抑制大鼠巴豆油性肉芽囊炎性渗出和增生。

【功效与主治】 性寒，味甘。清热解毒，疏散风热。用于痈肿疔疮，喉痹，丹毒，热毒血痢，风热感冒，瘟病发热。用量6～15g。

理论与实践

用金银花做成饮料，不仅味道甘甜可口，而且还具有很好的清热解暑之功。以金银花泡水代茶来治疗咽喉肿痛和预防上呼吸道感染。金银花与枸杞、冰糖一起入汤锅，煮开待汤降温后调入蜂蜜食用，有美白肌肤、消肿明目的作用。

【附】 山银花　为忍冬科植物毡毛忍冬 *Lonicera macranthoides* Hand. -Mazz.、红腺忍冬 *L. hypoglauca* Miq.、华南忍冬 *L. confusa* DC. 或黄褐毛忍冬 *L. fulvotomenstosa* Hsu et S. C. Cheng 的干燥花蕾或带初开的花。与金银花为不同来源的生药。华南忍冬花蕾较瘦小，萼筒和花冠密被灰白色柔毛，子房有毛。主产于广东、广西、云南等省区。红腺忍冬花蕾表面黄白色至黄棕色，无毛或疏被毛，萼筒无毛，主产于浙江、江西、福建、湖南等省区。灰毡毛忍冬呈棒状而稍弯曲，上粗下细，稍弯曲；表面绿棕色至黄白色（久贮色渐深），总花梗集结成簇，开放者花冠裂片不及全长的一半；质稍硬，手握之稍有弹性；气清香，味微苦、甘；主产于贵州、四川、广西等地。黄褐毛忍冬表面淡黄棕色或黄棕色，密被黄色茸毛，主产于广西、贵州和云南等地。

忍冬藤　为忍冬科植物忍冬 *Lonicera japonica* Thunb. 的干燥藤茎。含多种黄酮类衍生物，如忍冬苷、忍冬黄酮等。性寒，味甘。清热解毒，疏风通络。用于瘟病发热，热毒血痢，痈肿疮疡，风湿热痹，关节红肿热痛。用量9～30g。

37. 葫芦科　Cucurbitaceae

$$♂\ *K_{(5)}C_{(5)}A_{5,(3\sim5)};\ ♀\ *K_{(5)}C_{(5)}\overline{G}_{(3:1:\infty)}$$

【概述】 草质藤本，具卷须。叶互生，常为单叶，掌状分裂；有时为鸟趾状复叶。花同株或异株；花药通直或折曲；雌花子房下位，3心皮1室，侧膜胎座，常在子房中央相遇；花柱1，柱头膨大，3裂。多为瓠果，稀蒴果；种子常扁平，无胚乳。本科植物约110属，700多种，分布于热带、亚热带地区。我国约30属150种，各地均有分布或栽培。已知药用21属，90种。重要的生药有天花粉、罗汉果、绞股蓝和血胆等。本科植物的特征性活性成分为皂苷类成分；尚含具特殊活性的蛋白质和氨基酸，如天花粉毒蛋白、南瓜子氨酸等。

天花粉　Trichosanthis Radix

本品为葫芦科植物栝楼 *Trichosanthes kirilowii* Maxim. 或双边栝楼 *T. rosthornii* Harms 的干燥根。栝楼主产河南、山东等地，双边栝楼主产四川。为不规则圆柱形、纺锤形或瓣块状。表面黄白色或淡棕黄色，有纵皱纹、细根痕及略凹陷的横长皮孔，有的有黄棕色外皮残留。质坚实，断面白色或淡黄色，富粉性，横切面可见黄色木质部，略呈放射状排列，纵切面可见黄白色条纹状木质部。主含皂苷、天花粉蛋白及氨基酸，具有抗菌的作用。天花粉蛋白有引产的作用，天花粉粗提物对葡萄胎和恶性葡萄胎有很高的疗效。气微，性微寒，味甘、微苦。能清热生津，消肿排脓，用于热病烦渴，肺热燥咳，内热消渴，疮疡肿毒。用量 10～15g。不宜与乌头类药材同用。

瓜蒌　Trichosanthis Fructus

本品为葫芦科植物栝楼 *Trichosanthes kirilowii* Maxim. 或双边栝楼 *T. rosthornii* Harms 的干燥成熟果实。栝楼主产河南、山东等地，双边栝楼主产四川。秋末果实变为淡黄时连果柄剪下，悬挂通风处阴干。果实呈类球形或宽椭圆形，表面深橙红色至橙黄色，皱缩或较平滑，顶端有残存花柱基，基部有果梗残迹。轻重不一。质脆，易破开，内表面黄白色，有红黄色丝络，果瓤橙黄色，与多数种子粘结成团。具焦糖气，味微酸、甜。果实含三萜皂苷、氨基酸、糖类；种子含油酸、亚油酸及甾醇类化合物。性寒，味甘，微苦。能清热涤痰，宽胸散结，润燥滑肠。用于肺热咳嗽，痰浊黄稠，胸痹心痛，乳痈、肺痈、肠痈肿痛，大便秘结。用量 9～15g，不宜与乌头类药材同用。其种子入药称瓜蒌子，能润肺化痰，滑肠通便；果皮入药称瓜蒌皮，能清热化痰，利气宽胸。

38. 桔梗科　Campanulaceae

$$⚥ *, \uparrow K_{(5)} C_{(5)} A_5 \overline{G}_{(2\sim5:2\sim5:\infty)}, \underline{\overline{G}}_{(2\sim5:2\sim5:\infty)}$$

【概述】　草本，常具乳汁。单叶互生，少为对生或轮生，无托叶。花单生，或呈聚伞、总状、圆锥花序；花萼宿存；花冠钟状或管状，稀二唇形；雄蕊着生花冠基部或花盘上，花丝分离，花药通常聚合成管状或分离；子房下位或半下位，中轴胎座；柱头 2～5 裂。蒴果，稀浆果。种子扁平，有时有翅。本科植物约 60 属，2000 余种，主产于温带和亚热带。我国 17 属，约 170 种，全国分布，以西南地区种类最多。药用 13 属，111 种。重要的生药有党参、桔梗、沙参和半边莲等。本科植物多含有皂苷和多糖。生物碱在半边莲属、党参属植物普遍存在。某些种类含有菊糖。

桔梗　Platycodonis Radix

【来源】　本品为桔梗科植物桔梗 *Platycodon grandiflorum*(Jacq.) A. DC. 的干燥根。

【植物形态】　多年生草本，有乳汁。根长圆锥形。茎下部及中部叶对生或轮生，上部叶互生，叶片卵形或卵状披针形，边缘具不整齐锯齿。花单生茎顶或呈疏生的总状花序；萼钟状 5 裂；花冠蓝紫色或蓝白色。蒴果倒卵形，熟时先端 5 瓣裂，具宿萼。种子多数，细小，黑褐色。花期 7～9 月，果期 8～10 月。（图 12-129）

【产地】　全国大部分地区均产。主产于安徽、河北、江苏、河南，质较优，东北、华北产量较大，称“北桔梗”，习惯认为华东地区产者质量较佳，称“南桔梗”，其中尤以安徽产者质量最佳。

【采制】　春、秋二季采挖，洗净，除去须根，趁鲜剥去外皮或不去外皮，干燥。

【性状】　①根呈圆柱形或略呈纺锤形，下部渐细。②表面白色或淡黄白色，不去外皮者表面黄棕色至灰棕色。有纵扭皱沟、横长的皮孔及支根痕，上部有横环纹。③有的顶端具较短的根茎,其上有数个半月形凹陷的茎痕,呈盘节状。④质脆,断面不平坦,皮部类白色,有放射状裂隙,形成层环棕色,木部淡黄色,较紧密。俗称“金井玉栏”。⑤气微,味微甜后苦(图12-130)。以身干、条长肥大、质充实、色白、味苦者为佳。

图12-129　桔梗
1.根,2.植株下部茎叶,示轮生叶,3.雄蕊和雌蕊的侧面观(去花萼及花冠),4.果实

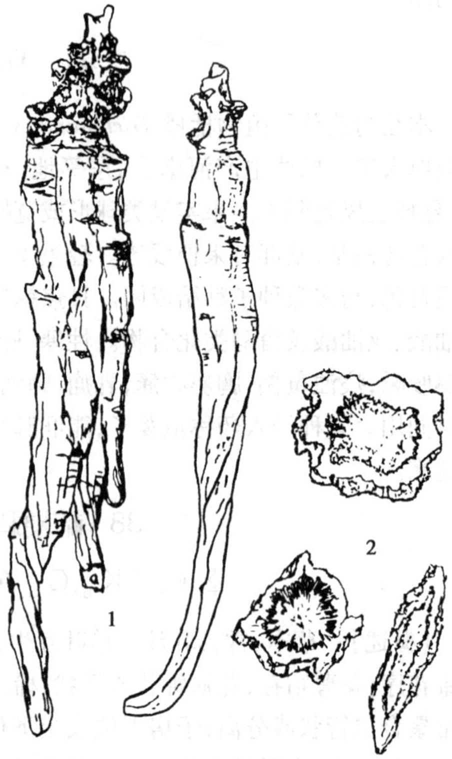

图12-130　桔梗(根)外形图
1.药材,2.饮片

【显微特征】

1. 横切面　①木栓细胞有时残存,未去栓皮者有栓皮层,细胞中含草酸钙小棱晶。②皮层窄,有裂隙。③韧皮部宽广,乳管散在,壁略厚,内含微细颗粒状黄棕色物质,乳管群与筛管群伴生。④形成层成环。⑤木质部导管单个散在或数个相聚,呈放射状排列。⑥薄壁细胞含菊糖(图12-131)。

2. 粉末　米黄色。用水合氯醛装片(不加热)观察。①乳汁管连接成网状,管中含细小油滴及细颗粒状物。②菊糖众多,呈扇形或类圆形的结晶。③梯纹、网纹及具缘纹孔导管,导管分子较短。④木薄壁细胞端壁细波状弯曲(图12-132)。

【化学成分】

1. 皂苷　包括桔梗皂苷(platycodin)A ~ D、桔梗皂苷 D_2、桔梗皂苷 D_3、远志皂苷(tenuigenin)D等。混合皂苷水解产生桔梗皂苷元、远志酸及少量桔梗酸。

2. 多聚糖　含有大量由果糖组成的桔梗聚糖,已鉴定结构的有桔梗聚糖(platycodinin)

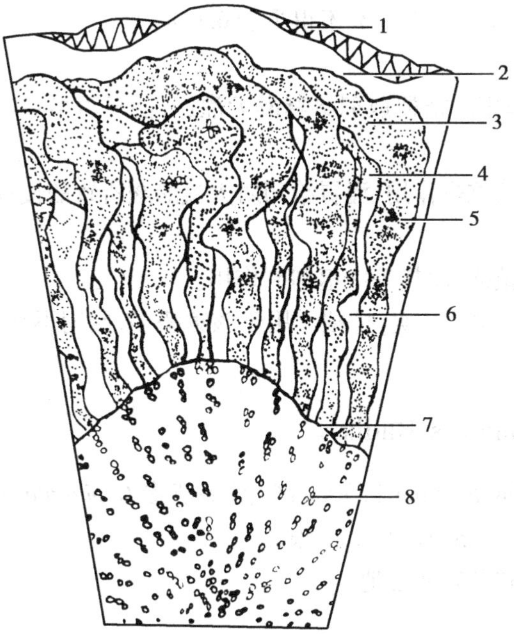

图 12-131　桔梗(根)横切面简图

1. 残留木栓层, 2. 皮层, 3. 韧皮部, 4. 裂隙, 5. 乳汁管, 6. 韧皮射线, 7. 形成层, 8. 木质部

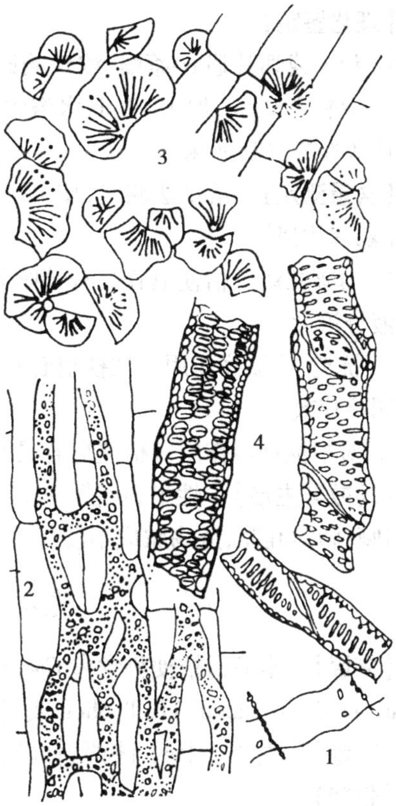

图 12-132　桔梗(根)粉末图

1. 残留木栓层, 2. 乳管群, 3. 菊糖, 4. 导管

$GF_2 \sim GF_9$。此外,还含有大量的菊糖。

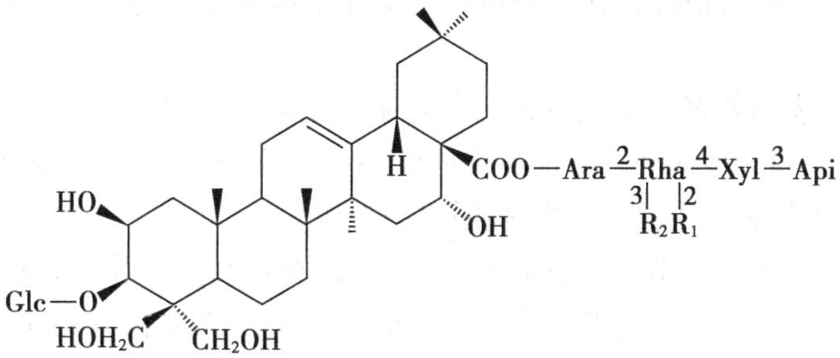

	R_1	R_2
桔梗皂苷 A	Ac	H
桔梗皂苷 C	H	Ac
桔梗皂苷 D	H	H

相关链接

桔梗不同部位化学成分的研究　研究表明桔梗芦头和根的成分基本一致,但芦头中皂苷含量多于根约 20% ~30% 左右。因芦头在桔梗生药中约占 16% ~17% 左右,故桔梗可不去芦头,以节约原料,减少生产环节。桔梗外皮所含成分亦与根相以,其皂苷含量不低于其他部分,去皮浪费药材达 10% ~20%;临床应用带皮桔梗也未见不良反应,且祛痰作用显著,故桔梗可不去外皮,趁鲜切片后干燥。2010 年版药典规定桔梗去外皮或不去外皮均可。

【理化鉴定】

1. 粉末或切片遇α-萘酚、浓硫酸试液显紫堇色。（菊糖反应）

2. 取粉末0.5g，加水10ml，水浴中加热10分钟，放冷，取上清液，置带塞试管中用力振摇，产生持久性蜂窝状泡沫。

【含量测定】 溶剂法测定，按干燥品计算，本品含总皂苷不得少于6.0%。

【药理作用】

1. 镇咳祛痰 桔梗皂苷具有镇咳和祛痰作用。桔梗煎剂给麻醉犬灌服，能显著增加呼吸道黏液分泌量。

2. 抗炎、抗溃疡作用 桔梗皂苷具有较强的抗炎作用，灌胃给药对大鼠醋酸所致的慢性溃疡有明显疗效。

3. 对中枢神经作用 桔梗皂苷具有镇静、镇痛、解热等中枢抑制作用。

【功效与主治】 性平，味苦、辛。能宣肺，利咽，祛痰，排脓。用于咳嗽痰多，胸闷不畅，咽痛，喑哑，肺痈吐脓，疮疡脓成不溃等。用量3～9g。

党参 Codonopsis Radix

【来源】 本品为桔梗科党参 *Codonopsis pilosula*(Franch.) Nannf.、素花党参 *C. pilosula* Nannf. var. *modesta*(Nannf.) L. T. Shen 或川党参 *C. tangshen* Oliv. 的根。

【产地】 主产于山西、陕西、甘肃、四川等省及东北各地。

【性状】

1. 党参 ①呈长圆柱形，稍弯曲，表面黄棕色至灰棕色。②根头部有多数疣状突起的茎痕及芽，习称"狮子盘头"。③每个茎痕的顶端呈凹下圆点状，根头下有致密的环状横纹，向下渐稀疏。④质稍硬或略带韧性，断面稍平坦，有裂隙或放射状纹理，皮部淡黄白色至淡棕色，木质部淡黄色。⑤有特殊香气，味微甜(图12-133)。素花党参(西党参) ①直径可达2.5cm，表面黄白色至灰黄色。②根头下致密的环状横纹常达全长的一半以上。③断面裂隙较多，皮碧灰白色至淡棕色。

2. 川党参 ①长可达45cm，表面灰黄色至黄棕色。②有明显不规则的纵沟，顶端有较稀的横纹，大条者亦有"狮子盘头"。③茎痕较少；小者根头部较小，称"泥鳅头"。④质柔而实，断面裂隙较少。以根条粗壮，质地坚实，油润，气味浓，嘴嚼时渣少者为佳。

【显微特征】 党参粉末 淡黄色。①节状乳管碎片甚多，含淡黄色颗粒状物。②石细胞呈方形、长方形或多角形，壁不甚厚。③可见菊糖。④网纹导管易察见。⑤淀粉粒类球形，脐点呈星状或裂隙状。可见木栓组织。(图12-134)

【化学成分】

1. 含三萜类化合物及苷类 蒲公英萜醇(taraxerol)、蒲公英萜醇乙酸酯(taraxerol acetate)等。

2. 糖类化合物 菊糖(synanthrin)、党参多糖(codonopsis pilosula polysaccharides)等。

3. 固醇类 α-菠菜甾醇(α-spinasterol)、Δ^7-豆甾烯醇(Δ^7-stigmastenol)等。

【药理作用】

1. 增强网状内皮系统功能 党参能显著增强网状内皮系统的功能，特别是与黄芪及灵芝合用作用更强。

图 12-133　党参外形图

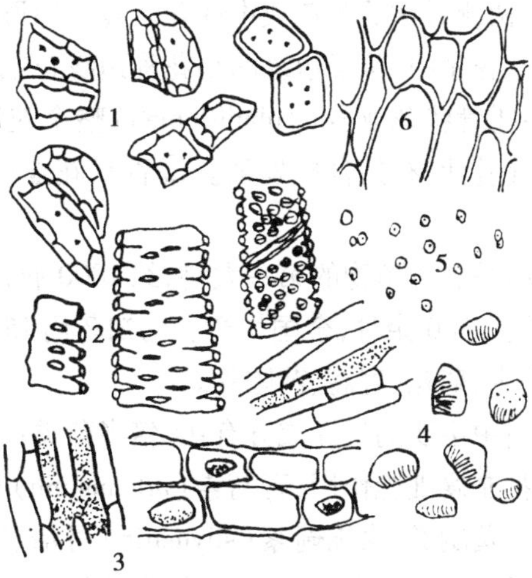

图 12-134　党参粉末图

1. 石细胞，2. 导管，3. 乳管，4. 菊糖，5. 淀粉粒，6. 木栓细胞

2. 补血作用　党参的醇、水浸液口服或皮下注射时，可使兔的红细胞增加，此外，对环磷酰胺等化疗药物及放射疗法所致白细胞下降亦有治疗作用。

【功效与主治】 性平，味甘，能补中益气，健脾益肺。用于脾肺虚弱，气短心悸，食少便溏，虚喘咳嗽，内热消渴。用量 9～30g。不宜与藜芦同用。

南沙参　Adenophorae Radix

本品为桔梗科植物轮叶沙参 *Adenphora tetraphylla*（Thunb.）Fisch. 或沙参 *A. stricta* Miq. 根。春秋二季采挖，除去须根，洗后趁鲜刮去粗皮，洗净，干燥。轮叶沙参主产于贵州、河南、黑龙江等地，沙参主产于安徽、江苏、浙江等地。本品呈圆锥形或圆柱形，略弯曲。顶端具 1 个或 2 个根茎。表面黄白色或淡棕黄色，凹陷处常有残留粗皮，上部多有深陷横纹，呈断续的环状，下部有纵纹及纵沟。体轻，质松泡，断面不平坦，具黄白色交错的纹理，多裂隙。沙参根含 β-谷甾醇-β-D 吡喃葡萄糖苷、蒲公英赛酮等。轮叶沙参根含多种萜类和烃类及蒲公英萜酮等。具有调节免疫平衡的功能，并有祛痰、抗菌等作用。性微寒，味甘，能养阴清肺，化痰，益气。用于肺热燥咳，阴虚劳嗽，干咳痰黏，气阴不足，烦热口干。不宜与藜芦同用。

39. 菊科　Compositae（Asteraceae）

$$⚥ \ *, \uparrow K_{0\sim\infty} C_{(3\sim5)} A_{(4\sim5)} \overline{G}_{(2:1:1)}$$

【概述】 多数为草本，稀木本。叶互生，少对生或轮生。头状花序为 1 至多层总苞片组成的总苞所围绕，头状花序单生或数个再排成总状、聚伞状、伞房状或圆锥状；头状花序中的小花有同型的，即全为管状花或舌状花；或异型的，即外围为舌状花，中央为管状花；或具多型的。

每朵小花的基部常有1枚小苞片，称为托片；小花两性或单性；萼片退化成冠毛状、鳞片状、刺状或阙如；花冠合瓣、管状、舌状、二唇形或漏斗状；雄蕊花丝分离，贴生于花冠管上，花药结合成聚药雄蕊，连成管状包在花柱外面；花柱单一，柱头2裂。瘦果，顶端常有刺状、羽状冠毛或鳞片。菊科植物的花有：①管状花：辐射对称的两性花。②舌状花：两侧对称的两性花。③假舌状花：两侧对称的雌花或中性花。④二唇形花：两侧对称的两性花，上唇2裂，下唇3裂。在一个头状花序中，位于边缘的小花称边缘花或缘花，位于中央的小花称盘花。本科通常分为2个亚科：①管状花亚科（Tubuliflorae）：整个花序全为管状花或中央为管状花，边缘为舌状花。植物体无乳汁，有的含挥发油。②舌状花亚科（Liguliflorae）：整个花序全为舌状花，植物体具乳汁。

菊科是被子植物的第一大科，约1000属，25 000～30 000种，广布全球，主产温带地区。我国230属，2300余种，全国均产。已知药用155属，778种。重要的生药有红花、西红花、苍术、木香、白术、菊花、青蒿、茵陈等。

本科中主要的活性成分有：①倍半萜类：泽兰苦内酯（euparotin）、泽兰氯内酯（eupachlorin）等具有抑制癌细胞作用；青蒿素（artemisinin）有截疟作用；天名精内酯（carpesialactone）有驱虫作用。②黄酮类：水飞蓟素（silymarin）可治肝炎；槲皮素（quercetin）可用于心血管系统疾病。③生物碱。其他尚含有香豆素、挥发油等。

红花 Carthami Flos

【来源】 本品为菊科植物红花 *Carthamus tinctorius* L. 的干燥花。

【植物形态】 一年生草本。茎直立，上部多分枝。叶互生，卵形或卵状披针形，先端渐尖，边缘具不规则锯齿，齿端有锐刺，几无柄，稍抱茎。头状花序顶生，总苞片多层；管状花，两性，花冠初时黄色，渐变为橘红色，成熟时呈深红色；聚药雄蕊；雌蕊1。瘦果白色，倒卵形，无冠毛或冠毛鳞片状。花期5～7月，果期7～9月（图12-135）。

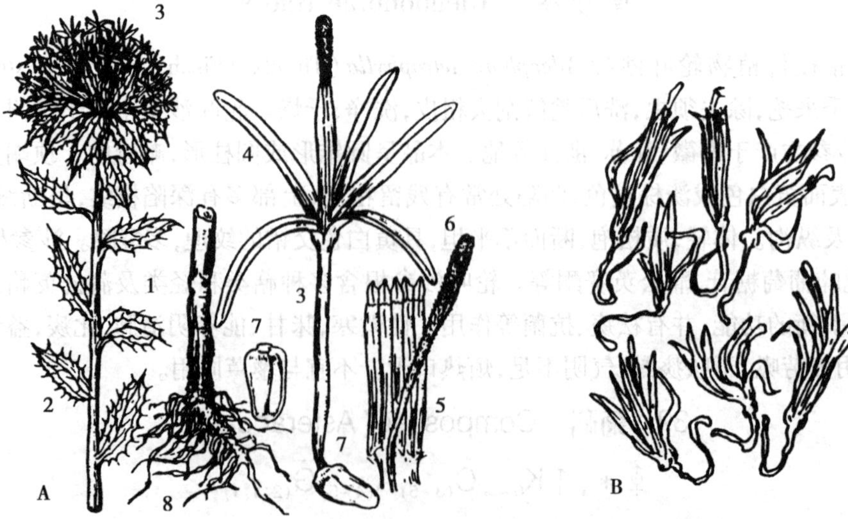

图12-135 红花原植物及药材图

A. 原植物图，B. 药材

1. 植株，2. 叶，3. 花，4. 花冠，5. 雄蕊，6. 柱头，7. 果实，8. 根

【产地】 原产埃及,全国各地均有栽培。主产于河南、四川、新疆、河北等省。

【采制】 夏季5~6月间,花冠由黄变红时,择晴天早晨露水未干时采摘,晾干、晒干或微火烘干。

相关链接

红花类同品 无刺红花为同属植物无刺红花 *Carthamus tinctorius* L. var. *glabrus* Hort. 的花,在华北和新疆地区栽培。无刺红花植株较高,达1.3m左右,叶缘及总苞片边缘均无刺,花深红色。花含红花苷0.48%~0.83%。因其无刺,采摘花朵较方便,但其茎杆较软,易倒伏,抗病力弱。

【性状】 ①不带子房的管状花。②花冠红黄色或红色,花冠筒细长,尾状,先端5裂,裂片狭条形。③雄蕊5枚,花药聚合成筒状,黄白色;柱头长圆柱状,顶端微分叉。④质柔软,气微香,味微苦。⑤浸水中,水染成金黄色。(图12-135)以花片长,颜色红黄、鲜艳,质柔软者为佳。

【显微特征】 粉末 橙黄色。①长管状分泌细胞,常位于导管旁,含黄棕色至红棕色分泌物。②花冠顶端表皮细胞外壁突起呈短绒毛状。③柱头及花柱上部表皮细胞分化成圆锥形单细胞毛,先端较尖或稍钝。④花粉粒深黄色,类圆形、椭圆形或橄榄形,外壁有短刺及疣状雕纹。此外,还有条纹状增厚的花粉囊内壁细胞、类长方形的花药中部细胞、草酸钙方晶或柱晶等。(图12-136)

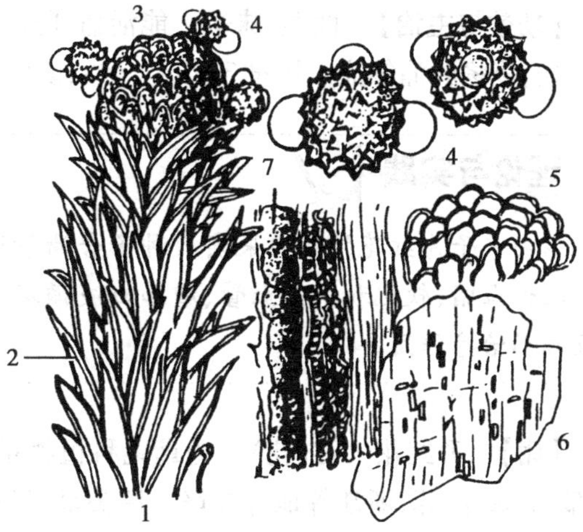

图12-136 红花粉末图

1. 柱头碎片, 2. 柱头表皮细胞, 3. 柱头顶端细胞, 4. 花粉粒, 5. 花冠表皮细胞, 6. 草酸钙小方晶, 7. 分泌细胞

【化学成分】

1. 黄酮类 水溶性黄色素成分中羟基红花黄色素A(hydroxysafflor yellow A)为主要成分,黄酮类成分还包括山柰酚(kaempferol)、槲皮素(quercetin)等。

2. 脂肪酸 棕榈酸(palmitic acid)、肉豆蔻酸(myristic acid)等。

此外还含有聚炔类、挥发油类、多糖、含氮化合物、腺苷和有机酸等。

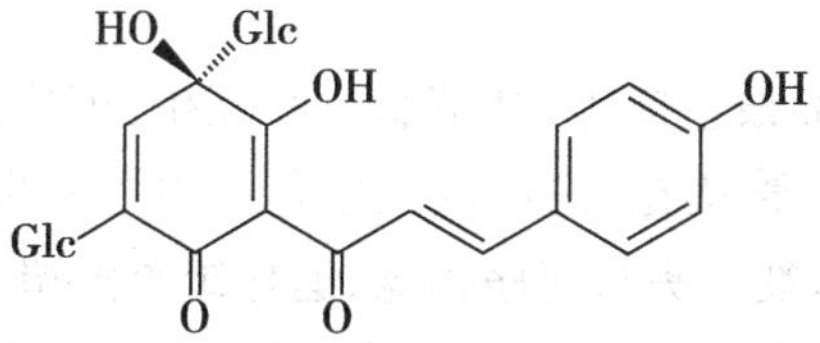

羟基红花黄色素A

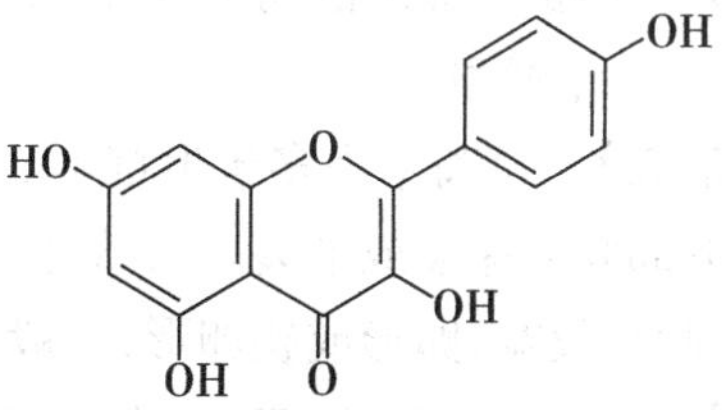

山萘酚

【理化鉴别】

1. 取本品1g,加稀乙醇10ml,浸渍。倾出浸出液,于浸出液内悬挂一滤纸条,5分钟后把滤纸条放入水中,随即取出,滤纸条上部显淡黄色,下部显淡红色(检查红花苷)。

2. 薄层色谱 以红花为对照药材,硅胶H为固定相,以乙酸乙酯-甲酸-水-甲醇(7∶2∶3∶0.4)为展开剂,供试品色谱中,在与对照药材色谱相应的位置上,显相同颜色的斑点。

【含量测定】 高效液相色谱法测定,本品按干燥品计算羟基红花黄色素A不得少于1.0%;山柰素不得少于0.050%。

【药理作用】

1. 对心血管的作用 红花有轻度兴奋心脏、增加冠脉流量作用,小剂量煎剂可增强心缩力,大剂量有抑制作用。

2. 红花醇提物、红花黄色素对组织缺氧、脑缺血缺氧能明显延长其存活时间并增加冠脉流量;红花对缺血缺氧性脑病起保护作用。

3. 对平滑肌的作用 红花煎剂对小鼠、豚鼠、兔、猫与狗的离体子宫均呈兴奋作用,使子宫产生紧张性及节律性收缩,对已孕子宫更为明显。

【功效与主治】 性温,味辛。能活血通经,散瘀止痛。用于治疗经闭,痛经,恶露不行,跌仆损伤,疮疡肿痛等症。用量3~9g。孕妇慎用。

理论与实践

白平子为红花的成熟果实。种子含油量达50%,常称"红花子油"。红花子油具有降低人体血脂、软化和扩张血管、增加血液循环、抗衰老及调节内分泌等作用,有较好的食用及辅助治疗作用。

【附】 番红花(西红花) 为鸢尾科植物番红花 *Crocus sativus* L. 的干燥柱头。原产欧洲南部,上海、江苏、浙江等地有栽培。柱头呈线形,三分枝,黯红色,上部较宽而略扁平,顶端边缘有不整齐的齿裂,内侧有一短裂隙,下端有时残留一小段黄色花柱。体轻,质松软,无油润光泽,干燥后质脆易断。气特异,微有刺激性,味微苦。取本品少许置于水中,放置后则柱头膨胀,开口呈喇叭状,水被染成黄色,无沉淀物。含胡萝卜素类,主要为番红花苷1~4、番红花酸。性平,味甘。能活血化瘀,凉血解毒,解郁安神。用于治疗经闭癥瘕,产后瘀阻,温毒发斑,忧郁痞闷,惊悸发狂等症。用量3~9g。孕妇慎用。

苍术 Atractylodis Rhizoma

【来源】 本品为菊科植物茅苍术 *Atractylodes lancea* (Thunb.) DC. 或北苍术 *A. chinensis* (DC.) Koidz. 的干燥根茎。

【植物形态】 茅苍术为多年生草本。圆柱形根茎横走,结节状。叶互生,革质,上部叶一般不分裂,下部叶多深裂或半裂。头状花序顶生,管状花,白色或淡紫色。瘦果密生银白色柔毛。北苍术叶片较宽,卵形或狭卵形,一般羽状深裂。头状花序稍宽,退化雄蕊先端不卷曲。

【产地】 茅苍术主产于江苏、湖北、河南、安徽,习称"南苍术"或"茅苍术";北苍术主产于河北、山西、陕西,习称"北苍术"。

【采制】 春初或秋末采挖，除去残茎，晒干后撞去须根。

【性状】

1. 茅苍术　①根茎呈不规则连珠状或结节状圆柱形，稍弯曲。②表面灰棕色，有皱纹或横曲纹、残留须根、须根痕及茎痕。③质坚实而脆，断面黄白色，有多数红棕色油点（油室），习称“朱砂点”，断面暴露稍久可析出白色细针状结晶（苍术醇结晶），习称“起霜”或“吐脂”。④香气浓郁特异，味微甘、辛、苦（图12-137）。茅苍术以个大、坚实、无毛须、内有朱砂点，切开后断面起白霜者佳。

2. 北苍术　①呈结节状圆柱形，常分枝呈不规则块状。②表面黑棕色。③质较疏松，断面纤维性，散有黄棕色油点。④香气较淡，味辛、苦（图12-138）。北苍术以个肥大、坚实、无毛须、气芳香者为佳。

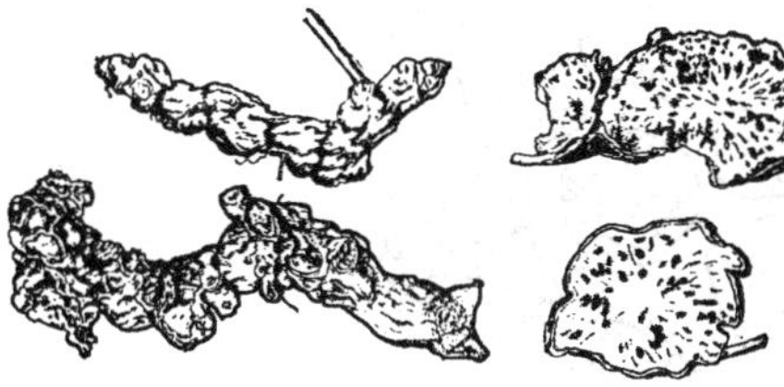

图12-137　茅苍术（根茎）外形图

图12-138　北苍术（根茎）外形图

【显微特征】

1. 茅苍术根茎横切面　①木栓层数列细胞，其间有石细胞环带。②皮层散有大型油室。③韧皮部窄。④形成层成环。⑤木质部同内侧有纤维束，木纤维群与导管群相间排列。⑥射线宽阔，射线及髓部亦有油室。⑦薄壁细胞中含菊糖，并充满细小草酸钙针晶（图12-139）。

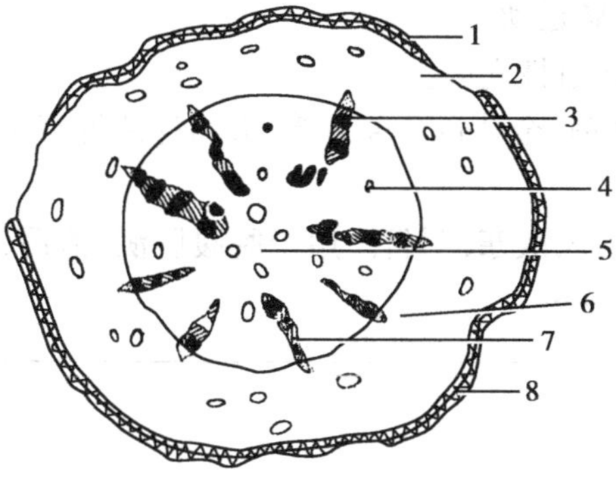

图12-139　茅苍术（根茎）横切面简图

1. 木栓层，2. 皮层，3. 木纤维，4. 油室，5. 髓，6. 韧皮部，7. 木质部，8. 石细胞环带

2. 粉末　①石细胞众多，单个散在或数个成群，类多角形或长方形，壁较厚，胞腔内常含黄色物质，有的含针晶。②草酸钙针晶散在或充满于薄壁细胞中。③油室多破碎，有的分泌细胞中含淡黄色油滴。④菊糖块略呈扇形或不规则形。⑤木纤维大多成束，长梭形，壁甚厚，孔沟明显。此外，尚可见网纹及具缘孔导管、木栓细胞等（图12-140）。

北苍术与茅苍术的主要区别点：皮层有纤维束，油室直径约270μm。

【化学成分】 茅苍术含挥发油5%～9%，油中主成分为苍术酮（atractylone）、苍术素（苍术炔，atractydin）、茅术醇（hinesol）、苍术烯内酯等。北苍术含挥发油较少，1%～2.5%。油中组分与茅苍术相似。

【理化鉴别】 薄层色谱　取粉末甲醇提取液，点样于硅胶B薄层板上，以苍术素为对照品，展开后，喷以10%硫酸乙醇溶液，100℃烘烤5分钟，供试品色谱中，在与对照品色谱相应位置上，显相同颜色斑点。

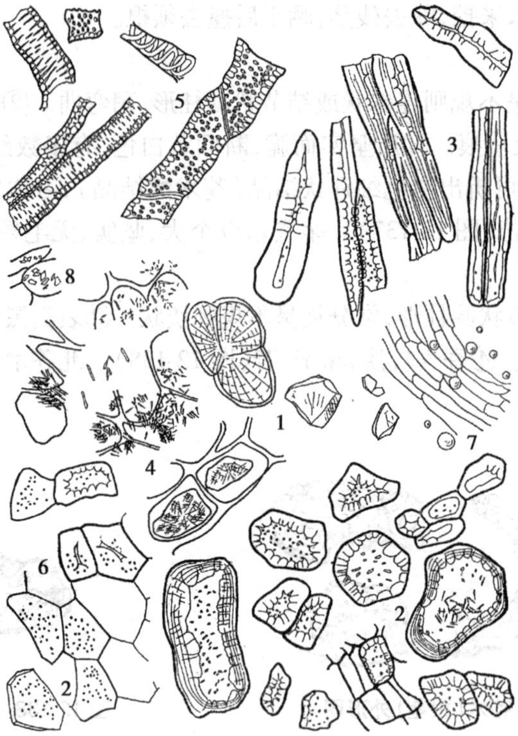

图 12-140 茅苍术(根茎)粉末图

1. 菊糖, 2. 木栓石细胞, 3. 木纤维, 4. 草酸钙针晶, 5. 导管,
6. 木栓细胞, 7. 油室碎片, 8. 草酸钙方晶

【含量测定】 采用高效液相色谱法测定。苍术素($C_{13}H_{10}O$)不得少于0.30%。

【药理作用】

1. 对消化系统作用 β-桉叶醇、苍术醇能促进胃肠运动。

2. 抗炎作用 苍术烯内酯Ⅰ~Ⅲ能抑制毛细管通过性亢进。

3. 抗菌抗病毒作用 β-桉叶醇、苍术醇对结核杆菌、金黄色葡萄球菌、大肠杆菌等有明显的灭菌作用。

【功效与主治】 性温,味辛、苦。能燥湿健脾,祛风散寒,明目。用于脘腹胀满,泄泻,水肿,脚气痿躄,风湿痹痛,风寒感冒,雀目夜盲。用量3~9g。

理论与实践

茅苍术断面暴露空气中稍久,即有白毛状结晶析出。此结晶系毛术醇和β-桉油醇的混合物,从薄层结果看,此二成分在茅苍术(南苍术)中含量最高。北苍术、关苍术中含量最低,但个别地区的北苍术(如陕西太白山)折断面亦可见白毛状结晶析出,而江苏句容县所产茅苍术折断面有时无白毛状结晶析出。所以,应用此经验鉴别时,应该注意。

木香 Aucklandiae Radix

本品为菊科植物木香 *Aucklandia lappa* Decne. 的干燥根。秋、冬二季采挖,除去泥沙及须根,切段,大的再纵剖成瓣,干燥后撞去粗皮。主产于四川、云南、西藏等地。本品呈圆柱形或半圆柱形。表面黄棕色至灰褐色,有明显的皱纹、纵沟及侧根痕。质坚,不易折断,断面灰褐色至黯褐色,周边灰黄色或浅棕黄色,形成层环棕色,有放射状纹理及散在的褐色点状油室。气香特异,味微苦。主要含有挥发油类成分,能调节胃肠运动,并有抗炎、抗菌抗病毒等作用。本品性温,味辛、苦。能行气止痛,健脾消食。用于胸脘胀痛,泻痢后重,食积不消,不思饮食。煨木香实肠止泻,用于泄泻腹痛。用量 3 ~ 10g,本品芳香不宜久煎。

白术 Atractylodis Macrocephalae Rhizoma

本品为菊科植物白术 *Atractylodes macrocephala* Koidz. 干燥根茎。主产于浙江、安徽,多为栽培。根茎呈不规则团块,通常下部膨大,顶端有残存茎基和芽痕;表面灰黄色或灰棕色,有瘤状突起及断续的纵皱纹,下方有窝状根痕;质坚实,断面纤维性,皮部黄白色,木部淡黄色或淡棕色,略具菊花纹及棕黄油点;气清香,味甘、微辛,略带黏性。含挥发油 0.25% ~ 1.42%,油中主要成分为苍术醇、苍术酮,不含苍术素。白术煎剂有保肝、利胆,抗溃疡,调节肠道运动,解痉,利尿,免疫促进,升白细胞,抗肿瘤以及扩张血管、降压等作用。苍术酮有显著的抗溃疡作用。本品性微温,味苦、甘;能健脾益气,燥湿利水,止汗,安胎;用于脾虚食少,腹胀泄泻,水肿,自汗,胎动不安;用量 5 ~ 10g。

菊花 Chrysanthemi Flos

本品为菊科植物菊花 *Chrysanthemum morifolium* Ramat. 的干燥头状花序。主产于安徽、浙江、河南等地。安徽亳州、涡阳产者,习称亳菊;安徽滁州产者,习称滁菊;安徽歙县、浙江德清(清菊)产者,习称贡菊;浙江嘉兴、桐乡等产者,习称杭菊花;河南产者,习称怀菊。多栽培。我国大部分地区有栽培。①亳菊呈倒圆锥形或圆筒形,总苞片 3 ~ 4 层,卵形或椭圆形,边缘膜质。瘦果不发育,无冠毛。体轻,质柔润,干时松脆。气清香,味甘、微苦。②滁菊呈不规则球形或扁球形。舌状花类白色,不规则扭曲,内卷,边缘皱缩,管状花大多隐藏。③贡菊呈不规则球形或扁球形。舌状花白色或类白色;管状花少,且外露。④杭菊呈碟形或扁球形,常数个连接成片。舌状花类白色或黄色;管状花多数,外露。花含挥发油约 0.2%,油中主为龙脑、菊花酮、龙脑乙酸酯、樟脑等。有镇静、解热作用,能扩张冠状动脉,并增加血流量。性微寒,味甘、苦,散风清热,平肝明目。用于风热感冒,头痛眩晕,目赤肿痛,眼目昏花。用量 5 ~ 9g。

青蒿 Artemisiae Annuae Herba

本品为菊科植物黄花蒿 *Artemisia annua* L. 的干燥地上部分。全国各地均产,主产于浙江、江苏、湖北、安徽等地。本品茎呈圆柱形,上部多分枝。表面黄绿色或棕黄色,具纵棱线;质略硬,易折断,断面中部有髓。叶互生,黯绿色或棕绿色,卷缩易碎,完整者展平后为三回羽状深裂,裂片及小裂片矩圆形或长椭圆形,两面被短毛。气香特异,味微苦,有清凉感。全草含挥发油,主要成分为莰烯(camphene)、异蒿酮等。黄花蒿中倍半萜内酯青蒿素为抗疟有效成分。本品性寒,味苦、辛。能清热解暑,除蒸,截疟。用于暑邪发热,阴虚发热,夜热早凉,骨蒸劳热,疟疾寒热,湿热黄疸等。

茵陈 Artemisiae Scopariae Herba

本品为菊科植物滨蒿 *Artemisia scoparia* Waldst. et Kit. 或茵陈蒿 *A. capillaris* Thunb. 的干燥

地上部分。春季采收的习称“绵茵陈”,秋季采割的习称“茵陈蒿”。绵茵陈多卷曲成团状,灰白色或灰绿色,全体密被灰白色茸毛,绵软如绒;茎细小,可见明显纵纹;质脆,易折断;叶具柄,为羽状分裂,小裂片先端锐尖;气微香,味微苦。茵陈蒿茎呈圆柱形,多分枝,表面淡紫色或紫色,有纵条纹,被短柔毛;体轻,质脆,断面类白色;叶为羽状深裂或羽状全裂;头状花序;瘦果长圆形,黄棕色。气芳香,味微苦。茵陈蒿叶粉末灰绿色,非腺毛众多,丁字形,大多碎裂呈纤维状,完整者顶端细胞极长。滨蒿和茵陈蒿均含挥发油、香豆素类及黄酮类化合物。有利胆、保护肝功能、解热、抗炎、降血脂、降压、扩冠等作用。本品性微寒,味苦、辛。能清湿热,退黄疸。用于黄疸尿少,湿疮瘙痒及传染性黄疸型肝炎。用量 6~15g,外用适量,煎汤熏洗。

蒲公英 Taraxaci Herba

本品为菊科植物蒲公英 *Taraxacum mongolicum* Hand. -Mazz.、碱地蒲公英 *T. borealisinense* Kitam. 或同属多种植物的干燥全草。产于全国大部分地区。本品呈皱缩卷曲的团块。根呈圆锥状,多弯曲;表面棕褐色,抽皱;根头部有棕褐色或黄白色的茸毛,有的已脱落。叶基生,多皱缩破碎,完整叶片呈倒披针形,绿褐色或黯灰色,先端尖或钝,边缘浅裂或羽状分裂,基部渐狭,下延呈柄状;下表面主脉明显。花茎 1 至数条,每条顶生头状花序,总苞片多层,内面一层较长,花冠黄褐色或淡黄白色。有的可见多数具白色冠毛的长椭圆形瘦果。全草含蒲公英甾醇、胆碱、菊糖等成分,有抗菌、抗内毒素、免疫调节等药理活性。本品性寒,味微苦、甘,能清热解毒,消肿散结,利尿通淋等。用于疔疮肿毒,乳痈,目赤,咽痛,湿热黄疸,热淋涩痛等。用量 6~15g。

(二) 单子叶植物纲

40. 禾本科 Gramineae(Poaceae)

$$⚥ * P_{2\sim3}A_{3,1\sim6}\underline{G}_{(2\sim3:1:1)}$$

【概述】 多为草本,少数为木本(如竹类)。地上茎习称为秆,节间常中空。单叶互生,叶鞘抱秆,通常一侧开裂,顶端两侧各有一附属物。花小,每小穗有小花 1 至数朵排列于小穗轴上,再由多数小穗集合而呈穗状、总状或圆锥状花序。颖果。本科植物分两个亚科:禾亚科 Agrostidoideae 和竹亚科 Bambusoideae。禾亚科为草本,竹亚科为多年生木本。禾本科共约 660 属,10 000 多种。我国 228 属,1200 余种。已知药用 84 属,174 种,大多数为禾亚科植物。本科植物化学成分主要有:生物碱类、三萜类、氰苷、黄酮、挥发油、淀粉等。

薏苡仁 Coicis Semen

本品为禾本科植物薏苡 *Coix lacryma-jobi* L. var. *mayuen* (Roman.) Stapf 的干燥成熟种仁。全国各地有栽培,以福建、江苏、河北、辽宁产量较大。秋季果实成熟时采割植株,打下果实,晒干,除去外壳、黄褐色种皮及杂质,收集种仁。宽卵形或长椭圆形,表面乳白色,偶有残存的黄褐色种皮。一端钝圆,另一端较宽而微凹,有淡棕色点状种脐。背面圆凸,腹面有 1 条较宽而深的纵沟。质坚实,断面白色,粉性。气微,味微甜。含薏苡仁酯、薏苡多糖等。薏苡仁醇提取物抗肿瘤和增强免疫作用与所含的不饱和脂肪酸及其衍生物有关,多糖类显示抗补体活性。性凉,味甘、淡。能健脾渗湿,除痹止泻,清热排脓。用于水肿,脚气,小便不利,湿痹拘挛,脾虚泄泻,也用于治疗子宫癌、胃癌、绒毛膜上皮癌等。用量 9~30g。

41. 天南星科 Araceae

$♂P_0A_{(1\sim8),\infty}$；$♀P_0\underline{G}_{(1\sim\infty)}$；$⚥ * P_{4\sim6}A_{4\sim6}\underline{G}_{(1\sim\infty:1\sim\infty:1\sim\infty)}$

【概述】 多年生草本，少数为木质藤本，常具根茎或块茎。植物体内多含水汁、乳汁或草酸钙结晶；单叶或复叶，常基生，叶柄基部常有膜质鞘，叶脉网状，全缘或各式分裂；肉穗花序，具佛焰苞；花小，同株时雌花群生于花序下部，雄花群生于花序上部，中间常有无性花相隔；单性花无花被，雄蕊常愈合成雄蕊柱，少分离；两性花花药2室；雌蕊子房上位。浆果，密集于花序轴上；种子1至多数，常具胚乳。

本科植物约115属，2000余种，主产于热带和亚热带地区。我国35属，210余种，主要分布于长江以南各省区。已知药用22属，106种。主要有菖蒲属（*Acorus*）、天南星属（*Arisaema*）、半夏属（*Pinellia*）等。重要的生药有半夏、天南星、刺芋、菖蒲等。

本科植物主要成分有：①挥发油：石菖蒲中含有α，β，γ-细辛醚（asarone），欧细辛醚（euasarone）等。②多糖类：魔芋属植物块茎中含有甘露聚糖（mannan）等多糖，有扩张微血管作用。

半夏 Pinelliae Rhizoma

【来源】 本品为天南星科植物半夏 *Pinellia ternata*（Thunb.）Breit. 的干燥块茎。

【植物形态】 多年生草本。块茎近球形。叶由块茎抽出，1~2枚，于叶柄及叶片基部各生一白色或紫色珠芽；幼苗常为单叶，卵状心形，老叶为3全裂，裂片长椭圆形至披针形，中间裂片较大，全缘或有不明显的浅波状圆齿。肉穗花序，佛焰苞绿色或绿白色，管部圆柱状；花序顶端的附属器青紫色，伸于佛焰苞外呈鼠尾状。雄花着生于花序上部，雌花生于花序基部。浆果卵状椭圆形或卵圆形，绿色。花期5~7月，果期8~9月（图12-141）。

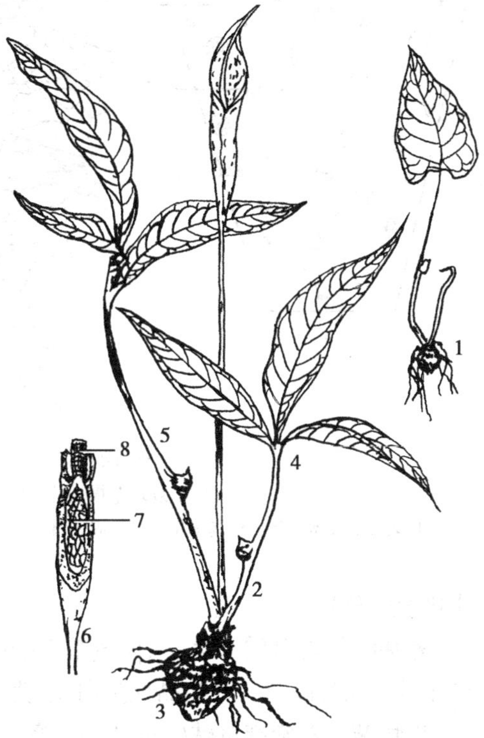

图12-141 半夏植物图

1. 幼株，2. 植株，3. 根茎，4. 叶，5. 珠芽，6. 佛焰苞花序，7. 雄蕊，8. 附属物

【产地】 主产于四川、湖北、河南、贵州、安徽等省。我国大部分地区有野生。

【采制】 夏、秋二季采挖，洗净，除去外皮及须根，晒干。多炮制后应用。

主要炮制品有：清半夏 取净半夏，大小分开，用8%白矾溶液浸泡至内无干心，口尝微有麻舌感，取出，洗净，切厚片，干燥。姜半夏 取净半夏，大小分开，用水浸泡至内无干心时；另取生姜切片煎汤，加白矾与半夏共煮透，取出，晾至半干，切薄片，干燥。法半夏 取净半夏，大小分开，用水浸泡至内无干心，取出，另取甘草适量，加水煎煮二次，合并煎液，倒入石灰液中，搅匀，浸泡，保持pH 12以上，至剖面黄色均匀为度，口尝微有麻舌感时，取出，洗净，阴干或烘干。

【性状】　①呈类球形，有的稍偏斜。②表面白色或浅黄色，顶端有凹陷的茎痕，周围密布麻点状根痕；下面钝圆，较光滑。③质坚实，断面洁白，富粉性。④气微，味辛辣、麻舌而刺喉（图 12-142）。半夏以个大、富粉性为佳。

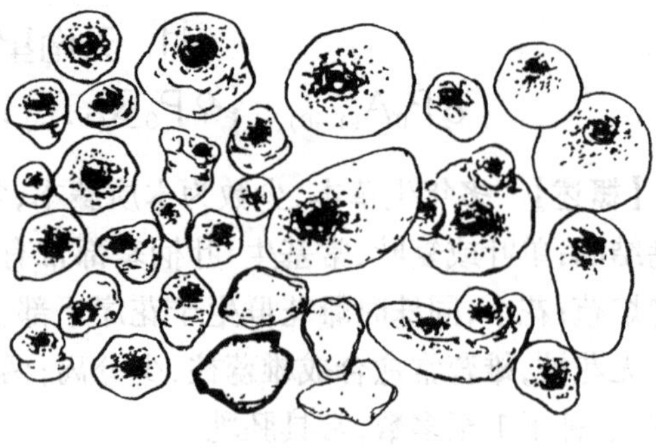

图 12-142　半夏（块茎）外形图

【显微特征】

1. 横切面　①表皮多残存，木栓细胞数列（根被）。②外侧基本组织含淀粉粒较少，向内渐多。③黏液细胞内含草酸钙针晶束。④维管束外韧型及周木型，散布于基本薄壁组织中，导管常数个成群排列（图 12-143）。

2. 粉末　类白色。①草酸钙针晶束存在于椭圆形黏液细胞中，或随处散在。②淀粉粒甚多，单粒类圆形、半圆形或圆多角形，脐点裂缝状、人字状或星状；复粒由 2～6 分粒组成。③螺纹导管（图 12-143）。

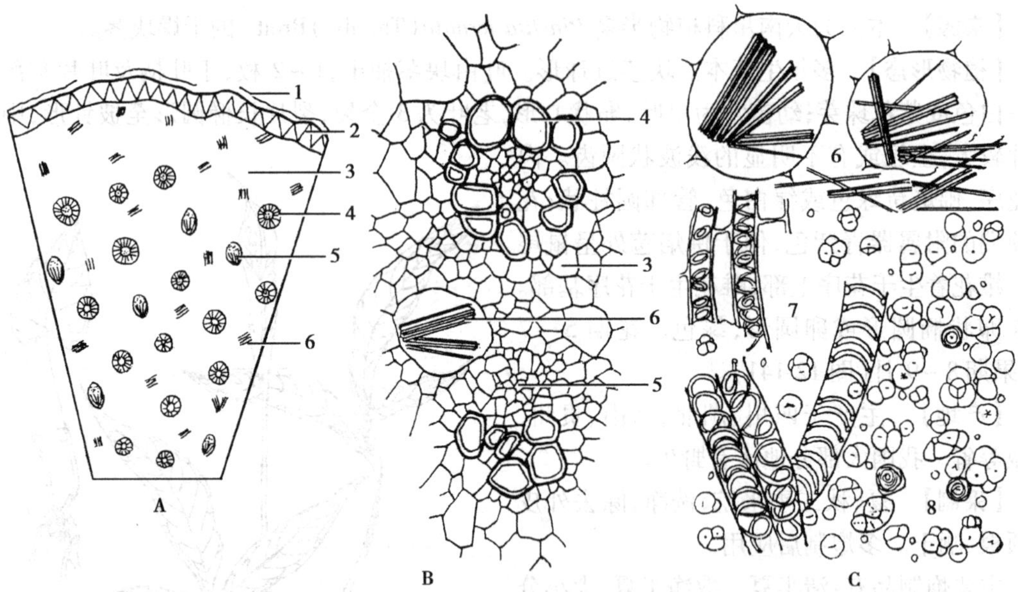

图 12-143　半夏块茎组织和粉末图

A. 半夏块茎横切片简图，B. 部分组织详图，C. 粉末图

1. 表皮，2. 木栓层，3. 基本组织，4. 周韧维管束，5. 外韧维管束，6. 草酸钙针晶束，7. 导管，8. 淀粉粒

【化学成分】

1. 氨基酸与蛋白质　含 α-，β-氨基丁酸（aminobutynic acid）、天门冬氨酸（aspartic acid）为主成分的氨基酸，以及一种结晶性蛋白质，为半夏蛋白 I。

2. 生物碱　左旋麻黄碱（sanedrine）等。

3. 刺激性物质　尿黑酸（alkapton）及其苷、原儿茶醛（protocatechualdehyde）等。

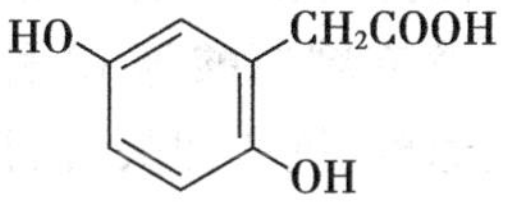

尿黑酸

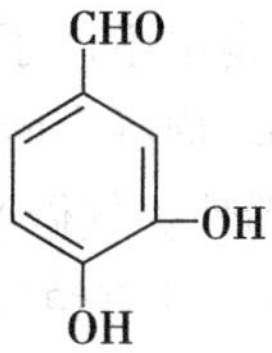

原儿茶醛

相关链接

半夏的刺激性研究 国外虽有报道认为是尿黑素或原儿茶醛是半夏的刺激性成分，但均无定论。近年国内研究表明半夏中所含草酸钙针晶为半夏的刺激性成分之一，其晶形、含量与半夏的刺激性有关。经炮制后，晶形发生变化，含量急剧下降，刺激性明显减弱。

【理化鉴别】 薄层色谱 以精氨酸、丙氨酸、缬氨酸、亮氨酸为对照品，供试品色谱中，在与对照品色谱相应的位置上，显相同颜色的斑点。

【药理作用】

1. 镇咳 生半夏、姜半夏和明矾制半夏的煎剂静脉注射或灌服，有镇咳作用。

2. 镇吐 半夏的各种制剂灌胃或皮下给鸽、猫、犬等，对阿扑吗啡、洋地黄、硫酸铜引起的呕吐均有止吐作用。

3. 毒性 小鼠腹腔注射半夏浸膏或醇提物，生半夏对黏膜有强烈刺激，刺激声带水肿失音。

【功效与主治】 性温，味辛；有毒。能燥湿化痰，降逆止呕，消痞散结。用于痰多咳喘，痰饮眩悸，风痰眩晕，痰厥头痛，呕吐反胃，胸脘痞闷，梅核气；生用外治痈肿痰核。姜半夏多用于降逆止呕。用量3～9g。外用适量。不宜与乌头类药材同用。

理论与实践

半夏混伪品鉴别

半夏除正品外，部分省区还以同属或同科不同属的一些植物块茎作半夏用：①同属植物掌叶半夏 *Pinellia Pedatisecta* 的块茎在河北、河南、山西、江苏、四川等省个别地区作半夏用。其块茎扁平且不规则，直径1.5～5cm，多以小粒混用。②同科植物鞭檐犁头尖 *Typhonium flagelliforme* 的块茎作半夏使用，称水半夏。主产于广西。块茎呈椭圆形、圆锥形或半圆形，直径0.5～1.5cm，高0.8～3cm；表面类白色或淡黄色，不光滑，有多数隐约可见的点状根痕；上端类圆形，常有突起的芽痕，下端略尖；质坚实，断面白色，粉性。气微，味辛辣，麻舌而刺喉。此外，半夏商品中还有犁头尖、滇南星、紫盔南星、滴水珠的块茎，大半夏的小块茎作半夏用，都应予以区别，不宜混淆。

天南星 Arisaematis Rhizoma

本品为天南星科植物天南星 *Arisaema erubescens*(Wall.)Schott.、异叶天南星 *A. heterophyllum* Bl. 或东北天南星 *A. amurense* Maxim. 的干燥块茎。天南星主产于陕西、甘肃等；异叶天南星主产于湖北、湖南等;东北天南星主产于东北、河北等省。本品呈扁球形,表面类白色或淡棕色,较光滑,顶端有凹陷的茎痕,周围有麻点状根痕,有的块茎周边有小扁球状侧芽。质坚硬,不易破碎,断面不平坦,白色,粉性。气微辛,味麻辣。含有精氨酸等 12 种氨基酸,尚含无机元素、有机酸、皂苷、糖及多糖等。具有镇静和镇痛、抗惊厥、抗心律失常、祛痰、抗肿瘤等作用。性温,味苦、辛;有毒。能燥湿化痰,祛风止痉,散结消肿。用于顽痰咳嗽,风痰眩晕,中风痰壅,口眼歪斜等。生用外治痈肿,蛇虫咬伤。一般炮制后用,用量 3 ~ 9g。

42. 百合科 Liliaceae

$⚥ * P_{3+3,(3+3)} A_{3+3} \underline{G}_{(3:3:\infty)}$

【概述】 多年生草本,稀木本,常具鳞茎、块茎或根茎。单叶互生或基生,少数对生或轮生,有时退化成鳞片状;花单生或排成穗状、总状或伞形花序;花被呈花瓣状;子房中轴胎座;蒴果或浆果;种子多数。

本科植物约 230 属,4000 余种,广布全球,以温带及亚热带地区较多。我国有约 60 属,570 种,各地均产,以西南地区种类较多。已知药用 46 属,359 种。主要的属有沿阶草属(*Ophiopogon*)、黄精属(*Polygonatum*)、天门冬属(*Asparagus*)、贝母属(*Fritillaria*)等。重要生药有川贝母、浙贝母、麦冬、知母、芦荟等。

本科植物含多种化学成分:①生物碱:秋水仙碱(colchicine)能抗癌、抗辐射,贝母碱(peimine)、川贝碱(fritimine)有止咳、镇静、降压作用。②甾体皂苷:知母皂苷(timosaponins)、麦冬皂苷(ophiopogonins)等。③强心苷:铃兰毒苷(convallatoxins)。本科尚含有蒽醌类、黄酮类等。

麦冬 Ophiopogonis Radix

【来源】 本品为百合科植物麦冬 *Ophiopogon japonicus*(Thunb.)Ker-Gawl. 的干燥块根。

【植物形态】 多年生草本。地下茎匍匐细长,有多数须根,须根中部或先端膨大成纺锤形块根。叶丛生,线形,基部稍扩大并在边缘具膜质叶鞘,具 3 ~ 7 脉。总状花序。浆果球形,成熟后紫蓝色至蓝黑色。花期 5 ~ 8 月,果期 7 ~ 9 月(图 12-144)。分布于河北、河南、陕西、山东及我国南方各省区。

图 12-144 麦冬
1. 植株, 2. 花序及苞片, 3. 块根

【产地】 主产于浙江慈溪、肖山等地,习称"杭麦冬",质量好。主产于四川绵阳地区的习称"川麦冬",产量大,畅销全国各地,并大量出口。

【采制】 夏季采挖,洗净,反复曝晒、堆置,至七八成干,除去须根,晒干或微火烘干。

【性状】 ①块根呈纺锤形,两端略尖。②表面黄白色,有细纵皱,一端常有细小中柱外露。③质柔韧,干后质较硬。④折断面类白色,半透明,皮部阔,中央有细小中柱。⑤气微香,味微甘、涩,嚼之微有粘性(图 12-145)。麦冬以表面淡黄白色、肥大、质软、气香、味甜者为佳。

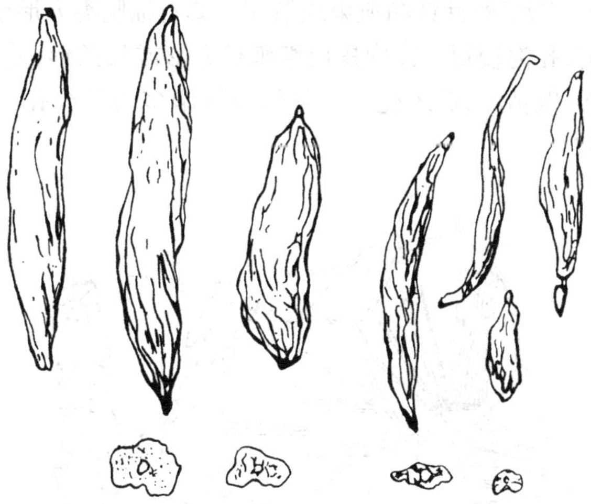

图 12-145　麦冬(块根)外形图

【显微特征】

1. 横切面　①表皮细胞 1 列,根被为 3 ~ 5 列木化细胞。②皮层宽广,散有含草酸钙针晶束的黏液细胞,内皮层细胞壁均匀增厚,木化,有通道细胞,外侧为 1 列石细胞,其内壁及侧壁增厚,纹孔细密。③中柱较小,约占根的 1/5 ~ 1/8,中柱鞘为 1 ~ 2 层薄壁细胞;韧皮部束 16 ~ 22 个,与木质部束交替排列,木质部由导管、管胞、木纤维及内侧的木化细胞连接成环层。④髓小,薄壁细胞类圆形,非木化。(图 12-146)

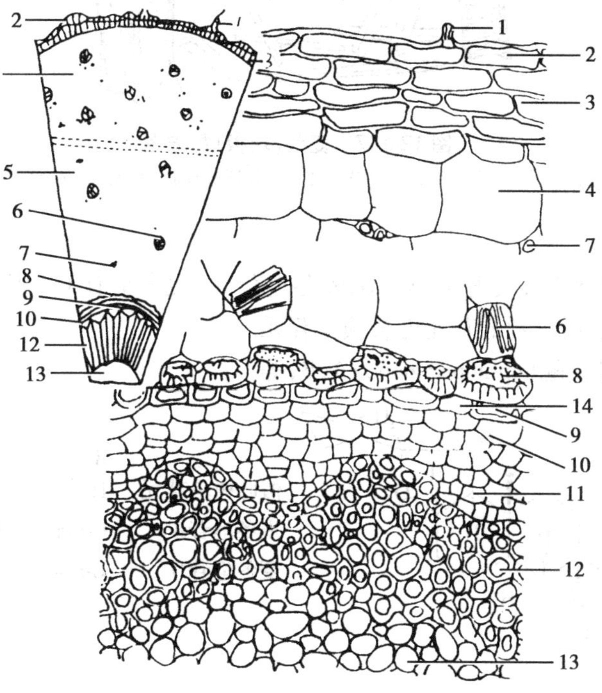

图 12-146　麦冬(块根)横切面详图与简图

1. 根毛, 2. 表皮, 3. 根被, 4. 外皮层, 5. 皮层, 6. 黏液细胞和针晶, 7. 分泌细胞, 8. 石细胞, 9. 内皮层, 10. 中柱鞘, 11. 韧皮部, 12. 木质部, 13. 髓, 14. 通道细胞

2. 粉末　淡黄棕色。①草酸钙针晶成束或散在。②石细胞类方形或长方形，常成群存在，有的壁一边甚厚，纹孔密，孔沟较粗。③内皮层细胞长方形或长条形，壁增厚，木化，孔沟明显。④木纤维细长，末端倾斜，壁稍厚，微木化。⑤导管及管胞多为单纹孔，少数为具缘纹孔，常与木纤维相连。(图 12-147)

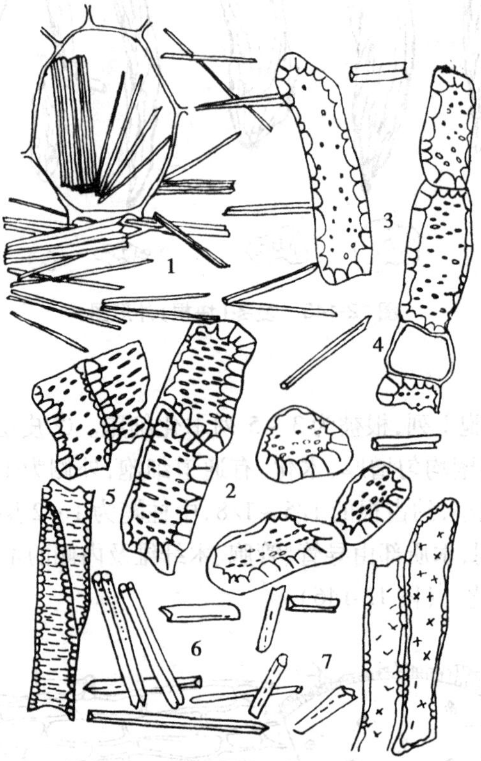

图 12-147　麦冬(块根)粉末图

1. 黏液细胞和针晶，2. 石细胞，3. 内皮层细胞，4. 通道细胞，5. 导管，6. 柱晶，7. 木纤维

【化学成分】

1. 甾体皂苷　主要为麦冬皂苷 A ~ D、麦冬皂苷 B′、麦冬皂苷 C′、麦冬皂苷 D′。前四者的苷元为假叶树皂苷元，后三者的苷元为薯蓣皂苷元。

2. 黄酮类　麦冬黄酮(ophiopogonone)A、B，等。

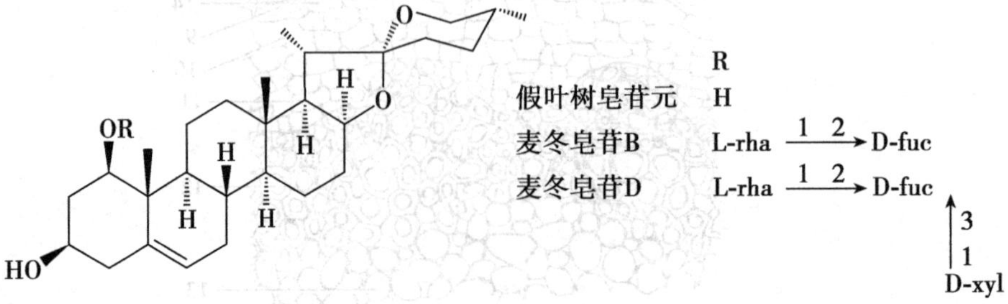

【理化鉴别】

1. 取薄片置紫外灯(365nm)下观察，显浅蓝色荧光。

2. 薄层色谱　以硅胶 GF_{254} 为固定相，甲苯-甲醇-冰醋酸(80∶5∶0.1)为展开剂，供试品色谱中,在与对照药材色谱相应的位置上,显相同颜色的斑点。

【药理作用】

1. 麦冬能显著提高心肌收缩力和心脏供血功能,提高小鼠低压缺氧条件下耐缺氧的能力。

2. 麦冬总皂苷静脉注射,可有效地预防或对抗由三氯甲烷-肾上腺素诱发的兔心律失常及氯化钡、乌头碱诱发的大鼠心律失常。

理论与实践

麦冬的现代应用

麦冬属于补阴药,目前临床上主要用于阴虚病证及心脑血管疾病。如口炎清颗粒:由天冬、麦冬、玄参、金银花、甘草组成,用于阴虚火旺而致的口腔炎症。养阴清肺系列制剂:地黄、玄参、麦冬等,用于阴虚肺热,津液不升引起发的咳嗽少痰,久咳喑哑,口干舌燥等。参麦注射液:人参、麦冬提取物,能提高肿瘤病人的免疫机能。生脉饮或注射液:红参、麦冬、五味子,用于气阴两虚,心悸气短,脉微自汗。心通口服液:黄芪、党参、麦冬等,用于冠心病、心绞痛病症。

【功效与主治】 性微寒,味甘、微苦。能养阴生津,润肺清心。用于肺燥干咳,虚痨咳嗽,津伤口渴,心烦不眠,内热消渴,肠燥便秘,咽白喉。用量6~12g。

川贝母　Fritillariae Cirrhosae Bulbus

【来源】 为百合科植物川贝母 *Fritillaria cirrhosa* D. Don、暗紫贝母 *F. unibracteata* Hsiao et K. C. Hsia、甘肃贝母 *F. przewalskii* Maxim. 或梭砂贝母 *F. delavayi* Franch. 的干燥鳞茎。前三者按性状不同分别习称“松贝”和“青贝”,后者习称“炉贝”。

【植物形态】 川贝母　多年生草本。鳞茎卵圆形。叶常对生,茎中部兼有散生或轮生,先端稍卷曲或不卷曲。花单生于茎顶,紫红色,有浅绿色的小方格斑纹,有时花的色泽可以从紫色逐渐过渡到黄绿色,具紫色斑纹;叶状苞片3,先端卷曲;花被片6,蜜腺窝在背面明显突出。蒴果棱上具窄翅(图12-148)。暗紫贝母　鳞茎球形或圆锥形。叶除最下部为对生外,均为互生或近对生,线形或线状披针形,先端急尖。花单生于茎顶;深紫色,略有黄褐色小方格,有叶状苞片1,花被片6,蜜腺窝不很明显。蒴果长圆形,具6棱,棱上有窄翅。甘肃贝母　鳞茎圆锥形。茎最下部的2片叶常对生,向上渐为互生;叶线形,先端不卷曲。单花顶生,稀为2花,浅黄色,有黑紫色斑点;蜜腺窝不很明显;花丝具小乳突;柱头裂片长不及1mm。蒴果棱上窄翅。梭砂贝母　鳞茎长卵圆形。叶互生,较紧密地生于茎中部或上部1/3处,叶片窄卵形至卵状椭圆形,先端不卷曲。单花顶生,浅黄色,具红褐色斑点;柱头裂片不及1mm;蒴果棱长的翅宽约1mm,宿存花被常多数包住蒴果。

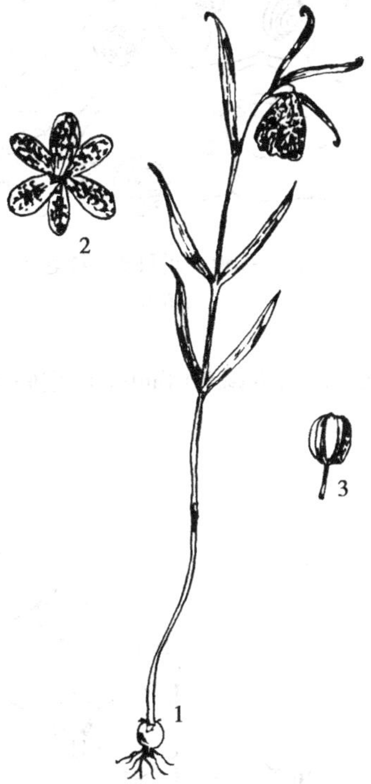

图12-148　川贝母原植物图

1. 植物全株,2. 花,3. 果实

【产地】 川贝母主产于四川西部、西藏南部至东部、云南西北部。是商品川贝母的主要来源之一。暗紫贝母主产于四川阿坝、青海等地。是商品川贝母的主要来源。甘肃贝母主产于甘肃南部、青海东部和南部以及四川西部。梭砂贝母主产于青海玉树、四川甘孜、德格等地。

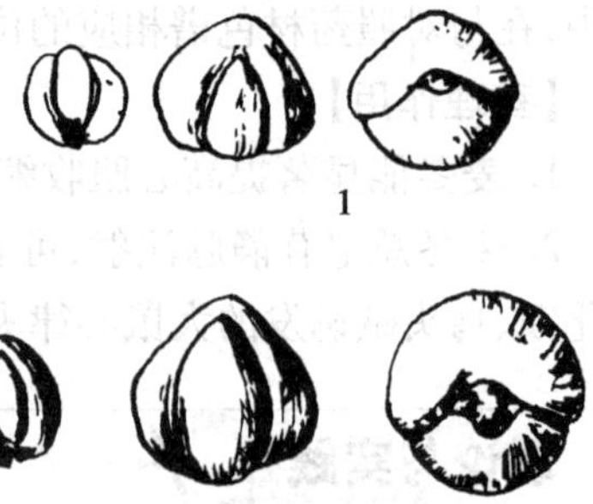

图 12-149　川贝母(鳞茎)外形图
1. 暗紫贝母, 2. 甘肃贝母

【采制】 夏、秋二季或积雪融化时采挖,除去须根、粗皮及泥沙,晒干或低温干燥。

【性状】 松贝　呈类圆锥形或近球形,表面类白色,外层鳞叶 2 瓣,大小悬殊,大瓣紧抱小瓣,未抱部分呈新月状,习称"怀中抱月",顶部闭合;内有类圆柱形、顶端稍尖的心芽和小鳞叶 1 ~2 枚;先端钝圆或稍尖,底部平,微凹入,中心有一灰褐色的鳞茎盘,偶有残存须根。质硬而脆,断面白色,富粉性。气微,味微苦。青贝　呈类扁球形。表面灰黄色,外层鳞叶 2 瓣,大小相近,相对抱合不紧,习称"观音合掌",顶部开裂;内有心芽和小鳞叶 2 ~3 枚及细圆柱形的残茎。炉贝　呈长圆锥形。表面类白色或浅棕黄色,粗糙,具棕色斑点,习称"虎皮斑"。外层鳞叶 2 瓣,大小相近,顶部开裂而略尖,基部稍尖或较钝。气微,味微苦(图 12-149)。川贝母以质坚实、粉性足、色白者为佳。

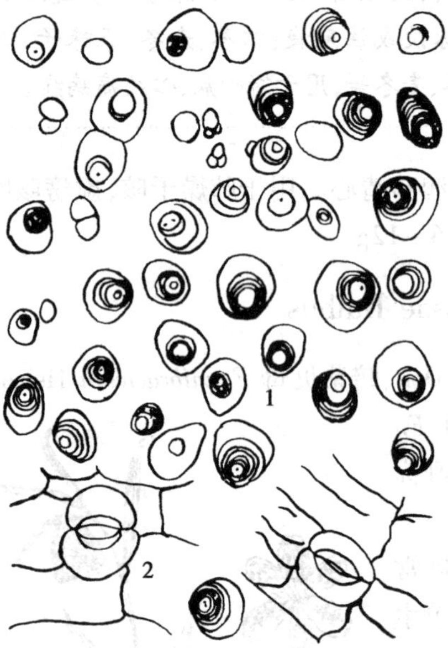

图 12-150　川贝母(鳞茎)粉末图
1. 淀粉粒, 2. 气孔

【显微特征】 粉末　类白色。松贝、青贝　①淀粉粒甚多,广卵形、长圆形或不规则圆形,有的边缘不平整或略作分枝状,脐点短缝状、点状、人字状或马蹄状,层纹隐约可见。②表皮细胞类长方形,垂周壁微波状弯曲,偶见不定式气孔,圆形或扁圆形。螺纹导管可见。炉贝　①淀粉粒广卵形、贝壳形、肾形或椭圆形,脐点人字状、星状或点状,层纹明显。②螺纹导管及网纹导管直径可见。(图 12-150)

【化学成分】 含甾体类生物碱。西贝碱(imperialine)、川贝碱(fritimine)、梭砂贝母碱甲(delavine)等。

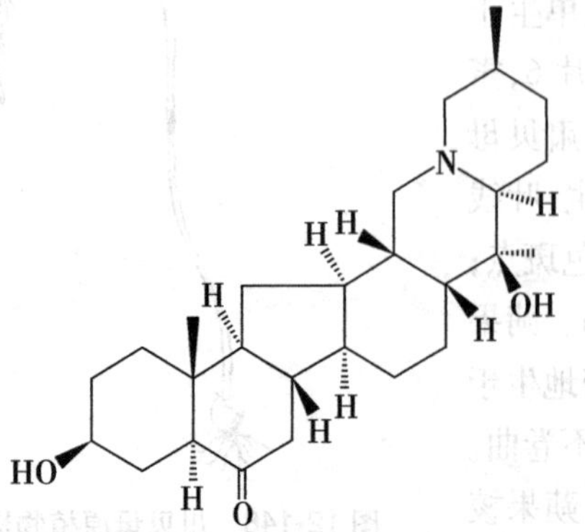

西贝碱

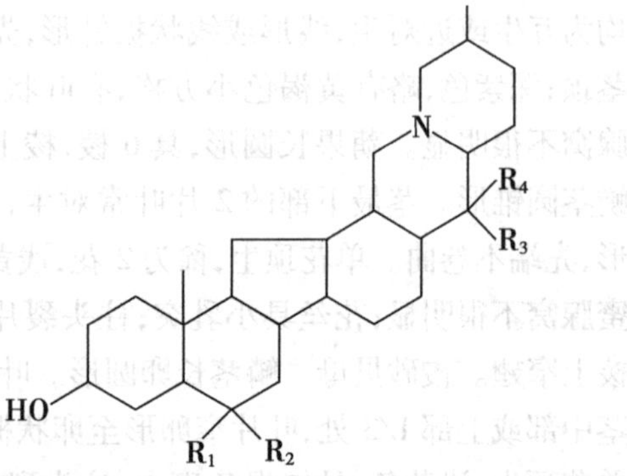

梭砂贝母碱甲 $R_1=R_3=H$, $R_2=OH$, $R_4=CH_3$
梭砂贝母碱乙 $R_1=R_2=O$, $R_3=H$, $R_4=CH_3$

【药理作用】

1. 镇咳 小鼠灌服川贝母皂苷、川贝母醇提取物,静注川贝总碱均对电刺激喉上神经引起的咳嗽有显著镇咳作用。

2. 祛痰 家种川贝母与野生川贝母流浸膏、川贝母生物碱或川贝母皂苷给小鼠灌胃,均使酚红排泌法呈不同程度增加的祛痰作用。

3. 平喘 醇提取物可松弛气管平滑肌。尚有降压、抗菌等作用。

【功效与主治】 性微寒,味苦、甘。能清热润肺,化痰止咳。用于肺热燥咳,干咳少痰,阴虚劳嗽,咯痰带血。用量3~9g;研粉冲服,一次1~2g。不宜与乌头类药材同用。

理论与实践

川贝母混伪品鉴别

除正品外,尚有多种贝母属植物的鳞茎在部分地区亦作川贝母使用,主要有:①太白贝母 *Fritillaria taipaiensis*(陕西),鳞茎呈卵圆形,顶端钝圆,高0.8~1.3cm,直径0.7~1.6cm;表面类白色,光滑,外层两枚鳞叶大小近似。②米贝母 *F. davidii*(四川),鳞茎呈扁卵圆形,高0.5~0.9cm,直径1.2~1.7cm;通常由6~12枚大小相近的卵圆形鳞叶组成,周围尚有许多米粒大小鳞叶,集生成莲座状,表面棕黄色。味微甜。③一轮贝母 *F. maxinowiczii*(华北及东北部分地区),鳞茎呈卵圆锥形,高0.5~1.4cm,直径0.4~0.8cm,表面微黄色,光滑。鳞叶一枚,有一纵沟,顶端尖,底部周围有小鳞叶脱落后的痕迹。味淡。

浙贝母 Fritillariae Thunbergii Bulbus

本品为百合科植物浙贝母 *Fritillaria thunbergii* Miq. 的干燥鳞茎。主产于浙江宁波地区。大贝为鳞茎外层的单瓣鳞叶,略呈新月形。外表面类白色至淡黄色,内表面白色或淡棕色,被有白色粉末。质硬而脆,易折断,断面白色至黄白色,富粉性。气微,味微苦。珠贝为完整的鳞茎,呈扁圆形。表面类白色,外层鳞叶2瓣,肥厚,略似肾形,互相抱合,内有小鳞叶2~3枚及干缩的残茎。主要含有甾醇类生物碱贝母素甲(peimine)、浙贝宁(zhebeinine)等,并含有多种二萜类化合物。本品有镇咳作用。性寒,味苦。能清热散结,化痰止咳,用于风热犯肺,痰火咳嗽,肺痈,乳痈,瘰疬,疮毒。用量4.5~9g。不宜与乌头类药材同用。

知母 Anemarrhenae Rhizoma

本品为百合科植物知母 *Anemarrhena asphodeloides* Bge. 的干燥根茎。主产于河北。春、秋二季采挖、晒干,称"毛知母";除去外皮、晒干,称"知母肉"。毛知母呈长条状,微弯曲,略扁,偶有分枝,一端有浅黄色的茎叶残痕习称"金包头"。表面黄棕色至棕色,上面有一凹沟,具紧密排列的环状节,节上密生黄棕色的残存叶基;下面隆起而略皱缩,并有凹陷或突起的点状根痕。质硬,易折断,断面黄白色。气微,味微甜、略苦,嚼之带黏性。含多种知母皂苷(timosaponins)及知母多糖、烟酸、胆碱等。具有抗菌、抗病毒、解热、降血糖等作用。性寒,味苦、甘。能清热泻火,生津润燥。用于外感热病,高热烦渴,肺热燥咳,骨蒸潮热,内热消渴,肠燥便秘。用量6~12g。

芦荟 Aloe

本品为百合科植物库拉索芦荟 *Aloe barbadensis* Miller、好望角芦荟 *A. ferox* Miller 或其他同属近缘植物叶的汁液浓缩干燥物。库拉索芦荟习称“老芦荟”;好望角芦荟习称“新芦荟”。现我国南方各省有栽培,全年皆可割取。收集割下叶片的流出液汁,放入铜锅中加热蒸发成稠膏状,待其冷却凝固。库拉索芦荟呈不规则块状;表面呈黯红褐色或深褐色,无光泽;体轻,质硬,断面粗糙或具麻纹,富吸湿性;有特殊臭气,味极苦。好望角芦荟表面呈黯褐色,略显绿色,有光泽,体轻,质松,易碎,断面玻璃样而有层纹。以色墨绿、质脆、有光泽、气味浓者为佳。本品主含蒽醌、黄酮类成分。本品性寒,味苦。能清肝热,通便。用于便秘,小儿疳积,惊风;外治湿癣。用量 2~5g,外用适量,研末敷患处。

43. 薯蓣科 Dioscoreaceae

$$♂ * P_{(3+3)} A_{3+3};♀ * P_{(3+3)} \overline{G}_{(3:3:2)}$$

【概述】 多年生缠绕草质藤本,具块茎或根茎。单叶或为掌状复叶。花小,集成穗状、总状或圆锥花序;花被基部结合;花柱 3,分离;蒴果具 3 棱形的翅;种子常有翅。本科植物约 10 属,650 种,广布于热带或温带地区。我国仅 1 属(薯蓣属),约 60 种,主要分布于长江以南各省。已知药用 37 种。重要生药有山药、穿山龙等。本科植物的特征性活性成分主要有甾体皂苷类、生物碱等。

山药 Dioscoreae Rhizoma

本品为薯蓣科植物薯蓣 *Dioscorea opposita* Thunb. 的干燥根茎。主产于河南。根据加工方法不同,分为“毛山药”和“光山药”。毛山药略呈圆柱形,弯曲而稍扁。表面黄白色或淡黄色,有纵沟、纵皱纹及须根痕,偶有浅棕色外皮残留。体重,质坚实,不易折断,断面白色,粉性。气微,味淡、微酸,嚼之发黏。光山药呈圆柱形,两端平齐。表面光滑,白色或黄白色。含山药素(batasin Ⅰ、Ⅱ、Ⅲ、Ⅳ、Ⅴ),并含山药多糖、甘露多糖、多巴胺、盐酸山药碱、止杈素等。具有降低血糖、调整肠运动、增强免疫、抗氧化、抗衰老及雄激素样作用等。性平,味甘。能补脾养胃,生津益肺,补肾涩精。用于脾虚食少,久泻不止,肺虚喘咳,肾虚遗精,带下,尿频,虚热消渴。用量 15~30g。

44. 姜科 Zingiberaceae

$$⚥ \uparrow K_{(3)} C_{(3)} A_1 \overline{G}_{(3:3:\infty)}$$

【概述】 多年生草本,通常具芳香气或辛辣味。根茎块状或匍匐延长。单叶常 2 列或螺旋状排列;多具叶鞘和叶舌。花序多为穗状,少为总状或单生;花序具苞片,每苞片腋生 1 至数朵花;花萼管状,常一侧开裂;雄蕊常为花瓣状或退化;花丝具槽,退化雄蕊中 2 枚联合生成唇瓣;花柱被发育雄蕊的花丝槽包住,柱头漏斗状。常为蒴果,稀浆果状。种子有假种皮。本科植物约 50 属,1500 多种,分布于热带、亚热带地区。我国约 20 属,近 200 种,已知药用约 15 属,100 种。主要生药有砂仁、莪术、豆蔻等。本科植物特征性化学成分主要有挥发油、黄酮类、甾体皂苷类等。

砂仁　Amomi Fructus

【来源】 本品为姜科植物阳春砂 *Amomum villosum* Lour.、绿壳砂 *A. villosum* Lour. var *xanthioides* T. L. Wu et Senjen. 或海南砂 *A. longiligulare* T. L. Wu 的干燥成熟果实。

【植物形态】 阳春砂　多年生常绿草本。根茎横生，节上生有棕色膜质鳞片。茎直立。叶2列，狭长圆形或线状披针形；叶鞘开放，抱茎。穗状花序球形；蒴果椭圆形或卵圆形，干时红棕色，有肉刺状突起。花期3～6月，果期6～9月(图12-151)。绿壳砂　与阳春砂外部形态相似，唯其根茎先端的芽、叶舌多绿色，果熟时亦为绿色。花期4～5月，果期7～9月。海南砂　本种叶片线状披针形，叶舌披针形，橙黄色，膜质，无毛。蒴果卵圆形，被片状、分枝的短软刺。

图12-151　阳春砂

1. 根茎及果序，2. 叶枝，3. 花，4、5. 雌蕊

【产地】 分布于福建、广东、广西、云南等省区，多为栽培。

【采制】 夏、秋间采剪成熟果实，晒干或文火烘至半干，趁热喷冷水：使果皮与种子紧贴，全干后即为“壳砂”；剥去果皮，将种子团晒干，即为“砂仁”。

相关链接

砂仁产地的变迁　阳春砂仁是我国四大南药之一。20世纪60年代，广西、云南、福建等省区相继引种，目前市场销售的砂仁基本上都是云南、广西、福建等地引种栽培的阳春砂 *Amomum villosum* Lour.。而阳春砂在道地产区广东阳春蟠龙镇产量较低，市场占有比例较小，阳春砂在云南西双版纳等地有大量栽培，其化学成分和药理作用与其道地药材无明显差异。

【性状】

1. 阳春砂、绿壳砂　①呈椭圆形或卵圆形,有不明显的三棱。②表面棕褐色,密生刺状突起,顶端有花被残基,基部常有果梗。③果皮薄而软。种子集结成团,具三钝棱,中有白色隔膜,将种子团分成3瓣。④种子为不规则多面体,表面棕红色或黯褐色,有细皱纹,外被淡棕色膜质假种皮。⑤质硬,胚乳灰白色。⑥气芳香而浓烈,味辛凉、微苦。

2. 海南砂　①呈长椭圆形或卵圆形,有明显的三棱。②表面被片状、分枝的软刺,基部具果梗痕。③果皮厚而硬。④种子团较小。⑤气味稍淡(图12-152)。砂仁以个大、坚实、饱满、香气浓、搓之果皮不易脱落者为佳。

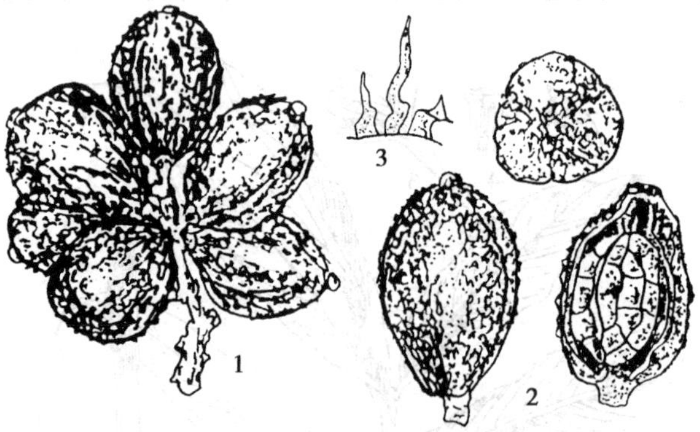

图12-152　砂仁药材图

1. 果枝, 2. 砂仁(壳砂), 3. 外被突起的形状

【显微特征】

1. 阳春砂种子横切面　①假种皮偶有残存,种皮表皮细胞1列,径向延长,壁稍厚;下皮细胞1列,含棕色或红棕色物。②油细胞层为1列油细胞。③色素层为数列棕色细胞,细胞多角形,排列不规则。④内种皮为1列栅状厚壁细胞,黄棕色,内壁及侧壁极厚,细胞小,内含硅质块。⑤外胚乳细胞含淀粉粒,并有少数细小草酸钙方晶,内胚乳细胞含细小糊粉粒及脂肪油滴。(图12-153)

2. 阳春砂粉末　灰棕色。①内种皮厚壁细胞表面观多角形,壁厚,非木化;胞腔内含硅质块,断面观为1列栅状细胞,内壁及侧壁极厚,胞腔偏外侧。②种皮表皮细胞淡黄色,表面观长条形,常与下皮细胞上下层垂直排列。③下皮细胞含棕色或红棕色物。④色素层细胞皱缩,含红棕色或深棕色物。⑤外胚乳细胞类长方形或不规则形,充满淀粉团。有的包埋有细小草酸钙方晶。(图12-154)

【化学成分】　种子含挥发油2.5%~3.9%,已鉴定的化合物有50余个。油的主要成分为醋酸龙脑酯(bornyl acetate)53.9%、龙脑(borneol)等。另含皂苷类、黄酮类和有机酸类成分。

【理化鉴别】　薄层色谱　以醋酸龙脑酯为对照品,硅胶G为固定相,以环己烷-乙酸乙酯(22:1)为展开剂,供试品色谱中,在与对照品色谱相应的位置上,显相同颜色的斑点。

【药理作用】

1. 对消化系统的作用　煎剂对豚鼠离体肠管低浓度兴奋,高于1%浓度及挥发油饱和水溶液则均呈抑制作用。砂仁煎剂对小鼠能增进肠道运动,增强胃肠运输机能。

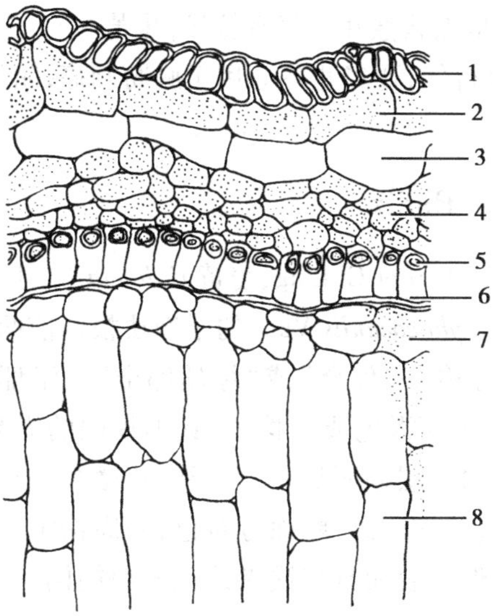

图 12-153　砂仁横切面详图

1. 表皮，2. 下皮层（色素层），3. 油细胞层，4. 色素层，5. 硅质块，6. 内种皮厚壁细胞，7. 淀粉粒，8. 外胚乳

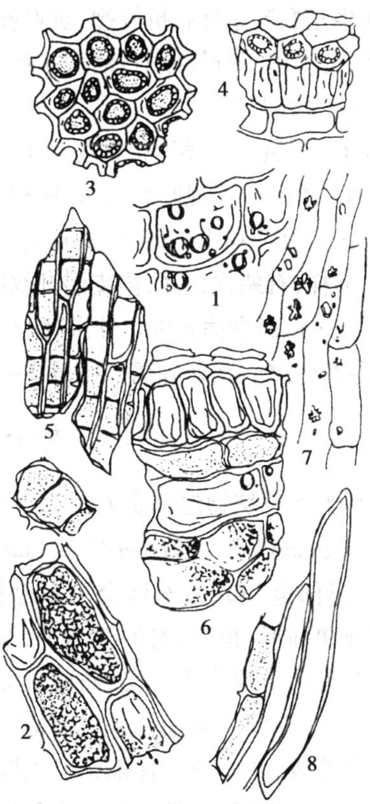

图 12-154　阳春砂粉末图

1. 油细胞，2. 外胚乳（淀粉粒），3. 内种皮厚壁细胞（顶面观），4. 内种皮厚壁细胞，5. 下皮细胞，6. 色素细胞，7. 草酸钙簇晶和方晶，8. 种皮表皮细胞

2. 对心脑血管系统的作用　砂仁可扩张血管，改善微循环，能明显抑制血小板凝集。

【功效与主治】　性温，味辛。化湿开胃，温脾止泻，理气安胎。用于湿浊中阻，脘痞不饥，脾胃虚寒，呕吐泄泻，妊娠恶阻，胎动不安。用量 3～6g。入煎剂宜后下。

莪术　Curcumae Rhizoma

本品为姜科植物蓬莪术 *Curcuma phaeocaulis* Val.、广西莪术 *C. Kwangsiensis* S. G. Lee et C. F. Liang 或温郁金 *C. wenyujin* Y. H. Chen et C. Ling 的干燥根茎。后者习称"温莪术"。蓬莪术主产于四川，广西莪术主产于广西，温郁金主产于浙江。蓬莪术呈卵圆形、长卵形、圆锥形或长纺锤形，顶端多钝尖，基部钝圆。表面灰黄色至灰棕色，上部环节突起，有圆形微凹的须根痕或有残留的须根，有的两侧各有一列下陷的芽痕和类圆形的侧生根茎痕，有的可见刀削痕。体重，质坚实，断面灰褐色至蓝褐色，蜡样，常附有灰棕色粉末，皮层与中柱易分离，内皮层环纹棕褐色。气微香，味微苦而辛。广西莪术表面环节稍突起，断面黄棕色至棕色，常附有淡黄色粉末，内皮层环纹黄白色。温莪术断面黄棕色至棕褐色，常附有淡黄色至黄棕色粉末。气香或微香。广西莪术含挥发油的主要成分为龙脑、莪术呋喃酮、大牻牛儿酮、莪术醇；温莪术含挥发油的主要成分为大牻牛儿酮、莪术二酮、莪术醇；蓬莪术含挥发油的主成分为莪术呋喃烯酮、龙脑、大牻牛儿酮等。具有抗肿瘤、抗血栓形成、抗腹泻、抗病毒、抗菌、抗炎、抗早孕等作用。性温,味辛、苦。用于行气破血,消积止痛。用于癥瘕痞块,瘀血经闭,食积胀痛;早期宫颈癌。用量6~9g。孕妇禁用。

【附】 姜黄 为姜科植物姜黄 *Curcuma longa* L. 的干燥根茎。主产于四川、福建、广东、江西等地。本品呈不规则卵圆形、圆柱形或纺锤形,常弯曲,有的具短叉状分枝。表面深黄色,粗糙,有皱缩纹理和明显环节,并有圆形分枝痕及须根痕。质坚实,不易折断,断面棕黄色至金黄色,角质样,有蜡样光泽,内皮层环纹明显,维管束呈点状散在。气香特异,味苦、辛。含姜黄素(curcumin),尚含挥发油。性温,味辛、苦。能破血行气,通经止痛。用于胸胁刺痛,闭经,癥瘕,风湿肩臂疼痛,跌仆肿痛。用量3~9g。

郁金 Curcumae Radix

本品为姜科植物温郁金 *Curcuma wenyujin* Y. H. Chen et C. Ling、姜黄 *C. longa* L.、广西莪术 *C. kwangsiensis* S. G. Lee et C. F. Liang 或蓬莪术 *C. phaeocaulis* Val. 的干燥块根。前两者分别习称"温郁金"和"黄丝郁金",其余按性状不同习称"桂郁金"或"绿丝郁金"。温郁金呈长圆形或卵圆形,稍扁,有的微弯曲,两端渐尖。表面灰褐色或灰棕色,具不规则的纵皱纹,纵纹隆起处色较浅。质坚实,断面灰棕色,角质样;内皮层环明显。气微香,味微苦。黄丝郁金呈纺锤形,有的一端细长。表面棕灰色或灰黄色,具细皱纹,断面橙黄色,外周棕黄色至棕红色。气芳香,味辛辣。桂郁金呈长圆锥形或长圆形。表面具疏浅纵纹或较粗糙网状皱纹。绿丝郁金呈长椭圆形,较粗壮。本品能行气化瘀,清心解郁,利胆退黄。本品含挥发油,主要成分有莰烯、樟脑、姜黄烯等。用于经闭痛经,胸腹胀痛,刺痛,热病神昏,癫痫发狂,黄疸尿赤。

干姜 Zingiberis Rhizoma

本品为姜科植物姜 *Zingiber officinale* Rosc. 的干燥根茎。主产于四川、贵州等地。干姜呈扁平块状,具指状分枝。表面灰黄色或浅灰棕色,粗糙,具纵皱纹及明显的环节。分枝处常有鳞叶残存,分枝顶端有茎痕或芽。质坚实,断面黄白色或灰白色,粉性或颗粒性,内皮层环纹明显,维管束及黄色油点散在。气香、特异,味辛辣。主含挥发油。辛辣成分为姜酚、4-,8-,12-姜辣醇、10-姜辣素、姜酮、姜辣烯酮等。具有抗溃疡和抑制肠运动、抗炎、镇痛解热和中枢抑制等作用。性热,味辛。能温中散寒,回阳通脉,燥湿消痰。用于脘腹冷痛,呕吐泄泻,肢冷脉微,痰饮喘咳。用量3~9g。

45. 兰科 Orchidaceae

$$⚥\uparrow P_{3+3}A_{1\sim2}\overline{G}_{(3:1:\infty)}$$

【概述】 多年生草本,通常有根茎或块茎。茎常于下部膨大成假鳞茎。单叶互生,基部常具抱茎的叶鞘,有时退化成鳞片状。花单生或排成总状、穗状、伞形或圆锥花序,顶生或侧生于茎上或假鳞茎上;花被外轮呈花瓣状,位于上方中央的1片称中萼片,下方两侧的2片称侧萼片;内轮3枚,侧生的2片称花瓣,中间的1片称唇瓣,由于子房的扭转而居下方;雄蕊与花柱合生,称合蕊柱(蕊柱),合蕊柱半圆柱形,与唇瓣对生;能育雄蕊通常生于合蕊柱顶端;花药具有由四合花粉或单粒花粉黏合而成的花粉块，花粉块由花粉团、花粉块柄（以上来自花药）和黏盘、蕊喙柄（来自柱头）合生而成；柱头常侧生，凹陷或凸起，2～3 裂，通常 2 个侧生的能育，不育的 1 个演变成位于柱头与雄蕊间的舌状突起称蕊喙，能分泌黏液，有时蕊喙一部分变成 1 或 2 个有黏质的粘盘和蕊喙柄；蒴果；种子极多，微小粉状，无胚乳（图 12-155）。

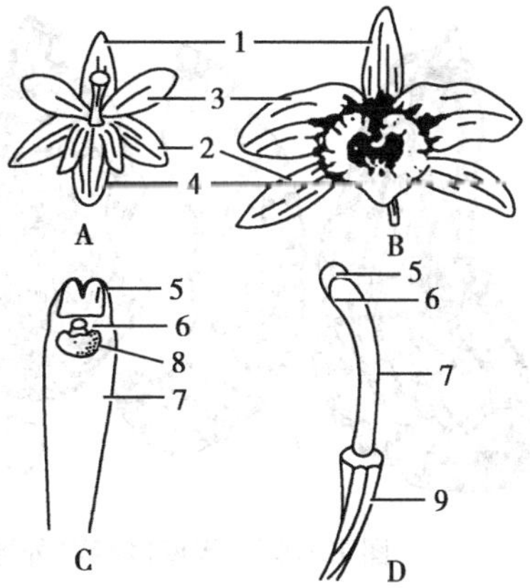

图 12-155　兰科花的构造

A. 兰花的花被片各部分示意图，B. 石斛的花被片示意图，C. 合蕊柱，D. 子房和合蕊柱
1. 中萼片，2. 侧萼片，3. 花瓣，4. 唇瓣，5. 花药，6. 蕊喙，7. 合蕊柱，8. 柱头，9. 子房

本科植物约 750 属，20 000 种，广布全球，主产于热带及亚热带地区。我国约 166 属，1000 余种，主产南方地区，以云南、海南、台湾种类最多。已知药用 76 属，289 种。本科重要生药有天麻、石斛、白及等。

本科植物活性成分主要有：①倍半萜类生物碱：如石斛碱（dendrobine）、石斛次碱（nobilo-nine）。②酚苷类：如天麻苷（gastrodin）。此外，尚含黄酮类、香豆素类、甾醇类和挥发油等。

天麻　Gastrodiae Rhizoma

【来源】　本品为兰科植物天麻 *Gastrodia elata* Bl. 的干燥块茎。

【植物形态】　多年生寄生植物，其寄主为密环菌，以密环菌的菌丝或菌丝的分泌物为营养来源。块茎椭圆形或卵圆形，横生，肉质。茎单一，圆柱形，黄褐色，叶呈鳞片状，膜质，下部鞘状抱茎。总状花序顶生；花淡绿黄色或黄色；萼片和花瓣合生成歪壶状，口部偏斜，顶端 5 裂；柄扭转。蒴果长圆形。种子多而细小，粉尘状。花期 6～7 月，果期 7～8 月（图 12-156）。

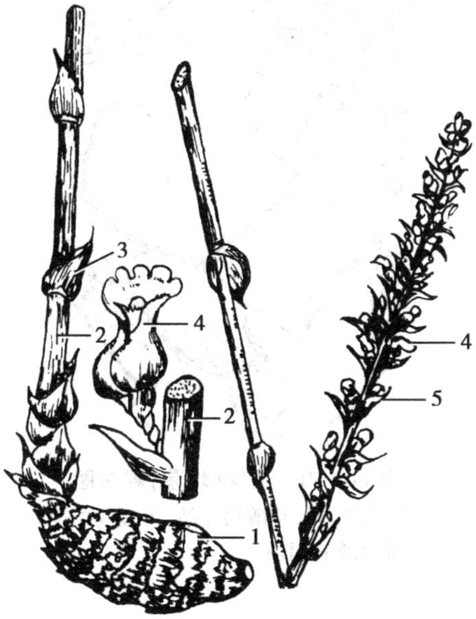

图 12-156　天麻植物图

1. 块茎，2. 茎，3. 鳞片状叶，4. 花，5. 苞片

【采制】　立冬后至次年清明前采挖，立即洗净，蒸透，敞开低温干燥。

【产地】　主产于四川、云南、湖北、陕西、贵州等地。

【性状】　①呈椭圆形或长条形，略扁，皱缩而稍弯曲。②表面黄白色至淡黄棕色，有纵皱纹及由潜伏芽排列而成的横环纹多轮，有时可见棕褐色菌索。③顶端有红棕色至深棕色鹦嘴状的芽或残留茎基。④另端有圆脐形疤痕。⑤质坚硬，不易折断，断面较平坦，黄白色至淡棕色，角质样。⑥气微，味甘（图 12-157）。

【显微特征】

1. 横切面　①表皮有残留，下皮由 2～3 列切向延长的栓化细胞组成。②皮层为 10 数列多角

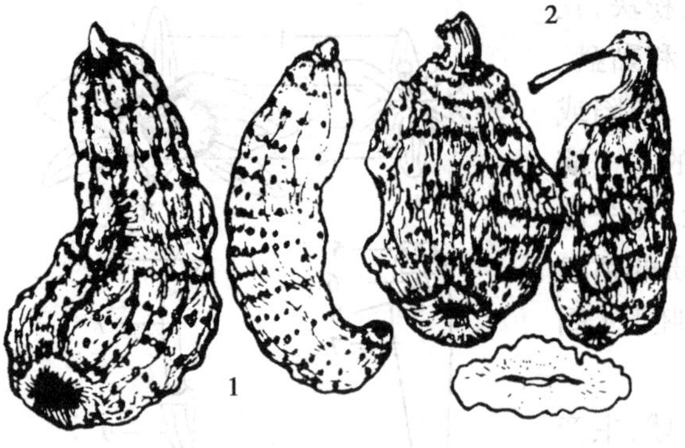

图 12-157 天麻(块茎)外形图
1.冬麻,2.春麻

形细胞,有的含草酸钙针晶束。较老块茎皮层与下皮相接处有 2~3 列椭圆形厚壁细胞,木化,纹孔明显。③中柱占绝大部分,有小型周韧维管束散在;④薄壁细胞亦含草酸钙针晶束(图 12-158)。

2. 粉末 黄白色至黄棕色。①厚壁细胞椭圆形或类多角形,木化,纹孔明显。②草酸钙针晶成束或散在。③用醋酸甘油水装片观察含糊化多糖类物的薄壁细胞无色,有的细胞可见长卵形、长椭圆形或类圆形颗粒,遇碘液显棕色或淡棕紫色。④螺纹导管、网纹导管及环纹导管(图 12-159)。

【化学成分】 块茎含香荚兰醇(vanillyl alcohol),酚性化合物及其苷类,如天麻苷(gastrodin)

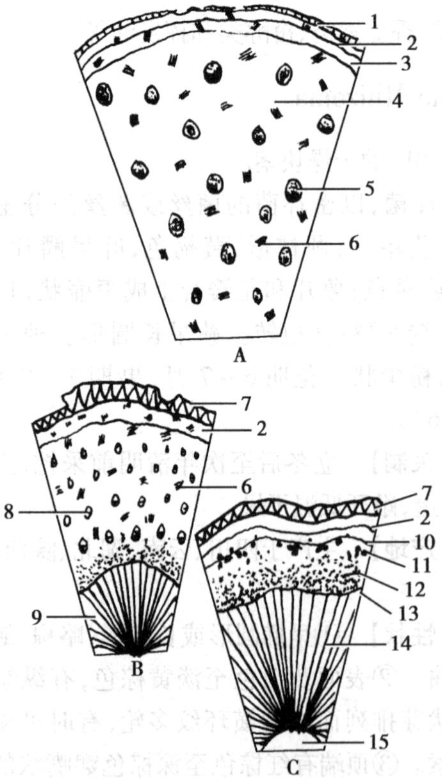

图 12-158 天麻(块茎)横切面简图
A.天麻(块茎)横切面简图; B.紫茉莉根横切面简图; C.大理菊根横切面简图
1.表皮,2.下皮,3.皮层,4.中柱,5.维管束,6.针晶束,7.木栓层,8.三生维管束,9.中央维管束,10.内皮层,11.石细胞和分泌细胞,12.韧皮部,13.形成层,14.木质部,15.髓

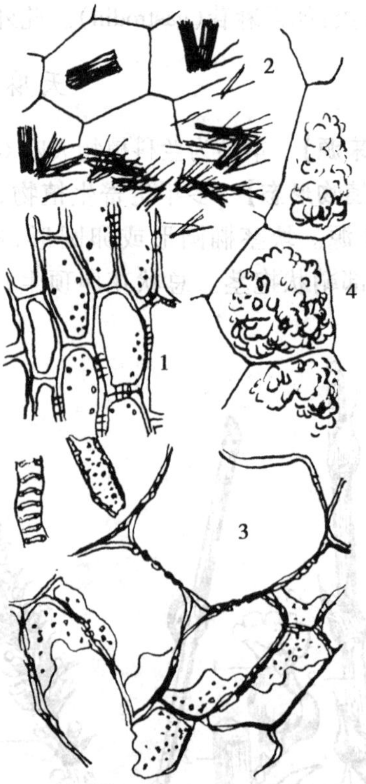

图 12-159 天麻(块茎)粉末图
1.厚壁细胞,2.草酸钙针晶,3.薄壁细胞,4.含糊化多糖团块

等。另还含甾醇、有机酸和多糖等。

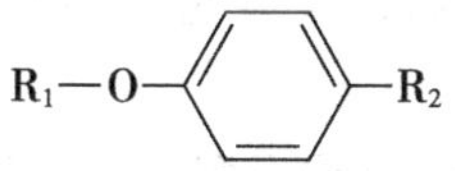

天麻苷 $R_1=\beta$-D-glc，$R_2=CH_2OH$

对羟基苯甲醛 $R_1=H$，$R_2=CHO$

对羟基苯甲醇 $R_1=H$，$R_2=CH_2OH$

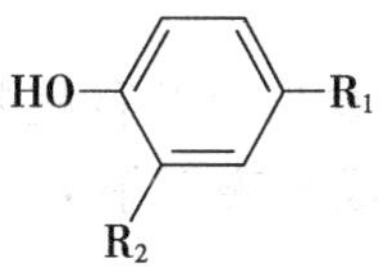

香荚兰醇： $R_1=CH_2OH$，$R_2=OCH_3$

对羟基苯甲醛： $R_1=CHO$，$R_2=H$

对羟基苯甲酸： $R_1=CH_2OH$，$R_2=H$

3,4-二羟基苯甲醛： $R_1=CHO$，$R_2=OH$

【理化鉴别】

1. 取本品粉末1g，加水10ml，浸渍4小时，随时振摇，滤过。滤液加碘试液2～4滴，显紫红色至酒红色。

2. 薄层色谱 以天麻对照药材及天麻素为对照品。供试品色谱中，在与对照药材及对照品色谱相应的位置上，显相同颜色的斑点。

【含量测定】 按高效液相色谱法测定，以天麻素为对照品。本品按干燥品计，含天麻素（$C_{13}H_{18}O_7$）不得少于0.20%。

【药理作用】

1. 镇静作用 给小鼠腹腔注射天麻水剂，能延长戊巴比妥钠睡眠时间及对抗戊四唑所引起的阵挛惊厥。

2. 益智抗衰老作用 灌服天麻能减少D-半乳糖衰老小鼠及年老大鼠的跳板错误次数和改善其生化指标，延长生命活力，天麻总生物碱可改善小鼠学习记忆障碍。

3. 改善循环 天麻液和天麻苷略能减慢心率，降低冠脉和脑血管阻力，轻度而持久地降低血压，天麻苷还有促进体外培养心肌细胞能量代谢的功能。并能改善大鼠微循环障碍。

【功效与主治】 性平，味甘。能平肝息风止痉。用于头痛眩晕，肢体麻木，小儿惊风，癫痫抽搐，破伤风。用量3～9g。

理论与实践

天麻混伪品鉴别

①菊科植物大丽菊 *Dahlia pinnata.* 的块根，长纺锤形，略扁，顶端有茎痕，末端无圆脐形疤痕，表面灰黄白色，有纵皱纹，表面无点状环纹。断面类白色或浅棕色，角质样。味淡，嚼之粘牙。显微特征：皮层石细胞单个或数个成群，有菊糖，无草酸钙针晶。②茄科植物马铃薯 *Solanum tuberosum.* 的干燥块茎经加工而成。椭圆形，略扁。有的顶端有茎基痕，底部无圆形疤痕，表面无点状环纹，干后有细裂缝。断面浅灰棕色，角质样。味淡。显微特征：维管束双韧型，薄壁细胞中含大量糊化淀粉团块，有砂晶。③美人蕉科植物芭蕉芋 *Canna edulis.* 的块茎。卵圆形或长椭圆形，顶端有灰褐色的叶痕和芽，末端无疤痕，表面灰黄棕色，环节不明显。质柔韧，断面褐棕色，角质样，有众多小白色点散在。味甜，嚼之有黏性。显微特征：韧皮部外侧有纤维束排列成帽状，内皮层和中柱鞘明显，中柱可见分泌腔，无草酸钙结晶。④紫茉莉科植物紫茉莉 *Mirabilis jalapa.* 的根，有些地区民间称其为天麻或洋天麻，混作天麻药用。

石斛 Dendrobii Caulis

【来源】 本品为兰科植物金钗石斛 *Dendrobium nobile* Lindl.、铁皮石斛 *D. candidum* Wall. *ex* Lindl. 或马鞭石斛 *D. fimbriatum* Hook. *var. oculatum* Hook. 及其近似种的新鲜或干燥茎。

【产地】 金钗石斛、铁皮石斛主产于广西、云南、贵州等省区；马鞭石斛主产于广西、贵州、云南、四川等省区。

【性状】

1. 鲜石斛 ①呈圆柱形或扁圆柱形。②表面黄绿色，光滑或有纵纹，节明显，色较深，节上有膜质叶鞘。③肉质，多汁，易折断。④气微，味微苦而回甜，嚼之有黏性。金钗石斛 ①呈扁圆柱形。表面金黄色或黄中带绿色，有深纵沟。②质硬而脆，断面较平坦。③味苦。

2. 耳环石斛 ①呈螺旋形或弹簧状。②表面黄绿色，有细纵皱纹，一端可见茎基部留下的短须根。③质坚实，易折断，断面平坦。嚼之有黏性。

3. 马鞭石斛 ①呈长圆柱形。表面黄色至黯黄色，有深纵槽。②质疏松，断面呈纤维性。③味微苦。

【显微特征】

1. 金钗石斛横切面 ①表皮细胞 1 列，扁平，外被鲜黄色角质层。②基本薄壁组织细胞有壁孔，散在多数外韧型维管束。③维管束外侧纤维束新月形或半圆形，其外侧薄壁细胞有的含类圆形硅质块，木质部有 1 ~3 个导管直径较大。④含草酸钙针晶细胞多见于维管束旁（图 12-160）。

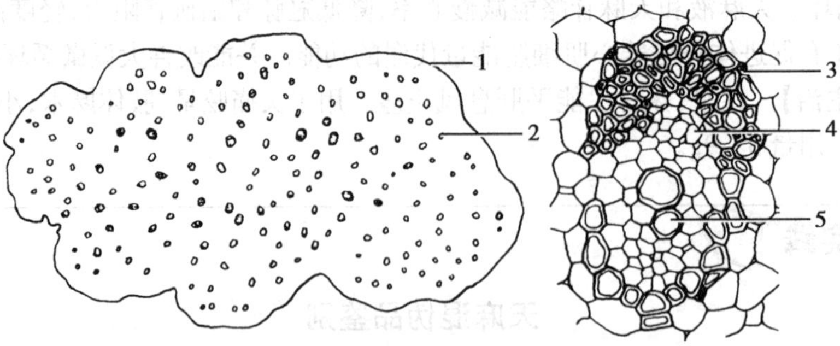

图 12-160 石斛（金钗石斛）横切面简图（图右示维管束详图）

1. 表皮，2. 维管束，3. 纤维束，4. 韧皮部，5. 木质部

2. 耳环石斛横切面 ①表皮细胞外壁及侧壁稍增厚，微木化。②外侧小型薄壁细胞中有的含硅质块。③含草酸钙针晶束细胞多见于近表皮处。

3. 马鞭石斛横切面 ①表皮细胞扁圆形，外壁及侧壁增厚，木化，有层纹。②基本薄壁组织细胞大小相近，有壁孔。

【化学成分】 含有倍半萜类生物碱，系石斛的特征性成分，还含有丰富黏液质、甾醇和酚酸性化合物。金钗石斛主含生物碱类，主要为石斛碱（dendrobine）等。

【药理作用】

1. 解热作用 石斛碱有较弱的退热止痛作用。

2. 免疫促进作用　金钗石斛水煎液,对小鼠腹腔巨噬细胞的功能有明显促进作用。

【功效与主治】 性微寒,味甘。能益胃生津,滋阴清热。用于阴伤津亏,口干烦渴,食少干呕,病后虚热,目暗不明。用量6~12g,鲜品15~30g。入复方宜先煎。

白及　Bletillae Rhizoma

本品为兰科植物白及 *Bletilla striata*(Thunb.)Reichb. f. 的干燥块茎。主产于贵州、四川、湖南、湖北、安徽、河南、浙江等地。本品呈不规则扁圆形,多有爪状分枝。表面灰白色或黄白色,有数圈同心环节和棕色点状须根痕,上面有突起的茎痕,下面有连接另一块茎的痕迹。质坚硬,不易折断,断面类白色,角质样。气微,味苦,嚼之有黏性。含白及甘露聚糖(bletilla mannan)。黏液质含量为55%。具有良好的止血作用,能抑制革兰阳性菌、对大肠杆菌等有显著抑菌作用。尚有预防肠粘连及对实验性胃、十二指肠穿孔有治疗等作用。性微寒,味苦、甘、涩。能收敛止血,消肿生肌。用于咯血吐血,外伤出血,疮疡肿毒,皮肤皲裂;肺结核咯血,溃疡病出血。用量6~15g。外用适量。

本章小结

本章通过对来源于双子叶植物纲的39个科属以及单子叶植物纲的6个科属的生药的介绍,学习其科属特征以及生药的鉴别与应用。加注*号的科属与生药为重点学习内容,它们的科属特征,以及生药的来源、性状特征、显微特征、化学成分以及药理作用均应重点掌握并能加以应用。加注#号的生药应重点学习它的来源、性状特征与显微特征,并能应用。其它部分也应做到熟识内容,并能通过查阅相关资料,在生药鉴别中进行应用。

复习题

1. 金毛狗脊、绵马贯众各具什么类型中柱?
2. 绵马贯众不宜久贮和哪类成分有关?为什么?
3. 麻黄与麻黄根的药理作用有何区别?
4. 草麻黄粉末突出的显微特征有哪些?
5. 星点存在于生药大黄的什么部位,其本质是什么?
6. 为什么大黄泻下需生用后下,久煎则泻下力减弱?
7. 名词解释:云锦花纹。
8. 何首乌降血脂、保肝作用的有效成分是什么?
9. 川乌主含哪些化学成分?如何鉴别?
10. 川乌炮制前后化学成分有哪些变化?
11. 白芍主含哪类成分?其质控指标是什么?
12. 白芍、赤芍在来源、化学成分与中医功效上有何不同?
13. 味连、雅连、云连三种商品药材在来源、产地、性状及显微特征上有何区别?
14. 大黄与黄连的粉末均色黄、味苦,其主要鉴别特征是什么?
15. 厚朴的商品规格有几种?如何鉴别?

16. 厚朴具有肌肉松弛作用的有效成分是什么？
17. 五味子与南五味子的功效及用量均相同，药典为何将其单列？
18. 现代临床中五味子主要有何用途？
19. 肉桂的主要鉴别特征有哪些？如何鉴别肉桂与桂皮？
20. 肉桂所含镇静、镇痛和解热作用的有效成分是什么？如何鉴别？
21. 叙述板蓝根的鉴别特征。
22. 板蓝根的主要药理作用有哪些？其有效成分有哪些？
23. 商品大青叶来源于哪几种植物？
24. 黄芪的主要化学成分有哪些？其质控指标是什么？如何检查？
25. 黄芪的主要药理作用有哪些？
26. 同为豆科植物生药，甘草与黄芪在植物形态、性状、化学成分及药理作用等方面有哪些异同？
27. 如何鉴别甘草、黄芪粉末？甘草、黄柏粉末显微特征中均含有晶纤维；厚朴、黄柏粉末显微特征中均含有不规则分支状石细胞，如何鉴别？
28. 黄柏、黄连均主含小檗碱，临床上是否可以代用？
29. 沉香的组织特征应观察几个方向的切面？各切面所观察的鉴别特征有何不同？
30. 如何鉴别国产沉香和进口沉香？
31. 人参主含何种化学成分？人参皂苷根据苷元不同又可分为几种类型？水解后真正得到的苷元是什么？人参常见的伪品有哪些？
32. 三七主含哪些化学成分？其止血有效成分是什么？
33. 同为五加科植物生药，三七与人参在植物形态、性状、化学成分和中医功效上有何区别？
34. 当归来源于何种植物？以何产地者为道地药材？
35. 当归性状鉴定的主要特征有哪些？当归具有哪些功效？临床上主要用于治疗哪些疾病？
36. 柴胡的商品药材有哪两种？两种柴胡在性状特征和显微特征上主要有何差别？
37. 柴胡主含何种化学成分？总结柴胡的理化鉴别方法。
38. 川芎的性状鉴别有哪些特点？
39. 川芎主要的药理作用有哪些？
40. 马钱子与同属植物其他马钱的种子如何区别？
41. 马钱子中的毒性成分是什么？如何降低其毒性？
42. 枯芩中心枯朽的原因是什么？
43. 黄芩在临床上主要用于哪些病症？
44. 丹参的药理作用主要有哪些？
45. 常用的丹参制剂都有哪些？临床用于治疗哪些疾病？
46. 薄荷茎的显微特征主要有哪些？
47. 薄荷的功效有哪些？
48. 鲜地黄、生地黄和熟地黄三者的功效有什么不同？
49. 地黄的现代鉴别方法有哪些？

50. 洋地黄叶性状特征和叶横切面的显微鉴别特征是什么？
51. 洋地黄叶含有哪类化学成分？其功效、药理作用及毒副作用如何？
52. 金银花的来源及其商品规格？
53. 金银花粉末显微鉴别特征是什么？
54. 桔梗的粉末显微鉴别特征是什么？
55. 桔梗的主要化学成分以及理化鉴别方法是什么？
56. 红花的粉末显微鉴别特征是什么？
57. 红花的主要化学成分以及理化鉴别方法是什么？
58. 苍术的来源、商品规格以及主要化学成分是什么？
59. 苍术的横切面显微鉴别特征是什么？
60. 试述半夏的来源、常用炮制品。
61. 试述半夏的横切面显微鉴别特征。
62. 试述麦冬的横切面显微鉴别特征。
63. 试述麦冬的粉末显微鉴别特征。
64. 试述川贝母的来源，商品常分为哪几种？
65. 试述川贝母的性状鉴别特征。
66. 试述砂仁种子横切面显微鉴别特征。
67. 试述砂仁粉末显微鉴别特征。
68. 试述天麻性状鉴别特征。
69. 试述天麻横切面显微鉴别特征。

第四篇　动物类和矿物类生药

第十三章　动物类生药

学习目标

掌握：重点生药鹿茸、麝香、牛黄和蟾酥的来源、性状和显微鉴别要点及化学成分、功效主治。

熟悉：金钱白花蛇、羚羊角的来源、性状和显微鉴别要点及化学成分、功效主治。

了解：鹿角、鹿角胶、鹿角霜、人工牛黄、地龙、珍珠、全蝎、斑蝥、龟甲、鳖甲、蛤蚧、阿胶、水蛭的来源、性状鉴别、化学成分及功效主治。

第一节　动物类生药概述

一、动物类生药的概述

动物类生药在我国的应用历史悠久，汉代的《神农本草经》收载动物药65种，其中如鹿茸、麝香、牛黄等至今为常用中药；唐代《新修本草》载有128种；明代《本草纲目》收载461种（占全书药物的24.4%）；清代《本草纲目拾遗》又收载160种。目前在我国动物药有900余种，涉及药用动物1500余种。

随着生产的发展和科技的进步，不少药用动物由野生变为人工养殖已成为可能，据不完全统计，现已人工养殖的动物药材有30余种，如麝、熊、鹿、蛤蚧、鳖、蝎等。近年来又成功地进行人工牛黄培植工作，并由手术培育发展到人造胆囊体外循环模拟体内培育牛黄。这些新技术、新方法有力地保护和繁衍了多种濒危灭绝的动物。

我国海洋药物资源也极为丰富，据不完全统计约有1600种，如常用的传统中药海龙、海马、海狗肾、海螵蛸等。近年来海洋动物中发现了很多有药用价值的新药材或新成分，丰富的海洋药用资源，值得进一步研究和开发利用。

二、动物的学名

动物的学名是根据国际命名法规，采用林奈的双名法，即由属名和“种加词”组成，其后附命名人姓氏。属名和命名人姓氏的第一个字母大写。这些规则与植物学名相同，如林麝 *Moschus berezovskii* Flerov 等。但是，与植物命名尚有不同之处。

(1) 动物在种以下的分类等级只有亚种(subspecies)，在表示亚种的名称时不加 Subsp.，而是“亚种加词”写在“种加词”之后，也不写该种命名人姓氏，而只写亚种命名人姓氏。如中华大蟾蜍 *Bufo bufo gargarizans* Cantor，此学名第一个词 *Bufo* 为属名，第二个词 *bufo* 为“种加词”，第三个词 *gargarizans* 为“亚种加词”，Cantor 为亚种定名人姓氏。

(2) 动物如为亚属，则亚属名放在属名和“种加词”之间，并外加括号，亚属名第一个字母须大写。如乌龟 *Chinemys*(*Geoclcmxs*) *reevesii*(Gray)，第一个词为属名，第二个词为亚属名，第三个词为“种加词”，最后为原学名定名人，外加括号表示这一学名是重新组合而来的。

(3) 动物学名重新组合时，在原定名人姓氏外加括号，而重新组合的人名一般不写出，如鳖原学名为 *Tryomix sinensis* Wigmann，学名重新组合后为 *Amida sinensis*(Wigmann)。

(4) 动物命名一般不用变种、变型。

三、动物的分类

动物界的分类方法分人为分类系统与自然分类系统。目前常用为自然分类系统，其分类等级与植物界相同，分为界、门、纲、目、科、属、种。这些等级之间也有亚门、亚纲、亚目、亚科、亚属和亚种。几个重要的门类有环节动物门、软体动物门、节肢动物门、棘皮动物门、腔肠动物门、脊索动物门。脊索动物门又可分为三个亚门，即尾索动物亚门、头索动物亚门和脊椎动物亚门，其中以脊椎动物亚门最高级，与药用关系最密切。此亚门又分鱼纲(如海马、海龙)、两栖纲(蟾蜍、林蛙)、爬形纲(龟、鳖、银环蛇、蛤蚧)、鸟纲(鸡)和哺乳纲(熊、麝、梅花鹿、牛等)。

另外，动物类生药可按动物分类系统、药用部位、化学成分、药理及功能主治等进行分类。过去有按药用部位进行分类，常将生药分类如下：

1. 全动物类生药　水蛭、地龙、全蝎、蜈蚣、土鳖虫、斑蝥、红娘子、青娘子、海龙、海马、金钱白花蛇、蕲蛇、乌梢蛇、蛤蚧等。

2. 角骨类　鹿茸、鹿角、羚羊角、龟甲、鳖甲、穿山甲等。

3. 贝壳类　牡蛎、石决明、蛤壳、珍珠母、瓦楞子、海螵蛸等。

4. 脏器类　哈蟆油、熊胆、鸡内金、紫河车、桑螵蛸、海狗肾、凤凰衣、鹿鞭、鹿胎等。

5. 生理病理产物　珍珠、蟾酥、牛黄、麝香、僵蚕、五灵脂、夜明砂、望月砂、白丁香、蝉蜕、蛇蜕、蜂房、蜂蜜、马宝、狗宝等。

6. 加工品　阿胶、鹿角胶、鹿角霜、鳖甲胶、龟甲胶、水牛角浓缩粉、血余炭、人工牛黄等。

第二节　动物类生药的活性成分

一、氨基酸、多肽、蛋白质类

1. 氨基酸　动物生药普遍含有各种不同的氨基酸，如牛黄中的牛磺酸（taurine），有刺激胆汁分泌和降低眼压作用；人尿中提制的尿激酶（urokinase）为血栓溶解剂；紫河车的氨基酸提取物对白细胞减少症有效果。

2. 多肽　动物多肽多具有生物活性，如活体水蛭中分离的水蛭素为多肽化合物，为凝血酶特效抑制剂，有抗凝血作用；蛙皮多肽能舒张血管；海兔抑制素有抗肿瘤作用；眼镜蛇肽毒可用于晚期癌痛、神经痛、风湿性关节痛、带状疱疹等顽固性疼痛；麝香的水溶性肽类具有显著的抗炎作用。动物骨如虎骨、豹骨、狗骨、鸡骨、鲸骨等，治疗骨质增生、风湿及类风湿关节炎，有效成分为多肽类。

3. 蛋白质类　近年来已发现不少蛋白质具有生物活性，如促进体内化学反应的生物催化剂（如酶），调节生理功能的肽类激素。蛇毒中提制的精制蝮蛇抗栓酶注射剂，用于脑血栓及血栓闭塞性脉管炎。蝎毒仅次于蛇毒，具有很强的溶血活性。鲎试剂为节肢动物门甲壳类动物鲎的蓝色血液中提取的变形细胞溶解物，经低温冷冻干燥而成的生物试剂，专用于细菌内毒素检测和真菌（1,3）-β-D-葡聚糖检测，广泛用于制药、临床以及科研等领域。

二、甾　体　类

具有生物活性的甾体类（steroids），主要有激素类、蟾毒配基类、胆汁酸及海洋甾体类等。

1. 激素类　如紫河车中含有的黄体酮（progesterone）、鹿茸中的雌酮（oesterone）、海狗肾中的雄甾酮（androsterone）属于甾体激素。如昆虫类变态激素蜕皮素（ecdysone）和甲壳类动物变态激素蜕皮甾酮（ecdysterone）等属于蜕皮激素，蜕皮素和蜕皮甾酮有促进人体蛋白质的合成、降血脂和抑制血糖升高等作用。

2. 蟾毒配基类　蟾毒配基类具有明显的强心作用，此外，还有抗菌消炎、抗肿瘤、利尿等作用（见蟾酥）。

3. 胆汁酸类　胆汁是脊椎动物特有的从肝脏分泌出来的分泌液。胆汁酸由胆甾酸与甘氨酸或牛磺酸结合而成，其中最常见的如胆酸、去氧胆酸、鹅去氧胆酸等。胆汁酸能促进脂肪酸、胆固醇、脂溶性维生素、胡萝卜素及 Ca^{2+} 等吸收，有利胆作用，对神经系统有镇静、镇痛及解痉、镇咳、解热、抑菌、抗炎等作用。

4. 海洋甾体类　是近年来从海绵动物、腔肠动物、棘皮动物等分离出来的结构新颖的甾类化合物。主要为结构独特的甾醇类。有的具有重要的活性，如异岩藻甾醇具有抗菌、抗癌活性。虾夷扇贝甾醇有降低血液胆甾醇作用。

三、生物碱类毒素

此类成分在动物中分布较广，多数具有类似生物碱的性质。如河豚毒素（tetrodotoxin）是从

海洋河豚类 *Fugu* sp. 的卵巢及肝脏中分离出来的具有强烈毒性的化合物，LD_{50} 8μg/kg（小鼠，ip），亦有镇痛和局部麻醉作用，麻醉强度为可卡因的1600倍，现多作为药理试剂应用。沙群海葵毒素（palytoxin），最早是从腔肠动物毒沙群海葵 *Palythoa toxica* 中分离出来的毒性极强的化合物，其卵的毒性最大，LD_{50} 0.15μg/kg（小鼠，ip），是迄今为止在非蛋白毒素中毒性最强的化合物，具有抗癌、溶血等多种生物活性。箭毒蛙碱（batrachotoxin）是从栖息在哥伦比亚西部密林中的箭毒娃 *Phllobates aurothaenia* 中分离出来的有毒化合物，LD_{50} 10μg/kg（小鼠，ip），当地人用箭毒蛙的分泌物作为箭毒，猎取虎豹。

四、萜 类

动物中萜类活性成分较多。如从斑蝥中提取的斑蝥素，是一种单萜类物质。海绵动物含有丰富的倍半萜，腔肠动物中倍半萜主要来源于柳珊瑚和软珊瑚中，从软体动物海兔中提取的海兔萜也具有抗肿瘤活性，昆虫来源的倍半萜如信息素等。广布于哺乳动物皮肤中的角鲨烯，主要来源于鲨鱼肝油及其他鱼类的鱼肝油。棘皮动物中某些皂苷元等均属于三萜类，如海参纲中的海参、刺参等。

总之，动物体内还含有大量未被开发利用的活性成分，多数都具有强烈的药效作用，很值得进一步研究和开发利用，特别是海洋生物中有相当一部分具有药用价值，如常用的传统中药海龙、海马、海螵蛸等，目前又发现很多具有药用价值的新药材和新成分。

第三节 动物类生药选论

鹿茸 Cervi Cornu Pantotrichum

【来源】 本品为鹿科动物梅花鹿 *Cervus nippon* Temminck 或马鹿 *Cervus elaphus* Linnaeus 的雄鹿未骨化、密生茸毛的幼角。前者习称“花鹿茸”，后者习称“马鹿茸”。

【动物形态】

1. 梅花鹿　耳大直立，颈及四肢细长，臀部有明显的白色臀斑，尾短。雄鹿有分叉的角，一般第二年开始生角，不分叉，密被黄色或白色细茸毛，以后每年早春脱换新角，增生1叉，长全时共有4～5叉。眉叉斜向前伸，第二枝与眉叉较远，主干末端再分小枝。雌鹿无角。冬毛厚密，呈棕灰色或棕黄色，四季均有白色斑点，夏毛稀少，红棕色，白斑显著。

2. 马鹿　体形较大。角可多至6～8叉，冬毛灰褐色，夏毛较短，呈赤褐色，无白色斑点。（图13-1）

【产地】 花鹿茸主产于吉林、辽宁、河北等省，品质优。马鹿茸主产于黑龙江、吉林、内蒙古、新疆、青海等省。东北产者为“东马茸”，西北产者为“西马茸”，现多为人工饲养。

【采制】 目前我国分锯茸和砍茸两种方法。主要是经“水煮、烘烤、风干”方法加工而成。

1. 锯茸　一般从第三年的鹿开始锯取，二杠茸每年采收两次，第一次多在清明后45～50天，习称“头茬茸”，立秋前后锯第二次（二茬茸），三岔茸只收一次，约在7月下旬。

图 13-1　鹿茸原动物图

A. 梅花鹿，B. 马鹿

2. 砍茸　将死鹿或老鹿头砍下，再将茸连脑盖骨锯下，刮净残肉，绷紧脑皮，固定架上，反复用沸水烫至脑骨蜂窝眼涌出白泡沫为止，放通风处晾干至室内风干。

【性状】

1. 花鹿茸　①呈圆柱状分枝，具一个分枝者习称“二杠”，主枝习称“大挺”，离锯口约 1cm 处分出侧枝，习称“门庄”。②外皮红棕色或棕色，多光润，表面密生红黄色或棕黄色细茸毛，上端较密，下端较疏；分岔间具 1 条灰黑色筋脉。③皮茸紧贴。锯口黄白色，外围无骨质，中部密布细孔。④体轻，气微腥，味微咸。⑤具两个分枝者习称“三岔”，略呈弓形，微扁，枝端略尖，下部多有纵棱筋及突起疙瘩；皮红黄色，茸毛较稀而粗。

2. 马鹿茸　①较花鹿茸粗大，分枝较多，侧枝一个者习称“单门”，二个者习称“莲花”，三个者习称“三岔”，四个者习称“四岔”或更多。②东马鹿茸外皮灰黑色，茸毛灰褐色，锯口面外皮较厚，灰黑色，中部密布细孔，质嫩。③西马鹿茸分枝较长且弯曲，茸毛粗长，灰色或黑灰色。锯口色较深，常见骨质。④气腥臭，味咸。

3. 砍茸　①为带头盖骨的鹿茸。②茸形与锯茸相同，二茸相距约 7cm，角向后上方伸出。③脑盖骨壁较薄，前端较平齐，后端有一对弧形的头骨，习称“虎牙”。④脑盖骨白色，外附头皮，皮上密生黄棕色茸毛。⑤气微，味微咸（图 13-2）。

花鹿茸以粗壮、主枝圆、顶端丰满、质嫩、毛细、皮色红棕、有油润光泽者为佳。马鹿茸以饱满、体轻、毛色灰褐、下部无棱线者为佳。

【显微特征】

1. 横切面　①外有外表层，由角质层、透明层、颗粒层和生发层组成。②真皮层，由乳头层、毛干、皮脂腺、动静脉小血管等组成。③原胶纤维层，由网状纤维组成。④骨质层，由骨小梁、骨陷窝等组成。

2. 粉末　淡黄色。①表皮角质层表面颗粒状，茸毛脱落后的毛窝呈圆洞状。②毛干

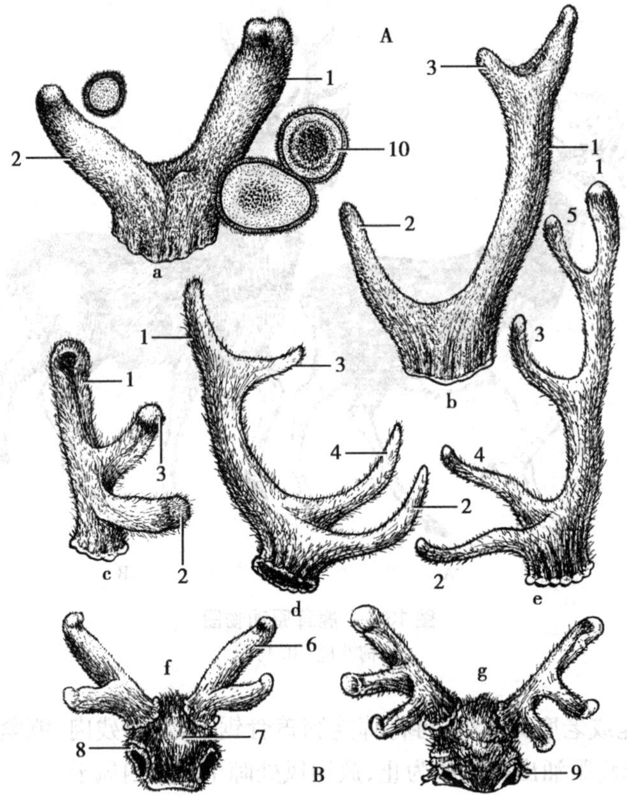

图 13-2 鹿茸药材图

A. 锯茸；B. 砍茸

a. 花鹿茸二杠；b. 花鹿茸三岔；c. 马鹿茸莲花；d. 马鹿茸三岔；e. 马鹿茸四岔；f. 梅花鹿砍茸；g. 马鹿砍茸

1. 主枝(大挺)，2. 第一侧枝(门庄)，3. 第二侧枝，4. 第三侧枝，5. 第四侧枝，6. 鹿茸，7. 脑盖骨，8. 眉棱骨，9. 脑后骨(虎牙)，10. 鹿茸片

表面由扁平鳞片状细胞呈覆瓦状排列的毛小皮包围，细胞的游离缘指向毛尖，皮质有棕色色素，髓质断续或无。③毛根常与毛囊相连，基部膨大作撕裂状。④骨碎片表面有纵纹及点状孔隙；骨陷窝呈类圆形或类梭形，边缘骨小管呈放射状沟纹；横断面可见大的圆孔洞，边缘凹凸不平。⑤未骨化组织表面具多数不规则的块状突起物。⑥角化梭形细胞多散在。(图 13-3)

【化学成分】

1. 氨基酸、肽类 氨基酸以甘氨酸(glycine)、谷氨酸、脯氨酸含量最高。从二杠茸中分离出多肽Ⅰ和多肽Ⅱ。

2. 磷脂类 如卵磷脂、脑磷脂、糖脂、神经磷脂等。

3. 多胺类 如精脒、精胺、腐胺。

此外尚含脑素、雌酮、雌二醇及多种微量元素。

【理化鉴定】

1. 薄层色谱 以正丁醇-冰醋酸-水(3∶1∶1)为展开剂，喷以 2% 茚三酮丙酮溶液，在 105℃加热至斑点显色清晰。供试品色谱中，在与对照药材色谱、对照品色谱相应的位置上显相同颜色的斑点。

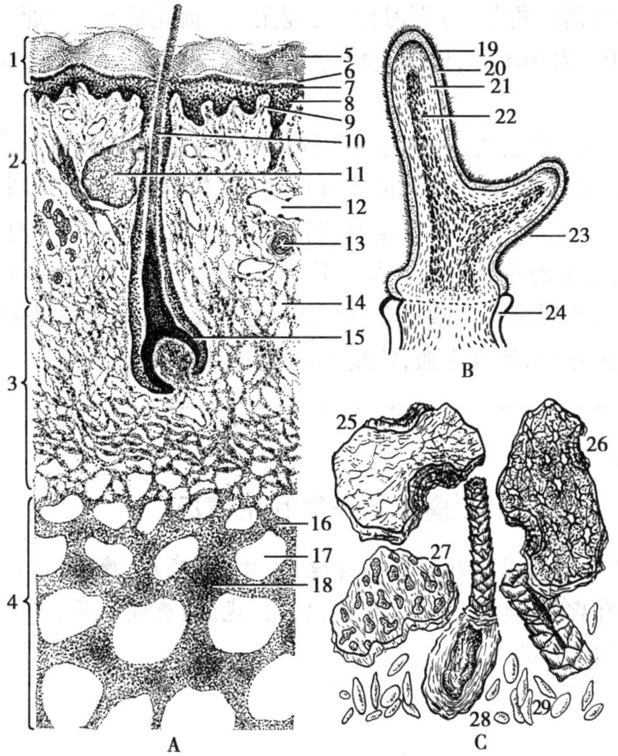

图 13-3 鹿茸组织和粉末图

A. 横切面；B. 纵剖面简图；C. 粉末图

1. 表皮层，2. 真皮层，3. 原角纤维层，4. 骨质层（骨小梁层），5. 角质层，6. 透明层，7. 颗粒层，8. 生发层（棘层，基层），9. 乳头层，10. 毛干，11. 皮脂腺，12. 静脉，13. 动脉，14. 网状层，15. 毛囊，16. 骨小梁，17. 网眼，18. 骨陷窝，19. 茸毛，20. 外皮，21. 骨密质，22. 骨松质，23. 鹿茸，24. 角柄，25. 表皮角质层，26. 骨碎片，27. 未骨化组织碎片，28. 毛茸碎片，29. 角化梭形细胞

2. 取粉末约 0.1g，加水 4ml，置水浴上加热 15 分钟，放冷滤过。取滤液 1ml，加茚三酮试液 3 滴，摇匀，加热煮沸数分钟，显蓝紫色；另取滤液 1ml，加 10% 氢氧化钠液 2 滴，摇匀，滴加 0.5% 硫酸铜溶液，显蓝紫色。

【药理作用】

1. 强壮作用　鹿茸能提高机体的活力，减轻疲劳，改善睡眠，促进食欲。

2. 抗脂质过氧化及抗衰老作用　鹿茸醇提物可提高机体的抗氧化作用，延缓衰老，促进生长发育，促进创伤愈合。

3. 对心血管系统的作用　大剂量鹿茸精可使心肌收缩力减弱，心率减慢，外周血管扩张，血压下降；中等剂量则加强心肌收缩力，心率加快，增加心排出量，对疲劳的心脏作用更明显。

此外，鹿茸还具有增强免疫力、抗肿瘤、保肝、提高性功能等作用。

【功效与主治】 性温，味甘、咸。壮肾阳，益精血，强筋骨，调冲任，托疮毒。用于肾阳不足，精血亏虚，阳痿滑精，宫冷不孕，羸瘦，神疲，畏寒，眩晕，耳鸣，耳聋，腰脊冷痛，筋骨痿软，崩漏带下，阴疽不敛。用量 1～2g，研末冲服。

【附】

1. 鹿角　为鹿科动物马鹿 *Cervus elaphus* Linnaeus 或梅花鹿 *C. nippon* Temminck 已骨化的

角或锯茸后翌年春季脱落的角基，分别习称"马鹿角"、"梅花鹿角"、"鹿角脱盘"。能温肾阳，强筋骨，行血消肿。用于肾阳不足，阳痿遗精，腰脊冷痛，阴疽疮疡，乳痈初起，瘀血肿痛。用量6～15g。

2. 鹿角胶　为鹿角经水煎煮、浓缩制成的固体胶。呈黄棕色或红棕色，半透明，上部常有黄白色泡沫层。质脆、易碎，断面光亮。能温补肝肾，益精养血。用于肝肾不足所致的腰膝酸冷，阳痿遗精，虚劳羸瘦，崩漏下血，便血尿血，阴疽肿痛。用量3～6g，烊化兑服。

3. 鹿角霜　为鹿角去胶质的角块。大小不一，表面灰白色，显粉性，常具纵棱，偶见灰色或棕色斑点。体轻，质酥，有吸湿性。嚼之有粘牙感。多含钙质，能温肾助阳，收敛止血。用于脾肾阳虚，白带过多，遗尿尿频，崩漏下血，疮疡不敛。用量9～15g，先煎。

理论与实践

鹿茸的开发利用情况

鹿全身为宝，现开发利用较好的产品有鹿血、鹿肉、鹿皮、鹿胎、鹿鞭；正在开发并有重大利用前途的产品有鹿尾、鹿筋、鹿心、鹿骨、鹿奶、鹿脂、鹿精液等，市场上还有口服液、壮骨酒，药补酒、洗面奶等产品。

麝香　Moschus

【来源】　本品为鹿科动物林麝 *Moschus berezovskii* Flerov、马麝 *Moschus sifanicus* Przewalski 或原麝 *Moschus moschiferus* Linnaeus 成熟雄体香囊中的干燥分泌物。

【动物形态】

1. 林麝　头部较小，雌雄均无角；耳长直立，耳缘、耳端多为黑褐色或棕褐色，耳内白色；眼圆大，吻端裸露，雄性上颌犬齿特别发达，长而尖，露出唇外。四肢细长，后肢比前肢长。全身橄榄褐色，并有橘红色泽，幼麝背面有斑点，成体背面无斑点。雄麝腹部在脐和阴茎之间有麝香腺呈囊状，略隆起，习称"香囊"。内存麝香。

2. 马麝　体形较大，成体全身沙黄褐色或灰褐色，颈背部栗色斑块，上有土黄色毛丛，形成4～6个斑点排成两行。

3. 原麝　体形较大，通体棕黄褐色或黑褐色，从颈下两侧各有白毛延至腋下成两条白色宽带纹，颈背、体背上有土黄色斑点，排成4～6纵行（图13-4）。

林麝和马麝集中分布于青藏高原东部，原麝主要分布于大兴安岭及吕梁山。

【采制】　麝在3岁以后产香最多，每年8～9月为泌香盛期。分猎麝取香和活体取香两种。野麝捕获后将腺囊连皮割下，将毛剪短，阴干，习称"毛壳麝香"；除去囊壳，取囊中分泌物，习称"麝香仁"。活体取香后不影响麝的饲养繁殖，并能再生麝香仁，且产量比野生的为高。

【产地】　主产于四川、西藏、贵州、甘肃等省。四川省马尔康、都江堰市，陕西省镇平，安徽省佛子岭等养麝场均已进行家养繁殖。

【性状】

1. 毛壳麝香　①为扁圆形或类椭圆形的囊状体。②开口面的皮革质，棕褐色，略平，密生

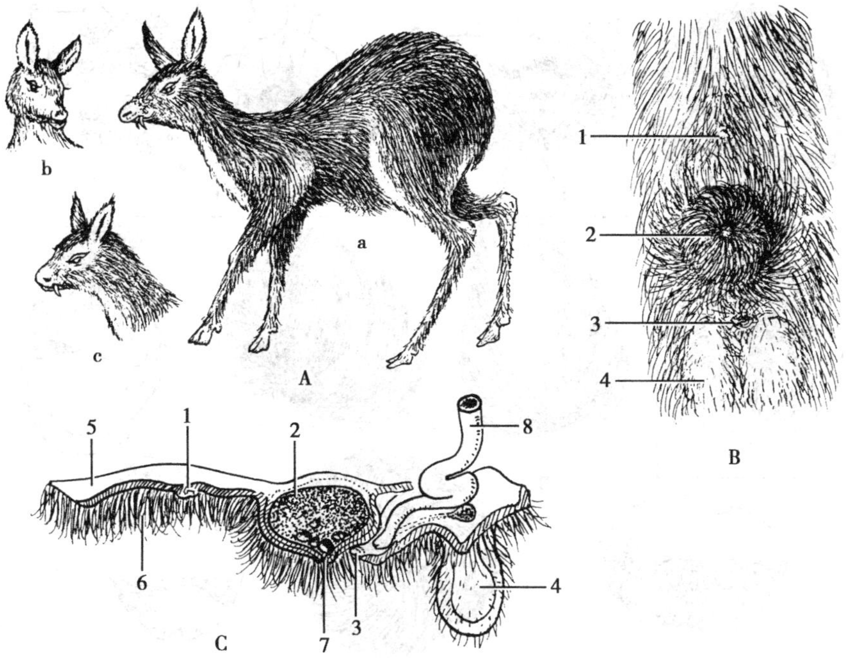

图 13-4　麝香原动物图

A. 原动物(a. 马麝；b. 林麝；c. 原麝)；B. 麝体腹面观；C. 香囊着生部位侧面观

1. 肚脐，2. 香囊，3. 尿道口，4. 阴囊，5. 腹壁内侧面皮膜，6. 腹皮外侧面麝毛，7. 香囊开口，8. 阴茎

白色或灰棕色短毛，从两侧围绕中心排列，中间有 1 小囊孔。③另一面为棕褐色略带紫的皮膜，微皱缩，偶显肌肉纤维，略有弹性，剖开后可见中层皮膜呈棕褐色或灰褐色，半透明，内层皮膜呈棕色，内含颗粒状、粉末状的麝香仁和少量细毛及脱落的内层皮膜(习称“银皮”)。以饱满、皮薄、捏之有弹性、香气浓烈者为佳。

2. 麝香仁　①野生者质软，油润，疏松。②其中不规则圆球形或颗粒状者习称“当门子”，表面多呈紫黑色，油润光亮，微有麻纹，断面深棕色或黄棕色。③粉末状者习称“散香”，棕褐色或黄棕色，并有少量脱落的银皮和细毛。④饲养麝的麝香仁多呈颗粒状或呈不规则的团块；表面不平，紫黑色或深棕色，显油性，微有光泽，并有少量银皮和毛。⑤气香浓烈而特异，味微辣、微苦带咸。(图 13-5)以当门子多、质柔润、香气浓烈者为佳。

【显微特征】　粉末　棕褐色或黄棕色。无定形颗粒状物集成的半透明或透明团块，淡黄色或淡棕色；团块中包埋或散在有方形、柱状、八面体或不规则的晶体；并可见圆形油滴，偶见毛及内皮层膜组织。(图 13-6)

【化学成分】

1. 大分子环酮　麝香酮(muscone)(香气成分)、降麝香酮等。

2. 吡啶生物碱　麝香吡啶，羟基麝香吡啶 A、羟基麝香吡啶 B 等。

3. 甾类　雄性酮、表雄酮等 10 余种雄甾烷衍生物。

4. 庚二醇亚硫酸酯类　近年报道麝香中含有($2R,5S$)-musclide A_1、($2R,5R$)-musclide A_2、($4S$)-musclide A_2 及 ($2R,5S$)-musclide B 等庚二醇亚硫酸酯类化合物(强心成分)。

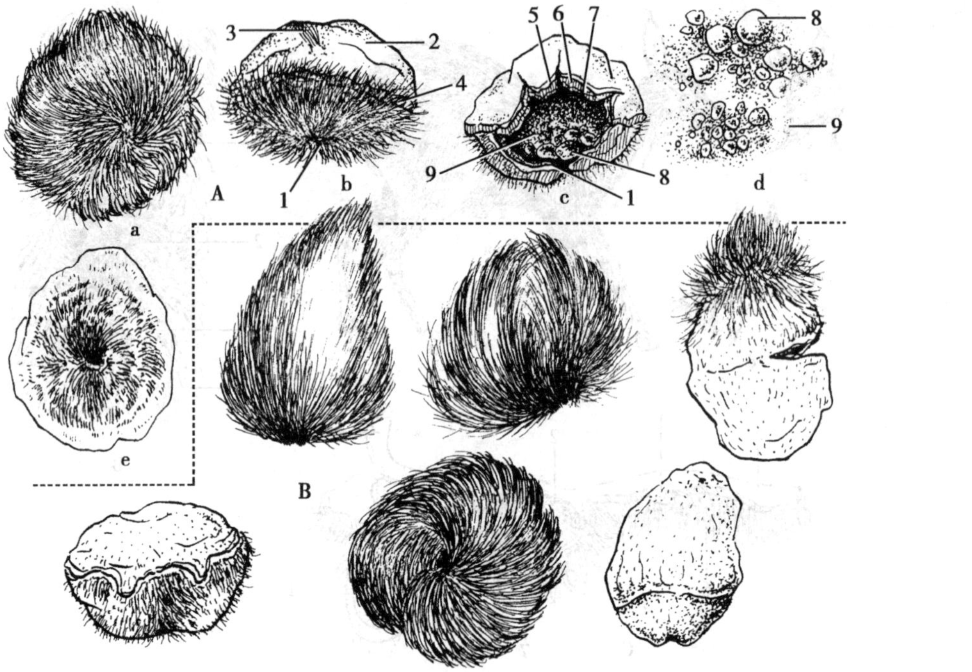

图 13-5　麝香药材及其伪品图

A. 麝香(a. 香囊正面观；b. 香囊侧面观；c. 香囊剖面观；d. 麝香仁；e. 剪去长毛的香囊)；B. 伪品(麝、鹿等动物皮毛的伪制品)

1. 香囊腹面开口，2. 香囊背面皮膜，3. 皮膜上残留的肌纤维，4. 香囊和腹皮的切割痕迹，5. 香囊外层，6. 香囊中层(银皮)，7. 囊壳内层(油皮)，8. 当门子，9. 散香

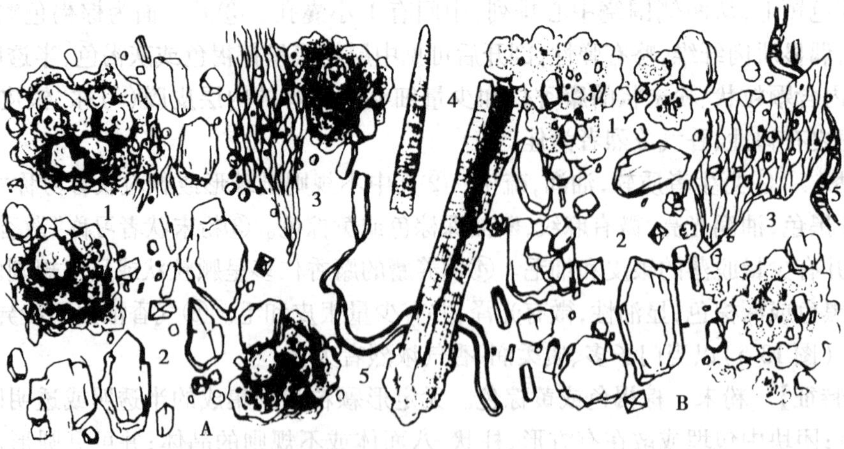

图 13-6　麝香显微粉末图

A. 稀甘油装片图；B. 水合氯醛装片图

1. 散香团块，2. 结晶物，3. 脱落的银皮，4. 脱落残毛，5. 感染菌丝

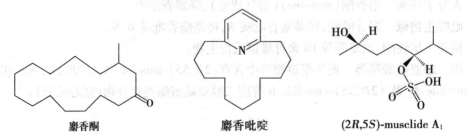

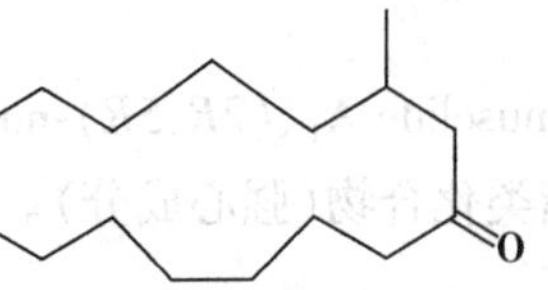

麝香酮

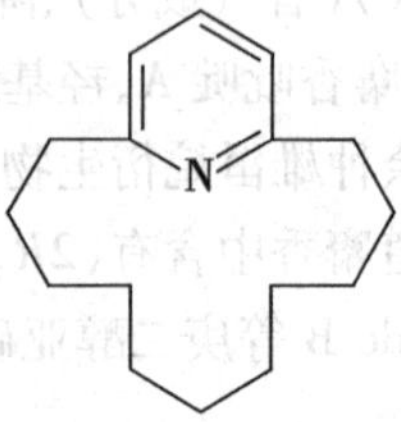

麝香吡啶

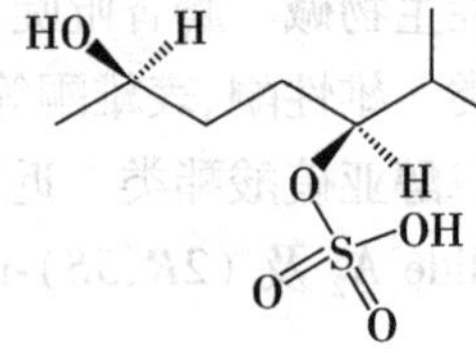

(2*R*,5*S*)-musclide A_1

此外尚含蛋白质、多肽及多种氨基酸(抗炎成分)等。

【理化鉴定】

1. 香气反应　取细粉加五氯化锑共研,香气消失,加氨水共研,香气恢复。

2. 荧光鉴别　取麝香0.1g,加60%乙醇10ml,回流提取15分钟,滤过,取滤液3ml,放入小烧杯中,吊以宽2cm,长30cm的滤纸条达于杯底,浸1小时后取出,干燥,在紫外光灯(365nm)下观察,上部呈亮黄色荧光,中间显蓝紫色,有时均呈亮黄色带绿黄色荧光。

【含量测定】　照气相色谱法测定,含麝香酮($C_{16}H_{30}O$)不得少于2.0%。

【药理作用】

1. 对中枢神经系统的作用　麝香对中枢神经系统表现为小剂量兴奋与大剂量抑制的双重作用,据此可能解释中医用麝香既治中风昏迷,又治惊痫的矛盾现象。

2. 抗炎作用　麝香水提取物对不同原因导致的关节炎、关节肿大均有非常显著的抑制作用;多肽是抗炎的活性成分。

3. 对心血管系统的作用　麝香能使心脏收缩力加强,显示有强心作用。有显著增加冠状动脉血流量的作用。能缓解心绞痛。

4. 对子宫的作用　麝香对各种动物的离体子宫,均呈现明显的兴奋作用,妊娠子宫更敏感,晚期妊娠子宫对麝香的敏感更为突出。因此孕妇忌用。

此外,麝香还有抗菌、抗溃疡及雄性激素样等作用。

【功效与主治】　性温,味辛。能开窍醒神,活血通经,消肿止痛。用于热病神昏,中风痰厥,气郁暴厥,中恶昏迷,经闭,癥瘕,难产死胎,胸痹心痛,心腹暴痛,跌仆伤痛,痹痛麻木,痈肿瘰疬,咽喉肿痛。用量0.03~0.1g,多入丸散用。外用适量,孕妇禁用。

理论与实践

国内对麝香的主要研究状况

近年来人工合成麝香已研究成功并推广应用,其以合成麝香酮为主,按规定比例与其他物质配制而成。但由于其副作用大(致癌),国外已禁止入药。国内也存在争议,其主流观点是人工麝香不能替代天然麝香。

寻找麝香可持续利用的途径,一是人工养麝活体取香,这是天然麝香可持续利用的根本之路。二是野麝活捕活体取香,有产区正在摸索切实可行的活捕方法。

牛黄　Bovis Calculus

【来源】　本品为牛科动物牛 *Bos taurus domesticus* Gmelin 的干燥胆结石。

【动物形态】　黄牛头大额广,鼻阔口大,上部有两个大鼻孔。眼、耳部较大。头上有角一对,左右分开,弯曲无分枝。四肢匀称,4趾,均有蹄甲,其后方2趾不着地,称悬蹄。尾较长,尾端具丛毛,毛色大部分为黄色,无杂毛掺混。

【产地】　主产于北京、天津、内蒙古、东北等地;河北省已生产“人工培植牛黄”。销全国并出口。

【采制】　全年均可收集,牛黄多见于瘦弱的病牛,屠宰时发现有硬块即滤去胆汁,小心取出结石,去净附着的薄膜,包好,阴干。取自胆囊的牛黄习称“胆黄”,取自胆管或肝管的牛黄习称“管黄”或“肝黄”。

【性状】 天然牛黄 ①多呈卵形或类球形,大小不一,少数呈管状或碎片。②表面黄红色至棕黄色,有的表面挂有一层黑色光亮的薄膜,习称“乌金衣”,有的粗糙,具疣状突起,有的具龟裂纹。③体轻,质酥脆,易分层剥落,断面金黄色,可见细密的同心层纹,有的夹有白心。④气清香,味苦而后甜,有清凉感,嚼之易碎,不粘牙。(图 13-7)以完整、色棕黄、质松脆、断面层纹清晰而细腻者为佳。

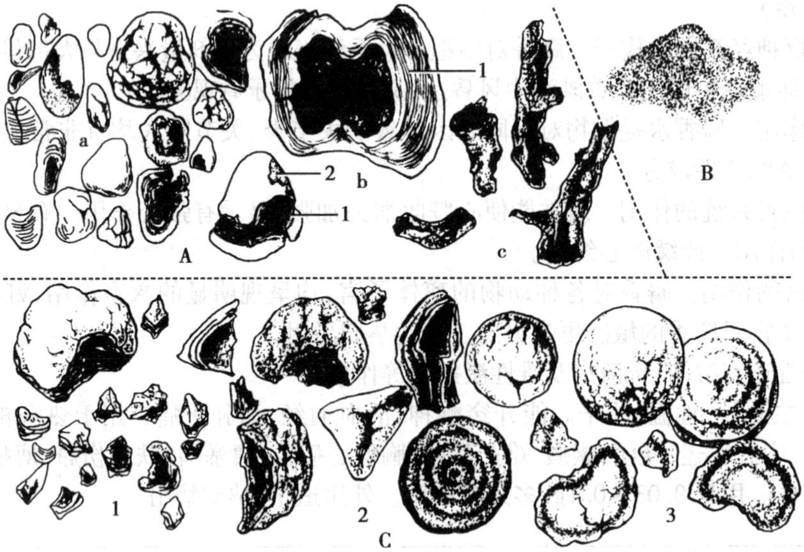

图 13-7 牛黄药材及伪品图

A. 天然牛黄(a. 胆黄; b. 胆黄放大示层纹; c. 管黄) 1. 牛黄分层, 2. 乌金衣; B. 人工合成牛黄;
C. 伪品(1. 淀粉粒制品, 2. 黄连、大黄、姜黄粉末制品, 3. 栀子粉末制品)

【显微特征】 ①用水合氯醛试液装片,不加热,镜下观察可见不规则团块由多数黄棕色或红棕色小颗粒集成,遇水合氯醛色素迅速溶解,并显鲜明金黄色,久置后变成绿色。②在醋酸甘油装片内还见有不规则的片状物。(图 13-8)

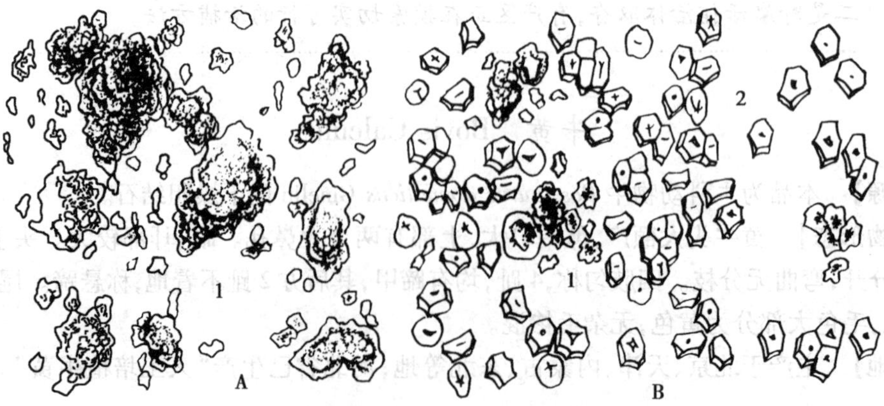

图 13-8 牛黄粉末图

A. 天然牛黄(胆黄); B. 人工合成牛黄
1. 牛黄结晶, 2. 玉米淀粉粒

【化学成分】 天然牛黄中主含胆红素(bilirubin)及其钙盐、甾体类(包括胆酸、去氧胆酸、鹅去氧胆酸及其盐类)、氨基酸及多肽类等。此外,还有脂肪酸,卵磷脂,维生素 D,类胡萝卜素,无机元素 Ca,Na,Fe,K,P 等。

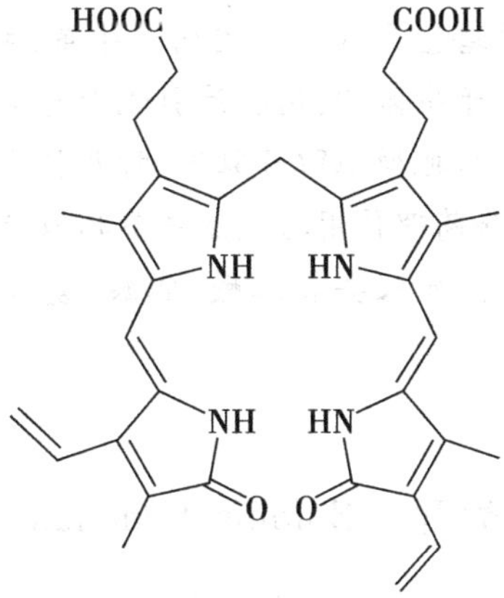

胆红素

【理化鉴定】

1. 取本品少量,加清水调和,涂于指甲上,能将指甲染成黄色,习称"挂甲"。

2. 薄层色谱　取本品三氯甲烷提取液,与胆酸、去氧胆酸共薄层,以异辛烷-乙酸乙酯-冰醋酸(15∶7∶5)为展开剂,喷以10%硫酸乙醇溶液,在105℃加热至斑点显色清晰,置紫外光灯(365nm)下检视。供试品色谱中,在与对照品色谱相应的位置上,显相同颜色的荧光斑点。

3. 取本品提取液,与胆红素共薄层,以环己烷-乙酸乙酯-甲醇-冰醋酸(100∶30∶1∶1)为展开剂,在供试品色谱中,在与对照品色谱相应的位置上,显相同颜色的斑点。

【含量测定】 采用薄层色谱法,本品按干燥品计算,含胆酸($C_{24}H_{40}O_5$)不得少于4.0%。用紫外-可见分光光度法测定,含胆红素($C_{33}H_{36}N_4O_6$)不得少于35.0%。

【药理作用】

1. 对中枢神经系统的作用　牛黄对某些药物引起的中枢神经兴奋症状有拮抗作用,牛磺酸具有中枢抑制作用。

2. 对心血管系统的作用　牛黄具有强心、扩张血管、降血压作用。

3. 利胆保肝作用　胆酸尤其是脱氧胆酸具有利胆保肝作用。牛磺酸能促进肝细胞康复和预防脂肪肝。

4. 抗炎、抗病毒、抗菌作用　牛磺酸、胆汁酸能显著提高小鼠腹腔巨噬细胞吞噬功能,提高机体免疫力,具有抗菌、抗病毒、抗炎作用。

此外,牛黄还具有抗肿瘤、镇咳祛痰以及清除自由基作用。

【功效与主治】 性凉,味甘。能清心,豁痰,开窍,凉肝,息风,解毒。用于热病神昏,中风痰迷,惊痫抽搐,癫痫发狂,咽喉肿痛,口舌生疮,痈肿疔疮。用量0.15~0.35g,多入丸散用。外用适量,研末敷患处。

【附】 人工牛黄　由牛胆粉、胆酸、猪去氧胆酸、牛磺酸、胆红素、胆固醇、微量元素等加工制成。多为黄色疏松粉末。性凉,味苦,微甘。能清热解毒,化痰定惊。用于痰热谵狂,神昏不语,小儿急惊风,咽喉肿痛,口舌生疮,痈肿疔疮。用量0.15~0.35g,多作配方用。外用适量敷患处。

理论与实践

人工培植牛黄

目前主要采用体内、外两种培植方式。体内培植牛黄，主要采用外科手术的方法在活体上进行，一是将模拟胆囊固定于牛体侧，用胆汁引流管连于胆囊内，使胆汁通过模拟胆囊流入总胆管形成回路，一定时间后把模拟胆囊取下，打开取黄，再换上新的继续产黄。人培牛黄不仅产量高而且化学成分和药理作用与天然牛黄相似，可替代天然牛黄使用。体外培育牛黄，将牛的新鲜胆汁作母液，加入去氧胆酸、胆酸、复合胆红素钙等制成。功效类同牛黄。

蟾酥 Bufonis Venenum

【来源】 本品为蟾蜍科动物中华大蟾蜍 *Bufo bufo gargarizans* Cantor 或黑眶蟾蜍 *Bufo melanostictus* Schneider 的干燥分泌物。

【动物形态】 中华大蟾蜍 外形似蛙，躯体短而宽，体壮，长 10cm 以上，雄性略小。全身皮肤粗糙，布满大小不等的圆形瘰粒，腹部有小疣。头宽大，口阔，吻端圆，吻棱明显，上下颌均无齿，近吻端有小形鼻孔 1 对。眼大凸出，鼓膜明显，头顶两侧各有一大而长的耳后腺。生殖季节雄性背面黑绿色，雌性背面色浅，瘰粒乳黄色；腹面乳黄色，有棕色或黑色细花斑纹。前肢指趾略扁，后肢粗壮，趾侧有缘膜，蹼发达。

黑眶蟾蜍 体形较小。头部沿吻棱、眼眶上缘、鼓膜前缘及上下颌缘有十分明显的黑色角质棱或黑色线；身体疣粒上有黑点或刺。体色变异也较大，一般背部有黄棕色略带棕红色的斑纹，腹部色浅；胸腹部具有不规则灰色斑纹（图 13-9A）。

【产地】 主产于辽宁、山东、江苏、河北、浙江、安徽等地。

【采制】 多于夏、秋二季捕捉蟾蜍，洗净，用铜镊子夹压耳后腺及皮肤腺，挤出白色浆液盛

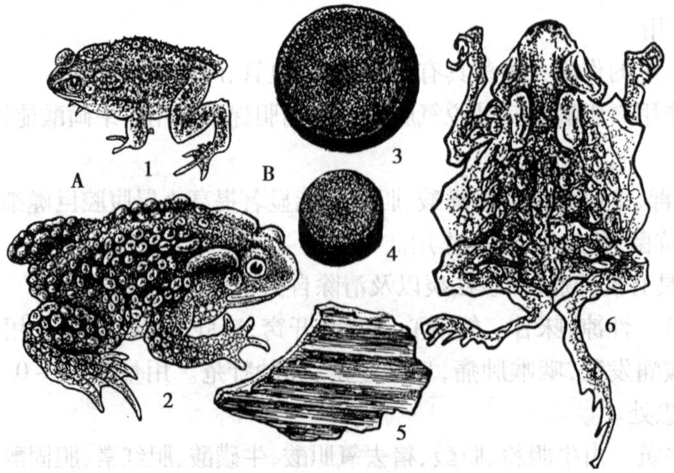

图 13-9 蟾酥原动物和药材图

A. 原动物；B. 药材

1. 黑眶蟾蜍，2. 中华大蟾蜍，3. 团蟾酥，4. 棋子酥，5. 片蟾酥，6. 蟾干

于瓷器内(忌与铁器接触,否则易变黑),滤去杂质,取纯浆放入圆形的模型中晒干,称“团蟾酥”,浆液涂在玻璃板或瓷盆上,干燥后呈薄片状,为“片蟾酥”。

【性状】 ①本品呈扁圆形团块状或片状。②棕褐色或红棕色。③团块状者质坚,不易折断,断面棕褐色,角质状,微有光泽;④片状者质脆,易碎,断面红棕色,半透明。⑤气微腥,味初甜而后有持久的麻辣感,粉末嗅之作嚏。(图 13-9B)均以色红棕、断面角质状、半透明、有光泽者为佳品。

【显微特征】 粉末　淡棕色。①用水合氯醛液加热装片,碎片透明并渐溶化;②用浓硫酸装片,则显橙黄色或橙红色,碎块四周逐渐溶解缩小,呈透明类圆形小块,显龟裂纹理,放置稍久渐溶解消失。③用甘油水装片,呈半透明或淡黄色不规则形碎块。(图 13-10)

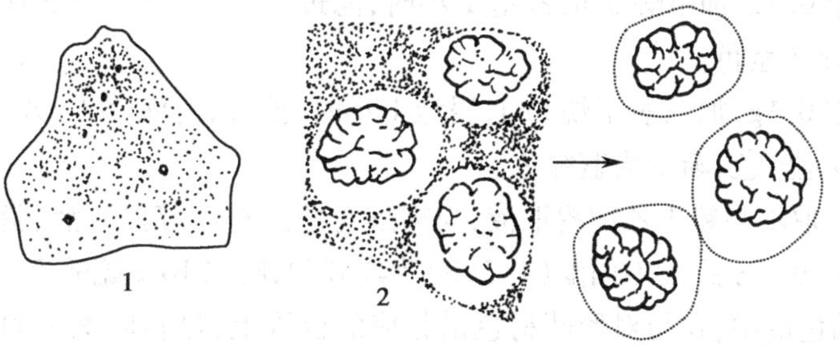

图 13-10　蟾酥粉末及化学显微图

1. 用水合氯醛装片显微图,2. 用浓硫酸装片显微图

【化学成分】

1. 蟾蜍毒素类　包括蟾毒(bufotoxins),蟾毒配基与脂肪酸、硫酸等结合成的酯类,属于强心甾体化合物,多存在于新鲜的蟾蜍分泌物中。如蟾毒它灵 3-辛二酰精氨酸酯,蟾毒它灵 3-丁二酰精氨酸酯(Ⅰ,Ⅱ,Ⅲ,Ⅳ)。

2. 蟾毒配基类　是蟾蜍毒素在加工炮制过程中的分解产物,如脂蟾毒配基、华蟾毒配基、蟾毒灵、蟾毒它灵等。

3. 蟾毒色胺类　该类成分因含吲哚环,亦可称为吲哚类生物碱,已分离出 5-羟色胺、蟾蜍色胺、蟾毒色胺内盐、蟾蜍季铵、蟾蜍噻咛和脱氢蟾蜍色胺等。

此外,还含有吗啡、肾上腺素、固醇类、多糖类、肽类等成分。

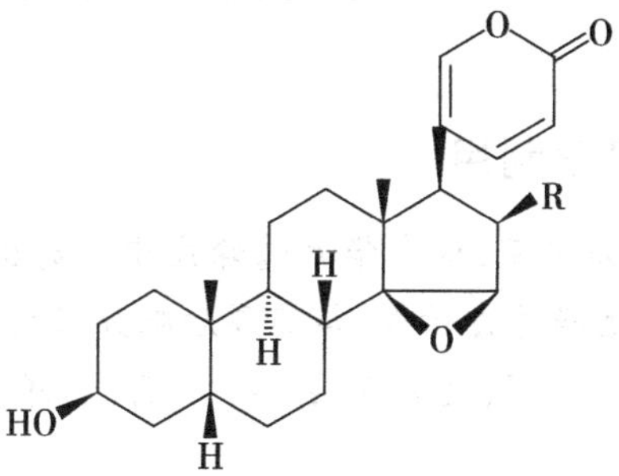

脂蟾毒配基　R=H

华蟾毒配基　R=OAc

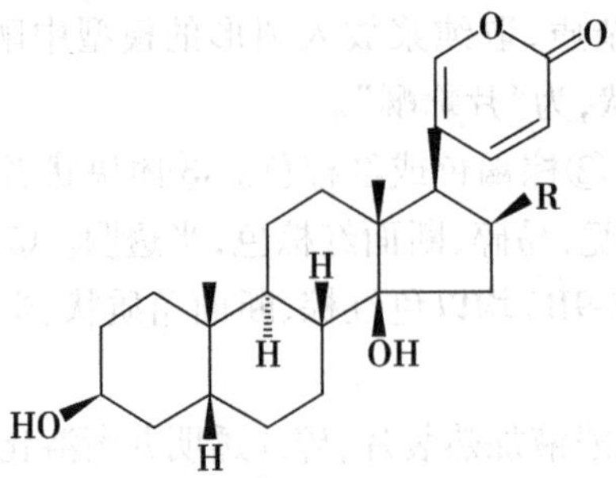

蟾毒灵　　R=H

蟾毒他灵　　R=OAc

【理化鉴定】

1. 本品断面沾水,即呈乳白色隆起。

2. 取本品粉末0.1g,加甲醇5ml,浸泡1小时,滤过,滤液加对二甲氨基苯甲醛固体少量,滴加硫酸数滴,即显蓝紫色。

3. 取本品粉末0.1g,加三氯甲烷5ml,浸泡1小时,滤过,滤液蒸干,残渣加醋酐少量使溶解,滴加硫酸,初显蓝紫色,渐变为蓝绿色。

4. 薄层色谱　取本品粉末乙醇提取液,与蟾酥对照药材乙醇提取液、脂蟾毒配基、华蟾毒配基共薄层,以环己烷-三氯甲烷-丙酮(4:3:3)为展开剂,喷以10%硫酸乙醇溶液,加热至斑点显色清晰。供试品色谱中,在与对照药材色谱相应的位置上,显相同颜色的斑点;在与对照品色谱相应的位置上,显相同的一个绿色及一个红色斑点。

【含量测定】　采用高效液相色谱法,以华蟾毒配基($C_{26}H_{34}O_6$)、脂蟾毒配基($C_{24}H_{32}O_4$)为对照品,按干燥品计算,含华蟾毒配基和脂蟾毒配基的总量不得少于6.0%。

【药理作用】

1. 强心作用　蟾蜍毒素和蟾毒配基类均有强心作用。

2. 呼吸兴奋作用　脂蟾毒配基能引起呼吸兴奋,能抗休克。

3. 抗肿瘤作用　蟾酥能抗肿瘤与抗辐射,增强机体对放疗和化疗的耐受力,对X线局部照射有保护作用。

此外,蟾酥有镇咳、利尿、兴奋肠道平滑肌、收缩子宫等作用。

【功效与主治】　性温,味辛,有毒。能解毒,止痛,开窍醒神。用于痈疽疔疮,咽喉肿痛,中暑神昏,腹痛吐泻。用量0.015~0.03g,多入丸散用。外用适量。孕妇慎用。

理论与实践

蟾蜍的开发利用

近年来对蟾蜍的基原动物做了大量的成分研究,从中华大蟾蜍皮中分离出华蟾毒精、蟾毒灵、日蟾毒它灵、脂蟾毒配基、蟾毒它灵、远华蟾毒精等,与其耳后腺分泌物中的蟾毒配基成分种类基本一致。所以蟾蜍皮干燥后称干蟾,能消肿解毒,止痛,利尿。有抗肿瘤作用。

对花背蟾蜍 *Bufo raddei* Strauch 的分泌物蟾酥,在药效方面与正品蟾酥进行了对比研究,实验表明作用相似,为资源开发提供了科学依据。

金钱白花蛇 Bungarus Parvus

【来源】 本品为眼镜蛇科动物银环蛇 *Bungarus multicinctus* Blyth 的幼蛇干燥体。

【产地】 主产于广东、广西。广东、江西等省有养殖。

【性状】 ①呈圆盘状，盘径 3 ~ 6cm，头盘在中间，尾细，常纳口内。②口腔内上颌骨前端有毒沟牙 1 对。③背部黑色或灰黑色，微有光泽，有白色环纹，黑白相间，白环纹在背部宽 1 ~ 2 行鳞片，向腹面渐增宽，黑环纹宽 3 ~ 5 行鳞片，背正中有 1 条显著突起的脊棱。④脊鳞扩大呈六角形，背鳞细密，尾下鳞单行。⑤气微腥，味微咸。以头尾齐全、肉色黄白、盘径小者为佳。

【显微特征】 背鳞外表面 ①鳞片呈黄白色，圆菱形，游离端有宽边缘。②中央有一条隆起的脊棱。③两侧或前端有 2 ~ 8 个散在的小圆孔。④鳞片中部有众多细密的纵直条纹，间距 1.1 ~ 1.7μm，沿鳞片基部至先端呈纵向排列，这是银环蛇和其它蛇类显微鉴别的主要特征。⑤背鳞横切面内外表皮均较平直，真皮不向外方突出、色素较少（图 13-11）。

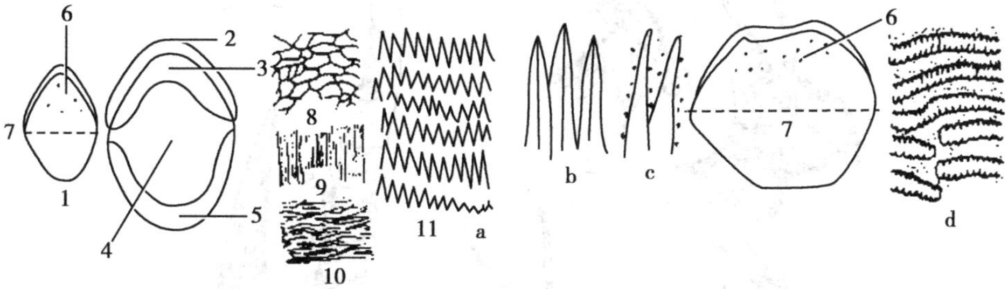

图 13-11 金钱白花蛇背鳞和脊鳞的显微与电镜扫描图

1. 背鳞，2. 游离端，3. 网纹区，4. 纵纹区，5. 基部波纹区，6. 圆孔，7. 对角线，8. 网状纹理，9. 纵向纹理，10. 波状条纹，11. 电镜扫描结构

a. 刺状突起（3500-3800X）；b. 刺状突起表面三条纵沟（10000X）；c. 刺间网眼（10000X）；d. 波状棱纹（1500X）

【化学成分】 蛇体主含蛋白质、脂肪及鸟嘌呤核苷。头部毒腺中含强烈的神经性毒，为小分子蛋白质或多肽类，如 α-环蛇毒、β-环蛇毒、γ-环蛇毒。还含多种酶，如三磷酸腺苷酶、磷脂酶、透明质酸酶等。还含溶血成分、血球凝集成分及神经生长因子。

【药理作用】

1. 神经系统的作用 具有神经再生促进作用，可阻止脊髓灰质炎、肌肉萎缩、侧索硬化等神经变性退化。

2. 镇静、镇痛作用 提取物具有明显的镇静、镇痛作用，蛇毒的镇痛效果较吗啡 1mg/kg 强 3 ~ 4 倍，且不易产生耐受性。

此外，还能直接扩张血管而降压。从蛇毒中提纯的精氨酸酯酶，有降低血脂、降低血液黏度等作用。

【功效与主治】 性温，味甘、咸；有毒。能祛风，通络，止痉。用于风湿顽痹，麻木拘挛，中风口㖞，半身不遂，抽搐痉挛，破伤风，麻风疥癣，瘰疬恶疮。用量 3 ~ 4.5g，研粉吞服 1 ~ 1.5g。

羚羊角 Saigae Tataricae Cornu

【来源】 本品为牛科动物赛加羚羊 *Saiga tatarica* Linnaeus 的角。

【产地】 主产于前苏联,我国新疆边境地区亦产。

【性状】 ①呈长圆锥形,略呈弓形弯曲,类白色或黄白色,基部稍呈青灰色。②嫩枝对光透视有“血丝”或紫黑色斑纹,“光润如玉”,无裂纹,老枝则有细纵裂纹。③除尖端部分外,有10~16个隆起环脊,间距约2cm,用手握之,四指正好嵌入凹处,习称“合把”。④角的基部横截面圆形,内有坚硬质重的角柱,习称“骨塞”,骨塞长约占全角的1/2或1/3,表面有突起的纵棱与其外面角鞘内的凹沟紧密嵌合,从横断面观,其结合部呈锯齿状,俗称“锯齿状嵌合”。⑤除去“骨塞”后,角的下半段成空洞,全角呈半透明,对光透视,上半段中央有一条隐约可辨的细孔道直通角尖,习称“通天眼”。⑥质坚硬。气微,味淡。(图13-12)以质嫩、色白、光润、内含红色斑纹、无裂纹者为佳。

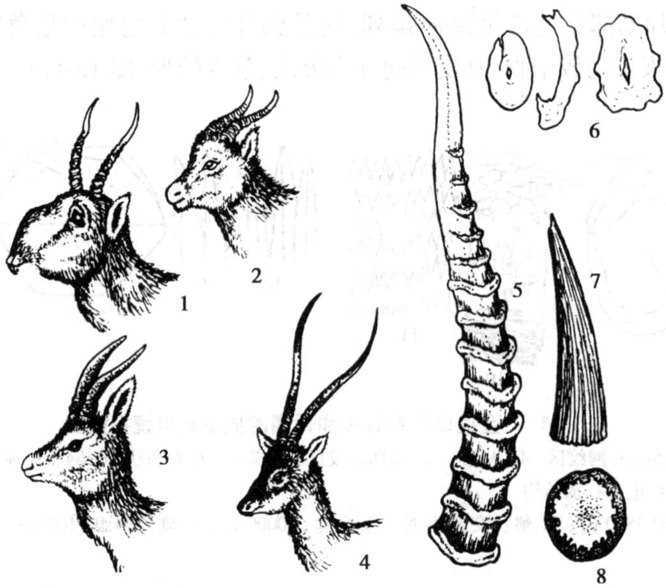

图13-12 羚羊角原动物、药材及其伪品图

1.赛加羚羊,2.黄羊,3.鹅喉羚羊,4.藏羚羊,5.羚羊角个子,6.羚羊角片,7.羚羊角骨塞,8.羚羊角基部横断面

【显微特征】

1. 横切面 ①可见组织构造多少呈波浪状起伏。②角中部稍呈波浪状,束多呈双凸透镜形;③角基部波浪形不明显,束呈椭圆形至类圆形。④髓腔的大小不一,以角基部的髓腔最大。⑤束的外层由3~5层皮层细胞组成,扁梭形。⑥束间距离较宽广,充满着近等径性多边形、长菱形或狭长形的基本角质细胞。⑦皮层细胞或间质细胞均显无色透明,其中不含或仅含少量细小浅灰色色素颗粒。⑧细胞中央往往可见有一个折光性强的圆粒或线状物。⑨纵切面髓呈长管形,内有疏松排列或阶梯状排列的类圆形髓细胞。⑩髓管间有大量长梭形的间质细胞。

2. 粉末 淡灰白色。不规则碎片内常有类圆形的束状结构(横切面)和管状束状结构(纵切面),并有大量的长梭形间质细胞(图13-13)。

【化学成分】 含角蛋白,经酸水解后可得多种氨基酸。并含多种磷脂、磷酸钙、胆固醇、维生素A及多种微量元素等。

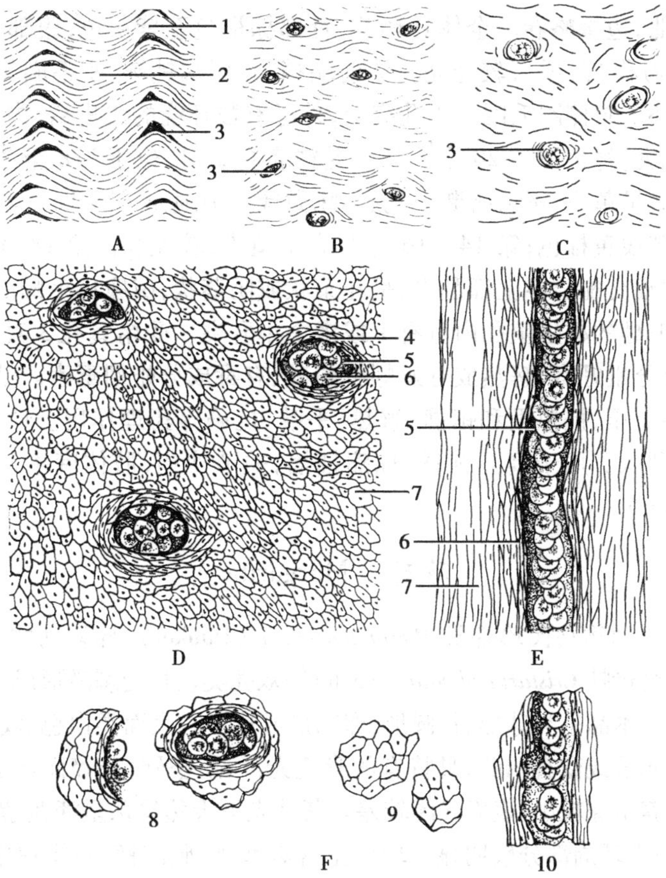

图 13-13　羚羊角磨片组织及粉末图

A. 羚羊角尖端横磨片；B. 羚羊角中段横磨片；C. 羚羊角基部横磨片；
D. 羚羊角横切面；E. 羚羊角纵切面；F. 羚羊角粉末图
1. 波峰，2. 波谷，3. 束状结构，4. 束状结构的皮层，5. 髓，6. 髓细胞，
7. 间质细胞，8. 束状结构碎片，9. 间质细胞碎片，10. 髓管

【药理作用】

1. 对中枢神经系统的作用　羚羊角煎剂、醇提取液、水解液均有镇静与抗惊厥作用。

2. 解热作用　羚羊角煎剂对伤寒、副伤寒甲乙三联菌苗引起发热的家兔有解热作用。

3. 降压作用　羚羊角醇提液可使犬或猫等血压降低。

此外，羚羊角亦有抗菌、镇痛等作用。

【功效与主治】　性寒，味咸。能平肝息风，清肝明目，散血解毒。用于肝风内动，惊痫抽搐，妊娠子痫，高热痉厥，癫痫发狂，头痛眩晕，目赤翳障，温毒发斑，痈肿疮毒。用量 1 ~ 3g，宜单煎 2 小时以上；磨汁或研粉服，每次 0.3 ~ 0.6g。

地龙　Pheretima

本品为环节动物门巨蚓科动物参环毛蚓 *Pheretima aspergillum*（E. Perrier）、通俗环毛蚓 *P. vulgaris* Chen、威廉环毛蚓 *P. guillelmi*（Michaelsen）或栉盲环毛蚓 *P. pectinifera* Michaelsen

的干燥体。前一种习称"广地龙",后三种习称"沪地龙"。主产于广东、广西、福建。广地龙呈长条状薄片,弯曲,边缘略卷。全体具环节,背部棕褐色至紫灰色,腹部浅黄棕色;第14~16环节为生殖带,习称"白颈",较光亮。体前端稍尖,尾端钝圆,刚毛圈粗糙而硬,色稍浅。雄生殖孔在第18环节腹侧刚毛圈一小孔突上,外缘有数环绕的浅皮褶,内侧刚毛圈隆起,前面两边有横排小乳突,每边10~20个不等。受精囊孔2对,位于7/8至8/9环节间一椭圆形突起上。体轻,略呈革质,不易折断。气腥,味微咸。沪地龙 略小。全体具环节,背部棕褐色至黄褐色,腹部浅黄棕色;第14~16环节为生殖带,较光亮。第18环节有一对雄生殖孔。通俗环毛蚓的雄交配腔能全部翻出,呈花菜状或阴茎状;威廉环毛蚓的雄交配腔孔呈纵向裂缝状;栉盲环毛蚓的雄生殖孔内侧有1或多个小乳突。受精囊孔3对,在6/7至8/9环之间。主含溶血成分蚯蚓素、解热成分蚯蚓解热碱、有毒成分蚯蚓毒素。地龙具有溶栓和抗凝、抗心律失常、降血压、抗惊厥和镇静、解热、平喘、抗癌等药理作用。性寒,味咸。能清热定惊,通络,平喘,利尿。用于高热神昏,惊痫抽搐,关节痹痛,肢体麻木,半身不遂,肺热喘咳,水肿尿少。用量5~10g。

珍珠 Margarita

本品为珍珠贝科动物马氏珍珠贝 *Pteria martensii* (Dunker)、蚌科动物三角帆蚌 *Hyriopsis cumingii*(Lea)或褶纹冠蚌 *Cristaria plicata*(Leach)等双壳类动物受刺激形成的珍珠。主产于广东、广西、台湾等地。本品呈类球形、长圆形、卵圆形或棒形。表面类白色、浅粉红色、浅黄绿色或浅蓝色,半透明,光滑或微有凹凸,具特有的彩色光泽,质坚硬,破碎面显层纹。无臭,无味。用火烧有爆裂声。养殖珠粒小,表面光泽较差。紫外光下天然珍珠呈淡蓝紫色荧光,养殖珍珠呈亮黄绿色荧光,通常环周部分较明显。珍珠主含碳酸钙、碳酸镁,角蛋白中含16种氨基酸,还含有牛磺酸、类胡萝卜素等。具有抗疲劳、提高机体抵抗力、延缓衰老、抗氧化、抗肿瘤、促进创面肉芽增生等药理作用。性寒,味甘、咸。能安神定惊,明目消翳,解毒生肌,润肤祛斑。用于惊悸失眠,惊风癫痫,目赤翳障,疮疡不敛,皮肤色斑。用量0.1~0.3g。多入丸散用,外用适量。

全蝎 Scorpio

本品为钳蝎科动物东亚钳蝎 *Buthus martensii* Karsch 的干燥体。主产于山东、河南。野生或饲养。本品头胸部与前腹部呈扁平长椭圆形,后腹部呈尾状,皱缩弯曲,头胸部呈绿褐色,前面有1对短小的螯肢及1对较长大的钳状脚须,形似蟹螯,背面覆有梯形背甲,腹面有足4对,均为7节,末端各具2爪钩;前腹部由7节组成,第7节色深,背甲上有5条隆脊线。背面绿褐色,后腹部棕黄色,6节,节上均有纵沟,末节有锐钩状毒刺,毒刺下方无距。气微腥,味咸。主含蝎毒,是一类毒性仅次于蛇毒神经毒的蛋白质,蝎毒中含多种蝎毒素,抗癫痫活性多肽(AEP),镇痛活性多肽如蝎毒素Ⅲ,透明质酸酶,磷脂酶 A_2(又称溶血素)。具有抗惊厥、抗癫痫、镇痛、增强心肌收缩力、抗血栓、抗肿瘤等多种药理作用。性平,味辛;有毒。能息风镇痉,通络止痛,攻毒散结。用于肝风内动,痉挛抽搐,小儿惊风,中风口㖞,半身不遂,破伤风,风湿顽痹,偏正头痛,疮疡,瘰疬。用量3~6g。

斑蝥 Mylabris

本品为芫青科昆虫南方大斑蝥 *Mylabris phalerata* Pallas 或黄黑小斑蝥 *M. Cichorii* Linnaeus 的干燥虫体。全国各地均有分布，以安徽、河南、广西等地产量较大。南方人斑蝥 呈长圆形，长1.5～2.5cm。头及口器向下垂，有较大的复眼及触角各1对，触角多已脱落。背部具革质鞘翅1对，黑色，有3条黄色或棕黄色的圆斑和横纹；鞘翅下面有棕褐色薄膜状透明的内翅2片。胸腹部乌黑色，胸部有足3对。有特殊的臭气。黄黑小斑蝥 体型较小，长1～1.5cm。主含斑蝥素。具有抗癌、抗病毒、抗菌等多种药理作用，但斑蝥素副作用较强。本品性热，味辛；有大毒。能破血逐瘀，散结消癥，攻毒蚀疮。用于癥瘕，经闭，顽癣，瘰疬，赘疣，痈疽不溃，恶疮死肌。内服慎用，孕妇禁用，用量0.03～0.06g，炮制后多入丸散用。外用适量，研末或浸酒醋，或制油膏涂敷患处，不宜大面积使用。

龟甲 Testudinis Carapax et Plastrum

本品为龟科动物乌龟 *Chinemys reevesii* (Gray)的背甲及腹甲。主产于江苏、浙江、安徽、湖北、湖南等地。本品背甲及腹甲由甲桥相连，背甲稍长于腹甲，与腹甲常分离。背甲呈长椭圆形拱状，外表面棕褐色或黑褐色，背棱3条；颈盾1块，前窄后宽；椎盾5块，第1椎盾长大于宽或近相等，第2～4椎盾宽大于长；肋盾两侧对称，各4块；缘盾每侧11块；臀盾2块。腹甲 呈板片状，近长方椭圆形，外表面淡黄棕色至棕黑色，盾片12块，每块常具紫褐色放射状纹理；内表面黄白色至灰白色，有的略带血迹或残肉，除净后可见骨板9块，呈锯齿状嵌接；前端钝圆或平截，后端具三角形缺刻，两侧残存呈翼状向斜上方弯曲的甲桥。质坚硬。气微腥，味微咸。含天冬氨酸(aspartic acid)、苏氨酸等18种氨基酸。另含Sr、Zn、Cu等10多种无机元素及骨胶原、角蛋白等。龟甲能有效地降低甲亢型大鼠的甲状腺、肾上腺皮质功能，具有提高免疫、延缓衰老等作用。性微寒，味咸、甘。能滋阴潜阳，益肾强骨，养血补心。用于阴虚潮热，骨蒸盗汗，头晕目眩，虚风内动，筋骨痿软，心虚健忘。用量9～24g，先煎。

【附】 鳖甲 为鳖科动物鳖 *Trionyx sinensis* Wiegmann 的背甲。本品呈椭圆形或卵圆形，背面隆起。外表面黑褐色或墨绿色。略有光泽，具细网状皱纹及灰黄色或灰白色斑点，中间有一条纵棱，两侧各有左右对称的横凹纹8条，可见锯齿状嵌接缝。内表面类白色，中部有突起的脊椎骨，颈骨向内卷曲，两侧各有肋骨8条，伸出边缘。质坚硬。气微腥，味淡。能滋阴潜阳，软坚散结，退热除蒸。用于阴虚发热，劳热骨蒸，虚风内动，经闭，癥瘕，久疟。用量9～24g，先煎。

蛤蚧 Gecko

本品为壁虎科动物蛤蚧 *Gekko gecko* Linnaeus 的干燥体。主产于广西、云南、广东等地。本品呈扁片状，头颈部及躯干部长9～18cm，头颈部约占1/3，尾长6～12cm。头略呈扁三角形，两眼凹陷成窟窿。吻部半圆形。腹背部呈椭圆形，腹薄。背部呈灰黑色或银灰色，有黄白色斑点散在或密集成不显著的斑纹，脊椎骨及两侧肋骨突起。四足均具5趾；趾间仅具蹼迹，足趾底有吸盘。尾细而坚实，微现骨节，有明显的银灰色环带。全身密被圆形微有光泽的细鳞，气腥，味微咸。主要含磷脂类、脂肪酸类、氨基酸类等成分。还含肌肽、胆碱、肉毒碱、胆固醇、性激素样物质及 Zn、Ca 等无机元素。蛤蚧提取物有抗炎、平喘、抗应激、免疫增强、抗衰老、性激素样作用，还能促进生长发育、降低血糖、免疫增强、抗衰老、平喘等。本品性平，味咸。能补肺益肾，纳气定喘，助阳益精。用于虚喘气促，劳嗽咯血，阳痿遗精。用量 3～6g，多入丸散或酒剂。

阿胶 Asini Corii Colla

本品为马科动物驴 *Equus asinus* Linnaeus 的皮经煎煮、浓缩制成的固体胶。主产山东、河南、江苏、浙江等地。药材呈长方形或方形块，黑褐色，有光泽。质硬而脆，断面光亮，碎片对光照视呈棕色半透明状。气微，味微甘。含多种氨基酸，K、Na、Ca、Mg、Fe 等 20 种金属元素。阿胶具有提高血红细胞数和血红蛋白、促进造血功能、抗辐射、提高免疫、止血、抗休克等药理作用。性平，味甘。能补血滋阴，润燥，止血。用于血虚萎黄，眩晕心悸，肌痿无力，心烦不眠，虚风内动，肺燥咳嗽，劳嗽咯血，吐血尿血，便血崩漏，妊娠胎漏。用量 5～15g。烊化兑服。

水蛭 Hirudo

本品为水蛭科动物蚂蟥 *Whitmania pigra* Whitman、柳叶蚂蟥 *W. acranulata* Whitmand 或水蛭 *Hirudo nipponica* Whitman 的干燥全体。全国大部分地区均产。蚂蟥 呈扁平纺锤形，有多数环节，长 4～10cm，宽 0.6～2cm。背部黑褐色或棕褐色，稍隆起，用水浸后，可见黑色斑点排成 5 条纵纹；腹面平坦，棕黄色。两侧棕黄色，前端略尖，后端钝圆，两端各具有一吸盘，前吸盘不显著，后吸盘较大。质易折断，断面胶质状，气微腥。柳叶蚂蟥 狭长而扁，长 5～12cm，宽 0.1～0.5cm。水蛭 呈扁长圆柱形，长 2～5cm，宽 0.2～0.3cm，腹面稍高，体多弯曲扭转，全体黑棕色。质脆，断面不平坦，无光泽。水蛭主含蛋白质、抗凝血成分肝素、抗凝血酶等成分。新鲜的水蛭唾液中含有一种抗凝血的物质叫水蛭素，属于多肽。水蛭具有抗凝、抗血栓、抗炎和抑制血小板凝聚、改善血流量、降低血脂等作用。本品性平，味咸苦，有小毒。能破血，逐瘀，通经。用于癥瘕痞块、血瘀经闭、中风偏瘫，跌打损伤。用量 1.5～3g，孕妇、体弱血虚者不宜用。

本章小结

动物类生药具有药源广、活性强、潜力大等特点，外观形态上个药之间明显不同，鉴定时应注意其性状要点及常用的经验术语。麝香、牛黄、鹿茸、蟾酥等名贵药材，伪品较多，除性状鉴定外，显微和理化鉴别亦很重要。动物类生药含有氨基酸、多肽、蛋白质、甾体、生物碱等多种活性成分，注意掌握个药的有效成分及其药理应用。

复习题

1. 简述鹿茸的性状鉴别要点。
2. 鹿茸有哪些药理作用？

3. 如何快速鉴别麝香的真伪？如何鉴别是否掺假？
4. 怎样解释中医用麝香既治中风昏迷不醒，又治惊痫的矛盾现象？
5. 天然牛黄、人工培植牛黄和人工牛黄的主要鉴别依据是什么？
6. 牛黄的主要化学成分和理化鉴别方法有哪些？
7. 蟾酥的来源、成分和药理作用是什么？
8. 蟾酥的采集加工方法有哪些？

第十四章

矿物类生药

学习目标

掌握：重点生药的主要性状特征、显微特征、化学成分、理化鉴别、功效及矿物类生药的使用注意等内容。

熟悉：矿物类生药的鉴定；矿物类生药的分类；非重点生药的主要性状特征、化学成分、功效等内容。

了解：矿物的性质；非重点生药及附注生药的主要化学成分、功效等内容。

第一节　矿物类生药概述

矿物类生药(mineral drugs)包括大多数可供药用的天然矿物，如自然铜、辰砂、寒水石等；少数的矿物加工品，如芒硝、轻粉等；以及动物及其骨骼的化石，如石燕、浮石、龙骨等。矿物类生药具有悠久的应用历史，在春秋战国时代，《山海经》中记载用于治病的122种药物中，有2种是矿物药。《五十二病方》是我国现存的最早医学著作，其中记载了临床应用的20种矿物药。《神农本草经》中收载矿物药46种，约占总药数的12.6%；《本草纲目》收载矿物药161种，占总药数的8.5%，同时，将矿物药分别记述在土部和金石部中，特别是金石部，记载比较完整，分为金、玉、石、卤四类，以四卷的篇幅对矿物药进行了全面的阐述；《本草纲目拾遗》又增加矿物药38种。由此可见我们的祖先对矿物药的认识和使用是在不断进步的。

目前，《中国药典》(2010年版)一部收载矿物药25种，但临床上常用的有50多种。矿物药的种类和数目虽然比植物药少，但是矿物生药在临床上有多方面的医疗用途，而且具有不可替代的作用，如含Cu，Fe，Ca，P，Mn等元素的矿物药作为滋养性和兴奋性药物；含Mg，K，Na等成分的矿物药作为泻下、利尿药物；含S，As，Hg等成分的矿物药用于治疗梅毒和疥癣的药物；含Al、Pb、Zn等成分的矿物药作为收敛药物等均符合现代医学治病原理；以石膏为主药的“白虎汤”，治疗急性传染病，如“流脑”、“乙脑”等症的高热和惊厥，疗效显著。用砒霜治疗白血病、晚期肝癌的研究取得新的突破，具有抑瘤和延长生命的作用，具有潜在的临床应用价值。由于矿物药中多含有砷汞及重金属，在新药中矿物药的应用越来越少。矿物药的应用范围有进一步缩小的趋势。近年来随着纳米中药的研究逐步深入，纳米药物可以提高生物利用度，降低毒性，为矿物药的应用开辟了新的天地。我国矿物生药资源极其丰富，充分研究和利用矿物生药，也是药学工作者的重要任务之一。

一、矿物的性质

矿物是由地质作用形成的天然单体（元素）或化合物。矿物除少数是自然元素（如硫黄）以外，绝大多数是自然化合物，且多数是固态，极少数是液态（如水银）或气态（如硫化氢）。每一种固体矿物都具有一定的物理和化学性质，这些性质取决于它们各自的化学成分及结晶构造。各种矿物的不同性质，是人们认识和鉴别不同种类的矿物生药的重要依据。现将具有鉴别意义的特性简介如下：

1. 结晶形状　矿物类生药多数是以晶体的形态存在的。晶体和非晶体本质上的区别，在于组成物质的质点是否作有规律的排列，凡是质点呈规律排列者为晶体，反之则为非晶体。晶体矿物都具有固定的结晶形状，且在同一温度时，同一物质晶体三维空间的晶面夹角都是相同的。通常将晶体分为七大晶系，即等轴晶系、四方晶系、三方晶系、六方晶系、斜方晶系、单斜晶系及三斜晶系等。除等轴晶系外，其他晶系的晶体形状或呈柱状、针状，或呈压扁的板状，通过观察矿物的结晶形状及利用 X 射线衍射手段，可以准确地鉴别不同的结晶形矿物。矿物类生药的形状，除单体的形状外，常常是以许多单体聚集的形式出现的，把这种聚集的整体称集合体。集合体的形状较多，如颗粒状、晶簇状、放射状、结核状等。

2. 结晶习性　多数固体矿物为结晶体，其中有些为含水矿物。水在矿物中存在的形式直接影响到矿物的性质。其存在形式分为两大类：一是不加入晶格的吸附水或自由水；二是加入晶格组成，包括以水分子（H_2O）形式存在的结晶水[如胆矾（$CuSO_4 \cdot 5H_2O$）]、石膏[（$CaSO_4 \cdot 2H_2O$）]和以 H^+、OH^- 等离子形式存在的结晶水[如滑石 $Mg_3(Si_4O_{10})(OH)_2$]。利用各种含水矿物的失水温度不同，可以鉴定矿物类生药。

3. 透明度　矿物透光能力的大小称为透明度。透明度是鉴定矿物的主要特征之一。通常把矿物磨至 0.03mm 标准厚度时，评价其透明度，一般分为三类：

（1）透明矿物：能允许绝大部分光线通过，隔着它可清晰地透视另一物体，如无色水晶、云母等。

（2）半透明矿物：能允许通过一部分光线，隔着它不能看清另一物体，如辰砂、雄黄等。

（3）不透明矿物：光线几乎完全不能通过，如赭石、滑石等。

4. 颜色　矿物的颜色主要是矿物对光线中不同波长的光波均匀吸收或选择吸收所表现出的性质。一般分为三类：

（1）本色（idiochromatic color）：由矿物的成分和内部构造所决定的颜色，如辰砂的朱红色。

（2）外色（allochromatic color）：由混入的带色杂质或气泡等包裹体所致的颜色。外色的深浅，除与带色杂质的量相关外，还与分散的程度相关，如紫石英、大青盐等颜色。

（3）假色（pseudochromatism）：某些矿物，有时可见变彩现象，是因投射光受晶体内部裂缝面、解理面及表面的氧化膜的反射所引起的光波干涉作用而产生的颜色，如云母等。

矿物在白色毛瓷板上划过后所留下的粉末痕迹称为“条痕（streak）”。矿物粉末的颜色称为条痕色。在矿物学上，条痕色比矿物表面的颜色更为固定，因而具有鉴定意义。有的粉末颜色与矿物本身颜色相同，如辰砂；有的则不同，如自然铜（黄铁矿）本身为亮黄色而其粉末则为黑色。磁石（磁铁矿）和赭石（赤铁矿）两者表面均为灰黑色，不易区分，但磁石条痕为黑色，赭石条痕为樱桃红色，容易区分。

5. 光泽　矿物表面对投射光线的反射能力称为光泽。反射能力的强弱就是光泽的强度。一般将矿物的光泽由强至弱分为金属光泽（如自然铜）、半金属光泽（如磁石）、金刚光泽（如朱砂）和玻璃光泽（如硼砂）。当矿物的断口或集合体表面不平滑，并有细微的裂缝时，可使一部分反射光发生散射或相互干扰，则形成一些特殊的光泽，如油脂光泽（硫黄）、绢丝光泽（石膏）、珍珠光泽（云母）、土状光泽（高岭石）等。

6. 硬度　矿物抵抗外来机械作用（如刻画、研磨、挤压）的能力称为硬度。不同矿物有不同的硬度，可作为鉴定矿物的依据之一。通常采用摩氏硬度计来确定矿物的相对硬度。摩氏硬度计是由十种不同硬度的矿物组成的，按其硬度由大到小分为十级，矿物的十个硬度等级排序如下（表 14-1）。

表 14-1　摩氏硬度计中标准矿物的硬度

矿物	滑石	石膏	方解石	莹石	磷灰石	正长石	石英	黄玉石	刚玉石	金刚石
硬度（级）	1	2	3	4	5	6	7	8	9	10
绝对硬度	2.4	36	109	189	536	759	1120	1427	2060	10 060

鉴定矿物硬度时，可将样品矿物与上述标准矿物互相刻画，使样品受损的最低硬度等级为该矿物的硬度。实际工作中如无硬度计，常用四级法代替摩氏硬度计法，即用手指甲（约 2）、铜币（约 5.5）、小刀（约 5.5）、石英或钢锉（约 7 级）等刻画矿石，粗略求得矿石硬度。

7. 相对密度（比重）　指在 4℃时，矿物与同体积水的重量比。在一定条件下，多数矿物类生药的相对密度是不变的，它是鉴定矿物的重要物理常数之一。如水银为 13.6、朱砂为8.09～8.20、石膏为 2.3。

8. 解理、断口　矿物受力后沿一定结晶方向裂开成光滑平面的性质称为解理，所裂成的光滑平面称为解理面。解理是结晶物质特有的性质，其形成与晶体的构造类型有关，是矿物生药鉴定的重要特征之一。如云母、方解石可完全解理，石英没有解理。矿物受力后不是沿一定结晶方向断裂，所形成的不规则的断裂面称为断口。非晶矿也可产生断口，断口的形态有：锯齿状（如铜）、平坦状（如高岭石）、贝壳状（如胆矾）和参差状（如青礞石）等。

9. 磁性　指矿物可以被磁铁或电磁铁吸引，或其本身有吸引铁物质的性质，如磁石（磁铁矿）等。矿物的磁性与本身化学成分中含有 Fe，Co，Ni，Cr，Mn 等磁性元素有关。

10. 矿物的力学性质　矿物受外力作用（压轧、打击、弯曲、拉引等）时，呈现的力学性质，主要有以下三种：

（1）脆性：指矿物容易被击破或压碎的性质，如自然铜、方解石等。

（2）延展性：指矿物能被压成薄片或抽长而成细丝的性质，如 Au、Al、Cu 等。

（3）弹性：指矿物在外力作用下发生一定程度的变形，当外力取消后，在弹性限度内能恢复原状的性质，如云母等。

11. 吸湿性　有的矿物具有一定的吸着水分的能力，可粘在舌或湿润的嘴唇上的现象，如龙骨、龙齿、高岭土等。

12. 气味　有些矿物具特殊的气味，尤其是受锤击、加热或湿润时尤为明显，如雄黄灼烧时的蒜臭气味、胆矾的涩味、食盐的咸味等。

二、矿物生药的分类

矿物在矿物学中的分类通常是以阴离子为依据进行的，主要分为：氧化物类（磁石、赭石、信石等）、硫化物类（雄黄、辰砂、自然铜等）、卤化物类（大青盐等）、硫酸盐类（石膏、明矾、芒硝等）、碳酸盐类（炉甘石、钟乳石等）及硅酸盐类（滑石等）等。

但是，由于矿物类生药中阳离子通常起重要的药效作用，以阳离子为依据进行分类，对矿物药的研究和应用比较方便。现按阳离子的种类将常见的矿物药分类：

1. 钾化合物类　硝石（KNO_3）；
2. 铁化合物类　自然铜（FeS_2）、磁石（Fe_3O_4）、赭石（Fe_2O_3）等；
3. 钙化合物类　石膏（$CaSO_4 \cdot 2H_2O$）、寒水石（$CaCO_3$）等；
4. 汞化合物类　朱砂（HgS）、红粉（HgO）、轻粉（Hg_2Cl_2）等；
5. 铝化合物类　白矾[$KAl(SO_4)_2 \cdot 12H_2O$]、赤石脂[$Al_4(Si_4O_{10})(OH)_8 \cdot 4H_2O$]等；
6. 镁化合物类　滑石[$Mg_3(Si_4O_{10})(OH)_2$]等；
7. 钠化合物类　芒硝（$Na_2SO_4 \cdot 10H_2O$）、硼砂（$Na_2[B_4O_5(OH)_4] \cdot 8H_2O$）等；
8. 铜化合物类　胆矾（$CuSO_4 \cdot 5H_2O$）、铜绿等；
9. 锌化合物类　炉甘石（$ZnCO_3$）等；
10. 砷化合物类　雄黄（As_2S_2）、雌黄（As_2S_3）、信石（As_2O_3）等；
11. 铅化合物类　铅丹（Pb_3O_4）、密陀僧（PbO）等；
12. 硅化合物类　玛瑙、浮石（SiO_2）、青礞石等；
13. 铵化合物类　白硇砂（NH_4Cl）等；
14. 其他类　硫黄（S）、琥珀等。

三、矿物类生药的鉴定

矿物药是一类特殊的生药，主要是依据矿物的性质进行鉴定。通常采用以下方法：

1. 性状鉴定　具有一定外形的生药，除对外形、颜色、质地、气味等进行鉴定外，还应检测其硬度、透明度、条痕、解理、断口、磁性及比重等性质。

2. 显微鉴定　对粉末状的矿物生药可借助显微镜，观察其形状、透明度和颜色等。在矿物药的显微研究中，一般使用偏光显微镜研究透明的非金属矿物的晶形、解理和化学性质，如折射率、双折射率；利用偏光显微镜的不同偏光组合（单偏光、正交偏光、正交偏光加聚光）及附件（检板等），观察和测定折射率和晶体对称性所表现的光学特征和常数，可用来鉴定和研究晶质矿物药。用反光显微镜对不透明与半透明的矿物进行物理、化学性质的检测。但在进行显微鉴定时，均要求矿物经磨片后才可进行观察。对很细小和胶态矿物还可利用电子显微镜进行观察。

3. 理化鉴定　利用物理和化学方法，对矿物药所含主要化学成分进行定性和定量的分析，从而鉴定矿物类生药的真伪和优劣。特别是对外形和粉末无明显特征的或剧毒的矿物药,如信石、玄明粉等进行理化分析鉴定尤为重要。例如2010年版《中国药典》规定金礞石基原为变质岩类蛭石片岩或水黑云母片岩,青礞石基原为变质岩类黑云母片岩或绿泥石化云母碳酸盐片岩,由于基原较多,在自然地质作用形成过程中,受诸多的影响因素,其成分变得较为复杂,依靠性状鉴别难以分辨,采用傅立叶变换红外光谱仪,根据形成的特征峰,可以准确地分辨金礞石和青礞石生药。

4. 含量的测定　矿物药某些主要成分,仍多采用经典的化学分析方法,如用动物凝胶重量法测定海浮石中氧化硅的含量;用二甲酚橙法测定白矾中含水硫酸铝钾的含量;用氯化亚锡-三氯化钛-重铬酸钾法测定自然铜中全铁的含量等。

随着现代科学技术的迅速发展,仪器分析方法在矿物类生药的鉴定中越来越重要。国内外对矿物药的鉴定已采用了许多新技术。如用固体荧光法和比色法测定龙骨中放射性元素铀的含量;用X射线衍射法分析龙骨的成分;用X射线衍射、差热分析和X射线荧光分析滑石的成分等,能快速、准确地对矿物药进行定性和定量分析。

X射线分析是研究结晶物质的重要手段之一。矿物药绝大多数由晶质矿物组成,因此,采用X射线分析法鉴定和研究矿物药,对提高矿物药的研究水平无疑是十分必要的。如X射线衍射分析大青盐的晶体结构图,证明大青盐中包裹物含有高岭石、水云母、斜长石、绿泥石、石英、石膏等。

光谱分析包括发射光谱与吸收光谱。最常用的是使用粉末样品的原子发射光谱分析。它主要用来鉴定矿物药组成元素的种类和半定量地确定它们的含量。矿物药中的每一种元素,受到足够的热能激发后,都能发出该元素原子特有的光谱。根据谱线位置的不同,可进行存在何种元素的定性分析,根据谱线的强度,可进行对应元素的半定量或定量分析。

热分析法是测量物质在等速变温条件下,其物理性能与温度关系的一类技术,为矿物药鉴别和矿物药炮制、应用研究提供科学的依据。在矿物药鉴定和研究中,热分析研究主要采用差热分析法和热重分析。差热分析是以某种在一定实验温度下不发生任何化学反应和物理变化的稳定物质(参比物)与等量的未知物在相同环境中等速变温的情况下相比较,未知物的任何化学和物理上的变化,与和它处于同一环境中的标准物的温度相比较,都要出现暂时的增高或降低,用图谱记录差热来研究和鉴别矿物药;热重法是测量物质在等速升温情况下,其质量(重量)随温度变化的一种方法。热分析主要用在以下两个方面。其一是与已知的原矿物热分析曲线对比来判断矿物药中矿物组分的种类与量比;其二是利用热分析资料研究炮制矿物药的合理温度,以及研究炮制过程中,矿物组分变化的细节。

在矿物药的理化鉴定中,还常应用火焰光度法、极谱分析、物相分析、等离子体光谱分析、原子吸收光谱、原子荧光光谱、磁共振、红外光谱等来研究物质成分及其化学性质。个别样品元素的测定,还利用了中子活化手段测试。有研究者提出了测试煎煮液和固体样的方案,从而探索人体吸收微量元素的机制及其相应的作用,达到定性鉴别矿物药、矿物药组分中的元素种类和含量测定之目的。这些先进分析技术的应用,能快速、准确地测定矿物药的成分和含量,对保证用药的安全和有效具有非常重要的意义。

第二节 矿物类生药选论

朱砂 Cinnabaris

【来源】 本品为硫化物类矿物辰砂族辰砂,亦有人工合成品。

【产地】 主产于贵州、湖南、四川、广西等地。

【采制】 采挖后,选取纯净者,用水淘去砂石和泥沙,用磁铁吸净含铁的杂质。

【性状】 为块状或粒状集合体,呈颗粒状、块片状或粉末状;鲜红色或黯红色,有时带铅色,手触之不染指,条痕朱红色至红褐色;具金刚光泽;半透明或不透明;体重,质脆,片状者易破碎,粉末状者有闪烁的光泽,块状者坚硬,不易破碎;无臭、无味(图 14-1)。

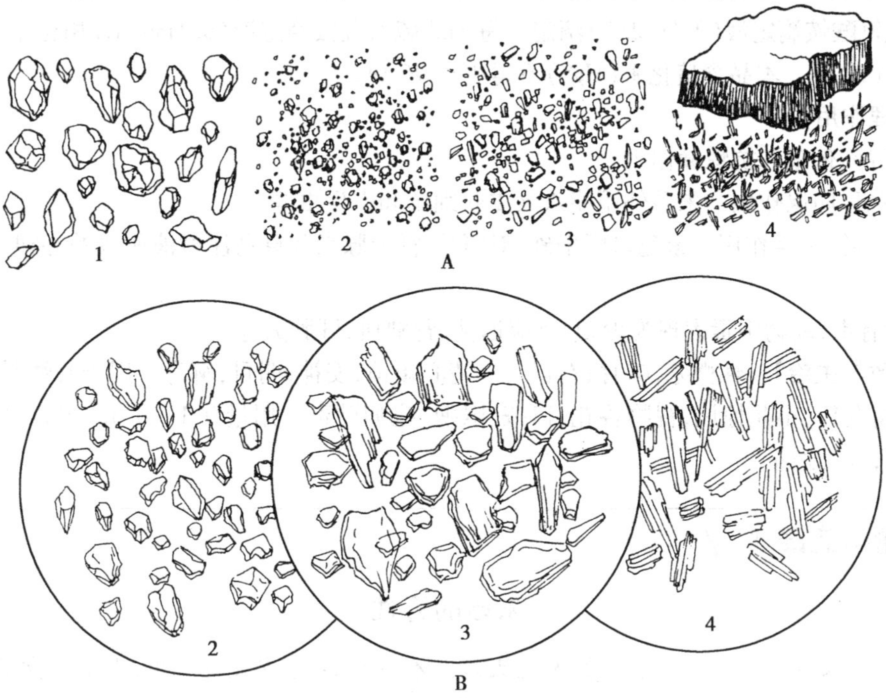

图 14-1 朱砂药材和放大图

A. 朱砂药材图; B. 解剖镜下放大图

1. 豆瓣砂, 2. 珠宝砂, 3. 镜面砂, 4. 灵砂(人工合成)

【显微特征】 粉末 朱红色。在普通显微镜下观察,呈不规则颗粒状,大小不一,红棕色,边缘常不透明而呈现黯黑,且较不平整,微小粒呈黑色。

反射偏光镜下,反射光为蓝灰色,内反射为鲜红色,偏光性显著,偏光色常被反射掩盖,反射率 27%(伏黄)。透射偏光镜下为红色,透明,平行消光,干涉色鲜红色,一轴晶,正光性。折射率:No=2. 913,Ne=3. 272;双折射率较高,Ne-No=0. 359。

【化学成分】 天然朱砂主要成分为硫化汞(HgS)。尚含 Zn、Ba、Mg、Pb、Mn、Cu、Fe、Si、

Ag、Ti、Al 等无机元素。人工制品较纯，HgS 含量可达 99.9% 以上。

【理化鉴别】

1. 取朱砂粉末用盐酸润湿后，在光洁的铜片上摩擦，铜片表面显银白色光泽，加热烘烤后，银白色消失。

$$HgS + 2HCl \longrightarrow HgCl_2 + H_2S\uparrow$$

$$HgCl_2 \xrightarrow{Cu} CuCl_2 + Hg(\text{银白色})$$

2. 取粉末 2g，加盐酸-硝酸（3∶1）的混合液 2ml，使溶解，蒸干，加水 2ml 使溶解，滤过，滤液呈汞盐及硫酸盐的鉴别反应。

3. 朱砂与人工制品的 X 射线衍射表明，两者的特征衍射线的峰位和强度相同，都是由较纯的三方晶系 HgS 组成。

4. 含量测定 取本品粉末约 0.3g，加硫酸 10ml 与硝酸钾 1.5g，加热使溶解，加水 50ml，并加 1% 高锰酸钾溶液至显粉红色，再滴加 2% 硫酸亚铁溶液至红色消失后，加硫酸铁铵指示液 2ml，用硫氰酸铵滴定液（0.1mol/L）滴定。每 1ml 硫氰酸铵滴定液（0.1mol/L）相当于 11.63mg 的硫化汞（HgS）。本品含硫化汞（HgS）不得少于 96.0%。

【药理作用】

1. 镇静、催眠和抗惊厥作用

2. 解毒、防腐作用 朱砂外用能杀灭皮肤细菌和寄生虫等。

3. 抗心律失常作用 家兔口服朱砂，对氯仿-肾上腺素和草乌注射液所致的心律失常有对抗作用。

朱砂有毒，动物中毒表现为少动、反应迟钝、肾缺血、肝肿大等。

【功效与主治】 性微寒，味甘；有毒。能清心镇惊，安神，明目，解毒。用于心悸易惊，失眠多梦，癫痫发狂，小儿惊风，视物昏花，口疮，喉痹，疮痈肿毒。用量 0.1～0.5g，多入丸散服，不宜入煎剂，外用适量。

理论与实践

朱砂的毒性

朱砂火煅则析出水银，有大毒，应忌火煅。本品有毒，不宜大量服用，也不宜少量久服，以免造成积蓄中毒。特别是孕妇及肝、肾功能不全的患者，更应慎重服用或禁用，避免病情加重，可能造成汞中毒。急性中毒主要表现为急性胃肠炎和肾脏损害的症状。慢性中毒者表现有黏膜损伤、胃肠炎、神经损害、肾功能损害等。急性中毒者，可以用活性炭洗胃，另外可采用二巯基丙醇油剂或二巯基丙磺酸钠肌内注射，还可采用青霉胺口服。肝肾功能不全者禁服。研究表明人工合成的朱砂的毒性远远大于天然朱砂。

【附】 朱砂的合成方法 取适量汞置反应罐内，加水 1.3～1.4 倍量（重量比），硝酸（比重 1.4），任其自然反应，至无汞后，加 1 倍量水稀释，在搅拌的同时逐渐加入按汞量计算 1.21 倍量的含结晶水硫酸钠（化学纯）或 0.7～0.8 倍量硫化钠水溶液至完全生成黑色硫化汞，反应结束时，溶液控制在 pH9 以下。黑色硫化汞用倾泻法反复洗涤 3～4 次，布袋滤过，滤液烘干，加入4%量的升华硫，混匀后，加热升华，即得紫红色的块状朱砂，其反应式如下：

$$Hg + 4HNO_3 \longrightarrow Hg(NO_3)_2 + 2NO_2\uparrow + 2H_2O$$

$$3Hg + 8HNO_3 \longrightarrow 3Hg(NO_3)_2 + 2NO\uparrow + 4H_2O$$

$$Hg(NO_3)_2 + Na_2S \longrightarrow HgS\downarrow + 2NaNO_3$$

$$\text{(黑色)} \xrightarrow[\text{加热}]{\text{升华}} HgS\text{(紫红色)}$$

石膏　Gypsum Fibrosum

【基源】　本品为硫酸盐类矿物硬石膏族石膏。

【产地】　主产于湖北、甘肃、四川、安徽等地。

【性状】　为纤维状集合体；呈长块状、板块状或不规则块状；全体白色、灰白色或淡黄色；半透明；体重，质软，指甲能刻划；条痕白色；上下两面较平坦，无纹理及光泽；纵断面具绢丝样光泽。具土腥气，嚼之显粉腥，气微，味淡。生石膏加热至108℃失去部分结晶水成为煅石膏，呈白色不透明的块状或粉末状，遇水又可变成生石膏。

【显微特征】　粉末　白色。普通显微镜下观察，呈不规则块状体或近方形，白色半透明，边缘不规则，呈多层重叠，表面光滑或可见斜纹。

【化学成分】　主成分为含水合硫酸钙（$CaSO_4 \cdot 2H_2O$）。另含Ca，Al，Si，Fe等无机元素，并含有具抗病毒作用的^{34}S。本品含含水硫酸钙不得少于95.0%。重金属不得过百万分之十；砷盐不得过百万分之二。煅石膏含硫酸钙（$CaSO_4$）不得少于92%。

【药理作用】

1. 解热作用　生石膏对人工发热动物有降温作用，但对正常体温没有明显降温作用。

2. 止渴作用　石膏能减少动物禁水、注射内毒素、给利尿剂、喂食盐及用辐射热等方法造成的“口渴”的饮水量，减轻其“口渴”状态。

3. 降血糖作用　人参白虎汤对四氧嘧啶糖尿病小鼠有明显的降血糖作用。但除去其中的石膏，则降糖作用减弱。认为石膏在其中有重要作用。

此外，石膏还有抗病毒等作用。

【功效与主治】　本品性大寒，味甘、辛。生石膏清热泻火，除烦止渴。用于外感热病，高热烦渴，肺热喘咳，胃火亢盛，头痛，牙痛。用量15～60g，先煎。煅石膏具有收湿、生肌、敛疮、止血的作用，可外治溃疡不敛，湿疹瘙痒，水火烫伤，外伤出血。煅石膏大多用制石膏绷带。

雄黄　Realgar

【基源】　本品为硫化物类矿物雄黄族雄黄。在金属矿脉中多见，常与雌黄共生。在锑-汞或汞矿中也经常出现，与辉锑矿、辰砂共生。

【产地】　主产于湖南、湖北、贵州、甘肃、云南等地。

【性状】　为块状或粒状集合体，呈不规则块状。全体深红色或橙红色，块状者表面常有橙黄色粉末，手触之易被染色，条痕淡橘红色。柱状晶体，晶面具金刚石样光泽，断面具油脂样光泽。质脆，易碎，微有特异的臭气，味淡。燃之易熔融成红紫色液体，产生黄白色烟及强烈蒜臭气。商品中颜色鲜艳、半透明、有光泽、质松脆者，习称“明雄”或“雄黄精”。

【显微特征】 本品在反射偏光镜下,反射色为灰色略带紫色,内反射橙色;偏光性清楚;反射率20%(伏黄)。透射偏光镜下,多色性明显,Ng=Nm淡金黄色至朱红色,Np几乎无色至浅橙黄色,干涉色橙红色,斜消光,负光性,折射率Ng=2.704,Nm=2.684,Np=2.538,双折射率:Ng-Np=0.166。

【化学成分】 主含二硫化二砷(As_2S_2),其中含砷75%,硫24.9%。并含有少量的Si,Fe,Ca,Mg,Al,Ba及微量的Mn,Ti,Pb,Sr,Cu等元素。本品含砷量以二硫化二砷(As_2S_2)计,不得少于90.0%。本品做三氧化二砷(As_2O_3)的限量检查,不得超过限量。

【药理作用】

1. 抗菌、抗病毒作用 能明显刺激非特异性免疫功能。体外实验对化脓性球菌、肠道致病菌、结核杆菌及常见致病性皮肤真菌有抑制作用。

2. 抗肿瘤作用 治疗慢性粒细胞性白血病。可诱导细胞凋亡,对基因表达有影响并增加细胞膜HSP70蛋白表达。

3. 毒性 雄黄中的可溶性砷化物为一种细胞原浆毒,进入机体后作用于酶系统,可抑制酶蛋白的巯基,特别易与丙酮酸氧化酶的巯基结合,使之失去活性,从而减弱了酶的正常功能,阻止了细胞的氧化和呼吸,严重干扰组织代谢,造成胃肠道不适,呕吐,血尿,抽搐,昏迷乃至死亡,除去可溶性砷盐可以降低其毒性而保留其免疫功能。本品有毒,可经呼吸道、消化道或皮肤吸入人体,对血液系统、神经系统、肝脏、皮肤等都有损伤,还可诱发肿瘤。

【功效与主治】 本品性温,味辛;有毒。能解毒杀虫,燥湿祛痰,截疟。用于痈肿疔疮,蛇虫咬伤,虫积腹痛,惊痫,疟疾。用量0.05~0.1g,入丸散用;外用适量,熏涂患处。雄黄遇热易分解,生成剧毒的三氧化二砷,忌用火煅。用药剂量过大易发生急性砷中毒,小剂量长期应用,亦可导致慢性砷中毒或蓄积性中毒,内服宜慎,不可久用。孕妇禁用。密闭保存。

【附】 雌黄 常与雄黄共生,为柠檬黄色块状或粒状体,条痕鲜黄色,主含三硫化二砷(As_2S_3),功效与雄黄类同。

芒硝 Natrii Sulfas

本品为硫酸盐类矿物芒硝族芒硝,经加工精制而成的结晶体。全国大部分地区均生产,多产于海边碱土地区、矿泉、盐场附近及潮湿的山洞中。呈棱柱状、长方形或不规则块状、粒状体。无色透明或类白色半透明。质脆,易碎,断面具玻璃样光泽。条痕白色,断口贝壳状。气微,味咸。芒硝在空气中易失水,表面覆盖一层白色粉末,称“风化硝”。主要成分为含水硫酸钠($Na_2SO_4 \cdot 10H_2O$),尚含Ca、Mg、Al等多种元素。芒硝常夹杂硫酸钙、食盐等杂质。本品按干燥品计算,含硫酸钠(Na_2SO_4)不得少于99.0%。本品含重金属不得过百万分之十,含砷量不得过百万分之十。芒硝内服后其硫酸根离子不易被肠黏膜吸收,在肠内成高渗溶液,使肠内水分增加,引起机械性刺激,促进肠蠕动,从而引起泻下。本品性寒,味咸、苦。能泻下通便,润燥软坚,清火消肿;用于实热积滞,腹满胀痛,大便燥结,肠痈肿痛;外治乳痈,痔疮肿痛。用量6~12g。一般不入煎剂,待汤剂煎得后,溶入汤液中服用。外用适量。不宜与硫黄、三棱同用。如口服剂量过大,可导致恶心、呕吐、腹痛、腹泻、虚脱等症。孕妇慎用。

信石 Arsenicum

信石又名砒石,为氧化物类矿物砷华矿石或由雄黄、毒砂(硫砷铁矿,FeAsS)等矿物经加工制得。主产于江西、湖南、广东及贵州等地。商品按性状不同分红信石和白信石两种,白信石极少见,药用以红信石为主。红信石(红砒)呈不规则的块状,大小不一;粉红色,具黄色与红色彩晕；略透明或不透明；玻璃样光泽或绢丝样光泽，有的无光泽；气微，稍加热有蒜臭气或硫黄臭气。本品极毒，不能口尝。白信石无色或白色，有的透明，毒性较红信石剧烈。主要成分为三氧化二砷（As_2O_3）。白砒、红砒的三氧化二砷含量均在96%以上。不纯品还含三硫化二砷（As_2S_3）。还常含S、Fe等杂质，故呈红色，尚含少量的Sn，Fe，Sb，Ca等元素。信石对疟原虫、阿米巴原虫及其他微生物均有杀灭作用。对皮肤黏膜有强烈的腐蚀作用。本品性大热，味辛、酸；有大毒。能祛痰平喘，截疟。用于哮喘、疟疾；用量1～3mg，多入丸散，不可持续久服；外用能杀虫，蚀疮祛腐，用于溃疡腐肉不脱，疥癣，瘰疬，牙疳，痔疮等。本品有大毒。用时宜慎，服用时稍有不慎，即可过量，经口服中毒剂量以三氧化二砷（As_2O_3）计，约为5～50mg，致死量为60～300mg，在体内代谢很慢，故易蓄积。孕妇禁用。

【附】　砒霜　本品系信石升华精制而成的三氧化二砷（As_2O_3）。为白色粉末。功效与信石同。现代药理研究表明，三氧化二砷为良好的抗癌剂，可以阻止肿瘤细胞的核酸代谢，干扰RNA、DNA的合成，抑制肿瘤细胞的增殖。此外还能抑制肿瘤细胞端粒酶的活性，诱导肿瘤细胞产生凋亡和分化，发挥抗癌作用。近10年来，砒霜在治疗急性早幼粒细胞白血病中取得了突出成绩，引起了医药界的高度关注。研究表明砒霜及其制剂对白血病及晚期肝癌有效，并已应用于临床。

本章小结

本章介绍了矿物的性质、矿物类生药的鉴定及分类；重点药朱砂主要介绍了来源、主要性状特征、显微特征、化学成分、理化鉴别、功效及其使用注意事项等内容。次重点药石膏、雄黄主要介绍了性状特征、化学成分、理化鉴别、功效及其使用注意等内容。一般介绍药芒硝、信石主要介绍性状特征、化学成分、功效及其使用注意等内容。简要介绍了附药雌黄、砒霜主要化学成分和功效等内容，应加以熟悉和记忆。

复习题

1. 矿物药有哪些主要性质？鉴定方法有哪些？
2. 矿物药是如何进行分类的？
3. 朱砂、雄黄的生药学特征有哪些？临床使用有何注意事项？
4. 石膏的性状特征、化学成分及功效是什么？
5. 石膏和煅石膏有哪些不同？
6. 芒硝和信石的主要化学成分是什么？

参考文献

1. 国家药典委员会.中华人民共和国药典[M].一部(2010年版).北京:中国医药科技出版社,2010
2. 孙启时.药用植物学[M].北京:人民卫生出版社,2007
3. 张浩.药用植物学[M].6版.北京:人民卫生出版社,2011
4. 蔡少青.生药学[M].6版.北京:人民卫生出版社,2011
5. 周晔.生药学[M].北京:人民卫生出版社,2007
6. 蔡少青.生药学[M].5版.北京:人民卫生出版社,2007
7. 郑汉臣,蔡少青.药用植物学与生药学[M].4版.北京:人民卫生出版社,2003
8. 郑汉臣.药用植物学[M].5版.北京:人民卫生出版社,2007
9. 王喜军.中药鉴定学[M].北京:人民卫生出版社,2012
10. 华东师范大学,上海师范学院,南京师范学院.植物学(上册)[M].北京:高等教育出版社,1982
11. 华东师范大学,东北师范大学.植物学(下册)[M].北京:高等教育出版社,1982
12. 李萍.生药学[M].2版.北京:中国医药科技出版社,2010
13. 刘娟,舒晓宏.生药学[M].北京:清华大学出版社,2011
14. 石俊英.中药鉴定学[M].北京:中国医药科技出版社,2006
15. 孙启时.药用植物学[M].北京:中国医药科技出版社,2004
16. 姚振生.药用植物学[M].2版.北京:中国中医药出版社,2007

索　　引